HISTOIRE PHYSIOLOGIQUE

DES

PLANTES D'EUROPE.

I.

OUVRAGES DU MÊME AUTEUR :

Histoire des Conferves d'eau douce.

Monographie des Prêles.

Monographie des Orobanches.

———

Les contrefacteurs et débitants de contrefaçons seront poursuivis suivant toute la rigueur des lois.

Marc Aurel frères.

VALENCE, IMPRIMERIE DE MARC AUREL FRÈRES.

HISTOIRE PHYSIOLOGIQUE

DES

PLANTES D'EUROPE

OU

EXPOSITION

DES PHÉNOMÈNES QU'ELLES PRÉSENTENT DANS LES DIVERSES
PÉRIODES DE LEUR DÉVELOPPEMENT,

Par J. P. VAUCHER,

PROFESSEUR A L'ACADÉMIE DE GENÈVE.

Et ego desidero superari, satisque decoris fore mihi
puto, si fundamentum ædificio straverim.
HALLER, Præf. Hist. Stirp. Helvet.

Tome Premier.

PARIS,

LIBRAIRIE DE MARC AUREL FRÈRES, ÉDITEURS,

RUE SAINT-HONORÉ, 158.

MÊMES MAISONS DE LIBRAIRIE A VALENCE, NIMES ET TOULOUSE.

1841.

Dédicace.

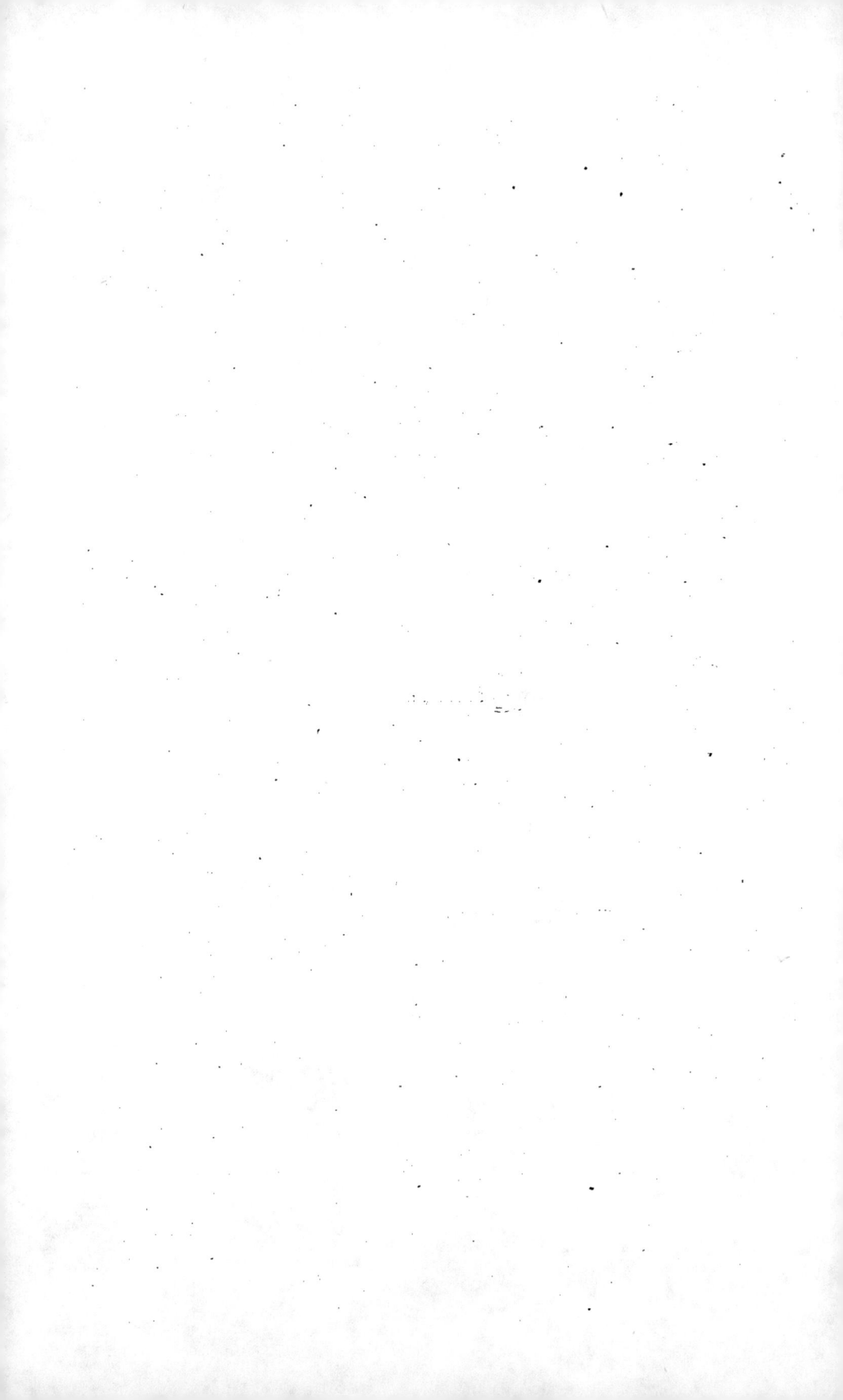

A Sa Majesté

CHARLES ALBERT,

Roi de Sardaigne.

Sire,

Je viens vous présenter aujourd'hui, comme une faible marque de mon profond respect et de mon vif attachement, cet ouvrage auquel j'ai travaillé une grande partie de ma vie, et dont vous m'aviez fait espérer, il y a quelques années, que vous accepteriez l'hommage.

Il est entièrement consacré à la gloire du Créateur, dont les œuvres m'ont paru toujours plus admirables à mesure que je les ai considérées de plus près, et il est destiné à produire chez ceux qui le liront une partie des impressions qu'elles m'ont fait si souvent éprouver. C'est l'étude et la méditation de ces merveilles, dont je ne connais encore que les bords, qui ont embelli mes dernières années, et qui m'ont inspiré le désir de plus en plus ardent de les contempler un jour à leur source dans le sein de la Souveraine Sagesse.

Daignez, Sire, accueillir avec cette touchante bonté, dont vous m'avez déjà donné tant de témoignages, cette dernière offrande d'un cœur qui vous a toujours tendrement aimé, et qui a toujours tout espéré de vous.

J. P. E. VAUCHER,

Professeur émérite à l'Académie de Genève.

Genève, le 16 octobre 1840.

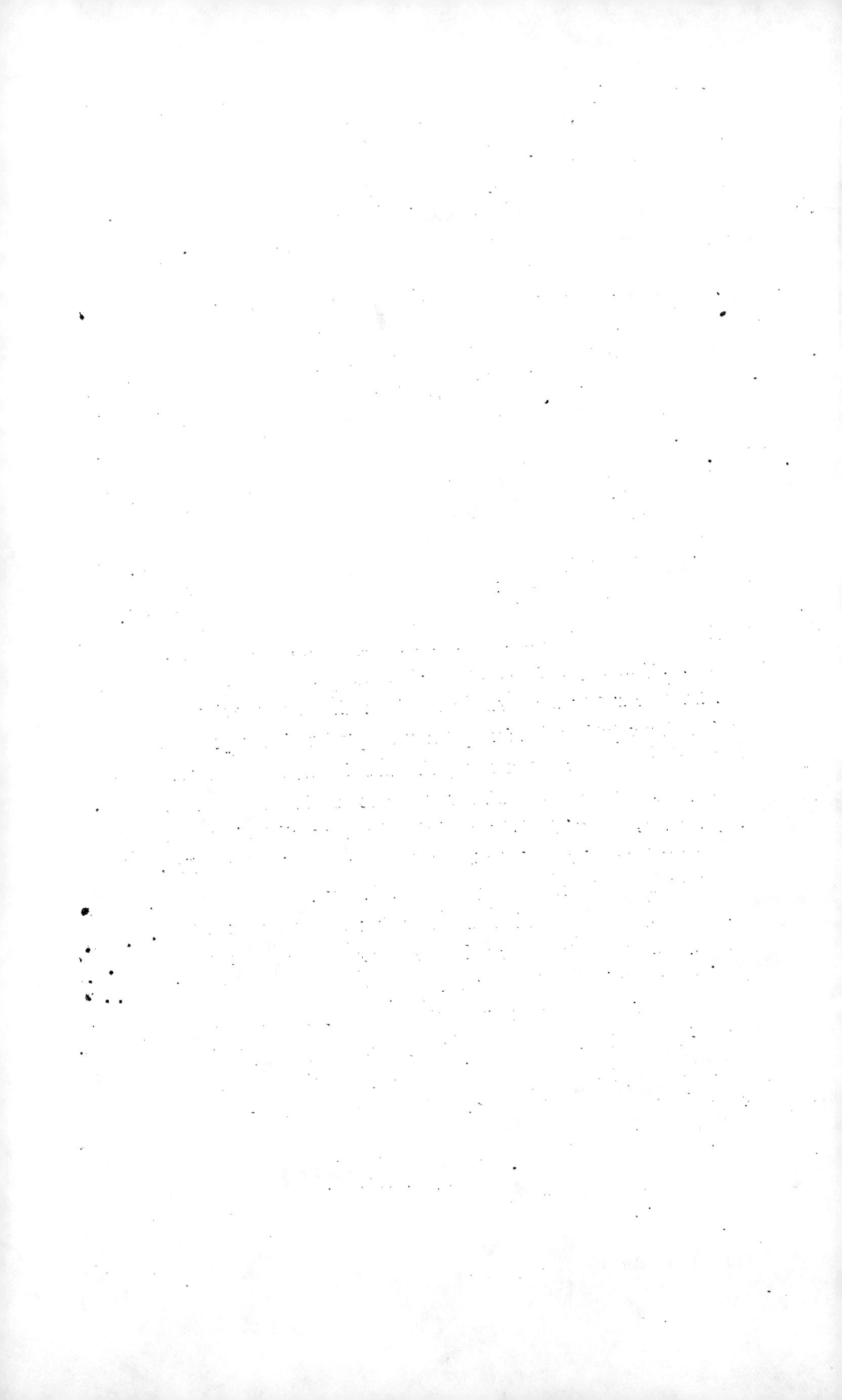

INTRODUCTION.

J'ai été entraîné de très-bonne heure vers l'étude de la Botanique. Ce penchant inné et presque irrésistible était encore excité par les contrées que j'habite, les montagnes qui entourent mon heureuse patrie, et qui n'en sont éloignées que de quelques lieues. Tous les étés, j'allais visiter ces Alpes si fraîches, si riantes, et en même temps si majestueuses, où l'on rencontre à chaque pas des plantes nouvelles aussi remarquables par leur forme que par leur éclat. Je contemplais, avec un plaisir qui ne s'est jamais affaibli, ces riches tapis de fleurs, la plupart inconnues; j'admirais la beauté de leur feuillage, l'élégance de leurs formes, et je les cueillais pour en faire un herbier, que j'arrangeais d'après HALLER et LINNÉ, dont les ouvrages étaient alors à peu près les seuls connus, ou du moins les seuls à mon usage. J'eus bientôt classé la plupart des plantes qui étaient à ma portée, et je me lassai insensiblement d'une nomenclature un peu aride, où je n'apercevais rien de ce qui m'avait d'abord charmé. Je me mis alors à observer de plus près les divers organes des végétaux, à étudier leurs formes variées, à me rendre compte des diversités que je remarquais dans leur végétation, leur estivation, leur fécondation, leur dissémination, etc. Je recommençai ainsi sous un nouveau plan toutes mes études botaniques, et, au lieu d'une science auparavant circonscrite, je trouvai un champ immense, une source intarissable d'observations pleines d'intérêt, où le moindre végétal me fournissait souvent des sujets nombreux de réflexion. A mesure que je rencontrais des faits qui me paraissaient dignes d'être remarqués, je les consignais dans des notes, et c'est le recueil de ces notes éparses que je présente aujourd'hui. Il s'en trouve qui étaient nouvelles lorsque je les rédigeai pour la première fois, et qui ne le sont plus aujourd'hui. Il en est d'autres qui ont beaucoup moins d'importance sans doute que je ne leur en attribue. Plusieurs sont minutieuses, ou résultent d'observations mal faites et pour lesquelles je réclame l'indulgence. Mais enfin il en est peut-être quelques-unes qui mériteront d'être accueillies, et qui fourniront aux botanistes observateurs de nouveaux points de vue.

J'ai été précédé dans la carrière où j'entre aujourd'hui, par cet immortel Linné qui a ouvert, pour ainsi dire, toutes les routes de l'Histoire Naturelle. Ses *Amœnitates academicœ* sont pleines de remarques du même genre, tantôt indiquées, tantôt développées avec soin ; on trouve encore dans ses diverses Préfaces, ses Systèmes, ses *Genera,* et surtout ses *Species,* une multitude de ces notes intéressantes qui sauvent l'ennui des descriptions, et réjouissent l'esprit. Haller, qui aurait pu avancer si fort cette même étude, semble, au contraire, l'avoir dédaignée. Mais elle a pris un nouvel essor par les travaux des inventeurs ou des partisans de la méthode naturelle, des Jussieu, des Gærtner, des De Candolle, et ensuite par celle des botanistes philosophes, tels que les Brown, les Richard, les Mirbel, les Du Petit-Thouars, les Corrba, les Auguste Saint-Hilaire, etc. Toutefois les objets que ces divers savants considèrent, ne sont pas ceux qui m'occupent principalement ; l'auteur dont les vues se rapprochent le plus des miennes, est M. Cassini, et je me plais à dire que j'ai retrouvé dans ses différents ouvrages, et surtout dans ses *Opuscules phytologiques* publiés en deux volumes en 1825, l'esprit et les principes qui m'ont souvent dirigé dans mon travail.

J'ai donné à cet ouvrage le titre ambitieux d'*Histoire physiologique des Plantes d'Europe,* et je sens plus que personne combien je suis loin de tenir ce que je promets. J'aurais dû publier cet essai sous le nom beaucoup plus convenable d'*Études* ou d'*Observations ;* mais les libraires ne s'accommodent pas plus que les auteurs de ces titres modestes, qui nuisent, disent-ils, à la réputation, et par conséquent à la vente d'un livre.

J'avais d'abord eu le dessein de faire l'Histoire générale des genres ; mais j'ai bientôt compris combien cette entreprise était au-dessus de mes forces, et je l'ai restreinte aux seuls genres d'Europe : encore comprendra-t-on facilement que je n'ai pas pu les observer tous, parce que plusieurs n'étaient point à ma portée, et ne se trouvaient pas non plus dans les jardins. Je donne dans cette Histoire ce que j'appelle la physiologie du genre, non pas la structure et l'organisation particulière des espèces qui le composent, ce qui est une étude nouvelle et jusqu'à présent fort peu avancée, mais son mode de végétation, de développement, de fécondation, etc.; les phénomènes particuliers qu'il présente; ceux qui sont propres à chaque espèce; en un mot, ce que j'appelle la manière d'être et les mœurs du genre.

Il va sans dire que toutes les observations que je présente ne m'appartiennent pas en propre; j'ai profité de celles qui ont été faites, sous le même point de vue, par les divers botanistes, et en particulier des nombreuses monographies publiées de nos jours. J'ai cité, autant que je l'ai pu, les auteurs dont j'ai emprunté quelques faits, et je prie ceux que j'aurais involontairement oubliés, de vouloir accepter ici mes sincères excuses.

Je demande d'avance qu'on me pardonne aussi toutes les observavations mal faites, toutes les inexactitudes qui peuvent m'avoir échappé. J'ai beaucoup vu de mes yeux, et avec le secours de la loupe; j'ai répété mes observations toutes les fois que l'occasion s'en est présentée, et je les ai plus d'une fois rectifiées; mais dans un travail d'une si longue haleine, il est impossible que l'esprit ne se relâche pas quelquefois, et ne laisse échapper des phénomènes qu'il aurait pu saisir avec un redoublement d'attention.

J'aurais beaucoup mieux fait, sans doute, de me borner à quelques genres, ou du moins à quelques familles que j'aurais étudiées avec plus de soin, et qui auraient ainsi fourni l'exécution bien plus parfaite du plan que je me suis proposé. Mais d'abord mes observations ont été recueillies, à mesure qu'elles se sont présentées, tantôt sur un genre, tantôt sur un autre, et j'ai pris la seule forme qui pût les reproduire avec quelque intérêt. Ensuite, j'ai considéré qu'il y aurait quelque avantage d'offrir pour chaque genre, les observations déjà faites, quelque incomplètes qu'elles fussent. L'ouvrage fera ainsi un tout, dont les diverses parties seront tantôt bien, tantôt mal exécutées, et les botanistes qui verront d'un seul coup-d'œil ce qui reste à perfectionner, trouveront du plaisir à vérifier par eux-mêmes les faits que j'indique, ils les rectifieront, ils les confirmeront, surtout ils les compléteront, et cette nouvelle manière d'envisager la botanique, ne tardera pas, si elle est goûtée, à prendre de grands développements.

Un de mes buts, en composant cet ouvrage, est de ramener la science à sa vraie destination, c'est-à-dire de la faire servir à manifester les témoignages multipliés de l'Intelligence et de la Sagesse infinies. Sans doute que nous avons les plus grandes obligations à tous les auteurs systématiques qui ont décrit et s'occupent tous les jours à décrire les nombreux végétaux dont cette terre est couverte, et qui les distribuent en familles, genres, espèces et variétés ; leur travail est la base sur laquelle reposent tous les autres, et il doit être encouragé de toutes manières. Les naturalistes qui entreprennent des voyages lointains, et s'exposent ainsi à mille privations, pour rassembler des végétaux encore inconnus, élèvent le superbe édifice de la science, et méritent aussi notre vive gratitude. Mais ces descriptions, si indispensables pour la pleine connaissance de la plante à laquelle elles s'appliquent, et si nécessaires à celui qui s'occupe des mêmes objets, ne sont pas faites pour intéresser le commun des lecteurs. Ce que nous voulons savoir, c'est la manière dont le Créateur s'est plu à différencier les espèces d'un même genre ; ce sont les formes variées de leur végétation ; les moyens dont elles ont été pourvues pour se défendre contre leurs divers ennemis et les nombreuses intempéries des saisons ; ce sont ces mouvements singuliers, organiques, et jusqu'à présent inexplicables, par lesquels les plantes sortent de la classe des êtres bruts, pour prendre quelques-uns des attributs d'une sensibilité confuse, ou, si l'on veut, d'un instinct particulier. En un mot, ce sont ces rapports de but et de moyen, ces causes finales auxquelles tout ramène l'homme dans la contemplation de la nature.

Je sais bien qu'on en a étrangement abusé, et qu'on en abuse tous les jours dans les ouvrages destinés à la jeunesse ; mais cela n'empêche pas qu'elles ne soient le dernier but de l'Histoire naturelle, et la dernière conséquence que les hommes éclairés tirent, comme malgré eux, de leurs méditations sur le système de l'univers ; c'est même le seul point de vue qui puisse intéresser le grand nombre. Eh ! que me fait à moi cette infinie variété qui règne dans les êtres organisés, dans leurs différents modes d'accroissement et de reproduction, si je n'y vois que des effets du hasard, des arrangements indéterminés et sans but ? Mais si je suis capable d'assigner les causes de ces arrangements, si je découvre que les uns sont destinés à protéger l'enfance de la plante, les autres à favoriser sa fécondation, sa reproduction, la conservation et la dissémination de ses graines ; si je reconnais qu'entre plusieurs combinaisons également possibles, celle qui a été choisie était celle qui menait le plus sûrement au but ; enfin, si j'aperçois dans certains cas, l'auteur de la nature, luttant contre les accidents imprévus, modifiant ses lois selon ses besoins, réparant les désordres par un nouvel ordre, sorti de l'ordre ancien ; alors je ne me trouve plus jeté, comme au hasard dans une mer sans rives ; mais je sens auprès de moi, et à mes côtés, une intelligence et une sagesse qui excitent à chaque moment mon admiration la plus profonde ; je découvre un Être infiniment bon, qui, quoique invisible, m'associe à ses desseins, se plaît à me dévoiler les merveilles de ses ouvrages, et j'en tire la conséquence qu'il ne saurait être indifférent à mon sort, et que, puisqu'il a réglé avec tant de soin le monde physique, il a arrangé avec plus de prévoyance encore le monde moral, que je contemplerai un jour dans toute sa magnificence.

Voilà les pensées auxquelles s'élève toujours plus ou moins le botaniste observateur, et c'est dans ce sens qu'on a dit avec beaucoup de raison, que l'étude de la nature rendait l'homme plus religieux. Elle l'éloigne, en effet, du théâtre où se débattent avec tant d'agitation les nombreux intérêts de cette vie; elle ouvre à son immense activité une carrière noble et infinie; elle lui prodigue des plaisirs purs, qui le suivent partout, et lui font supporter avec moins d'amertume les mécomptes et les peines cuisantes, qui sont trop souvent notre partage sur cette terre.

J'ai tâché de faire passer quelques-uns de ces sentiments dans cet ouvrage, non pas en les énonçant d'une manière directe, mais en présentant des observations qui amènent insensiblement mes lecteurs à des réflexions du même genre; en leur montrant dans les plantes des êtres vivants, dont les uns ouvrent leurs pétales à la lumière et les referment à l'humidité; dont les autres protégent avec soin le pollen de leurs anthères ou leurs graines non encore mûres, et qui toutes arrivent au but proposé, celui de la conservation et de la dissémination, par des moyens aussi nombreux et variés qu'admirables et inattendus.

On s'est trop astreint, en botanique, à la description des apparences extérieures, et l'on a trop négligé ces caractères plus délicats et plus fugitifs que je viens d'indiquer; cependant ils sont plus constants que ceux que l'on tire tous les jours des formes des tiges ou des feuilles, des poils qui recouvrent leur surface, et d'autres circonstances semblables. Il est sûr qu'une plante fermera sa corolle; qu'une autre la conservera toujours ouverte; que cette corolle tombera ou persistera selon les espèces; que les anthères se disposeront d'une certaine manière pour l'émission de leur poussière; que la fécondation s'opérera, ou dans l'intérieur ou au dehors; que les péricarpes s'ouvriront d'une certaine manière et non pas d'une autre; en un mot, que les diverses espèces conserveront jusqu'à la fin les mœurs et les habitudes avec lesquelles elles ont été créées.

J'ai examiné et décrit la plupart des plantes vivant et exécutant leurs diverses fonctions; car ce n'est qu'alors qu'on observe sûrement les phénomènes qu'elles présentent, et qui étaient le principal objet de mes recherches. On ne peut connaître, en effet, à aucune autre époque, les mouvements de leurs feuilles et de leurs pétales, le mode de leur fécondation, l'existence et la place vraie de leurs nectaires, la dissémination de leurs graines, leur germination, et cette foule de circonstances qui distinguent un genre et souvent un végétal d'un autre. Mais on comprend que non-seulement, comme je l'ai déjà dit, je n'ai pas eu tous les genres à ma disposition, mais que je n'ai pu observer vivantes un très-grand nombre d'espèces : celles dont j'aurais le plus désiré la vue, habitaient des lieux éloignés, des montagnes inaccessibles, les contrées glacées du Nord, ou les bords éloignés de la Méditerranée. J'ai bien fait quelques voyages pour les surprendre croissant et fleurissant dans leur patrie, et j'ai souvent obtenu de cette manière de vives jouissances; mais je n'ai pas toujours été heureux, et je suis souvent obligé de m'en rapporter à des témoignages étrangers, sur des faits que j'avais vivement désiré de constater.

J'étais d'abord affligé de cette grande imperfection que je laissais dans mon travail. Mais j'ai réfléchi qu'il me suffisait de tracer la route, et qu'il était très-convenable d'indiquer aux botanistes des autres contrées, ou à ceux qui se consacrent à des voyages éloignés, quelques-uns des objets de recherche qui peuvent les occuper. Ils vérifieront à loisir une foule de faits que nous connaissons mal, et qui pourtant servent à perfectionner la science et à étendre nos vues sur les procédés de la nature, pour l'accomplissement de ses desseins. Ils verront, par exemple, si les *Utriculaires* des Indes se conservent en hiver comme les nôtres, si les *Loranthes* germent comme notre *Gui*, si les *Orobanches* étrangères ressemblent aux indigènes dans leur manière de vivre. Ils constateront les divers modes de germination de ces nombreuses parasites, dont sont remplies les forêts équinoxiales; et au milieu de cette riche végétation qui embellit ces climats brûlants, ils découvriront une foule de phénomènes nouveaux dont nous n'avons peut-être encore aucune idée.

J'ai suivi, dans la distribution de mes genres, la méthode naturelle, et j'ai adopté à peu près toutes les divisions que DE CANDOLLE a proposées dans son Prodrome. Mon but, dans cet arrangement, a été de placer les uns auprès des autres, les genres qui ont plus de rapports entre eux, et de les classer eux-mêmes en familles, afin de pouvoir réunir sous un seul point de vue, les phénomènes qui sont propres à ces familles, ou qui appartiennent en commun à tous leurs genres. Je ne me suis pas astreint aux plantes d'Europe; j'ai encore mentionné celles qui sont cultivées communément dans les jardins des amateurs ou dans ceux des botanistes; et toutes les fois qu'une plante étrangère, et même très-peu répandue, m'a offert quelque arrangement ou quelque observation nouvelle, je n'ai pas craint de l'énoncer, afin d'attirer l'attention des botanistes sur les végétaux du même genre.

Je ne suis entré dans aucune discussion sur la méthode naturelle, qui doit être traitée par les maîtres de la science, et qui suppose des connaissances beaucoup plus étendues que les miennes. Cependant je n'ai pu m'empêcher de distinguer des espèces que j'appelle *types* ou *primitives*, qui renferment des caractères particuliers, et autour desquelles viennent se ranger les espèces secondaires : ces types m'étaient nécessaires, parce que les espèces qu'ils renferment présentent les mêmes phénomènes, et répondent à peu près aux divisions de LINNÉ, et encore mieux aux sections de DE CANDOLLE; mais ils sont moins étendus, et ils ne doivent comprendre que des plantes bien liées entre elles. J'ai fait sûrement des erreurs dans les espèces dont j'ai composé mes types, parce que je ne les connaissais pas toujours suffisamment; mais je crois avoir établi une distinction utile.

Ce sont ces types, tels que je les conçois, qui forment les vraies associations naturelles, et un genre n'est vraiment naturel que lorsque toutes ses espèces appartiennent au même type. Mais il faut bien former des genres, comme il faut établir des familles, des tribus et des classes; quoi qu'on puisse, je crois, soutenir avec vérité qu'il y a peu de genres, de familles, de tribus et de classes, qui soient entièrement naturels. Les végétaux qui couvrent cette terre n'ont pas été formés pour nos classifications, et ils ne sont pas liés entre eux par des rapports également intimes. Ici les rangs sont serrés, là, au contraire, ils sont éloignés. Il y a évidemment plus de rapports entre les genres des *Labiées*, des *Ombellifères*, des *Synanthérées*, qu'il n'y en a entre les espèces dont sont encore composés certains genres. Je considère donc l'ensemble des végétaux comme présentant aujourd'hui des groupes bien réunis et des plantes aberrantes. Ces groupes forment les vraies familles ou les vrais genres, selon le nombre des plantes qu'ils contiennent. Les végétaux aberrants ou mal liés entre eux, ne peuvent constituer en réalité ni familles ni genres; et on ne les réunit que parce que leur association est nécessaire à l'avancement de la science. Mais ces familles et ces genres bâtards se séparent au gré des botanistes, ou bien lorsque le nombre de leurs espèces est suffisamment accru, on en tire de vraies familles ou de vrais genres. Du reste, cette discussion est à peu près étrangère à mon sujet; je ne l'ai entamée que pour établir ma manière de voir, et pour justifier ceux qui réforment les genres souvent incorrects de LINNÉ. Il est bien vrai qu'en multipliant les noms, on rend la science plus difficile; mais cet inconvénient est beaucoup moindre que celui de réunir sous le même genre des plantes qui n'ont entre elles que des rapports éloignés.

Je n'ai point fait précéder mes descriptions d'un Traité de physiologie, d'abord parce que je n'avais rien à dire de nouveau sur cet objet, ensuite parce que je ne me fais pas une idée bien nette de cette science. Je comprends bien qu'il existe dans les végétaux une conformation générale qui est commune au plus grand nombre, et se rapporte principalement à leur structure intérieure; mais dans nos connaissances actuelles, cette conformation générale se réduit à peu de chose, car tout ici est plein d'anomalies et d'exceptions. J'ai cru plus utile de transporter ce que j'avais à dire à cet égard aux considérations particulières sur les familles et aux descriptions des genres. On prendra, je pense, bien plus d'intérêt à des phénomènes qui s'appliquent à toutes les espèces d'un genre, et quelquefois à tous les genres d'une famille, qu'à des faits qu'on énonce comme des lois et qui pourtant sont sujets à mille exceptions. On pourrait ensuite généraliser en rassemblant les phénomènes communs; et cette manière de composer la physiologie botanique des organes extérieurs des plantes, serait plus utile que ces compilations, où l'on s'étend beaucoup sur les objets connus, et où l'on garde un profond silence sur le grand nombre de ceux qui ne sont qu'entrevus, et qui mériteraient cependant d'être étudiés.

Cette forme nouvelle de physiologie végétale mérite d'autant plus d'être prise en considération, qu'il y a au moins autant de différences entre les familles des plantes qu'entre celles des animaux. Quels rapports y a-t-il entre les végétaux que l'on appelle acotylés et les autres? Et parmi ces premiers, en quoi les champignons ressemblent-ils aux lichens, les lichens aux mousses, les mousses aux conferves, les conferves aux moisissures, etc.? Dans les végétaux monocotylés, que de familles dont l'organisation n'a presque aucun rapport! Les plantes aquatiques sont-elles conformées comme les terrestres, les *Succulentes* comme les *Papilionacées*, les *Composées* comme les *Labiées?* Il me serait facile de multiplier les exemples; mais je crois en avoir assez dit pour prouver que les physiologies particulières sont aussi nécessaires pour arriver à une physiologie générale, que les monographies, pour le perfectionnement de la botanique descriptive; les unes et les autres sont l'ouvrage du temps, et s'obtiendront par les efforts assidus des vrais amis de la nature. Il faut laisser toutes ces flores particulières, qui n'apprennent à peu près rien (1) lorsqu'elles se bornent à des

---

(1) Il y en a, au contraire, qui apprennent beaucoup, comme l'Histoire des *Stirpes Helveticæ* de HALLER, celle de GAUDIN, etc.

énumérations faites mille fois, et entreprendre courageusement de solides recherches sur la structure intérieure, et les divers phénomènes que présentent, dans leurs développements successifs, les plantes surtout qui ont des caractères propres comme les *Cactus*, les *Nymphéacées*, les *Palmiers*, les *Ficoïdes*, les *Conifères*, etc. C'est à ceux qui séjournent dans ces belles contrées où la nature étale tous ses trésors, que j'adresse particulièrement ces invitations; dans nos climats froids ou tempérés; la végétation est pauvre, et ses produits sont aussi faibles que peu variés; mais dans ces terres éminemment végétatives, où des pluies abondantes fécondent un sol qui ne demande qu'à enfanter, les végétaux prennent des accroissements dont nous n'avons aucune idée. Ils nous offrent des variétés de formes, d'organisation, de port, qui nous étonnent même dans nos serres, où ils sont toujours rabougris. Qui pourra décrire tous les phénomènes de fécondation de ces immenses palmiers, de ces magnifiques *Cactus*, et de tous ces prodiges du monde végétal? Qui pourra observer toutes les formes de soutien et d'entortillement de ces lianes gigantesques, au-dessous desquelles les voyageurs trouvent des abris impénétrables? Qui sera assez heureux pour contempler vivantes toutes ces magnifiques fleurs, dont les formes sont si élégantes et les organes si artistement arrangés, tous ces mouvements de corolle, de calice, de feuilles et de fruits destinés à accomplir le grand œuvre de la reproduction, et à conduire les semences à une heureuse fin? Enfin qui pourra étudier à loisir toutes ces familles de plantes inconnues à nos climats, enrichies de tant d'espèces différentes, et qui fleurissent et multiplient sans cesse sous la zone torride, comme dans le grand laboratoire de la nature? Voilà les jouissances qui attendent ceux qui auront assez de courage, de fortune et de jeunesse, pour entreprendre des voyages lointains. Elles ont sûrement été déjà goûtées par un grand nombre de botanistes; mais ceux qui voudront en jouir pleinement, devront y être préparés par des études approfondies; car plus l'on connaît, plus l'on est désireux d'apprendre.

Je me suis particulièrement occupé de quelques objets qui m'ont paru jusqu'à présent assez négligés. Les botanistes nomenclateurs se sont contentés, en général, de distinguer les racines en fibreuses, bulbeuses, tubéreuses, etc., et ils ne sont entrés dans aucun détail sur les structures particulières à certains genres ou plutôt à certains types. Or, il existe dans cet organe les mêmes variétés que dans les autres. Les mêmes genres offrent même quelquefois de grandes différences à cet égard, comme on peut s'en assurer pour l'ail, l'iris, le muguet, où l'on observe au moins trois formes très-distinctes de racines.

Que de faits dignes d'être étudiés dans ces racines, que les botanistes confondent sous les dénominations de bulbes et de tubercules! Je me suis appliqué à faire connaître ces organisations particulières, souvent si propres à la distinction des espèces, et qui offrent de si beaux exemples de la diversité des moyens employés par la nature pour la conservation de l'individu, et par conséquent de l'espèce. J'ai donné surtout une grande attention à ces racines que les botanistes modernes désignent sous le nom de *rhizomes* ou de tiges souterraines, et qui ne me paraissent pas encore avoir été suffisamment étudiées.

Je porte le même jugement sur un organe que Linné a le premier fait connaître, et qu'il a désigné sous le nom de *nectaire*. La plupart des botanistes se sont élevés contre cette dénomination, et ont observé avec raison qu'elle s'appliquait indistinctement à des parties qui n'avaient entre elles aucune ressemblance : tantôt, en effet, c'était une glande, tantôt un pétale, ou bien un calice, une écaille, ou un corps d'une forme distincte. Ces différents organes, ou distillaient l'humeur miellée, ou ne faisaient que la recevoir, ou bien y étaient entièrement étrangers. Laissant là toutes ces discussions, je me suis contenté de reconnaître quelle était la partie d'une fleur, qui fournissait le suc nectarifère. J'ai trouvé ces organes excréteurs dans plusieurs plantes, où l'on ne supposait pas qu'ils existassent. Je les ai décrits tels que je les ai vus, et je regarde leur présence et leurs différentes formes, comme plus constantes que la plupart des caractères dont on se sert pour distinguer les espèces, et quelquefois aussi les genres. J'ai même été plus loin, et j'ai supposé que cette humeur miellée jouait un très-grand rôle dans l'acte de la fécondation, non pas en attirant les insectes qui agitent les étamines, et contribuent à l'émission de la poussière; mais en recevant et en dissolvant ce pollen, dont les émanations devenaient ensuite prolifiques. J'ai décrit dans les différents genres, la manière dont je supposais que cette action pouvait avoir lieu; et si je me suis trompé sur le mode, je n'ai pas été également dans l'erreur sur le résultat : car il n'est pas permis en bonne logique, au moins dans les ouvrages de la nature, d'imaginer qu'une sécrétion, qui est exactement coordonnée au grand acte de la fécondation, qui commence et finit avec elle, lui soit entièrement étrangère. Aussi quelques botanistes, frappés de cette coïncidence, et ne comprenant pas la nécessité de ce suc propre pour la fécondation, ont cru qu'il était destiné à fournir la première nourriture aux ovaires.

Du reste, je ne crois point que sa présence soit toujours indispensable, puisqu'il existe encore plusieurs plantes où je n'ai pas su en observer aucune trace. On doit donc admettre ici, comme ailleurs, la multiplicité des moyens pour atteindre au même but. Et, en effet, toutes les fois qu'un stigmate est papillaire, humide ou visqueux, on conçoit qu'il peut lui-même fixer et dissoudre le pollen, et je suis persuadé d'avance que l'on trouvera, en étudiant le grand sujet de la fécondation, que la nature l'opère souvent par des moyens que nous n'avions pas encore soupçonnés.

C'est aussi la raison pour laquelle j'ai décrit attentivement le mode d'ouverture, le jeu des anthères, la conformation et les mouvements divers des stigmates. Il existe, en effet, ici comme ailleurs, des phénomènes qui n'ont point encore été suffisamment examinés, et qui cependant s'offrent tous les jours à nos yeux. Les anthères s'approchent, s'écartent, se contournent dans certaines espèces, dans d'autres elles restent constamment immobiles. Ici, comme dans le châtaignier, le stigmate est un filet roide et corné, qui ne paraît offrir ni adhérence avec le pollen, ni communication avec l'ovaire ; là, au contraire, c'est une houppe artistement conformée, ou bien une ouverture pleine d'une liqueur alternativement émise et pompée, ou enfin une surface papillaire éminemment propre à la fonction qu'elle doit remplir. Tous ces faits et une foule d'autres méritent d'être consignés, et ils ne peuvent l'être que dans une description un peu étendue de familles, de genres ou même quelquefois d'espèces.

On n'imagine pas, combien cette botanique, que je puis appeler vivante, a d'intérêt et de charme. Dans nos herbiers, tout représente le silence de la mort ; tout est sans forme, sans grâce et sans symétrie. Mais dans la nature, au milieu de nos champs, de nos bois et de nos prairies, tout est frais et brillant des plus vives couleurs. On y voit à nu les divers phénomènes de la végétation, les mouvements variés des feuilles et des tiges, l'épanouissement des calices et des fleurs, l'appareil de la fécondation et la manière dont elle s'accomplit. On se plaît plus tard et à l'époque où la campagne a perdu une grande partie de sa parure, à contempler les moyens divers par lesquels les péricarpes s'ouvrent pour répandre leurs graines. On admire les artifices nombreux par lesquels ces graines s'accrochent, se cachent en terre, s'enfoncent dans l'eau ou se répandent au loin par leurs ailes, leurs enveloppes floconneuses ou leurs aigrettes flottantes. Rien de tout cela ne se retrouve dans les herbiers, qui ne présentent que des feuilles, des tiges et des organes déformés. Aussi je ne m'étonne guère de l'espèce d'effroi qu'ils causent à ceux qui ne sont pas botanistes de profession, et j'avoue que je ne les ai jamais visités avec plaisir, lorsque je n'avais pas pour but de m'assurer d'un fait particulier, ou de trouver quelques espèces nouvelles d'un genre qui avait fait d'avance l'objet de mes recherches. Cela n'empêche pas que ces collections, souvent l'objet de tant de travaux et de tant de soins, ne soient le précieux et unique fondement de toutes nos connaissances en botanique.

Un des organes les plus singuliers des végétaux, c'est celui qui est destiné à les soutenir dans leur accroissement : je veux parler des mains ou des vrilles. On considère aujourd'hui ces productions comme des pédoncules ou des pétioles avortés, et il faut bien avouer qu'il en est ainsi dans la plupart des cas. Mais le mot d'avortement présente à l'esprit une idée fausse d'imperfection et de désordre, là où il n'y a que de la sagesse et de la prévoyance. C'est pour ne pas multiplier inutilement les êtres, et pour opérer un plus grand nombre d'effets avec un petit nombre de moyens, que le Créateur a disposé les choses de cette manière. Dans la vigne, par exemple, les pédoncules qui paraissent les premiers, sont chargés de fleurs et acquièrent une grande consistance. Ceux qui sont placés plus haut sur la tige, et dont les fruits n'auraient pu aisément mûrir, se changent en vrilles, c'est-à-dire que, par une loi admirable, ils acquièrent la faculté de s'allonger, de se contourner et de se serrer fortement autour des corps qu'ils rencontrent, mais comme leur grand nombre aurait chargé inutilement la plante, et nui à son développement, on ne les trouve point à tous les nœuds. C'est pour la même raison que les feuilles inférieures des *Lathyrus*, des *Vicia*, des *Pisum*, n'ont point de vrilles, et que dans les supérieures, cet organe s'agrandit selon les circonstances. En examinant de près tout ce qui se rapporte à ce sujet, on trouve que chaque genre, ou plutôt chaque espèce, a des arrangements qui lui sont propres. Pour l'ordinaire, les vrilles qui ne rencontrent point d'appui, s'étiolent et se dessèchent, tandis que les autres végètent avec force. Quelquefois ces organes sont pourvus d'une sensibilité exquise, comme on le verra dans les *Sicyos* et dans la famille des *Cucurbitacées*; souvent ils se ramifient à leur extrémité, afin de se cramponner plus fortement à leur appui, où ils se terminent en mains qui s'implantent contre les murs, comme on le voit dans le *Lierre de Canada*. Et que dirai-je de ces tiges volubles les unes dans un sens, les autres dans un autre, et de celles qui, comme le *Lierre*, la *Bignone radicante*, jettent des crampons contre les corps qu'elles touchent. De tous ces faits et de plusieurs autres que nous supprimons ici, mais que nous énoncerons plus tard, on arrive à cette belle conséquence, que parmi les plantes à tige faible et à développement indéfini, il n'en est aucune qui ne présente quelque forme de soutien, tandis que parmi celles qui sont pourvues de tronc ou de tige solide, il n'en est aucune qui ait reçu un appui. S'il y avait des faits contraires à cette assertion, on

trouverait, en les examinant de plus près, qu'ils sont justifiés par quelque but particulier, et qu'ils confirment la loi, bien loin de la violer :
c'est ce qu'on verra, en effet, plus d'une fois, dans le cours de ces
descriptions.

Je ne me suis pas occupé spécialement de la Géographie botanique,
qui n'entrait pas dans mon plan. Mais j'ai indiqué, toutes les fois que
je l'ai pu, l'habitation et la station des diverses espèces de chaque
genre, parce qu'il m'a paru intéressant de faire connaître la manière
dont elles avaient été tantôt dispersées, tantôt réunies en petits
groupes, ou plutôt en associations distinctes, et formant ainsi ces
scènes pleines de charmes, ces tableaux si vivants et si multipliés qui
frappent à chaque instant l'ami de la nature. Car ce n'est rien d'observer une plante croissant dans les jardins où nous l'avons empri-
sonnée. Il faut la voir dans sa beauté native, dans sa patrie, au milieu
de ses compagnes dont elle emprunte une partie de ses grâces, et dont
elle contribue à son tour à relever l'éclat ; c'est sur les lisières des bois,
au milieu des prairies, sur les pentes arides des montagnes, sur leurs
sommités élevées, sur les bords des ruisseaux, des lacs, des marais,
qu'il faut les contempler pour se faire une juste idée de leur fraîcheur,
de leur élégance, de leurs formes et de leurs parfums. Il y a dans ce
spectacle des effets magiques que l'on ne se lasse point d'admirer, et
que j'ai essayé de retracer toutes les fois que j'ai eu le bonheur d'en
être le témoin.

Il va sans dire que ces descriptions de plantes, toujours semblables
et à peu près toujours formées des mêmes organes, n'intéresseront
qu'un petit nombre de lecteurs, et ne présenteront aux autres qu'une
répétition monotone et par conséquent ennuyeuse des mêmes objets.
Aussi ce livre n'est-il destiné qu'aux diverses personnes qui s'occupent
de botanique. C'est après avoir acquis la connaissance d'un grand
nombre d'espèces, et avoir examiné avec soin leurs différences d'organes, que l'on doit lire l'histoire de leurs genres. On pourra y rencontrer alors des remarques qui paraîtront nouvelles, des phénomènes
qu'on n'avait pas aperçus, et des réflexions générales dignes de quelque
attention. J'ai goûté beaucoup de jouissances dans cette étude, et si
j'ai réussi à en faire éprouver quelques-unes à ceux qui entreront dans
ma manière de voir, j'aurai obtenu toute la récompense que je désire.

Ceci me ramène naturellement à ces idées de symétrie, qui ont
présidé, dit-on, à l'organisation de tous les végétaux, et qui ne sont
voilées que par des avortements, des développements extraordinaires ou
des soudures. C'est là, en peu de mots, le système de l'illustre auteur
de la *Théorie élémentaire*, dont les opinions acquièrent chaque jour

plus de faveur. Et, en effet, il est impossible de ne pas reconnaître dans une multitude de cas, des phénomènes de ce genre. Les ovaires de plusieurs plantes perdent par la maturation une partie de leurs loges primitives, les graines avortent régulièrement en plus ou moins grand nombre, ainsi que les étamines et même les styles. Enfin, l'on peut voir quelquefois, dans plusieurs *Personées*, des étamines d'abord bien conformées, qui sont ensuite mutilées, et dans les *Labiées*, des filets symétriquement placés, qui se contournant au sein de la corolle non développée, viennent ensuite s'étendre parallèlement sous la lèvre supérieure. Tous ces phénomènes et plusieurs autres semblables qui s'opèrent chaque jour, indiquent que non-seulement il y a dans les plantes un dérangement de forme primitive, mais de plus que ce changement ne remonte pas très-loin, et qu'au contraire il s'opère souvent en partie sous nos yeux. Ce n'est pas un désordre, c'est au contraire une disposition prédéterminée, qui a pour but, comme j'ai tâché de le faire voir, de donner aux diverses parties de la fleur, la forme et la position les plus favorables à la conservation de l'espèce. Je reçois donc avec plaisir l'ensemble d'un système auquel je ne puis me refuser, d'autant plus qu'il ne blesse point mes idées d'ordre et de sagesse conservatrice, et qu'au contraire il les étend et les perfectionne. Mais si je suis jusque là d'accord avec les partisans de cette théorie, aussi profonde que remarquable, je ne peux plus les suivre avec la même confiance dans les conséquences indéfinies qu'ils en tirent, et que j'exposerai lorsque les circonstances le demanderont. Leurs opinions, qui gâtaient d'abord pour moi le spectacle de la nature, parce qu'elles semblaient me ramener à des idées de force mécanique et d'arrangements nécessaires, comme ceux qui ont lieu dans nos cristaux, ne me troublent plus aujourd'hui, parce que je vois autant de puissance et de sagesse à tirer de matériaux bruts et uniformes un ensemble parfait, qu'à ordonner tout à la fois et primitivement ce bel ensemble. Cependant je ne puis croire que le Créateur ait tout fait sortir du même type, ou si l'on veut du même moule; qu'il n'ait pas multiplié les formes primitives comme les secondaires, et je ne puis concevoir comment des êtres originairement tout semblables auraient pu donner naissance à des variations si merveilleuses; il fallait bien qu'il y eût dans ces formes, que vous regardez comme semblables, des qualités internes et des forces d'où procédassent les différences qui frappent aujourd'hui nos yeux.

Ce système de symétrie, quelque remarquable qu'il paraisse, est loin de rendre compte de cette botanique que j'appelle supérieure, et qui fait le principal but de mon ouvrage. Pourquoi les plantes sont-

elles si variées en organisation et en durée ? Pourquoi leurs racines
ne sont-elles pas toutes semblablement conformées ? Pourquoi les
unes ont-elles des appuis, tandis que les autres en sont privées ? D'où
viennent les formes si différentes de leurs fleurs, les mouvements si
diversifiés de leurs calices, de leurs pétales, de leurs étamines ? Pourquoi certains péricarpes restent-ils fermés ? Pourquoi d'autres lancent-
ils leurs semences avec élasticité ? Pourquoi les uns s'ouvrent-ils au
sommet, les autres horizontalement par leur milieu, ou bien à leur
base par des pores ? Toutes ces questions et d'autres semblables ne
sont pas résolues par les lois de la symétrie, elles supposent, quoi
qu'on fasse, une sagesse ordonnatrice qui a combiné les moyens avec
le but, qui a approprié le spectacle de la nature à nos yeux et à notre
intelligence, comme elle a disposé ses nombreuses productions pour
nos différents besoins.

Cet ouvrage devait être accompagné de figures destinées à représenter des organes dont je voulais donner une idée plus nette, ou
des arrangements particuliers toujours difficiles à décrire exactement.
La personne qui s'était chargée de cette tâche était celle à qui je
devais les dessins de mes *Conferves*, de mes *Prêles*, de mes *Orobanches*, etc., la compagne de tous mes travaux. Je ne l'ai plus, et je
trouve de la consolation à m'occuper des mêmes objets dont nous
nous entretenions ensemble, et sur lesquels elle m'éclairait de ses précieux avis. Elle est ainsi toujours présente.

Je termine cette Introduction comme les précédentes, en remplissant un devoir qui me devient tous les jours plus doux, celui de témoi-
gner ma vive gratitude à mon compatriote M. De Candolle, pour
son inépuisable obligeance. C'est lui qui a fondé dans nos murs ce
jardin qui m'a été si utile ; c'est à lui que je m'adresse quand j'ai besoin
de conseils, de livres ou de plantes. Il m'a communiqué ses mémoires
et même ses travaux inédits avec une libéralité sans exemple. C'est
ainsi qu'on aime la science et que l'on concourt à ses progrès.

1er Mai 1830.

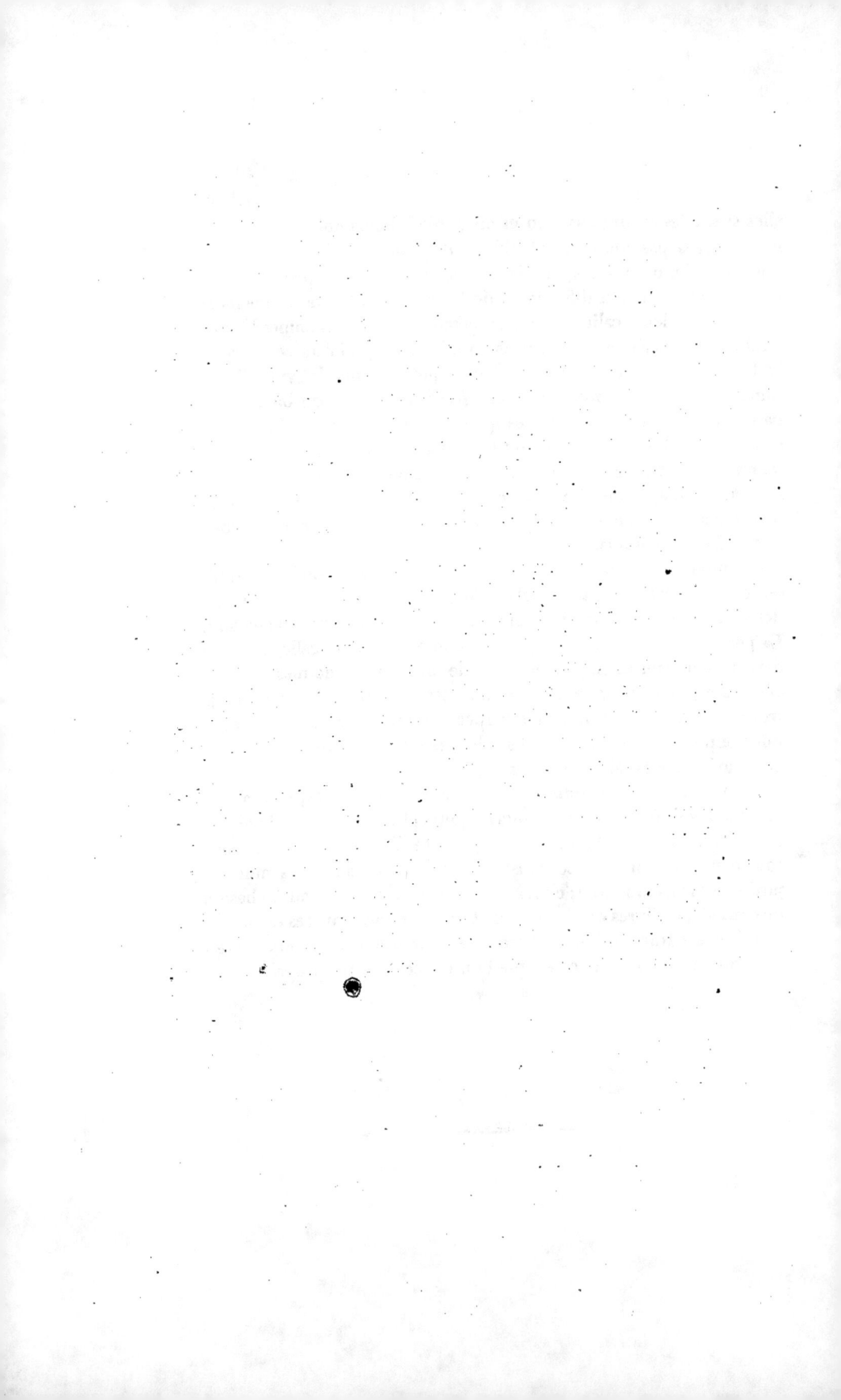

SECONDE INTRODUCTION.

J'avais entrepris, en 1830, la publication de cet ouvrage, et je ne l'aurais pas interrompue si les circonstances avaient été meilleures ; mais, comme tous les esprits étaient alors préoccupés des événements politiques qui agitaient l'Europe et surtout la France, j'ai cru convenable de suspendre mon projet et d'en renvoyer la continuation à des temps plus heureux.

J'ai profité de cet intervalle pour rendre cet essai plus digne de l'attention des botanistes : non-seulement j'ai entrepris plusieurs voyages, afin d'étudier diverses plantes que je n'avais pas encore vues vivantes, ou de visiter les jardins publics et particuliers qui étaient à ma portée ; mais j'ai consulté la plupart des livres dont je pouvais espérer quelques secours, j'ai lu les différents mémoires qui avaient des rapports avec mon sujet, en particulier ceux du Museum, des Annales des sciences naturelles et des collections académiques les plus estimées ; je citerai, toutes les fois que l'occasion s'en présentera, les auteurs qui m'ont fourni des remarques sur les familles, les genres ou même les espèces que j'ai décrits.

Je publie aujourd'hui mon ouvrage dans son entier ; le premier volume, qui a paru il y a neuf ans, s'y trouve compris, mais il a reçu des additions nombreuses, et j'y ai inséré quelques observations nouvelles et importantes.

J'ai pris pour guide, dans l'exposition des familles, mon savant ami, M. le professeur DE CANDOLLE, à qui j'ai chaque jour de nouvelles obligations; quand son *Prodromus*, qui est loin d'être fini, est venu à me manquer, je me suis trouvé comme errant dans un vaste désert, et j'ai cherché çà et là des fanaux pour éclairer ma route. Heureusement j'ai rencontré quelques points brillants, c'est-à-dire, des familles décrites par des auteurs placés au faîte de la science, en particulier les *Labiées* de BENTHAM, les *Graminées* de KUNTH, les *Antirrhinées* de CHAVANNES, etc.; mais ces lumières éparses étaient séparées par des ténèbres plus ou moins profondes, ou, ce qui est la même chose, par des familles et surtout par des genres mal circonscrits, qui présentaient par conséquent des espèces flottantes, et sur lesquelles je ne pouvais pas généraliser mes observations.

J'ai fidèlement suivi le plan que je m'étais tracé dès l'origine, et je suis resté étranger à tout ce qui concerne la physiologie végétale proprement dite, c'est-à-dire, l'organisation intérieure de la plante, de l'écorce, du liber, du bois, du parenchyme, la nature et les fonctions des divers vaisseaux, la marche de la sève, les différents modes de nutrition, de sécrétion, etc., en un mot, cette nombreuse suite de questions qui occupent beaucoup les physiologistes de nos jours, et sur lesquelles les microscopes continuellement perfectionnés donneront sans doute, plus tard, de grandes connaissances.

J'ai tâché de me faire une idée claire de cette symétrie primitive qui a présidé à la conformation des végétaux, et de laquelle dépendent encore leurs divers développements; mais je n'ai pas pu la ramener à une forme unique, car, au contraire, j'ai été forcé, surtout dans les *Cryptogames*, d'en supposer autant qu'il y avait de familles distinctes, celle des *Champignons*, celle des *Mousses*, celle des différentes *Algues*, etc.; de même, je n'ai pas dû, dans les *Phanérogames*, confondre le type des *Graminées* ou celui des *Liliacées* avec celui des *Crucifères*, ni celui des *Crucifères* avec celui des *Malvacées*, des *Légumineuses*, etc. J'en ai donc conclu qu'on ne pouvait se dispenser d'admettre dans les végétaux, comme dans les animaux, un grand nombre de types ou de formations distinctes, et non réductibles; mais qu'il n'en existait pas moins, dans quelques-uns de leurs organes pris séparément, une vraie symétrie, par exemple dans les deux côtés de leurs feuilles, de leurs sépales, de leurs pétales et même de leurs anthères. On trouve même quelquefois de la symétrie, mais plus souvent de la régularité, dans la disposition relative des divers organes floraux, des corolles, des calices, des étamines et souvent des carpelles. On voit la même régularité dans les insertions variées des feuilles sur les tiges ; mais ces insertions ne conservent leur régularité que près de la base, si du moins les tiges doivent porter des fleurs ; car plus haut et dans les inflorescences, elles sont modifiées au point qu'il est difficile d'assigner les divers ordres auxquels elles appartiennent. Il y a donc ici un arrangement nouveau, une loi supérieure à la précédente, et qui se rapporte aux fonctions les plus importantes des végétaux, c'est-à-dire, à leur fécondation et à leur dissémination. C'est en vertu de cette loi que les diverses soudures s'opèrent, que les feuilles se rapprochent en verticilles, qu'elles se transforment en calices, corolles, étamines, anthères et carpelles, tantôt disposés sur un seul rang, tantôt sur plusieurs, et presque toujours alternes les uns aux autres.

Mon principal but, dans cet ouvrage, c'est l'exposition des diverses forces vitales qui se développent dans ces nombreuses transformations que je viens d'indiquer, et surtout aux grandes époques de la floraison, de la maturation et de la dissémination. J'entends par ces forces, celles qui donnent naissance à des phénomènes dont nous ne pouvons pas assigner la cause mécanique dans l'état actuel de la science, et qui se manifestent surtout par des mouvements et des arrangements dont le but est évidemment la conservation ou la reproduction de l'être, comme nous le verrons plus tard dans les descriptions de genre ou d'espèce.

Ce qui frappe surtout les regards, dans les règnes organiques, c'est la simplicité du but et la magnificence de l'exécution. Le but est évidemment la permanence des espèces, laquelle aurait pu s'opérer, sans fécondation préalable, par de simples gemmes que le vent ou tout autre agent aurait dispersées ; or, au lieu de ces gemmes uniformes qui n'auraient donné aucune idée d'un être intelligent, ou qui n'en auraient donné qu'une très-contestée, voyez la multiplicité et la variété infinie des moyens mis en œuvre pour arriver au but proposé : non-seulement il y a des racines longuement traçantes, des stolons de diverses sortes, des branches qui s'enracinent, des bulbilles et des gemmes qui se répandent, des boutures naturelles, etc. ; mais il y a, de plus, des formes très-nombreuses de fécondation, et dans chacune de ces formes des organes fécondateurs disposés en vue des organes floraux qui les accompagnent et les protégent ; et ce que je dis des divers modes de fécondation, doit s'appliquer également à la structure des capsules, à la disposition et à la dissémination de leurs graines.

Or pourquoi, je vous prie, cette variété infinie dans la structure des plantes et surtout dans celle de leurs fleurs ? Est-ce pour satisfaire aux besoins d'une nature insensible, ou à ceux d'animaux incapables de l'apercevoir ? N'est-ce pas évidemment à l'homme qu'elle s'adresse ici-bas, et n'est-ce pas à lui seul qu'il appartient d'y lire en grands caractères la première et la plus importante de toutes les vérités, qu'il y a un Être source de toute intelligence, que cet Être est sans cesse présent à toutes les parties de son ouvrage, qu'il a voulu et qu'il veut encore que l'homme, sa créature intelligente, le contemple dans ses œuvres ?

Je suppose que je sois jeté dans un désert où je ne découvre aucune trace d'homme : je vois bien un ciel déroulé au-dessus de ma tête, et je sens bien l'influence d'un soleil qui m'éclaire ; du reste, je n'aperçois rien de plus ; mais si j'incline mes regards sur la terre, j'y trouve des plantes avec leurs fleurs ou leurs fruits, et si je ne suis pas étranger à l'étude de la nature, je vois se développer sous mes yeux des formes nouvelles, témoignages touchants de l'existence de cet être qui m'a déjà parlé tant de fois dans son muet langage ; et les gages qu'il me donne de sa toute-présence, et que je contemple avec délices, sont, je vous l'assure, pour les âmes capables de les reconnaître, une des plus vives jouissances qu'elles puissent éprouver sur cette terre.

Faites traverser dans un beau jour, à un botaniste tel que je le suppose, un des passages de nos Alpes : chaque pas qu'il fait dans ce chemin, qu'il ne parcourt jamais qu'à pied, est accompagné d'une sensation nouvelle ; ici, c'est une plante qu'il a vu autrefois, et qui lui rappelle un précieux souvenir ; là, c'est une plante inconnue qu'il ne se lasse point de contempler, et dont la structure florale lui apprend ou lui confirme quelque secret d'organisation supérieure ; à côté, sont des végétaux solitaires qui le charment par l'élégance de leur port ; plus loin, des gazons verdoyants formés par des plantes sociales ; et quand il arrive au sommet du passage, dans ces jardins de la nature, où les végétaux les plus rares se sont comme donné rendez-vous, il ne peut plus continuer sa route, il s'assied pour s'extasier à loisir, pour examiner curieusement dans leur structure florale ces plantes pleines de mouvement et de vie, et il rapporte de sa contemplation studieuse des trésors de faits inconnus, qui lui appartiennent bien plus, et élèvent bien plus ses pensées, que ces autres trésors que nous poursuivons avec tant d'ardeur.

Quand j'entreprends une excursion dans des contrées que j'ai déjà parcourues, je me dis : Je vérifierai ces faits que je ne puis encore considérer comme certains ; je cueillerai en fleur cette plante que je n'ai encore rencontrée qu'en graine ou que je n'ai pas encore eu le bonheur de voir ; enfin je ferai des observations que j'ai jusqu'à présent négligées, ou seulement entrevues. Mais, si je dois visiter des contrées inconnues et riches en plantes rares, des montagnes, des rivages, jugez des jouissances intérieures et pures auxquelles je me prépare, et qui ne me font jamais éprouver de mécompte.

La botanique a, comme toutes les sciences naturelles, une étendue infinie, car le nombre des végétaux actuellement connus approche de quatre-vingt mille, et il doit encore long-temps s'accroître. Or il n'est donné à personne de réunir, et surtout de voir en pleine vie une telle multitude de plantes; et, quand on le pourrait, il resterait encore à les étudier dans leur conformation, et surtout dans leurs mœurs, c'est-à-dire, dans leur organisation supérieure. Mais cet état de choses est très-avantageux pour nous, car, au moyen de cette dispersion indéfinie, chaque homme a auprès de lui un trésor qui lui appartient en propre et dont il peut jouir sans nuire à personne; il y a plus : l'Américain ou l'Européen, en changeant mutuellement de patrie, trouveront chacun à leur portée des végétaux qui leur étaient autrefois inconnus, et s'ils sont botanistes, ils auront un avant-goût de ces jouissances qui entraînent les naturalistes voyageurs à supporter tant de privations et à braver tant de dangers.

Pour donner un exemple de ces points de vue multipliés que présente l'étude de la botanique, je prends une fleur que j'étudie à ma manière, en m'adressant les questions suivantes : Cette fleur s'ouvre-t-elle ou reste-t-elle fermée? Si elle s'ouvre, tombe-t-elle le même jour, ou, ce qui est la même chose à peu près, sa fécondation s'accomplit-elle dans la journée? Les anthères sont-elles égales en hauteur aux stigmates, sont-elles placées plus haut ou plus bas que le tube corollaire ou même dans son intérieur; et dans ces trois ou quatre cas, comment la fécondation s'opère-t-elle? Les anthères sont-elles introrses, latérales ou extrorses? La fécondation est-elle directe ou indirecte, c'est-à-dire, les anthères fécondent-elles leurs propres fleurs ou les fleurs voisines? Est-elle intérieure ou extérieure, et quel rôle y joue le nectaire? Après la fécondation, le fruit est-il nu ou enveloppé par les organes floraux, et surtout par le calice? Cet organe s'abaisse-t-il et se relève-t-il après la fécondation, reste-t-il fermé ou ouvert pendant la maturation? Le fruit s'ouvre-t-il ou reste-t-il fermé, parce qu'il ne contient qu'une semence? Si le péricarpe est sec, comment s'ouvre-t-il, et comment se répandent les semences? Est-ce par la simple agitation de l'air, ou bien tombent-elles sur le terrain par l'effet de la position penchée ou renversée de la capsule, ou enfin sont-elles lancées au loin par quelque artifice particulier, et quel est cet artifice? Ces semences avortent-elles en partie; sont-elles ailées, aigrettées ou pourvues de quelques crochets qui favorisent une dispersion lointaine? Enfin, à quelle famille naturelle appartient cette plante, avec quels genres peut-elle avoir des ressemblances, et quelle est la patrie que lui a assignée le Créateur ? Voilà une esquisse des questions que s'adresse souvent, sans y penser, le botaniste observateur ; et s'il examine, sous ces divers points de vue, le végétal proposé, je lui prédis qu'il arrivera souvent à la découverte d'un phénomène digne de toute son attention.

Chaque plante, en effet, est un être vivant qui, surtout dans les espèces bien distinctes, a sa manière d'être et son organisation propre ; elle se modifie, il est vrai, selon les terrains et les climats, et elle n'a pas la même physionomie sur les bords de la mer que dans nos plaines, ou sur nos montagnes lorsqu'elle y peut vivre ; elle a des racines, des tiges, des feuilles et une inflorescence qui lui appartiennent ; elle fleurit, se féconde, se nourrit, se dissémine autrement qu'une autre. Quand on la considère croissant sur le sol qui lui est propre, et au moment où elle va s'épanouir, on lui trouve d'ordinaire une beauté native et une grâce charmante, soit dans le port, soit surtout dans les fleurs ; elle ouvre sa jeune corolle, elle développe ses organes reproducteurs, elle exécute les mouvements nécessaires à sa conservation, et enfin elle nourrit en silence les graines qu'elle répand dans la saison convenable. C'est dans ces différents états que j'aime à la voir, parce qu'elle porte alors l'empreinte de l'Intelligence qui l'a créée, et que c'est précisément cette empreinte qui me ravit ; mais que voulez-vous que je voie, après l'éclat et les nuances variées des couleurs, chez ces êtres mutilés que vous accumulez dans vos serres ou vos jardins, chez ces *Dahlia*, ces *Camelia*, ces *Geranium*, ces *Camomilliers*, etc., dont les fleurs ne présentent plus que des amas informes de pétales, dont les organes reproducteurs ont disparu avec leurs admirables arrangements, et qui ne sont plus capables ni d'exécuter le moindre mouvement vital, ni de mûrir et répandre leurs fruits ? Sans doute que le physiologiste y pourra étudier les diverses altérations que subissent les organes floraux tourmentés par la culture ; mais l'ami de la nature vivante et animée cherchera ailleurs ses jouissances.

Cette vie de la plante, que le botaniste reconnaît surtout dans les organes floraux, se manifeste même extérieurement aux regards les moins attentifs : c'est elle qui dirige les tiges du côté de la lumière, et qui contourne les pédoncules de manière que les calices s'ouvrent aux rayons bienfaisants de l'astre du jour ; c'est elle qui raccourcit ou allonge et entortille les vrilles des plantes, afin que leurs tiges faibles et sarmenteuses puissent se soutenir en bravant tous les efforts des vents ; c'est elle qui revêt l'extrémité de ces mêmes vrilles de pelotes, de mains ou de griffes, afin qu'elles puissent s'attacher fortement à tous les corps solides. Voyez ces fleurs s'épanouir chaque matin et se fermer chaque soir, jusqu'à ce qu'elles soient entièrement fécondées; ces capsules se fermer par l'humidité, et s'ouvrir par la sécheresse, ou bien au contraire se fermer par la sécheresse et s'ouvrir par l'humidité, si la réussite des graines l'exige; voyez encore ces pédoncules incliner leurs fleurs vers la terre à l'approche de la pluie et les relever lorsque le ciel est devenu serein, et suivez ces nombreux phénomènes désignés sous le nom de réveil et de sommeil, et que vous pourrez constater vous-même à la fin et au commencement du jour.

Les mœurs des végétaux, si je puis parler ainsi, c'est-à-dire, leur manière d'être et les mouvements qu'ils exécutent dans les diverses périodes de leur existence, ont plus de régularité et de constance, que vous n'en trouverez souvent dans les caractères par lesquels vous êtes habitués à distinguer les espèces, c'est-à-dire, la forme des feuilles, des stipules et des bractées, celle des tiges et des pédoncules lisses, rudes, nus, velus, etc. Et il n'y a rien d'étonnant dans la permanence des premiers et la variabilité des autres, car si vous changez la forme des feuilles et la surface des pédoncules ou des tiges, si vous les rendez lisses, ou que vous les couvriez de poils, vous ne faites rien que ce qui s'effectue tous les jours par la simple différence des localités ou même des climats, et par conséquent, vous n'altérez point les fonctions de la plante; mais si vous empêchez une fleur de s'ouvrir ou de se fermer, d'incliner ou de redresser son pédoncule, de plier ses feuilles à l'obscurité et de les étaler au soleil; si vous gênez ces mouvements si remarquables qui ont lieu lorsqu'elle prépare son épanouissement et sa fécondation; si vous troublez son mode de déhiscence ou sa dissémination, vous jetez un désordre évident dans ses fonctions les plus importantes, et vous mettez en péril cette reproduction que l'Auteur de la nature a eue surtout en vue, et à laquelle sont subordonnés la plupart des phénomènes que vous observez dans les végétaux. Si vous altérez, même légèrement, ceux qui, abandonnés à la simple nature, se propagent sans aucun soin, vous les rendez souvent inhabiles à se reproduire; ainsi, par exemple, si vous cultivez le *Pavot sétigère*, vous le changez en *Pavot somnifère*, et vous fermez les trous par lesquels l'espèce sauvage ou primitive répandait ses semences, en sorte que vous supprimez toute dissémination naturelle. Il y a plus, si vous tentez de ramener à leur forme primitive les fleurs que nous appelons irrégulières, telles que les *Labiées*, les *Personées*, les *Papilionacées*, etc., vous les rendez stériles, comme le prouvent les *Pélories* des diverses *Anthirrhinées*; tant il est vrai que, d'un côté, les lois qui président à l'action des forces vitales sont essentielles à la conservation de l'espèce, et que, de l'autre, la reproduction naturelle a été resserrée dans des limites très-étroites, qui sont même dépendantes de la chaleur, de la pluie et de la température plus ou moins élevée de notre atmosphère.

Ces forces vitales, toujours subordonnées à l'âge des végétaux, ne sont jamais plus développées que lorsque ceux-ci ont atteint l'époque de leur reproduction. Ont-elles quelque liaison avec ce que nous appelons les affinités naturelles, en sorte que les plantes qui ont entre elles le plus grand nombre de rapports, soient aussi celles dont les forces vitales aient le plus d'analogie? Sans doute que les familles véritablement naturelles, comme celles des *Géraniées*, des *Malvacées*, des *Légumineuses*, des *Crucifères*, des *Graminées*, sont composées d'un grand nombre d'espèces qui ont des mœurs à peu près semblables; mais il existe plusieurs autres familles qui n'ont guère en commun que des caractères tirés de la forme apparente de la fleur et du fruit, et qui par conséquent renferment des espèces dont les mœurs sont très-différentes. Qu'y a-t-il de commun, par exemple, dans les mœurs des *Pinguicules* et des *Utriculaires* que vous réunissez sous la famille des *Lentibulaires*, ou bien dans les forces vitales des *Antirrhinées*, *Verbascées* et *Véroniées* qui constituent votre famille des *Scrofulariées*, ou mieux encore dans celles des *Verbascum* et des *Scrofulaires* que vous rapprochez si intimement dans vos ordres naturels? Toutes les fois donc que vous formerez vos familles de tribus ou même de genres dont l'organisation intime sera différente, autant de fois vous aurez des tribus et des genres dont les habitudes n'auront point de rapports ou n'en auront que de très-éloignés, comme vous pouvez le voir dans les tribus des *Renonculacées*, c'est-à-dire, les *Clématidées*, les *Anémonées*, les *Ranonculées*, les *Helléborées* et les *Pœoniacées*, et dans celles d'un grand nombre d'autres familles. Les genres même de ces différentes tribus sont pour la plupart très-disparates, comme on peut le voir, par exemple, dans l'*Hellébore*, le *Coptis*, l'*Isopyre*, la *Garidelle*, la *Nigelle*, l'*Ancolie*, le *Delphinium*, l'*Aconit*, qui forment en grande partie la tribu des *Helléborées*. Je ne prétends point attaquer ici les savants célèbres qui ont imaginé et perfectionné les ordres naturels; j'affirme seulement que les lois d'après lesquelles les forces vitales ont été réparties dans ces divers végétaux, appartiennent à un système très-différent de celui de nos ordres naturels, et qu'on trouve souvent une grande ressemblance dans les forces vitales de plantes que nos diverses méthodes éloignent le plus les unes des autres.

On peut même ajouter que les *Légumineuses*, les *Malvacées*, les *Crucifères* et les autres familles naturelles dont les genres paraissent très-liés entre eux, offrent, dans ces mêmes genres et dans plusieurs de leurs espèces, des développements de force vitale assez différents les uns des autres, quoique contenus en général dans des limites étroites; mais tout ceci deviendra plus clair dans la suite de cet ouvrage, lorsque j'énumérerai les divers phénomènes que présentent les genres et même les espèces que j'aurai eu occasion de décrire.

C'est une étude pleine d'intérêt et de vie que la botanique considérée sous ce dernier point de vue, qui est, je crois, un des plus relevés de ceux que la science peut atteindre, car il consiste à envisager chaque végétal comme un être animé, qui, indépendamment des diverses propriétés qu'il possède en tant que plante, en réunit d'autres qui lui sont propres, et par lesquelles il se distingue de tous les êtres du même règne. Il est bien vrai que la zoologie manifeste plus hautement, dans ses diverses branches, les admirables combinaisons d'une Intelligence Créatrice; mais son étude n'est pas également à la portée de tous; elle exige de plus un appareil d'instruments et une suite nombreuse d'expériences, et nous rebute souvent par ses opérations sur les êtres qu'elle mutile, dont elle varie les souffrances, et qu'elle fait quelquefois périr avec une désespérante lenteur. J'ai bien, à la vérité, quelque regret de couper ces tiges si verdoyantes, et d'endommager avec mon scalpel ces fleurs si brillantes et si admirablement conformées; mais je n'ai pas le sentiment pénible que je les fais souffrir, et je n'assiste à aucun de ces cruels débats entre la vie et la mort, dont les naturalistes d'un autre ordre sont trop souvent les témoins.

Toutefois, je l'avoue, l'étude de la botanique ne convient pas également à tout le monde; les hommes appelés par leur âge à une vie active, les négociants, les agriculteurs, les artistes, les magistrats, etc., risqueraient, en s'y livrant trop exclusivement, de se distraire de leur occupation principale, et par conséquent de remplir mal leurs devoirs. C'est donc aux hommes d'étude et à ceux qui doivent connaître par état les propriétés des plantes qu'elle est d'abord destinée : elle convient en particulier à tous ceux que leur fortune dispense des affaires, et qui vivent habituellement et par choix loin du séjour des villes; c'est ainsi qu'ils trouveront une ressource assurée contre l'ennui et la dégradation morale, une occupation facile et d'un intérêt toujours croissant, et qu'ils s'habitueront à diriger leurs pensées sur des objets qui, au lieu de rétrécir et de dégrader leur esprit, l'agrandiront au contraire en l'ennoblissant.

Mais c'est surtout aux hommes éprouvés par le malheur, et que leur âge débarrasse du soin des affaires, que s'adresse cette aimable étude : lorsque les liens qui les avaient attachés à la terre se sont insensiblement dénoués, et les ont laissés à peu près isolés dans le cercle qui se meut autour d'eux, quelle occupation plus noble peuvent-ils rencontrer, du moins s'ils ont conservé une intelligence libre et une âme sensible, que celle qui tend à les rapprocher chaque jour de leur vraie et dernière destination ? C'est dans cette vie spirituelle et intérieure, que la Divinité leur révèlera quelques-uns de ces mystères qu'elle tient en réserve pour ceux qui la cherchent dans ses œuvres; c'est là qu'ils trouveront à chaque pas des mouvements imprévus et destinés à un but spécial, des arrangements préparés pour assurer la fécondation ou la dissémination, et des ressources disposées d'avance pour la conservation de la plante. Ils se proposeront et ils résoudront ces nombreux problèmes sur la manière dont les végétaux qu'ils observent accomplissent leur floraison, assurent leur fécondation, préparent leur dissémination, et développent enfin leurs semences sur la terre qui les a reçues. Quelquefois il leur arrivera de troubler l'ordre d'accroissement d'une plante, pour voir comment elle le rétablira, et quelles seront les ressources dont la nature disposera dans ces circonstances imprévues. Quand ils seront initiés à cette charmante étude, et qu'elle les aura captivés, ils consulteront les livres dans lesquels sont contenus les résultats des travaux des savants célèbres qui les ont précédés, ils y reconnaîtront mille points de vue nouveaux et une immense carrière ouverte à leur intelligence; animés alors d'une nouvelle ardeur, ils se proposeront eux-mêmes d'éclaircir quelques-uns des points de la science qui restent encore obscurs; ils tenteront, selon les circonstances et l'étendue de leur esprit, des recherches nouvelles sur les divers sujets qu'ils ont le mieux saisis et qui leur paraissent les plus faciles à étudier, et arriveront enfin à se créer une occupation qui embellira toutes leurs promenades solitaires, qui charmera tous leurs loisirs, qui les intéressera dans toutes les heures du jour, qui se présentera parée de tous ses attraits dans les brillantes scènes du printemps et de l'été, mais qui aura encore des charmes sur le déclin de l'année, et les suivra jusque dans les longues nuits de nos froids hivers. Ils vivront ainsi dans une société intime avec leur Créateur, ils se sentiront entourés de ces témoignages d'ordre et d'intelligence qui règnent dans toutes ses œuvres, et ils seront graduellement conduits à la profonde persuasion de l'existence de cette cause première, qu'ils n'avaient fait qu'entrevoir pendant le cours de leur vie active. Cette profonde conviction retrempera leur âme, elle leur fera envisager les circonstances humaines sous un nouveau point de vue, et insensiblement ils comprendront ce grand plan de l'univers, où tout est enchaîné comme cause, comme but et comme moyen, où tout marche en se développant et en s'harmonisant, et où le présent prépare à l'avenir les spectacles les plus enchanteurs et les merveilles les plus inénarrables. Car si le grand Maître des mondes nous présente ici-bas, à nous, êtres d'un jour, aussi faibles que fragiles, tant de témoignages d'ordre et d'intelligence, il nous en offrira bien d'autres lorsqu'il nous aura revêtus de ces nouvelles facultés que nos impatients désirs nous annoncent. C'est au milieu de ces sentiments d'espérance et de vive joie que l'ami de la nature, qui entend déjà sur cette terre la voix de celui qui l'a créé, avance vers son dernier terme, non pas épouvanté par les idées affreuses de mort et d'anéantissement, mais réjoui au contraire par celles de vie et de perfectionnement indéfini. Voilà comment nous honorerons notre vieillesse, et rendrons à notre Créateur ce culte d'esprit et de vérité, le seul qu'il nous demande.

Combien cette philosophie, qui considère le monde entier comme obéissant à des lois qu'il a reçues dès son origine, et qui voit dans les divers développements des règnes organiques des preuves irréfragables de desseins préparés, et d'admirables exécutions, est supérieure à celle qui ne reconnaît dans cet univers qu'une matière qui se modifie avec une pleine indépendance! Quand vous auriez ôté à cette terre son Suprême Architecte, avec toutes les idées d'ordre et de sagesse qui forment son essence; quand vous auriez réussi à bannir de vos pensées les plus intimes, tout ce qu'on appelle cause finale, c'est-à-dire, arrangement pour un but; qu'auriez-vous fait autre chose que de décolorer et d'avilir cette magnifique création, que de la transformer en un triste séjour où l'homme dégradé et confondu avec la brute aurait perdu toute sa beauté morale, c'est-à-dire toute sa vraie grandeur, et où n'apercevant plus rien qui répondît aux besoins de son intelligence et qui fût digne d'occuper ses nobles facultés, il se contenterait de pourvoir à ses besoins matériels et se livrerait sans remords à toutes ses passions brutales? Ah! si j'avais le malheur d'être le disciple de cette ignoble école, j'en cacherais les funestes principes à tous ceux qui m'entourent, pour ne pas les plonger dans cet abîme d'anéantissement d'où rien ne peut ressortir.

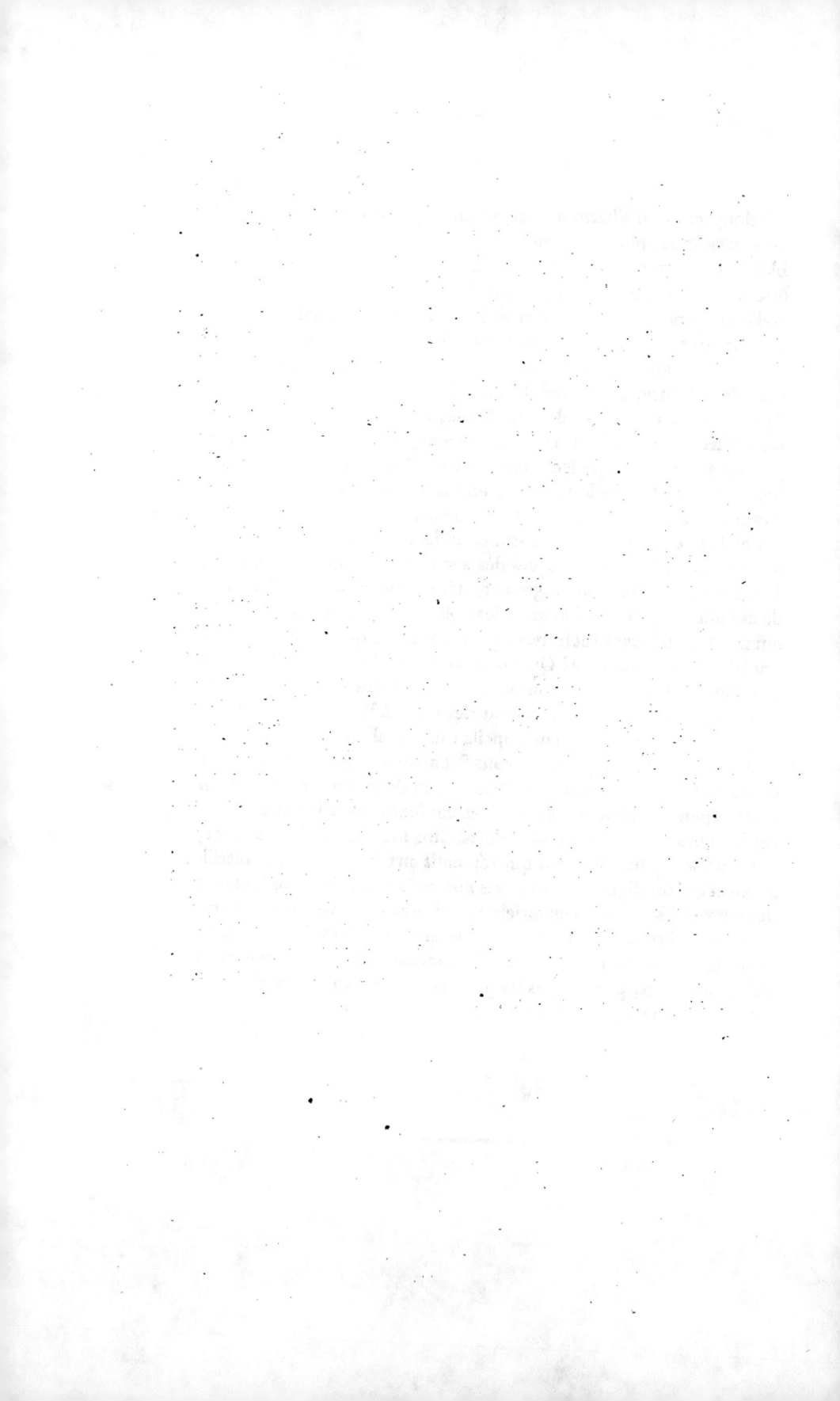

HISTOIRE PHYSIOLOGIQUE

DES

PLANTES D'EUROPE.

PLANTES VASCULAIRES OU COTYLÉES.

DICOTYLÉS OU EXOGÈNES.

PLANTES A DEUX COTYLÉDONS OPPOSÉS ET DONT LA TIGE RENFERME UN AXE MÉDULLAIRE,
D'OÙ PARTENT DES RAYONS ÉGALEMENT MÉDULLAIRES.

PREMIÈRE CLASSE. — THALAMIFLORES

OU PLANTES DONT LES ÉTAMINES ET LES PÉTALES SONT ATTACHÉS AU TORUS.

Première famille. — *Renonculacées.*

Les *Renonculacées* forment un groupe bien distinct et facile à reconnaître par ses étamines nombreuses et libres, son périsperme corné et son embryon petit et enchâssé à une des extrémités de la graine.

Ces plantes présentent dans leur calice, leur corolle, leurs étamines et leurs péricarpes, des exemples nombreux d'avortements, de soudures et de développements, qui sont fort utiles à étudier, mais qui excluent toute constance dans la forme et le nombre des organes floraux.

Le genre qui a donné son nom à cette famille, dont il peut être considéré comme le type, est celui des *Renoncules,* dont les fleurs sont formées d'un calice à cinq pièces colorées et caduques; de cinq pétales

1.

nectarifères alternes aux divisions du calice; d'un grand nombre d'étamines placées sur plusieurs rangs, et d'ovaires ramassés en tête, formant à la maturité autant de carpelles indéhiscents et monospermes.

Le calice des *Renonculacées* a souvent toute l'apparence des vraies corolles, et il ne peut quelquefois en être distingué que par des considérations théoriques que j'indiquerai en traitant les divers genres qui composent cette grande famille.

Les pétales qui sont ici chargés des fonctions de nectaires, portent ordinairement une poche remplie de suc mellifère; mais leur forme est extrêmement variable : tantôt ils ont l'apparence d'une simple lame dont l'onglet est percé d'un pore, ou recouvert d'une écaille; tantôt ce sont des godets sessiles ou pédicellés; souvent ils ressemblent à des cornets rétrécis à leur base et évasés à leur sommet; en sorte qu'on peut dire que la nature, qui est quelquefois si semblable à elle-même, s'est plu, dans cette occasion, à diversifier de mille manières un organe qu'elle avait chargé de fonctions importantes.

Les étamines des *Renonculacées* se transforment facilement en pétales, dans la plupart des genres. Ce changement a lieu de deux manières : ou l'anthère avorte et le filet dilaté devient un pétale simple; ou l'anthère s'agrandit et se renfle en cornet, et l'on a alors un pétale nectarifère. On comprend facilement comment s'opère la première transmutation, quand on voit les filets de ces étamines, colorés, dilatés et presque pétaloïdes; mais il n'est pas aussi aisé de concevoir comment des anthères à deux loges remplies de poussière fécondante, peuvent devenir des cornets ou des tubes simples distillant une liqueur miellée. Cependant on a un exemple de cette dernière transformation dans les cornets des *Ancolies doublées*, dont on ne pourrait pas expliquer autrement l'origine. Les ovaires des *Renonculacées* ont tous la même forme primitive; ce sont des follicules ouverts du côté intérieur, et dont les graines sont attachées sur les deux bords. Mais ces follicules fort apparents dans les *Hellébores*, les *Ancolies*, etc., diminuent insensiblement de dimension, et finissent par devenir indéhiscents et monospermes, ou polyspermes et succulents comme dans les *Actées*; ils conservent cependant toujours la même forme générale; leur style et leur stigmate sont placés de la même manière, et l'on voit que s'ils s'ouvraient, leur suture se trouverait du côté intérieur. On peut donc en conclure que toutes les formes de péricarpe qu'on reconnaît dans les *Renonculacées*, sans en excepter la capsule de la *Nigelle de Damas*, ne sont que des modifications de la forme primitive du follicule. On voit en même temps que les noms de carpelles, de baies, de capsules, que l'on donne aux péricarpes des divers genres de cette famille, ne désignent point des formes essentiellement différentes. Cette remarque importante trouve des applications continuelles dans la Botanique philosophique.

On peut même imaginer que les *Clématites*, les *Anémones*, les *Thalictrum*, les *Renoncules*, etc., ne sont monospermes que par l'avortement d'une de leurs deux graines, et que, si l'on examinait plus attentivement leurs ovaires, on y trouverait les traces de deux cordons ombilicaux, et par conséquent de deux graines.

L'embryon des *Renonculacées* est toujours placé à l'une des extrémités du périsperme; mais dans les genres à fruit déhiscent, cet organe est infère, et, dans les autres, il est supère ou infère. Il est infère dans les *Renoncules*, les *Myosures*, les *Cératocéphales* et les *Ficaires*, qui composent entre eux une petite tribu bien distincte, et il est supère dans les autres. On explique quelquefois cette diversité de position, en considérant les graines, tantôt comme droites, tantôt comme renversées. Elles sont droites lorsque l'ombilic est placé à la base de la graine, et renversées dans le cas contraire. Cependant il est des genres, comme celui des *Clématites*, où l'embryon est supère, et où la graine n'est pourtant pas renversée.

Les racines des *Renonculacées*, rarement simples et annuelles, sont plus souvent vivaces, pivotantes ou diversement tuberculées. Il résulte de leur conformation, divers modes de végétation et de développement qui méritent d'être étudiés, et qui sont très-importants, soit par rapport à l'organisation de l'espèce, soit sous le point de vue de la nomenclature.

Les *Renonculacées* portent quelquefois de simples hampes, comme on le voit dans les *Anémones*, et quelques *Hellébores*; mais, à l'ordinaire, elles ont de vraies tiges pourvues de feuilles, soit radicales, soit caulinaires. Ces feuilles ont presque toujours leurs pétioles dilatés et embrassants, mais elles deviennent sessiles dans le voisinage de la fleur. Elles sont alternes dans tous les genres, excepté dans celui des *Clématites*, qui se distingue par une organisation particulière.

Ces mêmes feuilles présentent deux formes différentes d'avortement: tantôt leur pétiole disparaît et l'on n'aperçoit plus que le limbe, comme dans les feuilles florales des diverses *Anémones*, de l'*Eranthis*, etc.; tantôt c'est le limbe qui avorte, et le pétiole qui se dilate, ce qu'on reconnaît au parallélisme des nervures, comme on peut le voir dans les bractées de l'*Hellébore fétide*, etc. Je ne puis cependant me persuader que les feuilles de la *Clématite à feuilles entières* ne soient que des pétioles dilatés ou des phyllodes, selon l'expression des botanistes; car leurs nervures ne sont pas plus parallèles que celles des folioles de la plupart des autres *Clématites*.

Plusieurs genres de cette famille sont pourvus de collerette. On trouve cette enveloppe extérieure dans l'*Eranthis*, l'*Hépatique*, les *Anémones* et les *Cheiropsis*, tribu des *Clématites*; mais l'on n'en rencontre presque aucune trace dans les autres genres, excepté dans la *Nigelle de Damas*, et quelques espèces de la même division. L'usage de cet organe est évidemment de protéger la jeune plante avant le développement des fleurs.

Les anthères des *Renonculacées* méritent d'être observées. Elles sont adnées, c'est-à-dire placées latéralement sur le filet qui s'allonge pour former le connectif, et elles s'ouvrent longitudinalement sur les côtés. Mais la membrane qui forme les loges se replie souvent en deux battants, dont l'un se jette en avant et l'autre en arrière, comme dans les *Nigelles*, en sorte que toute la masse des anthères est recouverte de poussière; d'autres fois, au contraire, la surface extérieure ou l'intérieure est seule pollinifère. Cette construction singulière paraît tenir à la position des nectaires. Toutes les fois que ces organes existent, la poussière fécondante semble les rechercher de préférence; dans le cas contraire, elle se jette sur le pistil, comme on peut le voir dans les *Actées*, les *Pivoines*, etc. Je sais bien que les deux premières tribus des *Renonculacées* qui sont dépourvues de nectaire, ont cependant leurs anthères extrorses; mais je soupçonne que le nectaire y existe d'une manière inaperçue, ou bien que les filets se tordent, afin de présenter au pistil leur poussière fécondante, comme l'ont déjà observé quelques botanistes. Du reste, cette matière a besoin d'être encore étudiée.

La fécondation des *Renonculacées* dure plusieurs jours. Elle continue d'autant plus long-temps que les étamines sont plus nombreuses : les anthères s'épanouissent de la circonférence au centre, et les filets grandissent lorsqu'ils vont répandre leur pollen.

Les *Renonculacées* ne m'ont pas paru susceptibles de mouvements bien marqués dans leur calice et dans leur corolle. Ordinairement la première enveloppe tombe promptement; quelquefois cependant elle persiste, et prend même une consistance coriace, comme dans les *Hellébores*. Le calice de l'*Eranthis* s'ouvre à la lumière et se referme après la floraison; il en est de même de celui de plusieurs *Anémones*, et surtout de l'*Hépatique commune*. Les corolles des *Adonis*, de diverses espèces de *Renoncules*, des *Ficaires*, etc., paraissent aussi douées de quelque sensibilité à l'action de la lumière. Mais ce sont surtout les étamines qui méritent d'être considérées ici, soit sous le rapport de leur torsion, soit sous celui de leur agrandissement et de leurs mouvements divers à l'époque de la fécondation.

Le nombre naturel des ovaires paraît être celui de cinq; cependant il varie depuis l'unité jusqu'à l'indéfini; car il y a des *Renoncules* ou *Myosures* qui comptent jusqu'à quatre-vingts pistils et davantage. Lorsqu'il n'y a qu'un ovaire, comme dans quelques *Actées* et quelques *Delphinium*, cet organe est placé un peu obliquement, ce qui indique un défaut de symétrie et par conséquent un avortement.

La transformation la plus singulière qui ait lieu dans cette famille, est celle que présente la *Nigelle de Damas*. Son péricarpe ressemble à une vraie capsule formée par autant de loges qu'on y compte de styles; mais en considérant la chose de plus près, on voit que cette prétendue capsule n'est qu'une réunion de follicules intimement soudés les uns aux autres, et dont le tégument externe s'est détaché pour former autant de loges vides qu'il y a de follicules. On ne peut nullement douter de la vérité de cette supposition, lorsque l'on compare cette capsule aux follicules à demi réunis de quelques *Nigelles* et surtout de celle *d'Espagne.*

Les follicules des *Renonculacées* sont-ils formés d'une seule valve, ou de deux intimement réunies par une de leurs sutures? Cette question est indécise; il semble au premier abord qu'on ne doit voir ici qu'une valve; cependant j'ai devant les yeux le follicule de l'*Hellébore noir*, qui porte sur le dos la marque très-évidente ou d'une suture, ou tout au moins d'une forte nervure.

L'estivation des calices est variable : elle est valvaire dans quelques *Clématites*, induplicative dans d'autres; en recouvrement dans le plus grand nombre des genres. Celle des pétales est, je crois, toujours en recouvrement, comme on le voit dans les *Renoncules*, les *Pivoines*, les *Adonis*, etc. Mais lorsque ces pétales forment deux lèvres distinctes, ils sont communément séparés les uns des autres, et fermés à leur ouverture jusqu'à l'époque de l'épanouissement.

Les feuilles sont plissées différemment selon le mode de leur composition. Dans la *Clématite à feuilles entières*, elles sont renflées et appliquées l'une contre l'autre, de manière à cacher entièrement les jeunes feuilles et la fleur. Dans les *Renoncules*, les *Anémones*, etc., les lobes des feuilles sont roulés sur leur surface supérieure, ou seulement recourbés et appliqués les uns sur les autres. Souvent aussi le limbe des feuilles radicales est replié sur le pétiole, et tous les deux sont protégés par des écailles adhérentes aux racines. On en peut voir des exemples dans les *Anémones*, les *Renoncules*, les *Eranthis*, etc.

Les *Renonculacées* ont leur surface glabre ou velue; dans ce dernier cas, les poils sont simples, sans houppes ni crochets. On ne trouve non plus dans toute la famille ni épines ni aiguillons. Mais les jeunes pousses ont leurs ramifications protégées par des stipules, dans le *Thalictrum à feuilles d'Ancolie*; ce qui est un exemple unique dans cette famille.

Les *Renonculacées* comprennent des plantes annuelles; d'autres qui sont vivaces par leurs racines, et d'autres enfin qui sont ligneuses. Les *Nigelles* sont annuelles, ainsi que les *Isopyres*, les *Garidelles*, quelques *Delphinium* et quelques *Renoncules*; toutes les autres sont vivaces par leurs racines, excepté les *Pivoines montants* et les *Clématites* qui doivent être considérés comme de véritables arbrisseaux.

Ces plantes habitent presque exclusivement l'hémisphère septentrional, et se plaisent surtout dans les régions tempérées. Quelques-unes, en très-petit nombre, sont éparses dans la Nouvelle-Hollande, au Cap, au détroit de Magellan, dans l'Amérique méridionale ou au Mexique. Elles supportent assez bien la température de nos hivers, et il est rare qu'elles soient détruites par le froid.

Leur végétation commence de très-bonne heure et avant la fin de l'automne. Les *Hellébores* fleurissent dans le courant de l'hiver. Ils sont suivis des *Eranthis*, des *Populages*, des *Ficaires*, des *Anémones*, des *Renoncules*, des *Pivoines*, des *Trolles*, des *Ancolies*, etc. Les *Isopyres*, les *Garidelles*, les *Nigelles*, paraissent plus tard, parce qu'ils sont annuels. Les *Delphinium* et les *Aconits*, qui portent de grandes tiges, se montrent au commencement de l'été, et la scène est fermée par les *Thalictrum* et les *Clématites*.

Les *Renonculacées* ont été fort étudiées par les botanistes, parce qu'elles sont des plantes très-répandues et à formes très-variées. Les fleuristes les ont aussi introduites dans les jardins, à cause de la beauté de leur port ou de leurs fleurs, et surtout de leur facilité à se doubler et à se revêtir des couleurs les plus variées. Enfin les médecins ont cherché à étudier le principe âcre et caustique qu'elles renferment, et qui se manifeste surtout dans les *Renoncules*, les *Hellébores*, les *Aconits*, etc. Ce principe paraît tenir à une huile volatile répandue dans toute la substance de la plante, et qui est dissoute ou dénaturée par l'eau, son antidote naturel.

Les *Renonculacées* sont comprises sous cinq tribus :

1° Celle des *Clématitées*, à fruits monospermes et allongés en barbe, feuilles opposées ;

2° Celle des *Anémonées*, à fruits monospermes et sans barbes, feuilles radicales et alternes ;

3° Celle des *Renonculées*, à fruits monospermes et pétales à écaille nectarifère ;

4° Celle des *Helléborées*, à fruits polyspermes déhiscents et pétales tubulés ;

5° Celle des *Pæoniées*, à fruits polyspermes déhiscents et pétales ni tubulés ni nectarifères.

Première tribu. — CLÉMATITÉES.

Les *Clématitées* ne comprennent que deux genres : celui des *Clématites* et celui du *Naravelia*, formé d'une seule espèce qui habite l'île de Ceylan.

PREMIER GENRE. — *Clematis.*

Les *Clématites* se distinguent par un calice ordinairement à quatre sépales, et des carpelles indéhiscents terminés par une queue très-souvent plumeuse.

Quelquefois la fleur est involucrée, ou garnie de pétales ; quelquefois aussi l'aigrette est glabre ou simplement velue. Ces différences ont nécessité la division du genre en quatre sections assez naturelles.

1° Les *Flammules*, qui ont tous les caractères du genre ;

2° Les *Viticelles*, dont l'aigrette est courte, glabre ou simplement velue ;

3° Les *Cheiropses*, dont les fleurs ont un involucre ;

4° Les *Atragènes*, qui portent des pétales.

La première section, de beaucoup la plus nombreuse, se subdivise en plusieurs groupes, d'après la forme de son inflorescence et celle de ses feuilles. Tantôt les pédoncules sont paniculés, et plusieurs fois ramifiés ; tantôt ils sont seulement ternés, triflores ou uniflores, tantôt enfin ils sont uniflores, axillaires ou terminaux. Les feuilles de même, sont une ou plusieurs fois pennées, ternées, ou simples et entières. C'est dans cette section que l'on place la plupart des espèces européennes. Le *Vitalba*, répandue dans la plus grande partie de l'Europe, dont les fleurs sont d'un blanc sale ; la *Flammule*, qui a donné son nom à la section, et qui habite de préférence le midi de l'Europe, où elle se fait remarquer par ses fleurs blanches et odorantes ; la *Droite*, qui vit dans les mêmes lieux, et dont la *Maritime* n'est qu'une variété ; l'*Orientale*, cultivée dans nos jardins, à feuilles glauques et à fleurs jaunes. Toutes ces espèces appartiennent au même type, celui des fleurs paniculées et des feuilles pennées ou bipennées.

Dans le type des espèces à fleurs solitaires terminales ou axillaires, on ne trouve que la *Clématite à feuilles étroites*, qui habite le nord de l'Adriatique, et se retrouve aussi dans la Sibérie. Elle se distingue par ses sépales qui varient de cinq à dix, et par ses nombreux carpelles.

On place encore dans cette section la *Clématite à feuilles entières*, qui forme un type très-distinct, et qui mériterait par son organisation d'être séparée des *Flammules*. Elle habite la Hongrie et la Carniole, et se retrouve en Sibérie ; elle appartient à un petit groupe dont les autres espèces sont étrangères.

La section des *Viticelles* est beaucoup moins nombreuse que celle des *Flammules*, et ne renferme que quatre ou cinq espèces dont deux ou trois sont européennes. La *Viticelle* du midi de l'Europe à fleurs d'un bleu pourpré ; la *Campaniflore*, originaire du Portugal, à fleurs plus petites, d'un blanc rosé, et enfin la *Parviflore* dont la patrie est inconnue et dont les fleurs sont blanches. Toutes les *Viticelles* appartiennent au même type, et se font remarquer par leurs pédoncules uniflores et penchés au sommet, par leur estivation induppliquée, et leurs feuilles plusieurs fois divisées ; leurs tiges sont toujours grimpantes.

Les *Cheiropses* sont composées de quatre à cinq espèces, dont trois européennes : la *Vrillée*, la *Semitrilobée* et celle *des Baléares*. Mais ces trois espèces, distinguées selon DE CANDOLLE, par les feuilles et la longueur du pédoncule, ont été réunies en une seule par CAMBESSÉDÈS, qui observe dans sa Flore des Baléares, que toutes les *Cheiropses* ont le pédoncule allongé après la floraison, et que les feuilles de la *Vrillée*, qui sont presque entières dans la plaine, deviennent graduellement trilobées dans les lieux montueux, jusqu'à ce qu'enfin à six cents toises d'élévation, elles sont non-seulement palmatilobées, mais elles ont encore leurs segments divisés en lanières étroites. Leur involucre est formé de la réunion de deux bractées opposées, et leurs sépales sont en estivation sous-induppliquée ; ce sont des arbrisseaux grimpants qui fleurissent souvent l'hiver, dont les pétioles sont cirrhiformes et persistants, et dont les feuilles et les pédoncules toujours uniflores, naissent en faisceau aux anciennes aisselles.

Enfin, les *Atragènes*, qui constituent dans LINNÉ un genre particulier, sont des plantes fort distinctes de toutes les autres *Clématites*, non pas seulement par leurs pétales, mais encore par leurs feuilles fasciculées, biternées, renfermées durant l'hiver dans des bourgeons très-renflés, avec des fleurs à pédoncules non divisés. Ces plantes, qui se plaisent dans les lieux froids et montueux, ne comptent que trois ou quatre espèces comprises sous le même type, et dont une seule est européenne.

Les *Clématites* ont toutes des racines fibreuses, quelquefois fusiformes et pivotantes, des tiges sarmenteuses et articulées dont la structure ressemble assez à celle de la *Vigne*. Elles sont formées d'une substance sèche et percée de tubes cylindriques qui occupent tout l'intérieur de la partie ligneuse. Cette structure, dont Du Trochet décrit le mode d'accroissement (Mém. du Musée, vii, pl. 15, f. 1 et 5), s'étend jusqu'aux racines, qui sont criblées de trous encore plus grands, et ne renferment point de canal médullaire. On comprend que l'usage de ces tubes cylindriques, c'est la libre circulation de la sève, qui, pendant l'hiver, s'accumule dans les racines, et s'élève ensuite dans les tiges, dès les premières chaleurs du printemps, précisément comme les pleurs de la *Vigne*.

Les tiges des *Clématites* sont presque toujours contournées, on disposées à obéir à la torsion de leurs vrilles. Leurs feuilles sont opposées, et les jeunes pousses sortent principalement des nœuds supérieurs; mais ce développement est fort limité, parce que les pédoncules et les tiges florales périssent chaque année jusqu'à une certaine hauteur, en sorte que bientôt la plante ne grandit plus. Toutefois l'on comprend qu'il y a ici de grandes différences. La *Clématite vrillée* s'élève au-dessus des arbres, tandis que la *droite* et les espèces à tige non grimpante et surtout à feuilles entières, périssent chaque année presque jusqu'à la racine.

On doit distinguer dans la *Clématite*, comme dans la plupart des arbrisseaux, deux sortes de tiges, les stériles et les fertiles. Les premières, destinées à allonger la plante, ne donnent point de fleurs, elles naissent des aisselles inférieures, et leur développement n'est arrêté que par la température; les secondes sortent des aisselles des premières, et couronnent la plante de leurs belles fleurs blanches, bleues, rougeâtres, jaunâtres, dont les pédoncules se dessèchent après la fécondation. Cependant il faut remarquer que les espèces à tiges droites, ou à feuilles simples, ne portent point de rameaux stériles, ou que si elles en fournissent, ils périssent par l'hiver.

Les bourgeons paraissent de bonne heure sur les tiges stériles. Ils sont formés de quelques écailles sèches et colorées, et renferment des feuilles roulées plus ou moins régulièrement sur leur surface supérieure. Ces bourgeons, très-remarquables par leur grosseur dans les *Atragènes*, sont perpendiculaires sur la tige et forcent les pétioles à prendre une direction horizontale, et même souvent à s'incliner en bas, caractère auquel il est souvent facile de reconnaître les *Clématites*.

Les tiges de l'année sont ordinairement prismatiques; les autres prennent une forme cylindrique par la destruction de l'épiderme, qui est sec et se détache naturellement. Je n'ai point remarqué sur cet épiderme, non plus que sur celui de la vigne, qui est conformé de la même manière et se détache avec la même facilité, les lenticelles de De Candolle, généralement répandues sur les écorces des arbres. Cela vient sans doute d'une organisation particulière, et je crois qu'en effet les entre-nœuds ne donnent ici aucune radicule.

La plupart des *Clématites* de la première section ont leurs fleurs terminales, et par conséquent ne fleurissent guère qu'au commencement de l'été, au moins dans nos climats; il en est de même des espèces à tiges droites, de celles à feuilles simples, et des *Viticelles*, dont les fleurs ne sortent que des nouvelles pousses; mais les *Atragènes*, dont les fleurs sont axillaires sur les anciennes tiges, s'épanouissent dès le printemps, et par la même raison, les *Cheiropses* donnent des fleurs la plus grande partie de l'année et quelquefois pendant l'hiver.

Les *Clématites* grimpantes s'attachent aux corps voisins par leurs pétioles; car leurs tiges qui se contournent quelquefois légèrement, ne s'entortillent pas mieux que celles de la *Vigne*, dont les nœuds assez rapprochés, ne sont pas non plus flexibles. Ces pétioles se contournent sans ordre, régulièrement, irrégulièrement, de droite à gauche, de gauche à droite, à peu près dans tous les sens. Ordinairement, ces vrilles se détruisent dès la fin de l'année, mais dans la *Clématite vrillée*, et les autres espèces à feuilles persistantes, elles vivent plus long-temps, et attachent fortement la plante. On peut remarquer ici, comme cause finale, que les *Clématites droites*, et surtout celles *à feuilles entières*, ont des pétioles peu marqués; tandis que dans les autres ces pétioles sont fort longs. Par la même raison, ceux-ci sont plus courts dans les feuilles inférieures, et plus allongés dans les autres, ce qui est contraire à la règle commune.

Les feuilles des *Clématites* n'ont pas toutes la même structure : les unes sont simples et entières, les autres divisées. En général, elles sont une ou deux fois pennées ou ternées, et ces deux formes, qui semblent d'abord assez différentes, se rencontrent quelquefois dans la même plante. Le nombre des segments et leur étendue varient aussi, comme nous l'avons vu en parlant de la *Vrillée*, en sorte qu'on ne peut guère compter sur des espèces établies uniquement d'après ce caractère. Divers botanistes pensent que les feuilles simples de quelques *Clématites* doivent être considérées comme des phyllodes provenus ou de la dilatation des pétioles, ou de la soudure des folioles; mais je n'ai pas vu que leurs nervures fussent parallèles ou disposées autrement que celles des espèces du même genre.

Ces feuilles diffèrent de nature selon les espèces : elles sont laurinées dans les *Cheiropses*, assez membraneuses dans les *Clématites à feuilles entières*, molles dans les *Atragènes* et les *Viticelles*, variables dans les *Flammmules*. Leur couleur est d'un vert souvent noirâtre ou glauque, leur surface est glabre et quelquefois velue, et leurs lobes sont souvent terminés par des dents excrétoires. Ces feuilles sont articulées dans toutes les espèces à tige ligneuse, et tombent plus tôt ou plus tard; mais dans les autres elles meurent avec la tige. Quant aux pédoncules et aux pédicelles, ils m'ont toujours paru sans articulations ou points d'attache. Ils se brisent irrégulièrement après la dissémination.

Les fleurs des *Clématites* ont une estivation valvaire dans les *Flammules*, fortement induplicative dans les *Viticelles*, et valvaire induplicative dans les deux dernières sections. Leur calice est comme feutré, souvent recouvert de poils, et toujours dépourvu de cet éclat qui distingue les pétales d'un grand nombre de plantes. On trouve à la base du calice de plusieurs espèces, deux petites écailles qu'on doit considérer comme les rudiments de l'involucre bifolié des *Cheiropses*.

Cet involucre est remplacé dans les *Clématites à feuilles entières* par la dernière paire de feuilles, qui forme une coiffe renflée ou un capuchon exactement fermé, dans lequel est contenue la fleur. Les autres paires de feuilles sont appliquées et renflées de la même manière, et leur préfoliation diffère ainsi beaucoup de celle des autres espèces de ce genre, qui est involutive.

Les botanistes n'ont pas toujours été d'accord sur la nature de l'enveloppe extérieure de la fleur des *Clématites;* mais la considération des *Atragènes* a levé tous les doutes. Dans cette section, les premiers rangs des étamines sont changés en pétales, et l'enveloppe extérieure devient alors un calice. Or, l'on ne peut pas appeler pétale dans les autres sections du même genre, ce qu'on nomme calice dans l'*Atragène*. Cette opinion est encore confirmée par les filets des étamines, qui, dans la plupart des espèces, diminuent de longueur à mesure qu'ils deviennent plus voisins du centre.

Les calices des *Clématites* ne m'ont paru susceptibles d'aucun mouvement organique. Ils restent ouverts pendant tout le cours de la floraison, et ensuite ils tombent par pièces séparées. Mais les pédoncules des espèces uniflores comme les *Viticelles*, les *Cheiropses*, les *Atragènes*, et surtout les *Flammules à feuilles entières*, sont penchés dans la préfloraison, et souvent même pendant le cours de la fécondation. Ils se relèvent ensuite, et étalent au sommet des tiges leurs queues plumeuses.

Les sépales varient de forme selon les sections. Ils sont linéaires dans celle des *Flammules*, et généralement ovales dans les autres. Cette diversité dépend surtout de l'estivation : lorsqu'elle est valvaire, les sépales sont linéaires; autrement ils sont ovales. On peut remarquer, dans ce dernier cas, que le sépale est solide et épais dans le centre, mince et comme chiffonné sur ses bords primitivement repliés.

Les anthères des *Clématites* sont adnées, plutôt latérales qu'extrorses, et introrses dans le type de la *Clématite à feuilles entières*. Les extérieures s'ouvrent les premières, et s'écartent après avoir répandu leur poussière blanchâtre, qui tombe abondamment au fond de la fleur. Les autres les remplacent et s'allongent à leur tour. Le stigmate est toujours une languette élargie, papillaire et tournée en dehors. Je n'ai point su apercevoir d'organe nectarifère; mais j'ai souvent remarqué, surtout dans le *Vitalba*, le *Cirrhosa*, etc., des gouttelettes miellées, adhérentes aux filets des étamines. Je ne crois donc pas qu'on puisse tout-à-fait nier l'existence de l'organe dans ce genre; cependant, comme la nature met sans cesse en usage différents moyens pour le même but, j'ai observé que dans la *Clématite à feuilles entières*, non-seulement les anthères étaient introrses; mais que les étamines chargées de poils enveloppaient étroitement les stigmates sur lesquels elles déchargeaient leur pollen : en sorte que la fécondation était réellement intérieure et s'opérait sans le concours apparent de l'air.

Dans les espèces dont les styles sont velus, les poils servent sans doute à retenir et à conserver plus long-temps le pollen; mais dans les *Viticelles* à fleurs penchées, où les styles presque toujours glabres sont serrés les uns contre les autres, les anthères exactement latérales retournent les bords de leurs parois pour lancer leur pollen sur les stigmates; et à mesure qu'elles se défleurissent, elles se déjettent pour faire place à d'autres plus intérieures qui se retournent semblablement.

Dans les *Flammules* à fleurs droites, dont les anthères latérales extrorses ne s'élèvent pas au-dessus des stigmates ordinairement serrés les uns contre les autres, la fécondation m'a paru long-temps inexplicable, ou, si j'ose le dire, mal ordonnée, jusqu'à ce que j'eusse découvert la manière singulière dont elle s'opérait : ce sont les sépales feutrés et recouverts intérieurement de poils humides et glanduleux qui sont chargés de l'opérer : dans ce but ils reçoivent immédiatement le pollen des anthères qui tombent avec leurs filets lorsqu'elles sont défleuries, en même temps les stigmates admirablement papillaires se déjettent et se contournent en différents sens pour mieux recevoir les molécules du pollen ; c'est ce qu'on peut voir dans la *Flammule*, le *Vitalba*, et surtout dans l'*Orientale*.

Toutes les *Clématites* d'Europe et un grand nombre d'étrangères sont hermaphrodites : mais l'on trouve, dans les *Flammules* à panicules rameuses et à feuilles ternées, plusieurs espèces de la Nouvelle-Hollande et surtout des deux Amériques, dont les fleurs sont polygames et plus souvent encore dioïques. Je ne sais pas d'où dépend cette singulière conformation ; mais je remarque, en attendant, qu'elle appartient exclusivement à des espèces dont les pédoncules sont ramifiés, et dont les fleurs peuvent aisément être fécondées.

Lorsque la floraison est accomplie, les styles de toutes les *Clématites*, à l'exception toutefois des *Viticelles*, s'allongent et se contournent ; en même temps les poils dont ils sont recouverts deviennent plus marqués ; enfin, lorsque les graines approchent de la maturité, ces styles forment par leurs réunions de jolies têtes blanches et plumeuses qui décorent nos haies à la fin de l'automne. Ensuite les carpelles se détachent, et vont se répandre au loin.

Les carpelles restent indéhiscents jusqu'à la germination. Ils sont aplatis et évidemment soudés sur leur côté interne. La semence qui en remplit toute la capacité est formée d'un embryon corné, au sommet duquel est niché un petit embryon à cotylédons très-courts et à radicule supère. DE CANDOLLE dit que les cotylédons sont rapprochés dans les *Atragènes*, et distants dans les autres sections, et j'ai remarqué que dans la maturation les styles ne s'accroissent pas par le sommet, qui conserve toujours la forme d'un stigmate desséché.

Enfin, j'ai observé que, dans les espèces dont le style était dépourvu de barbes, comme les *Viticelles*, les carpelles sessiles étaient grossis et n'auraient pas pu facilement être transportés au loin, tandis que, dans les autres sections, ils étaient stipités et amincis, et j'en ai conclu que les barbes étaient en rapport avec la grosseur des carpelles.

Les *Clématites* paniculées ont l'efflorescence générale centripète et la particulière centrifuge ; c'est-à-dire que les panicelles inférieures s'épanouissent les premières, et que dans ces panicelles la fleur centrale paraît avant les autres. Il y a donc un assez grand intervalle entre la fécondation de la première fleur et celle de la dernière. Mais cette différence disparaît à peu près à la maturation, car les carpelles de la panicule mûrissent et se détachent presque tous en même temps.

Les *Clématites*, qui appartiennent aux *Renonculacées* pour la structure de leurs fleurs et celle de leur péricarpe, s'en éloignent beaucoup dans leur organisation générale et leur mode de végétation. Elles se rapprochent à cet égard des *Vignes*, des *Cisses* à tige sarmenteuse et grimpante ; aussi forment-elles, dans la famille où nous venons de les placer, une section à part, et présentent-elles dans la Botanique une de ces aberrations si nombreuses dans nos systèmes naturels comme dans les autres.

Ces plantes ne tracent, je crois, jamais, et par conséquent ne sont pas, à proprement parler, sociales ; mais elles se multiplient tellement, soit par leurs branches, soit par les racines qui partent de leurs nœuds inférieurs, qu'elles forment des buissons souvent très-serrés et très-étendus, dont le feuillage se conserve long-temps dans quelques espèces, comme les *Cheiropses*. Elles nous fournissent un assez bel exemple de ces lianes ou plantes ligneuses et grimpantes si rares chez nous et si communes dans les zones équinoxiales. La seule espèce qui soit répandue dans nos campagnes est le *Vitalba*; mais l'on rencontre dans nos jardins la *Flammule*, la *Viticelle*, la *Vrillée*, etc., qui tapissent nos murs, ou recouvrent nos tonnelles de leurs nombreuses fleurs blanches ou violettes, et toujours d'une longue durée. Les espèces qui ne grimpent pas comme *la droite* et celle *à feuilles entières*, sont placées dans nos parterres et nos massifs, où l'on trouve aussi quelquefois celle *d'Orient* à fleurs jaunâtres et à filets d'un pourpre noir.

Ces plantes renferment presque toutes un suc âcre et corrosif, et sont par conséquent à peu près sans usage domestique, au moins dans leur fraîcheur. On trouve sur la face inférieure et sur le pétiole des feuilles du *Vitalba* un bel *Æcidium* jaune, décrit par De Candolle, et qui occupe souvent un espace considérable.

Deuxième tribu. — ANÉMONÉES.

Les *Anémonées* ont le calice et la corolle imbriqués, les pétales nuls ou dépourvus d'onglets nectarifères, les carpelles monospermes

indéhiscents et souvent prolongés en queue, leurs semences pendantes, leurs tiges herbacées et non grimpantes, leurs feuilles caulinaires alternes.

Les *Thalictrum* sont des herbes vivaces dont le caractère botanique consiste dans un calice à quatre ou cinq pièces, des pétales
nuls, et dans des carpelles indéhiscents et dépourvus de queue,
sessiles ou pédicellés dans la section des *Triptérides*.

Ils habitent en grand nombre l'hémisphère septentrional, où ils
sont dispersés sur les montagnes, les collines, les lisières des bois,
mais presque jamais sur les bords des eaux et dans les marais. L'Europe
en compte près de vingt espèces, la Sibérie sept : la plupart des
autres se trouvent au Japon ou dans l'Amérique septentrionale. La
méridionale n'en fournit guère que deux.

Les nombreuses espèces de ce genre se rangent ous trois formes
principales, dont DE CANDOLLE a formé trois sections.

1° Celle des *Triptérides*, à fruit triquètre et ailé;

2° Celle des *Physocarpes*, à fruit enflé en vessie;

3° Celle des *Euthalictrum* ou des vrais *Thalictrum*, à fruit sec et strié.

Les *Triptérides*, dont l'on ne connaît encore que trois espèces,
ont pour type le *Thalictrum à feuilles d'Ancolie*, très-belle plante
répandue dans les bois montueux de la plus grande partie de l'Europe, et non moins remarquable par le vert brillant de ses feuilles
que par l'élégance de ses fleurs à anthères pourprées. Ce *Thalictrum*
présente deux phénomènes physiologiques : le premier est celui de
stipules blanches élargies à la base des pétioles et de leurs subdivisions; le second est celui de carpelles d'abord droits et ensuite
pendants sur leurs pédicelles. Les deux autres espèces de *Triptérides*
appartiennent au même type et sont originaires du nord de l'Asie.

Les *Physocarpes*, au nombre de quatre, appartiennent aux deux
Amériques. Ils diffèrent surtout des autres *Thalictrum* par leurs
fruits enflés en vessie. Leurs fleurs sont monoïques ou polygames.

Les *Euthalictrum* sont très-nombreux et se rangent à leur tour
sous quatre groupes artificiels plutôt que naturels.

1° Les *Hétérogames* à fleurs dioïques ou polygamiques, au nombre
de cinq espèces, toutes originaires de l'Amérique septentrionale;

2° Les *Communs*, à fleurs hermaphrodites et à feuilles divisées, dont
l'on connaît à peu près vingt-six espèces, la plupart européennes;

3° Les *Indivis*, à feuilles entières et réniformes. Ils ne comprennent qu'une ou deux espèces, l'une et l'autre étrangères ;

4° Les *Tuberculeux*, réunis sous deux espèces, l'une des Pyrénées, et l'autre du nord de l'Amérique.

Les *Thalictrum communs* sont tellement rapprochés les uns des autres, que leur synonymie est fort embrouillée. Plusieurs botanistes décrivent comme espèces, ceux que d'autres ne considèrent que comme de simples variétés, et les mêmes noms ne désignent pas toujours les mêmes plantes chez les différents auteurs. Il y a donc ici des espèces hybrides, et même des localités qui font varier les caractères spécifiques; car l'on sait que les *Thalictrum* cultivés acquièrent de plus grandes dimensions. Ceux qui méritent d'être considérés comme espèces, sont peut-être :

1° Celui des *Alpes*, remarquable par sa petitesse, ses fleurs d'abord penchées et ensuite redressées; ses pédicelles fructifères sont réfléchis et ne portent souvent que deux ou trois pistils quelquefois avortés;

2° Le *Fétide*, à odeur de bouc, tout recouvert de poils articulés et glanduleux, et remarquable par son stigmate gélatineux, en fer de flèche appendiculé et d'un beau rouge; ses fleurs sont aussi penchées pour la fécondation et ses fruits sont étoilés.

3° L'*Exaltatum* à tige élevée, fistuleuse, feuilles amples à peu près trois fois ailées, et fleurs penchées à étamines flottantes et stigmate charnu, persistant et linéaire.

4° L'*Élégant*, très-remarquable par ses feuilles larges et ses fleurs ramassées en corymbe épais et d'un beau jaune.

Les autres varient tellement pour la pubescence, la forme des feuilles et celle des fruits, qu'on ne peut guère les séparer du *Fétide*. Tels sont les *Minus, Nutans, Elatum, Majus, Pubescens*, etc., des divers auteurs. L'organe le plus constant paraît être ici comme ailleurs le stigmate. (Voyez Bulletin de Férussac, tom. vi, p. 175.)

Le quatrième et dernier groupe des *Euthalictrum* est celui des *Tuberculeux*, dont les sépales sont plus grands que les étamines, et dont les fleurs solitaires ou disposées en corymbes, ressemblent à celles des *Anémones*. Ils forment un vrai type et servent de passage entre ce genre et le suivant.

Les racines de presque tous les *Thalictrum* sont traçantes, et constituées de manière qu'elles se détruisent à l'extrémité inférieure, et poussent du côté opposé, des jets rapprochés dans le grand nombre des espèces, et éloignés dans quelques autres. Quand ces jets se séparent de la racine principale, ils forment de nouvelles plantes comme dans l'espèce *à feuilles d'Ancolie*; quand ils restent attachés, ils présentent un plexus tout chargé des cicatrices des anciennes tiges.

Les racines, presque toutes imprégnées d'un suc jaune, ont leurs nouvelles pousses enveloppées d'une membrane blanche, qui n'est qu'un rudiment de feuilles avortées; celle-ci en recouvre une seconde qui a la même origine, et en continuant la dissection, on arrive aux vraies feuilles et même aux tiges de l'année future, qu'on aperçoit comme une miniature au centre du bourgeon.

Cette forme d'organisation est tout-à-fait semblable à celle des *Ombellifères*, avec lesquelles les *Thalictrum* ont d'aussi grands rapports que les *Clématites* avec les *Vignes*. En effet, leurs feuilles, comme celles des *Ombellifères*, sont alternes, engaînantes, deux ou plusieurs fois ternées; leurs folioles pétiolées, sèches, glauques, veinées et réticulées au-dessous, sont roulées sur leur limbe commun, et imbriquées les unes sur les autres.

Mais l'inflorescence est bien différente, et si l'on en excepte les *Thalictrum tuberculeux*, elle est toujours en panicule plus ou moins garnie et plus ou moins serrée. Les fleurs sont souvent penchées avant l'épanouissement, et la fécondation n'a jamais lieu qu'en plein air, et souvent après la chute des sépales. Les filets des étamines allongés et souvent en massue, s'étalent et flottent facilement dans toutes les directions. Je n'ai aperçu aucune trace de nectaire, ni sur le torus, ni sur les carpelles.

L'efflorescence est presque simultanée. Toutes les fleurs paraissent en même temps, excepté celles de quelques panicelles axillaires, qui succèdent à la grande panicule. Les anthères sont proprement latérales, et elles oscillent continuellement jusqu'à ce qu'elles tombent après la fécondation. Les stigmates varient beaucoup en nombre selon les espèces; ils sont blancs, ligulés, papillaires, extrorses et quelquefois un peu contournés. Ils se flétrissent promptement; mais le style ne s'allonge point après la floraison; au contraire, il se rompt promptement un peu au-dessus de la base.

La fécondation des *Euthalictrum* à pédicelles penchés est réciproque: les anthères si légères et si élégamment flottantes, répandent un pollen jaunâtre et nuageux qui s'élève en l'air et atteint en partie leurs propres stigmates, et en partie ceux des fleurs voisines déjà plus développés: cette forme de fécondation par l'agitation perpétuelle de filets roides et renflés en massue vers leur sommet, est un phénomène digne d'être remarqué.

Les pédicelles grandissent et deviennent flottants dans la section des *Triptères*, et rayonnants dans celle des *Physocarpes*. Ils restent

à peu près sessiles dans les autres; mais ils divergent en étoile dans
le *Fétide*, le *Penché*, etc.

Les ovaires deviennent des carpelles striés à côtes relevées, dans
tous les *Thalictrum* d'Europe, excepté celui *à feuilles d'Ancolie*.
Je n'y ai jamais aperçu ces traces de suture qu'on remarque dans
les *Clématites*, quoiqu'ils soient également bosselés à l'extérieur. Ils
tombent un à un en se séparant de leurs pédicelles, et ne s'ouvrent
jamais : l'on y voit distinctement, comme dans ceux des *Clématites*,
les vaisseaux nourriciers arriver de la base jusqu'au sommet, où
est placé l'embryon avec sa petite radicule.

Les *Triptères* ont leurs carpelles plus grands et toujours triquètres; ceux des *Physocarpes* sont enflés en vessie et nullement anguleux. Leurs fleurs, comme celles de la plupart des *Euthalictrum* de
l'Amérique, sont monoïques, dioïques ou polygames, par l'effet de
l'avortement de l'un des deux organes sexuels. Il est remarquable
que cette circonstance se retrouve également dans les *Clématites* et
quelques autres genres des mêmes contrées. Je ne sais point l'expliquer d'une manière satisfaisante.

Les *Thalictrum* ne m'ont présenté presque aucune observation
physiologique. Celui *à feuilles d'Ancolie*, et celui *à long style*, qui
est un *Physocarpe*, sont pourvus de stipelles dont on aperçoit quelques traces dans une ou deux autres espèces. Les *Tuberculeux* diffèrent essentiellement de tous leurs congénères par leurs racines et
leur forme florale, et il n'est guère douteux que les espèces à pédicelles déjetés pendant la floraison n'aient une fécondation différente
de celles à pédicelles redressés. Il serait très-intéressant d'observer,
sous ce point de vue, les *Hétérogames* de l'Amérique à fleurs dioïques
ou polygamiques.

Les *Thalictrum* sont des plantes d'un port agréable, dont le
feuillage ne manque ni de grâce, ni de fraîcheur. Ils sont peu cultivés dans nos jardins, à l'exception toutefois de celui *à feuilles
d'Ancolie*, et de l'*Élégant* à fleurs d'un jaune soufré. Le premier,
ainsi que celui *des Alpes* et celui *à feuilles étroites*, s'épanouit au
printemps; les autres, dont les tiges sont plus élevées et plus garnies,
ne sont en fleurs qu'au commencement de l'été. Leurs feuilles ne
tombent jamais; mais leurs folioles se séparent facilement.

SECOND GENRE. — *Anémones*.

Les *Anémones* se distinguent par un involucre placé un peu au-
dessous de la fleur, un calice coloré de cinq à dix pièces, et des
carpelles cotonneux ou nus, ou chargés de queues velues.

Elles ont été divisées par De Candolle en six sections inégales, fondées sur leur mode de végétation et la forme de leurs carpelles.

La première est celle des *Pulsatilles*, à carpelles prolongés en longues queues barbues, à involucre sessile et palmé; sept espèces.

La seconde est celle des *Préonanthes*, à carpelles prolongés en longues queues barbues, à involucre formé de feuilles pétiolées et trisèques; une espèce.

La troisième est celle des *Pulsatilloïdes*, à carpelles très-velus, à calice de quinze à vingt pièces, à involucre de deux à trois feuilles sessiles, incisées au sommet; deux espèces.

La quatrième est celle des *Anémonanthées*, à carpelles dépourvus de queue et ovoïdes, à pédoncules solitaires ou géminés, aphylles et uniflores, à involucre à feuilles pétiolées; vingt-quatre espèces.

La cinquième est celle des *Anémonospermes*, à carpelles légèrement aplatis et sans queue, à pédoncules multiples naissant d'un involucre, à pédoncule central et uniflore, pédoncules latéraux, chargés d'un involucelle à deux feuilles d'où sort un pédicelle uniflore; huit espèces.

La sixième est celle des *Homalocarpes*, à carpelles aplatis, glabres, orbiculés et sans queue, à pédoncules disposés en ombelle, aphylles et uniflores; quatre espèces.

La patrie naturelle des *Anémones* est le bassin de la Méditerranée. C'est en Italie, en Espagne et en France, que se trouvent leurs principales espèces, celles qui ont été surtout introduites dans nos jardins. Les *Pulsatilles* habitent plus ordinairement les collines, les montagnes et les lieux exposés au vent. Les *Anémonanthées* préfèrent les pelouses sèches, les taillis et les lisières des bois. Les *Préonanthes* et les *Homalocarpes* appartiennent surtout à nos Alpes. Les *Anémonospermes* et les *Pulsatilloïdes* sont toutes étrangères. Les premières sont originaires de l'Amérique septentrionale, et les autres du Cap.

Ce genre est très-naturel, et les espèces qui le forment, quoique dispersées dans plusieurs sections, sont liées entre elles par un grand nombre de rapports. Ce sont des herbes vivaces à feuilles lobées, et à hampes terminées ordinairement par une seule fleur. Leur organisation n'a donc rien de commun avec celle des *Thalictrum* et des *Clématites*, quoique leur floraison présente une foule de ressemblances.

Elles végètent dès le milieu de l'hiver, et s'épanouissent d'ordinaire à l'entrée du printemps. Elles décorent dans cette saison nos campagnes de l'éclat de leurs belles fleurs blanches, jaunes, pourpres ou teintes des plus vives nuances. Celles qui vivent en société, forment des tapis dont rien n'égale l'élégance ou la fraîcheur. Mais cette scène charmante est de courte durée, et dès le mois de juin, la plupart des *Anémones* ont perdu leurs feuilles et répandu leurs graines. Celles qui vivent dans les montagnes paraissent plus tard et fleurissent successivement, parce qu'elles sont placées à des hauteurs différentes. Dans le grand nombre des espèces, le calice d'abord peu coloré augmente d'éclat jusqu'à la fécondation ; il se décolore ensuite sans se flétrir ; enfin il tombe.

Les *Pulsatilles*, qui forment notre première section, ont été ainsi nommées parce qu'elles aiment les lieux découverts et battus des vents. On en connaît jusqu'à présent quatre espèces européennes : 1° la *Pulsatille proprement dite*, à fleur violette, qui présente deux variétés : la *Précoce*, dont les fleurs paraissent souvent avant les feuilles, et la *Penchée*, à calice penché et développé après les feuilles ; 2° la *Printanière*, à fleur blanche et feuilles ailées ; 3° celle *de Haller*, toute couverte d'un duvet soyeux et protégée avant la floraison par les pétioles dilatés de feuilles plus ou moins avortées ; 4° celle *des Prés*, à fleur petite et penchée, et sépales un peu réfléchis au sommet.

Ces plantes ont toutes pour racines des rhizomes ligneux et traçants. Leurs feuilles et leurs hampes sont enveloppées avant leur sortie par les nervures desséchées des pétioles de l'année précédente ; leurs hampes, terminales en apparence, sont, je crois, latérales : et le rhizome s'allonge, soit par des rejets qui sortent de l'aisselle des bractées florales, soit comme dans l'*Anémone de Haller*, par des pousses latérales.

Les *Pulsatilles* sont des plantes solitaires ou médiocrement sociales, dont les fleurs s'ouvrent à la lumière et à la chaleur, et se referment à l'obscurité et au froid. Leurs stigmates sont de très-petites têtes papillaires, et leurs anthères latérales à parois réfléchies sont très-long-temps recouvertes de pollen. Les étamines qui s'ouvrent les premières dans l'*Anémone de Haller* sont les intermédiaires ; les dernières sont les extérieures qui quelquefois ressemblent à une glande jaune et sessile. Cette observation s'applique à peu près à toutes les *Pulsatilles* ; excepté toutefois à l'*Arborea* dont les intérieures se développent long-temps avant les autres, et à la *Coronaria* des fleuristes où les premières épanouies sont les extérieures : du reste, SPRENGEL a observé dans la *commune* et dans celle *des Prés*, des glandes jaunes, sessiles et pédicellées, qui sont évidemment des anthères dépourvues de filets ou changées en glandes.

L'involucre est toujours monophylle, et enveloppe la fleur jusqu'à l'épanouissement. Il semble d'abord contigu au calice; mais il s'en écarte par l'allongement du pédoncule, toujours solitaire et jamais articulé. A la maturation, les styles s'allongent, étalent leurs poils, et forment de jolies têtes plumeuses dont les carpelles se détachent séparément et sont transportés au loin avec leurs queues. On dit qu'on doit semer ces graines de bonne heure.

La seconde section est celle des *Préonanthes*, qui ne contient qu'une seule espèce, l'*Anémone des Alpes*. Sa végétation et son organisation générale sont celles des *Pulsatilles*, dont elle diffère surtout par son involucre formé de trois feuilles distinctes et pétiolées. Elle présente un grand nombre de variétés : tantôt les fleurs sont blanches et plus ou moins tachées de pourpre; tantôt, et dans nos Alpes granitiques surtout, elles sont d'un beau jaune soufré. Sous ces deux apparences, elles offrent le singulier phénomène de fleurs polygames, dont les unes sont hermaphrodites, et les autres sur le même pied sont mâles, sans doute par avortement, mais sans vestige de pistil.

La troisième section, ou celle des *Pulsatilloïdes*, ne contient que deux espèces originaires du Cap, et dont nous n'avons pas à parler ici.

La quatrième, ou celle des *Anémonanthées*, est la plus nombreuse. De Candolle la divise en quatre groupes : 1° les espèces à involucre sessile et racine tubéreuse et ovoïde; 2° les espèces à involucre pétiolé et racine tubéreuse ovoïde; 3° les espèces à involucre pétiolé et racine cylindrique, mince et allongée; 4° enfin, les espèces à involucre pétiolé et racines fasciculées.

Le premier groupe comprend toutes les *Anémones* cultivées, et remarquables par la beauté et la grandeur de leurs fleurs. Leurs carpelles sont logés dans de petites cavités remplies d'un duvet cotonneux destiné à flotter dans l'air comme celui des *Peupliers* ou des *Saules*. Elles sont principalement au nombre de quatre : 1° celle *des Jardins*, à feuilles décomposées; 2° l'*Œil de Paon*, à feuilles trifides, à sépales nombreux, allongés et pointus; 3° l'*Étoilée*, à feuilles digitées et involucre monophylle; 4° la *Palmée* peu différente de l'*Étoilée*, à feuilles moins découpées et involucres trifides.

Les racines de ces *Anémones* sont des tubercules plus ou moins palmés, qui portent chez les jardiniers le nom de *Pates*, et se multiplient par des rejets latéraux de même forme. La séparation de ces rejets d'avec le tubercule principal, se fait naturellement en terre, comme dans les *Anémones sylvies*. Ces pates portent à leur centre le bourgeon qui doit fournir la nouvelle plante, et qu'on appelle l'œil. Lorsque cet œil est tourné en bas, la fleur périt, parce que la hampe ne se développe pas, ou n'a pas la faculté de se retourner.

Les fleuristes ont poussé très-loin la culture de ces *Anémones*, dont ils ont obtenu de très-belles variétés par des semis et des fécondations artificielles. Ces variétés qui se multiplient chaque jour se conservent par les racines. Une belle *Anémone* est celle dont les feuilles sont vertes et découpées, dont la hampe est ferme, et dont les sépales grands et arrondis ont les couleurs brillantes et tranchées. On recueille les pates chaque année, lorsque la végétation est terminée, et on les replante un an ou deux plus tard, si l'on veut obtenir des fleurs plus parfaites. Les racines en forme de souche ne peuvent pas être traitées de la même manière, car elles périssent, si elles restent long-temps hors de terre.

Le second groupe, des *Anémonanthées*, ne comprend qu'une seule espèce européenne : c'est l'*Anémone des Apennins*, plante charmante qui croît surtout dans les taillis des Apennins de l'Italie centrale et méridionale. Elle a le port des *Sylvies* et de jolis pétales linéaires qui passent par toutes les nuances du bleu céleste au blanc grisâtre; sa racine est un tubercule petit et allongé qui ne paraît pas se multiplier en terre; puisqu'on en trouve qui ne donnent que des feuilles, et qui sont isolés et très-petits. Il semble donc que cette *Anémone* ne se reproduirait que par ses semences.

Le troisième groupe de la même section est celui des *Sylvies*, auquel DE CANDOLLE associe l'*Anemone Baldensis*, qui a bien les feuilles de son involucre pétiolées, mais qui en diffère beaucoup, soit par la conformation de sa racine, qui est une souche allongée comme celle des *Pulsatilles*, soit par ses semences laineuses comme celles des *Anémones des jardins*.

Les *Sylvies* qui comprennent trois espèces européennes, la *Trifoliée*, celle *des Bois* ou la *Sylvie* proprement dite, et le *Ranunculoïdes*, sont des plantes d'une structure plus délicate que les autres *Anémones*. Elles croissent toutes dans nos bois, où elles forment des tapis. Leurs racines sont des tubercules cylindriques couchés horizontalement sur le terrain, et qui donnent à leur extrémité supérieure une tige simple, protégée avant son développement par une écaille légèrement bifide et recourbée au sommet. La pousse, qui n'est souvent qu'une feuille, se courbe à angles droits dès son origine, et le cylindre s'allonge pour fournir l'année suivante de nouvelles fleurs. En même temps, l'ancien tubercule périt, après avoir donné quelquefois des pousses latérales, par lesquelles la plante se multiplie, et qui se séparent de la racine mère.

Ces *Anémones* fleurissent de très-bonne heure, et pendant la maturation elles inclinent vers la terre leurs pédoncules chargés de nombreux carpelles qui se sèment déjà au milieu du printemps. La plus commune est la *Sylvie*, qui se rencontre dans toute l'Europe centrale, et s'étend même en Sibérie et dans le nord de l'Amérique. La *Trifoliée* est plus rare et peuple principalement les bois du midi de l'Europe et de l'Italie. Le *Ranunculoïdes*, remarquable par sa fleur jaune, appartient plutôt à l'Europe centrale et à la Sibérie. Elle est souvent biflore, et la première fleur, qui s'épanouit long-temps avant l'autre, est toujours mâle. (Voyez Jussieu, *Mémoires de l'A-cadémie*, année 73, page 229.)

L'*Anémone sylvie* m'a fourni une observation curieuse qui ne s'étend pourtant pas à toutes les espèces du groupe. Son involucre est trifolié, mais deux de ces feuilles s'écartent plus que les autres, afin de laisser une place libre au pédoncule et à la fleur même qui se penchent tous les soirs et se relèvent tous les matins, jusqu'à ce que la fécondation soit accomplie; ensuite le calice tombe et le pédoncule ne se relève plus; quand la lumière reparaît la fleur s'écarte un peu de sa position entre les deux feuilles.

Le *Ranunculoïdes* a au contraire ses trois feuilles équidistantes, mais en même temps on peut remarquer qu'il est très-souvent biflore, et que ses pedoncules se penchent peu, soit dans la fécondation, soit dans la dissémination. L'arrangement est donc ici adapté au but dans les deux cas.

En regardant de plus près l'involucre du *Nemorosa*, on peut voir que l'une des trois feuilles est placée au-dessous des autres, qu'elle a son pétiole élargi, et que c'est du côté opposé que s'incline la fleur; le pédoncule, dans la maturation, s'endurcit et finit par former une courbe très-élégante, peu marquée dans le *Ranunculoïdes* dont la première fleur n'est pas toujours mâle malgré l'assertion de Jussieu, mais dont les carpelles se prolongent en bec aigu et stig-matoïde.

Les tiges des *Sylvies* sont des hampes presque toujours dépourvues de feuilles radicales.

Les anthères de ces *Anémones* qui sont peu cultivées, mais qui doublent facilement, ont un connectif très-marqué, dont le sommet est lustré, légèrement glutineux, et peut-être même nectarifère. Le pollen, qui est peu abondant, sort par les côtés, et les loges qui le renferment sont à peine distinctes.

Le quatrième groupe ne renferme qu'une *Anémone* européenne, l'*Anémone sylvestris* fort commune dans les bois de la France, de l'Allemagne, de l'Italie septentrionale, et qu'on retrouve aussi dans la Sibérie. Sa fleur est blanche, solitaire et formée de six pièces; sa racine est un rhizome couvert des anciennes feuilles; ses semences sont velues, et son réceptacle est chargé de poils plumeux. Elle forme un type avec l'*Alba* de la Sibérie qui n'en est peut-être qu'une variété; leur stigmate est une belle languette papillaire, et les poils cotonneux qui séparent les carpelles recueillent dans leur duvet humide, le pollen, dont ils sont long-temps recouverts.

Les *Anémonospermes*, qui forment notre cinquième section, sont dispersés dans l'Amérique du nord, le Népaul et la Sibérie. Le *Virginiana* est remarquable par sa tige chargée près du sommet de deux feuilles opposées, et par ses carpelles recouverts à la base d'une touffe de poils laineux, qui servent à la dissémination et paraissent appartenir à la plupart des espèces de la section, par exemple au *Pensylvanica* et au *Multifida*.

Enfin la dernière section de nos *Anémones*, celle des *Homalocarpes*, ne comprend que l'espèce *à fleurs de Narcisse*. C'est une belle plante qui couvre les pâturages des Alpes, et se retrouve sur les montagnes de la Russie et de la Sibérie, ainsi qu'au nord de l'Amérique. Ses graines nues et aplaties tombent séparément, et ses racines, couvertes des débris des anciennes feuilles, paraissent donner sans cesse de nouvelles pousses centrales; car on trouve à la base intérieure de la hampe, une autre hampe non encore développée, et ainsi de suite indéfiniment. Les fleurs d'un blanc taché de rose, sont disposées en ombelle; les anthères sont exactement latérales et ne se retournent point en répandant leur pollen : celles qui s'ouvrent les premières sont les extérieures, et successivement les autres en s'élevant sur leurs filets; leur connectif est fort large, et sa viscosité doit retenir le pollen qui sort par les côtés; les stigmates sont de petites têtes languettées, et les feuilles sont roulées sur leur limbe dans la préfoliation.

Telles sont les différentes *Anémones* européennes.

Les feuilles de ces plantes sont radicales, à pétioles dilatés, et recouvrant les jeunes hampes; elles sont une ou plusieurs fois ternées, quelquefois ailées ou palmées, ou seulement lobées, mais jamais simples et entières; leur surface est ordinairement velue; leurs divisions sont glanduleuses au sommet, et leur pétiole est adhérent : avant le développement, elles sont plissées sur leurs lobes et courbées en deux sur leur pétiole.

C'est, je crois, une recherche oiseuse que celle de déterminer si les involucres des *Anémones* sont des calices, ou de simples feuilles. La nature, qui se joue sans cesse de toutes nos règles, a donné à quelques-uns de ces involucres l'apparence et la structure de vraies feuilles, et aux autres, celle de vrais sépales. De la même manière, l'enveloppe intérieure colorée est épaisse et consistante dans les *Pulsatilles*, molle et délicate dans les *Anémones* des jardins, et encore plus dans les *Sylvies*, où elle a tous les attributs des vrais pétales. En sorte qu'en l'appelant calice, avec le plus grand nombre des botanistes modernes, nous la considérerons cependant comme fort semblable aux autres corolles.

Ce calice ne tombe pas très-promptement; mais il ne persiste point, et il se colore souvent en rouge pendant la fécondation. Son estivation est imbriquée et jamais valvaire, comme dans les *Cléma-tites*. Ordinairement il s'ouvre et se ferme plusieurs jours, pendant que la fécondation s'accomplit, et même lorsque la fleur est stérile, comme dans l'*Anémone* doublée des jardins. Les sépales sont placés sur deux rangs, ou un plus grand nombre, s'ils sont au-delà de six.

Les pédoncules des *Anémones* sont ordinairement penchés dans la préfloraison, surtout dans les espèces à fleurs solitaires. Ils se redressent ensuite dans celles qui ont les graines laineuses, comme dans celles qui portent des aigrettes plumeuses; mais ils restent penchés dans les *Sylvies*, etc.

J'ai observé, que dans l'*Anémone, Nemorosa* c'est la hampe qui se tord pour que la fleur soit tournée du côté de la lumière, tandis que dans le *Sylvestris* c'est, au contraire, le pédoncule : cette torsion dans les deux cas est accompagnée d'un renflement dans la partie tordue.

On peut remarquer que les caractères ordinairement les plus cons-tants sont précisément les plus variables dans les *Anémones*, et l'in-verse. Ainsi toutes les *Anémones*, à l'exception peut-être des *Pulsa-tilloïdes* du Cap, ont les feuilles radicales, et les fleurs portées sur une longue hampe; tandis qu'elles diffèrent beaucoup entre elles pour toutes les parties de la fleur, et principalement pour les car-pelles. On ne peut guère assigner les causes de cette différence dans les graines; mais l'on remarque seulement que toutes les espèces destinées à vivre dans les taillis et les buissons, ont les carpelles nus, tandis que les autres les ont aigrettés ou laineux. On pourrait donc conjecturer que les *Pulsatilloïdes* et les *Anémonospermes*, qui, comme l'*Anémone de Virginie*, ont les carpelles laineux, croissent naturelle-ment dans les lieux découverts.

Les étamines de ces plantes sont très-nombreuses et placées sur plusieurs rangs, par conséquent elles ne peuvent guère être suscep-tibles de mouvement. Elles grandissent à mesure qu'elles fleurissent de l'extérieur à l'intérieur, ou bien dans un ordre différent, comme je l'ai remarqué dans quelques espèces, et selon que l'exige la position des stigmates par rapport aux anthères : la fécondation est directe, car les stigmates sont immédiatement recouverts du pollen blanchâtre des anthères latérales. Cependant j'ai vu les carpelles de la *Sylvie* entourés de poils humides qui retenaient une partie du pollen. Les styles se rompent aussi ou persistent selon la structure des graines, et les torus conservent la même forme, s'arrondissent en tête ou s'allongent en cylindre.

La dissémination s'opère de trois manières différentes d'après la structure des carpelles : lorsque ceux-ci sont nus comme dans le *Nemorosa*, le *Ranunculoïdes*, ces carpelles tombent au pied de la plante; lorsqu'ils sont pourvus de queue, comme dans les *Pulsatilles* et les *Préonanthes*, qui habitent d'ordinaire les lieux élevés, ils se dispersent au gré des vents; enfin lorsqu'ils sont enveloppés de poils cotonneux, ils s'échappent en flocons laineux comme les semences des *Saules* et des *Peupliers* : et l'on peut remarquer que, lorsque les carpelles sont nus, et par conséquent ne doivent pas se disperser au loin, les pédoncules sont fortement inclinés vers la terre, tandis qu'ils se redressent lorsque les carpelles sont pourvus de queues ou entourés de bourre, comme on le voit dans les *Anémonospermes*, et en particulier dans le *Virginiana* dont la bourre ne commence à s'étaler qu'à la dissémination.

On trouve sur les feuilles de l'*Anémone sylvie* un *Æcidium*, remarquable par ses cupules blanchâtres, et qui se conserve toujours sur les mêmes pieds. Le *Ranunculoïdes*] en porte un autre ponctué d'un jaune vif. Ces deux parasites font souvent avorter les plantes sur lesquelles elles croissent, de même qu'un *Uredo* et un *Puccinia*, qui vivent aussi sur les feuilles de l'*Anémone sylvie*.

J'observe enfin que dans les *Pulsatilles* et les *Préonanthes* les involucres velus enveloppent la fleur dont le pédoncule, d'abord très-court, grandit pendant la fécondation et devient très-élevé à la maturation, et qu'il en est de même du style, qui s'allonge et se recouvre de poils étalés à la dissémination.

Ce vaste genre présente quatre grandes aberrations à son type principal : 1° celle des *Préonanthes*; 2° celle des *Homalocarpes*; 3° celle des *Pulsatilloïdes*; 4° celle des *Anémonospermes*. Les deux premières appartiennent à des espèces indigènes, et les deux autres à des étrangères.

TROISIÈME GENRE. — *Hépatique.*

L'*Hépatique* a été séparée des *Anémones*, à cause de son involucre caliciforme à trois pièces distinctes et entières. Cette plante méritait encore de constituer un genre propre, par son mode de végétation. Sa racine est une masse solide, stolonifère et chargée de radicules fibreuses. Les nouveaux bourgeons continuent la plante, les fleurs s'épanouissent successivement, et lorsque la fécondation est accomplie, on voit paraître des feuilles coriaces, régulièrement trilobées et d'un beau vert. On dirait qu'elles n'appartiennent pas à la plante, qui a fleuri entourée de feuilles rougeâtres et en partie desséchées. Ce sont en effet ces dernières qui ont nourri les boutons de l'année. Les autres, destinées à ceux de l'année suivante, ne sont pas en conséquence les vraies feuilles.

Si l'on ne consultait pas l'analogie, on ne verrait dans les fleurs de l'*Hépatique* qu'un calice à trois feuilles, et six à neuf pétales placés sur deux ou trois rangs; mais quand on compare ces fleurs à celles de l'*Anémone*, on est obligé d'appeler involucre leur calice, et calice leur corolle. Toutefois, on ne peut apercevoir aucune différence entre les calices des *Hépatiques* et les pétales des autres plantes; ce qui sert à prouver que ces deux organes dont les fonctions sont souvent si différentes, ont pourtant la même origine.

L'*Hépatique* ouvre ses fleurs à la lumière, et les referme lorsque le temps se couvre; sa fécondation dure plusieurs jours, et ses étamines ne s'approchent pas des pistils; mais leurs filets capillaires sont agités au moindre vent, et jettent ainsi la poussière sur les stigmates à languettes papillaires et demi-transparentes. Les anthères s'ouvrent latéralement, les extérieures, avant les autres. Les carpelles sont velus, portés chacun sur un support un peu allongé, et conformés comme ceux des *Anémones*. Je n'ai point su découvrir à leur base les cupules filamenteuses et dentées dont parle Schkuhr; je suppose, sans l'affirmer, qu'il a été induit en erreur par les réceptacles particuliers des carpelles, qui sont en effet de petites cupules brillantes. On aperçoit au soleil sur ces carpelles, des points ou des glandes brillantes et glutineuses, destinées peut-être à retenir le pollen; mais on ne découvre du reste aucun nectaire proprement dit dans la fleur de l'*Hépatique*.

Le calice et les étamines tombent promptement, et l'involucre ne tarde pas à s'étaler et à s'incliner vers la terre. Les carpelles, dépourvus de laine et de queue, se sèment dès le milieu du printemps; ensuite les nouvelles feuilles se développent, et de leurs aisselles sortent des boutons qui se séparent naturellement les uns des autres, ou qui quelquefois s'allongent sans se séparer, et forment ainsi des rhizomes. Ces boutons ne partent jamais du centre.

Il serait intéressant d'observer la germination de l'*Hépatique*, et de comparer ses feuilles séminales à celles qui leur succèdent, et à celles des *Anémones*.

L'estivation de l'involucre est valvaire, celle du calice est imbriquée. Les feuilles portent à l'extrémité de chacun de leurs lobes, une glande assez renflée, et qui paraît percée à son centre.

Ce genre, qui ne comptait autrefois qu'une seule espèce, a été enrichi de deux autres : l'*Anguleuse*, à cinq lobes profonds et dentelés, dont on ne connaît point la patrie; mais qui était cultivée autrefois dans le jardin des apothicaires de Paris, et pourrait bien n'avoir été qu'une monstruosité, ou qu'un hybride; et celle *à feuilles entières*, découverte au Pérou par Humboldt, et dont l'involucre unilatéral est formé de trois pièces allongées. Elle croît à 1,800 toises dans une température humide, et fleurit au mois d'août, c'est-à-dire, pour nos climats, en janvier. Du reste, ces trois plantes paraissent appartenir à un seul type, et avoir une végétation semblable.

Notre *Hépatique* vit sur les lisières des bois montueux, et au milieu des buissons qui la protégent. Il n'y a rien de si brillant que l'azur de sa fleur, dont l'éclat est encore relevé par la blancheur des filets, étendus avec une parfaite régularité, et terminés par des anthères de même couleur. Aussi a-t-elle été transportée dans tous les jardins, où elle se présente sous mille formes différentes. Sa fleur a doublé, elle est devenue blanche, rouge, incarnate, violette, etc., mais jamais jaune. Néanmoins, sous toutes ces formes, et au milieu des plus élégantes bordures, elle n'a pas conservé la grâce et la fraîcheur que nous lui trouvons dans nos bois.

La variété d'Amérique se distingue de celle d'Europe, par le duvet épais qui couvre ses pétioles et ses hampes, mais elle ne mérite pas du reste d'être distinguée comme espèce.

QUATRIÈME GENRE. — *Adonis.*

L'*Adonis* a un véritable calice à cinq pièces, et une corolle formée de cinq à douze pétales, sur deux ou plusieurs rangs ; ses étamines sont nombreuses, ses carpelles sont ramassés en tête d'abord serrée, puis allongée en cylindre dans le cours de la maturation. Il diffère des *Renoncules*, parce qu'il est dépourvu d'onglet nectarifère.

Ce genre n'est plus composé que d'espèces indigènes, depuis qu'on en a séparé celles du Cap, dont les carpelles sont plongés dans un réceptacle succulent. Il est formé de plantes à feuilles caulinaires plusieurs fois pennatifides, et qu'on divise en deux sections.

1° Celle des *Adonia*, à racines annuelles et pétales plus ou moins rouges ;

2° Celle des *Consiligo*, à fleurs jaunes et racines persistantes.

Les *Adonia* appartiennent toutes au même type, et sont considérées par plusieurs auteurs comme de simples variétés fondées sur le nombre, la couleur des pétales, ou la forme des carpelles et du réceptacle. Ce sont des plantes qui fleurissent au commencement de l'été, parmi les moissons de l'Europe méridionale; et dont nous cultivons l'espèce ou la variété principale, sous le nom d'*Adonis d'automne* ou de *Goutte de sang*. Leurs pétales, comme ceux de plusieurs *Renoncules*, ont l'onglet et le limbe différemment colorés. Leurs calices sont membraneux, caducs et demi-transparents; les étamines, placées sur plusieurs rangs sont noires comme les anthères, et les pistils prennent en mûrissant une teinte verte.

Toutefois elles présentent des différences très-remarquables et qui paraissent constantes; ainsi, par exemple, l'*Anomala* des environs de Halle a trois pétales linéaires et presque avortés, et un torus qui après la fécondation s'allonge en un axe cylindrique chargé dans toute son étendue des carpelles disposés sur six rangs, et très-bien conformés.

Les pétales ont l'estivation imbriquée, et s'épanouissent à la lumière. Les anthères s'ouvrent latéralement, et répandent une poussière d'un rouge de tuile. Le réceptacle s'allonge plus ou moins par la maturation, et les carpelles toujours secs, sillonnés, réticulés ou dentés, ont leur embryon placé près du sommet. La radicule est supère, les cotylédons sont petits et écartés.

La fécondation des *Adonia* est directe, les anthères formées d'un grand connectif central et de deux lobes latéraux se recourbent fortement pour répandre leur pollen briqueté et granuleux sur les stigmates, qui sont de petites houppes pourprées, velues et papillaires : les premières qui s'ouvrent sont les extérieures, et les carpelles sont presque toujours féconds.

Les *Consiligo* comprennent deux espèces principales : la *Printanière*, et celle *des Pyrénées*, qui ne diffère de l'autre que par ses pétales entiers, ses carpelles glabres et ses feuilles radicales plusieurs fois divisées. Ces deux plantes, qui appartiennent au même type, ont une végétation semblable. Leur racine est un rhizome qui se multiplie par des rejets souterrains, et dont les pousses forment sur le sol des touffes très-brillantes. La *Printanière* sort de terre dès que la neige a disparu, et montre à découvert ses fleurs encore fermées, que protégent des feuilles très-nombreuses et très-finement divisées. La tige ne tarde pas à s'élever et à étaler sa belle corolle d'un jaune de soufre, ornée de plusieurs rangs de pétales et d'étamines de même couleur. Bientôt tout ce spectacle disparaît, et dès la fin de mai, on n'aperçoit plus aucune trace de la plante. Mais elle végète et s'étend par ses racines, pour se développer de la même manière au premier printemps.

A l'époque de la floraison, les longues anthères des *Consiligo* se recourbent, afin que leur pollen pulvérulent et onctueux arrive plus facilement aux stigmates dont les petites languettes papillaires en sont effectivement entièrement recouvertes. La fécondation qui marche pour les étamines de la circonférence au centre, est encore facilitée par les filets amincis qui flottent au gré du vent : mais je n'ai pas aperçu plus de trace de nectaire dans les *Consiligo* que dans les *Adonia*.

Les *Adonis* sont cultivés dans nos jardins, en raison de l'élégance de leur feuillage d'un beau vert, qui contraste admirablement avec leurs fleurs tantôt d'un rouge foncé, tantôt d'un rouge plus clair et un peu jaunâtre, tantôt enfin d'un jaune soufré. Les *Adonia* ornent les champs avant la moisson, et se sèment naturellement. Je ne sais pas si leurs diverses variétés se conserveraient ailleurs que dans nos cultures.

Gambessédès, dans sa Flore des îles Baléares (Mém. du Musée, an 1827, page 203), assure que la *Citrine* est une variété de l'*Æstivalis*, différente de celle *d'automne*, par ses épis plus allongés et ses fleurs beaucoup plus pâles; et que la *Jaune*, celle *à petits fruits*, celle à *petites fleurs*, et le *Flammea*, n'ont pas des caractères suffisants pour constituer des espèces.

Troisième tribu. — RENONCULÉES.

Les *Renonculées* ont le calice et la corolle imbriqués, des pétales bilabiés ou simples et chargés à la base d'une écaille nectarifère, des carpelles secs et indéhiscents, une semence redressée et des feuilles radicales ou alternes.

PREMIER GENRE. — *Myosure.*

Le *Myosure* a un calice de cinq pièces détachées à la base, cinq pétales à onglet filiforme et tubulé, cinq à vingt étamines, des ovaires qui deviennent dans la maturation des cariopses triquètres disposés en épi sur un réceptacle allongé, une radicule réellement supère.

Le *Myosure* est une vraie *Renoncule* pour le port et la conformation générale; mais il diffère assez de ce genre dans sa fleur et surtout dans ses carpelles, pour que les botanistes aient cru devoir l'en séparer.

Ce genre déjà fort ancien, et que LINNÉ avait emprunté à DILLÉNIUS, ne contient qu'une seule espèce européenne, à laquelle DE CANDOLLE vient d'en associer une seconde, originaire du nord de l'Amérique, et appartenant au même type. Elle se distingue de la première par des tiges plus courtes et des calices à appendices membraneux.

Le *Myosure commun* croît dans les mares desséchées et les terrains pierreux, alternativement secs et inondés. CASSINI remarque que sa tige est un rhizome simple et solide, dont l'extrémité inférieure tronquée donne naissance à une multitude de radicules qui s'enfoncent dans la vase, et dont la supérieure produit une touffe de feuilles linéaires, un peu renflées dans leur milieu, disposées en rosule sur le terrain, et du milieu desquelles naissent des hampes ou des pédoncules en épi. Conformément à cette structure, la tige ou le rhizome doit sans doute s'élever ou s'abaisser, selon que les eaux s'accroissent ou se retirent; et les radicules qui se développent à la base du rhizome, amarrent sans cesse la plante. Cette forme de végétation est à peu près celle des *Batrachium*. (Voyez *Opuscules phytologiques*, vol. 2, p. 390.)

L'apparition de cette plante est très-courte : ses semences germent en automne, et la floraison a lieu dès l'entrée du printemps. Ce qui distingue surtout le *Myosure*, c'est son calice formé de cinq pièces un peu prolongées le long de la tige, et son réceptacle, qui, d'abord aplati, s'allonge bientôt en épi conique, tout couvert d'ovaires serrés, triangulaires et rangés avec une régularité parfaite. On n'y aperçoit distinctement ni style ni stigmate, en sorte qu'il n'est pas facile de décider comment s'opère la fécondation.

Les carpelles, très-bien décrits et figurés par GÆRTNER, ont leur enveloppe tubéreuse et irrégulièrement conformée; l'embryon paraît d'abord logé à la partie supérieure, à cause de la position singulière de l'ovaire; mais il est réellement voisin du point d'attache, comme dans les vraies *Renoncules*. Les cotylédons sont très-peu visibles. SCHKUHR prétend que les carpelles s'ouvrent pour donner leurs graines.

Les radicules du *Myosure*, comme celles du *Cératocéphale*, sont coléorhizées, et à l'époque de la végétation, elles sortent en assez grand nombre du collet de la racine, sans doute pour multiplier la plante, que les botanistes regardent comme annuelle, mais que son rhizome et ses radicules latérales pourraient bien faire considérer comme vivace.

SECOND GENRE. — *Cératocéphale.*

Le *Cératocéphale* est un genre peu distinct, qui, dans l'ordre naturel, se place entre le *Myosure* et la *Renoncule*. Son caractère consiste dans un calice persistant à cinq pièces, dans des ovaires disposés en épi, et qui se prolongent en une corne aplatie, à peu près six fois plus longue que la semence.

Ce genre ne comprend que deux espèces, dont la première, le *Ceratocephalus falcatus*, croît dans le bassin de la Méditerranée, et la seconde, le *Ceratocephalus orthoceras*, se trouve dans les lieux incultes de la Tauride et de la Sibérie méridionale. Ces deux plantes annuelles ont entre elles une si grande ressemblance, que la description de l'une s'applique entièrement à l'autre ; toutefois l'*orthoceras* a les carpelles chargés d'une crête entre les deux bosses, et terminés en bec à peu près droit, tandis que dans le *falcatus* le bec est recourbé, et l'intervalle entre les deux bosses est canaliculé.

Le *Ceratocephalus falcatus* a toutes les habitudes des *Renoncules des champs*. Ses feuilles sont radicales, irrégulièrement divisées en lobes linéaires. La hampe soutient une petite fleur d'un jaune pâle, et l'on remarque, dit SAINT-HILAIRE (Mém. du Musée, 1819), à l'extrémité de sa racine principale, cinq radicules secondaires, verticillées et coléorhizées, autour desquelles il en naît ensuite beaucoup d'autres. La plante est quelquefois glabre, plus souvent recouverte de poils blancs et épais qui cachent les péricarpes. Ces poils sont encore plus marqués dans la seconde espèce.

Les carpelles du *Cératocéphale* sont recourbés, bossus à leurs extrémités, et rappellent la forme des follicules qui font le caractère des *Renonculacées*. Ils portent sur leur face interne des traces manifestes de suture, et renferment des semences tétragones à radicule infère dirigée sur l'ombilic ; KOCH décrit ces carpelles comme renfermant trois loges dont deux vides et une dernière monosperme.

Le principal caractère physiologique de ce genre, c'est celui de ce torus qui, après la fécondation, s'allonge en axe cylindrique : cette même disposition se voit dans la *Renoncule scélérate*, et elle a pour but de fournir un développement plus libre aux nombreux ovaires de ces plantes.

TROISIÈME GENRE. — *Ficaire.*

La *Ficaire* a été détachée du genre des *Renoncules*, auxquelles elle appartient par son organisation générale. Elle est caractérisée par son calice à trois pièces, et ses pétales au nombre de huit ou neuf, sur trois rangs.

Elle vit dans toute l'Europe tempérée, et recherche de préférence les lieux cultivés; on la retrouve en Barbarie, dans la Tauride, et probablement en Asie. Elle annonce dans nos climats le retour du printemps; mais, dès le mois de mai, les feuilles et la tige se flétrissent et disparaissent complètement.

La *Ficaire* présente quelques phénomènes dignes d'attention. Ses racines fibreuses portent des griffes ou tubercules, qui se distinguent en trois sortes : les premières, allongées et flétries, et qui ont servi à nourrir la plante; les secondes, plus renflées à leur extrémité inférieure; enfin, celles qui naissent nouvellement du collet de la racine. Les secondes se séparent pour donner naissance à d'autres plantes. Les troisièmes appartiennent à des plantes qui fleuriront au bout de deux ans.

Indépendamment de ses tubercules, la *Ficaire* se multiplie encore par des bulbes de même nature, placées aux aisselles, et qui se sèment dès le moment où les feuilles se détruisent. Ainsi il y a peu de plantes à qui la nature ait accordé autant de formes de reproduction.

Mais ces moyens extraordinaires nuisent à la reproduction par les semences. J'ai très-souvent examiné des fleurs de *Ficaire*, et j'y ai rarement aperçu des stigmates bien distincts. Toutefois il peut arriver qu'un ou deux carpelles aient des graines fécondes, et même que la plupart des carpelles soient fertiles; dans ce cas, qui m'a paru très-rare, les pédoncules s'allongent beaucoup et se penchent aux approches de la dissémination.

A cette époque, ces carpelles se séparent naturellement, et en les examinant, j'ai trouvé que leur base était un pédicelle court et ramolli, et qu'ils renfermaient, dans une enveloppe crustacée, un albumen charnu dont l'extrémité inférieure présentait un point roussâtre que j'ai pris pour l'embryon. Il ne me reste plus qu'à voir germer ces carpelles.

Les jeunes pousses des bulbes axillaires sont engaînées dans deux petits fourreaux d'inégale grandeur, et qui ne paraissent que des rudiments de pétioles. Ils contiennent à leur intérieur une troisième feuille bien conformée, à la base de laquelle on en trouve une quatrième, et ainsi de suite. Ces feuilles sont logées dans le pétiole dilaté des feuilles déjà développées, et sont roulées par leurs deux bords sur leur face supérieure. La jeune bulbe porte jusqu'à quatre pouces.

Les bulbes qui doivent donner des fleurs, et qui sont attachées au collet d'une plante déjà parfaite, ont des pousses composées d'un plus grand nombre de feuilles, protégées par les rudiments de feuilles avortées; de leur centre sort une tige creuse et rampante qui fournit, par ses nœuds, tantôt des rameaux et tantôt des pédoncules solitaires.

Les fleurs de la *Ficaire* sont conformées comme celles des *Renoncules;* leurs pétales ont un limbe vernissé et un onglet demi-transparent, qui porte à sa base un pore mellifère. Ces fleurs sont météoriques: elles s'ouvrent plusieurs jours de suite au soleil, et se referment à l'obscurité; mais les étamines ne s'inclinent pas sur les ovaires, quoique ceux-ci soient recouverts de pollen : ce mouvement aurait été inutile. Les calices et les pétales ne tombent que tard.

On ne peut pas dire que la *Ficaire* soit une plante vivace; puisque la même bulbe ne donne pas deux fois des fleurs; mais elle produit des bulbes qui propagent indéfiniment la plante. En fouillant, à l'entrée de l'hiver et au commencement du printemps, le terrain où elle croît, on sera étonné de la multitude de bulbes auxquelles elle donne naissance. Les unes commencent à végéter, les autres sont plus avancées, plusieurs sont près de fleurir; en un mot, on en trouve dans tous les états, et l'on peut remarquer qu'elles ne poussent jamais que par le sommet, c'est-à-dire par la partie qui adhérait à la racine qui les a nourries et développées.

Le phénomène le plus remarquable est ici celui de ces pétales qui se ferment à l'obscurité et s'ouvrent à la lumière, quoiqu'il y ait rarement des carpelles féconds à protéger.

Les feuilles de la *Ficaire* portent à leur surface inférieure un *Uredo* particulier qui les détruit promptement. Elles sont glanduleuses et marquées souvent à leur base d'une tache brune.

QUATRIÈME GENRE. — *Renoncules.*

Les *Renoncules* ont un calice à cinq pièces, cinq pétales nectarifères, des carpelles nombreux, monospermes, indéhiscents et terminés en pointe plus ou moins marquée.

Ce sont des herbes annuelles ou vivaces, à feuilles alternes plus ou moins divisées, à fleurs terminales ou rarement opposées aux feuilles. On en compte déjà près de cent cinquante espèces, répandues dans les diverses parties du monde, en Asie, dans les deux Amériques, dans les îles des Tropiques, et jusque dans les glaces du Nord; mais leur véritable patrie paraît être le bassin de la Méditerranée : c'est sur les bords de cette grande mer que croissent, en Europe, en Afrique et en Asie, la plupart des *Renoncules*, dont les recherches des botanistes augmentent chaque jour le nombre.

Les espèces européennes n'ont point de localité déterminée; les unes vivent sur les montagnes élevées, auprès des glaces éternelles ; les autres dans les prairies montueuses; celles-ci dans nos blés, nos pâturages, ou le long de nos chemins; celles-là dans les marais, les étangs ou les eaux courantes; en sorte qu'on peut dire que ces plantes ne sont étrangères à aucune station.

Elles diffèrent principalement par leurs racines fibreuses, bulbeuses ou tuberculées, leurs tiges droites ou couchées, leurs feuilles lisses ou velues, entières ou divisées, leurs pédoncules cylindriques ou striés, leurs fleurs blanches, jaunes ou rougeâtres, et leurs carpelles unis, striés, ponctués ou raboteux. Ces diversités de formes sont la base des sections qui divisent ce genre nombreux.

Celles que nous adoptons pour les espèces européennes peuvent être réduites aux suivantes :

1° Les *Renoncules aquatiques* ou *Batrachium ;*

2° Celles *des marais* ou *Lingua ;*

3° Celles *des champs*, à capsules tuberculeuses;

4° Les *Scélérates*, à réceptacles allongés en épi;

5° Celles à feuilles finement divisées, racines tuberculées et fleurs jaunes;

6° Les *Communes*, à feuilles lobées et fleurs jaunes;

7° Les *Alpestres*, à feuilles divisées et fleurs blanches;

8° Celles *des glaciers*, à feuilles entières et feuilles blanches;

9° Le *Thora*.

Ces neuf groupes ou sections ne sont pas tellement marqués qu'ils ne rentrent un peu les uns dans les autres, et qu'on n'y puisse distinguer des sous-types , parce que la nature, dans ce genre comme dans la plupart de ceux qui sont nombreux en espèces, s'est plu à mêler les caractères; en sorte, par exemple, que les *Renoncules* communes, à feuilles lobées, n'ont pas toutes la même forme de racines, de fleurs, etc.; mais ces divisions, d'ailleurs assez semblables à celles des auteurs, suffisent à notre but.

Les *Renoncules aquatiques* ou *Batrachium* forment un groupe bien distinct par leurs carpelles ridés transversalement, leurs pédoncules opposés aux feuilles, leurs stipules transparentes attachées aux pétioles, leurs pétales blancs, minces, délicats, leurs nectaires formés d'un pore ouvert sans écaille ni rebord, et en général par toutes leurs habitudes. La principale espèce, ou l'*Aquatilis*, présente le singulier phénomène de feuilles qui changent de formes, selon le milieu où elles vivent : lorsqu'elles ont crû hors de l'eau, elles sont arrondies et lobées; lorsqu'elles sont établies dans les mares, elles se découpent en lanières fines et bifurquées. Enfin, selon De Candolle, elles ont hors de l'eau des stomates, qu'elles perdent lorsqu'elles sont plongées dans ce liquide.

On compte quatre à cinq espèces ou variétés de *Batrachium*, jusqu'à présent mal circonscrites, et qui rentrent de plusieurs manières les unes dans les autres. De même que la plupart des plantes aquatiques, elles sont répandues sur la plus grande partie du globe. Elles végètent presque toute l'année, et couvrent les étangs de leurs jolies fleurs blanches, dont les graines flottent ensuite à la surface de l'eau.

La manière dont elles se reproduisent mérite d'être remarquée. La *Renoncule aquatique* pousse en terre des radicules simples, qui la soutiennent jusqu'à son développement; ensuite on voit sortir des nœuds inférieurs de nouvelles radicules destinées à remplacer les autres; lorsqu'elles se sont amarrées, le bas de la tige se détruit avec ses supports; les rameaux latéraux périssent aussi, à moins qu'ils ne s'amarrent de même par leurs radicules; dans ce cas, ils se détachent de la tige mère. Dans le *Fluitans*, dont les tiges s'étendent le long des eaux courantes où elles forment souvent d'épais gazons, les rameaux se désarticulent et vont s'implanter plus bas avec leurs radicules déjà fort développées, ce qui n'empêche pas que, comme l'*aquatique*, la plante ne se multiplie encore par ses graines qui germent dès la fin de l'hiver. On peut remarquer que le bourrelet de la radicule est criblé de pores destinés à pomper l'eau, et qu'il reste long-temps humide malgré son exposition à l'air. Ainsi, les *Batrachium* sont vivaces sans conserver la même racine et la même tige; mais leur développement par le haut continue sans cesse, et c'est aussi la raison pour laquelle leurs fleurs sont axillaires, ou plutôt extra-axillaires.

Ces fleurs s'ouvrent le matin et leurs pétales tombent à la fin de la journée. Les filets sont épais, peu nombreux, et s'inclinent contre les stigmates, qui sont de petites houppes papillaires. Les anthères sont latérales, et le nectaire, qui n'est qu'un simple pore, est rempli d'humeur miellée, à l'époque de la fécondation.

J'ai vu la *Renoncule aquatique* croissant dans un marais formé par une fontaine intermittente, et j'ai remarqué que ses fleurs, quoique plongées long-temps dans l'eau, n'éprouvaient aucune altération, et répandaient, au contraire, lorsqu'on les retirait du liquide, leur pollen sur les stigmates papillaires dont les carpelles donnaient des graines fécondes. Ramond avait déjà fait la même observation sur les lacs des Pyrénées souvent grossis temporairement par la fonte des neiges, mais je ne crois pas que la fécondation s'opère jamais dans le liquide, car j'ai vu les fleurs épanouies de cette même *Renoncule* ne répandre leur pollen qu'après avoir été retirées de l'eau. (De Cand. *Phys. végétale*, page 526.)

Le second groupe est celui des *Renoncules des marais*, dont les feuilles, quoique souvent enfoncées dans l'eau, ne se divisent jamais; ce qui prouve que leur organisation est différente de celle des *Batrachium*, et que toutes les plantes qui croissent dans ces localités, n'ont pas leurs feuilles divisées. Quelques-unes, comme le *Flammula* et le *Lingua*, dont les dimensions sont quelquefois très-considérables, ont la tige droite; les autres, telles que la *Nodiflore*, l'*Ophioglosse*, etc., sont couchées sur le sol, et se multiplient par les radicules qui sortent de leurs nœuds, ou par des rejets. Leurs racines sont presque toujours fibreuses, leurs fleurs, terminales dans les espèces à tiges droites, sont quelquefois opposées aux feuilles dans celles à tiges rampantes, comme la *Nodiflore*, l'*Ophioglosse*, l'*Uligineuse*, etc. Leurs fleurs sont jaunes, vernissées et non météoriques. Les étamines extérieures s'ouvrent les premières, et répandent leur poussière en abondance sur les pétales, et sur les nectaires formés ordinairement en sac ou en poche fermée par une écaille; ensuite, elles se recourbent en montant du côté des stigmates dont les papilles sont bien marquées. Je trouve dans mes notes que la *Renoncule graminée*, à fleurs jaunes, à racines bulbeuses et recouvertes des vestiges des anciennes feuilles, jette pourtant de ses nœuds inférieurs de nouvelles radicules, comme la plupart des espèces de la même famille; et que les rejets de la *Flammule* se séparent de la plante pour venir au printemps flotter sur la surface de l'eau jusqu'à ce qu'elles se soient enracinées. Les tiges florales périssent ensuite, après avoir répandu leurs semences.

Le troisième groupe est celui des *Renoncules* annuelles, à carpelles couverts de tubercules ou de poils rudes, à feuilles lobées multifides et dentées, pédoncules striés, racines constamment fibreuses, fleurs jaunes et vernissées. L'espèce la plus commune est celle *des champs*, qui mûrit dans nos moissons, et dont les anthères sont véritablement extrorses. Elle n'a qu'un petit nombre d'étamines qui s'inclinent sur les stigmates papillaires et fortement recourbés en dehors; les globules de leur pollen, gros et peu nombreux, s'attachent immédiatement aux stigmates ou retombent sur les nectaires et les pétales vernissés. La plupart des autres espèces vivent dans les lieux humides, et ont leurs pédoncules opposés aux feuilles. On remarque de grandes variations dans leurs tubercules, dont le nombre et la disposition ne suffisent pas pour caractériser les espèces. Leurs carpelles, qui sont toujours moins nombreux, et plus grands que ceux des autres *Renoncules*, portent évidemment des traces de suture, et sont chargés de tubercules glanduleux dans le *Muricatus*. Le *Parviflorus*, qui appartient à ce groupe, est remarquable par la petitesse de ses fleurs dont les pétales avortent en partie.

Mais la principale observation à faire sur les espèces de cette section, est relative aux carpelles qui, dans le *Muricatus* en particulier, perdent insensiblement leur parenchyme, et deviennent tout-à-fait ligneux et aplatis comme la graine qu'ils renferment.

Le quatrième groupe est celui des *Renoncules en épi*, très-remarquables par leurs fleurs petites et un peu verdâtres, surtout par leurs réceptacles allongés et recouverts d'un grand nombre de carpelles très-promptement caducs. L'espèce principale et peut-être la seule est la *Scélérate*, qui croît dans les marais, et a reçu son nom de ses qualités vénéneuses; ses étamines sont très-peu nombreuses et ses stigmates très-peu marqués, comme dans les *Myosures*; mais ses nectaires, en forme de pore creux, distillent abondamment l'humeur mielleuse, de même que ceux de la *Renoncule avortée* de l'Amérique septentrionale, qui me paraît appartenir à ce quatrième groupe. Les *Cératocarpes* et surtout les *Myosures* dépendent de ce même type, quoique ces derniers aient les carpelles en apparence différemment conformés. Toutes ces plantes sont annuelles, et les radicules coléorhizées des *Myosures*, pourraient bien appartenir aussi à la *Renoncule scélérate*.

Les *Renoncules à fleurs jaunes* et à racines en griffes forment le cinquième groupe. Elles sont assez rares dans l'Europe centrale, mais beaucoup plus communes sur les bords de la Méditerranée. Ce sont le *Bullata*, celle *à feuilles de Cerfeuil*, celle *des Marais*, l'*Orientale*, celle *d'Illyrie* à calice réfléchi, celle *de Montpellier*, et surtout l'*Asiatique*, dont les fleuristes font un si grand cas, et qui se présente sous mille formes dans nos jardins. Elles se distinguent par leur port, leurs fleurs grandes et leurs feuilles assez subdivisées. Leur reproduction se fait par des tubercules qui poussent, toutes les années, du collet, et qui se séparent naturellement, ou qu'on sépare sous le nom de griffes, comme dans la *Renoncule coronaria*.

Le sixième groupe est celui des *Renoncules communes*, qui décorent au printemps nos chemins, nos prairies et nos bois, de leurs belles fleurs jaunes et luisantes. Telles sont la *Rampante*, ainsi appelée de ses nombreux rejets; l'*Acre*, qui a reçu son nom de sa causticité; l'*Auricome*, qui aime à croître en famille, dont les fleurs avortées au printemps sont plus régulières dans la pousse d'automne; le *Polyanthème*, celle *des Montagnes*, la *Lanugineuse*, dont les stigmates papillaires seulement en-dessus, se déjettent et se recourbent fortement pour aller à la rencontre des anthères placées au-dessous, etc. Ces plantes ont les feuilles lobées et glanduleuses à leurs extrémités, leurs fleurs grandes, leurs pédoncules cylindriques et leurs nectaires écailleux. Leurs racines sont des souches horizontales et fibreuses, qui se détruisent par l'extrémité inférieure, et se développent indéfiniment par le sommet. On pourrait y distinguer trois sous-types : celui de la *Rampante*, qui se reproduit continuellement de radicules ; celui de l'*Auricome*, qui repousse toujours du centre du collet, à peu près comme la *Bulbeuse*, et dont les pétales avortent ordinairement ; et enfin celui de la *Bulbeuse*, dont la bulbe de l'année, superposée à celle de l'année précédente, se développe toujours du même centre et par conséquent reste toujours solitaire. Ces diverses plantes, surtout l'*Acre*, la *Rampante*, la *Bulbeuse*, doublent facilement, et sont cultivées dans nos jardins sous le nom de *Bouton d'or*. L'*Auricome*, qui perd si facilement ses pétales, et le *Cassubicus* qui n'en est qu'une variété plus petite, sont promptement fécondés, et l'on voit leurs beaux stigmates recourbés, tout recouverts du pollen jaune des anthères fortement inclinées sur le centre de la fleur.

Le septième est celui des *Renoncules Alpestres*, à feuilles divisées et à fleurs blanches, telles sont celle *à feuilles d'Aconit*, celle *des Glaciers*, si remarquable par ses calices chargés de poils brillants et roussâtres ; l'*Intermédius* hybrique des deux premières ; l'*Alpestre*, à feuilles lobées et arrondies, à fleurs grandes et solitaires ; celle de *Seguier*, très-voisine de l'*Alpestre*, mais dont la tige est plus rameuse et le feuillage plus découpé ; celle *à feuilles de Rue*, qui se plaît sur le sommet des plus hautes Alpes, etc.

Le huitième groupe se rapproche beaucoup du précédent, avec lequel il est lié par la *Renoncule déchirée*, ainsi appelée de la forme de ses feuilles, et qui paraît être une hybride entre la *Renoncule des Pyrénées* et celle *des Glaciers*. Cette division ne comprend que quatre espèces, toutes européennes : celle *des Pyrénées*, celle *à feuilles de Parnassia*, celle *à feuilles amplexicaules* et celle *à feuilles étroites*, qui ne forment qu'un seul type, et ont entre elles de grandes ressemblances, soit pour le port, soit pour la structure générale.

Ces plantes vivent, comme celles du groupe précédent, dans les lieux humectés par la fonte des neiges ; leurs pétales ont la structure plus délicate et moins lustrée que ceux des *Renoncules à fleurs jaunes* ; leurs racines sont des tubérosités chargées des débris des anciennes feuilles et qui repoussent toujours de la même masse. On voit, en effet, à côté du jet de l'année, se développer une nouvelle bulbe avec ses radicules et sa tige ; à mesure que celle-ci grandit, l'ancienne bulbe se flétrit, et perd ses radicules, et ainsi de suite à l'indéfini, comme cela a lieu aussi pour le *Gramineus* dont les deux bulbes sont réunis en un seul ; toutefois le *Pyrenus* repousse souvent de la même souche, parce que sa hampe est véritablement latérale, comme on peut s'en assurer en remarquant le bourgeon foliacé central qui se développe l'année suivante ; il en est de même, je crois, du *Parnassifolius*, du *Thora*, et en général, des espèces alpines.

Les fleurs du septième et du huitième groupe sont plus ou moins météoriques, et ne s'étalent entièrement que par l'action complète de la lumière. Leurs étamines ont les anthères latérales, et celles qui se développent les premières sont les extérieures ; les nectaires sont tantôt de simples pores, tantôt, et pour l'ordinaire, ce sont des cornets ; les pétales varient en nombre, et prennent souvent des teintes rougeâtres. La seule espèce de ces deux groupes que l'on cultive, est celle à *feuilles d'Aconit*, aussi remarquable par le blanc pur et rosé de ses fleurs, que par la beauté de son feuillage.

Enfin, mon dernier type est celui des *Thora*, qui ne comprend que deux ou trois espèces : le *Thora* proprement dit, l'*Écussonnée* de la Hongrie, celle à *feuilles courtes* de l'Italie méridionale, et enfin l'*Hybride*, des Alpes de l'Autriche. Ces plantes peu élevées, à fleurs jaunes et petites, sont remarquables par leur racine tuberculée, chargée de radicules renflées et coniques, et par leurs feuilles caulinaires, épaisses, réticulées, divisées, peut-être soudées, et dont l'inférieure s'étale en forme d'éventail redressé. Elles entourent la fleur, comme un capuchon, avant son développement, et sont quelquefois accompagnées de quelques feuilles radicales plus petites. Je ne connais pas exactement le mode de multiplication de ces plantes, qui ne forment sans doute qu'une seule espèce ; mais je vois qu'elles vivent solitaires.

Le genre des *Renoncules* est un de ceux dont les racines présentent les plus grandes différences. Celles des *Batrachium*, comme nous l'avons vu, n'ont pas de rapports avec les autres ; celles des *Renoncules jaunes*, à feuilles multifides, sont des griffes qui naissent circulairement ; celles des *Renoncules jaunes communes*, ou à feuilles lobées, forment des souches horizontales, et enfin celles des *Renoncules Alpestres* ou *Blanches* présentent des tubercules qui se reproduisent du même centre, comme la *Renoncule bulbeuse*, ou des pousses latérales, partant de l'intérieur de la même bulbe. Et il n'est pas impossible qu'il n'y ait encore dans les *Thora* et les espèces étrangères quelques autres formes de racines.

Ces plantes se multiplient encore par des rejets ou des radicules, principalement les *Renoncules des marais*, à fleurs jaunes, à feuilles simples et à tiges couchées ; mais je ne connais pas d'espèce qui soit réellement traçante. Les tiges des *Renoncules* sont toujours herbacées ; tantôt elles sont feuillées dans une grande partie de leur longueur ; plus souvent elles sont presque nues, ou portent seulement à leur base, des rosettes de feuilles radicales, dont les pétioles dilatés protégent la plante avant son développement. Ces feuilles sont entières ou lobées : les premières ont leurs nervures parallèles, et peuvent, en général, être considérées comme de véritables phyllodes ; les autres ont un limbe bien marqué, et des nervures ailées en nombre impair : ces nervures arrivent toujours aux dentelures des feuilles, qui sont autant de glandes excrétoires.

Les aisselles des feuilles donnent naissance à des rameaux subdivisés, au moins dans la plupart des espèces ; car les *Renoncules aquatiques* et quelques autres étrangères ont leurs pédoncules opposés aux feuilles. La *Renoncule nodiflore* est, je crois, la seule espèce européenne qui présente des fleurs axillaires et à peu près sessiles ; mais les pédoncules ne sont ici que des rameaux avortés.

Dans les espèces à feuilles divisées, chaque lobe est roulé séparément, et le limbe entier est encore roulé sur sa surface supérieure. Le plissement est le même dans celles à feuilles entières, à l'exception du *Thora*, dont les feuilles enveloppent la fleur comme un cornet. Dans les *Renoncules aquatiques* à feuilles divisées, les lanières sont parallèles, et originairement protégées par les membranes dilatées des pétioles. Toutes les parties de ces plantes sont unies entre elles, sans aucune articulation.

Les calices des *Renoncules* sont généralement colorés, plus ou moins velus et peu consistants. Ils se réfléchissent même dans le *Bulbosus*, avec une élasticité qui tient à leur organisation, et toujours ils tombent avec la corolle, ou un peu plus tôt. Leur estivation est imbriquée comme celle des pétales.

Ceux-ci sont toujours au nombre de cinq dans les espèces européennes ; mais ils se développent les uns après les autres, ou manquent en partie dans l'*Auricome* et l'*Avortée*. Leur couleur varie, ainsi que leur consistance : dans les *Aquatiques*, les pétales sont fugaces, demi-transparents et blancs comme dans la plupart des *Alpestres*, mais, pour l'ordinaire, ils sont jaunes, pâles, soufrés, ou même oranges. Ils sont de plus vernissés vers le haut, et presque transparents à leur base. Ce vernis, qui est si remarquable dans ce genre, est sans doute destiné à préserver de l'humidité les corolles, qui, une fois ouvertes, ne se referment plus, et dont la floraison dure ordinairement plusieurs jours.

Le nectaire, qui manque à peu près dans l'*Auricome*, dont les anthères entourent les stigmates et dont la fleur n'est jamais étalée, est placé à la base des pétales, et se retrouve dans le *Myosure*, le *Cératocéphale* et la *Ficaire*, trois genres détachés de celui des *Renoncules*. Il varie beaucoup, depuis la forme d'un simple pore, jusqu'à celle d'une écaille et même d'une oreillette, qui est fort commune dans les espèces à fleurs blanches. Sous ses diverses apparences, cet organe est toujours destiné à sécréter l'humeur miellée qui s'y trouve en abondance, et à recevoir la poussière des anthères à l'époque de la fécondation.

Les pétales des *Renoncules jaunes* sont lisses et presque transparents à la base, mais recouverts plus haut d'un vernis brillant et probablement résineux, qui les préserve des dangereux effets de l'humidité : c'est sans doute la raison pour laquelle ils restent ouverts dans la plupart des espèces. J'ai remarqué que dans l'*Aconitifolius* et les espèces à fleurs blanches, il n'y a ni vernis sur le limbe, ni transparence sur l'onglet.

Les étamines varient beaucoup en nombre : on en compte jusqu'à cinquante dans les espèces communes à fleurs jaunes ; mais on n'en trouve que huit à douze dans celle *des Champs*, la *Scélérate* et quelques autres. Les anthères sont toujours latérales et plus ou moins extrorses. Les stigmates sont quelquefois très-peu apparents ; mais, pour l'ordinaire, ils forment de petites languettes papillaires tournées extérieurement. Dans quelques espèces, et surtout dans les *Renoncules des champs*, ces stigmates s'allongent un peu en faux pendant la maturation, et les carpelles se dispersent en s'accrochant.

Ces carpelles, réunis en tête plus ou moins allongée, varient autant en forme qu'en nombre ; leur surface est lisse, raboteuse, ou même hérissée de piquants. Jamais ils ne s'ouvrent avant l'époque de la germination, quoiqu'on aperçoive très-bien, au moins dans quelques espèces, les traces de leur suture toujours placée en-dedans. L'embryon des semences est voisin du point d'attache, et la radicule est infère. Nous avons déjà dit que la structure de la graine du *Myosure*, quoique différant en apparence, était réellement la même. Les carpelles de toutes les *Renonculacées* ont-ils naturellement deux semences, comme semble l'indiquer la théorie ? C'est ce que j'ignore, et je crois qu'on n'a encore rencontré ces deux graines dans aucune de leurs espèces. Cependant DE CANDOLLE suppose qu'elles ont existé, parce que la graine unique renfermée dans le carpelle est tantôt pendante et tantôt redressée. Il dit que, dans le premier cas, la graine inférieure a disparu, et que, dans le second, c'est la supérieure. Quant aux

Renoncules proprement dites, leurs graines ont toujours la même direction.

La fécondation a lieu au moment où la fleur s'ouvre : les étamines qui se développent les premières, sont toujours les extérieures, les autres leur succèdent assez régulièrement, et le pollen jaunâtre reste long-temps fixé sur les anthères, parce qu'il arrive souvent, comme dans le *Glacialis*, que les stigmates ne sont pas encore développés lorsque les anthères s'ouvrent.

Je n'ai pas aperçu d'autre mouvement organique dans les *Renoncules*, que celui des pédoncules des *Batrachium* qui s'allongent jusqu'à ce que les fleurs atteignent la surface de l'eau. Quelques calices se réfléchissent encore, et quelques pétales, comme ceux de l'*Auricome*, s'ouvrent et se ferment, selon les heures du jour; mais les carpelles restent redressés jusqu'à la dissémination.

Je ne crois pas que la plupart des *Renoncules* dirigent leurs fleurs du côté de la lumière; je n'ai aperçu ni courbure, ni torsion bien marquée dans leurs pédoncules, et je ne sais pas encore pourquoi ceux-ci sont cylindriques ou striés selon les espèces.

Plusieurs *Renoncules* d'Europe sont cultivées dans nos jardins, où elles doublent très-facilement, et se font remarquer par l'éclat de leurs couleurs; telles sont parmi les jaunes, l'*Acre* et la *Rampante*, surnommées le *Bouton d'or*, et parmi les blanches, celle *à feuilles d'Aconit*, appelée le *Bouton d'argent*. Mais la plus distinguée est la *Renoncule d'Asie*, dont nous ne connaissons pas l'espèce simple, et qui se multiplie surtout par ses griffes. On en compte deux variétés principales : la *Sanguine* et la *Commune*. La première, plus anciennement connue, a une tige simple et des feuilles découpées en trois segments, mais jamais déchiquetées; sa fleur, d'un pourpre sanguin ou mélangé de jaune, est toujours pleine. On la croit originaire d'Afrique, et on peut la considérer comme une espèce. La seconde a la tige rameuse, les feuilles découpées en lobes pointus, les fleurs semi-doubles et souvent fécondes. Elle offre toutes les nuances de couleur, le bleu excepté, et présente deux variétés assez distinctes : la *Blanche*, originaire de Candie, et la *Jaune* ou la *Rouge*, qui appartient à l'Asie. Ces deux races se mêlent constamment par des fécondations hybrides, tandis que la *Sanguine* reste toujours semblable à elle-même.

Les *Renoncules* du nord de l'Amérique ont beaucoup de rapports avec les nôtres, et quelques-unes d'entre elles sont communes aux deux continents. Il n'en est pas de même de celles de la Nouvelle-Hollande et de l'Amérique méridionale, qui ont, en général, un caractère étranger, soit dans le port, soit dans la végétation. Plusieurs de ces dernières comptent dix à douze pétales.

Les *Renoncules* d'Europe fleurissent au commencement ou dans le cours du printemps; celles qui habitent sur nos montagnes végètent dès qu'elles sont débarrassées des neiges ou des glaces qui les recouvrent; celle *à feuilles d'Aconit* et l'*Alpestre* forment dans ces lieux solitaires des touffes charmantes; la *Glaciale* embellit les bords des glaciers, et celle *à feuilles de Parnassia* tapisse les pentes des rochers escarpés. Les espèces communes étalent dans nos prairies leurs fleurs d'un jaune d'or, et sont quelquefois si abondantes, qu'elles semblent les couvrir entièrement.

J'ajoute, en terminant l'histoire de ce genre, qu'il faut peu compter dans la détermination des espèces, sur le port, la forme des feuilles, et la nature de leur surface glabre ou velue. Ces caractères sont tellement inconstants, qu'ils varient beaucoup selon les climats et les localités, et qu'il y a plusieurs *Renoncules* admises et décrites comme espèces qui ne sont que des variétés. Mais les racines, les fleurs, la couleur des pétales, et surtout la forme des carpelles présentent des notes beaucoup plus certaines. Du reste, cette discussion n'est pas de notre ressort, et nous nous contenterons de dire qu'il y a dans ce genre, comme dans la plupart de ceux dont les nombreuses espèces vivent rapprochées, des plantes visiblement hybrides; telles sont, par exemple, la *Déchirée*, provenue de celle *des Pyrénées*, fécondée par celle *à feuilles d'Aconit*; le *Polyanthemus bulbosus*, produit du *Polyanthemus* et du *Bulbosus*, etc., et qui, comme la plupart des autres hybrides, ont leurs graines infécondes.

Quatrième tribu. — HELLÉBORÉES.

Les *Helléborées* ont l'estivation imbriquée; les pétales tantôt nuls, tantôt irréguliers, bilabiés et nectarifères; le calice pétaloïde, les carpelles capsulaires, déhiscents et polyspermes.

PREMIER GENRE. — *Caltha*.

Le *Caltha* a un calice à cinq pièces pétaloïdes, dépourvues de nectaire; ses carpelles, qui varient de cinq à dix, sont aplatis, étalés et uniloculaires.

Ce genre, qui n'a compté long-temps qu'une seule espèce, est maintenant divisé en deux sections: celle des *Psychrophiles*, dont les calices.

persistent et les fleurs sont portées sur des hampes; et celle des *Populages*, à calices caducs et fleurs pédonculées.

La première de ces deux sections est composée de deux espèces appartenant au même type, et originaires des contrées Magellaniques. Elles se distinguent des autres *Caltha* par leurs hampes uniflores et leurs feuilles sagittées; elles vivent, comme leurs congénères, dans les lieux humides.

La seconde, beaucoup plus nombreuse en espèces, en comprend déjà douze, dont deux seulement habitent l'Europe. Les dix autres sont éparses dans l'hémisphère boréal, sur les deux côtes de l'Amérique septentrionale, en Sibérie même, et au pied des monts Hymalaya, près du Népaul. Toutes ces plantes paraissent appartenir au même type, et ne différer guère les unes des autres que par le nombre de leurs fleurs ou la forme plus ou moins élargie et dentée de leurs feuilles. Il faut en excepter le *Natans* de la Sibérie orientale, à capsules droites et fleurs blanches de la grandeur de celles des *Renoncules*.

L'espèce principale est notre *Caltha palustris*, qu'on retrouve dans l'Asie occidentale et l'Amérique du nord. C'est une plante dont la racine légèrement bulbeuse produit chaque année de longues radicules simples et cylindriques. Du collet part un turion dont les écailles sont des pétioles dilatés, et dont les feuilles ont pour enveloppe commune une spathe transparente. Lorsque cette membrane est déchirée, la première feuille paraît, puis la seconde, qui comprend de même les autres feuilles sous sa spathe, et ainsi de suite jusqu'à ce que le développement soit complet. Cette organisation, que l'on retrouve probablement dans tous les *Caltha*, est manifestement destinée à protéger les nouvelles pousses contre l'humidité dans laquelle elles vivent.

Du centre des feuilles, dont le pétiole est toujours cylindrique et canaliculé, sortent une ou deux tiges ramifiées deux ou trois fois vers leur sommet.

De la première de ces divisions naît une feuille enveloppée de son voile, et portant à son aisselle deux pédoncules chargés d'autant de feuilles à double pédoncule; mais les dernières ramifications ne sont plus que des pédicelles striés et uniflores. L'inflorescence générale est par conséquent corymbiforme; la floraison est centrifuge.

Les sépales ne se referment point pendant la floraison, ils tombent même assez promptement. Ils sont placés sur deux rangs, et leur estivation est imbriquée. Les étamines sont articulées sur le réceptacle, où l'on distingue leur point d'insertion, de même que celui des pièces du calice; les anthères aplaties s'ouvrent sur les côtés : les deux grandes faces ne sont que l'extension du connectif.

Les étamines, au moment de la fécondation, s'inclinent sur les stigmates qui sont sessiles, allongés et unilatéraux, et les anthères aplaties et latérales répandent leur pollen de la circonférence au centre; les carpelles s'ouvrent de bonne heure; le cordon funiculaire est dilaté au sommet et comme soudé à la graine dont la radicule est infère : on remarque au-dessous des sépales un renflement circulaire qui paraît un rudiment d'involucre.

La substance qui forme le calice des *Caltha* est épaisse et semble composée de deux lames, l'une extérieure, d'un vert jaunâtre, qui remplit les fonctions de calice, et l'autre intérieure, d'un jaune d'or, qui pourtant n'a pas le velouté brillant d'un vrai pétale.

Les feuilles de toutes les espèces sont glabres, épaisses et marquées de nervures très-saillantes, qui partent de la base et se ramifient beaucoup; les principales aboutissent à la circonférence, où elles se terminent par autant de glandes. La vernation est supervolutive comme celle de l'*Abricotier*; c'est-à-dire, que l'une des moitiés de la feuille enveloppe l'autre; les deux oreillettes de la base ont leur plissement particulier.

Le *Caltha palustris* et le *Radicans* des lacs et des petits ruisseaux de l'Écosse fleurissent à l'entrée du printemps, le premier orne les bords des eaux et des marais, de ses belles fleurs d'un jaune éclatant et doré. Il a même obtenu une place dans nos jardins paysagers, où ses fleurs se doublent, parce que ses étamines se transforment en pétales. Ses racines poussent de temps à autre quelques rejets qui se séparent pour multiplier la plante; et ses fleurs, qui restent épanouies plusieurs jours, ne se referment pas, mais les stigmates sont protégés par les anthères qui, en répandant leur pollen, inclinent leur surface large et aplatie sur les ovaires.

Les carpelles, d'abord redressés comme dans la plupart des *Hellé-borées*, s'inclinent pendant la maturation, et deviennent ensuite tout-à-fait horizontaux, ils sont alors membraneux et fortement élastiques, et s'ouvrent enfin par leur suture en mettant à découvert les deux rangs de graines.

La plupart des *Caltha* étrangers fleurissent à peu près aux mêmes époques, et remplissent les mêmes fonctions dans l'économie générale de la nature.

SECOND GENRE. — *Trollius*.

Le *Trollius* a le port et le feuillage des *Renoncules ;* son caractère
consiste dans un calice pétaloïde à plusieurs pièces ; des pétales tubulés
et terminés par une lèvre élargie. Les carpelles sont sessiles, polyspermes, et s'ouvrent à la maturité par le côté intérieur.

Ce genre est formé aujourd'hui de cinq espèces, toutes originaires
de l'hémisphère boréal, trois de l'Asie, une de l'Amérique, et la dernière de l'Europe. Elles appartiennent au même type, et ont toutes
le même port, la même végétation et la même structure. Leurs principales différences consistent dans le nombre et la proportion des pièces
de leur calice et de leur corolle.

Le *Trollius d'Europe*, dont la description s'appliquera ainsi aux
autres espèces, a une racine fibreuse qui reproduit chaque année la
plante presque sans rejets. On trouve, en effet, à la base et à l'intérieur
de la tige, le rudiment de la pousse qui paraîtra au printemps prochain,
lorsque l'ancienne sera détruite. C'est pourquoi les racines forment
un lacis épais, où l'on trouve encore des restes de vieilles racines et
des fibres de tiges ou pétioles détruits. Les feuilles, dans toutes les
espèces, ont la forme et la coupe de celles des *Renoncules ;* elles sont
glabres, blanchâtres en-dessous, dentées et glanduleuses sur leurs
bords. Toutes dans la vernation ont leurs lobes plissés, roulés sur la
surface supérieure, et protégés par les pétioles dilatés des feuilles déjà
développées.

La tige, qui s'élève à la hauteur d'un pied environ dans la plus
grande des deux variétés de cette plante, porte une fleur d'un jaune
soufré, d'une forme globuleuse et en apparence doublée. Ses sépales
nombreux sont placés sur six rangs, dont trois extérieurs d'un jaune
verdâtre semblent former le calice, et trois autres, d'un jaune plus
foncé, représentent les pétales. Cette fleur, différente en cela de celle
des autres *Trollius*, ne s'ouvre pas à la lumière, et sa fécondation
s'opère à l'obscurité. Les pétales, au nombre de douze à quinze, sont
de vrais nectaires, formés d'un tube ou cuilleron mellifère qui fournit
beaucoup de liqueur et se termine par une languette.

Les étamines sont nombreuses, et les anthères qui s'ouvrent les
premières sont les extérieures, leurs loges sont latérales, et la poussière tombe également sur les nectaires et sur les stigmates conformés
ordinairement en languettes papillaires et recourbées. Je n'ai rien vu
dans ceux du *Trollius americanus*, qui pût ressembler à un organe

humide et absorbant : sans doute qu'ils n'étaient pas alors dans leur état naturel.

Les sépales tombent promptement, ensuite les nectaires, et enfin les étamines. Les capsules sont nombreuses, ridées à leur surface, et marquées de raies transversales; elles s'ouvrent au sommet et répandent une à une vers le milieu de l'été leurs graines lisses et brillantes, ensuite elles se rapprochent et se détruisent lentement. Le périsperme occupe presque tout l'intérieur de la graine; l'embryon est logé à sa base, les cotylédons sont supères, et la radicule infère; disposition qui se retrouve aussi dans le *Caltha*, mais qui n'appartient pas à la plupart des *Renonculacées*.

Toutes les espèces de ce genre fleurissent de bonne heure sur les pâturages humides des montagnes, où elles sont quelquefois assez nombreuses pour produire un effet charmant; les habitants de nos Alpes, ceux de la Suède et de l'Angleterre, embellissent leurs fêtes de printemps des fleurs odorantes de l'espèce commune, qui se conserve dans nos jardins lorsqu'elle est placée dans un lieu frais et abrité.

Les *Trollius* étrangers que j'ai sous les yeux, sont bien des espèces différentes, quoique très-voisines. Celui d'*Amérique* a cinq à huit sépales courts, étalés et d'un jaune verdâtre; ses nombreux nectaires sont terminés par une languette en cuiller d'une teinte plus foncée, et qui donne une grande abondance d'humeur miellée. Celui d'*Asie*, plus voisin encore du nôtre, a la fleur orangée et ouverte pendant la fécondation; ses nectaires forment un tube plus court et évasé, et ses stigmates sont en languette recourbée. Mais de tous les *Trollius*, le plus brillant est bien celui d'Europe.

Pourquoi notre *Trollius* a-t-il la fleur constamment fermée? Est-ce parce qu'il vit sur les montagnes et qu'il fleurit de très-bonne heure?

TROISIÈME GENRE. — *Eranthis*.

Les *Eranthis* ont un involucre placé sous la fleur et divisé irrégulièrement en plusieurs lobes; leur calice est coloré et formé de cinq à huit pièces; les pétales, à peu près en même nombre, sont tubulés, bilabiés et nectarifères; les étamines sont nombreuses; les ovaires pédicellés, les semences globuleuses et unisériées.

Ce genre, séparé avec raison des *Hellébores* dont il diffère beaucoup, ne comprend que deux espèces : l'une, originaire de l'Europe, l'autre, de la Sibérie orientale, et qui se distingue de la première par ses cinq pétales ovales et sa fleur pédonculée sur un involucre presque entier.

L'*Eranthis hyemalis*, comme le *Sibirica*, qui appartient absolument au même type, est une petite plante dont le tronc radical est un rhizome charnu, couché et blanchâtre ; il végète dès l'entrée de l'hiver, et donne au mois de février de jolies touffes de fleurs jaunes et solitaires sur leurs hampes. Les feuilles, qui naissent séparément après les fleurs, sont glabres, orbiculées et multifides comme l'involucre. Dans la vernation, elles se replient comme les hampes sur elles-mêmes, et sont aussi cachées sous des écailles blanchâtres, transparentes et adhérentes au rhizome.

Toute la plante a une contexture délicate. La hampe est demi-transparente, quoique plus solide près de la fleur. Les feuilles roulées sur leur limbe avant le développement, comme celles des *Renoncules*, sont aussi glanduleuses à l'extrémité de leurs lobes. La fleur porte sept à huit sépales oblongs et très-sensibles aux variations de l'atmosphère. Ils s'ouvrent à la lumière et se referment à l'obscurité ; au lieu de tomber, comme l'affirment la plupart des botanistes, ils s'appliquent contre les carpelles après la fécondation, et ne se détachent qu'aux approches de la maturité. Les pétales, au contraire, qui sont autant de nectaires remplis d'humeur miellée, se flétrissent promptement.

Les étamines, à l'époque de la fécondation, se recourbent du dehors en dedans, vers le centre ; les anthères sont extrorses, latérales, mais pendant le cours de la fécondation, qui a lieu de la circonférence au centre, elles s'inclinent fortement sur les stigmates qu'elles imprégnent de leur pollen onctueux et adhérent. Les carpelles ont leurs graines unisériées en apparence, parce que celles qui naissent sur les bords d'une des valves, sont assez écartées pour que chacune d'elles puisse se placer entre celles de la valve opposée. Les valves elles-mêmes sont très-amincies et s'étendent horizontalement après la dissémination ; les cotylédons sont très-petits, la radicule est infère et la multiplication a lieu par la rupture naturelle du rhizome horizontal en deux ou plusieurs parties, qui forment à leur tour de nouveaux rhizomes. Les hampes sont toujours accompagnées, à la base, d'une feuille semblable aux autres feuilles, et renfermées sous la même écaille.

Cette jolie plante, qui tire une grande partie de son prix du moment où elle paraît, habite le pied des montagnes de la France, de l'Italie, de l'Autriche, et en général de l'Europe australe. Elle vient en famille comme sa congénère, et forme de jolis tapis de fleurs jaunes, qu'on a rarement l'occasion d'apercevoir en place, à cause de l'époque où ils paraissent ; mais on les obtient facilement dans les jardins.

QUATRIÈME GENRE. — *Hellébore.*

Les *Hellébores* ont un calice à cinq pièces ordinairement peu colorées, des pétales bilobés et nectarifères, des étamines nombreuses,
et des carpelles qui varient de trois à dix.

On les reconnaît, au premier coup-d'œil, à leur port, à leurs sépales
coriaces, à la consistance et surtout à la forme de leurs feuilles
pédiaires et rarement palmées. Ce sont des plantes répandues dans
l'ancien continent et qui habitent les buissons et le pied des montagnes, depuis les Pyrénées jusqu'au Caucase, et même plus loin du
côté de l'Orient. Leur aspect est, en général, triste, et leur couleur
d'un vert foncé ou livide, si l'on en excepte cependant le *Niger*, dont
les fleurs sont d'un assez beau blanc. Elles entrent en végétation dès
le commencement de l'automne, continuent à se développer en hiver,
et fleurissent avant le printemps : elles se flétrissent ensuite, au moment où les autres végétaux étalent leurs brillantes couleurs. On peut
les considérer comme destinées à annoncer le retour des beaux jours,
et à rappeler le spectacle de la vie, lorsque tout semble mort dans la
nature. Elles résistent au froid le plus rigoureux, et j'ai vu les tiges
florales du *Fœtidus*, abattues par de fortes gelées, se relever et continuer à s'épanouir, lorsque la température s'était adoucie. Il n'en est
pas tout-à-fait de même du *Lividus*, dont le feuillage est détruit facilement par un froid de quelques degrés.

On peut diviser ce genre en trois sections, d'après la conformation
extérieure et le mode de végétation de ses diverses espèces.

La première est celle des *Hellébores* à tiges multiflores et chargées
de feuilles. Elle comprend jusqu'à présent deux espèces : le *Fœtidus*,
qui se rencontre dans toute l'Europe, et le *Lividus*, trouvé dans la
Corse par LA BILLARDIÈRE. Le premier, ainsi appelé de son odeur,
provenant de glandes pédicellées et transparentes, répandues sur les
carpelles, les calices et les bractées, a une tige solide, demi-ligneuse
et chargée de feuilles pédiaires aussi remarquables par leur élégance que
par la netteté de leur contour. De son sommet, sort, dès la fin de l'été,
une seconde pousse, recouverte de bractées d'un vert pâle, entre
lesquelles sont placés les pédoncules floraux. Le développement de
cette singulière hampe continue tout le long de l'automne, et s'achève
au milieu de l'hiver. Après la dissémination, c'est-à-dire au milieu du
printemps, la hampe se détache, la tige périt ensuite, et l'on remarque près de sa base le point de rupture. La même racine, ou plutôt
le même rhizome, donne naissance à de nouvelles tiges qui végètent

de la même manière. On aperçoit souvent autour de ces plantes, qu'on peut appeler mères, de jeunes pieds venus de semences, dont les premières feuilles ne sont que trilobées, et qui fleurissent à la fin de la seconde année.

Le *Lividus* a une végétation semblable. Ses fleurs sont également portées sur une hampe penchée, qui se développe dans le cours de de l'hiver; mais ses feuilles sont ordinairement triséquées et glauques en dessous.

La seconde section, qui est la plus nombreuse, comprend les espèces dont la tige sort chaque hiver de la racine, et dont les rameaux sont chargés à la base de quelques feuilles. Elle est à peu près dichotome, et se termine par deux ou trois fleurs que protégent quelques feuilles bractéiformes et plus ou moins divisées. Le type de ces plantes est le *Viridis*, ainsi appelé de la couleur de ses fleurs. Son rhizome, subdivisé et assez semblable à celui des *Fougères*, marche en avant, et donne des pousses simplement feuillées ou chargées de feuilles et de fleurs. On aperçoit plus bas les cicatrices et les débris des tiges de l'année précédente; en sorte que cette espèce est vraiment sociale, tandis que celles de la section précédente sont solitaires, comme on aurait pu le conclure déjà de leurs dimensions.

On range dans la même section l'*Orientalis*, auquel on doit rapporter tout ce que les anciens on dit des vertus médicinales de l'*Hellébore*; l'*Atrorubens* de la Croatie, le *Purpurascens*, à fleurs pourprées; l'*Odorus*, à sépales verts, et enfin le *Dumetorum*, originaire de la Hongrie comme les deux précédents : toutes ces espèces appartiennent au même type que le *Viridis*, et, à l'exception de l'*Orientalis*, ne sont probablement que des variétés produites par le climat ou des fécondations adultérines.

La dernière section est celle des *Hellébores* dépourvus de tiges : elle ne comprend que le *Niger*, ainsi appelé de la couleur de ses racines, et non pas de sa fleur qui est blanche. Ses feuilles, toutes radicales, sont épaisses, coriaces, pédiaires et consistantes, comme celles de la première section. La hampe est cylindrique, tigrée et chargée d'une ou deux fleurs accompagnées d'autant de bractées blanchâtres, entières et concaves. Cette belle plante, connue des jardiniers sous le nom de *Rose de Noël*, est originaire de l'Europe australe, et se propage dans tous les jardins. Ses sépales rougissent en vieillissant; ses nectaires sont pédicellés, ses carpelles légèrement réunis, ses styles allongés et pourprés, et ses nouvelles feuilles se développent après la floraison. C'est certainement un véritable type.

Les fleurs des *Hellébores* sont penchées avant l'épanouissement et la fécondation. Les sépales, d'abord rapprochés, s'étalent plus ou moins selon la forme de fécondation, qui dépend des espèces : dans le *Fœtidus*, ils restent droits; ils s'écartent beaucoup dans le *Viridis*, et s'ouvrent presque horizontalement dans le *Niger*. Ils ne tombent guère qu'avec la tige ou la hampe qui les porte, et dans aucun cas ils ne paraissent sensibles à l'effet de la lumière.

Les pétales et les étamines se séparent, au contraire, de bonne heure. La rupture de ces dernières commence par les rangs extérieurs, qui grandissent au moment de l'émission du pollen. Les étamines voisines les remplacent, et ainsi successivement jusqu'aux plus intérieures.

Les anthères du *Fœtidus* s'ouvrent extérieurement et de manière à ce que leur pollen jaunâtre tombe dans les tubes mellifères, remplis à cette époque d'humeur miellée, et à mesure qu'elles fleurissent de la circonférence au centre, elles s'élèvent les unes sur les autres, et dérobent ainsi leur pollen aux stigmates qui ne peuvent guère être fécondés que par les émanations des nectaires : on voit leurs petits cornets tout ouverts, saupoudrés des granules qu'absorbe l'humeur miellée. Il n'en est pas de même du *Viridis*, dont les cornets paraissent constamment fermés, ou du moins ne s'ouvrent que tard; mais leurs stigmates beaucoup plus élevés que dans le *Fœtidus*, se recourbent sur les anthères et assurent ainsi la fécondation; le pollen qui reste long-temps attaché aux parois retournées des anthères, est onctueux et pulvérulent.

Les nectaires ou les pétales varient en nombre selon les espèces : ordinairement ils sont sessiles, quelquefois pédicellés, comme dans le *Niger*, quelquefois fermés avant la floraison, comme dans le *Viridis*, etc.

Dans le *Niger*, on voit les anthères, à mesure qu'elle s'ouvrent de la circonférence au centre, allonger leurs filets, se diriger horizontalement vers le centre, et répandre leur pollen onctueux et adhérent sur les stigmates qui forment de jolies têtes glutineuses; mais dans le *Viridis*, ce sont les stigmates fortement divariqués qui vont chercher les anthères simplement redressées. Je suis toujours plus persuadé que la liqueur miellée joue un rôle important dans l'acte de la fécondation. On ne peut pas imaginer ici qu'elle soit destinée à attirer les insectes qui ne volent pas en hiver.

Les sépales des *Hellébores* varient beaucoup en couleur, ils sont blancs, pourprés, livides, mais ordinairement verts et plus ou moins tachés, à l'époque de la floraison, de bandes d'un pourpre sale. Ils s'endurcissent ensuite pendant le cours de la maturation, et protégent ainsi le jeune fruit : ils restent redressés dans le *Fœtidus*, et s'étalent presque horizontalement dans le *Viridis*, le *Niger*, etc., qui conservent, comme tous les autres *Hellébores*, leurs pédoncules inclinés. Les carpelles ont la suture prolongée tout le long du style, et jusqu'au stigmate, qui est toujours une houppe papillaire. Les graines sont placées sur les deux bords de la suture, renflés en forme de placenta; le point d'attache est un corps blanchâtre très-visible, et prolongé sur le côté de la graine; les carpelles, souvent striés transversalement, s'ouvrent de bonne heure, en s'élargissant au sommet; ils avortent souvent en partie.

Les folioles des *Hellébores* pourvus de tiges, sont roulées en cornet sur leur bord supérieur, et protégées par les pétioles des feuilles nouvellement développées; ceux à hampes ont les mêmes plissements, mais leurs feuilles sont d'abord renfermées par des stipules, comme par un fourreau. On peut remarquer que leur coupe est souvent très-régulière; mais que leurs dentelures, en pointe membraneuse ou cornée, ne sont jamais glanduleuses.

Les racines de tous les *Hellébores* sont des rhizomes couchés obliquement dans la terre, et qui se ramifient plus ou moins selon les espèces. GAUDIN remarque, dans sa Flore helvétique, que les carpelles du *Viridis* s'ouvrent élastiquement.

Ces plantes ne sont pas cultivées, à l'exception du *Niger*, qui ne manque et qui réjouit les yeux à l'époque où il paraît.

CINQUIÈME GENRE. — *Coptis.*

Le *Coptis* est un genre détaché de celui des *Hellébores*, dont il se distingue par ses sépales colorés, pétaloïdes et caducs, par ses pétales capuchonnés et ses carpelles longuement stipités et membraneux, qui renferment de quatre à six semences.

Le *Coptis* diffère surtout des *Hellébores*, par son mode de végétation. Ses deux espèces sont des plantes petites, à feuilles roides, glabres, persistantes, radicales, longuement pétiolées, une ou deux fois triséquées, et dont les dents ou lobules sont mucronés, comme dans le genre précédent. De leur racine, qui est un rhizome aminci, sort une hampe redressée, terminée par une fleur blanche et bractéolée, qui ne ressemble pas mal à celle de la *Trientale.*

Les *Coptis* vivent dans les marais humides, ou sur les bords des mers septentrionales : le *Trifolia* se trouve en Islande, en Norwége ; au Groënland, dans la Sibérie, le Kamchatka et la terre de Labrador, d'où il descend par le Canada jusqu'en Virginie. L'*Asplenifolia*, à feuilles divisées, croît uniquement sur les rivages occidentaux de l'Amérique septentrionale.

Je n'ai jamais vu de *Coptis* vivants, et je ne connais en conséquence, ni leur nectaire, ni leur mode de fécondation. Ces jolies plantes paraissent au printemps comme les *Hellébores,* et ne tardent pas à répandre leurs graines.

SIXIÈME GENRE. — *Isopyre.*

L'*Isopyre* est un genre flottant entre l'*Hellébore* et le *Coptis.* Son calice est formé de cinq pièces colorées et caduques; sa corolle de cinq pétales nectarifères, corniculés à leur base, et terminés par deux lèvres, dont l'intérieure est simple et l'extérieure bifide. Ses carpelles sont sessiles, aplatis et membraneux; ses stigmates s'étendent latéralement sur les styles allongés.

Ce genre, qui diffère principalement de l'*Hellébore* par ses sépales caducs, et du *Coptis* par ses carpelles sessiles, comprend jusqu'à présent quatre espèces, trois originaires d'Asie et une seule d'Europe: les deux plus anciennement connues sont notre *Thalictroides* et le *Fumarioides* de la Sibérie; la troisième est le *Grandiflora* des monts Altaïques, et la quatrième l'*Adoxoides* du Japon.

Ces plantes, comme l'indique leur nom spécifique, se font remarquer par la délicatesse et l'élégance de leur port. Ce sont des herbes annuelles ou vivaces qui se plaisent à l'ombre des bois, dans les lieux frais et montueux, et dont les fleurs blanches ou jaunes, portées sur des pédoncules élancés, contrastent admirablement avec les feuilles vertes, amincies et finement découpées, qui distinguent ce genre. Le *Thalictroides* en particulier, qui habite le pied de nos montagnes, depuis les Pyrénées jusqu'à l'Hémus, et qui réussit assez bien dans nos jardins, peut être cité comme un modèle de grâce et de légèreté. De sa racine fibreuse partent çà et là de petits tubercules, destinés à la propager et à la rendre sociale. Ses feuilles, pétiolées à la base, sessiles sur la tige, et stipellées comme celles du *Thalictrum aquilegifolium,* sont recouvertes d'une poussière glauque. Ses pétales, plus ou moins réguliers, distillent une liqueur miellée, sur laquelle les anthères blanchâtres et latérales répandent leur poussière; ses filets minces, et de la même couleur que la corolle, flottent pendant la fécondation; les styles, longs et recourbés, portent des stigmates en tête aplatie et papillaire, et les carpelles, qui varient d'un à trois, renferment de quatre à six semences. Cette jolie plante fleurit dès l'entrée du printemps, et ne tarde pas à disparaître du sol, comme toutes ses congénères.

L'*Isopyrum fumarioides*, peut-être encore plus élégant, est annuel, et se distingue par un grand nombre de carpelles, de dix à vingt semences. Ses feuilles, semblables à celles de la *Fumeterre*, forment sur le terrain une rosette glauque et artistement découpée. Il en sort deux ou trois tiges peu élevées, garnies de feuilles presque verticillées. Les stipules, comme celles de l'espèce précédente, sont membraneuses et blanchâtres. Les pédicelles, réunis trois à trois, portent chacun une fleur jaunâtre dont les pétales bilabiés distillent un suc mielleux : les styles sont rapprochés ou quelquefois divariqués, les anthères sont introrses et à peu près appliquées sur les têtes papillaires des stigmates; le style est court; les graines noires et très-menues, sortent du haut des carpelles arrondis en cornet; leur embryon est infère et très-petit.

Cette espèce fleurit plus tard que la précédente, parce qu'elle est annuelle. On la cultive dans nos jardins, où les deux autres n'ont pas encore paru.

SEPTIÈME GENRE. — *Garidelle.*

Les *Garidelles* ont un calice de cinq pièces caduques, cinq pétales bilabiés et bifides, dix à quarante étamines, trois ovaires réunis, des styles très-courts, trois carpelles polyspermes, soudés en une seule capsule triloculaire et à peine prolongée en corne.

Ce genre, lié étroitement avec celui des *Nigelles*, dont il ne diffère guère que par le nombre de ses ovaires et ses styles raccourcis, est formé de deux espèces : la *Garidelle Nigellastrum*, anciennement connue, et l'*Unguicularis*, découverte plus récemment aux environs d'Alep. Toutes les deux habitent le bassin de la Méditerranée; la première croît au milieu des vignes et des oliviers, dans le midi de la France, et jusqu'à la Terre-Sainte. Elles sont l'une et l'autre annuelles, et fleurissent vers la fin du printemps.

Les *Garidelles* ont le port, les habitudes et les feuilles finement divisées des *Nigelles*; l'Européenne a les étamines peu nombreuses, les pétales sessiles et ouverts; l'Asiatique en diffère par ses quarante étamines, ses pétales longuement onguiculés, connivents et velus à l'intérieur. Dans les deux espèces, les fleurs sont petites, blanchâtres et solitaires au sommet des pédoncules.

Les calices ont l'estivation imbriquée des *Renonculées*; les nectaires ou pétales ferment leurs lèvres jusqu'à la floraison, où ils répandent abondamment l'humeur miellée. Les étamines extérieures s'allongent les premières, en répandant leur poussière; les plus voisines leur succèdent. La capsule est toujours droite, et les semences sont disposées horizontalement. Celles du *Nigellastrum* sont noires, relevées en arête sur l'une des faces, et ponctuées sur les autres. L'embryon est situé à la base du périsperme, et la radicule est centripète ou infère.

Les feuilles ont leurs lobes très-étroits et réunis en faisceaux dans la vernation.

A l'époque de la fécondation, les étamines du *Garidella Nigellastrum* sont recourbées sur le centre de la fleur, et leurs anthères recouvrent les stigmates non encore conformés; dans cette situation, ces anthères tout-à-fait semblables à celles des *Nigelles*, ouvrent leurs parois de bas en haut, en sorte que leur pollen toujours adhérent se trouve placé extérieurement et hors de tout contact avec les stigmates, il ne peut alors se répandre que sur les poils renflés et glutineux au sommet, qui recouvrent les pétales ou nectaires bilabiés, et par lesquels il est retenu : ce n'est donc qu'ensuite et lorsque les anthères en se flétrissant l'ont découvert, que le stigmate bilabié et alors papillaire peut, je crois, recevoir la poussière fécondante ; du reste, ce stigmate est toujours très-court.

Je n'ai jamais vu, dans le *Garidella Nigellastrum*, que deux carpelles tuberculés et opposés l'un à l'autre, mais je suppose bien qu'il s'en trouve souvent un troisième.

HUITIÈME GENRE. — *Nigelle*.

Les *Nigelles* ont un calice à cinq pièces colorées, étalées et caduques; leur corolle est formée de cinq à dix pétales bilabiés et nectarifères; leurs carpelles, qui varient également de cinq à dix, sont plus ou moins réunis et toujours terminés par des styles très-allongés.

Ce genre, qui forme le passage entre les *Renonculacées* à ovaires libres et celles à ovaires adhérents, ne comprend que des herbes annuelles, à racine amincie, fibreuse et pivotante. Leur tige est droite, peu consistante et assez ramifiée. Leurs feuilles sont pennatifides, à divisions toujours étroites et capillaires, et leurs fleurs terminales sur les tiges et les rameaux. Leurs carpelles sont souvent chargés de tubercules ou d'aspérités gommo-résineuses, leurs semences sèches, anguleuses et roides au toucher, se distinguent par leur couleur d'un noir foncé.

Les *Nigelles* habitent l'Europe méridionale et le bassin oriental de la Méditerranée. Elles vivent au milieu des champs et des cultures, où elles se propagent naturellement, et où elles fleurissent dans le courant de l'été. Il est assez probable que le *Damascena*, si commun aujourd'hui dans nos jardins et dans nos blés, est originaire d'Asie; car on ne le trouve pas mentionné par les anciens botanistes.

Ces plantes, qui se ressemblent beaucoup par le port, diffèrent essentiellement entre elles par la présence ou l'absence d'un involucre, par l'insertion des étamines et la forme des anthères, et surtout par les différents degrés de soudure de leurs carpelles; c'est pourquoi elles ont été divisées en trois sections.

1° Celle des *Nigellastrum*, à carpelles aplatis, réunis à la base, semences planes et orbiculaires, étamines disposées sur un seul rang;

2° Celle des *Nigellaria*, à carpelles plus ou moins soudés, semences ovales, anguleuses, étamines réunies en huit ou dix phalanges, et disposées sur plusieurs rangs;

3° Celle des *Erobatos*, à carpelles soudés jusqu'au sommet, et formant une seule capsule, étamines réunies en huit ou dix phalanges, et disposées sur plusieurs rangs.

La première section comprend trois espèces distinguées par leurs pétales jaunâtres, et dont la plus connue est l'*Orientale* des environs d'Alep, et transportée depuis long-temps dans nos jardins. Les deux autres sont aussi étrangères, mais très-peu répandues.

La seconde section comprend six espèces presque toutes indigènes, et qui, indépendamment des caractères assignés plus haut, se distinguent encore par leurs sépales bleuâtres et jamais jaunes, ainsi que par leurs anthères presque toujours appendiculées. Ce sont : 1° l'*Hispanica*, à styles dressés et carpelles réunis presque jusqu'au sommet; 2° le *Fœniculacea* de la Tauride, qui ne se distingue guère de l'*Hispanica*, que par ses carpelles marqués de trois nervures sur leur dos; 3° l'*Arvensis*, à styles roulés en spirale, et qui se trouve dans tout le bassin de la Méditerranée; 4° la *Divariquée* de la Tauride, qui n'est probablement qu'une variété de la précédente; 5° l'*Aristée* des environs d'Athènes, très-remarquable par son involucre multifide; 6° enfin, le *Sativa*, cultivée de temps immémorial, et la seule de la division dont les anthères ne soient pas aristées.

La dernière section n'est guère formée que d'une seule espèce, le *Damascena*, distincte de toutes les autres, soit par son involucre multifide, qu'elle ne partage qu'avec l'*Aristée*, soit surtout par sa capsule à dix loges, d'une structure très-singulière.

Telles sont les trois sections des *Nigelles*. On peut remarquer que, quelque distinctes qu'elles paraissent, elles ne sont pas entièrement naturelles, puisque leurs carpelles sont différemment soudés selon les espèces; que le *Sativa*, qui appartient à la seconde section, a les anthères simples, et que l'*Aristée*, du même groupe, a l'involucre des

Erobatos. D'où l'on peut conclure, ici comme ailleurs, que les divisions de nos méthodes les plus rationnelles, ne sont presque jamais celles de la nature.

Ce beau genre présente divers phénomènes physiologiques, dignes de notre attention. Le premier est celui de cet involucre si élégamment découpé, dont le but est évidemment de protéger la jeune fleur, mais qui ne se trouve que dans deux espèces; sans doute, parce que les autres ont des sépales plus coriaces, ou qu'elles sont autrement préservées. Le second est celui de ces nectaires pédicellés, si agréablement bigarrés de bleu, de violet pâle, de blanc, et ouverts en deux lèvres; l'inférieure convexe et terminée par deux appendices renflés au sommet; la supérieure formée d'un cuilleron prolongé en pointe, recouvrant l'ouverture, et au-dessous duquel on aperçoit un sac nectarifère rempli d'un suc mielleux, fourni par deux pores ou points glanduleux. On ne peut s'empêcher de reconnaître dans cet organe si délicatement conformé, et en même temps si peu variable, un appareil destiné à des fonctions importantes.

La structure des anthères mérite aussi d'être remarquée. Elles s'ouvrent par des panneaux latéraux qui, dans le *Damascena*, se retournent élastiquement pour s'appliquer sur la face postérieure, mais qui au contraire dans le *Sativa*, etc., se fendent longitudinalement en deux parties inégales et se roulent sur leurs bords, entraînant avec elles le pollen qu'elles recouvraient et qui est formé de très-petites molécules long-temps adhérentes.

Au moment où la fécondation commence, les pistils courts et redressés ne montrent aucune trace de stigmate; les étamines disposées en phalanges serrées commencent à s'écarter en dehors et à ouvrir les panneaux de leurs anthères; en même temps on voit paraître, sur les bords des nectaires bilabiés, les deux glandes destinées à recevoir le pollen, et quand enfin ce pollen a été entièrement répandu, les stigmates développés et visqueux au sommet, se contournent fortement et viennent en s'abaissant recevoir les émanations de ce pollen dissous; puis ils se redressent et reprennent leur première place : telle est la forme de fécondation des *Nigelles* des deux dernières sections.

Ces plantes offrent un bel exemple de ces soudures qui jouent un très-grand rôle dans l'organisation végétale : on y trouve, en effet, presque tous les degrés d'union de carpelles, depuis l'*Orientalis*, où les loges sont nettement séparées dès leur milieu, jusqu'au *Sativa*, où elles sont adhérentes au sommet, et même au *Damascena*, où elles n'offrent plus extérieurement qu'une seule capsule. Cette dernière forme mérite d'autant plus notre attention, qu'elle est plus compliquée ; car non-seulement les cinq carpelles sont tellement confondus, qu'ils ne laissent aucune trace de soudure ; mais leur enveloppe extérieure ou leur épicarpe est soulevée et séparée de l'endocarpe, de manière à former cinq loges vides, correspondantes aux cinq intérieures séminifères. C'est un phénomène assez semblable à celui que présente le *Cysticapnos*, et qui s'opère sous les yeux de l'observateur après la fécondation.

L'insertion des étamines varie beaucoup dans ce genre. Quelquefois, comme dans les *Nigellastrum*, elles sont placées sur un seul rang, et entourent régulièrement le pistil ; mais dans les deux autres sections, elles sont distribuées par groupes ou phalanges, dont chacune est composée de quatre étamines ou d'un plus grand nombre, placées exactement sur le même rayon, comme dans les *Aquilegia*. Quelle est la cause de cette différence ? Tient-elle uniquement à des variations de formes peu importantes en elles-mêmes ? C'est ce que je ne puis dire, jusqu'à ce que j'aie comparé le mode de fécondation de la *Nigelle orientale*, qui n'a qu'un rang d'étamines, avec celui des autres espèces, dont les étamines sont réunies par phalanges. En attendant, j'observe que les étamines extérieures, comme on devait bien le supposer, s'ouvrent les premières ; qu'au moment où elles répandent leur poussière, elles grandissent tout-à-coup, et qu'ensuite elles se déjettent en arrière, pour ne pas nuire à l'action des autres, et surtout pour ramener leur pollen sur les glandes nectarifères.

Les anthères des *Nigellaria* présentent de plus une organisation qui leur est propre : elles sont apiculées ou aristées, c'est-à-dire que leur connectif se prolonge au-delà des loges, et se termine en pointe. Cet appendice, dont j'ignore l'usage, ne manque que dans une seule espèce de *Nigellaria*, et ne se rencontre point dans les autres *Nigelles*.

Les stigmates ne terminent pas les styles dans les diverses espèces de ce genre ; mais ils sont disposés longitudinalement, dans toute l'étendue du style. On peut suivre à la loupe le sillon papillaire qui les forme, et remarquer qu'en se retournant, il facilite et assure la fécondation de la fleur.

Les semences sont toujours attachées à l'angle interne des capsules, et disposées sur deux rangs. Elles diffèrent assez pour la forme ; celles de l'*Orientalis* sont aplaties, comme nous l'avons dit, et de plus bordées ; les autres sont presque toutes anguleuses et fortement chagrinées. L'embryon, toujours placé à la base, a une radicule infère. Il est peu visible dans les deux premières sections, et assez grand dans la troisième ; ses cotylédons sont même un peu foliacés.

L'estivation du calice est en recouvrement, et les nectaires restent fermés, tant que la fleur n'est pas épanouie; les pédoncules sont redressés avant et après la fécondation; leur efflorescence est centrifuge, et la dissémination commence dès l'entrée de l'automne. Les carpelles et les graines sont souvent recouverts de glandes ou tubercules résineux, très-remarquables surtout dans l'espèce cultivée.

La vernation n'offre rien de particulier : les premières feuilles sont trifides et non plissées; les autres, toujours sessiles sur la tige, sont d'abord roulées sur leur surface supérieure, et leurs lobes sont rapprochés en faisceau.

La déhiscence des capsules est loculicide dans la première section où les carpelles sont presque entièrement séparés, et elle a lieu successivement du sommet à la base; mais dans les *Nigellaria* et les *Erobatos*, elle s'opère seulement au sommet du péricarpe : les graines agitées par le vent sortent par ses ouvertures plus ou moins élargies, et dans le *Damascena*, dont la capsule porte une double enveloppe, l'ouverture extérieure correspond directement à l'intérieur.

Les *Nigelles* et surtout le *Damascena* sont cultivées dans nos jardins, à cause de l'élégance de leur feuillage, et peut-être aussi à cause de la bizarre conformation de leurs fleurs, comme couronnées par des cornes. Elles doublent si facilement, qu'on ne rencontre guère la *Nigelle de Damas* dans son état naturel, ni dans nos jardins ni dans nos campagnes, où ses dimensions sont tellement diminuées qu'elle n'offre plus qu'une sorte de miniature. Si on l'observe de près, on remarquera qu'en doublant, elle a acquis un grand nombre de sépales, et qu'en même temps elle a perdu tous ses nectaires. Ce qui me semble prouver deux choses : l'une, que les nectaires ou pétales se sont transformés en sépales, ce qui est contraire à la loi ordinaire; l'autre, qu'en perdant ses nectaires, la *Nigelle* n'en est pas moins restée fertile. Si cette dernière observation est vraie, elle prouverait que, dans ce genre au moins, l'humeur mellifère n'est pas indispensable à la fécondation.

On cultive, surtout en Orient, le *Sativa*, dont les graines aromatiques et connues sous le nom de *Toute-épice* servent d'assaisonnement.

NEUVIÈME GENRE. — *Aquilegia.*

L'*Aquilegia* ou *Ancolie* a un calice de cinq pièces caduques; une corolle de cinq pétales corniculés, à deux lèvres, dont l'une est très-petite, et l'autre se prolonge postérieurement en éperon; des étamines nombreuses, disposées en phalanges, et dont les intérieures sont avortées; cinq carpelles séparés, et avortant quelquefois en partie.

Ce genre est un des plus distincts dans toute la famille des *Renonculacées* : on le reconnaît sans peine à son port, à la coupe de ses
feuilles, et surtout à la forme et à la disposition singulière de ses pétales. Aussi a-t-il été admis par tous les botanistes, et ne renferme-
t-il aucune espèce flottante. Celles qui le composent sont même tellement rapprochées, qu'elles ne forment qu'un type unique, et ne se
distinguent que par leurs tiges glabres, velues ou visqueuses, leurs
feuilles plus ou moins subdivisées, leurs cornets droits ou recourbés,
leurs fleurs différemment colorées, et surtout par les proportions
relatives de ces diverses parties.

Elles sont toutes, sans exception, des herbes vivaces, dont la patrie
est l'hémisphère boréal, et principalement la Sibérie. Des treize
espèces qui forment actuellement ce beau genre, et dont plusieurs,
il est vrai, ne sont que des variétés produites par les localités ou le
climat, quatre appartiennent à l'Europe, sept à la Sibérie, et une
seule à l'Amérique du nord; une dernière paraît hybride et originaire
de nos jardins. On les rencontre sur les lisières des bois, au bord des
prairies, au pied ou même sur les sommets boisés des montagnes peu
élevées.

La plus répandue est l'*Ancolie commune*, qui croît dans toute l'Europe, depuis Lisbonne jusqu'à Pétersbourg, et depuis la Grèce jusqu'à la Suède. Elle se distingue par la beauté de son port et l'éclat de
ses fleurs; ses racines sont des souches souterraines ou des rhizomes
qui s'allongent en avant, et se détruisent du côté opposé : les tiges
auxquelles ils donnent naissance, périssent chaque année, et laissent
à leur pied les débris des anciens pétioles; tout auprès sortent de nouvelles pousses, protégées par des pétioles dilatés et en partie avortés.
Les feuilles qui viennent ensuite ont d'abord leurs lobes couchés les
uns sur les autres et légèrement recourbés sur leur surface supérieure;
du milieu de leurs touffes s'élèvent une ou plusieurs tiges, dont les
fleurs terminales et penchées se redressent au moment de la floraison,
et restent dans leur position, jusqu'à la maturité des graines. Cette
description appartient à toutes les espèces du genre.

Les autres *Ancolies* européennes sont le *Viscosa*, à tige unie et
uniflore, qui ne paraît qu'une variété de la précédente; l'*Alpina*, remarquable par ses grandes fleurs bleues, ses nectaires droits et les
segments linéaires de ses feuilles multifides; enfin le *Pyrenaica* tout-
à-fait voisin de l'*Alpina*, mais de moitié plus petit dans toutes ses
parties.

Les espèces de la Sibérie sont tout aussi rapprochées, et plusieurs
ne sont évidemment que des variétés; mais il n'en est pas de même

du *Canadensis*, qui se distingue de toutes les autres par l'élégance de son port et ses jolies fleurs d'un jaune orangé.

Les feuilles des *Ancolies* sont lisses, d'une consistance un peu papyracée, d'un vert gai et presque toujours bleuâtre en dessous. Leur coupe est constamment la même; mais leurs lobes sont plus ou moins arrondis; leurs nervures assez apparentes se réunissent au sommet des principales divisions, où elles forment des glandes très-visibles. Ces plantes supportent assez bien les hivers de nos climats, et leurs feuilles radicales paraissent dès l'automne, au moins dans l'espèce commune.

Dans l'estivation, les sépales enveloppent entièrement les nectaires, dont les cornets recourbés en dedans se développent après les autres organes, et dont les lèvres sont fermées jusqu'à la fécondation ; les étamines sont appliquées contre les ovaires, où leur réunion présente la forme d'une pyramide, et contribue, avec les sépales et les nectaires, à donner à ces fleurs la structure insolite qui les distingue.

A l'époque de l'épanouissement, les étamines les plus intérieures sont dressées et appliquées contre les stigmates; les autres, au contraire, sont réfléchies en dehors, et ce qu'il y a de remarquable, c'est que celles-ci fleurissent les dernières, en sorte que la fécondation va du centre à la circonférence. A mesure qu'elle s'avance, les anthères extérieures se redressent et replient leurs parois qu'elles recouvrent d'un pollen jaunâtre et adhérent; enfin la fleur pendante se relève insensiblement et devient presque horizontale. On voit alors, dans l'espèce commune, les styles sortir du milieu des anthères encore chargées de pollen, et les petites têtes des stigmates se recourber sur les côtés. Je n'ai pas aperçu, dans tout le cours de l'opération, les cornets donner aucune humeur miellée, et je ne comprends pas encore le rôle qu'ils peuvent y jouer, s'ils ne reçoivent pas le pollen des anthères : c'est la même chose du *Canadensis*, dont les extrémités du style sont fortement recourbées.

L'organe stigmatoïde est la petite tête allongée et recourbée, visqueuse ou papillaire, qui termine le style et ne se forme pleinement que lorsque les anthères ont répandu une grande partie de leur pollen. Toutefois je vois que, dans le *Speciosa* de la Sibérie et le *Canadensis* de l'Amérique, les styles sont saillants à l'époque de l'épanouissement.

Le principal phénomène que présentent les *Ancolies*, de même que les *Nigelles*, ce sont ces phalanges d'étamines toutes placées sur le même rayon, et composées chacune d'environ dix étamines, qui laissent, en tombant, leurs cicatrices ou points d'attache exactement disposés sur la même ligne. Cependant ces phalanges, si distinctes dans la plupart des espèces, ne s'observent pas dans le *Pyrenaica*, dont les étamines entourent toute la base de l'ovaire, et dont les plus intérieures ont leurs filets enveloppés dans la membrane transparente d'où ils sortent au sommet.

La plus intérieure a la forme d'une membrane plissée et demi-transparente; et comme elle ne peut pas être considérée comme une portion de la corolle, elle porte chez.quelques botanistes le nom de *péripétale*; mais ce n'est évidemment qu'une étamine dont le filet s'est élargi en membrane, puisque dans quelques espèces, comme le *Canadensis* et le *Pyrenaica*, elle conserve encore son anthère : on trouve quelque chose de semblable dans l'*Eupomatia* de la Nouvelle-Hollande, décrit par Robert Brown.

Les téguments de la fleur, auxquels nous avons donné le nom de calice et de corolle, ne diffèrent nullement quant à leur nature. Tous les deux sont d'une consistance demi-membraneuse, et ne présentent point ces glandes brillantes qui distinguent souvent les pétales. Ils tombent promptement, à peu près avec les étamines.

Pendant la maturation, les carpelles des diverses espèces se recourbent en dehors, afin que les graines puissent aisément s'échapper lorsque la suture intérieure se sera ouverte, et Roeper observe que dans l'*Aquilegia vulgaris* la position de ces carpelles dépend du nombre des verticilles des étamines, en sorte que, lorsque ceux-ci sont impairs, les carpelles sont opposés aux pétales, et dans le cas contraire, aux sépales.

L'*Ancolie commune* double dans nos jardins de quatre manières différentes. Quelquefois toutes les étamines, ou plutôt toutes les anthères se changent en une multitude de cornets, dont la pointe conserve sa position naturelle, ou bien est tournée en sens contraire, parce que l'onglet a éprouvé une torsion. D'autres fois les étamines se transforment en pétales planes entièrement semblables à ceux des autres fleurs; ou bien enfin la fleur tout entière n'est plus composée que d'un amas confus de sépales verdâtres. Ces diverses monstruosités, qui se conservent dans les mêmes individus, et se propagent par les racines, ou même souvent par des graines, ont reçu des fleuristes les noms de fleurs *corniculées, renversées, étoilées* et *dégénérées*. La nature les produit indifféremment, sans qu'on puisse déterminer à l'avance les motifs de son choix. Cependant la première monstruosité est de beaucoup la plus commune, et dans toutes on retrouve les écailles, qui ne s'altèrent que très-rarement.

L'efflorescence des *Ancolies* est centrifuge, comme dans le grand nombre des *Renonculacées*. Les fleurs terminales et solitaires forment des panicules ou plutôt des cymes plus ou moins garnis; les carpelles s'ouvrent intérieurement, et portent sur deux rangs leurs graines noires et brillantes; l'embryon, logé près du point d'attache, est échancré; la radicule est infère.

L'*Ancolie commune* forme, vers la fin du printemps, un des plus beaux ornements de nos haies, de nos prairies, et même de nos montagnes, où elle est très-commune. On la cultive aussi dans les jardins, où ses fleurs sont bleues, violettes, roses, simples ou doublées. Lorsqu'on veut obtenir des formes ou des nuances nouvelles, on sème les graines des individus qui présentent déjà des accidents remarquables. Les plantes âgées sont communément moins fortes que les autres.

DIXIÈME GENRE. — *Delphinium.*

Les *Delphinium* ont un calice coloré, caduc et formé de cinq pièces, dont la supérieure se prolonge en cornet; quatre pétales, quelquefois soudés en un seul, et dont deux ordinairement sont cachés, en partie, dans le cornet du calice. Les étamines varient de douze à vingt, et les ovaires d'un à cinq.

Tous les *Delphinium* sont des herbes annuelles ou vivaces; leurs feuilles sont pétiolées, palmées ou plus ou moins multifides; leurs fleurs, disposées en grappes et ordinairement bleues, passent facilement au pourpre ou au rose, ou même au blanc; leurs bractées sont au nombre de trois, l'une solitaire à la base du pédicelle, les deux autres opposées et placées tantôt plus haut et tantôt plus bas, selon les sections.

Ces plantes habitent l'hémisphère boréal des deux mondes : on les trouve dans les champs et les lieux découverts, quelquefois dans les bois ou dans les montagnes. L'Europe en renferme une douzaine d'espèces, la Mauritanie et la Barbarie à peu près cinq, la Sibérie dix, le reste de l'Asie quinze, l'Amérique six, et il n'est guère douteux que leur nombre ne s'augmente encore.

Ce vaste genre a été divisé par DE CANDOLLE en quatre sections très-naturelles :

1° Les *Consolida*, dont les quatre pétales sont réunis en un seul, et dont l'ovaire est unique;

2° Les *Delphinellum*, dont les pétales sont libres et glabres, et qui ont trois ovaires;

3° Les *Delphinastrum*, dont les quatre pétales sont libres, et les deux inférieurs barbus sur le disque; leur éperon est allongé, et leurs carpelles varient de trois à cinq;

4° Les *Staphysagria*, dont les pétales sont libres, et ont un éperon raccourci, et dont les carpelles renflés varient de trois à cinq.

Les *Consolida* comptent de dix à douze espèces, toutes répandues dans l'Europe méridionale ou la partie voisine de l'Orient. Elles sont annuelles, et vivent parmi nos blés, où elles fleurissent au commencement de l'été. Elles ne diffèrent guère que par leurs tiges simples ou ramifiées, leurs épis lâches ou serrés, leurs bractées plus ou moins allongées, leurs feuilles et leurs capsules glabres ou velues.

Les espèces européennes sont au nombre de quatre, mais on n'en connaît guère que deux : le *Delphinium Ajacis* et le *Consolida* proprement dit. La première, qui est, dit-on, originaire de la Tauride, se cultive, de toute ancienneté, dans nos jardins, où elle prend le nom de *Pied d'alouette*, et où elle présente des fleurs de toutes les nuances, le jaune excepté. Elle fournit avec la même facilité des fleurs simples, semi-doubles, doubles, qui se reproduisent par les semences, quand toutes les anthères n'ont pas avorté, et qui forment les plus jolies bordures. Quelquefois la fleur devient régulière par l'avortement du pétale et du cornet; quelquefois la tige s'accourcit, et l'on obtient une variété naine dont les épis forment de très-belles pyramides.

Le *Consolida* est réellement indigène, et diffère surtout de l'espèce précédente par sa tige beaucoup moins garnie, et ses pétales sur lesquels on ne peut pas lire le nom d'*Ajax*; mais elle se prête avec la même facilité aux soins de la culture, et donne également des fleurs doubles à couleurs variées.

Le *Delphinium flavum*, originaire de l'Orient et peut-être de l'Archipel, est la seule espèce étrangère que nous nous permettrons de mentionner, à cause de ses fleurs jaunes.

Cette section présente deux phénomènes principaux, l'un de soudure et l'autre d'avortement. Le premier est celui de ses quatre pétales réunis, et dont on découvre encore la trace dans les quatre lobes du pétale unique. Le second est celui de son carpelle solitaire, qui tient ici la place des carpelles multiples des autres sections, et qui est placé obliquement sur le torus, en sorte que sa suture indique le vrai centre de la fleur. Ces deux explications ne peuvent être rejetées, si du moins on admet qu'il existe dans les plantes réellement congénères, une symétrie primitive des parties de la fleur, comme tout porte à le croire, et comme un examen attentif semble à chaque instant le confirmer.

De Candolle va plus loin, et il suppose que la fleur du *Delphinium*, telle que nous la connaissons, est déjà altérée, et que sa forme primitive pourrait bien être celle des *Ancolies*, c'est-à-dire cinq sépales réguliers et cinq pétales en cornet; cependant nous devons remarquer que le sépale extérieur, quoique capuchonné, est placé sur le même rang que les autres, en sorte qu'il ne paraît pas appartenir naturellement au verticille des pétales.

Si l'on nous demandait quel a été le but de la nature dans ces transformations si fréquentes parmi les végétaux, nous répondrions que nous ne pouvons pas le connaître; mais nous ferions toutefois deux remarques : la première, c'est qu'en détruisant la régularité primitive du plan, les soudures et les avortements y substituent presque toujours un ordre moins parfait sans doute, mais pourtant symétrique, comme on peut le voir dans toutes les sections de ce genre, et surtout dans les *Consolida;* la seconde, que la structure actuelle des *Delphinium* est en rapport avec leurs besoins, qu'elle présente des organes nectarifères et des arrangements de détails propres à faciliter la fécondation.

La fécondation a lieu dans l'intérieur du pétale bilobé et recourbé sur ses bords; les étamines d'abord déjetées, se redressent une à une sur le stigmate qui n'est pas encore formé, et répandent lentement leur pollen débarrassé des parois qui le recouvraient, et qui se sont séparées en deux valves inégales et réfléchies à peu près comme dans les *Nigelles ;* le pétale, déployé au sommet en étendard bifidé et appendiculé, se prolonge inférieurement en un cornet engagé dans celui du sépale, et qui distille d'un sillon verdâtre une humeur miellée; les émanations de celle-ci arrivent ensuite au stigmate, qui ne se développe que plus tard, et paraît formé de deux lèvres, sur les bords desquelles sont placées les vésicules papillaires.

La culture a obtenu des *Consolida,* dont les pièces du calice et les pétales sont tous semblablement conformés et présentent une fleur très-régulière à deux ou trois rangs de pétales, à limbe arrondi et irrégulièrement denté. Au centre est un ovaire à stigmate bien conformé et quelquefois bifide; d'autrefois mais plus rarement on aperçoit deux ou même trois ovaires ; les étamines qui les entourent donnent un pollen assez abondant pour que les semences soient fécondes après la fécondation; les filets se replient sur eux-mêmes sans se déjeter en dehors, comme cela arrive constamment dans le *Delphinium,* le *Consolida* et l'*Ajacis,* abandonnés à la nature ; voilà donc un exemple de fleur primitivement déformée et ramenée par la culture à son véritable type: pourquoi la nature avait-elle changé cette structure simple et irrégulière, en une autre beaucoup plus compliquée, mais pourtant admirablement conformée pour le but qu'elle avait à remplir? c'est ce que j'ignore. Mais ce qu'on remarque, c'est qu'il y a peu de genres qui présentent plus de déformations dans ses différents organes, et par conséquent plus de variétés mêlées à ses vraies espèces.

Les *Delphinium* de la seconde section ou les *Delphinelles* sont, comme les *Consolida*, des plantes annuelles, et qui vivent parmi les blés, où elles fleurissent après la récolte. Leur patrie est exclusivement le bassin de la Méditerranée, et indépendamment des caractères que nous leur avons assignés, on les reconnaît encore à leurs deux bractées rapprochées de la fleur. De Candolle en décrit dix espèces, toutes confondues dans le *Peregrinum* de Linné, et par conséquent jusqu'à présent très-peu distinctes; dans ce nombre, trois sont européennes : le *Cardiopetalum* des Pyrénées, le *Gracile* de l'Espagne, et enfin le *Junceum* du midi de l'Europe et de la Barbarie. Ces plantes, ainsi que les autres *Delphinelles*, appartiennent au même type, et on ne peut guère méconnaître qu'elles renferment de simples variétés que des observations ultérieures feront connaître.

Leur organe nectarifère n'est pas conformé comme celui des *Consolida*, qui est un simple sillon longitudinal : l'humeur miellée, dans cette section, comme dans les deux dernières, sort de l'extrémité des deux pétales supérieurs, où elle est reçue par le cornet du sépale supérieur, qui en est souvent rempli. Du reste, la fécondation s'opère ici de la manière déjà décrite : lorsque les étamines sont toutes déjetées et par conséquent toutes défleuries, les pistils, auparavant cachés, se dégagent, et les stigmates commencent à étaler leurs papilles.

Les *Delphinastrum* forment la section la plus nombreuse du genre : l'on en compte à peu près vingt-neuf espèces dispersées en Europe, en Amérique et surtout en Sibérie. Ce sont des plantes élevées, à racines vivaces et souvent tubéreuses; leurs fleurs, ordinairement teintes d'un bleu d'azur et quelquefois d'un beau pourpre foncé, sont grandes et disposées en longs épis, dont la réunion forme des panicules très-brillantes. On les distingue en deux sections : celle à pétales entiers qui ne contient que deux espèces, et celle à pétales échancrés qui renferme toutes les autres; plusieurs sont comprises par Linné sous le nom d'*Elatum*.

Les deux *Delphinastrum*, à pétales inférieurs entiers, sont originaires de la Russie méridionale et de la Sibérie. Le premier ou le *Grandiflore*, cultivé dans nos jardins, et dont la variété *Sinense* se distingue à ses taches pourprées, se fait remarquer par ses fleurs bleues, et ses feuilles palmées à divisions linéaires; le second, ou le *Cheïlanthe*, la plus belle des espèces du genre, se reconnaît à ses feuilles velues et à ses carpelles renflés, peints sur le dos de veines noirâtres, disposées en réseau, et enfin, le *Triste* se distingue de tous les autres par ses fleurs livides et noirâtres.

Parmi les espèces à pétales échancrés, cinq ou six sont européennes, et habitent, en partie, les Pyrénées ou les montagnes de la Suisse. Celles d'Amérique forment un groupe, dont l'espèce la plus brillante est l'*Azurée*. Mais ces plantes ont tant de rapports entre elles que, si l'on en excepte celles à pétales entiers, elles sont toutes comprises dans le même type, et renferment, comme les *Delphinelles*, plusieurs variétés que des recherches ultérieures feront connaître, et que les botanistes soupçonnent déjà.

Il n'est point douteux que les poils nombreux et assez roides, qui recouvrent intérieurement le limbe des pétales inférieurs des *Delphinastrum*, ne soient destinés à quelque usage, par exemple, à fermer l'ouverture des nectaires et à assurer la fécondation; en effet, c'est sous leur abri, comme sous un toit, que se relèvent et s'ouvrent leurs anthères dont le pollen tombe immédiatement sur l'humeur miellée du cornet, et reste en partie fixé au-dessous du toit des pétales, jusqu'à ce que les stigmates, toujours placés à l'entrée du tube mellifère, se soient développés : on peut même remarquer dans le *Sinense* ou *Divaricatum*, variété du *Grandiflore*, les deux petites oreillettes par lesquelles le limbe entier des pétales inférieurs est fixé sur les côtés des pétales supérieurs.

Les *Staphysagria*, qui forment la dernière section du genre, ne comprennent que trois espèces : l'une très-anciennement connue, et les deux autres plus nouvelles, mais peu différentes de la première. On distingue ces plantes à leurs fleurs sèches, d'un bleu blanchâtre, surtout à leurs carpelles enflés, à leurs semences grosses et peu nombreuses. Elles sont bisannuelles, c'est-à-dire qu'elles germent en automne, et ne donnent des fleurs que l'année suivante.

Les *Delphinium* des quatre sections ont un port et des caractères qui nécessitent leur réunion en un même genre. Ils ont la même végétation, la même coupe de feuilles, et la même structure primitive de fleurs; leurs feuilles, toujours à peu près palmées, finement découpées dans les *Consolida*, ont leurs lobes glanduleux dans les autres sections, et surtout dans les *Delphinastrum;* elles sont assez consistantes et peu sensibles au froid, à demi plissées sur leurs lobes dans la préfoliation, et grossièrement roulées sur leur surface supérieure ; elles se recouvrent et se protégent par leurs pétioles ordinairement dilatés, et ne se séparent jamais naturellement de leurs tiges, non plus que les bractées et les pédoncules. Au contraire, les enveloppes de la fleur et les étamines tombent d'assez bonne heure; les carpelles répandent leurs graines dès le commencement de l'automne.

Les *Delphinastrum*, dont les racines sont vivaces et souvent tuberculées, produisent sans cesse de nouveaux jets, qui se montrent de bonne heure. Les *Staphysagria* périssent la seconde année, après avoir donné leurs fleurs. Je ne connais encore aucune plante qui soit bisannuelle, dans le sens strict du mot, c'est-à-dire, qui porte des fleurs deux années consécutives, et disparaisse la troisième.

Les fleurs des *Delphinium* de toutes les sections sont disposées en grappes et portées sur des pédoncules, d'abord couchés le long des tiges, et écartés ensuite. Leur efflorescence particulière est centripète, et la générale centrifuge, disposition qui favorise, à tous égards, le plein développement de la plante.

La forme de l'organe nectarifère varie ici considérablement, selon les sections. Dans les *Consolida*, comme nous l'avons dit, c'est un sillon relevé qui s'étend en longueur; dans les autres espèces, il est placé à la base des deux pétales supérieurs, qui se terminent souvent en demi-cylindre, et offrent ainsi, par leur réunion, un cylindre complet. Pour l'ordinaire, cependant, chaque pétale se prolonge en un cornet creux, toujours contenu dans le cornet calicinal. Ces différences, qui sont constantes, méritent d'être examinées avec soin. L'estivation est variable : dans les *Consolida*, le sépale supérieur enveloppe tous les autres; mais, dans les autres sections, il ne protége guère que les parties de la fructification. Les sépales inférieurs se réunissent à leur sommet, où ils forment quatre renflements plus ou moins marqués; on voit alors que ces sépales sont composés de deux membranes : l'une extérieure, verdâtre et solide, qui occupe le milieu, et remplit les fonctions de calice; l'autre mince et pétaloïde, qui s'étend sur les bords; mais cette organisation varie un peu selon les espèces.

Les semences des *Delphinium* sont arrondies, bossues, anguleuses, toutes hérissées d'écailles dans la section des *Consolida*, et ordinairement d'un noir plus ou moins brillant; leur embryon est voisin du point d'attache, et la radicule est infère.

Les fleurs des *Delphinium*, comme celles des *Aquilegia* et des *Aconits*, sont dépourvues de tout mouvement organique, au moins dans leurs pétales et leurs calices, car leurs étamines se fléchissent de plusieurs manières, ainsi que les pédoncules. Les stigmates, toujours cachés par les filets dilatés, se dégagent insensiblement, à mesure que les étamines se déjettent, et ils développent enfin leurs glandes papillaires. Sans doute que ce mode de fécondation varie un peu selon les espèces ; mais j'ai toujours vu les anthères répandre leur pollen sur l'humeur miellée, plutôt que sur ce stigmate.

Toutes les parties des *Delphinium* ont un aspect un peu sombre et livide, leurs tiges et leurs feuilles sont d'un vert foncé, et leurs fleurs d'un bleu souvent noirâtre.

Malgré ces désavantages extérieurs, les *Delphinium* ornent souvent nos jardins, où ils forment tantôt des bordures, comme le *Delphinium Ajacis*, dont j'ai déjà parlé, et tantôt des touffes pleines d'élégance, couronnées de fleurs du plus bel azur, comme le *Grandiflore* et plusieurs autres.

ONZIÈME GENRE. — *Aconit.*

L'*Aconit* est un genre distinct de tous les autres, par la forme bizarre de son pétale supérieur, qui imite assez bien un casque, et renferme deux nectaires pédicellés. Son caractère consiste en cinq sépales dont les deux latéraux peuvent être considérés comme des ailes, et les deux inférieurs comme une lèvre pendante ; les pétales varient en nombre et en structure, les deux supérieurs sont toujours tubulés, pédicellés et nectarifères ; les autres ressemblent à des filets dilatés, et sont en général très-peu apparents ; les étamines vont de quinze à trente ; les carpelles de trois à cinq.

Les *Aconits* habitent les forêts, les buissons et les pâturages montueux de l'hémisphère boréal, soit en Europe, soit surtout en Sibérie ; quelques espèces, en petit nombre, sont éparses au Japon, ou dans l'Amérique du nord ; quelques autres sont peut-être communes aux deux continents, mais aucune n'a encore été trouvée dans l'hémisphère austral.

Ces plantes ont une si grande ressemblance dans le port et l'organisation générale, qu'elles paraissent toutes appartenir à un même type. Leurs racines, d'après des observations qui ne sont peut-être pas encore assez généralisées, paraissent régulièrement formées de deux ou plusieurs tubercules, dont le principal, celui d'où sort la tige, périt en automne, et se trouve remplacé au printemps par ceux qu'il a produits dans le cours de l'année ; en sorte que le plus grand nombre des *Aconits* sont ainsi des herbes vivaces. Cependant la plupart des botanistes considèrent les *Cammarum* comme bisannuels, et les autres *Aconits* comme vivaces, à l'exception toutefois du *Grandiflorum*, du *Forskahlei*, et de quelques autres qui sont annuels et ont leurs racines fibreuses.

Les feuilles ont ici la même forme générale : les inférieures sont pétiolées à nervures palmées, primitivement divisées en trois grands lobes, et plus ou moins découpées ; les supérieures sont sessiles ou bractéiformes, et toutes ont leurs lobes terminés par des renflements glanduleux : les fleurs sont disposées en grappes terminales, tantôt simples, tantôt ramifiées, et les pédicelles sont, pour l'ordinaire, simples et uniflores ; ils portent une bractée à leur base et deux autres plus petites, opposées ou alternes, dont la place varie.

Ce genre est un de ceux où il règne la plus grande incertitude sur le nombre des espèces. CLUSIUS, qui s'en est occupé le premier, n'en décrit que huit ; KOELLE en a établi treize ; WILLDENOW, quinze ; DE CANDOLLE, vingt-huit, dans son Système naturel ; et REICHENBACH, cent sept, dans une monographie assez récente. Mais la plupart de ces espèces fondées sur de très-légères différences, avaient déjà été beaucoup réduites dans l'excellente monographie de SERINGE, et lé Prodrome de DE CANDOLLE ; lorsque plus tard HEGETSCHWEILER, dans son voyage aux Alpes de Glaris, a publié des observations très-curieuses sur cet objet. Il affirme que les *Aconits*, dans l'état naturel, ne se multiplient guère que par leurs tubercules, lesquels, dans les mêmes circonstances, conservent assez bien leurs formes, mais qui, à des expositions et surtout à des hauteurs différentes, subissent des changements très-marqués, et qui, cultivés dans les jardins, donnent naissance à des variétés toujours nouvelles ; lorsque leurs tubercules sont peu nombreux et les grappes florales peu garnies, les semences sont fertiles et lèvent sans peine ; mais les plantes qui en proviennent, périssent promptement, si elles ne se trouvent pas dans un sol dont la surface soit nue et gazonnée. Cet auteur ajoute que le *Napel* varie plus que le *Cammarum*, parce que le dernier n'habite que la région moyenne des Alpes, tandis que l'autre se rencontre presque partout, tantôt sur les plus hautes sommités, tantôt dans les vallées basses et voisines de la plaine. D'après ces considérations, et surtout d'après ce que lui a appris une culture de plusieurs années, il réduit tous les *Aconits* de la Suisse, que REICHENBACH et surtout SCHLEICHER avaient si prodigieusement multipliés, aux quatre formes principales ou aux quatre espèces décrites anciennement par LINNÉ, et qui sont le *Lycoctonum*, l'*Anthora*, le *Napel* et le *Cammarum* (Voyez la *Flore helvétique de* GAUDIN, vol. III, pag. 467 et 468.)

Ce sont les mêmes groupes qu'établit aujourd'hui DE CANDOLLE, en les fondant principalement sur la forme du casque, qui, avec les nectaires, est l'organe le plus constant de la fleur. Voici comment il les distingue :

1° *Anthora*, casque conique légèrement demi-cylindrique, cinq ovaires, feuilles divisées en lobes linéaires, fleurs presque toujours jaunes, sépales persistants, racine allongée en navet ;

2° *Lycoctonum*, casque conique et cylindrique, trois ovaires, feuilles.

divisées en lobes cunéiflores, fleurs jaunâtres, rarement blanches ou bleues, sépales caducs, racine tuberculée et fibreuse;

3° *Cammarum*, casque conique et comprimé, trois à cinq ovaires, feuilles pennatifides à lobes trapézoïdes, fleurs bleues ou bigarrées, rarement couleur de chair, sépales caducs, racines tuberculées;

4° *Napel*, casque semi-circulaire, rarement naviculaire, trois à sept ovaires, feuilles à lobes deux fois pennatifides, fleurs bleues, blanches, jaunâtres, ou nuancées de ces diverses couleurs, racine tubéreuse.

Il y ajoute pour cinquième groupe les *Anabates*, qui sont tous étrangers, et se distinguent principalement par leur tige grimpante, plus ou moins voluble.

La section des *Anthora* ne comprend dans DE CANDOLLE que deux espèces : la commune, originaire des Alpes, des Pyrénées et du Caucase, et l'*Anthoroïdeum* de la Sibérie, qui lui ressemble si fort qu'on ne peut le considérer comme une seconde espèce. Les variétés de l'*Anthora* sont peu nombreuses, et dépendent principalement du nombre des fleurs et du prolongement du casque quelquefois glabre, mais plus souvent velu. Les filets des étamines de l'*Anthora* sont dilatés et non divisés, l'éperon est gros, court et courbé en spirale, le sac est presque nul, et les carpelles velus s'ouvrent intérieurement, de manière à présenter dans la dissémination une forme de capsule à cinq angles, entièrement découverte au sommet.

Celle de *Lycoctonum* renferme une seule espèce indigène et deux étrangères qui en sont très-voisines : l'*Ochroleucum* du Caucase et le *Barbatum* de la Sibérie. Les variétés de l'espèce commune, au nombre de treize dans le Prodrome, ont été réunies sous trois formes principales par HEGETSCHWEILER, qui les croit dépendantes du climat; celle *des montagnes*, la *Sous-Alpine* et l'*Alpine*. On reconnaît toujours les *Lycoctonum* aux caractères déjà indiqués, ainsi qu'à leur casque obtus et à peine mucroné; celui d'Europe est répandu partout, dans les bois et les prairies montueuses.

La section des *Cammarum* paraît d'abord plus riche en espèces européennes que les deux précédentes; on y trouve, en effet, l'*Intermedium*, le *Paniculatum*, le *Rostratum*, l'*Hebegynum*, le *Variegatum*, tous originaires des Alpes de la Suisse, ou des montagnes voisines, et dont les formes paraissent assez constantes; mais ces plantes ont aussi été considérées comme variétés d'une même espèce par le même HEGETSCHWEILER, et par GAUDIN, dans sa *Flore helvétique*, où l'on trouve encore les sous-variétés auxquelles elles ont donné naissance.

Les autres *Cammarum*, étrangers à la Suisse, ou provenant de la

Sibérie, de l'Amérique septentrionale, du Japon, etc., sont encore trop peu connus, pour que l'on puisse exactement les séparer en espèces et en variétés. Mais on peut déjà y remarquer l'influence du sol ou du climat, puisque le *Speciosum*, le *Tortuosum* et l'*Exaltatum*, qui en font partie, sont très-probablement originaires de nos jardins botaniques, et surtout de celui de Gœttingen.

Enfin, la dernière section est celle des *Napels*, qui contient deux espèces étrangères : le *Ferox* du Népaul et le *Biflorus* de la Sibérie, et une seule européenne, le *Napel commun*, si répandu autour des châlets, dans nos prairies montueuses et celles de toute l'Europe. Ses innombrables variétés ont été classées sous divers chefs par Seringe, selon qu'elles dépendent de l'inflorescence, de la forme du casque, de la couleur des fleurs, de la coupe des feuilles, de leur couleur, etc. La plupart, comme je l'ai déjà dit, sont infécondes, et ce défaut doit, sans doute, être attribué à l'altération des organes sexuels ; car je n'ai pas su y apercevoir nettement celui qui remplit les fonctions de stigmate ; ce n'est pas sûrement l'extrémité du style, car elle n'a rien de papillaire ; ce ne peut être qu'une rainure longitudinale peu visible, mais qui a quelques rapports avec le stigmate des *Delphinium*.

Les calices des *Aconits* varient beaucoup en couleur dans les espèces différentes ou dans les mêmes. Ils sont violâtres, jaunes, blancs, ordinairement bleus et quelquefois panachés. On a observé que, dans les années sèches, plusieurs fleurs avaient des teintes vertes, qui disparaissaient dans les années humides.

Les pétales sont régulièrement au nombre de cinq, trois très-petits et tout-à-fait semblables aux filets des étamines, deux autres supérieurs et remplissant la fonction de nectaire. Les premiers, souvent très-multipliés, portent aussi le nom de parapétales, et sont assimilés par plusieurs botanistes aux lames plissées des *Aquilegia* ; mais ils en diffèrent en ce qu'ils recouvrent les étamines, tandis que les lames plissées des *Aquilegia* entourent immédiatement le pistil. Du reste, on ne peut guère nier que ces organes n'aient entre eux de très-grands rapports, et que, dans les deux cas, ils ne soient des étamines avortées.

Les nectaires, toujours au nombre de deux, diffèrent un peu de forme selon les espèces. Ils sont essentiellement composés d'un pédicelle creux, terminé par un sac cylindrique, dont l'extrémité supérieure est une lèvre irrégulière. Ils sont logés sous le sépale supérieur, et d'autant plus contournés en spirale, que ce casque est plus court. Le sac, pendant la floraison, est rempli d'humeur miellée, et son ouverture donne sur les anthères dont il reçoit l'humeur fécondante.

Du reste, je n'ai vu nettement ni le mode de fécondation, ni les papilles stigmatoïdes; en sorte que je ne puis rien affirmer de précis sur ces deux objets.

Les étamines sont disposées sur plusieurs rangs, et leurs filets sont constamment bordés, dans leur moitié inférieure, de deux ailes membraneuses, qui se terminent quelquefois en dents latérales. Les filets, dressés avant l'émission de la poussière, sont fléchis et diversement tortillés après cette époque; les anthères sont didymes, et renferment un pollen jaunâtre et grenu.

La fécondation des *Aconits* est en général indirecte; car au moment où les anthères s'ouvrent, les stigmates sont loin d'être formés; ils ne le sont pas même lorsque les filets sont déjetés et que les anthères ont répandu la plus grande partie de leur pollen qui recouvre le fond de la corolle. On peut supposer que les émanations de ce pollen s'élèvent alors sur les stigmates qui sont devenus de petites languettes papillaires; mais jusqu'à présent je n'ai pas bien compris la fonction de ces singuliers nectaires recourbés au-dessus des stigmates et remplis d'une humeur miellée, assez abondante pour attirer les insectes qui en vivent; cependant en examinant le phénomène de plus près, je suis porté à croire que l'humeur miellée humecte l'intérieur de la corolle pour l'absorption du pollen.

L'estivation des *Aconits* ressemble à celle des *Consolida*. Le casque, avant son développement, renferme et abrite les autres parties de la fleur. A l'époque de l'épanouissement, toutes ces parties se dégagent régulièrement les unes après les autres, à l'exception des nectaires, qui restent toujours cachés sous le sépale supérieur. Enfin, les diverses pièces de la fleur tombent, d'abord les étamines, ensuite les pétales languettés, puis les quatre sépales, enfin le casque avec les nectaires qu'il contient. Les *Anthora* sont la seule section où les téguments se flétrissent sans tomber.

L'inflorescence est toujours paniculée, et les fleurs sont toujours disposées en grappe sur la tige et les rameaux. Celles qui paraissent les premières sont celles de la tige principale, les autres viennent ensuite selon leur ordre; mais Reichenbach et Hegetschweiller ont déjà remarqué que les grappes commençaient à fleurir par le bas dans le *Napel*, et par le haut dans le *Cammarum*. C'est que, dans cette dernière section, les grappes sont lâches, tandis qu'elles sont très-serrées dans l'autre. Mais comment se fait-il que le mode de floraison se rapporte si parfaitement à la convenance? C'est ce que j'ignore.

Les feuilles des *Aconits* sont plissées longitudinalement sur leurs lobes, comme dans le grand nombre des *Renonculacées*. Cependant on remarque que les feuilles radicales du *Napel* sont repliées, ou plissées en deux par le milieu de leur longueur; cette forme singulière de vernation pourrait bien appartenir aux autres espèces de ce genre, comme l'annonce DE CANDOLLE. Les grappes s'allongent à mesure que la floraison s'accomplit, et les carpelles restent toujours droits. Les graines ont une forme anguleuse; l'ombilic est assez marqué; l'embryon est logé à la base; la radicule est grosse et infère.

Les *Aconits* sont un des genres dans lesquels la nature s'est plu à varier les formes spécifiques, selon les localités, la hauteur de l'atmosphère, et même la culture. On peut même dire qu'elle a donné à l'homme le premier exemple de ces altérations, dans la figure bizarre qui distingue la fleur de l'*Aconit*. Cette fleur, que tout nous fait supposer avoir été primitivement régulière, devait être formée de cinq sépales en casque et de dix pétales opposés deux à deux aux sépales, et plus ou moins nectarifères. On arrive quelquefois à la reproduire plus ou moins exactement dans les jardins, où tous les pétales prennent grossièrement l'apparence de nectaire, et où les sépales correspondants se convertissent à leur tour en casque plus ou moins complet; ce qui semble indiquer qu'il y a un rapport intime entre la transformation des sépales en casques, et celle des pétales en nectaires.

Ces premières altérations, opérées sans l'intervention des hommes, ont nui essentiellement à la propagation des *Aconits* par les semences; car nous avons déjà observé que ces plantes étaient rarement fertiles, soit que leur fécondation s'arrête par le défaut de conformation des organes sexuels, soit que le développement extraordinaire des fleurs, des tiges et surtout des racines, détourne de leur route les sucs nourriciers destinés primitivement aux pistils et aux étamines. On peut donc considérer tous les *Aconits* jusqu'ici connus comme des plantes déformées, dont le type primitif pourra être retrouvé dans l'une de ces nombreuses espèces que l'on découvre tous les jours.

Ce qui confirme encore cette opinion, ce sont, d'un côté, les variations considérables que l'on trouve dans les parties de la fleur, et, de l'autre, l'imperfection que l'on remarque dans les organes sexuels. En effet, les parties que l'on est convenu d'appeler pétales, sont tantôt plus, tantôt moins nombreuses, et quelquefois même nulles. D'ailleurs, elles paraissent tellement appauvries et mutilées, qu'il est aisé de voir qu'elles ne peuvent plus remplir de fonction importante, et qu'elles ont été détournées de leur destination primitive. La même réflexion se présente, lorsqu'on observe les anthères, et surtout le stigmate, qui est évidemment avorté, et qui, dans un très-nombre de cas, ne peut remplir le but auquel il avait été appelé. Il est bien vrai qu'en diminuànt beaucoup le nombre des fleurs, on peut obtenir quelques semences, comme l'a fait HEGETSCHWEILER; mais il faut assez de soins pour qu'elles germent, et surtout pour qu'elles prospèrent, en sorte qu'on ne doit guère les considérer comme parfaitement conformées.

Toutes les parties des *Aconits*, leurs tiges et leurs feuilles, ont un aspect sombre et plus ou moins livide. Leurs fleurs mêmes n'ont point cet éclat et ces couleurs brillantes qui plaisent si fort aux yeux; leurs teintes, au contraire, sont ternes et obscures. Cependant quelques espèces de ce genre, le *Napel* en particulier, sont cultivées dans les jardins, soit pour la forme bizarre de leurs fleurs, soit surtout à cause de l'effet que produisent leurs belles grappes bleues; on les multiplie par les racines qui se séparent d'elles-mêmes, ou par les bulbes qui naissent quelquefois aux aisselles de leurs feuilles inférieures. Elles ne doublent pas facilement; mais leurs ovaires, leurs étamines, leurs pétales et leur calice, sont sujets à se déformer.

Cinquième tribu. — PÆONIACÉES.

Les *Pæoniacées*, qui forment la dernière tribu des *Renonculacées*, et qui pourraient bien être regardées un jour comme un ordre ou une famille particulière, se distinguent par leur port et surtout par leurs anthères introrses. Elles comprennent trois genres : les *Actæes*, les *Xanthorrhizes* et les *Pæonies*.

PREMIER GENRE. — *Actæe*.

Les *Actæes* ont un calice de quatre pièces caduques, quatre pétales, quinze à vingt étamines à anthères introrses, un à douze ovaires, autant de péricarpes, tantôt secs et déhiscents, tantôt succulents et fermés.

Ces différences dans le nombre et la structure des ovaires et des carpelles, ont fait partager tout le genre en trois sections.

1° Les *Cimicifuges*, à fleurs polygynes, et péricarpes secs, indéhiscents.

2° Les *Macrotys*, à fleurs monogynes, et péricarpes secs, déhiscents.

3° Les *Christophoriana*, à fleurs monogynes, et péricarpes bacciformes, indéhiscents.

Les *Actæes* sont des herbes vivaces qui habitent les bois humides ou montueux de l'hémisphère boréal: deux sont communes à l'Europe et à la Sibérie, une troisième se trouve au Japon, et les cinq autres sont répandues dans l'Amérique septentrionale. Il est digne de remarque que les espèces originaires des mêmes lieux, ne sont pas les plus rapprochées, c'est-à-dire, n'appartiennent pas toujours à la même section.

Les racines des *Actæes* sont tubéreuses, comme celles des *Aconits*, et se multiplient de la même manière; elles donnent, chaque année, naissance à une ou plusieurs tiges, qui, avant leur développement, sont protégées par une stipule, ou plutôt par un rudiment épais de pétiole. Les feuilles, à cette époque, sont plissées en deux, et la tige, repliée sur elle-même, est cachée dans le turion; les feuilles étendues sont longuement pétiolées, tantôt simples ou lobées, tantôt divisées et comme décomposées; les fleurs sont disposées en grappes souvent allongées et recourbées jusqu'à leur pleine floraison; le calice tombe au moment où il s'ouvre, les pétales adhèrent plus long-temps; mais ils se séparent avant les étamines, qui sont recourbées dans la fleur encore fermée, et dont les filets, renflés en massue, flottent autour du pistil pendant toute la durée de la fécondation.

La section des *Cimicifuga* contient quatre espèces originaires de l'Amérique, mais dont la principale, celle qui par son odeur écarte les punaises, se retrouve encore en Sibérie et en Europe, dans les monts Carpaths et la Gallicie. Elles diffèrent par la forme des feuilles comme par le nombre des ovaires, et leurs fleurs sont disposées en grappes simples ou rameuses, ou enfin en corymbes.

Les *Macrotys* ne comptent que deux espèces, l'une du Japon, encore fort mal connue, l'autre originaire des forêts ombragées de l'Amérique septentrionale, et cultivée depuis long-temps dans nos jardins. Cette dernière, qui a tout-à-fait le port et les feuilles de notre *Actæe*, s'en distingue au premier coup-d'œil par ses longues grappes et ses péricarpes ou ses carpelles secs et déhiscents; elle porte quelquefois deux pistils.

Enfin, les *Christophoriana* sont aussi formés de deux espèces, qui appartiennent au même type, et pourraient bien être considérées comme des variétés; le *Spicata*, si commun dans toute l'Europe, et qui se retrouve au Caucase comme dans la Sibérie, et le *Brachypetala*, à pétales plus courts que les étamines, et qui peuple les bois de l'Amérique septentrionale. Toutes les deux ont les racines tubéreuses, mais les baies de la première sont noires, tandis que celles de la seconde varient du blanc au rouge ou même au bleu, et ne sont jamais noires.

Ces trois sections sont intimement liées entre elles; car, selon l'observation de De Candolle, on ne peut pas plus éloigner les *Cimi-cifuga* des *Macrotys*, qu'on ne sépare les *Consolida* des *Delphinastrum*, d'après le nombre différent de leurs carpelles. D'autre part, les *Ma-crotys* à fruits secs sont aussi bien unis aux *Christophoriana* à fruits succulents, que les *Clematis* à carpelles secs le sont aux *Clematis* à carpelles bacciformes. Toutes les autres parties de l'organisation sont tellement semblables dans les *Actées,* qu'on ne peut pas douter que leurs diverses espèces n'appartiennent au même genre.

Les feuilles de notre *Actæe* présentent des traces marquées d'avor-tement et de soudure. Certaines parties de leur contour sont plus développées que d'autres, et certaines nervures, qui devaient être détachées, sont, au contraire, réunies; ce qui dépend, sans doute, de la position des feuilles dans leur bourgeon.

Mais ces soudures sont bien plus marquées dans les fruits qui, for-més originairement d'un seul carpelle ouvert en longueur comme ceux des *Hellébores,* sont devenus de véritables baies, renfermant sept à huit semences dans une pulpe fortement colorée. En les exa-minant avec soin avant la maturation, on y retrouve une suture, et sur chacun de ses bords un placenta longitudinal en forme de bande, sur lequel sont attachées de nombreuses semences, qui avortent en très-grande partie, et dont l'embryon, très-petit, contient une radi-cule centrifuge.

L'estivation du calice, comme celle des pétales, est en recouvre-ment; les anthères introrses, répandent immédiatement leur pollen sur le stigmate, qui est un bouton papillaire et glanduleux. Je n'ai aperçu dans les *Actées* aucune trace de nectaire.

Les graines placées sur deux rangs, et semblables d'ailleurs à celles des autres *Renonculacées,* ont la forme d'une demi-sphère un peu aplatie et prolongée au point d'attache; elles se détachent de leurs carpelles dans les *Actées* des deux premières sections, mais elles res-tent renfermées dans les baies des *Christophoriana,* qui tombent entières, et se sèment en se détruisant.

Les auteurs modernes font trois différents genres de ces trois sec-tions d'*Actæe,* et il les fondent principalement sur la différence des fruits simples ou multiples, secs ou charnus, déhiscents ou indéhis-cents; ils ajoutent que, dans les *Macrotys* et les *Christophoriana,* les étamines inférieures sont stériles, tandis qu'elles sont fertiles dans les *Cimicifuga.* (Voyez *Ann. des sciences natur.,* déc. 1835, pag. 333.)

Ils forment même un quatrième genre du *Palmata* de la section des *Cimicifuga,* parce qu'il est dépourvu de corolle, qu'il a ses éta-mines fertiles, et ses carpelles nombreux, secs et indéhiscents.

Les *Actæes* font l'ornement des bois montueux, par leurs feuilles élégamment découpées et leurs jolies corolles d'un blanc de lait ; ce sont des plantes solitaires, qui fleurissent à la fin du printemps ou au commencement de l'été, et disparaissent dès l'automne ; elles se conservent très-bien dans les jardins, lorsqu'elles sont placées dans des positions convenables.

SECOND GENRE. — *Xanthorrhize.*

Le *Xanthorrhize* a un calice caduc de cinq pièces, cinq pétales tronqués, bilobés et amincis en pédicelles, cinq à dix étamines, à anthères introrses, cinq à dix ovaires oblongs terminés par des styles allongés et aigus, autant de carpelles aplatis, monospermes et bivalves, une semence attachée au haut du carpelle, et pendante.

Ce genre n'est jusqu'à présent formé que d'une seule espèce, le *Xanthorrhize apiifolia*, petit arbrisseau des bois de la Virginie, de la Georgie et des deux Carolines, dont les feuilles et les fleurs sortent, au premier printemps, des boutons écailleux qui les protégent pendant l'hiver. Les feuilles sont pétiolées, pennatisèques, à segments incisés ; les fleurs, disposées en grappes rameuses et pendantes, sont petites, d'un pourpre noir, et souvent unisexuelles par avortement.

Le *Xanthorrhize* est, comme on le voit, un genre assez séparé de ceux qui forment avec lui la tribu des *Pæoniacées*. Il en diffère, par le port, la forme de ses styles, et sa semence solitaire dans chaque carpelle. Ses fleurs pédicellées sur un axe filiforme et flottant, sortent au premier printemps d'un bouton écailleux, qui va chaque année en s'allongeant ; leur premier verticille est formé de cinq sépales petits, lancéolés et planes ; le second, de cinq pétales pédicellés et terminés par une double glande nectarifère ; le troisième, d'un nombre variable d'étamines, à anthères petites, bilobées, à pollen blanchâtre adhérent ; le dernier enfin, de carpelles plus ou moins nombreux, et dont les stigmates sont filiformes, papillaires et étalés, en sorte que la fécondation est directe toutes les fois que les étamines n'avortent pas ; ces carpelles s'ouvrent, quoiqu'ils ne renferment qu'une semence, tandis que ceux des *Actæes Christophoriana*, qui en contiennent plusieurs, restent indéhiscents.

Le *Xanthorrhize*, dont la racine et l'écorce sont jaunes, est cultivé dans les jardins ; on le multiplie quelquefois de graines, mais ordinairement de rejetons et d'éclats.

TROISIÈME GENRE. — *Pæonia.*

Les *Pæonia* ou les *Pivoines* ont leur calice formé de cinq pièces
inégales, foliacées et persistantes, leur corolle ordinairement de cinq
pétales orbiculés, concaves, un peu inégaux et dépourvus d'onglet;
les étamines sont nombreuses, les pistils varient de deux à cinq, et
sont quelquefois recouverts à leur base par un prolongement du
réceptacle; les carpelles s'ouvrent intérieurement, et les semences,
attachées sur deux rangs, sont grosses, lisses et brillantes.

Ces plantes, dont l'on compte actuellement jusqu'à seize espèces,
sont répandues dans la partie boréale de l'ancien continent, depuis le
Portugal jusqu'à la Chine; elles habitent les climats tempérés, et se
plaisent surtout dans les lieux écartés et un peu montueux, où elles
vivent solitaires. La Chine en compte une seule, la Sibérie quatre ou
cinq, les autres sont éparses dans l'Ukraine, la Tauride, la Russie et
le reste de l'Europe.

On les distingue en deux sections :

1° Les *Moutans*, à tige frutescente et disque dilaté en un urcéole
membraneux, enveloppant plus ou moins les carpelles;

2° Les *Pæons*, à tige herbacée et disque à peine dilaté à la base des
carpelles.

La première section ne comprend qu'une seule espèce, la *Pivoine
Moutan*, à feuilles glauques en dessous, et carpelles velus. Cette
belle plante, cultivée depuis plus de mille ans dans les jardins de la
Chine, a été introduite en Europe, dans le siècle dernier, par le célèbre BANKS; c'est un arbrisseau qui peut s'élever chez nous jusqu'à dix
pieds, et dont les fleurs, plus ou moins doublées, présentent toutes
les nuances entre le blanc et le rose; on en distingue trois variétés :
1° celle *à fleurs de Pavots*, dont les pétales blancs, au nombre de huit
à treize, sont teints en pourpre à leur base, et dont les capsules sont
presque entièrement enveloppées par le torus; 2° celle *de Banks*, à
fleurs pleines, à pétales rouges au centre et légèrement frangés; 3° la
Rose, à fleurs demi-pleines, et pétales encore plus obtusément frangés.
Ces trois variétés sont représentées sur les papiers peints de la Chine,
et elles produisent un grand effet par leurs fleurs larges de cinq à sept
pouces, dont les nombreux pétales, aussi brillants en couleur que
délicats en structure, sont encore relevés par une couronne d'étamines
d'un jaune d'or.

La *Pivoine Moutan* perd ses feuilles, qui tombent toutes les automnes en laissant des cicatrices très-apparentes; chaque année, elle donne

des bourgeons semblables aux turions des espèces herbacées, et d'où sortent de nouveaux rameaux; elle ne se propage guère par ses graines, au moins dans nos climats, mais elle se multiplie par des marcottes qui poussent, la seconde année, des tubercules, au moyen desquels s'opère la transplantation. Cette plante s'élève peu, parce que les rameaux florifères périssent chaque année assez bas.

Les *Pæons* sont beaucoup plus riches en espèces; ils en contiennent, au moins, sept européennes : l'*Officinalis*, le *Corallina*, le *Lobata*, celle *de Russi*, l'*Humilis*, le *Paradoxa*, et le *Tenuifolia*. Mais elles diffèrent, en général, par des caractères si peu prononcés, qu'on pourrait bien n'apercevoir que des variétés dans quelques-unes d'entre elles. J'y distingue deux types : celui de l'*Officinalis*, dont les feuilles épaisses ont leurs lobes ovales ou lancéolés, et celui du *Tenuifolia*, à lobes minces et multifides. Les autres espèces de la même section s'éloignent peu des européennes, et la plupart appartiennent à mon premier type.

Quelques-unes ont été produites par des fécondations artificielles, comme l'*Hybride*, qui paraît née du *Tenuifolia* et de l'*Anomala*, d'autres dépendent, sans doute, des localités ou du climat. Elles ne se distinguent presque les unes des autres que par la position plus ou moins verticale de leurs carpelles glabres ou velus, et les divisions plus ou moins prononcées de leurs feuilles : différences qui ne me paraissent pas liées à l'organisation générale; et qui ne sont pas assez marquées pour que l'on puisse leur donner une grande importance; cependant le caractère tiré de la villosité des carpelles est plus constant, et il a été employé comme subdivision par De Candolle.

Les racines des *Pivoines* du premier type sont formées d'une masse charnue d'où partent de tous côtés des prolongements fusiformes et renflés par intervalles; de cette masse charnue naissent toutes les pousses ou tous les turions qui se succèdent, sans interruption, pendant un grand nombre d'années, et qui élèvent la partie supérieure de la racine, tandis que l'inférieure se détruit. Ainsi, on ne peut multiplier ces plantes qu'en éclatant, comme disent les jardiniers, la masse charnue; car les tubercules fusiformes qui se renouvellent chaque année, sont aussi inféconds que dans les *Dahlia* et les plantes d'une organisation semblable.

Les racines du *Pæonia tenuifolia* et de celles qui appartiennent à ce second type, n'ont pas la même conformation que les précédentes; ce sont des souches ou des rhizomes qui rampent horizontalement, et se détruisent par la base, tandis que leur sommet se charge de nouveaux bourgeons. On n'y remarque point de tubercules fusiformes.

Les feuilles des *Pivoines* du premier type sont toutes découpées sur le même dessin ; elles sont deux ou trois fois ternées et plus ou moins divisées à leurs extrémités ; les radicales forment, par l'avortement de leur limbe, ces écailles rougeâtres et épaisses qui distinguent les bourgeons de ces plantes, et qui renferment les feuilles non développées, dont la forme est complète, et dont les lobes, couchés les uns sur les autres, sont recourbés sur leur surface supérieure. Les feuilles du second type sont bien renfermées dans des bourgeons semblables ; mais leurs divisions se rapprochent en faisceau, et ne sont ni plissées ni roulées. Ces dernières, dont la texture est délicate, se détachent assez promptement de leur tige ; les autres, au contraire, y restent adhérentes jusqu'au milieu de l'hiver.

Les fleurs de toutes les *Pivoines* sont solitaires, terminales, et s'épanouissent dès le milieu du printemps. Leur mode de développement est le centrifuge ; celles de la tige principale paraissent avant les autres. Les pétales, déjà colorés dans l'intérieur du calice, s'étalent à l'ombre aussi bien qu'à la lumière ; les deux sépales extérieurs sont foliacés, les trois autres, moins consistants, se prolongent souvent en pointe.

L'estivation des pétales est fort irrégulière, au moins dans les individus à fleurs pleines ; dans les autres, ces pétales sont plissés et plus ou moins chiffonnés ; mais ils s'étendent ensuite avec beaucoup de régularité, et ne tombent pas comme ceux des *Pavots*.

Les étamines sont très-nombreuses dans la *Pivoine Moutan*, le *Tenuifolia*, etc. Elles ne paraissent pas placées sur le réceptacle, mais sur un renflement qui borde le calice, et qui n'est autre chose que le torus moins développé du *Moutan*. La surface des carpelles qui est souvent velue, et retient par conséquent le pollen, paraît remplir les fonctions de nectaire ; car, à l'époque de la fécondation, elle distille des gouttelettes de liqueur miellée, qui se répandent aussi sur les étamines et au fond de la corolle.

Les anthères sont latérales, extrorses, et leur poussière se répand d'abord par le sommet où commence la rupture ; elles se roulent ensuite en spirale, et leurs filets sont si mobiles qu'ils flottent au gré du vent. Les anthères prennent ainsi toutes sortes de positions, et plusieurs restent engagées entre les stigmates. Les premières qui s'ouvrent sont les intérieures, en sorte que l'ordre de la fécondation est contraire à celui qui a lieu généralement dans la famille. Les vrais organes stigmatoïdes sont les bords glanduleux et papillaires des languettes qui terminent les pistils ; les carpelles sont inclinés pour la dissémination, et quelquefois même tellement déjetés, que leur ouverture est entièrement tournée en dehors. Les graines, diversement colorées selon les espèces, mûrissent ordinairement à découvert, et restent long-temps attachées aux carpelles étalés ; elles ont une radicule infère correspondant à l'extrémité d'un raphé relevé qui pénètre dans l'enveloppe crustacée à quelque distance de l'ombilic ; la *Pivoine Coralline* en particulier, est remarquable par ses belles graines sphériques d'un noir foncé, mêlées à d'autres avortées et d'un rouge carmin.

Je n'ai pas aperçu des mouvements organiques dans les *Pivoines*, si du moins j'excepte ceux des carpelles avant la dissémination, et ceux des fleurs du *Tenuifolia* et surtout du *Moutan* ; cette dernière est si sensible à la lumière, que non-seulement elle étale ses pétales à la clarté des lampes, mais que ses pédoncules se redressent et s'inclinent en divers sens, afin de recevoir plus directement les rayons lumineux. Les tiges sont constamment droites, ainsi que les fruits ; et les fleurs, une fois ouvertes, ne se referment que dans les espèces du premier type.

Ces plantes font, au printemps, la décoration de nos jardins, par la grandeur et l'éclat de leurs fleurs rouges, roses, blanches, tachées à l'onglet, etc., mais jamais bleues ou jaunes. La plus brillante est, sans contredit, l'espèce commune, dont les fleurs, presque toujours doublées, ont dans leurs nombreuses variétés une grandeur et une magnificence qui les distinguent de toutes celles du même genre. Les amateurs en cultivent plusieurs autres, qui sont ou des espèces ou de simples variétés, mais qui, réunies, produisent dans les beaux mois du printemps, les effets les plus admirables. Cependant la plus recherchée est la *Pivoine Moutan*, qui se conserve en hiver dans les orangeries ou même en plein air, et dont les fleurs moins doublées, et par conséquent pourvues encore de leurs étamines, font, dès la fin de l'hiver, l'ornement de nos serres. Quelques-unes de ces plantes ont une faible odeur de rose.

On peut remarquer que la fleur des *Pivoines* n'a pas été déformée comme celle des *Aconits*, et que par conséquent elle porte des graines ordinairement fécondes.

Seconde famille. — *Dilléniacées.*

Les *Dilléniacées* ont cinq pétales et cinq pétales en estivation im-
briquee, les premiers persistants, les autres caducs et ordinairement
jaunes, les étamines nombreuses insérées sur le torus, des anthères
adnées et ordinairement introrses, des carpelles nombreux uniloculaires, bivalves ou bacciformes.

Cette famille comprend des arbres, des arbustes et des sous-arbrisseaux, la plupart originaires de l'Amérique sud, des Indes, des côtes
et des îles de l'Afrique, ou même de la Nouvelle-Hollande.

On la divise en deux tribus :

1º Celle des *Délimées*, à filets dilatés au sommet, dont nous n'avons
pas à nous occuper;

2º Celle des *Dilléniées*, à filets non dilatés, qui renferme deux
genres.

DILLÉNIÉES.

PREMIER GENRE. — *Candollea.*

Le *Candollea* a des étamines nombreuses et polyadelphes, des styles
filiformes et deux à cinq carpelles ouverts intérieurement.

Ce genre est formé de deux ou trois sous-arbrisseaux de la Nouvelle-Hollande, à feuilles simples, épaisses, entières ou dentées, à
fleurs jaunes ordinairement terminales.

Sa principale espèce est le *Cuneiformis*, à feuilles persistantes et
dentées au sommet, à fleurs solitaires et terminales. La corolle est
formée de cinq pétales caducs; les étamines, au nombre de cinq,
portent chacune quatre ou cinq anthères qui s'ouvrent près du
sommet par deux pores, et les cinq ovaires ont leurs styles allongés et
terminés par des stigmates en tête papillaire, glutineux, un peu latéraux et penchés.

Les pétales d'un beau jaune, tombent avant que la fleur soit complètement fécondée, les feuilles, finement ponctuées en dessous, sont
amplexicaules et articulées au dessus de la base. On peut remarquer
que, dans le *Candollea*, où les anthères sont introrses, les stigmates
sont recourbés en dedans, tandis que dans les *Hibbertia*, où elles sont
extrorses, les stigmates sont rejetés en dehors.

SECOND GENRE. — *Hibbertia.*

L'*Hibbertia* a les étamines nombreuses, filiformes, libres et égales, les ovaires indéterminés et variant d'un à quinze, des styles filiformes et fléchis, des carpelles membraneux déhiscents, ordinairement mo-nospermes ou dispermes, des semences dépourvues d'arilles.

Ce genre, qui compte déjà dix-neuf espèces, est divisé par DE CANDOLLE, en trois groupes un peu artificiels :

1° Celui de dix à quinze carpelles un peu velus au sommet;

2° Celui d'un à huit carpelles glabres;

3° Celui de deux à quatre carpelles veloutés ou écailleux.

Le premier groupe est formé du *Grossularia* à feuilles orbiculées et crenelées, et à fleurs d'un beau jaune, pédonculées, solitaires et opposées aux feuilles.

A la fécondation, les styles plus longs que les étamines et terminés par de petites têtes papillaires, se déjettent fortement sur les anthères biloculaires, dont les parois amincies s'ouvrent irrégulièrement, et le pollen, d'un jaune d'or, se répand en abondance sur le torus et le sommet velu des carpelles.

Dans le second groupe, on place le *Volubilis* à calice coriace, pétales jaunes et caducs. Ses nombreuses étamines, redressées et stériles sur les bords, ont des anthères percées au sommet de deux pores, et les cinq stigmates en tête papillaire divergent de tous côtés à la rencontre des anthères.

Enfin dans le troisième, je trouve le *Pédonculé*, petite plante ligneuse qui a le port d'un *Helianthème*, et dont les feuilles alternes et linéaires sont roulées sur les bords; la fleur jaune est terminale comme celle du *Grossularia*; ses trois styles très-allongés et qui se déjettent pour la fécondation, sont terminés par une petite tête papillaire, et les étamines extérieures sont dépourvues d'anthères; les pétales se détachent promptement.

Je n'ai aperçu aucun nectaire dans ces trois plantes.

Tous les *Hibbertia* sont des arbrisseaux originaires de la Nouvelle-Hollande, et quelques-uns sont cultivés dans nos serres.

Troisième famille. — *Magnoliacées.*

Les *Magnoliacées* se distinguent par des fleurs dont les enveloppes sont caduques et formées de plusieurs pièces disposées trois à trois sur un ou plusieurs rangs; leurs étamines et leurs ovaires sont en grand nombre, et leurs anthères sont adnées.

Les parties de la fleur et de la fructification diffèrent beaucoup selon les genres. Le calice est composé de trois ou six sépales placés sur un ou deux rangs; les pétales varient de trois à vingt-sept, et sont toujours hypogynes; les ovaires, quelquefois logés sur le torus au-dessus des étamines, plus souvent disposés en épi, sont toujours terminés par un style court et un stigmate simple; les péricarpes sont tantôt des capsules entr'ouvertes longitudinalement près du sommet ou vers la base, tantôt des follicules légèrement charnus et indéhiscents, tantôt des samares ailées et réunies en un cône lâche ou serré; les semences sont toujours attachées à l'angle interne du péricarpe, le périsperme est charnu, l'embryon droit, petit et infère.

Les *Magnoliacées* sont des arbres ou des arbustes élégants, dont plusieurs se distinguent par la beauté et le parfum de leurs fleurs. Plusieurs sont cultivées avec beaucoup de soin, soit en plein air, soit dans les serres. Tout le monde connaît les *Magnolia* et le *Tulipier*.

Cette famille était à peu près inconnue à l'Europe, du temps de Bauhin; Linné en a décrit dix espèces, Willdenow seize, Persoon trente et une, De Candolle trente-six : treize, environ, habitent l'Amérique septentrionale; cinq les Antilles ou l'Amérique du sud, quinze les Grandes-Indes, la Chine ou le Japon; et trois enfin, l'Australasie.

Les feuilles sont alternes, articulées à leurs tiges, ordinairement roulées sur leurs deux bords, comme celles des pommiers, et enveloppées séparément, dans leur vernation, par une stipule membraneuse qui tombe, comme celle des *Figuiers*, en laissant sur la tige une cicatrice circulaire. Les stipules du *Tulipier* sont différemment conformées.

Ces plantes sont aujourd'hui distribuées en deux tribus, et comprises sous huit genres.

Première tribu. — ILLICIÉES.

Les *Illiciées* ont les carpelles disposés en verticilles et très-rarement solitaires par avortement ; leurs feuilles sont chargées de glandes
internes et transparentes.

PREMIER GENRE. — *Illicium.*

L'*Illicium* a trois à six sépales pétaloïdes, des carpelles monospermes
et déhiscents par le côté supérieur, et renfermant une semence
brillante.

Ce genre renferme trois arbrisseaux très-glabres, à feuilles toujours
vertes, l'*Anisatum* du Japon et de la Chine, le *Parviflorum* et le *Flori-
danum* de la Floride occidentale.

Ce dernier porte deux ou trois fleurs au sommet des vieux rameaux
qui sont dépassés par les jeunes pousses, et dont les pédicelles uniflores sont recourbés ; ses six sépales oblongs sont caducs, ses nombreux pétales teints en pourpre et étalés, sont disposés sur trois
rangs, et ses étamines, qui varient de trente-neuf à quarante-deux,
portent, sur leur côté intérieur, des anthères à pollen blanchâtre qui
fécondent des stigmates tubulés, recourbés en dehors et verticillés
comme ceux des *Sempervivum.*

Deuxième tribu. — MAGNOLIÉES.

Les *Magnoliées* ont des carpelles disposés en épi autour d'un axe,
et des feuilles dépourvues de glandes transparentes.

PREMIER GENRE. — *Magnolia.*

Les *Magnolia* ont des capsules disposées en épi, et qui renferment
une ou deux semences ; elles s'ouvrent à l'angle externe et restent
long-temps sans tomber.

On les divise en deux sections :

1° Les *Magnoliastrum*, à anthères extrorses, ovaires rapprochés,
et bouton renfermé dans une seule bractée.

2° Les *Gwillimia*, à anthères introrses, ovaires un peu écartés, et
bouton renfermé par deux bractées.

Les *Magnoliastrum* sont tous originaires d'Amérique, et les *Gwillimia* d'Asie. Ces derniers sont encore peu connus.

Les *Magnoliastrum*, qui comptent actuellement neuf espèces, forment de grands arbres de trente à quatre-vingt-dix pieds, dispersés dans les vastes forêts de l'Amérique septentrionale, depuis la Caroline jusqu'au Canada. Leurs feuilles, roulées d'abord sur leurs deux bords, et protégées par deux stipules opposées, paraissent de bonne heure au printemps, et tombent en automne ou périssent pendant l'hiver ; leurs fleurs, solitaires au sommet des rameaux, sont portées sur un pédoncule raccourci, et enveloppées par une seule bractée qui se fend latéra'ement avant de tomber.

Les tiges florales ou les pédoncules des *Magnoliastrum* périssent chaque année après avoir répandu leurs graines, et sont remplacées par des pousses latérales qui subissent à leur tour le même sort ; les feuilles ne sont pas renfermées dans un bourgeon commun formé de la réunion d'un grand nombre d'écailles ou pétioles dilatés ; chacune d'elles au contraire est protégée par ses stipules, qui me paraissent des organes propres, et ne peuvent guère être considérées comme des feuilles avortées.

Le calice se confond souvent avec les vrais pétales, tant par sa forme que par sa consistance ; les pétales, qui varient de six à douze, tombent successivement après la floraison ; les étamines ont leurs nombreux filets insérés comme les téguments floraux à la base de l'axe qui porte les pistils : dans la principale espèce, ou le *Grandiflora*, elles sont appliquées contre les ovaires, et leur poussière est logée dans deux rainures latérales terminées par une petite languette cartilagineuse ; elles tombent très-promptement.

La fécondation des *Magnoliastrum* n'a pas encore été suffisamment étudiée : on ignore de quelle manière se répand le pollen, et quelle est la structure précise du stigmate. Pourquoi les anthères sont-elles extrorses ? Quelle est la partie de la fleur qui remplit les fonctions de nectaire ? Est-ce la languette cartilagineuse qui couronne les étamines ? C'est ce que je ne saurais décider ; mais je remarque en même temps que les stigmates du *Grandiflora* m'ont toujours paru avortés, tandis que dans leur patrie ils sont allongés, velus et portés sur un style tors ; cependant on recueille dans les jardins du midi de l'Europe, à Montpellier, Chambéry, etc., des graines de *Magnoliastrum* qui germent aussi facilement que celles qu'on retire d'Amérique. Ces graines sont toujours renfermées régulièrement deux à deux dans des capsules trigones et bivalves, qui s'ouvrent longitudinalement sur leur face externe, et elles présentent un phénomème peut-être

unique dans tout le règne végétal, celui de leur pédicule composé de
fibres fasciculées, et fortement réunies; il s'allonge ou se déplie pendant la maturation, et lance en dehors des graines ordinairement d'un
beau rouge, et suspendues en l'air, jusqu'à ce que leur attache se
rompe, ou qu'elles soient enlevées par les oiseaux.

Ces semences sont remarquables par leur enveloppe charnue et
bacciforme, qui recouvre un tégument testacé; le périsperme est
charnu, et l'embryon est placé à la base; les cotylédons sont foliacés,
et la radicule est infère.

La plupart des *Magnoliastrum* sont cultivés dans les jardins ou dans
les bosquets de l'Europe. Tels sont le *Grandiflore*, la plus belle des
espèces, soit pour la hauteur à laquelle elle s'élève, soit pour l'éclat
de ses fleurs blanches et odorantes, qui dans leur climat natal se succèdent une grande partie de l'année; le *Glauque*, moins élevé, habitant les lieux humides, à fleurs beaucoup plus petites et aussi odorantes; l'*Ombrelle*, remarquable par ses feuilles caduques, étalées en
parasol, et moins recherché que les autres à cause de son odeur
un peu fétide; l'*Acuminé*, plus élevé peut-être que le *Grandiflore*,
et distingué par ses feuilles caduques, acuminées et pubescentes
en dessous; l'*Auriculé*, plus petit de moitié, à fleurs moyennes,
blanches, odorantes, et à feuilles caduques, cordiformes et auriculées; enfin le *Macrophylle*, à peu près de la même hauteur, dont
les feuilles caduques sont très-grandes, d'un blanc glauque en dessous, et dont les fleurs odorantes sont tachées de pourpre en dedans.
Mais tous ces beaux arbres, les plus remarquables peut-être du règne
végétal, restent petits et comme avortés dans nos climats, tandis
qu'ils déploient toute leur pompe dans les forêts de leur patrie, où
leurs magnifiques fleurs exhalent les plus doux parfums une grande
partie de l'année.

Les *Gwillimia*, ou les *Magnolia* de la seconde section, sont tous
originaires de la Chine, du Japon ou des îles adjacentes; on en compte
aussi neuf, dont quelques-uns sont encore très-peu connus, mais
dont la plupart sont cultivés en Chine, d'un temps immémorial, soit
pour leurs fleurs, soit surtout pour leur odeur. Tels sont, le *Yulan*,
qui, dans son pays natal, s'élève jusqu'à quarante pieds, mais qui,
dans nos jardins, n'en dépasse guère quatre à cinq; le *Kobus*, presque
aussi grand, et appartenant au même type; l'*Obové* ou le *Discolor*,
ainsi appelé de ses pétales blancs à l'extérieur et pourprés en dedans;
le *Fuscata*, qui, comme l'*Obové*, n'est qu'un arbrisseau, mais dont
les fleurs d'un rouge jaunâtre ont une admirable odeur; enfin le *Pumila*, qui se distingue des quatre autres par ses feuilles épaisses et

réticulées, ainsi que par ses fleurs penchées. Dans les trois premières espèces, les feuilles paraissent après les fleurs, et tombent ensuite; dans les deux autres, elles naissent plus tard, mais elles sont persistantes.

Les *Magnolia* de cette section ne supportent pas les hivers, et ne se conservent bien que dans nos serres tempérées. Ils diffèrent des premiers, non-seulement par leur bractée florale double, et leurs anthères introrses, mais encore par leur organisation générale; ce sont des plantes qui paraissent avoir été altérées par une longue culture, et qui ne fructifient jamais en Europe. Les botanistes n'ont point encore la connaissance complète de leurs fruits; ils savent seulement que les graines des *Gwillimia* sortent de leurs capsules et sont pendantes comme celles des *Magnoliastrum*.

Le *Yulan*, qui fleurit, comme la plupart des autres, au milieu de l'hiver, présentait, lorsque je l'ai observé, ses feuilles débarrassées de leurs deux stipules velues et plissées encore sur leur face supère. A cette époque, les pétales étaient tombés; les anthères, appliquées des deux côtés du filet qui sert de connectif, répandaient latéralement une poussière peu abondante, et les germes paraissaient avortés. Du bas de la fleur suintait une humeur assez abondante, mais à peu près insipide. Quelques jours plus tard, les filets et les styles tombaient en se désarticulant, ensuite le pédoncule se séparait de la tige en laissant sa cicatrice.

Les *Magnolia* sont à peu près dépourvus de lenticelles; au contraire, les *Gwillimia* en ont de très-apparentes, principalement les espèces à feuilles caduques.

SECOND GENRE. — *Liriodendrum.*

Le *Liriodendrum* ou *Tulipier* a un calice formé de trois pièces caduques, six pétales rapprochés en cloche et placés sur deux rangs, des anthères allongées et latérales, des ovaires imbriqués et des stigmates globuleux. Les fruits sont disposés en cône sur un axe central: ce sont des samares qui renferment chacune deux graines à leur base, et qui ont la forme d'une membrane lancéolée et assez épaisse.

Le *Liriodendrum tulipifera*, seule espèce de ce beau genre, est originaire de l'Amérique septentrionale, où il s'élève jusqu'à cent pieds; mais il a été de bonne heure transporté en Europe, et il fait aujourd'hui l'ornement de nos bosquets et même de nos demeures champêtres, autant par son magnifique feuillage que par la beauté et la singularité de ses fleurs. Son mode de végétation, semblable à celui des

Magnolia, en diffère cependant assez pour mériter d'être décrit.

Les feuilles, dans leur vernation, sont plissées sur leur nervure moyenne, recourbées sur leur pétiole allongé, et renfermées séparément dans une coiffe formée de deux stipules opposées et comme soudées; au dedans de ce capuchon, on en trouve un autre de même nature, pourvu aussi de sa feuille, et ainsi de suite à l'indéfini. Ce bourgeon, qu'on pourrait appeler continu, et auquel DE CANDOLLE donne le nom de stipulacé, se développe pendant tout le cours de l'année; mais, aux approches de l'hiver, lorsque la végétation est suspendue, les deux stipules terminales, qui ne sont pas encore ouvertes, s'endurcissent et se recouvrent d'une légère couche résineuse, destinée avec les stipules à protéger les feuilles à naître. Quelquefois la plus extérieure de ces jeunes feuilles périt pendant l'hiver, et alors le bourgeon est protégé par une double paire d'écailles. C'est là une de ces modifications nombreuses que la nature apporte à ses lois, et qui a ici pour but de garantir plus sûrement le bourgeon contre les intempéries.

Les feuilles du *Tulipier* sont alternes et d'une structure tout-à-fait semblable à celles du *Platane*; leur forme bizarre les distingue de toutes les autres; c'est, dit-on, celle de la lyre antique, ou plutôt d'un fer de pique tronqué vers sa pointe, et dont chaque oreille est double; la feuille porte ainsi sur son côté trois lobes et deux enfoncements inégaux, et son sommet forme un angle rentrant. Je ne puis me rendre compte de cette découpure si régulière à la fois et si insolite, car il n'y avait rien dans l'intérieur de la coiffe qui parût la nécessiter.

Les stipules tombent à peu près au moment où elles s'ouvrent, et leurs cicatrices sont long-temps visibles sur la tige. On peut remarquer ici, comme dans les *Magnolia*, que l'anneau circulaire est assez éloigné de la base du pétiole, ce qui provient de l'allongement de la tige, au moment où le bourgeon s'ouvrait.

Les fleurs terminent toujours les branches et leurs rameaux; elles sont aussi protégées par deux stipules, qui forment une coiffe beauboup plus ample que celle des simples feuilles. L'épanouissement a lieu, dans nos climats, à la fin du printemps; il est simultané pour les fleurs des principales branches, et centrifuge pour les rameaux. Il y a peu de spectacles aussi curieux pour un botaniste, que celui de ces grandes fleurs, qui, comme de brillantes *Tulipes*, couvrent, pour ainsi dire, et couronnent tout le feuillage de ces beaux arbres.

Les sépales du *Tulipier* sont concaves, un peu colorés, membraneux et marqués de nervures; les pétales sont jaunes à la base, orangés vers leur milieu, et verdâtres sur les bords; leur substance coriace ne renferme aucune glande brillante ou veloutée, mais elle paraît destinée à remplir une fonction importante dans l'acte de la fécondation; examinée à l'intérieur, elle est recouverte de pollen, et enduite d'une matière visqueuse, produite par la surface intérieure et orangée de la corolle; cette matière reçoit probablement le pollen, et le renvoie ensuite sur les stigmates.

Les étamines sont fort nombreuses, et les anthères s'étendent sur la partie extérieure du filet; leur poussière sort par deux rainures longitudinales, placées en face des pétales, et tombe immédiatement sur les taches orangées qui, à l'époque de la fécondation, distillent l'humeur miellée en petites gouttelettes : ce sont les émanations de ce pollen qui fécondent les stigmates globuleux papillaires et demi-transparents, car le pollen lui-même qui est sec et pulvérulent ne peut pas tomber immédiatement sur les stigmates, puisque les anthères sont entièrement extrorses.

GÆRTNER raconte qu'il a ouvert plus de cinq cents graines de *Tulipier*, sans y trouver un seul embryon; mais il ne dit pas si ces graines étaient étrangères ou indigènes. Du reste, on tire d'Amérique celles qu'on destine à des semis, et qui, dans certaines années, sont même infécondes. On peut expliquer ce fait, en supposant une température pluvieuse ou humide, qui détruise la viscosité des pétales, ou même qui détrempe et entraîne le pollen. Cet accident est d'autant plus probable, que les fleurs du *Tulipier* restent toujours ouvertes et droites, dès qu'une fois elles sont épanouies. Heureusement elles se succèdent assez long-temps, pour qu'elles puissent être fécondées, au moins en partie, non-seulement en Amérique, mais encore en Europe.

Les ovaires, d'abord disposés en cône et serrés étroitement les uns contre les autres, s'écartent fortement avant l'époque de la dissémination, qui s'opère chez nous dans le mois de janvier. Les samares sont alors dispersées au gré du moindre vent, leur axe ou leur réceptacle reste seul à l'extrémité de la branche, où il se dessèche et se rompt dans le courant de l'année; la branche repousse un peu plus bas.

Les samares sont terminées par une aile cartilagineuse et renferment, dans leur base renflée et comme parenchymateuse, des graines constamment géminées, selon GÆRTNER, au bas du cône, et solitaires près du sommet. Les cotylédons sont ovales, foliacés et planes, d'après l'observation de MIRBEL.

Le *Tulipier* présente des variétés dans la couleur blanche ou jaune de son bois, dans la forme de ses feuilles et dans la teinte de ses fleurs,

quelquefois d'un beau jaune. Ses branches sont renflées à leur naissance, et son écorce est chargée de lenticelles.

Il acquiert en Amérique une hauteur de cent pieds et plus, et il est
déjà placé, en Europe, au rang des grands arbres qui bravent les
hivers.

Quatrième famille. — *Anonacées*.

Les *Anonacées* ont un calice à trois lobes, rarement à quatre; une
corolle à six pétales sur deux rangs, dont l'intérieur avorte quelquefois; des étamines nombreuses et libres, des péricarpes distincts ou
réunis, et des semences remarquables par les plis ou les prolongements subulés de leur endoplèvre, qui les pénètre. Ce dernier caractère surtout distingue la famille.

Le calice des *Anonacées* est persistant, alterne aux pétales extérieurs, opposé aux intérieurs. Les pétales sont coriaces comme le
calice, leur estivation est valvaire dans chaque rang, et les intérieurs
varient beaucoup en grandeur. Les étamines s'appliquent souvent
contre le disque central, qu'elles recouvrent alors entièrement; les
filets sont très-courts; les anthères, presque sessiles, ont un connectif
à peu près tétragone, dont le sommet est souvent glanduleux et nectarifère; elles s'ouvrent extérieurement et surtout par le bas; quelquefois les intérieures semblent soudées aux ovaires, et quelquefois aussi
les extérieures sont stériles.

Les ovaires, ordinairement très-nombreux, sont toujours monostyles; tantôt simplement agrégés, tantôt véritablement réunis; leurs
fruits sont des baies, et des capsules sessiles ou pédonculées; les semences, dont le nombre varie beaucoup, sont ovales, oblongues,
placées sur un ou deux rangs, et adhérentes à l'angle intérieur. Leur
enveloppe externe est un peu crustacée et fragile, et leur endoplèvre
se confond avec le périsperme, qu'il pénètre sous mille formes bizarres; le périsperme, qui est dur et charnu, remplit toute la cavité du
test; l'embryon est petit et logé tout près de l'ombilic, les cotylédons
sont courts, la radicule est infère.

Les *Anonacées* sont des arbres moyens ou des arbrisseaux exotiques,
et par conséquent inconnus aux anciens botanistes. A peine Bauhin
en a-t-il indiqué deux espèces, et Linné treize; mais leur nombre
s'est tellement accru, que Dunal en a déjà décrit cent cinq espèces,

et qu'Alphonse De Candolle, dans un nouveau mémoire sur cette famille publié en 1832, en porte le nombre à deux cent cinq.

Ces plantes sont dispersées dans les parties centrales des deux continents. On en compte actuellement quatre-vingt-sept en Asie, vingt-deux ou vingt-trois en Afrique, et quatre-vingt-cinq en Amérique; mais comme plusieurs sont cultivées également dans ces trois parties du monde, et qu'on ne les retrouve guère dans l'état sauvage, leur origine est encore incertaine.

Les *Anonacées* sont jusqu'à présent très-peu répandues en Europe, quoique celles qui appartiennent à l'Amérique tempérée pussent facilement s'y acclimater; nos serres chaudes ou tempérées n'en comptent que quelques espèces, qui ne fleurissent presque jamais.

La structure de ces végétaux ne ressemble pas mal à celle de nos arbres fruitiers; leur tronc et leurs rameaux, ordinairement droits, mais quelquefois volubles, sont cylindriques, recouverts d'une écorce souvent réticulée ou verruqueuse, et parsemés de lenticelles très-visibles; les feuilles sont alternes et articulées à la tige, dont elles se détachent aux approches de l'hiver ou dans la saison sèche, selon les climats; elles sont pétiolées, simples et entières, penninerves, souvent velues en dessous et percées de glandes transparentes semblables à celles des *Hypericum*.

Dans la vernation, elles sont plissées sur leur nervure principale, et plus ou moins contournées, jamais protégées par des bourgeons ou des stipules. Lorsque la pousse de l'année est accomplie, son extrémité supérieure se rompt comme dans plusieurs arbres d'Europe, et les nouveaux rameaux sortent de l'aisselle des feuilles précédentes.

Les pédoncules, ordinairement axillaires, quelquefois cependant latéraux ou même opposés aux feuilles, sont courts, solitaires, unifloxes ou multiflores, souvent garnis de quelques bractées, et souvent aussi recourbés en crochets, lorsque leurs fleurs sont avortées; quelquefois enfin ils ont une articulation dans leur milieu.

On peut distinguer dans ces plantes trois sortes de fruits : 1° ceux qui proviennent d'un seul ovaire; 2° ceux qui sont composés de plusieurs carpelles isolés; 3° ceux qui résultent de l'agrégation et de la soudure de plusieurs ovaires, et par suite de plusieurs carpelles. La surface rarement lisse de ces agrégations est souvent dure et coriace; souvent aussi elle est réticulée, couverte de pointes et d'écailles charnues, qui correspondent à autant de carpelles soudés.

Les fruits, à un seul ovaire, sont des baies globuleuses à péricarpe épais, remplies de graines placées sans ordre apparent et entourées de pulpe; nous ne sommes guère en état de connaître ces fruits dans leur jeunesse; mais nous pouvons conjecturer avec raison que leurs cloisons primitives ont disparu dans la suite du développement.

Les fruits à plusieurs ovaires sont, comme nous l'avons dit, sessiles ou stipités, et dans les deux cas, ils laissent leur cicatrice au point d'attache. On voit sur les carpelles, des bosselures qui indiquent la place des graines, et des étranglements qui correspondent à leur séparation.

Les poils sont ordinairement courts et étoilés; on les rencontre plus fréquemment sur les calices et les jeunes pousses, qui s'en dépouillent en vieillissant. Jusqu'à présent, on ne connaît aucune *Anonacée* à aiguillons, mais quelques-unes de leurs espèces sont pourvues de crochets semblables à des vrilles, et qui proviennent de l'avortement des pédoncules, dont la destination est ainsi changée.

Les *Anonacées*, surtout les espèces du genre *Anona*, qui s'élèvent déjà à quarante-trois, sont cultivées, de temps immémorial, sous les tropiques, principalement en Chine, dans les Grandes-Indes et les îles adjacentes, dans l'Amérique méridionale et les Antilles; elles forment quelquefois de belles allées ombragées, d'autres fois elles décorent des jardins somptueux ou des habitations champêtres; en un mot, ce sont les arbres fruitiers des pays chauds, et c'est la raison pour laquelle quelques-unes d'entre elles n'ont point encore de patrie connue, et ne sont peut-être que des variétés obtenues par la culture.

Elles comprennent actuellement dix-sept genres assez distincts par le port, mais principalement fondés sur la considération du fruit solitaire ou multiple, à une, deux ou plusieurs graines, nues ou munies d'un arille résineux, et placées le long des carpelles seulement près de la base.

La recherche physiologique la plus importante dans cette famille concerne le mode de fécondation. Les anthères, qui sont souvent couchées sur le disque de la fleur, répandent-elles immédiatement leur poussière sur les stigmates? Si cela est ainsi, pourquoi ces anthères sont-elles extrorses? Quel rôle jouent ici ces points glanduleux qui les terminent? Ne sont-ils pas les vrais nectaires? La fécondation est-elle uniforme dans les divers genres, etc.? Toutes ces questions, et d'autres semblables, ne peuvent être résolues que par l'inspection des fleurs.

Il serait aussi intéressant d'étudier celles de ces plantes qui sont grimpantes, de reconnaître l'usage de ces crochets si fréquents dans les *Anona*, et d'examiner comment s'opère la dissémination dans les espèces sauvages.

Les capsules des *Anonacées* présentent de beaux exemples de soudure. A quelle époque les fruits commencent-ils à se souder?

Cinquième famille. — *Ménispermées.*

Les *Ménispermées* ont des fleurs únisexuelles à pétales plus ou moins nombreux ; leurs étamines sont presque toujours monadelphes et opposées aux pétales ; les ovaires sont libres ou réunis ; les semences aplaties ont la forme de croissant ou de fer à cheval.

Cette famille présente plusieurs caractères qui la distinguent de toutes les autres ; les espèces dont elle est formée sont des arbrisseaux grimpants dépourvus de toute stipule ou organe étranger, comme vrille, aiguillon, épine, etc. ; les fleurs dioïques, sans doute par avortement, sont petites, peu apparentes et ordinairement blanchâtres ; leurs téguments, en ordre ternaire ou quaternaire, sont hypogynes, caducs, et disposés sur un ou plusieurs rangs ; les étamines, quelquefois égales aux pétales, souvent trois ou quatre fois plus nombreuses, ont leurs anthères adnées à la base ou au sommet du filet ; dans le premier cas, elles sont introrses ; dans le second, extrorses ; les ovaires offrent les mêmes soudures que ceux des *Anonacées;* quelquefois ils sont distincts ou à peine réunis ; d'autres fois ils sont solitaires en apparence, mais formés réellement de plusieurs loges toutes terminées par un style ; enfin ils sont solitaires et uniloculaires par avortement, comme dans les *Delphinium Consolida;* ce qu'on reconnaît à leur excentricité. Presque tous ces péricarpes sont des baies monospermes en forme de ménisque aplati. Les semences présentent la même forme; leur embryon est courbé et plus ou moins circulaire, le périsperme est ordinairement assez marqué, les cotylédons sont planes, tantôt rapprochés, tantôt distants et placés chacun dans une cavité correspondante, comme on peut le voir dans le *Cocculus fenestratus*, etc. La radicule est vraiment supère, quoique par l'accroissement latéral de la semence, elle semble quelquefois infère.

La végétation des *Ménispermées* ressemble à celle de la plupart des plantes volubles, qui s'allongent jusqu'à ce qu'elles soient arrêtées par l'hiver dans les climats froids, et par la sécheresse dans les autres. Les feuilles sont simples, rarement composées, souvent cordiformes, peltées, palmées et mucronées au sommet, leurs pétioles sont renflés et charnus à la base, pour la facilité des mouvements.

La première connaissance de cette famille est due à RHEEDE; LINNÉ, plus tard, en décrivit dix espèces; WILLDENOW, ensuite, vingt-neuf; et aujourd'hui on en compte au-delà de cent, comprises principalement dans les deux genres *Cocculus* et *Cissampelos.* Six à peu près habitent l'Amérique du nord; une seule, la Sibérie; cinq, l'Afrique; les autres sont répandues dans la Chine, le Japon, les Indes orientales, l'Amérique équinoxiale, et surtout le Brésil, d'où Auguste Saint-Hilaire en a rapporté plusieurs, qui jetteront sur toute la famille une nouvelle lumière.

La plupart des espèces qui la composent actuellement sont encore très-peu connues, parce qu'elles habitent dans l'épaisseur des forêts, qu'elles fleurissent au sommet des arbres, et surtout qu'elles sont dioïques; car il arrive souvent qu'on n'apporte en Europe que l'un des deux sexes, et qu'on prend deux individus qui diffèrent par le sexe pour deux espèces distinctes. Cette erreur est d'autant plus facile, que les feuilles de ces deux individus ne sont pas toujours semblables, et qu'elles peuvent être palmées dans l'un, et peltées dans l'autre, comme on le voit dans le *Cissampelos Mauritiana*, par exemple.

Les fleurs des deux sexes présentent aussi des différences : les unes et les autres naissent à l'aisselle des feuilles ou un peu au-dessus; mais les pédoncules mâles ne sont pas ramifiés de la même manière que les autres; leurs bractées diffèrent aussi de celles des fleurs femelles, soit pour le nombre, soit pour la forme. Ces aberrations dépendent, sans doute, des avortements et des développements plus ou moins étendus; car on ne peut guère imaginer qu'elles tiennent à une organisation primitive différente.

Les *Ménispermées* s'entortillent de droite à gauche, et cette disposition, qui se retrouve souvent dans les pétioles, est due aux filets ligneux de la tige, qui se contournent intérieurement, comme dans le *Menispermum canadense*. Comment arrive-t-il que toutes les tiges effilées et allongées soient contournées? Je comprends bien la cause finale ou le but de ce rapport, mais je ne vois pas également que l'allongement soit une conséquence de la torsion, ou l'inverse. Je n'ose dire toutefois que les tiges sont entièrement dépourvues de liber, et que l'écorce est réduite à une membrane très-amincie.

Les fleurs méritent d'être examinées sous le rapport de la fécondation; les individus mâles sont-ils placés bien loin des autres, et leur poussière est-elle abondante comme celle des *Amentacées?* Bosc dit, dans le *Dictionnaire d'Histoire Naturelle de* 1803, que le *Menispermum virginianum*, variété du *Canadense*, s'élève dans sa patrie au-dessus des plus grands arbres, qu'il couronne de ses fruits d'un beau rouge, en sorte que sa fécondation s'opère dans les airs au-dessus des forêts; et ce qui a lieu pour cette espèce, arrive sans doute dans la plupart des autres. Mais ce qui est encore plus digne de considération, c'est que les anthères sont extrorses dans certains genres, et introrses dans d'autres où elles paraissent différemment conformées. La fécondation est donc variable dans cette famille; il doit en être de même du nectaire, si du moins il existe, ce que j'ignore.

Les feuilles des *Ménispermées* tombent chaque année, comme on peut s'en assurer par l'articulation de leurs pétioles. Les pédoncules se séparent sans doute aussi pendant la dissémination, les tiges elles-mêmes périssent vers le haut, après avoir donné des fleurs, et repoussent du bas ou même des racines; mais elles donnent peu de rameaux, comme la plupart des plantes grimpantes. Leur végétation ne ressemble pas mal à celle des *Tamus*. Cependant on trouve un peu au-dessus de la cicatrice des anciennes feuilles, deux ou trois bourgeons qui sont propres aux *Ménispermées*.

Cette famille, si naturelle à plusieurs égards, vient d'être traitée de nouveau par Auguste Saint-Hilaire, qui en a observé plusieurs espèces vivantes, et qui a déjà corrigé les caractères de quelques-uns de ses genres. Il a observé que la flexion de l'ovaire du *Cissampelos* commence immédiatement après la floraison, et produit enfin la forme de fer à cheval, qui se communique aussi à l'embryon, dont les cotylédons et la radicule deviennent alors infères. Il a également remarqué que les étamines avaient une structure singulière, que leurs anthères s'ouvraient longitudinalement, etc.; il présentera sans doute successivement le tableau des nombreux phénomènes physiologiques qui distinguent les *Ménispermées*.

Cette famille comprend actuellement dans De Candolle douze genres divisés en trois tribus; nous n'en décrirons que deux.

PREMIER GENRE. — *Cocculus.*

Le *Cocculus* a les sépales et les pétales disposés presque toujours en ordre ternaire, ses six étamines sont libres et opposées aux pétales, ses carpelles varient de trois à six, et ses drupes bacciformes sont souvent aplaties et monospermes.

Ce genre est déjà composé d'une cinquantaine de petits arbrisseaux volubles et la plupart originaires des Indes orientales, les autres sont dispersés dans l'Amérique, les Antilles, ou même en Égypte; aucun n'est indigène de l'Europe.

Une des espèces les plus cultivées est le *Laurifolius*, plante dioïque comme presque toutes ses congénères, dont les feuilles alternes et entières sont articulées à un pétiole aminci et cartilagineux; les fleurs mâles, qui naissent un peu au-dessus de l'aisselle dans les rameaux supérieurs, sont disposées en petites grappes jaunâtres sur un pédon-

cule filiforme et allongé; le périgone est formé de six divisions profondes sur deux rangs, les étamines à filets très-courts et anthères
bilobées répandent immédiatement leur pollen sur le torus probablement mellifère de la fleur très-étalée : je ne connais pas l'individu
femelle.

La plupart des espèces ont une organisation tout-à-fait semblable,
et sont par conséquent homotypes.

SECOND GENRE. — *Ménisperme.*

Le *Ménisperme*, débarrassé de toutes les espèces étrangères qui lui
avaient été autrefois associées, se distingue par ses fleurs dioïques de
six à douze sépales disposés en ordre ternaire ou quaternaire; les
pétales, qui varient de six à huit, sont placés sur deux rangs, les étamines, au nombre de douze à vingt-quatre, sur trois ou quatre rangs;
les anthères sont terminales et quadrilobées, les ovaires (deux à
quatre) légèrement stipités et bifides près des stigmates; les fruits
sont des baies monospermes et un peu réniformes.

Les *Ménispermes* sont des arbrisseaux grimpants, à feuilles peltées,
cordiformes, anguleuses et nervures palmées. Les pédoncules sont
axillaires ou supra-axillaires; ceux qui portent les fleurs mâles diffèrent à peine des autres, ils se flétrissent promptement, tandis que les
fructifères grossissent après la fécondation.

L'espèce la plus commune, qui se propage très-facilement, est le
Menispermum canadense, dont les fleurs mâles ont environ dix-huit
étamines, et les femelles deux à quatre ovaires. Toutes les deux sont
portées sur des pédoncules courts extra-axillaires, et disposés en
grappes lâches un peu irrégulières; les pédoncules mâles tombent
incontinent après la floraison, et laissent une cicatrice assez bien
marquée. Ce sont de jolies grappes blanches, lâches et assez nombreuses, qui pendent le long de la tige, et ne paraissent douées
d'aucun mouvement.

Les feuilles sont peltées, glabres, anguleuses et terminées par le
prolongement aigu de leur nervure moyenne, comme dans le grand
nombre des espèces de la famille; leurs pétioles renflés se retournent
dans tous les sens, selon la direction de la lumière.

Les tiges se tordent de droite à gauche, et supportent assez bien le
froid de nos hivers; cependant leurs extrémités se dessèchent, et leurs
nouvelles branches naissent d'assez bas; on n'y aperçoit point les
lenticelles de De Candolle, qui manquent presque toujours dans
les tiges grimpantes; mais on y remarque les cicatrices arrondies des
anciens pétioles.

Les fleurs mâles, les seules que j'aie pu examiner, m'ont offert deux remarques : 1° celle d'anthères quadrilobées qui pourtant ne s'ouvrent que par une seule fente verticale qui les partage en deux parties ; 2° celle de filets roides et rayonnants qui répandent au loin leur pollen.

Les feuilles ne sont pas plissées avant leur développement, mais elles naissent très-petites et comme enchâssées les unes sur les autres ; elles se dégagent ensuite, et grandissent à mesure que la tige s'allonge ; cette forme de développement appartient à presque tous les végétaux grimpants.

Les autres *Menispermum* sont : le *Dauricum* de la Russie, le *Smilacinum* de la Caroline et le *Lyoni* du Kentucki : les deux premiers appartiennent au type du *Canadense* dont ils diffèrent fort peu ; le dernier s'en distingue par ses fleurs, et les lobes prononcés de ses feuilles.

Le *Menispermum canadense* est une plante sans éclat, mais dont le feuillage élégant sert à former des tonnelles impénétrables au soleil d'été. Elle se multiplie très-facilement de drageons.

Sixième famille. — *Berbéridées.*

Les *Berbéridées* ont trois à neuf sépales, autant de pétales caducs et d'étamines opposées aux pétales ; les anthères sont adnées, biloculaires, et s'ouvrent de la base au sommet par une valvule qui se retrouve dans les *Lauriers ;* le fruit est un peu latéral, l'albumen est charnu, et l'embryon en forme d'axe occupe le centre de la graine.

Le nombre commun des sépales et des pétales est celui de six ; les uns et les autres sont colorés, disposés sur deux rangs, et recouverts en dehors d'écailles colorées et disposées sur un ou plusieurs rangs ; les pétales sont opposés aux pièces du calice, et souvent nectarifères à leur base ; les filets des étamines sont courts, les anthères oblongues, adnées, biloculaires, à loges souvent séparées ; l'ovaire est toujours solitaire, plus ou moins oblique, uniloculaire, et terminé par un style latéral que couronne un stigmate en forme de disque ; le fruit est une baie ou une capsule ; les semences ordinairement géminées ou ternées sont rarement solitaires ; l'albumen charnu est quelquefois un peu corné ; la radicule est enflée au sommet, et les cotylédons sont planes.

· Les *Berbéridées* sont des arbrisseaux ou des herbes vivaces souvent glabres ; leurs feuilles sont pétiolées, radicales ou caulinaires, alternes, tantôt simplement lobées, tantôt divisées dès leur pétiole, pennées ou du moins pennatifides, quelquefois même transformées en épines simples ou composées, mais non articulées. De l'aisselle de ces feuilles spiniformes, sortent ensuite d'autres feuilles simples ou composées, ciliées ou lobées et dentées, mais rarement entières. Les fleurs sont en grappes et terminent les jeunes rameaux.

Cette famille est répandue sur tout le globe, à l'exception toutefois de l'Afrique, de l'Australasie et des Iles océaniques éloignées des continents. On en compte sept dans l'Amérique septentrionale, dix-sept dans la méridionale, deux en Europe, etc. Les autres habitent la Sibérie, le Népaul, la Chine, le Japon, et même les terres Magellaniques. Toutes ces espèces s'élèvent environ à cinquante, réunies sous six genres, dont trois sont indigènes, au moins en partie : le *Berberis*, l'*Epimedium* et le *Leontice*, et trois autres entièrement étrangers : le *Mahonia*, le *Nandina* et le *Diphyllea*. Ces divers genres, qui diffèrent pour le port et l'organisation générale, ne présentent qu'un petit nombre d'observations communes.

PREMIER GENRE. — *Berberis*.

Le *Berberis* ou l'*Épine-Vinette*, le premier et le plus important des genres de cette famille, se distingue par un calice à six pièces, sur deux rangs, et une corolle à six pétales chargés chacun à leur base de deux glandes nectarifères ; les étamines au nombre de six sont dépourvues d'appendices, et les deux loges anthérifères sont séparées l'une de l'autre par un connectif très-élargi.

Ces caractères sont tellement marqués qu'ils distinguent facilement les *Berberis* des autres plantes, surtout si l'on y ajoute ceux de la végétation et de l'organisation générale. Les espèces qui composent ce genre, et qui s'élèvent aujourd'hui à vingt-neuf, sont évidemment formées sur le même type ; en sorte que la description que nous allons donner du *Berberis vulgaris* s'applique à peu près à toutes les autres.

Ces plantes sont des arbrisseaux buissonneux, dont la hauteur n'est jamais considérable, et dont les rameaux sont cylindriques ou légèrement anguleux ; leurs premières feuilles sont alternes, entières, ou irrégulièrement et profondément dentées ; les suivantes avortent et se transforment successivement en épines, d'abord assez divisées, puis quinquéfides, puis quelquefois trifides et même simples dans certaines espèces. De l'aisselle de ces feuilles transformées, sort, dans la même année, un faisceau d'autres feuilles bien organisées, et qui se séparent en automne par une articulation très-visible, et placée

assez loin du point d'attache; la base du pétiole reste adhérente et conserve la vie végétative, mais elle change de destination, s'épaissit, et enveloppe les feuilles de l'année suivante, encore protégées par deux petites stipules épineuses et par quelques écailles. Le jeune bourgeon sort du centre de l'ancien et se développe chaque année avec ses feuilles, jusqu'à ce qu'il donne naissance à une grappe florale; alors la force végétative est détruite en ce point, mais à côté, au-dessus ou au-dessous, paraissent d'autres boutons tout recouverts d'écailles membraneuses, sans rudiments de feuilles, et chargés seulement de fleurs; en sorte que, dans la même aisselle ou plutôt dans la même place, on voit souvent des grappes en fruits et d'autres en fleurs, à peu près contiguës, comme dans le *Cersis*, où le vieux bois porte continuellement des fleurs naissant à peu près des mêmes points.

Les *Berberis* ont très-peu de rameaux, et s'étendent surtout par leurs rejets; lorsque la végétation de l'année est accomplie, le sommet de la pousse se rompt, et le bouton latéral le plus voisin continue la tige, mais le rameau auquel il donne naissance s'étend d'autant moins que la plante est plus élevée. Cependant on trouve en Italie et ailleurs, des *Berberis* de quinze à vingt pieds; celui du Canada, cultivé dans les jardins, acquiert aussi une assez grande hauteur.

Ce genre si naturel a été divisé artificiellement par De Candolle en trois groupes, d'après la considération des feuilles et des fleurs.

Le premier comprend les espèces à feuilles simples, et pédoncules à grappes multiflores;

Le second, celles à feuilles simples, et pédicelles d'une à trois fleurs;

Le troisième, celles à feuilles composées, et pétiole endurci en épine.

Le premier groupe renferme dix-huit espèces dispersées surtout dans l'Europe, l'Asie, l'Amérique du sud, et dont quelques-unes ne paraissent que des variétés, dépendant de la station et du climat. Les plus connues sont le *Vulgaris*, le *Canadensis*, le *Sinensis*, le *Cretica* et l'*Asiatica* des Indes orientales et du Népaul, dont les grappes raccourcies et multiflores portent des baies globuleuses recouvertes de poussière glauque.

Le second est formé d'espèces la plupart originaires de l'Amérique du sud et surtout des terres Magellaniques. Quelques-unes présentent le singulier phénomène de feuilles, les unes simples, les autres converties en épines semblables à celles de la feuille extérieure ou primitive.

Enfin, le troisième groupe renferme deux espèces asiatiques encore très-peu connues.

L'efflorescence générale des *Berberis* est centripète, et celle de chaque grappe suit la même loi. Les feuilles, dans leur vernation, sont roulées sur leur surface inférieure, et se développent de très-bonne heure; celles de l'espèce commune sont souvent attaquées par un *Æcidium* d'un beau rouge, semblable à celui du *Clematis Vitalba*, et qui cause de grands ravages sur les plantes où il se perpétue. Les tiges ont une écorce membraneuse, rougeâtre ou brunâtre, qui se détache aisément, et où l'on aperçoit, au lieu de lenticelles, de petits points noirs qui paraissent autant de sphéries.

Les fleurs ne m'ont paru susceptibles d'aucun mouvement organique bien marqué, quoiqu'elles s'ouvrent un peu à la lumière, au moins pendant tout le cours de la fécondation. Dans certaines espèces, les grappes sont droites, tandis que dans d'autres, elles sont plus ou moins inclinées; ce qui dépend, sans doute, de la manière dont s'opère la fécondation.

Les pédoncules, ainsi que les pédicelles, ne sont nullement articulés; c'est pourquoi les fruits y restent attachés long-temps après leur maturité. Ils ne tombent que tard au printemps, lorsqu'ils n'ont pas servi de nourriture aux petits oiseaux. Ils se séparent alors à la base, et la grappe desséchée est brisée par les vents; cependant les fleurs cueillies se rompent très-facilement, au bout de quelques jours, à la base du pédoncule.

Chaque fleur de *Berberis* est entourée extérieurement de deux ou trois écailles, qui sont autant de rudiments de feuilles; l'ovaire est toujours unique et cylindrique, le style nul, le stigmate orbiculé et un peu incliné. Le péricarpe ou la baie est couronnée par un ombilic, percé d'un trou à son centre. Les semences, au nombre de deux ou trois, sont droites, allongées, et recouvertes d'une enveloppe crustacée; leur albumen est charnu, leur radicule endorrhizée, c'est-à-dire terminée par un renflement arrondi, qui pousse des radicules sur ses côtés; les cotylédons sont foliacés et les premières feuilles à peu près entières.

Quoique l'ovaire du *Berberis* soit unique, cependant il est placé un peu obliquement au centre de la fleur, et il semble indiquer un avortement assez semblable à celui qu'on remarque dans les *Delphinium Consolida* et d'autres plantes. Cette observation est encore confirmée, selon DE CANDOLLE, par la position du cordon pistillaire sur le côté de la graine, et non pas à son centre, comme cela aurait eu lieu, si l'ovaire avait été naturellement unique.

Le phénomène le plus remarquable dans les espèces de ce genre, c'est l'irritabilité de leurs étamines, qui, au moment où elles vont répandre leur poussière, s'approchent du pistil par un mouvement spontané, qu'on détermine aussi en les touchant à la base, ou même en pressant les téguments floraux. La cause de ce singulier phénomène, qui a occupé plusieurs botanistes, tient à une organisation délicate que nous ne pouvons pas facilement saisir, mais dont le but est de favoriser la fécondation, que les insectes et les mouches assurent aussi en venant sucer le miel des glandes nectarifères.

L'organe ou la glande irritable, est situé à la base intérieure du filet, qui, après son mouvement d'approche, reprend ensuite lentement sa place. Les dissolutions des sels métalliques, dans lesquelles on plonge la plante, détruisent promptement cette action ; les sels terreux, un peu plus tard : la lumière, au contraire, ne paraît pas y exercer une grande influence. (Voyez *Annales des Sciences naturelles*, année 1828, octobre.)

Chaque loge anthérifère des *Berberis* est placée latéralement des deux côtés du connectif élargi en spathule ; à la fécondation, cette loge s'ouvre sur ses bords et découvre un pollen aggloméré et jaunâtre ; ensuite la valve extérieure se détache par le bas, et se relève en même temps de manière à présenter des deux côtés du connectif une petite palette auriculée : c'est sous cette forme que les deux valves chargées de leur pollen, viennent s'appliquer exactement sur le bord annulaire de l'organe stigmatoïde qui, imprégné d'humidité visqueuse, retient et absorbe la poussière fécondante, enfin le connectif glutineux lui-même sur sa face introrse, s'écarte du stigmate et la fécondation est accomplie : cette singulière fécondation ressemble à celle du *Laurier*.

Les nectaires des *Berberis* sont deux renflements épais, elliptiques, briquetés et placés à la base de chaque pétale. A l'époque de la floraison, ils distillent abondamment l'humeur miellée, et favorisent ainsi la fécondation.

Ce genre présente, comme nous l'avons déjà indiqué, de beaux exemples d'avortement ou de transformations. Le plus remarquable est celui de ses feuilles, dont on peut suivre tous les passages, depuis le bas de la tige où elles sont simples, jusqu'à son milieu où elles n'offrent plus que des épines acérées. Ce changement s'opère par le prolongement de leurs lobes, dont les bords, fortement roulés en dessous, sont séparés par une rainure longitudinale et profonde. La feuille, dans cet état, a perdu son articulation, et par conséquent est restée adhérente à la tige. Voyez cette suite de transformations dans la planche 9 de l'*Organographie végétale* de De Candolle.

Le second exemple d'avortement est celui de ces bourgeons placés aux aisselles mêmes des feuilles épineuses, et qui peuvent être comparés à ceux des *Larix*. Ces boutons se trouvent souvent dans toutes les aisselles inférieures, mais quelquefois, au lieu d'avorter, ils donnent naissance à des branches semblables en tout aux vraies tiges, portant elles-mêmes des épines et des boutons avortés.

Toutes les espèces de ce genre renferment, je crois, ces deux formes d'avortement; en sorte que personne n'a jamais vu un *Berberis* dans son état naturel, avec ses feuilles alternes et ses rameaux foliacés terminés par des fleurs. Si une telle plante se présentait, on la prendrait pour une espèce nouvelle, ou peut-être même pour un genre; elle aurait cependant le caractère et l'organisation des *Berberis*.

Mais autant il y a de variations dans les feuilles et les rameaux des *Berberis*, autant il y a de constance dans les parties de leur fleur. On y trouve toujours le même nombre de pétales nectarifères, teints en jaune et entr'ouverts; les étamines y sont toujours irritables, le style toujours court, et le stigmate orbiculé. Il est bien vrai que le pistil n'a peut-être pas conservé sa forme primitive, et qu'il était originairement composé de plusieurs ovaires; mais cette ingénieuse conjecture de De Candolle n'est pas aussi facile à vérifier, que les avortements des feuilles ou des rameaux, et l'on ne comprend pas aussi bien comment des grappes déjà si serrées, pourraient porter des pédoncules chargés de péricarpes ou de baies multiples.

Les *Berberis* habitent les haies, les collines incultes, les pentes des montagnes et les fentes des rochers. Ce sont des plantes robustes qui ne redoutent ni les intempéries, ni les extrêmes de chaud et de froid. L'espèce commune est un des arbrisseaux les plus répandus en Europe, où il forme des haies qu'il embellit au printemps de ses belles feuilles vertes, membraneuses et lustrées, et qu'il couronne, au mois de mai, de ses grappes d'un jaune d'or; il se fait encore remarquer en hiver par ses baies rouges, destinées à la nourriture des petits oiseaux. Les autres espèces du genre ne se retrouvent que dans nos jardins, et ne paraissent pas avoir le même éclat et la même fraîcheur. On reproche à toutes les fleurs une odeur forte et désagréable, qui, dit-on faussement, favorise la rouille des blés.

La culture a obtenu de notre *Berberis*, des baies stériles ou sans semences, et d'autres qui sont jaunes, violettes, pourprées, etc.

La floraison des *Berberis* a lieu au mois de mai dans nos climats, et au mois de décembre dans les terres Magellaniques.

DEUXIÈME GENRE. — *Mahonia.*

Le *Mahonia* a, comme le *Berberis*, six sépales entourés de trois écailles, mais ses six pétales sont dépourvus de glandes, et ses étamines portent à l'extrémité de leurs filets deux dents latérales, la baie renferme trois à neuf semences.

Ce genre renferme cinq espèces homotypes, dont quatre sont répandues dans les deux Amériques, et dont la dernière appartient au Népaul. Ce sont des arbrisseaux à feuilles ailées avec impaire, et dont les premières ne sont point changées en épines, ni les secondes fasciculées dans les aisselles.

Le *Fasciculans* de la Nouvelle-Espagne et l'*Aquifolion* ont les folioles articulées, consistantes et épineuses. Leurs fleurs terminales et axillaires, sont disposées en grappes serrées et portées sur des pédoncules roides et filiformes; leurs pédicelles sont articulés et bractéatés, et leurs fleurs ressemblent beaucoup en apparence à celle des *Berberis*, mais elles en diffèrent principalement par leurs filets glanduleux à la base, et derrière lesquels on aperçoit encore sur les pétales les deux nectaires des *Berberis*. A la fécondation, la paroi de l'anthère se roule de haut en bas, tandis que le pollen lui-même se roule de bas en haut pour ramener sur les bords du stigmate glutineux les massettes granuleuses qui le forment.

TROISIÈME GENRE. — *Nandina.*

Le *Nandina* appartient aux *Berbéridées* par son calice à six pièces, ses six pétales opposées aux étamines, et son péricarpe, qui est une baie sèche, globuleuse, uniloculaire, dont le placenta latéral porte une ou deux semences. Il se distingue des autres genres de la même famille par des écailles à plusieurs rangs, extérieures au calice, par des pétales privés de glandes, et un stigmate trigone.

Ce joli arbrisseau est cultivé, depuis un temps immémorial, dans les jardins du Japon et de la Chine, à cause de son élégance et de l'odeur suave de ses fleurs. Ses feuilles, semblables à celles de l'*Épimède*, sont alternes, deux ou trois fois ternées, et engaînées à leur base; les folioles sont articulées, entières et glabres; les panicules sont terminales, droites, plusieurs fois décomposées, et assez semblables à celles du *Lilas de Perse*; les fleurs petites et blanches ont leurs pédoncules recouverts de petites bractées; les baies sont rouges. Il fleurit au mois de juin, et refleurit quelquefois en automne.

Au moment où la fleur s'épanouit, elle est redressée, et ses pétales d'un beau blanc sont fortement déjetés. Les étamines entourent régulièrement le stigmate qui est une tête aplatie, sillonnée de trois ou quatre rayons papillaires et glutineux. Les anthères sont latérales et leur pollen sort élastiquement de deux lames qui s'entr'ouvrent longitudinalement de chaque côté, mais ne se roulent pas.

Le fruit qui ressemble à celui du *Berberis* contient une ou deux semences à radicule supère et cotylédons courts et foliacés.

QUATRIÈME GENRE. — *Leontice*.

Le *Leontice* a six sépales, placés sur deux rangs dont l'intérieur est plus petit; les pétales en même nombre portent chacun à leur base une grande écaille pédicellée et nectarifère; les filets des étamines sont courts, et leurs anthères biloculaires s'ouvrent à la base, d'une manière que je ne connais pas; l'ovaire est ellipsoïde, le style court et disposé obliquement, le stigmate simple, la capsule enflée, membraneuse, uniloculaire à trois ou quatre semences insérées vers la base; l'albumen est corné et creux à son centre; l'embryon est droit comme dans le *Berberis*.

Les *Leontices* sont des herbes vivaces, à racines tubéreuses assez semblables à celles des *Cyclamen*. Leurs feuilles radicales, qui sortent sans doute, comme celles des *Épimèdes*, du milieu des écailles du rhizome, sont pétiolées et plus ou moins divisées, les caulinaires sont nulles ou composées; les tiges sont droites, cylindriques, hautes à peu près d'un pied; les fleurs sont paniculées ou disposées en grappes lâches; les bractées à la base des pédicelles sont entières, ovales et foliacées, les calices sont souvent colorés.

Ces plantes, dont l'on compte jusqu'à présent cinq espèces, habitent l'Europe australe et orientale, la Sibérie et l'Amérique du nord; on en trouve deux dans les champs de la Grèce et de l'Asie mineure, deux dans la Sibérie, et une enfin au pied des montagnes de l'Amérique.

Les semences des *Leontices* présentent deux objets d'observation: l'un est relatif à leur embryon, séparé de l'albumen et renfermé dans une cavité particulière comme celui des *Nymphœacées*; l'autre regarde leur capsule, tantôt renflée comme le calice des *Physalis*, et toujours fermée, tantôt ouverte avant la maturation, et présentant à l'air extérieur ses graines véritablement nues. C'est à Robert BROWN que l'on doit l'observation de ce dernier phénomène sur le *Leontice Thalictroïdes*; DE CANDOLLE l'a confirmé sur l'*Altaica*, et s'en est ensuite servi pour diviser le genre en deux sections:

1° Celle des *Leontopetalum*, à capsule enflée et non ouverte dans la maturation;

2° Celle des *Caulophyllum*, à capsule non enflée et ouverte dans la maturation.

La première renferme trois espèces : deux Européennes, le *Chrysogonum* et le *Leontopetalum*, et une troisième, étrangère, qui croît sur les bords du lac salé d'Inderi, mais dont on ne connaît pas les fleurs, parce que les Kirghises, habitants de ces déserts, n'en permettent l'accès qu'aux soldats armés, qui viennent, après le printemps, recueillir le sel qu'on y trouve en abondance.

La seconde contient deux espèces : l'*Altaica* des monts Altaïques et des environs d'Odessa, et le *Thalictroïdes* de l'Amérique boréale.

Les *Leontices* ont le port et l'organisation des *Épimèdes*; ce sont des plantes rares qu'on n'aperçoit presque point dans les jardins, et qu'on ne rencontre non plus jamais, parce qu'elles croissent dans des lieux écartés, et qu'elles fleurissent dès l'entrée du printemps. Cependant il serait très-intéressant d'observer leur mode de fécondation, la conformation de leurs nectaires, les mouvements de leurs fleurs, leur reproduction par tubercules, etc.

Tous les *Leontices* ont les fleurs jaunes, et les pétales, je crois, veinés et articulés.

QUATRIÈME GENRE. — *Épimède*.

L'*Épimède* a quatre sépales caducs et enveloppés de deux petites bractées, quatre pétales concaves, renfermant chacun un nectaire tubulé, quatre étamines, un ovaire ellipsoïde, un style latéral, et terminé par un stigmate simple ; la silique est oblongue, bivalve, uniloculaire et assez semblable à celle des *Chélidoines*. Les semences sont nombreuses, unilatérales et placées obliquement.

Les racines de l'*Épimède* sont des rhizomes traçants et ramifiés, dont les tiges périssent chaque année jusqu'à la base. Les jeunes pousses, enfermées dans deux ou trois écailles qui s'entr'ouvrent aux premières chaleurs du printemps, sont plissées en deux, recouvertes de longs poils, ainsi que les feuilles; les folioles sont roulées en cornet sur leur surface supérieure. Cette forme de vernation est assez semblable à celle des *Anémones Sylvies*.

La tige de l'*Epimedium alpinum*, porte régulièrement deux nœuds ou renflements, dont le premier est placé à la base d'une grappe lâche, à pédicelles inférieurs un peu subdivisés, et le second fournit trois rameaux ramifiés encore en trois autres portant chacun trois feuilles longuement pétiolées : l'ensemble de toutes ces parties présente à l'œil une symétrie remarquable.

Les folioles sont fortement veinées, cordiformes et bordées de dents aiguës semblables à celles des *Berberis*; les extérieures portent souvent à leur base un lobe ou un prolongement qui manque du côté interne; les dentelures ne sont point ici les continuations des nervures, et par conséquent ne sont point glanduleuses; elles font partie d'un rebord cartilagineux, qui circonscrit la foliole entière et qu'on remarque également dans les *Berberis*.

Les feuilles et les tiges des *Épimèdes* ne se détachent jamais, quoique les unes et les autres présentent des renflements qui ressemblent à des articulations, et sont destinés sans doute à donner plus de solidité aux diverses parties de la plante; elles ne servent point comme ailleurs à faciliter les mouvements organiques, puisque les tiges et les feuilles de ce genre n'en présentent aucun exemple dans les diverses périodes de leur durée.

Mais les fleurs, au contraire, sont abondamment pourvues d'articulations et de points de rupture : non-seulement les deux bractées extérieures et les quatre sépales tombent peu de temps après l'épanouissement; mais les pétales, les nectaires et les étamines ne tardent pas à se séparer, dès que la fécondation est opérée.

La partie la plus remarquable de ces fleurs, est leur nectaire formé de quatre tubes à peu près horizontaux, ouverts et élargis du côté du pistil, fermés et rétrécis dans le sens opposé; leur substance est une membrane transparente, d'un beau jaune, remplie de liqueur miellée. Les quatre étamines qui entourent l'ovaire ont leurs anthères couchées sur la face externe du filet, et par conséquent extrorses. Cette position semble prouver que le pollen est reçu par le nectaire, avant de concourir à la fécondation, comme cela se voit dans les cas semblables; cependant j'observe que les anthères s'ouvrent par un couvercle roulé de bas en haut, spiralement, comme dans les *Berberis*, et ramènent ainsi sur le stigmate placé à la même hauteur, le pollen réuni en petites masses jaunes; ce qui est un mode remarquable de fécondation. Je n'ai pas encore vu l'humeur miellée sortir des poches nectarifères.

L'*Épimède* a de nombreux rapports avec les *Berberis*, soit pour la structure papyracée de ses feuilles à rebords cartilagineux, soit pour la conformation de ses anthères, soit pour son estivation *oppositaire*, comme l'appelle DE CANDOLLE, et dans laquelle les deux sépales extérieurs recouvrent les autres, ce qui a aussi lieu pour les pétales et les nectaires toujours rapprochés deux à deux. Mais il diffère des *Berberis*, non-seulement par le nombre des parties de sa fleur, par ses anthères extrorses, ses nectaires si singulièrement conformés; mais encore par son péricarpe sec et siliqueux, et sa forme de végétation sans avortment ni soudure.

L'*Épimède* commun fructifie très-rarement, au moins dans nos jardins ; car on ne connaît pas encore suffisamment ses graines, et l'on ne sait pas comment elles se répandent. On suppose qu'elles sont conformées intérieurement comme celles du *Berberis*; mais l'on n'a, je crois, rien de précis à cet égard. Toutefois celles du grand nombre des espèces sont arillées, et je vois la silique du *Grandiflore* répandre en pleine terre des graines qui ne tardent pas à germer.

Les *Épimèdes* habitent les lieux ombragés, au pied des montagnes, où ils fleurissent dès l'entrée du printemps; leurs jolies grappes de fleurs, panachées de brun, de rouge et de jaune, sont encore relevées par des feuilles vertes très-élégamment découpées. Quand on les observe de près, on admire la délicatesse et la structure bizarre de leur nectaire d'un jaune d'or, si exactement protégé par les pétales.

Ces plantes vivent dispersées, mais leurs rhizomes se multiplient quelquefois, de manière à donner naissance à de belles touffes de feuilles, qui subsistent jusqu'à l'époque où elles sont remplacées par de nouvelles pousses. On n'en a compté long-temps qu'une seule espèce, l'*Epimedium alpinum* de nos basses Alpes; mais l'on vient d'en découvrir en Perse un autre appartenant au même type, et qui ne diffère du commun, que par des feuilles radicales pennatiséquées, et une tige dépourvue de feuilles. Enfin j'ai sous les yeux le *Grandiflorum* ou le *Macropelatum* à pétales et nectaires très-développés et d'un beau blanc; ses organes sexuels, ses siliques et ses feuilles sont ceux de l'espèce commune. Aujourd'hui on partage ce genre en deux sections, dont les espèces paraissent toutes homotypes : 1° celle des *Macroceras* du Japon, dont les nectaires sont fort développés; 2° celle des *Microceras*, à petits nectaires : l'une et l'autre contiennent trois espèces.

Septième famille. — *Podophyllacées.*

Les *Podophyllacées* forment une famille nouvelle, mal déterminée, très-peu nombreuse, et admise provisoirement par De Candolle. Son caractère différentiel consiste dans un calice de trois à quatre pièces, des pétales placés sur un ou plusieurs rangs, des anthères introrses, et s'ouvrant par une double fente, des ovaires ordinairement nombreux, et quelquefois solitaires, des semences dont l'albumen est charnu, l'embryon petit et situé à la base de l'ovaire.

Ces plantes se divisent en deux tribus : celle des *Podophyllées*, à ovaire unique et semences nombreuses, et celle des *Hydropeltidées*, à ovaire non solitaire, et semences peu nombreuses ou même solitaires par avortement. Les premières habitent les lieux humides, les secondes nagent dans les eaux.

Les *Podophyllées* comprennent trois genres et quatre espèces, toutes originaires du Nouveau-Monde, et surtout du nord de l'Amérique. On les distingue à leurs feuilles pétiolées à nervures peltées, glabres, entières ou lobées.

Les *Hydropeltidées* sont réunies dans le Prodrome sous deux genres et autant d'espèces ; mais il n'est guère douteux que dès-lors le nombre des genres et des espèces de la famille ne se soit augmenté.

Podophyllum.

Le *Podophyllum*, qui a donné son nom à la famille, se distingue par un calice à trois pièces ; une corolle de six à neuf pétales, des étamines qui varient de douze à dix-huit, et un ovaire qui se change en une baie uniloculaire et indéhiscente ; ses nombreuses semences sont attachées à un large placenta latéral.

Ce genre comprend deux espèces originaires de l'Amérique boréale, le *Podophyllum peltatum* et le *Callicarpum* : ce sont des herbes qui périssent chaque année, mais dont les rhizomes s'étendent horizontalement, et reproduisent sans cesse de nouvelles pousses de la base des anciennes. Les feuilles, au nombre de deux, sont opposées, peltées, profondément lobées, crénelées et pourvues de glandes excrétoires. Les pédoncules naissent entre les deux feuilles, et terminent la tige par une fleur grande, blanchâtre, à pétales caducs.

Le *Podophyllum peltatum* se trouve dans la plupart des jardins de botanique. Ses fleurs, qui paraissent au mois de mai, sont penchées avant l'épanouissement, et enveloppées par les deux feuilles, dont les plissements forment une espèce de capuchon. Le calice et la corolle tombent promptement ; le stigmate est pelté et sillonné de quelques nervures ; les baies sont jaunâtres et un peu nauséabondes ; celles du *Callicarpum*, au contraire, sont d'un blanc taché de rose, et plus agréables au goût. Les fruits sont penchés pendant la maturation, comme les fleurs.

Il serait intéressant d'observer le mode de fécondation de ces plantes, la structure de leurs anthères, les mouvements de leurs étamines, etc., et de constater en même temps la présence ou l'absence des nectaires dans les fleurs.

Je n'ai vu vivante aucune espèce d'*Hydropeltidées*.

Huitième famille. — *Nymphœacées.*

Les *Nymphœacées* ont des sépales adhérents au réceptacle, des
pétales et des étamines sur plusieurs rangs, des anthères adnées introrses s'ouvrant par deux fentes longitudinales, un torus plus ou
moins développé, portant ou renfermant plus ou moins les ovaires.

Elles sont toutes, sans exception, des plantes aquatiques, dont
les racines forment des rhizomes épais et traçants, ou des tubercules
pourvus de rejetons qui propagent l'espèce ; les feuilles, qui partent
constamment des tiges souterraines, et qu'enveloppe toujours une
membrane transparente, sont de deux sortes ; les extérieures, disposées en rosule autour des nœuds du rhizome, mais très-minces,
très-promptement détruites, et très-variables dans leurs dimensions ;
les intérieures, ou les véritables feuilles, longuement pétiolées, nageant
ou un peu relevées sur la face de l'eau. Ces deux formes ont évidemment la même origine, et représentent le même organe, avorté dans
le premier cas, et développé dans le second ; mais comment se fait-il
qu'il soit tantôt détruit sous l'eau, et tantôt conservé? C'est, sans
doute, parce qu'ici il a été exposé tout l'hiver à l'influence du liquide,
et que là, il était protégé par un grand nombre d'enveloppes.

Les véritables feuilles ont une vernation involutive, et ne se déroulent que lorsqu'elles sont arrivées à la superficie de l'eau ; leur substance est coriace, et comme feutrée, leur surface supérieure est
ordinairement lisse, verte et brillante ; l'inférieure souvent colorée,
quelquefois velue ou pubescente, et toujours privée des stomates
qu'on trouve en abondance sur la face opposée.

Les pédoncules axillaires ou extra-axillaires sont de la même nature
que les pétioles ; les uns et les autres s'allongent pendant le cours de
la végétation, de manière à atteindre la surface du liquide, quelle que
soit d'ailleurs sa profondeur, et même à s'élever de trois pouces au-
dessus dans le *Nuphar lutea.* Leur tissu intérieur est lâche et rempli de
cavités aériennes, où l'on remarque des groupes d'étoiles à plusieurs
rayons divergents, dont on ne connaît pas l'usage, et qui diffèrent
des *Rhaphides*, soit par leur forme, soit par leur adhérence au tissu
cellulaire.

L'organisation des *Nymphœacées* ressemble, du reste, beaucoup
à celle des végétaux aquatiques ; leurs pédoncules et leurs feuilles ont
une vitalité qui se conserve long-temps, et qui paraît résider séparément dans chacune de leurs parties, lesquelles, quoique racornies et

desséchées, reprennent leur souplesse et leur végétation, quand on les replace sur l'eau ; mais cette propriété ne s'étend pas à la fleur.

Le torus de ces plantes offre deux apparences fort distinctes : tantôt il a la forme d'un cône renversé, dont la partie supérieure est intérieurement remplie d'un grand nombre de loges, couronnées chacune d'un style et d'un stigmate; tantôt c'est un godet ou un sphéroïde, renfermant, autour d'un axe idéal, des loges ou des carpelles intimement soudés, et dont les parois latérales sont chargées de graines, enveloppées d'une membrane visqueuse. La première structure appartient aux *Nelumbo*, dont les espèces sont toutes étrangères à l'Europe; la seconde aux *Nymphœa* et aux *Nuphar*, dont la principale espèce est fort commune dans nos eaux : ces deux derniers genres ont une capsule semblable aux *Pavots*, et leurs stigmates réunis forment de même un bouclier ou un disque cartilagineux.

Les *Nymphœacées* ont attiré de bonne heure les regards, par la grandeur et la régularité de leurs magnifiques fleurs. Les anciens en connaissaient cinq espèces : deux déjà décrites par DIOSCORIDE, et qu'on trouve encore dans toute l'Europe; et trois autres originaires de l'Égypte, mentionnées dans HÉRODOTE, ATHÉNÉE et THÉOPHRASTE, et gravées sur la plupart des monuments de cette célèbre contrée. Négligées ensuite par les botanistes, elles ne sont sorties de l'oubli que par des voyages plus récents, entrepris dans le but d'enrichir la science. WILLDENOW en a décrit onze espèces; PERSOON, treize, et DE CANDOLLE, trente. On ne peut guère douter que leur nombre ne s'augmente encore.

Cette famille n'a pas toujours, comme la plupart des plantes aquatiques, les mêmes espèces répandues indifféremment dans tous les lieux; au contraire, si quelques-unes paraissent dispersées, d'autres sont circonscrites à peu près dans les mêmes contrées. On en trouve actuellement quatre en Europe, deux en Egypte, où autrefois il y en avait trois; la Sibérie en fournit deux; l'Asie méridionale, neuf, depuis la mer Caspienne au Japon; le Cap, une seule; l'Amérique boréale, neuf; et les Antilles, quatre, en y comprenant le continent voisin. On peut donc dire que les *Nymphœacées* appartiennent presque uniquement à l'hémisphère nord, puisqu'on n'en connaît actuellement qu'une seule espèce dans l'autre.

Il n'y a peut-être aucune famille qui présente un plus grand nombre de phénomènes à l'attention des physiologistes. Le premier, qui n'est pas particulier à ces plantes, c'est de n'ouvrir leurs fleurs qu'à la surface des eaux. Lorsque ce liquide est profond, les pédoncules s'allongent de plusieurs pieds; lorsque la chaleur ou d'autres circonstances ont

I. 8

desséché les marais, la fleur reste presque sessile sur sa tige; et il va
sans dire que les pédoncules ainsi raccourcis acquièrent une plus
grande consistance. Dans quelques espèces, les fleurs, comme les
feuilles, s'élèvent un peu au-dessus de l'eau, parce qu'elles n'ont pas
besoin, pour vivre, du contact immédiat de ce liquide. Il serait intéressant d'observer si l'organisation de la feuille est la même dans ce
cas que dans l'autre, et si, en particulier, sa surface inférieure est
entièrement dépourvue de stomates.

Dès que les *Nymphœacées* sont exposées à l'air libre, elles ouvrent
leur calice. Cet épanouissement n'a pas lieu pour toutes aux mêmes
heures, et ne dure pas non plus le même temps. Il y a peut-être ici
autant de différences qu'il y a d'espèces : le *Nymphœa alba* s'épanouit
sur les sept heures du matin, et se referme le soir, à peu près à
cinq heures, au moins dans nos climats; le *Lotos* s'ouvre et se referme
plus tôt. C'est, sans doute, la raison pour laquelle il avait été consacré par les Égyptiens à Osiris, c'est-à-dire, à l'astre du jour.

Les mêmes fleurs s'épanouissent-elles plusieurs jours de suite, et
se replongent-elles chaque soir dans l'eau ? C'est ce que les auteurs
affirment du *Lotos* d'Égypte, et qui pourrait bien être aussi vrai de
quelques autres *Nymphœacées*, mais non pas des nôtres, qui, lorsqu'elles ont été ouvertes, se referment bien, mais ne se replongent
plus dans l'eau pendant la durée de leur fécondation.

Lorsque cette opération est accomplie, les fleurs des *Nymphœacées*
rentrent dans l'eau, par la flexion ou l'enfoncement de leurs pédoncules; c'est dans ce liquide que les graines mûrissent et se répandent,
après la destruction de leur péricarpe, qui ne s'ouvre jamais régulièrement; elles sont protégées par l'enveloppe visqueuse qui les entoure, et par un tégument extérieur, dur, imperméable et admirablement réticulé; elles restent au fond de l'eau pendant l'hiver, et
viennent flotter près de sa surface, à l'époque de leur germination,
c'est-à-dire, au premier printemps.

Toutes les *Nymphœacées* ont leurs pétales disposés sur plusieurs
rangs alternes, et présentent ainsi l'aspect de fleurs doubles; cette
ressemblance est encore augmentée par le décroissement successif de ces
pétales, dont les plus intérieurs ne sont que des filets dilatés et chargés
d'anthères adnées; on trouve même, en approchant des stigmates,
des filets jaunâtres, dépourvus d'anthères, et qui ressemblent assez
bien à des nectaires; c'est au moins ce que j'ai observé dans le
Nymphœa alba.

Les fleurs sont différemment colorées; il y en a des blanches, des
jaunes, des rouges, et d'autres dont les teintes sont d'un bleu céleste.

Je ne saurais me représenter un spectacle plus enchanteur que celui de ces *Nymphœacées* étalant sur un lac azuré la pompe de leurs éclatantes corolles, les unes entr'ouvertes, les autres entièrement épanouies.

Les calices persistent comme les pétales et les étamines ; l'estivation des premiers est valvaire, celle des corolles est imbriquée ; les nectaires, que les botanistes n'ont pas encore remarqués, paraissent placés, au moins dans les *Nymphœa*, sur le disque formé par la réunion des stigmates, et qui, à l'époque de. la fécondation, est toujours humide et mielleux. En le regardant de près, on trouve cet organe chargé de la poussière des anthères ; dans les *Nuphar*, le nectaire réside, dit-on, à la surface inférieure des pétales ; mais je ne comprends pas comment il répandrait alors ses émanations, et quel serait son usage. Je suppose, sans l'avoir cependant vérifié, que, dans le *Nelumbo*, la partie supérieure du torus est nectarifère.

La place que doit occuper cette famille dans l'ordre naturel, est une question qui a beaucoup occupé les botanistes ; les uns ont considéré les *Nymphœacées* comme monocotylées, et les autres comme dicotylées. Gærtner a prononcé que l'embryon du *Nymphœa* était monocotylé, mais De Candolle qui l'a ouvert et observé avec plus de soin, a reconnu qu'il était formé, comme celui du *Nuphar*, de deux corps distincts, écartés l'un de l'autre, à l'époque de la germination, et renfermant entre eux une plumule sans radicule, au moins apparente, et il en a conclu que les *Nymphœa* et les *Nuphar* étaient véritablement dicotylés.

L'embryon des *Nelumbo*, au lieu d'être placé à la base de la semence, et d'être séparé du périsperme par une membrane particulière, comme dans les *Nymphœa*, occupe tout l'intérieur de la graine, dans laquelle il germe avant la dissémination. On aperçoit, en l'ouvrant, qu'il est aussi formé de deux cotylédons opposés et roulés sur eux-mêmes comme de véritables feuilles, entre lesquelles est placée une plumule dont la racine principale qui a avorté, est remplacée par des radicules naissant à l'aisselle des cotylédons ou un peu au-dessus, comme dans plusieurs autres plantes aquatiques : la jeune pousse est déjà enveloppée de ce spathe transparent qui accompagne séparément chaque feuille.

On doit conclure de là que les *Nymphœacées* sont dicotylées, quoique leur embryon ne soit pas conformé comme celui des plantes de la même classe. Cette hypothèse est confirmée, selon De Candolle, dont ces détails sont empruntés, par leur structure générale, par l'exacte opposition des deux lobes entre lesquels est logée la plumule, par la

vernation involutive des feuilles, l'imbrication des pétales, la conformation des capsules, et enfin par le suc lactescent que fournissent les
rhizomes, et qui est propre aux dicotylées. Du reste, il ne faut pas
imaginer que les ouvrages de la nature soient tellement assujettis à
nos systèmes, qu'on ne parvienne à trouver, ou qu'on ne trouve déjà
des embryons bien plus anomaux que ceux que nous venons de décrire, et qui, sans doute, sont conformés comme le demandait leur
destination.

Les fleurs des *Nymphæacées* sont toujours axillaires, et le même
bourgeon donne des fleurs plusieurs années de suite; c'est ce dont on
peut s'assurer, soit par les débris des anciennes feuilles, dont il est
toujours entouré, soit par les rudiments des fleurs de l'année suivante,
déjà visibles au mois de juillet.

Ces plantes se multiplient par les rejets qui sortent sans cesse de
leurs rhizomes, ou bien par des tubercules attachés quelquefois au
tubercule principal, au moyen de filets qui se rompent ensuite. Les
graines reproduisent aussi la plante, et, comme nous l'avons déjà
dit, on voit, chaque année, celles du *Nymphæa alba*, flotter sur
l'eau avec ses cotylédons et ses premières feuilles déjà développées.

Les *Nymphæacées* fleurissent à peu près toutes depuis le milieu du
printemps jusqu'à la fin de l'été; leurs fleurs sont ordinairement odorantes, et passent successivement de l'éclat le plus brillant à l'apparence la plus livide.

On les divise en deux tribus :

Les *Nélumbonées*, à carpelles nombreux, distincts, monostyles et
plongés dans un torus en cône renversé; à semences solitaires, dépourvues d'arille et d'albumen. Un seul genre.

Les *Nymphæées*, à carpelles nombreux, renfermés dans un torus
couronné à son sommet par autant de stigmates réunis en bouclier,
qu'il y a de carpelles; à semences nombreuses, arillées, albuminées,
et attachées aux parois latérales des carpelles. Deux genres.

Première tribu. — NÉLUMBONÉES.

Nelumbium.

Le *Nelumbium* a quatre ou cinq sépales, seize à dix-huit pétales
sur plusieurs rangs, un grand nombre d'étamines disposées aussi sur
plusieurs rangs, et appendiculées au-dessus des anthères; huit à trente
ovaires monostyles, et plongés dans autant d'alvéoles; une semence

dicotylée et dépourvue d'albumen, un embryon épais, non enveloppé de ses membranes, germant dans l'alvéole ou le carpelle.

Ce genre diffère du *Nymphœa* par la structure singulière de son péricarpe composé d'alvéoles rapprochées et tronquées au sommet, et par celle de sa graine dépourvue d'albumen, et germant dans l'intérieur du carpelle. Ses racines sont des rhizomes compacts et rampant au fond de l'eau; ses pétioles et ses pédoncules s'élèvent un peu au-dessus de sa surface, et sont recouverts d'aspérités tuberculées; les feuilles sont peltées, orbiculées, non échancrées à la base, et entières sur les bords; les fleurs sont grandes, blanches, roses, jaunes, selon les espèces ou les variétés.

Le *Nelumbium* contient cinq espèces, une originaire des Indes orientales, et quatre de l'Amérique boréale ou de la Jamaïque, mais dont une seule est suffisamment connue. L'espèce principale qu'on peut regarder comme le type du genre, parce qu'elle a servi à le former, est le *Speciosum*, qui habitait autrefois l'Égypte, et qui se retrouve à présent dans les eaux tranquilles et les marais de l'Asie méridionale. C'est une magnifique plante, cultivée aujourd'hui dans quelques jardins; ses fleurs, qui ont l'odeur de l'*Anis*, sont d'un rouge éclatant ou d'un blanc de neige. Elle est peinte sur les papiers de la Chine, et représentée sur la plupart des monuments et des médailles de l'Égypte, comme une plante sacrée. On en distingue trois variétés, qui sont peut-être autant d'espèces : le *Tamara*, dont les filets sont fortement dilatés et échancrés à leur sommet; le *Caspium* du Volga, dont les pétales intérieurs sont aussi grands que les autres, et l'espèce commune.

La seconde espèce est le *Nelumbium luteum*, qui habite les lacs et les étangs de l'Amérique septentrionale, et appartient évidemment au même type. Il se distingue surtout par sa fleur jaune et très-grande, ses feuilles rayées de vingt-cinq nervures, et ses anthères prolongées en appendice linéaire, et non pas en massue, comme dans le *Nelumbium speciosum*.

Les trois autres espèces ont été peu étudiées sous le point de vue botanique, c'est-à-dire, par rapport à la conformation de leur péricarpe et de leurs graines.

Je n'ai point vu le *Nelumbium* vivant, et par conséquent je ne connais ni le mode précis de sa fécondation, ni l'organe qui, dans sa fleur, peut être considéré comme le nectaire. Je soupçonne que c'est le prolongement anthérifère qui reçoit et dissout d'abord le pollen. Du reste, on ne peut s'empêcher de remarquer ici la forme bizarre du péricarpe, dont chaque alvéole contient une graine, attachée à un funicule, par sa base, et à demi saillante pendant tout le cours de la maturation. Elle ne se sépare de la loge où elle est nichée, que lorsque les carpelles se désunissent, et, à cette époque, elle a déjà développé ses deux premières feuilles, et poussé des radicules du collet de sa plumule. Si donc elle germe avant d'être semée, tandis que celles des *Nymphœa* séjourne plusieurs mois dans l'eau, et ne se développe qu'au printemps, c'est que cette dernière est enveloppée et protégée par la membrane transparente qui manque au *Nelumbium*; c'est ainsi que la nature varie ses moyens, pour arriver au même but.

Le *Speciosum* fleurit au jardin de Montpellier où ses racines se con-servent très-bien l'hiver, dans des vases pleins d'eau, à la température des serres.

Gærtner représente ses premières feuilles roulées sur leurs bords, et repliées dans le sac des cotylédons.

Seconde tribu. — NYMPHÉÉES.

PREMIER GENRE. — *Euryale.*

L'*Euryale* a quatre sépales insérés sur le torus avec lequel ils font corps, seize à vingt-huit pétales placés sur quatre à sept rangs, et seize à vingt carpelles cachés sous le torus, qui représente, au pre-mier coup-d'œil, un péricarpe infère, parce que les pétales le recou-vrent entièrement.

Ce genre, qui diffère du *Nymphœa* par son calice adhérent, ne renferme qu'une seule espèce, originaire des lacs du nord de la Chine. Elle se reconnaît, au premier coup-d'œil, par ses pédoncules, ses pétioles, ses feuilles, et son calice entièrement recouvert de poils ou d'aiguillons piquants, qui lui ont valu le nom spécifique de *Ferox*. Ses feuilles, en bouclier échancré à la base, sont marquées, à leur surface inférieure, de nervures rayonnantes; sa fleur, qui paraît en septembre, est d'un bleu pourpré ou violet, et assez semblable pour le port à celle de l'*Artichaut*. Les semences, de la grosseur d'un pois, sortent à la maturité du torus ou du péricarpe, qui se rompt irrégu-lièrement.

Les racines sont des rhizomes.

J'ai mentionné cette plante étrangère, afin que l'on observât ses semences, son mode de fécondation, et les autres particularités qui concernent la famille à laquelle elle appartient.

C'est près de l'*Euryale* qu'il faut placer le *Victoria regia*, magnifique

Nymphœacée découverte depuis quelque temps dans l'intérieur de la Guiane, dont les feuilles atteignent la longueur de dix-huit pieds, et sont, comme les pédoncules et les calices, recouvertes de poils et d'aiguillons : la fleur a six pieds de diamètre et perd pendant la maturation sa corolle et son calice adné, qui se détachent naturellement du péricarpe. Ses semences, très-nombreuses, servent d'aliment.

SECOND GENRE. — Nymphœa.

Les *Nymphœa* ont un calice à quatre sépales entourant la base du torus, seize à vingt-huit pétales, adhérents à ce même torus, sur lequel ils laissent leur empreinte ; des étamines nombreuses, insérées de la même manière au-dessus des pétales; seize à vingt carpelles enveloppés par le torus, et couronnés par autant de stigmates réunis en plateau.

Les diverses espèces de *Nymphœa* sont dispersées dans les deux continents. Les plus anciennement connues, et peut-être aussi les plus belles, habitent l'Égypte et les Indes orientales; plusieurs sont originaires de l'Amérique; on en trouve une en Sibérie, et trois en Europe.

Ces plantes ont l'organisation générale des *Nelumbium;* leurs racines sont ordinairement des rhizomes charnus et traçants, quelquefois de simples tubercules qui se reproduisent constamment; leurs feuilles sont peltées ou cordiformes, entières ou dentées, nageantes ou saillantes hors de l'eau, presque toujours glabres, au moins en dessus; leurs fleurs sont grandes, blanches, roses, rouges ou bleues, mais jamais jaunes.

Ce genre, assez nombreux en espèces, a été divisé par DE CANDOLLE en trois sections assez naturelles.

Les *Cyanées*, à anthères appendiculées, feuilles peltées et entières, fleurs bleues;

Les *Lotos*, à anthères non appendiculées, feuilles peltées, entières ou finement dentées, fleurs blanches, roses ou rouges;

Les *Castalia*, à anthères non appendiculées, feuilles cordiformes très-entières, fleurs blanches.

Les *Cyanées* sont originaires de l'Asie méridionale, de l'Afrique ou du Pérou, dans la baie de Guyaquil. Elles appartiennent toutes au même type, et se rapprochent des *Nelumbium* par leurs anthères appendiculées; mais elles en diffèrent totalement par la structure de leur péricarpe.

La première et la plus anciennement connue, c'est le *Nymphœa cœrulea*, si commun dans les canaux et les rivières du Delta, et si souvent représenté sur les anciens monuments des Égyptiens, qui la considéraient comme une plante sacrée; sa racine est un tubercule pyriforme; ses feuilles, à peu près orbiculées, sont cordiformes, à oreillettes soudées, et par conséquent réellement peltées, les pétales varient de seize à vingt, et les étamines, en même nombre, se terminent en une languette pétaloïde. L'espèce qui est la plus rapprochée, est le *Scutifolia* du Cap; ensuite viennent le *Madagascariensis*, plus petit dans toutes ses parties; le *Stellata* du Malabar; le *Prolifera* du Sénégal qui donne des bourgeons par les pétioles près du disque des feuilles, et enfin, le *Pulchella* de la baie de Guayaquil, qui n'a que huit pétales, et qui paraît assez distinct des autres.

Le nectaire des *Cyanées* est-il l'appendice des étamines, ou est-il placé quelque part sur le bouclier? C'est ce que j'ignore.

Les *Lotos* comptent sept espèces plus distinctes entre elles que les *Cyanées*, et qui sont aussi originaires des Indes orientales ou de l'Afrique; une seule appartient à l'Amérique, et une à l'Europe. La plus connue est encore ici l'espèce égyptienne, le fameux *Lotos* consacré à Isis dans les monuments anciens, et qu'il ne faut pas confondre avec la plante dont les fruits nourrissaient les *Lotophages*, et qui est un *Ziziphus*. Cette plante croît dans les canaux et les rivières du Delta, comme le *Nymphæa cœrulea*, et se retrouve encore sur les côtes occidentales d'Afrique, dans le royaume d'Owar : elle a, comme tous les *Lotos*, ses feuilles couchées sur la surface des eaux, ses fleurs grandes et blanches, constamment épanouies pendant le cours de l'été.

Les *Lotos*, qui appartiennent au même type, et dont quelques-uns pourraient bien n'être que des variétés de l'espèce principale, sont le *Pubescens* des Indes orientales; l'*Ampla* de la Guyane et de la Jamaïque; enfin, le *Thermalis*, qui croît en Hongrie, dans les eaux chaudes, près du grand Waradin. Ceux qui paraissent vraiment différents, sont : l'*Edulis*, à petites fleurs, des marais de l'Inde; le *Rubra*, à fleurs d'un beau rouge, originaire des mêmes lieux; et enfin, le *Versicolor* du Bengale, dont les fleurs paraissent varier du blanc au rouge, et dont les feuilles dentées sont encore chargées de pustules ou renflements obtus.

Les plantes de cette section ont toutes, pour racines, des tubercules souvent chargés des cicatrices des anciennes tiges, et qui, comme dans le *Versicolor*, se reproduisent, sans doute, ordinairement par des bulbilles détachées de la racine principale. Elles fleurissent en été, ou, comme aux Indes, dans la saison pluvieuse, et mûrissent leurs fruits dans les jours chauds qui succèdent.

Enfin, les *Castalia*, qui forment notre dernière section, comprennent aussi sept espèces toutes étrangères aux Indes, et répandues principalement dans l'Amérique et dans la Sibérie. L'Europe en compte actuellement trois : le *Biradiata*, d'un lac de la Styrie, à fleurs odorantes et à stigmates d'un rouge de sang, dont le nombre varie de cinq à dix; le *Candida* de la Bohême, dont les stigmates sont réduits à huit, et dont l'ovaire est libre dans les deux tiers de sa hauteur, et enfin le *Nymphœa alba*, répandu dans les fossés, les lacs et les petites rivières, depuis le Portugal jusqu'en Russie, et depuis la Grèce jusqu'en Laponie. L'espèce la plus voisine est l'*Odorata* de l'Amérique septentrionale, si remarquable par l'excellente odeur de ses belles fleurs blanches, qui s'ouvrent le matin et se ferment à midi. On place ensuite le *Nitida* de la Sibérie, à fleurs inodores, un peu plus petites que les précédentes; le *Blanda* de l'Amérique méridionale, et le *Minor* des environs de New-Yorck. Les espèces qu'on peut considérer comme des sous-types, sont le *Reniformis*, à feuilles réniformes, de la Caroline, et surtout le *Pygmœa*, petite plante de la Sibérie orientale et de la Chine, où elle fleurit au premier printemps, et se fait remarquer par son odeur de *Tubéreuse*, ses feuilles cordiformes, et son stigmate à huit rayons.

Ces diverses plantes ont pour racines des rhizomes rampants ou obliques, et diversement ramifiés; leurs fleurs varient un peu par leurs dimensions, le nombre de leurs pétales et celui de leurs stigmates, toujours compris entre huit et seize.

Les pédoncules et les pétioles des *Nymphœa*, coupés transversalement, présentent quatre tuyaux fistuleux, entourés d'autres plus petits, et tapissés intérieurement de poils simples en apparence, et réellement radiés à la base; on les retrouve, comme je l'ai déjà dit, dans la substance même de la feuille, où ils sont encore plus ramifiés.

La fleur des *Nymphœa*, comme celle d'un grand nombre de *Nymphœacées*, présente une dégénération ou plutôt une transformation perpétuelle d'organes, depuis les sépales jusqu'aux stigmates. De l'enveloppe extérieure, qui est verte au-dehors et blanchâtre au-dedans, on arrive, en passant par les différents rangs des pétales, à des languettes qui portent sur leur surface une anthère à deux loges, ou plutôt deux anthères introrses latérales et ouvertes dans toute leur longueur; à celles-ci en succèdent d'autres non anthérifères et jaunâtres, recouvertes d'un duvet ras, ou plutôt de papilles enduites d'une matière légèrement glutineuse, sur laquelle s'attache la poussière jaune des anthères; ces languettes, qui font l'office de stigmates, sont liées entre elles, et forment au milieu de la fleur une rosette, dont le centre est occupé par un corps conique, et dont les extrémités plus épaissies sont relevées, colorées en jaune d'or, et formées d'une substance cornée, moins visqueuse que le reste de la languette.

Le véritable siége du stigmate est donc dans les languettes réunies en bouclier comme les stigmates rayonnants des *Pavots*, et qui correspondent à autant de loges du péricarpe; car l'extrémité relevée de la languette ne m'a point paru visqueuse, non plus que l'ombilic du centre, qui n'est que le prolongement de l'axe du péricarpe. Après la fécondation, les languettes stigmatoïdes sont flétries, mais leur extrémité n'est point altérée.

Le *Nymphæa cœrulea* fleurit actuellement dans les jardins d'Europe, et les graines récoltées de fruits qui mûrissent sous l'eau, germent facilement et donnent des fleurs au bout de quatre mois. On conserve ses racines en hiver dans des cuves pleines d'eau, à la température des serres, et on peut le multiplier encore par les nombreuses bulbes qui s'en détachent, pourvu que ces bulbes soient bien mûries et ne soient confiées à l'eau que dans les mois d'été : c'est ainsi que cette plante se propage dans les canaux alternativement pleins et desséchés du bas Delta, où ses bulbes dispersées au milieu des champs attendent l'inondation, afin de pouvoir se développer. (Voy. *Mémoire sur l'acclimatation*, par Delile, Bulletin agricole du département de l'Hérault, août 1836.)

Les *Nymphæa* sont des plantes que j'appelle dispersées, c'est-à-dire, qui n'ont point d'habitation fixe, et qui se trouvent répandues à de grandes distances. Notre *Nymphæa alba*, que je prends ici pour exemple, vit dans presque tous les lieux où se trouvent des eaux stagnantes. Il s'établit même dans les fossés nouvellement creusés; preuve évidente que ses péricarpes sont mangés par les oiseaux, et que ses graines crustacées et comme indestructibles, sont sans cesse disséminées.

TROISIÈME GENRE. — *Nuphar.*

Le *Nuphar* a un calice de cinq à six pièces pétaloïdes, dix à dix-huit pétales mellifères et plus petits que les sépales, un grand nombre d'étamines insérées aussi au-dessous de l'ovaire, dont elles s'écartent au moment de la fécondation; dix à dix-huit carpelles polyspermes, membraneux, réunis par la membrane du torus dilaté, et couronnés du même nombre de stigmates. Le péricarpe est rétréci à sa base, où l'on remarque les cicatrices des pétales et des étamines; il a, du reste, la forme d'une baie lisse et supère.

Ces plantes, dont l'on compte déjà six espèces, sont toutes aquatiques; leur rhizome, semblable à celui des *Nymphœa castalia*, est épais, horizontal, et fixé dans la vase par de nombreuses radicules; les pédoncules et les pétioles sont lisses et un peu saillants au-dessus des eaux; les fleurs sont toujours jaunes.

La principale espèce est le *Nuphar lutea*, répandu, comme le *Nymphœa alba*, dans toute l'Europe, la Sibérie, et même l'Amérique septentrionale, où il fleurit, comme chez nous, dans les mois d'été. Les autres espèces, qui appartiennent au même type, sont le *Pumila*, du nord et du centre de l'Europe, à fleurs de moitié plus petites; le *Kalmiana* de l'Amérique boréale, fort semblable au précédent; le *Sagittœfolia* des Carolines, remarquable par ses feuilles à demi sagittées, et par l'avortement de ses pétales; le *Japonica*, qui tient le milieu entre le *Sagittœfolia* et le *Lutea*; et enfin, l'*Advena* de l'Amérique septentrionale, qui se distingue par ses pétales nombreux, petits et cachés sous les anthères.

Le *Nuphar lutea*, que je prends ici pour type, a les deux espèces de feuilles que j'ai remarquées dans les *Nymphœacées*; les extérieures, transparentes et toujours submergées; les intérieures qui se développent plus tard, et dont les pétioles triquètres sont percés, comme les pédoncules, de trous cylindriques à peu près égaux. Le calice est formé de cinq sépales épais, d'un jaune vert en dehors et doré en dedans; les pétales sont représentés par treize à quatorze languettes d'un beau jaune, marquées à leur surface supérieure d'arêtes et de sillons, d'où découle l'humeur miellée; ensuite viennent les étamines placées sur plusieurs rangs, terminées par un renflement épaté, et portant sur leur face antérieure, deux anthères à pollen jaune, couchées et engagées dans l'intérieur même de la languette. Elles sont fortement serrées les unes contre les autres et contre les parois du péricarpe, où elles ressemblent aux écailles d'une fleur composée. A mesure que la fleur se développe, elles s'écartent et se déjettent en dehors en se contournan ten demi-cercle. Au moment même où les anthères se dégagent, elles répandent sur les arêtes mellifères des pétales leur pollen jaune contenu dans deux sillons ouverts, qui font l'office d'autant de loges; une partie de ce pollen arrive aussi directement sur les stigmates, qui sont des arêtes renflées et glanduleuses correspondant sans doute aux loges de la capsule.

Le plateau stigmatoïde est conformé comme dans les *Pavots*, et les loges du péricarpe sont aussi réunies et recouvertes par la membrane épaissie et dilatée du torus. On peut en juger à l'époque de la dissémination, où cette membrane se détache, laissant à découvert les loges qui se détruisent irrégulièrement.

Les vrais stigmates doivent être ici, comme dans les *Nymphœa*,
les rayons du plateau qui correspondent aux parois séminifères des
loges; mais j'avoue que je n'ai pas encore pu les reconnaître.

Les *Nuphar* sont, comme les *Nymphœa*, des plantes qui vivent dispersées, et s'établissent dans tous les étangs où les oiseaux transportent leurs graines; c'est, sans doute, la raison pour laquelle elles sont,
en général, si répandues.

Les semences sont arillées, et leur embryon, comme celui des
Nymphœa, est renfermé dans un sac ou une membrane transparente.

Les botanistes disent que l'organe nectarifère est placé sur le dos
des pétales : je l'ai toujours vu sur la face antérieure, je ne compren-
drais pas son usage, s'il en était autrement; mais je remarque, en
finissant, qu'il varie beaucoup de forme et de position dans les divers
genres, et peut-être même dans les sections de la famille, et que ses
différences dépendent principalement de celles qui existent dans la
conformation des péricarpes.

Neuvième famille. — *Papavéracées*.

Les *Papavéracées* ont un calice à deux pièces, quatre pétales ordinairement réguliers, et des étamines plus ou moins nombreuses, disposées en ordre quaternaire sur un ou plusieurs rangs; leur ovaire est
formé de la réunion de deux ou plusieurs carpelles couronnés par
autant de stigmates; leur péricarpe est une capsule ou une silique
bivalve; leurs semences sont nues, dépourvues d'arilles adhérentes
aux parois des carpelles, ou aux placentas intervalvulaires; l'albumen
est oléagineux et charnu ; l'embryon est petit, droit et basilaire.

Les plantes de cette famille sont des herbes ou des sous-arbrisseaux,
jamais des arbrisseaux ou des arbres. Toutes leurs parties, à l'exception
des graines, sont remplies d'un suc blanc et laiteux, rarement jaune
et rouge; leurs feuilles sont alternes, sessiles ou pétiolées, amplexicaules ou élargies à leur base, souvent glauques, jamais entières,
mais plus ou moins découpées, et bordées de dentelures irrégulières,
qui se terminent quelquefois par des poils rudes et allongés.

Les pédoncules sont cylindriques, nus, solitaires aux aisselles des
feuilles ou au sommet des tiges, tantôt écartés, tantôt rapprochés en
panicules, et presque toujours penchés avant l'épanouissement; les

fleurs, dont les calices et les pétales sont fugaces, varient entre le blanc, le rouge et le jaune; mais elles ne sont jamais bleues.

Les deux sépales concaves, qui forment leur enveloppe extérieure, tombent en s'ouvrant, et laissent à découvert des pétales hypogynes, irrégulièrement plissés, et remarquables par leur délicatesse et leur demi-transparence. Ils sont presque toujours au nombre de quatre; quelquefois cependant, il y en a huit ou douze, et quelquefois même, ils manquent entièrement; mais toujours ils sont distribués par paires, alternativement enveloppant et enveloppés. Les étamines, opposées aux pétales, quand elles se réduisent à quatre, sont toujours disposées, dit-on, par rangs quaternaires; leurs filets sont filiformes et ordinairement flottants; leurs anthères, biloculaires, droites, à ouverture longitudinale et pollen ovale à trois plis; l'ovaire est unique, et les carpelles sont réunis par le prolongement du torus, qui les enveloppe sous la forme d'une membrane plus ou moins épaisse; le style est court, souvent nul. Les stigmates s'étendent ordinairement en étoile au sommet du péricarpe; la capsule est ovale ou allongée, et les carpelles portent les graines sur leurs parois latérales, qui quelquefois s'avancent assez près de l'axe central, et sont chargées de semences sur toute leur surface; quelquefois elles avortent en grande partie, et ne forment plus que des réceptacles filiformes, placés entre les valves, et désignés sous le nom de *Placentas intervalvulaires*. On comprend qu'entre ces deux formes extrêmes, on trouve toutes les nuances intermédiaires.

Le *Bocconia*, il est vrai, ne renferme qu'une seule semence plongée dans une pulpe molle; mais cette anomalie s'explique par la théorie des avortements; car les ovules du *Bocconia cordata* sont au nombre de cinq à sept, quoiqu'on ne trouve ensuite dans la capsule qu'une graine féconde.

Cette famille est une de celles qui se sont le plus accrues de nos jours. Les anciens botanistes n'en connaissaient qu'un petit nombre d'espèces; LINNÉ lui-même n'en a décrit que vingt-deux, et WILLDENOW que vingt-cinq; mais DE CANDOLLE en compte déjà cinquante-trois; onze, dans l'Europe boréale et tempérée; treize, sur les bords de la Méditerranée; douze, en Orient; deux, en Sibérie; trois, en Chine ou au Japon; une, au Cap; une, dans la Nouvelle-Hollande; trois, dans l'Amérique du nord, et six dans l'équinoxiale. Ces dernières forment le genre *Bocconia*, qui s'éloigne un peu des autres *Papavéracées*.

Les espèces vivaces se trouvent principalement dans les lieux écartés, au pied des montagnes ou sur leur sommet; les annuelles habitent nos champs et nos blés. Il est assez probable que la plupart d'entre elles ne sont pas originaires des lieux où elles vivent actuellement; mais qu'elles ont été propagées par la culture, et que leur première patrie est l'Asie orientale, ou le bassin de la Méditerranée. On n'a jusqu'à présent rencontré aucune *Papavéracée* dans les eaux ou dans les lieux humides.

Toutes ces plantes sont remplies d'un suc laiteux, gommo-résineux, âcre, amer, fétide, quelquefois sudorifique, mais surtout éminemment narcotique, lorsqu'il est blanc ou peu coloré. Ce suc est principalement accumulé dans les capsules et les parties supérieures des tiges; mais il ne pénètre jamais jusqu'aux graines qui ne participent point aux qualités narcotiques du reste de la plante.

Les plantes de cette famille sont toutes hermaphrodites à fécondation directe; leurs pétales qui s'ouvrent le matin tombent ordinairement le soir lorsque toutes les anthères ont répandu leur pollen, et il ne reste ensuite pendant toute la durée de la maturation qu'une capsule nue et redressée.

Les *Papavéracées* sont unies aux *Nymphæacées* par les *Pavots* et les autres genres dont la capsule est multiloculaire; elles tiennent aux *Fumariées* et aux *Crucifères* par la *Chélidoine* et l'*Hypecoum*, dont les capsules sont de vraies siliques; mais leur végétation et leurs habitudes les éloignent également de ces diverses familles.

Selon Mirbel, il y a une assez grande différence entre la silique des *Chélidoines* ou des *Glaucium* et celle des *Crucifères* : dans cette dernière, le stigmate est sur un plan perpendiculaire à la cloison; dans les autres, sur un plan parallèle à cette même cloison. Les *Chélidoines* ont un ovaire d'abord uniloculaire, et qui ne devient biloculaire que par le prolongement de la substance placée entre les placentaires, et dont les bords opposés, rarement réunis, portent même quelques graines dispersées; dans les *Crucifères*, au contraire, la cloison existe dès le commencement, et les graines sont rangées régulièrement sur les deux bords des placentaires.

PREMIER GENRE. — *Pavot.*

Le *Pavot* (*Papaver*) se distingue par ses deux sépales concaves, ses quatre pétales et ses nombreuses étamines; son ovaire est ovale, et ses stigmates, qui varient de quatre à vingt, sont rayonnants et sessiles sur le fruit qu'ils couronnent; la capsule, plus ou moins globuleuse, est uniloculaire, composée de quatre à vingt carpelles, renfermés par la membrane dilatée du torus; elle s'ouvre au-dessous du stigmate, en autant de trous qu'il y a de valves; les semences nombreuses, petites et légèrement striées, sont attachées aux parois latérales et incomplètes des carpelles.

Les *Pavots* sont des herbes annuelles ou vivaces; les racines des premières sont allongées, fusiformes et blanchâtres; celles des espèces vivaces sont souvent de vrais rhizomes; les tiges sont cylindriques, glabres, ou chargées de poils à demi piquants, blanchâtres, inclinés ou même couchés. Ces mêmes poils, presque toujours mammelonés, se retrouvent sur les pédoncules, le calice et les capsules, et terminent en forme d'arêtes l'extrémité des feuilles.

Ces feuilles sont toujours irrégulièrement sinuées, plus ou moins pennatiséquées, les unes sessiles ou fortement amplexicaules, les autres, en petit nombre, pétiolées; leur surface est glabre, velue, hérissée, verte ou glauque.

Le développement des *Pavots* est, pour ainsi dire, indéfini; il ne s'arrête que lorsque le sommet des tiges se rompt, ce qui a toujours lieu après un certain temps; les pédoncules sont toujours axillaires; l'efflorescence est centripète; la fleur, d'abord fortement penchée, se redresse insensiblement, et ouvre d'abord son calice en forme de spathe, dont les deux pièces sont engagées réciproquement l'une sous l'autre, par leurs bords. A peine ce calice est-il rompu, que l'on voit se déployer quatre pétales, d'un tissu aussi mince que délicat, et ordinairement tachés à la base; leur couleur, selon les espèces, est blanche, rouge, orangée, jaune ou incarnate. Ils sont irrégulièrement plissés, et opposés deux à deux; en sorte que le second rang recouvre le premier avec lequel il alterne; les onglets élargis occupent toute la base.

Dès que les pétales ont étendu leur limbe, plissé comme les ailes des insectes, on voit à découvert l'appareil admirable des nombreuses étamines qui entourent le pistil; leurs filets sont ordinairement d'un violet noirâtre, et leurs anthères terminales s'ouvrent latéralement en longueur. Elles flottent au plus léger souffle, et viennent s'appliquer sur le plateau stigmatoïde, dont les rayons ou arêtes ont leurs bords glutineux et sans doute nectarifères. Elles se roulent en spirale, après avoir laissé échapper la poussière qui les recouvre en abondance, et qui est aussi répandue en grande quantité au fond de la corolle.

Lorsque la fécondation est accomplie, et que toutes les parties de la fleur sont tombées, le pédoncule redressé se roidit, et conserve son état jusqu'à sa destruction. En même temps, la capsule, dont la conformation est tout-à-fait semblable à celle du *Nymphœa* et surtout du *Nuphar*, ouvre et replie les extrémités de ses valves, et présente ainsi autant de trous ou de pores, qu'il y a de valves. Au moment même, les semences se détachent des parois placentifères, et leur légèreté est telle, qu'au moindre vent ou à la moindre secousse, elles s'échappent par les ouvertures, et se répandent au-dehors. En examinant ces capsules après la maturation, on ne peut s'empêcher de remarquer le rapport parfait qui existe entre leur substance membraneuse, sèche, élastique, et la destination qu'elles étaient appelées à remplir.

Mais ce qui paraît surtout digne d'attention, c'est la manière dont sont protégées les ouvertures de cette capsule, à l'époque même de la dissémination. Le plateau qui les recouvre, s'avance en forme de toit, et en écarte l'humidité extérieure, qui, en pénétrant, aurait pu détremper les graines, les altérer, ou nuire à leur départ; je crois même que lorsque les pluies sont trop abondantes ou trop continues, le haut des valves se referme, comme on le voit dans un grand nombre de péricarpes.

Le plateau est lui-même formé d'une membrane dure, assez épaisse et consistante. Il porte sur sa surface les stigmates, qui sont autant de rayons papillaires correspondant aux cloisons placentaires, puisqu'ils sont toujours en même nombre. MIRBEL prétend (*Nouvelles Annales d'Histoire naturelle*, novembre 1825) qu'il n'y a qu'un seul stigmate, puisque toutes les parties qui le composent sont continues, et pourraient être déroulées ou étendues; mais cette opinion serait contraire à toute la théorie sur la formation des péricarpes dans les *Papavéracées*.

DE CANDOLLE dit que la membrane ou l'enveloppe extérieure de la capsule est le prolongement du torus, et que ce prolongement, qui se termine au-dessous des trous de la capsule, empêche les valves de s'ouvrir plus bas. Mais je n'ai rien vu qui indiquât la zone où se terminait le torus, et je n'ai pas remarqué non plus que la portion réfléchie de la valve fût moins épaisse que le reste. Le plateau, qui a d'abord la forme d'un capuchon, recouvre exactement la capsule, ensuite il se relève insensiblement et devient plus ou moins horizontal; lorsque les valves s'ouvrent au sommet et qu'il s'agit de protéger la sortie des graines, il forme alors le couvert d'un joli pavillon dont les colonnes sont les cloisons même de la capsule, comme on peut le voir dans le *Rhœas*, le *Somnifère*, etc. On peut même ajouter que les ouvertures de la capsule sont assez étroites pour que les graines si nombreuses se sèment successivement et non pas toutes à la fois. Cet appareil si remarquable, disparaît dans le *Pavot somnifère*, cultivé surtout dans la variété à graines blanches, et l'on comprend facilement qu'il fallait que les capsules restassent fermées pour que l'on pût recueillir leurs graines.

Les *Pavots* peuvent se distinguer en deux sortes ; ceux à feuilles glauques et ceux à feuilles vertes. De Candolle et les botanistes qui l'ont précédé, les ont partagés en deux groupes : ceux à capsule hérissée, et ceux à capsule glabre ; mais, indépendamment de ce que cette division est peu naturelle et très-inégale, puisqu'elle comprend d'un côté six espèces, et de l'autre, dix-huit, il me paraît plus logique et plus convenable de partager tout le genre en types distincts, dont l'étude approfondie en fera mieux connaître la physiologie et les habitudes.

Or, jusqu'à présent, je distingue cinq races de *Pavots :*

La première est celle des *Pavots de montagne,* à capsule hérissée, petite, de quatre à douze loges. J'en compte quatre espèces, qui pourraient bien n'être pas assez distinctes : le *Nudicaule* de la Sibérie et du nord de l'Europe, remarquable par ses fleurs jaunes-orangées à la base ; le *Microcarpum* du Kamchatka, moyen entre le précédent et le suivant ; le *Pyrenaicum* des Pyrénées et des montagnes calcaires de l'Europe australe, et enfin l'*Alpinum,* souvent confondu avec le *Pyrenaicum,* des Alpes de la Carinthie et de la Suisse. Toutes ces espèces vivent sur les pentes des montagnes, et parmi les pierres, où elles étendent leurs longs rhizomes ; leurs feuilles sont finement découpées et un peu glauques ; leurs tiges, en forme de hampe, sont souvent chargées, à la base, des vestiges des anciennes feuilles.

La seconde est celle des *Argémones,* à capsules allongées, hérissées, et divisées en un petit nombre de loges. Ce sont des plantes annuelles, à tiges chargées de poils, comme les feuilles dont elles sont garnies. Ce type renferme principalement deux espèces : l'*Hybridum* et l'*Argémone,* originaires du midi de l'Europe, à pétales d'un beau rouge.

La troisième comprend les *Pavots Rhœas,* à capsule glabre et tige annuelle, ordinairement multiflore et assez nue. Ils vivent parmi les blés et les cultures, comme les *Argémones ;* mais ils sont plus répandus et plus riches en espèces. On y range le *Dubium* et l'*Obtusifolium,* qui en diffère très-peu ; le *Lœvigatum* du Caucase ; le *Roubiœi* des environs de Montpellier, etc., surtout le *Rhœas* proprement dit, qui est ici la principale espèce. Ils ont tous les fleurs d'un rouge plus ou moins foncé, et nuisent souvent aux moissons par leur trop grande multiplication. Ces diverses plantes sont originaires d'Asie, et naturalisées chez nous par la culture ; quelques-unes d'entre elles pourraient bien n'être que des variétés.

La quatrième race est celle des *Pavots orientaux,* dont le type est l'*Orientalis* de nos jardins ; ce sont des plantes à fleurs grandes et éclatantes, à tiges et feuilles hérissées de poils rudes, à racines ligneuses et rhizomatiques. On y place d'abord l'*Oriental*, originaire de l'Arménie, puis le *Bracteatum* de la Russie, qui lui ressemble beaucoup; enfin peut-être, le *Floribundum* de l'Arménie, le *Pilosum* de la Bithynie, etc.

La cinquième race est celle des *Pavots somnifères*, à la tête desquels est l'espèce cultivée, dont l'on distingue deux variétés, la *Noire* et la *Blanche*. On lui associe le *Caucaseum* des environs du Caucase, le *Setigerum* d'Hyères, que De Candolle soupçonne et que Moris assure être la race sauvage du *Pavot somnifère noir*, et qui se distingue par ses lobes recourbés terminés en arêtes allongées, etc. Toutes ces plantes sont annuelles, d'un port élevé, à tige et calice ordinairement glabres et recouverts, comme les feuilles, d'une abondante poussière glauque.

Enfin je trouve une dernière race dans le *Spectabile* ou le *Persicum*, qui a le port et les feuilles de notre *Rhœas*, mais qui est vivace et dont la tige est chargée d'une multitude de rameaux, la plupart florifères; son efflorescence est centrifuge et sa floraison a lieu de très-bonne heure, car, à six ou sept heures du matin, le calice et les pétales sont tombés. Mais les anthères toutes redressées, répandent plus tard leur pollen sur les six à huit stigmates qui couronnent une capsule allongée et épineuse.

Il va sans dire que la plupart de ces divisions, plus ou moins nettement tranchées, présentent des plantes intermédiaires, qu'on pourrait quelquefois considérer comme hybrides.

Les pétales et les étamines des *Pavots* se colorent dans l'intérieur de leur calice, plusieurs jours avant leur épanouissement. On en peut conclure, ou que la lumière pénètre à travers la mince enveloppe du calice, ou que les pétales n'ont pas besoin de cet agent, pour prendre les éclatantes couleurs qui les distinguent.

Si l'on suit les développements successifs des fleurs des *Pavots*, du *Somnifère*, par exemple, on verra d'abord paraître les deux sépales non encore recourbés en voûte, ensuite les pétales d'abord très-petits, puis les anthères à peu près sessiles, puis les carpelles ouverts au sommet avec leurs cloisons non encore chargées des graines et plus ou moins complètes, puis les anthères disposées sur sept ou huit rangs, et toujours opposées aux pétales, puis enfin les lobes des stigmates se réunissant au sommet et se relevant enfin horizontalement à la base pour protéger la dissémination.

Les diverses espèces de ce genre servent d'ornement à nos jardins, surtout le *Pavot oriental*, dont les fleurs sont d'un rouge orangé, et le

Pavot à bractées, qui le surpasse encore en beauté; le *Rhœas*, ou le commun, fournit des variétés nombreuses, à fleurs simples ou doubles, frangées, bordées, colorées de mille manières, et d'un effet charmant lorsqu'elles sont mélangées avec art. Malheureusement, ces fleurs épanouies le matin, ont déjà disparu le soir.

Je termine l'histoire de ce genre par trois remarques : la première, que la base des pétales a presque toujours une couleur différente du limbe, ce qui pourrait bien tenir à quelque disposition nectarifère ; la seconde, que l'on a observé des anthères de *Pavot somnifère*, changées en petites capsules parfaitement semblables à la grande, et couronnées par un stigmate pelté (Voyez *Organographie* de DE CANDOLLE, vol. I, pag. 546, fig. 39); la troisième, qu'aux approches de la pluie les *Pavots* communs inclinent leur tête pour préserver leurs étamines, comme ils l'inclinent avant d'ouvrir leurs fleurs : cette observation avait déjà été faite par VIRGILE : « *Lassove papavera collo Demisere caput pluviâ cum forte gravantur.* »

Pourquoi certains *Pavots* comme le *Rhœas* inclinent et plient-ils même leurs tiges avant l'épanouissement, tandis que d'autres, comme le *Bracteatum*, par exemple, ont constamment la tige redressée ?

SECOND GENRE. — *Argémone.*

L'*Argémone* a un calice à deux ou trois sépales concaves, mucronés au sommet, et couverts de poils à demi épineux ; les pétales varient de quatre à six, les étamines sont nombreuses, l'ovaire est ovale, et terminé par quatre à sept stigmates persistants, concaves et libres ; la capsule uniloculaire s'ouvre au sommet, les semences adhérentes aux sutures ou placentas intervalvulaires, sont sphériques et scrobiculées.

La principale espèce du genre est l'*Argemone mexicana*, que l'on trouve dans toute l'Amérique septentrionale, et dans la plupart des régions intertropicales, où elle a, sans doute, été introduite par la culture ; elle se reproduit même dans nos jardins, lorsqu'elle y a été une fois semée.

L'*Argemone mexicana* est une herbe annuelle, qui fleurit chez nous dans les mois d'été, et dont toute la surface est hérissée de poils demi-épineux ; ses feuilles minces, glauques, et souvent tachées de blanc, sont roulées assez irrégulièrement sur leurs bords festonnés ; ses pédoncules axillaires ne sont jamais penchés ; sa tige se rompt naturellement près du sommet, et fournit, comme toutes les autres parties, un suc jaunâtre.

La structure de la fleur est tout-à-fait semblable à celle des *Pavots*.

Le calice et la corolle tombent au moment où ils s'épanouissent; les pétales sont chiffonnés, les filets vacillants et demi-flottants; les anthères latérales, plutôt extrorses qu'introrses, fleurissent du dehors au-dedans, et se recourbent fortement au sommet pour répandre, sur les trois lobes festonnés et pourprés des stigmates, un pollen orangé qui les recouvre entièrement.

Cette plante forme un vrai type dans la famille des *Papavéracées*; son péricarpe n'est point recouvert d'un stigmate en bouclier; mais il est terminé par des stigmates bizarrement conformés, au-dessous desquels viennent se réunir les placentas intervalvaires, en même nombre que les stigmates correspondants. A l'époque de la dissémination, les valves s'ouvrent par le haut, et l'on n'aperçoit point de membrane qui les retienne; mais l'on remarque le joli grillage auquel sont attachées les graines, et qui est formé par les placentas intervalvaires.

La fleur est d'un beau jaune de soufre, et la plante ne manque point d'élégance. On en trouve, dans la Louisiane et la Géorgie, une variété à fleurs blanches, que quelques botanistes appellent *Grandiflore*, et qu'ils considèrent comme une espèce, parce que ses feuilles sont entièrement glabres et que sa capsule est souvent quadrivalve : on en cultive encore, sous le nom de *Berclhliana*, une troisième espèce homotype aux deux précédentes, et dont la fleur terminale et à peu près sessile se fait remarquer par ses petits pétales jaunes et les quatre festons violets de ses stigmates ; ses placentas filiformes se réunissent comme dans les autres espèces au sommet de la capsule, et lors de la dissémination ils se détachent des valves, et forment, en se réunissant au stigmate desséché et persistant, une élégante voûte à cinq arceaux.

TROISIÈME GENRE. — *Meconopsis.*

Ce genre, détaché de celui des *Pavots*, d'abord par VIGUIER dans son *Histoire des Pavots*, et ensuite par DE CANDOLLE, se reconnaît à ses deux sépales velus, et surtout à son ovaire surmonté d'un style court, persistant et contourné après la fécondation; sa capsule ovale est formée de quatre à six carpelles, dont les parois faiblement marquées sont couronnées par autant de stigmates rayonnants, persistants et libres.

Ce genre se divise, comme celui des *Pavots*, en deux sections :

Les *Meconopsis* proprement dits, à capsules lisses, formées de cinq à six carpelles;

Les *Stylophorum*, à capsules hérissées, et comprenant seulement quatre carpelles.

La première section, qui est la seule européenne, ne renferme qu'une espèce, le *Meconopsis cambrica*, qui se trouve épars en Angleterre, en Auvergne, dans les Pyrénées, et reparaît en Sibérie. C'est une herbe vivace, à feuilles pennatiséquées un peu glauques en dessous; ses fleurs, au nombre de deux ou trois, sont longuement pédonculées, d'un jaune soufré, et très-fugaces.

La seconde section est formée de trois espèces : deux originaires de l'Amérique septentrionale, et une dernière encore mal connue, du Népaul.

Les *Meconopsis* sont tous des herbes vivaces qui se plaisent dans les lieux ombragés, frais et humides, et donnent un suc jaunâtre. Leurs feuilles, pennatiséquées, sont glabres ou velues, et souvent glauques en dessous; leurs pédoncules sont axillaires, allongés et penchés dans la préfloraison; les pétales sont, je crois, toujours jaunes.

Ce genre ne diffère de celui des *Argémones* que par son stigmate non sessile, mais porté sur un style plus ou moins allongé et contourné; ses valves s'ouvrent de la même manière, à l'époque de la dissémination; mais ses placentas sont plus prolongés dans l'intérieur.

Les fleurs sont indiquées comme terminales dans l'espèce commune, mais je suppose qu'elles sont réellement axillaires, comme dans les *Pavots* et les autres espèces du genre. Du reste, je n'ai pas vu la plante vivante.

QUATRIÈME GENRE. — Sanguinaria.

La *Sanguinaire* a la fleur formée de deux sépales concaves et caducs, de huit pétales oblongs, dont quatre intérieurs plus étroits, et d'environ vingt-quatre étamines à anthères linéaires; l'ovaire est oblong, aplati, et terminé par un stigmate épais, persistant et creusé de deux sillons; la capsule est bivalve et enflée. A l'époque de la dissémination, les plateaux tombent, et les semences se séparent des deux placentas filiformes réunis à leur sommet, comme dans l'*Argémone* et le *Meconopsis*.

Cette plante, unique dans son genre, se distingue de toutes celles de la même famille par sa forme de végétation. Chaque année, au premier printemps, elle émet de son rhizome horizontal ou oblique, un bourgeon extérieurement formé de deux écailles allongées, et qui récèle une fleur enveloppée par une grande feuille comme par un

voile ; cette feuille est pétiolée, réniforme, veinée, sinuée, glanduleuse sur ses bords, et glauque en dessous. La fleur qu'elle abrite est
simple, longuement pétiolée, blanche et redressée. Les écailles tombent d'abord, ensuite les téguments de la fleur, qui laissent à découvert une capsule allongée, pointue à son sommet, et donnant promptement ses graines ; bientôt après, toute la plante disparaît jusqu'au
printemps suivant.

La *Sanguinaire* est commune dans les bois de l'Amérique septentrionale, où elle vit dans les mêmes localités que les *Paris* et les
Adoxa de nos contrées. Les fleurs, d'un blanc pur, paraissent dès le
mois de mars, et doublent aisément, comme on pouvait déjà le soupçonner par leurs quatre petits pétales, qui ne sont sans doute que des
étamines transformées. Les rhizomes sont âcres, narcotiques et imprégnés d'un suc sanguin.

Le *Sanguinaria*, qu'on trouve çà et là dans nos jardins et dont la
hampe est souvent accompagnée de deux feuilles radicales assez semblables à celles du *Bocconia cordata*, a ses fleurs terminales et solitaires au sommet des tiges ; les pétales, d'un beau blanc, s'étalent
aux rayons du soleil et se referment le soir jusqu'à ce que la fécondation soit accomplie ; les étamines sur deux rangs, et dont j'ai compté
jusqu'à quarante, ont un connectif aplati et élargi, dont les deux
côtés sont les loges polliniques. Le stigmate a ses deux lobes épais,
parallèles et roulés fortement sur leurs bords papillaires, la fécondation est directe, et je n'ai aperçu aucune trace de nectaire ; la capsule
aplatie a ses deux sutures fortement soudées.

CINQUIÈME GENRE. — *Bocconie*.

La *Bocconie* a deux sépales caducs et des pétales nuls ou avortés ; les
étamines, qui varient de huit à vingt-quatre, sont toujours disposées
en ordre quaternaire ; la capsule est elliptique, aplatie et formée de
deux valves qui se séparent d'abord par la base ; le placenta est filiforme et annulaire ; les semences varient en nombre, le périsperme
est charnu, l'embryon très-petit et droit.

Ce genre comprend trois espèces rangées sous deux sections : la
première est celle des espèces américaines ou frutescentes, dont la
graine unique est recouverte d'un tégument crustacé, plongé dans
une pulpe molle ; la deuxième, qui ne compte qu'une espèce originaire de la Chine, est herbacée ; ses péricarpes sont secs et ses ovules
multiples. Les unes et les autres sont imprégnées d'un suc jaunâtre,
et portent des feuilles pétiolées, glauques, ordinairement sinuées,
comme celles du *Chêne*. L'inflorescence est paniculée.

Les *Bocconies* présentent deux exemples remarquables d'avortements et de transformations : le premier est relatif au péricarpe, qui, dans la première section, ne contient qu'une semence grossie et nichée dans une pulpe d'un rouge de cinabre. Le second concerne les pétales dont on retrouve des traces dans les quatre étamines extérieures, qui, dans le *Bocconia frutescens*, persistent après la chute des autres.

La première section contient deux espèces originaires de l'Amérique méridionale, et dont l'une se retrouve dans nos serres, où elle fleurit presque toute l'année; leurs tiges sont fragiles, pleines de moëlle et marquées des cicatrices des anciennes feuilles.

La seconde ne compte qu'une seule espèce, le *Bocconia cordata*, qui prospère et se ressème même à l'air libre, tandis qu'il languit dans les serres; c'est une plante élevée, d'un beau port, dont le calice, renversé dans la préfloraison, est en estivation valvaire, embrassante, comme celui des *Pavots*, et dont les étamines, roulées en spirale dans la fleur non épanouie, flottent ensuite, comme celles du *Thalictrum aquilegifolium*. Je n'ai aperçu aucune trace de nectaire dans la fleur, mais j'ai remarqué que ses étamines extérieures ne persistent pas comme celles du *Bocconia frutescens*. L'ovaire est pédicellé, uniloculaire, formé de deux valves aplaties; le placenta porte plusieurs graines, dont souvent une seule fructifie. La capsule tombe quelquefois avant la maturité, par une articulation préparée. La fécondation commence avant la floraison. Les anthères remplissent de leur pollen la fleur non épanouie, et en imprègnent le stigmate bilobé et papillaire; ensuite les deux sépales s'ouvrent au sommet pour donner passage aux étamines dont les filets se sont déroulés et dont les anthères latérales, allongées et défleuries restent long-temps flottantes : c'est là un mode singulier de fécondation.

SIXIÈME GENRE. — *Rœmeria.*

Le *Rœmeria* a été formé de deux ou trois espèces de *Glaucium* ou de *Chélidoines* qui n'avaient pas les attributs de leur genre. Il se distingue par une capsule à deux, trois ou quatre valves qui s'ouvrent du sommet à la base, et dont les placentas ne sont pas réunis vers le haut, comme ceux de l'*Argémone* et du *Meconopsis*. Les semences sont nombreuses et sans appendice.

La principale espèce est le *Rœmeria hybrida* ou le *Chelidonium hybridum*, de LINNÉ, répandue çà et là dans le midi de l'Europe, la Grèce et les parties voisines de la Russie; elle est annuelle, et fleurit à la fin du printemps parmi les blés, où elle se fait remarquer par ses grandes fleurs violettes ou bleuâtres; son calice et sa corolle tombent promptement; ses étamines varient de seize à vingt, et ses pédoncules sont opposés aux feuilles. Je n'ai point observé son stigmate, qui a autant de divisions que la capsule porte de placentas, et je ne connais point sa fécondation; je sais seulement que les onglets des pétales ont une tache noire.

Cette plante donne un suc jaunâtre, comme les *Glaucium*, dont elle a le port et la consistance; les deux autres espèces sont originaires de l'Asie.

SEPTIÈME GENRE. — *Glaucium*.

Le *Glaucium* a une capsule à deux valves qui s'ouvrent du sommet à la base, deux loges séparées par une cloison irrégulière et spongieuse, un stigmate à deux languettes papillaires, des semences dépourvues d'appendice et engagées dans une substance spongieuse.

Les *Glaucium* se distinguent des autres *Papavéracées* par leur port et leur surface glauque plus ou moins velue. Leurs feuilles sessiles ou amplexicaules ont leurs lobes obtus et souvent mucronés; les pédoncules sont axillaires, solitaires et uniflores; les fleurs, jaunes ou pourprées, portent ordinairement à la base des taches foncées qui pourraient bien être un peu nectarifères.

Ces plantes habitent principalement le midi de l'Europe et s'étendent dans l'Asie mineure et la Perse; on les trouve de préférence sur les sables des rivières et les plages pierreuses, où leurs feuilles épaisses bravent les rayons du soleil. Leurs fleurs, ordinairement penchées avant l'épanouissement, se succèdent depuis la fin du printemps jusqu'à l'automne.

Les *Glaucium* sont aujourd'hui réunis sous cinq espèces, dont la dernière, originaire de la Perse, est encore très-peu connue; mais dont les quatre autres appartiennent évidemment au même type, et diffèrent surtout par leur inflorescence et la couleur de leurs pétales. Elles sont toutes bisannuelles, c'est-à-dire que leurs feuilles se développent en rosule sur le terrain pendant l'automne, et qu'elles fleurissent l'année suivante.

Les sépales sont en estivation valvaire, embrassante comme dans le reste de la famille; les pétales sont plissés, parce qu'ils ont pris trop d'accroissement avant de s'ouvrir; les anthères sont extrorses, légèrement latérales; leurs filets sont réunis en petits corps près de la base; l'organe stigmatoïde borde les deux lames ou les deux lèvres que l'on prend ordinairement pour le stigmate. Je n'ai aperçu dans tout l'appareil aucune trace de nectaire.

Les capsules ou siliques sont rudes au toucher, et leur aspérité provient d'une multitude de glandes ovales et un peu relevées qui les recouvrent; elles grandissent beaucoup pendant la maturation, et sont manifestement articulées à la base.

Les étamines qui s'ouvrent les premières sont les plus voisines du stigmate.

Les siliques des *Glaucium* diffèrent de celles des *Crucifères* par leurs stigmates parallèles et non pas perpendiculaires aux valves; leur cloison ne s'aperçoit avec évidence qu'après la floraison; elle est produite par l'allongement du placenta, dont la lame épaisse et spongieuse enveloppe insensiblement les semences, et forme enfin une véritable paroi qui remplit quelquefois l'intérieur du péricarpe.

Les *Glaucium* vivent dans les sables de l'Europe australe, où leurs feuilles radicales forment, pendant l'hiver, de belles touffes blanchâtres. Le *Flavum*, qui est le plus répandu, borde les rivages de la Méditerranée, et se retrouve dans une grande partie de l'Europe.

HUITIÈME GENRE. — *Platystemon.*

Le *Platystemon* a un calice de deux à trois sépales promptement caducs, une corolle hexapétale, des étamines sur plusieurs rangs à filets dilatés, une capsule hérissée de poils et terminée par sept ou huit stigmates allongés et papillaires vers le sommet de leur face infère.

Ce genre ne compte encore qu'une seule espèce: le *Californianum*, nouvellement découvert dans la Californie, et qui fleurit quelques semaines après avoir été semé. C'est une petite plante annuelle à feuilles lancéolées entières, glauques et velues comme celles de la plupart des *Papavéracées*; les supérieures, à peu près ternées, émettent de leur centre une tige ou hampe cylindrique recouverte de poils rares et allongés, et terminée par une petite fleur jaunâtre à six pétales étalés, et dont les nombreuses étamines ont leurs filets élargis, blanchâtres, demi-transparents et des anthères de même couleur, fortement élargies, et qui renferment entre les deux lèvres de leurs bords, un pollen rare, onctueux et blanchâtre; la capsule, recouverte de poils allongés qui forment tout autour une espèce de grillage comme dans les *Argémones*, est formée d'autant de carpelles allongés et fortement rapprochés qu'il y a de stigmates.

On trouve aux aisselles de chacune des trois feuilles de la tige, un rudiment de tige secondaire qui pourrait bien se développer après la tige principale.

Dans la maturation, les carpelles allongés sont roulés en spirale, ils se détordent ensuite et s'ouvrent dans toute la longueur de leur face intérieure, les semences sont petites, et la corolle s'épanouit le matin et se ferme le soir, jusqu'à ce que la fécondation soit accomplie.

NEUVIÈME GENRE. — *Chelidonium.*

Le *Chelidonium* ou la *Chélidoine* a une silique uniloculaire et bosselée, dont les deux valves s'ouvrent de la base au sommet, et dont les placentas intervalvaires se réunissent en un stigmate bilobé et portent des semences surmontées, un peu au-dessus de l'ombilic, d'un appendice globuleux, arrondi et demi-transparent.

Ce genre, qui comprend le *Chelidonium majus*, très-anciennement connu, le *Grandiflorum* et le *Laciniatum*, qui n'en sont peut-être que des variétés, a des caractères qui ne permettent pas de le confondre avec les *Glaucium* ou les *Rœmeria*, et qui consistent surtout dans les appendices de ses semences et la disposition ombelliforme de ses fleurs. Ces diverses plantes sont des herbes vivaces, dont les racines périssent chaque année près du sommet, et donnent en même temps des pousses latérales qui se détruisent de la même manière ; les feuilles radicales ont leurs lobes en recouvrement, et sont chargées de poils, qui protégent les tiges non développées ; leurs divisions principales se terminent par une glande large et aplatie ; leurs pétioles sont creux, et c'est à leur surface inférieure que l'on voit circuler dans des vaisseaux propres, le suc jaune et corrosif qui distingue ces plantes, et dont on peut suivre la marche jusque dans les dernières nervures des feuilles.

Les fleurs des *Chélidoines* sont axillaires, et réunies en ombelles légèrement involucrées, de trois à huit rayons simples, qui naissent de l'extrémité des pédoncules ; elles sont plus petites que celles des autres *Papavéracées*, parce qu'elles sont plus nombreuses et plus rapprochées ; les pétales sont d'abord plissés, comme ceux de la famille ; l'ovaire est même replié par suite de son accroissement prématuré, et les anthères s'ouvrent avant l'épanouissement.

L'estivation des calices est valvaire embrassante ; l'efflorescence générale est centrifuge, mais à peu près simultanée dans chaque ombelle. Je n'ai aperçu dans la fleur aucune trace de nectaire.

Les étamines s'élargissent vers le sommet, et les anthères, qui s'ouvrent longitudinalement par des espèces de poches membraneuses et latérales, répandent de bonne heure, dans les beaux jours, leur pollen jaunâtre sur la tête humide et papillaire du stigmate ; bientôt après la fleur tombe tout entière, et il n'en reste que la silique couronnée de son stigmate.

La *Chélidoine* fleurit une grande partie de l'année, et les siliques de quelques-unes de ses ombelles sont déjà formées avant que les fleurs des autres ne soient épanouies. Les placentas restent réunis après la séparation des valves, et présentent alors une forme de voûte allongée, ou de fenêtre : je ne sais point quel est l'usage de cet appendice ou caroncule qui couronne la semence.

L'embryon est très-petit et basilaire ; la radicule est infère.

Les *Chélidoines* européennes conservent en hiver leurs feuilles radicales, et développent rapidement leurs fleurs dès le milieu du printemps. L'espèce commune se trouve dans toute l'Europe, la Laponie exceptée ; elle reparaît même dans l'Amérique septentrionale, où vraisemblablement elle a été introduite, et comme les espèces uniques dans leur genre, elle présente peu de variétés. On la rencontre de préférence le long de nos haies et autour de nos habitations champêtres ; elle recouvre et décore souvent les masures de son feuillage d'un beau vert, élégamment découpé et relevé par des fleurs d'un jaune d'or.

On indique, en Chine et au Japon, deux autres espèces de *Chélidoine* ; mais elles sont encore très-peu connues.

DIXIÈME GENRE. — *Eschscholzia.*

L'*Eschscholzia californica* a un calice diphylle et caduc ; quatre pétales, d'un jaune soufré, marqués à la base d'une tache orangée ; les étamines, au nombre de douze, placées en ordre quaternaire, ont des anthères oscillantes et latérales, qui déjettent abondamment leur poussière jaune sur la tache orangée ; l'ovaire est allongé, uniloculaire, couronné par quatre styles et autant de stigmates filiformes et papillaires, dont les deux plus grands sont alternes aux placentas ; les anthères se recourbent sur les stigmates ; les pétales, qui s'ouvrent au soleil, sont plus persistants que ceux des autres *Papavéracées.*

Les parties les plus remarquables de cette plante sont, d'un côté, le torus évasé en cloche, de l'autre, la silique marquée de dix stries, et naissant de la base du torus. Le calice, les pétales et les étamines sont au contraire insérés au sommet, en sorte que la silique est à demi-infère, caractère qui me paraît distinguer ce genre de tous ceux de la même famille, et lui donner des rapports avec les *Caliciflores.*

L'*Eschscholzia* présente à sa maturité une silique bivalve, à placentas intervalvaires, chargés d'un très-grand nombre de graines, qui s'échappent des valves entr'ouvertes, à l'époque de la dissémination.

Cette plante, originaire de la côte ouest de l'Amérique nord, se sème facilement dans nos jardins, où elle fleurit tout le long de l'été; elle appartient évidemment aux *Papavéracées* par son organisation générale, quoiqu'elle en diffère beaucoup par son torus, qui est très-remarquable, et dont l'on ne peut pas dire que le prolongement ait donné naissance aux valves de la silique.

On cultive encore une seconde espèce d'*Eschsholzia* qui diffère de la précédente, non pas tant par la coupe de ses feuilles, que par un stigmate en bouclier, dont les lobes peu marqués sont recouverts d'un duvet serré de poils glanduleux et papillaires. A l'époque de la floraison, qui dure aussi quelques jours, la fleur s'ouvre à la fin de la matinée et se ferme la nuit, ses anthères aplaties, alongées et latérales se recourbent sur le stigmate qu'elles imprègnent de leur pollen. Enfin l'on a encore rapporté dernièrement de la Californie plusieurs nouvelles espèces d'*Eschsholzia*, qui ne sont pas encore répandues dans les jardins.

ONZIÈME GENRE. — *Hypecoum*.

L'*Hypecoum* se distingue par ses quatre pétales inégaux : deux extérieurs enveloppant, deux intérieurs souvent trifides, et à lobe moyen creusé en cuiller; les étamines, au nombre de quatre, sont opposées aux pétales; l'ovaire est allongé, et les deux stigmates sont un peu pédicellés; la capsule est uniloculaire, bivalve et presque toujours articulée; les placentas sont intervalvaires, les semences, placées en ordre alterne, sont dépourvues d'arille; le périsperme est charnu, l'embryon filiforme et arqué.

Ce genre compose dans la famille un petit groupe d'espèces formées sur le même type. Il appartient aux *Papavéracées* par son suc jaune, ses deux sépales et son albumen charnu. Il se rapproche des *Fumeterres* par ses sépales peu marqués, et qui ne renferment point la fleur, par sa corolle irrégulière, ses feuilles glauques et succulentes; enfin, il a quelque rapport avec les *Crucifères* par sa silique articulée, assez voisine de celle des *Raphanus*, etc., mais cette dernière ressemblance est moins prononcée que les autres.

Les *Hypecoum* sont des plantes annuelles qui habitent les sables du bassin de la Méditerranée, et dont l'on compte six espèces, quatre européennes, une cinquième originaire de l'Égypte, et une sixième de la Sibérie. Elles diffèrent principalement par leurs pétales entiers ou échancrés, glabres ou velus, leur capsule droite, recourbée ou pendante et non articulée dans une seule espèce. Leurs feuilles sont

glauques et finement découpées, et leur port les rapproche des *Isopyres* et de quelques espèces de *Fumeterres,* dont elles ont la délicatesse et l'élégance. Malheureusement elles durent peu, et après
avoir fleuri, au premier printemps, sur les sables de la mer ou au milieu
des moissons, elles disparaissent déjà au milieu de l'été.

La fleur des *Hypecoum* est formée de quatre pétales inégaux : les
deux extérieurs, trifides et semblables à des lèvres, enveloppent les
autres parties, et les protégent contre les variations atmosphériques ;
les deux intérieurs sont profondément divisés en trois lobes, dont le
moyen est un véritable nectaire ; sa base, légèrement concave, distille l'humeur miellée, et son sommet est plissé en deux ailes, recourbées et cachant les organes sexuels. La fécondation s'opère avant l'épanouissement ; les anthères extrorses répandent leur poussière dans le
capuchon nectarifère, où se trouvent entièrement plongés les stigmates non encore développés ; en même temps la liqueur miellée remplit la rainure profonde qui divise le capuchon ; ensuite la fleur s'ouvre, les ailes s'écartent, et les stigmates divergent ; on voit alors le
fond de la corolle, et surtout les bords du nectaire entièrement recouverts de pollen.

La silique des *Hypecoum* diffère beaucoup de celle des autres *Papavéracées ;* non-seulement elle ne s'ouvre point en longueur, mais elle
ne contient qu'un seul rang de graines, grosses et alternativement
placées. De plus, ces graines ont leur embryon filiforme et longuement arqué. Enfin, la silique est articulée, et se sépare en autant de
pièces qu'il y a de semences ; la courbure du péricarpe facilite sa rupture, et chaque graine tombe enveloppée de la portion adhérente de
la silique. On ne peut guère imaginer ici de transformation, qui explique des changements si éloignés de ce qu'on peut appeler la structure
primitive, et qui rende compte, en particulier, de la forme insolite de
l'embryon.

Les *Hypecoum* ne sont pas cultivés dans nos jardins, parce qu'ils
n'ont pas d'éclat, et qu'ils disparaissent trop tôt. Cependant ils sont
aussi remarquables par la singularité de leur organisation, que par la
forme élégante de leur feuillage. Leurs fleurs, d'un beau jaune, sortent
les unes après les autres de l'espèce de verticille qui termine les tiges.
Elles s'ouvrent le matin, et tombent le soir comme celles de la plupart
des genres de la famille.

L'*Hypecoum droit* de la Sibérie a, dit-on, les siliques aplaties et non
articulées ; ce qui semble indiquer que sa dissémination diffère de
celle des autres *Hypecoum,* et qu'il pourrait bien former un second
type dans le genre.

Voyez dans le *Bulletin des sciences naturelles*, pour mai 1831, un Mémoire d'Auguste SAINT-HILAIRE et MOQUIN-TENDON, où l'on veut établir l'affinité des *Hypecoum*, plutôt avec les *Fumariées* qu'avec les *Chélidoniées*.

Dixième famille. — *Fumariacées.*

Les *Fumariacées*, qui, chez les anciens botanistes, étaient comprises sous le genre de la *Fumeterre*, et rangées parmi les *Papavéracées*, forment actuellement une famille établie par DE CANDOLLE, et qui prend, chaque jour, de nouveaux accroissements.

Elle se distingue par un calice à deux pièces fort petites, quatre pétales irréguliers et souvent adhérents, quatre ou six étamines toujours réunies en deux corps opposés, et enfin par un ovaire libre, qui devient ensuite un carpelle indéhiscent, à une ou deux semences, ou une silique bivalve renfermant plusieurs semences arillées, dont l'albumen est charnu.

Les *Fumariacées* sont des plantes d'une consistance molle et délicate, toujours remplies d'un suc aqueux. Leurs racines sont annuelles ou vivaces; les premières grêles et un peu pivotantes, les autres fibreuses ou tubéreuses. Les tiges sont herbacées et souvent anguleuses; les feuilles pétiolées, simples, glabres, tendres, plus ou moins décomposées. L'inflorescence est en grappe; les pédoncules sont terminaux, ou opposés aux feuilles. Chaque pédicelle porte à sa base une bractée membraneuse, au-dessus de laquelle on en trouve quelquefois deux autres qui ressemblent tout-à-fait aux sépales. Les fleurs sont jaunes, pourprées, blanches, ou mélangées de ces deux dernières couleurs.

Le calice est petit et caduc; les pétales, disposés en croix, sont libres, ou réunis à la base, ou enfin l'inférieur est libre, et les trois autres sont adhérents. Les deux extérieurs, qui alternent avec les sépales, ont souvent leur base prolongée en poche nectarifère; souvent aussi l'un d'eux reste plane, tandis que l'autre est éperonné. Les deux intérieurs sont toujours linéaires, et réunis au sommet par un renflement destiné à renfermer les anthères et le stigmate. Les étamines, au nombre de six, sont disposées en deux corps opposés aux pétales extérieurs, et par conséquent alternes aux autres; quelquefois les trois filets se réunissent en un seul, qui porte les trois anthères à pollen sphérique visqueux et opaque. Celle du milieu est toujours bilo-culaire, mais les latérales n'ont qu'une loge; en sorte que le nombre total des loges est le même que s'il n'y avait que quatre anthères. Il est clair que cette conformation a pour but de resserrer l'espace destiné aux organes fécondateurs, qui sont ainsi mieux abrités par les pétales intérieurs.

L'ovaire des *Fumariacées* est surmonté d'un style, qui porte un stigmate à deux lames parallèles aux pétales intérieurs. Ce stigmate est tellement enveloppé par les anthères, et protégé par les pétales, que la fécondation s'opère toujours. On ne peut pas imaginer ici que les nectaires soient destinés à attirer les insectes, puisqu'ils ne sauraient y pénétrer, et que d'ailleurs les anthères sont constamment couchées sur le stigmate.

Le péricarpe des *Fumariacées* a des formes très-variées, qui peuvent facilement par soudure ou par avortement être ramenées à une seule, c'est-à-dire à celle d'un péricarpe bivalve, uniloculaire à deux placen-tas : quelquefois c'est une silique à deux valves opposées, qui se déta-chent à la maturité, en laissant à découvert leurs placentas filiformes; quelquefois les deux valves ne s'ouvrent point, ou sont si étroitement soudées qu'elles n'en forment qu'une seule. Dans le premier cas, les semences sont nombreuses; dans le second, il n'y en a que deux, et dans le troisième, il n'y en a qu'une. Ces semences sont noires, glo-buleuses ou lenticulaires, brillantes, pourvues à leur base d'une arille ou caroncule. Le périsperme est charnu, l'embryon est basilaire, droit et petit dans les fruits indéhiscents, arqué et allongé dans les autres. Les cotylédons sont oblongs et planes, selon la plupart des auteurs; mais d'après des observations plus récentes, ils sont à peu près nuls dans les *Fumeterres* à fruit indéhiscent. Et dans les *Corydalis tubéreux*, tout comme dans le *Lutea*, etc., il n'y a réellement qu'un seul cotylédon, en sorte que la distinction des plantes en dicotylées et monocotylées n'est pas applicable à cette famille (Voyez *Annales des Sciences naturelles*, février 1834).

Les *Fumariacées* étaient peu connues des anciens. BAUHIN en cite sept ou huit, et LINNÉ onze; mais WILLDENOW en a décrit trente, et aujourd'hui on en connaît près de cinquante, la plupart originaires des parties tempérées de l'hémisphère boréal. On en compte, à peu près, quinze en Europe; onze, dans l'Amérique septentrionale; treize, en Sibérie; cinq, dans l'Asie orientale; deux, dans la Mau-ritanie; deux, au Japon, et autant au Cap de Bonne-Espérance. Jusqu'à présent on n'en a rencontré aucune dans l'Amérique du sud.

L'habitation odinaire de cette famille est sur les lisières des bois, le

long des haies, au milieu des buissons, et, en général, dans les lieux
frais abrités. Elles ne vivent ni auprès des eaux, ni sur les montagnes ;
cependant j'ai trouvé sur le Jura, à une assez grande hauteur, le
Corydalis bulbosa, à bractées digitées.

Ces plantes se rapprochent des *Papavéracées* par leur calice à deux
sépales caducs, leurs quatre pétales opposés deux à deux, et la structure générale de leur péricarpe ; mais elles en diffèrent par l'inégalité
de leurs fleurs, leurs nectaires, leurs étamines réunies, leurs anthères
à une loge, leur suc aqueux et jamais lactescent. Elles ont des rapports
moins directs avec les *Crucifères*, auxquelles elles ressemblent cependant par le nombre de leurs pétales et celui de leurs étamines.

Quelques-unes vivent solitaires, comme les *Fumeterres* annuelles ;
d'autres, comme le *Corydalis tuberosa* et le *bulbosa*, se rassemblent en
société. Les premiers ont une disposition à s'entortiller autour des
corps voisins, par les dernières ramifications de leurs folioles, qui
deviennent alors linéaires, ou se changent même en véritables vrilles.
Ces *Fumeterres* annuelles ont souvent l'extrémité de leur corolle teinte
d'un pourpre foncé.

On peut remarquer que les *Fumariacées* sont toutes des plantes déformées, dont les organes de la fleur sont symétriques, mais non pas
réguliers ; ils sont ou soudés, ou renflés en cornet, ou avortés. Cette
déformation est surtout remarquable dans l'*Adlumia* et le *Cysticapnos*,
et elle s'étend jusqu'aux granules de pollen, qui dans les mêmes
espèces ont souvent des formes différentes (Voyez *Ann. des Sciences
naturelles*, 1835. vol. 3ᵉ, p. 225).

PREMIER GENRE. — *Diclytra*.

Ce genre est caractérisé par quatre pétales libres et caducs, dont
les deux extérieurs sont bossus ou éperonnés à la base ; les six étamines sont entièrement libres, ou réunies par leur sommet en deux
phalanges opposées ; les siliques sont bivalves, déhiscentes, aplaties
et polyspermes.

Il comprend six ou sept espèces, dont quatre sont originaires de
l'Amérique septentrionale, et trois de la Sibérie. Les premières, qui
ont pour type le *Cucullaria*, diffèrent très-peu entre elles, et se distinguent par leurs éperons allongés, droits ou recourbés ; les autres,
dont le *Spectabilis* de la Chine est la principale espèce, sont aussi fort
liées les unes aux autres, et se font remarquer par leurs éperons très-
obtus et ordinairement fort courts.

Ces plantes ont le port de nos *Fumeterres ;* leur feuillage est finement découpé, glauque et succulent ; leurs fleurs, tantôt portées sur des hampes, tantôt sur des tiges, forment des grappes plus ou moins garnies, ordinairement simples et quelquefois composées ; leur corolle est blanche ou pourprée, souvent tachée vers le sommet, comme dans la plupart des genres de la même famille. On les trouve au pied des montagnes, dans les lieux ombragés, parmi les rochers et les buissons, où elles vivent en société, et se font remarquer, dans les mois du printemps, par leur fraîcheur, l'élégance de leur port, et surtout la beauté de leurs fleurs. On en cultive quelques espèces dans nos jardins, comme le *Formosa* du Canada, et le *Spectabilis*, dont les fleurs pourprées sont souvent représentées sur les papiers peints de la Chine.

. Les *Diclytres* sont des herbes vivaces, à racines presque toujours tuberculeuses, et couvertes d'écailles, dont les pousses sortent sans doute du même centre, comme celles de nos *Corydalis bulbeux*. Leurs fleurs se distinguent non-seulement par leurs deux éperons nectarifères, mais encore par leurs étamines entièrement libres, ou seulement réunies au sommet. Du reste, leur fécondation est celle des autres *Fumariacées* ; elle s'opère dans l'intérieur du renflement formé par les limbes des pétales, et qui s'entr'ouvre à cette époque. Je ne connais pas la structure de l'embryon.

Nuttall observe que les filets du *Diclytra cucullaria* sont implantés sur les pétales, et que celui du milieu est éperonné à sa base. Cette structure, qui appartient au *Diclytra tenuifolia*, et probablement encore à d'autres espèces, semble indiquer une différence dans la fleur des diverses *Diclytra*, et mérite d'être mieux examinée.

Le *Diclytra formosa* a ses six étamines libres à la base, et insérées au fond de la corolle un peu au-dessous de l'ovaire ; elles s'élargissent plus haut en s'unissant, et se détachent au sommet en six anthères pédicellées, à cloisons retournées et long-temps couvertes de pollen. Le stigmate qu'elles entourent à la base est formé de deux lobes soudés, du milieu desquels sort, comme une aigrette, le véritable organe stigmatique et papillaire ; les deux pétales intérieurs se réunissent en coiffe au sommet de la fleur qu'ils ferment, et ils sont surmontés dans leur milieu d'une crête qui les couronne ; ils portent au-dessous deux poches opposées et épaisses, dans lesquelles se rassemble l'humeur miellée qui monte en gouttelettes jusqu'aux anthères ; les deux autres pétales également opposés entre eux sont aussi nectarifères ; on les voit renflés en sac à la base, et creusés en cuiller au sommet.

L'*Eximia* n'en diffère que par son stigmate à quatre lobes, deux latéraux et deux redressés ; on voit très-bien que ses anthères intermédiaires sont bilobées, tandis que les latérales n'ont qu'un seul lobe.

Ces deux plantes ont une racine charnue et traçante, dont l'extrémité est un bourgeon écailleux, d'où sortent successivement des feuilles multifides et longuement pétiolées et des hampes à fleurs pourprées, en sorte que la floraison qui commence au printemps continue une grande partie de l'année.

SECOND GENRE. — *Adlumia.*

L'*Adlumia* se distingue par ses quatre pétales réunis en une corolle monopétale, fongueuse, persistante, dont le sommet présente quatre lobes, et la base deux éperons ; ses étamines diadelphes sont insérées sur la corolle, et y restent adhérentes ; la silique est bivalve, polysperme et déhiscente.

Cette singulière plante, placée d'abord dans les *Fumeterres*, puis dans les *Corydalis*, a été découverte dans les forêts de *Hêtres* de la Pensylvanie et du Canada, où elle fleurit tout l'été, et se reproduit chaque année par ses graines, dont les feuilles sont finement découpées, et dont la tige et surtout les pétioles s'entortillent aux corps voisins ; ses pédoncules naissent de la base des pétioles, et se ramifient en pédicelles, qui portent une douzaine de fleurs réfléchies, d'un rose pâle. Les étamines sont réunies, dès leur origine, en une espèce de gaîne fongueuse ou feutrée, et séparées à leur sommet en deux phalanges portant chacune trois anthères ; la silique aplatie et linéaire, surmontée d'un style qui porte un stigmate à quatre dents, est engagée dans la corolle, dont elle ne se sépare jamais.

L'*Adlumia* appartient, pour sa conformation, aux *Diclytra*, dont il diffère principalement par ses étamines à gaîne spongieuse, et ses quatre pétales soudés et fongueux. Cette déformation est sans doute produite par l'écartement des deux épidermes de la corolle, et par l'accroissement du parenchyme intermédiaire. Elle ne nuit point à la fécondation, quoiqu'elle entraîne l'avortement de l'organe nectarifère ; mais, dans ce cas, le pollen est immédiatement contigu au stigmate papillaire, qui a sans doute la faculté de l'absorber. Lorsque la corolle est tout-à-fait desséchée, elle se détache par la base avec sa silique, qui, enfin dégagée, s'ouvre en deux valves séparées par une nervure cartilagineuse, et laisse échapper quatre à six graines d'un noir brillant, conformées, je crois, comme celles des *Corydalis*.

L'*Adlumia* est remarquable par l'élégance de son port et de son feuillage couronné par de nombreuses grappes d'un beau rose ; ses pétioles cirrhifères le rapprochent beaucoup des *Cysticapnos*.

TROISIÈME GENRE. — *Cysticapnos.*

Le *Cysticapnos* a quatre pétales distincts et caducs ; le supérieur est bossu à sa base, les autres sont planes et oblongs ; les étamines sont diadelphes ; la capsule est enflée, ovale, globuleuse, bivalve et déhiscente ; les deux placentas sont réunis par des fibres réticulées.

Cette plante, unique dans son genre, est originaire du Cap, et ne diffère presque des *Corydalis* que par la conformation de sa capsule. La racine est annuelle, simple et fibreuse, la tige est cylindrique, les feuilles plusieurs fois ramifiées, se terminent en lobes amincis et vrillés, les pédoncules, opposés aux feuilles, sont rameux, pauci-flores et chargés de quelques bractées membraneuses ; le calice est teint en rose clair, ainsi que les pétales, dont le supérieur est necta-rifère, et dont les intérieurs, réunis en capuchon, cachent le stigmate et les anthères.

La capsule, qui forme le caractère distinct de ce genre, présente deux renflements considérables : l'extérieur, auquel GÆRTNER a, mal à propos, donné le nom d'involucre, et l'intérieur, qu'il considère à tort comme formant la vraie capsule. Cette bizarre conformation s'explique naturellement, selon DE CANDOLLE, par l'écartement des deux membranes opposées, l'épicarpe et l'endocarpe, qui se séparent pendant le cours de la végétation, et laissent entre elles une cavité aérienne, occupée par le plexus ou les fibres du mésocarpe attachées aux placentas. A la maturation, l'épicarpe s'ouvre en deux valves, et montre à découvert le sac ou la silique intérieure, qui se rompt assez irrégulièrement, et dont les graines brillantes et nombreuses adhèrent encore aux placentas.

Cette jolie plante fleurit à peu près tout l'été dans nos jardins, et se distingue, comme la plupart des *Fumariacées*, par l'élégance de son port et de son feuillage ; ses grappes sont peu garnies, et ses fleurs avortent en partie, pour favoriser la maturation des siliques, qui sont pendantes et fort enflées. Les semences sont dépourvues d'arille, l'embryon est aminci, cylindrique, recourbé et logé dans la saillie que forme le périsperme ; le nectaire est sans doute la base intérieure du pétale renflé.

Quel est le but de cette singulière déformation de la capsule des *Cysticapnos ?* Est-il relatif à la dissémination ? C'est ce que j'ignore ; en attendant, je remarque que le *Nigella Damascena* présente un phénomène à peu près semblable.

QUATRIÈME GENRE. — *Corydalis.*

Les *Corydalis* ont quatre pétales, dont un seul est quelquefois libre, mais qui sont ordinairement réunis à la base, et se séparent à l'époque de la fécondation; l'inférieur est linéaire, et le supérieur éperonné; la silique est bivalve, aplatie, déhiscente, et presque toujours terminée en pointe; les valves du péricarpe sont parallèles aux phalanges des étamines.

Ces plantes sont des herbes annuelles ou vivaces; leurs racines sont fibreuses, fusiformes ou tubéreuses, et dans cette dernière forme, solides ou creuses. Les tiges, toujours simples quand les racines sont fusiformes ou tubéreuses, deviennent rameuses lorsqu'elles ont des racines fibreuses. Les feuilles caulinaires sont alternes et rarement opposées, à divisions une ou deux fois ternées ou pennées; les fleurs sont en grappes, et portées sur des pédoncules terminaux, ou opposés aux feuilles; les pédicelles n'ont chacun qu'une bractée.

Les *Corydalis* ont la végétation et le port des *Fumariacées;* ce sont des plantes d'une texture tendre, à feuilles plus ou moins découpées et d'un vert glauque, à fleurs jaunes, blanches, pourprées, rougeâtres ou quelquefois nuancées de ces diverses couleurs. Elles habitent l'hémisphère boréal, et paraissent réparties presque également entre l'Europe, la Sibérie et l'Amérique du nord. On en trouve quelques espèces éparses en Perse, dans l'Asie ou au Japon.

Ce genre a été partagé par De Candolle en trois sections, plutôt fondées sur le port général que sur la structure de la fleur.

La première est celle des *Leonticoïdes,* qui se distinguent par leur racine fusiforme, leurs tiges simples, chargées de deux feuilles opposées; elle ne compte que deux espèces originaires de la Perse ou de la Mésopotamie, et dont nous n'avons pas à nous occuper.

La seconde, ou celle des *Capnites,* se reconnaît à ses racines tubéreuses, à sa tige simple, à ses feuilles caulinaires peu nombreuses et alternes. Ses espèces s'élèvent aujourd'hui à treize, et habitent toutes l'Europe ou l'Asie. Elles appartiennent au même type, et quelques-unes pourraient bien n'être considérées que comme des variétés produites par le sol ou le climat. Les trois européennes long-temps confondues, le *Tuberosa,* le *Bulbosa* et le *Fabacea,* ne diffèrent, en particulier, que par leurs bractées entières ou digitées, leurs tubercules creux ou solides, écailleux ou non écailleux. Toutes les trois vivent en famille, dans les lieux à demi découverts, sur les lisières des bois ou à l'ombre de nos vergers, dans les terres riches et profondes. Elles annoncent le printemps, et leurs jolies graines, blanches, rouges, vineuses, ou mélangées de ces diverses teintes, produisent des effets charmants, le long de nos haies, où elles forment des plates-bandes naturelles.

Les tubercules de ces plantes, en particulier ceux du *Tuberosa*, sont solides les premières années, et deviennent ensuite tronqués et caverneux à leur base. Ils repoussent sans cesse du même centre, et paraissent détruits, qu'ils donnent encore des feuilles et des fleurs. Le point végétatif, ou, si l'on veut, le véritable collet, est un ménisque qui recouvre la partie supérieure du tubercule, et qui se distingue par sa consistance et sa structure. Le reste du tubercule est la matière nutritive, et tant que celle-ci n'a pas entièrement disparu, le ménisque exerce son action reproductive. Il y a bien de la différence entre cette organisation et celle de la plupart des racines appelées aussi tubéreuses.

Lorsqu'on suit la germination d'une graine de *Corydalis tubéreux* ou *Cava* des auteurs, on voit s'élever de son sommet un cotylédon unique et pédicellé, et se former à l'extrémité de la radicule un petit bourrelet qui est la première origine du tubercule; la plante cesse alors de végéter jusqu'à ce que le bourrelet ait acquis de plus grandes dimensions : alors et après un intervalle assez long, ce bourrelet se fendille au sommet et jette des radicules près de sa base; ensuite il pousse des feuilles qui, comme je l'ai déjà dit, sont d'abord ternées (Voyez *Annales des Sciences naturelles*, février 1834). La même forme de germination appartient au *Solida* ou *Halleri*, dont le tubercule reste toujours solide, tandis qu'il se creuse et ne pousse que de son sommet dans le *Cava*. L'auteur de cette observation très-curieuse est DISCHOTT.

Les premières feuilles que donne le tubercule de l'année précédente, sont simplement ternées, et chaque division est partagée en deux ou trois lobes; celles des années suivantes ont les dimensions ordinaires, et sont remarquables par les glandes rougeâtres de leurs bords; les tiges, avant leur développement, sont repliées sur elles-mêmes, et leurs fleurs sont entièrement recouvertes par les bractées; les feuilles sont roulées en cornet sur leur surface supérieure, et protégées par une ou deux écailles transparentes, qui ne sont que des rudiments de feuilles, et doivent se trouver plus ou moins dans toutes les espèces; mais elles sont surtout marquées dans le *Bulbosa*.

Des quatre pétales du *Corydalis tuberosa*, les deux extérieurs, placés l'un au-dessus de l'autre, ferment exactement la fleur, à laquelle ils tiennent lieu de calice; leurs bords supérieurs sont libres et réfléchis;

les deux intérieurs, latéraux et exactement appliqués l'un contre l'autre, renferment les anthères dans une poche ou capuchon quadrangulaire, et ne se séparent point, quoiqu'ils laissent entre eux une
fente étroite par laquelle l'air pénètre. La fécondation s'opère assez
long-temps avant le développement de la fleur; les anthères sont couchées sur le stigmate, qui est un disque frangé et vertical, tout couvert de la poussière jaune fécondante; le nectaire, qui naît du torus,
est un corps verdâtre, rempli d'une liqueur miellée qui sort d'un
pore très-marqué, et se répand dans la cavité du pétale supérieur;
ensuite elle s'insinue par la fente qui sépare les deux pétales intérieurs,
et de là pénètre jusqu'aux anthères et au stigmate qu'elle détrempe
fortement. Cette humeur n'est pas destinée à attirer les mouches,
puisqu'elle est renfermée dans un sac clos. Soyer Willemet, dans
son *Mémoire sur les Nectaires*, inséré dans le cinquième volume de la
Société Linnéenne de Paris, pense que la rainure nectarifère aboutit,
par ses deux branches, aux deux placentas, et que la liqueur sert à
nourrir les graines, mais il est plus probable qu'elle concourt à l'œuvre
de la fécondation, comme je viens de le montrer.

Les siliques de tous ces *Corydalis* s'ouvrent par leurs valves qui se
séparent naturellement, et sur les placentas filiformes on voit flotter
quelque temps des graines lenticulaires, renflées, d'un noir brillant,
et plus ou moins caronculées; au mois de juin, la scène est terminée;
au moins dans nos plaines, et tous les *Corydalis* tubéreux ont disparu
de la surface du terrain.

Le *Corydalis nobilis* de la Sibérie est à peu près la seule espèce de
cette section qui soit cultivée dans nos jardins. On dit que son tubercule, d'abord creux intérieurement, devient solide pendant la floraison; ce qui serait un phénomène bien remarquable.

La troisième et dernière section des *Corydalis*, ou celle des *Capnoïdes*, caractérisée par des racines fibreuses, des tiges nombreuses,
et des feuilles caulinaires, incisées et alternes, est à peu près aussi
riche en espèces que la précédente; mais elle comprend des plantes
de différents types, annuelles ou vivaces, dont la patrie principale
est la Sibérie, et qui se retrouvent encore au nord de l'Amérique,
au Japon, etc. L'Europe en compte deux : le *Lutea* et le *Claviculata;*
et l'on rencontre encore dans les jardins le *Glauca*, désigné aussi sous
le nom de *Sempervirens*, quoique annuel, et dont les grappes portent
sept à huit fleurs teintes en jaune et en rouge, à peu près comme celles
de l'*Aquilegia canadensis*.

La plus remarquable des espèces de cette section c'est le *Gruberi*,
qui appartient au type du *Glauca*, de même que l'*Impatiens*, le *Sibi-*

rica, le *Stricta*, etc. Ses pédoncules, comme ceux du *Longipes* qui n'en est peut-être qu'une variété, s'allongent et se déjettent fortement pendant la maturation, et les *Siliques* s'ouvrent comme dans les *Capnites* par la séparation naturelle des va'ves articulées.

Le *Lutea*, qui ne paraît pas différer du *Capnoïdes* de LINNÉ, est commun dans le bassin de la Méditerranée, et fleurit, la plus grande partie de l'année, sur les murs et les fentes de rochers, où il forme des touffes très-élégantes qui se conservent long-temps. A l'époque de la floraison, il écarte ses pétales externes; l'inférieur s'abaisse, tandis que l'autre se relève; en même temps le style, avec les anthères qui enveloppent toujours le stigmate, se redresse par un mouvement assez semblable à celui des *Medicago*, et qui est déterminé par la conformation du filet supérieur, dont la base élargie, fortement cartilagineuse et creusée en nacelle', renferme l'ovaire, et dont le sommet se recourbe par un mouvement élastique très-prononcé; l'humeur sort par un pore qui naît près du sommet et qui monte par un sillon jusqu'aux anthères qu'elle détrempe, et dont le pollen se fond pour ainsi dire sur le stigmate : cet arrangement avec des variations peu importantes se retrouve, je crois, dans tous les genres des *Fumariacées*.

Le stigmate n'est pas conformé de la même manière dans tous les *Corydalis* : dans le *Glauca*, il est aplati et couronné de quatre franges papillaires; dans le *Capnoïde*, il forme une coupe évasée, etc. Mais il est toujours immédiatement enveloppé des anthères, en sorte que la fécondation est directe.

Les siliques sont terminées par un style qui s'endurcit après la floraison, et se sépare ensuite par une rupture préparée. Les graines, au nombre de huit à dix, sont caronculées, et se répandent sans doute, comme celles du *Corydalis glauca*. La dernière espèce des *Capnoïdes* européennes, est le *Claviculata* ou la *Vrillée*, plante annuelle, qui a le port des *Fumeterres*, mais dont les fleurs peu nombreuses, d'un jaune blanchâtre, portent des siliques déhiscentes, courtes et chargées de deux à quatre semences. Elle est éparse dans diverses localités de l'Europe, et ne se trouve, je crois, en abondance nulle part; sa tige est faible et peu élevée, et ses feuilles, plusieurs fois décomposées, ont le caractère de la famille.

Les *Capnoïdes* sont des plantes d'une organisation plus délicate et d'un port plus élégant que les autres *Corydalis;* elles pourraient presque toutes être transportées dans nos jardins, qu'elles orneraient de leurs fleurs, la plupart d'un jaune d'or, et où leurs différents types fourniraient aux botanistes des observations intéressantes sur leur mode de fécondation, leurs nectaires, leur dissémination, l'irritabilité de leurs étamines supérieures, la structure remarquable de leurs graines, la plupart monocotylées, etc. Il faut bien, par exemple, que les graines du *Capnoïdes lutea* aient une structure particulière pour s'accrocher contre les murs; que les feuilles du *Sibirica* ne ressemblent pas à celles des autres espèces, pour être irritables au tact, etc.

CINQUIÈME GENRE. — Sarcocapnos.

Les *Sarcocapnos* ont quatre pétales libres, l'inférieur linéaire et le supérieur éperonné; leur capsule est indéhiscente, ovale, aplatie, formée de deux valves marquées chacune de trois nervures, et renfermant deux graines.

Ce genre, qui formait autrefois un petit groupe dans les *Corydalis*, en a été retiré à cause de son organisation particulière; on peut le considérer comme un passage entre le premier genre et celui des *Fumeterres*. Les deux espèces qui le composent, dont l'une appartient à l'Espagne et l'autre à la Mauritanie, se plaisent sur les rochers humides et maritimes, qu'elles recouvrent presque entièrement de leurs feuilles épaisses, plus ou moins triséquées, et qui se conservent presque toute l'année. Les racines s'enfoncent dans les fentes des rochers, et donnent des tiges nombreuses et frutescentes, au moins à leur base. Les fleurs, d'un beau blanc plus ou moins taché de rouge, se succèdent long-temps, et forment, avec les feuilles, des touffes pleines d'élégance.

Je n'ai point vu les *Sarcocapnos* vivants, et je ne sais pas comment s'opère leur fécondation; mais leur pétale éperonné indique l'existence d'un nectaire, et leurs capsules indéhiscentes doivent être articulées comme celles des *Fumeterres*.

SIXIÈME GENRE. — Fumaria.

Le *Fumaria* ou *Fumeterre* a quatre pétales dont l'intérieur est libre et linéaire, et le supérieur éperonné; sa capsule est ovale, globuleuse, indéhiscente, monosperme, évalve et souvent dépourvue de style après la floraison.

Ce genre, qui comprenait autrefois toutes les *Fumariacées*, renferme des plantes dont le port et les habitudes se ressemblent beaucoup: leurs racines sont fibreuses et presque toujours annuelles; leurs tiges rameuses; leurs feuilles glabres et finement découpées; leurs fleurs petites et réunies en grappes serrées; leurs pédoncules terminaux ou opposés aux feuilles, leurs sépales membraneux, caducs, blanchâtres et plus ou moins frangés.

Les *Fumaria* sont presque tous européens et originaires du bassin de la Méditerranée; ils habitent ordinairement nos cultures et nos champs, où ils se propagent sans cesse, et d'où ils se sont répandus dans les deux Amériques et jusqu'au Cap de Bonne-Espérance : on les distingue de toutes les autres *Fumariacées* par la délicatesse de leur feuillage, et l'élégance de leurs fleurs ramassées en épis blancs, rouges, roses, ou nuancés de ces diverses couleurs.

Ce genre se partage en deux sections assez tranchées : la première comprend les espèces dont la capsule conserve encore les traces de sa forme primitive, et forme un carpelle aplati assez semblable à celui des *Sarcocapnos;* dans la seconde, on place celles dont la capsule est sphérique, sans apparence de valves ou de sutures.

La première section, désignée par De Candolle sous le nom de *Platycapnos,* ne renferme jusqu'à présent que deux espèces bien connues : le *Fumaria spicata* du midi de l'Europe, et le *Corymbosa* des rochers de l'Atlas : la première, souvent confondue avec le *Fumaria officinalis,* a une silique marquée de deux sutures et revêtue à l'intérieur d'une membrane papyracée, comme dans le *Cysticapnos;* dans la seconde, qui est jusqu'à présent la seule *Fumeterre* vivace, les siliques sont seulement aplaties et terminées par un style persistant : ces deux plantes ont les épis très-serrés; leurs fleurs, d'un pourpre teint en rose ou en blanc, sont sessiles dans l'espèce européenne, et longuement pédicellées dans l'autre.

Le *Spicata,* qui est une espèce très-distincte dans ce genre, a les fleurs assez semblables à l'*Officinalis,* mais entièrement sessiles et serrées les unes contre les autres; à mesure que ces fleurs sont fécondées elles se renversent, en sorte que l'épi, comme dans quelques espèces de *Trèfles,* est divisé en deux parties : la supérieure à fleurs redressées et non encore fécondées, et l'inférieure à fleurs pendantes et déjà fécondées. A la dissémination, on voit s'échapper du milieu de la corolle flétrie, les capsules qui sont de petites coques ovales, allongées, charnues et monospermes.

Les *Sphærocapnos,* qui composent la seconde section du genre, sont beaucoup plus nombreux, et forment ce que nous appelons les *Fume-terres* communes. Ils appartiennent au même type, et se sont vraisemblablement multipliés, soit par la culture, soit par le climat; puisqu'ils étaient très-rares et très-peu connus du temps du Gessner, et qu'on ne peut guère imaginer qu'ils soient originairement exotiques. On doit y distinguer deux espèces principales : le *Capreolata* et l'*Officinalis,* et peut-être une troisième, le *Parviflora;* tous les autres ne me paraissent que des variétés.

Le *Capreolata*, le plus brillant de tous, n'habite guère que le midi de l'Europe; il aime à croître dans les haies, les murs et les fentes des rochers, qu'il couronne de ses fleurs blanches tachées de pourpre. Ses tiges sont grimpantes; ses feuilles s'entortillent, et ses pédoncules se recourbent après la floraison. L'*Officinalis*, au contraire, a ses pédicelles droits, et ses fleurs presque toujours roses à la base et pourprées au sommet; ses feuilles et ses tiges, qui ont aussi quelque disposition à s'entortiller, sont rarement tordues. Enfin le *Parviflora*, plus commun au midi, a les fleurs blanches du *Capreolata*, et le feuillage de l'*Officinalis*. Il se reconnaît à la petitesse de sa fleur et à sa silique un peu aiguë.

Les fleurs des *Fumaria* sont d'abord rapprochées en épi serré, et ont leurs lèvres horizontales, mais à mesure qu'elles s'approchent de l'épanouissement, leur pédicelle se tord et leurs lèvres se disposent verticalement comme dans les *Corydalis*; la cause finale de cet arrangement se trouve dans le nectaire qui peut alors s'étendre latéralement sans être arrêté par la tige; mais dans les *Corydalis*, dont les épis sont très-lâches, les cornets nectarifères se prolongent librement à droite et à gauche pendant tout le cours de la floraison, en sorte que leurs pédoncules ne se contournent jamais, et que leurs fleurs sont toujours verticales : on comprendra mieux ce joli mouvement de la fleur du *Fumaria*, en observant un de ses épis avant et pendant la floraison.

Les *Sphærocapnos* ne diffèrent guère que par la forme de leur fruit plus ou moins mucroné, par leurs pédicelles droits ou recourbés, courts ou allongés, par leurs tiges plus ou moins grimpantes, et les lobes plus ou moins arrondis de leurs feuilles.

Les *Sphærocapnos* ont des siliques ou des fruits qui tombent par une articulation qu'on ne retrouve guère que dans les *Sarcocapnos*, et qui est d'autant plus convenable, que ces plantes fleurissent à peu près toute l'année, et peuvent ainsi répandre successivement leurs graines; les styles se séparent aussi de bonne heure par une articulation placée à leur base.

La fécondation s'opère ici comme dans le reste des *Fumariacées*; les pétales intérieurs sont adhérents, et les anthères enveloppent de tous côtés le stigmate; mais l'air pénètre par la partie inférieure de la corolle, qui tombe promptement, et l'organe nectarifère est placé dans la convexité du pétale supérieur. L'humeur miellée remonte de là dans les pétales intérieurs, et imprègne, pendant tout le cours de la fécondation, les organes sexuels comme dans les *Corydalis*, dont la structure florale est semblable. La semence est attachée à la paroi intérieure par un cordon ombilical très-court; l'embryon est petit et basilaire.

Ces plantes, délicates en apparence, supportent fort bien les intempéries de nos climats, et fleurissent jusqu'à la fin de l'automne. Indépendamment de la déformation de la corolle, qui leur est commune avec les autres *Fumariacées*, elles présentent dans leurs siliques de beaux exemples d'avortements et de soudure.

Auguste SAINT-HILAIRE établit que la structure florale primitive des *Fumariacées* est celle de quatre pétales sur deux rangs et d'autant d'étamines opposées une à une aux pétales, et que les étamines amincies et uniloculaires à droite et à gauche des étamines principales, sont autant d'étamines dédoublées, placées d'abord devant les pétales intérieurs, et insensiblement d'abord séparées puis déviées par suite des déformations de la fleur.

Onzième famille. — *Crucifères.*

Le caractère de cette famille, l'une des plus nombreuses en espèces, consiste dans un calice à quatre sépales, une corolle à quatre pétales alternes, six étamines dont deux plus courtes, et quatre plus longues, rapprochées par paires. L'ovaire est monostyle, le péricarpe siliqueux, les semences sont dépourvues de périsperme, l'embryon est courbé; la radicule, saillante au-dehors, est couchée sur les cotylédons.

Les *Crucifères* sont des herbes annuelles et vivaces, ou bien des sous-arbrisseaux qui ne s'élèvent pas au-delà de trois pieds. Les racines vivaces forment souvent des rhizomes, comme dans la *Dentaire*; les autres sont pivotantes, fusiformes, renflées ou simplement fibreuses. Les radicules sont ordinairement nues; mais quelquefois, et, par exemple, dans le *Raphanus*, elles ont, comme celles des *Endogènes*, une coléorhize bivalve qui provient de leur écorce régulièrement rompue. Les tiges sont cylindriques ou un peu anguleuses, et plus ou moins ramifiées; quelquefois simples ou même remplacées par de véritables hampes, comme dans les *Draves*. Les pédoncules, proprement dits, sont toujours opposés aux feuilles, et par conséquent latéraux; mais lorsque les rameaux qui les portent, viennent à avorter, ce qui arrive surtout dans les espèces annuelles, les fleurs, quoique latérales, paraissent terminales. Les feuilles sont simples, presque toujours alternes, dentées, pennatifides, lyrées, à lobes irréguliers et plus ou moins découpés, les inférieures pétiolées, les supérieures sessiles, souvent amplexicaules et pourvues d'oreillettes à la base. Les fleurs, disposées en corymbes, s'allongent souvent après la fécondation, et se changent en grappes, qui se développent successivement de bas en haut, les pédicelles sont filiformes et presque toujours nus; les fleurs, de grandeur moyenne, sont blanches, jaunes, pourpres et bleues, surtout dans quelques espèces du Cap. Elles doublent aisément, et sont souvent odorantes. Les poils, qui abondent dans les *Crucifères*, sont simples, rameux ou étoilés; ils servent à caractériser les espèces, et quelquefois même les genres.

Les calices, souvent caducs, sont quelquefois persistants, et protégent alors le fruit. On donne le nom de *Placentaires* aux deux sépales opposés aux placentas ou aux sutures de la silique, et qui, dans l'estivation, occupent le rang extérieur; les deux autres sont désignés par l'expression de *Valvaires*, laquelle indique leur position parallèle aux valves de la silique. Ces derniers sont ordinairement renflés, bossus, ou même quelquefois éperonnés, pour recevoir dans leur cavité les glandes nectarifères. Les pétales onguiculés, à limbe entier ou échancré, et même bifide, sont ordinairement égaux en grandeur; quelquefois les deux extérieurs sont plus grands que les autres; ce qui arrive surtout lorsque le corymbe ne s'allonge pas en grappe; parce que, dans ce cas, les pétales intérieurs ne peuvent pas facilement se développer.

Les étamines, placées sur le torus, et dont le nombre constant est de six, se réduisent quelquefois par avortement à quatre ou même à deux; quelquefois aussi les quatre plus longues sont dentées, ou soudées par paires; quelquefois enfin, comme dans les *Alyssum*, ce sont les deux petites étamines qui portent à leur base un prolongement dont on ne connaît pas encore l'usage. Les anthères dont le connectif couvre toute la surface postérieure, et dont par conséquent les parois ne se replient pas, sont biloculaires, introrses, ordinairement sagittées, et roulées en spirale après la fécondation. Leur pollen ovoïde, opaque, à trois plis, a tantôt la membrane externe celluleuse, et tantôt simplement ponctuée. Quelquefois leur filet se contourne, et alors elles paraissent extrorses. Les deux carpelles ou les deux loges qui forment la silique, sont étroitement réunis en un seul péricarpe. L'ovaire est tantôt raccourci et tantôt allongé, et cette circonstance a donné lieu à la division des *Crucifères* en siliculeuses et siliqueuses, laquelle est encore adoptée dans la plupart des ouvrages de botanique. Les silicules varient assez dans leurs formes; quelquefois elles sont aplaties dans le sens des valves, et alors elles portent le nom de

Latiseptes, parce que leur cloison est aussi large que leurs valves ; quelquefois l'aplatissement est en sens contraire, et alors elles forment ce qu'on appelle les *Angustiseptes*, comme dans le *Capsella bursa pastoris*. Il y a des silicules qui ne s'ouvrent point, et ne conservent aucune trace de cloison, ce sont les *Nucamentacées*. Il y en a d'autres qui ont des divisions transversales, avec les valves déhiscentes, ce sont les *Septulatées ;* et d'autres enfin qui se séparent seulement en articles, ce sont les *Lomentacées*. Ces diverses formes de fruits serviront, comme nous le verrons bientôt, aux subdivisions de la famille.

Il y a moins de variations dans les siliques proprement dites. On appelle cylindriques, celles dont chaque valve est renflée en demi-cylindre ; quadrangulaires, celles où ces valves se plient à angle droit ; aplaties, celles qui s'appliquent, dans toute leur surface, contre la cloison, etc. Le style est ordinairement fort court, et comme nul dans les siliqueuses, tandis qu'il est presque toujours allongé dans les siliculeuses ; quelquefois, par une organisation singulière, il se renfle à sa base, et renferme alors une semence fort distincte de celles qui sont logées au-dessous, et, dans ce cas, il n'est pas facile de se rendre compte de la forme primitive du péricarpe.

La cloison qui sépare les deux valves est presque toujours une pellicule fine et transparente, renflée en bourrelet sur ses bords placentaires : dans les siliques proprement dites, elle se prolonge au sommet en un corps épais sur lequel est implanté le style et qui subsiste après la séparation des valves ; dans les silicules, au contraire, ce corps manque presque tout-à-fait, et la cloison est simplement couronnée par le style. Je ne conçois pas bien ici comment la cloison serait formée par les bords retournés des valves, et BASTLING pense qu'elle est produite par la dilatation de la colonne centrale dont les bords sont devenus séminifères ; toutefois l'on remarque souvent au milieu de la cloison une légère nervure qui semble indiquer le point de soudure des deux demi-cloisons, et souvent aussi, surtout parmi les crucifères siliculeuses, la cloison est séparable en deux lamettes attachées chacune de l'un des côtés des deux placentaires.

Les semences sont pendantes et attachées sur quatre rangs aux placentas ; leur nombre est ainsi toujours pair, deux, quatre, huit, etc., dans chaque carpelle, à moins qu'il n'y ait des avortements, ce qui n'est pas rare. Les funicules ou cordons ombilicaires sont ordinairement libres ; quelquefois cependant ils adhèrent à la cloison, comme dans la *Lunaire*. Les valves se détachent, à l'époque de la dissémination, et, d'ordinaire, elles demeurent parallèles ; mais d'autres fois, comme dans les *Cardamines,* les *Dentaires*, etc., elles se roulent en spirale, et lancent au loin leurs graines. Cette circonstance dépend probablement de la conformation de la silique, qui n'a pas alors des nervures longitudinales. Les semences, recouvertes d'un tégument assez épais, sont quelquefois entourées d'une aile membraneuse, dans le plan des cotylédons ; plus souvent elles sont tapissées extérieurement d'un mucilage, qui s'étend dans l'eau sous la forme de réseau transparent, et qui est, sans doute, destiné à hâter la germination. L'embryon est recourbé, la radicule cylindrique, un peu conique, et dirigée vers l'ombilic ; les cotylédons sont disposés de différentes manières, par rapport à la radicule. Lorsque celle-ci est logée le long de la suture, les cotylédons sont *accombants* ; mais lorsqu'elle s'étend sur leur dos, ils deviennent *incombants*. Les premiers ont tous la même forme, mais les autres sont tantôt planes, tantôt plissés en deux, tantôt simplement contournés en spirale, ou bien, enfin, plissés sur eux-mêmes dans le sens de leur largeur. Toutes les fois que les cotylédons sont accombants, la radicule est latérale ; dans le cas contraire, elle est dorsale. Ces positions différentes de la radicule, combinées avec les quatre formes principales des cotylédons, sont représentées, par DE CANDOLLE, par les emblêmes suivants, où l'o indique la section transversale de la radicule, et les lignes parallèles, celle des cotylédons :

o = Cotylédons accombants, radicule latérale, ou *Pleurorhizées* ;
o ‖ Cotylédons incombants, radicule dorsale, ou *Notorhizées* ;
o ⟩⟩ Cotylédons plissés en deux, radicule dorsale, ou *Orthoplocées* ;
o ‖ ‖ Cotylédons contournés en spirale, radicule dorsale, ou *Spirolobées* ;
o ‖ ‖ ‖ Cotylédons deux fois plissés sur eux-mêmes, radicule dorsale, ou *Diplécolobées*.

Dans la position naturelle, la radicule et les cotylédons sont ascendants.

Dans le cas contraire, qui est rare, ils sont dits inverses.

Ces formes différentes d'embryon, combinées avec celles de la silique, ont fourni à DE CANDOLLE toutes les divisions des *Crucifères*, et ce qu'il y a de singulier, c'est que chacune des deux formes d'embryon a renfermé toutes les formes des siliques, et par conséquent chaque forme des siliques, les deux formes des embryons ; ce qui fait que les divisions tirées des siliques auraient pu constituer les sections primaires, tout comme les secondaires.

Il est bien vrai que cette nouvelle méthode de classification rompt la plupart des anciens genres, et en introduit un grand nombre de

nouveaux ; mais il est certain que tous les botanistes sentaient la
nécessité de réformer ces genres, qui n'étaient point naturels, et d'en
introduire d'autres pour suffire aux besoins sans cesse renaissants de
la science. Nous jugerons, en les décrivant, si ces groupes, fondés
sur les formes des embryons, renferment des espèces bien liées entre
elles, ou s'ils n'offrent que des divisions artificielles. En attendant, il
est impossible de ne pas remarquer que la valeur donnée, dans la méthode naturelle, à la forme de l'embryon, est beaucoup trop considérable, au moins dans certains cas; puisque dans les *Crucifères*, qui
constituent une famille très-distincte, cette forme est si variable.

Cependant il ne faut pas considérer les diverses positions de l'embryon, par rapport aux cotylédons, comme tellement constantes
qu'elles ne se modifient quelquefois dans les mêmes espèces ; ainsi,
MM. GAY et MONNARD, dans leur Mémoire, inséré dans les *Annales
des Sciences naturelles*, mai 1826, ont déjà remarqué que, dans quelques plantes, comme le *Cochlearia saxatilis*, le *Hutschinsia alpina*,
etc., la radicule est tantôt latérale et tantôt dorsale, et même que,
dans ce dernier, elle se contourne plus ou moins. Les mêmes observations ont été faites par d'autres botanistes, et KOCH, dans sa Flore
d'Allemagne, a remarqué que plusieurs genres tels que ceux de l'*Ery-
timum*, du *Sisymbrium*, etc., renfermaient dans le Prodrome des
espèces qui ne pouvaient pas y être comprises d'après la position relative de leurs cotylédons et de leur radicule, en sorte qu'on ne voit
pas encore quel rapport il peut exister entre les formes variées des
cotylédons et l'organisation générale de la plante ; je remarque seulement que plus le plissement des cotylédons est compliqué, plus aussi
la silique paraît déformée.

L'estivation du calice des *Crucifères* est en recouvrement ; les deux
sépales placentaires sont toujours extérieurs, et l'un est ordinairement
placé un peu au-dessous de l'autre. Les pétales sont aussi sur deux
rangs, et les extérieurs enveloppent aussi partiellement les autres, de
manière à former, ici une estivation tordue, là une estivation enveloppante, où l'un des pétales extérieurs recouvre les trois autres. Ces
pétales restent tantôt immobiles, depuis leur épanouissement jusqu'à
leur chute, comme dans le très-grand nombre des espèces ; tantôt ils
s'ouvrent le matin et se referment le soir, comme dans le *Cardamine
pratensis*, quelques espèces de *Brassica*, etc. Ces mouvements s'étendent jusqu'aux corymbes eux-mêmes, dont les uns sont toujours
dressés, comme ceux des *Iberis*, tandis que les autres se penchent
jusqu'à l'époque de la fécondation. Le calice et la corolle tombent
après la fécondation, excepté dans quelques espèces d'*Alyssum*, etc.

Les fleurs des *Crucifères* sont symétriques plutôt que régulières, et offrent beaucoup moins de variations qu'on n'en rencontre dans les embryons, disposition contraire à celle du grand nombre des autres familles. De Candolle suppose que l'état primitif des *Crucifères* pourrait être de porter des fleurs réunies trois à trois, et composées chacune de quatre pétales et de quatre étamines; que de ces trois fleurs, les deux latérales ont avorté, en ne laissant d'autre trace de leur existence que les deux étamines solitaires, placées au-dessous des autres. Il ajoute, comme preuve de son hypothèse, qu'Auguste Saint-Hilaire a trouvé des individus de *Cardamine hirsuta*, où ces deux étamines latérales avaient été changées chacune en une fleur complète à quatre pétales et quatre étamines. Mais il est difficile d'imaginer que cette forme primitive eût tellement disparu, qu'il n'en restât, pour ainsi dire, aucune trace. Si l'on voulait toutefois expliquer l'existence des deux étamines plus petites, il semble qu'il vaudrait mieux supposer, comme le fait aussi De Candolle, que la fleur des *Crucifères* était d'abord formée de quatre pétales et de huit étamines, dont deux ont ensuite avorté, ou plutôt se sont soudées, comme le montre M. Seringe (*Bulletin de* Férussac, tome 22, p. 261), sur des fleurs de *Cheiranthus cheiri* qui présentaient huit étamines placées sur deux rangs et toutes alternes aux pétales, les quatre extérieures en face des valves de la silique et les quatre autres en face des sutures; ces premières sont celles qui se soudent habituellement deux à deux et qui changent la régularité primitive en simple symétrie. Enfin on peut ramener encore les fleurs des *Crucifères* à la régularité, en supposant que les deux paires d'étamines sont formées d'étamines simples dédoublées. Mais pourquoi alors ces demi-étamines ont-elles conservé des anthères biloculaires?

Quoi qu'il en soit de ces formes primitives, les principales variations que présentent les fleurs des *Crucifères*, consistent dans l'absence des deux petites étamines, dans les appendices qu'on trouve quelquefois sur les filets, et dans le développement que prennent souvent les pétales extérieurs. Je ne parle pas ici de ce qui concerne l'ovaire, parce que j'en ai traité plus haut.

Les couleurs des pétales sont, comme nous l'avons dit, jaunes, blanches et pourprées; elles ne varient presque point dans la même espèce, pour ne pas dire dans le même genre. Cependant il existe quelques plantes, comme les *Cheiranthus* des Canaries, les *Alyssum*, etc., où la couleur change, à mesure que le pétale vieillit, phénomène qu'on aperçoit aussi dans plusieurs *Borraginées*, etc. On trouve encore dans cette famille certaines espèces, qui répandent une odeur très-

suave, et dont les pétales ont une couleur livide : telles sont l'*Hesperis*
et le *Mathiola tristis*, etc. Ces plantes, qui se retrouvent aussi dans
les *Géraniées* et les *Gladiolus*, s'épanouissent le soir et se referment
le matin.

Le très-grand nombre des péricarpes s'ouvre pour l'émission des
graines, et les valves constamment détachées de leurs bords placentifères qui subsistent très-long-temps, conservent alors leur position
naturelle, ou se roulent sur elles-mêmes ; souvent aussi les fruits se
séparent en articulations, et quelquefois enfin ils ne s'ouvrent ni ne
se séparent. Mais il faut remarquer que les articulations et les péricarpes indéhiscents ne renferment presque jamais qu'une graine, très-
rarement deux. S'il en eût été autrement, la germination aurait été
gênée, souvent même détruite. Il serait important d'observer comment ces semences, ainsi enveloppées, parviennent à se débarrasser
de leur péricarpe.

A l'époque de la fécondation, les stigmates de presque toutes les
Crucifères sont placés à côté des anthères, et à la même hauteur ou
un peu au-dessous ; en sorte que la fécondation est toujours immédiate,
et que le pollen peut aisément se répandre sur l'organe qui doit le
recevoir, sans que l'anthère ait besoin de s'ouvrir sur sa face externe ;
on peut ajouter que la silicule est toujours surmontée d'un style qui
élève le stigmate à la hauteur des anthères, tandis que la silique a un
stigmate sessile, et l'on doit remarquer enfin que les anthères toujours insérées à la base du filet, ne peuvent jamais osciller ni
changer de position, ce qui d'ailleurs aurait été impossible et inutile
dans l'organisation donnée de la fleur. Il est impossible de ne pas
voir ici un arrangement plein de sagesse.

En général, les siliques des *Crucifères* s'ouvrent par la sécheresse,
et se referment par l'humidité ; cette disposition appartient à la plupart
des péricarpes secs et déhiscents, et il est aisé de comprendre qu'elle
est nécessaire à la conservation de la graine, qui ne doit germer que
lorsqu'elle a été disséminée. Cependant quelques plantes, comme
l'*Anastatica Hierunthica (Rose de Jéricho)*, offrent des exemples du
cas contraire, qu'on retrouve aussi dans d'autres familles, telles que les
OEnothères, etc., et qu'on doit expliquer par une structure différente
des fibres du péricarpe. La cause finale de cette organisation est
extrêmement remarquable dans l'*Anastatica*, comme nous le dirons
ensuite.

La substance mucilagineuse qui entoure la plupart des graines des
Crucifères, est probablement destinée à attirer l'humidité de la
terre, et à favoriser la germination ; elle n'est pas particulière à

cette famille, car on la retrouve dans le *Lin*, plusieurs *Labiées*, etc.

Les glandes nectarifères placées sur le réceptacle appartiennent à peu près à toutes les *Crucifères*; mais elles sont quelquefois très-apparentes, et d'autrefois très-peu marquées. En général, elles varient beaucoup de position et de forme. Le renflement des sépales extérieurs est souvent destiné à les recevoir, et à recueillir l'humeur miellée qu'elles fournissent. Quel est l'usage de ces glandes ? Servent-elles à attirer les insectes qui favorisent la fécondation ? ou exhalent-elles une vapeur nécessaire à l'accomplissement de cet acte ? C'est ce que je n'ai pas encore suffisamment examiné; mais j'observe que celles qui correspondent aux grandes étamines sont extérieures, tandis que les autres sont intérieures, ou quelquefois intérieures extérieures, et forment comme un anneau à la base des petites étamines. J'ajoute qu'au moment de la fécondation, les unes et les autres distillent abondamment l'humeur miellée, et qu'on peut voir, en regardant verticalement une fleur, les quatre tubulures qui forment la communication des anthères aux glandes, comme dans les *Convolvulus*, les *Linées*, et une foule d'autres plantes.

Les stigmates des *Crucifères* sont bifides, tantôt rapprochés, tantôt écartés, et toujours correspondant aux deux placentas. Il ne faut pas les confondre avec d'autres organes, tels que les appendices du *Mathiola tricuspidata* ou du *Notoceras*, qui ne sont que les prolongements des placentas ou des valves; mais il serait intéressant de s'assurer si les *Crucifères* à fruits indéhiscents et monospermes, ont aussi deux stigmates distincts et non soudés.

Quoique les *Crucifères* aient de grands rapports, dans leur structure et leur végétation, elles présentent toutefois des différences de plusieurs sortes; les unes, comme la plupart des *Cardamines* et des *Nasturtium*, vivent auprès des eaux ou dans l'eau même; les autres, dans les lieux secs, comme les *Alyssum*, ou même dans les sables du désert, comme l'*Anastatica*. Quelques-unes fournissent des drageons, comme la *Cardamine amère*; d'autres se propagent par des rejets souterrains, comme quelques *Arabis*; d'autres se reproduisent par des bulbes, comme le *Cardamine pratensis*. La plupart sont indociles à la culture; mais plusieurs genres, et celui du *Brassica* en particulier, semblent se prêter à tout ce qu'on leur demande, et fournir, avec la même facilité, des racines et des feuilles pour notre nourriture, ou bien de l'huile pour nos différents usages. De si grandes différences dans la manière de vivre, ne peuvent guère s'expliquer que par des différences dans l'organisation primitive.

La plupart des *Crucifères* bisannuelles donnent au printemps leurs fleurs portées sur une hampe ou tige ramifiée, et sortant du milieu ou du côté d'une rosette de feuilles radicales ; telles sont les *Draba*, les *Arabis*, les *Erophiles*, etc. Si l'on veut prolonger la vie de ces plantes, il faut les empêcher de donner leurs fleurs ou au moins leurs fruits. On pourra ainsi conserver, pendant quelques années, des individus, qui prendront alors des racines plus fortes et des feuilles mieux nourries.

Les feuilles et les pédoncules des *Crucifères* sont continus à leur tige, et périssent en même temps. Cependant les *Anastatica*, les *Alyssum* vivaces, etc., conservent leurs tiges et non pas leurs feuilles, ce qui semble indiquer qu'il existe quelque articulation dans ces dernières. Il est aussi probable que les *Myagrum* et les plantes à fruit indéhiscent, ont leur silique articulée au pédoncule.

Les feuilles ont leur plissement irrégulier dans cette famille, comme dans celle des composées. En général, elles sont roulées, des deux côtés, sur leur surface supérieure ; mais quand les bords sont irrégulièrement sinués et dentés, ils sont aussi irrégulièrement plissés. Cependant il y a des genres dans lesquels les plissements sont plus uniformes, comme il en est d'autres dans lesquels les feuilles sont entières et non plissées. Nous les indiquerons en traitant les genres.

Les tiges des *Crucifères* ne se tordent, je crois, jamais, et leurs pédicules ne se déjettent pas du côté de la lumière, mais ils conservent dans la floraison leur position primitive, et ordinairement ils sont disposés en grappes ou en corymbe : toutefois ils s'allongent plus ou moins dans la maturation comme les tiges, et quelquefois ils se déjettent ainsi que dans plusieurs espèces de *Turritis*. L'estivation du calice diffère de celle de la corolle ; dans le premier, les deux sépales opposés sont externes, et les autres internes ; dans la corolle, deux pétales opposés sont, l'un externe, l'autre interne.

L'efflorescence est toujours centripète, c'est-à-dire que les fleurs du bas se développent avant celles du sommet. Il arrive de là, que ces fleurs, d'abord disposées en corymbe, s'allongent ensuite en grappes ; celles du bas répandent souvent leurs semences, lorsque celles du haut ne sont pas encore épanouies. Cet arrangement était nécessaire pour que la fécondation s'opérât avec plus de succès.

Les fleurs de la plupart des *Crucifères* ne se referment point, elles durent plusieurs jours et ne se fécondent que lentement : on voit leurs anthères s'ouvrir à peu près simultanément et répandre insensiblement sur le stigmate en tête papillaire, un pollen ordinairement jaunâtre et onctueux. Mais, lorsqu'à l'époque de l'épanouissement, les anthères non encore ouvertes sont exposées à la pluie, elles se gonflent, deviennent transparentes, et perdent, je crois, la faculté de s'ouvrir, comme on le voit dans les *Alyssum*, les *Brassica*, etc.

Les poils sont très-variés dans les genres des *Crucifères*, dont les espèces sont rarement glabres. Ils sont mous et simples dans plusieurs *Mathioles*, rudes ou rameux dans d'autres genres, et étoilés dans presque tous les *Alyssum*, dont ils font un des caractères distinctifs. Leur constance et leur régularité peuvent fournir de bons caractères spécifiques.

Les *Crucifères* sont des plantes éminemment européennes; leur nombre, qui, du temps de LINNÉ, ne s'élevait pas à trois cents espèces, s'est tellement accru de nos jours, que DE CANDOLLE en a déjà décrit plus de neuf cents, et qu'actuellement on en compte près de douze cents. Ce sont surtout les botanistes russes qui, dans ces derniers temps, ont enrichi cette famille par leurs découvertes.

On peut dire aujourd'hui que, de ces neuf cents espèces connues, environ cent soixante-six habitent l'Europe tempérée ou septentrionale; deux cent vingt-quatre, le bassin de la Méditerranée et ses îles; cent quatre-vingt-quatre, l'Asie mineure, la Syrie et la Perse; cent, la Sibérie; trente-cinq, la Chine, le Japon et les Grandes-Indes. On en trouve seize dans la Nouvelle-Hollande, six dans les îles Maurice, soixante-dix au Cap, et neuf dans les Canaries. L'Amérique tout entière n'en comprend encore que quatre-vingt-dix espèces, dispersées presque également au nord et au sud. De toutes ces plantes, trente-cinq seulement sont communes aux deux continents, où elles ont été répandues par la culture. On peut conclure ainsi que les *Crucifères* se plaisent principalement dans les zones froides ou tempérées, puisque la plupart même de celles qui vivent sous les tropiques, ne se trouvent guère que dans les lieux élevés et montueux. La moitié de la famille a été placée au nord du quarante-unième degré de latitude, et l'autre moitié au sud.

Ces plantes sont robustes, et supportent bien les intempéries des saisons et le froid de nos hivers; cependant elles sont sujettes à diverses maladies, dont les unes doivent être attribuées aux insectes, et les autres à des productions parasites, telles que les *Æcidium*, les *Uredo*, etc. Nous en parlerons en traitant séparément des genres.

M. DE CANDOLLE, à qui nous devons la plupart des considérations que nous venons de présenter, range les *Crucifères* sous cinq divisions principales, fondées sur la considération de l'embryon :

Cotylédons accombants. Pleurorhizées.

Cotylédons incombants. Notorhizées. Orthoplocées. Spirolobées. Diplécolobées.

Chacune de ces cinq divisions primitives présente, à son tour, six subdivisions tirées de la forme du fruit, et qui portent les noms de *Siliqueuse*, *Latisepte*, *Angustisepte*, *Nucamentacée*, *Septulée*, *Lomentacée*, ce qui forme en tout trente tribus de *Crucifères*. Mais de ces trente, il n'y en a que vingt et une de réelles, les autres, ou n'existent pas, ou n'ont pas encore été trouvées. Cependant, en ne considérant que deux classes de cotylédons, les accombants et les incombants, qui se subdivisent en quatre sections, on trouve dans les deux classes les six formes de siliques.

Premier ordre. — PLEURORHIZÉES.

Les *Pleurorhizées* ont leurs cotylédons planes et accombants, à radicule latérale, c'est-à-dire placée sur la ligne de séparation des deux cotylédons; les semences aplaties et quelquefois bordées.

Première tribu. — PLEURORHIZÉES SILIQUEUSES, ou ARABIDÉES.

Les *Arabidées* ont leur silique plus ou moins allongée, linéaire ou arrondie, biloculaire, bivalve, déhiscente, à cloison linéaire, à style court, à valves planes, convexes ou un peu sillonnées. Les semences dans chaque loge sont nombreuses, disposées sur un ou deux rangs, ovales ou orbiculaires, aplaties et souvent échancrées.

Les *Arabidées* se rapprochent beaucoup, pour le port, des *Sisymbrées* et des *Alyssinées*. Elles diffèrent des premières par leurs cotylédons accombants et leurs semences aplaties, et des secondes, par leur péricarpe toujours allongé en silique. Toutefois il y a entre les *Alyssinées* et les *Arabidées*, ce singulier rapport, que la plupart des genres de l'une des tribus, ont leurs représentants dans l'autre : ainsi les *Mathioles* ont le port des *Hesperis*, les *Cheiranthus* celui des *Malcomes*, etc.

Du reste, les siliques ne sont pas toutes distinctes des silicules, et il existe entre ces deux formes un grand nombre de transitions.

PREMIER GENRE. — *Mathiole.*

Le calice des *Mathioles* est droit, et les deux sépales extérieurs ont une bosse bien marquée. Les pétales ont leur limbe ouvert, plus ou moins arrondi et oblong. Les étamines sont dépourvues d'appendices, et les quatre plus longues sont élargies à leur base. La silique est cylindrique ou aplatie, jamais tétragone; le stigmate est formé de deux lobes rapprochés et chargés d'appendices plus ou moins marqués. Les semences sont disposées sur un seul rang, et souvent bordées d'une petite aile membraneuse.

Ce genre comprend des herbes, ou rarement des sous-arbrisseaux, dont le port varie. Quelquefois les *Mathioles* sont droites et peu divisées, quelquefois étalées et branchues. On les reconnaît à leur surface couverte d'un duvet cotonneux de poils étoilés, ou hérissée de petites glandes rudes et un peu pédicellées. Leurs feuilles sont alternes, oblongues, entières, ou diversement sinuées et glanduleuses dans leurs dentelures. Les grappes sont terminales par l'avortement des rameaux, les pédicelles dépourvus de bractées, et les fleurs blanches, pourprées, d'un rouge livide, ou panachées de ces diverses couleurs. Elles répandent presque toujours une odeur très-agréable.

Le genre des *Mathioles* est fort distinct de tous ceux de la même famille, par la structure de son stigmate renflé et diversement bosselé. Celui du *Notoceras*, qui s'en approche le plus en apparence, a ses appendices formés par les prolongements des valves et non des placentas.

Les *Mathioles* sont un démembrement de l'ancien genre des *Cheiranthus* de Linné, formé d'espèces qui n'avaient presque aucun rapport, et qui sont maintenant réparties dans quatre ou cinq genres plus naturels, comme les *Mathioles*, les *Cheiranthes*, les *Malcomes*, etc. Leur nombre s'élève au-delà de vingt-quatre, et deviendra sans doute plus considérable encore. Cette considération aurait seule suffi pour la création de nouveaux genres plus naturels que l'ancien.

Les *Mathioles* se subdivisent en quatre sections naturelles et symétriques, fondées sur la forme des pétales et la structure des stigmates.

La première comprend les *Pachynotes*, à pétales ovales et stigmates épaissis;

La seconde, les *Lupéries*, à pétales allongés et stigmates épaissis;

La troisième, les *Pinares*, à pétales allongés et stigmates cornus;

La quatrième, les *Acinotes*, à pétales ovales et stigmates cornus.

Les *Mathioles* habitent l'Europe tempérée, les bords de la Méditerranée et l'Asie orientale. On en trouve quelques-unes éparses en Abyssinie ou en Sibérie. Elles aiment de préférence les bords de la mer, les lieux sablonneux et exposés au soleil.

Les *Pachynotes* renferment des plantes qui appartiennent au même type, et dont plusieurs ne sont sans doute que des variétés obtenues par la culture ou le climat. On en compte cinq ou six espèces européennes, et trois étrangères. La première et la plus commune des espèces indigènes est l'*Incana*, ainsi appelée des poils étoilés et blancs dont elle est couverte; la seconde est l'*Annua*, qui ne diffère guère de la précédente que par sa tige herbacée et droite; la troisième est le *Glabra*, à feuilles vertes, glabres, et tige tubescente; la quatrième est le *Græca*, qui diffère du *Glabra*, comme l'*Annua* de l'*Incana*; la cinquième est le *Fenestralis*, remarquable par ses feuilles ramassées vers le sommet, et ses stigmates recourbés en voûte; la dernière, le *Sinuata*, dont les feuilles inférieures sont sinuées, et dont la tige est annuelle.

Toutes ces plantes font l'ornement de nos jardins, par leurs fleurs en bouquets peints de mille couleurs variées, le bleu et le jaune exceptés, et exhalant sans cesse les plus doux parfums. La plus répandue et la plus estimée est l'*Incana*, originaire, dit-on, des bords de la Méditerranée, où elle est vivace; tandis qu'elle ne dure guère que deux ans dans nos climats plus froids, où elle supporte mal l'hiver. On lui associe l'*Annua*, appelée aussi *Quarantain* de la rapidité de sa croissance, et qui fleurit tout l'été. Ensuite vient le *Glabra*, connu des fleuristes sous le nom de *Cheiri*, dont on ignore la patrie, mais qui le dispute à l'*Incana* pour la beauté de ses grappes florales, et auprès duquel on place le *Græca*, à feuilles glabres et à tige annuelle. Le cinquième rang est réservé au *Sinuata*, originaire des côtes méridionales de la Méditerranée, et qui ne répand son parfum qu'à la fin du jour. Enfin, la scène est terminée par le *Fenestralis*, espèce évidemment rabougrie, que l'on trouve, dit-on, sur les rivages de la Crète, et qui est vivace, selon les uns, bisannuelle, selon les autres. Tel est, en abrégé, le tableau de ces plantes charmantes, qui ne connaissent guère de patrie que celle de nos jardins, et auxquelles il ne manquerait rien, si l'élégance de leur port répondait à la suavité de leur odeur.

Les *Lupéries* sont un peu moins nombreuses que les *Mathioles*, et ont reçu leur nom de la couleur livide, jaune-pourprée de leurs fleurs. On en compte aujourd'hui six espèces appartenant au même type, et éparses dans les diverses parties du globe, au Cap, dans la Tartarie et l'île de Chypre. L'Europe n'en contient que deux, qui sont demifrutescentes et très-rapprochées : le *Varia* de l'Orient de la France et du Vallais à racines rhizomatiques, et le *Tristis* des pentes caillouteuses de l'Europe australe. Ces plantes se reconnaissent, non-seulement à la couleur de leurs fleurs, mais encore à leurs pétales allongés et obliques. Elles ne diffèrent entre elles que par la durée, la forme plus ou moins sinuée des feuilles, et celle de la silique plus ou moins aplatie ou allongée. Il serait intéressant de chercher le rapport qui existe entre la couleur livide et l'odeur particulière de ces pétales, aux approches de la nuit.

Les *Pinares*, qui forment la troisième section, ont les pétales des *Lupéries*, mais leurs stigmates sont munis latéralement de deux protubérances, et leur silique est souvent terminée par trois cornes, dont les deux extérieures sont le prolongement des placentas, et l'intérieure provient des deux stigmates soudés et rapprochés. Cette division renferme quatre espèces très-voisines, dont une seule, le *Mathiola Coronopifolia*, est européenne; c'est une plante vivace, originaire de l'Espagne, de la Sicile et de la Grèce, dont les feuilles cotonneuses sont linéaires et pennatifides, et dont les stigmates bilobées présentent à la maturation deux cornes épaisses; sa fécondation est intérieure comme celle des autres *Mathioles*. Ses quatre grandes étamines ont leurs filets fortement dilatés, et leurs anthères qui recouvrent le stigmate roulent leurs parois en dehors. Les pétales linéaires, étalés et ondulés, forment un godet à l'ouverture de la fleur.

Les *Acinotes* ont le port des *Pachynotes* et les siliques des *Pinares*, comme les *Lupéries* ont le port des *Pinares* et les siliques des *Pachynotes*; en sorte que les quatre sections sont entièrement symétriques deux à deux. La patrie de cette dernière division est exclusivement la Méditerranée, et son principal représentant est pour nous le *Mathiola tricuspidata*, qui couvre les deux bords de la Méditerranée, depuis l'Espagne jusqu'à Alexandrie. Cette plante, qu'on croit annuelle, est au moins bisannuelle, car je l'ai cueillie en fleur, au commencement de mai, sur les rivages de Pouzzoles, où elle enfonçait profondément en terre sa racine dure et cylindrique. Le *Pauciflora*, originaire d'Espagne, s'en distingue par ses petites fleurs et la forme de sa silique. Le *Lunata*, qui habite la même contrée, est remarquable par ses deux cornes, qui se recourbent à la maturité. Les deux autres espèces, le *Pumilio* et l'*Humilis*, semblent former un type à part; la première se trouve dans l'île de Rhodes, et l'autre dans la Basse-Égypte.

Les glandes nectarifères dans le *Mathiola incana*, et probablement aussi dans les autres espèces, sont placées entre l'ovaire et les petites étamines, assez loin de la poche des sépales opposés ou valvaires. Les stigmates, dont la forme est ici très-remarquable, s'étendent dans le plan de la cloison, et sans doute que le siége de l'organe est la ligne longitudinale qui partage en deux leurs lobes. Mais il importe de déterminer, par des observations plus exactes, quelle est sa véritable place dans les quatre sections, et quel est aussi l'usage des glandes nectarifères.

Les siliques doivent être conçues comme formées de trois parties distinctes: les deux valves, qui sont des panneaux parallèles prolongés de la base au sommet du péricarpe, et la cloison terminée par la masse stigmatoïde. Lorsque la silique est couronnée par deux cornes, ces deux cornes doivent être considérées comme des stigmates épaissis qui ont déjà perdu leurs papilles; lorsqu'il y en a trois, celle du milieu est le prolongement de la cloison ou plutôt des placentas qui la bordent. Les siliques des *Mathioles* diffèrent donc des autres par la persistance de leurs stigmates épaissis , et quelquefois encore par le prolongement en pointe de leur cloison.

Les siliques s'ouvrent par le bas dans la plupart des espèces, et les graines sont disposées sur une ligne régulière dans toute la longueur de la cloison. Elles sont souvent bordées d'une petite aile membraneuse, destinée à faciliter leur transport, et que De Candolle soupçonne être de la même nature que le réseau mucilagineux; il serait facile, je crois, de vérifier cette conjecture.

Quel est le but de ces prolongements de placentas et de ces cornes stigmatoïdes, qu'on trouve dans les deux dernières sections de ce genre? C'est ce qu'on pourra peut-être décider par l'observation. En attendant, nous remarquons qu'elles ne font nullement partie des valves, et que, lorsque celles-ci se séparent, les prolongements ne se désunissent point.

La fécondation des *Mathioles* de nos trois premières sections, et probablement aussi celle de la dernière, est intérieure comme dans les *Hesperides*. Le stigmate, placé au-dessous de l'ouverture de la fleur, est entouré des anthères qui le recouvrent de leur pollen et qui sont elles-mêmes serrées par les onglets des pétales; l'on n'aperçoit guère les organes sexuels que lorsque la fécondation est accomplie. Dans le *Varia* du Valais, le sépale inférieur, inséré plus bas que le supérieur, se déjette pendant la fécondation et met à découvert les organes sexuels; les étamines correspondantes inclinent alors leurs anthères pour assurer la fécondation.

Les *Mathioles* supportent assez bien l'hiver dans le midi de l'Europe; mais elles succombent dans nos climats, à un froid de quelques degrés; leurs calices restent fermés pendant la floraison, et leurs pétales s'étendent à peu près horizontalement. Les feuilles s'accumulent au sommet des rameaux, qui ne repoussent pas de la racine, mais seulement de la tige. Ces plantes se ressemblent donc autant par leur conformation que par leurs habitudes, et forment ainsi un genre très-naturel.

SECOND GENRE. — *Cheiranthus.*

Les *Cheiranthus* ont le calice fermé, et les deux sépales latéraux prolongés en fossette; les pétales ont leur limbe arrondi ou allongé, les étamines sont libres et non dentées; le style est tantôt nul, tantôt assez marqué; le stigmate capité ou bilobé; la silique cylindrique, aplatie ou légèrement tétragone; les semences, disposées sur un seul rang, sont aplaties et orbiculaires.

Ce genre qui est un démembrement de celui de LINNÉ, ne contient que des espèces vivaces, à demi-frutescentes, à tiges plus ou moins anguleuses, à feuilles allongées, entières et recouvertes, comme le reste de la plante, de poils bifurqués, horizontaux et un peu rudes. Les fleurs, disposées en grappes au sommet des tiges ou des rameaux, sont jaunes ou changeantes, blanches ou jaunâtres en naissant, brunes, lilacinées ou pourprées en vieillissant.

Les *Cheiranthus* se divisent en deux sections :

Les *Cheiris*, à style à peu près nul et semences non bordées;

Les *Cheiroïdes*, à style filiforme, semences bordées et siliques à peu près tétragones.

Le type de la première section est le *Cheiri*, si commun dans nos jardins. Il vit naturellement sur les murs et les toits de toute l'Europe, où il conserve sa forme primitive, et qu'il couronne, dès le milieu du printemps, de ses fleurs jaunes et parfumées. Dans les jardins, au contraire, il présente des apparences très-variées, et ses fleurs, simples ou doubles, passent souvent au jaune foncé ou au brun ferrugineux. La plus remarquable de ses déformations est celle que R. BROWN a observée à Chelsea, et qui s'est long-temps perpétuée. Elle consistait en des étamines changées en ovaire, et formant une gaîne autour d'un pistil à huit divisions, dont deux appartenaient à l'ovaire central, et six aux ovaires des étamines. M. SERINGE a vu d'autres individus de la même espèce, dont l'étamine latérale ou placentaire était dédoublée, en sorte que la fleur avait huit étamines qui alternaient sur deux rangs, quatre sépales, quatre pétales, deux carpelles et deux stigmates, ce qui formait un tout parfaitement symétrique. J'ai vu enfin des individus dont les fleurs avaient l'étamine latérale et simple, et les deux grandes triplées; ils comptaient de même huit étamines, mais différemment placées que dans le cas précédent : quelle est celle de ces trois variations qui s'approche le plus de la forme primitive? C'est ce qu'on ne peut guère décider.

La seconde espèce de la section est l'*Alpinus* de la Norwége et de la

Laponie; ses siliques sont six fois plus longues que le pédicelle, et ses semences portent un appendice transparent, dont on ne connaît pas encore l'usage. Il n'appartient pas, à ce qu'il paraît, au même type que le *Cheiri*, et il a de plus ses semences nothorhizées, comme le *Linifolius* de l'Espagne, que DE CANDOLLE place dans la seconde section.

La troisième, ou l'*Ochroleucus*, du Jura, a été renvoyée aux *Erysimum*, parce que ses semences sont notorhizées, selon MM. GAY et MONNARD.

La section des *Cheiroïdes* est formée de cinq espèces originaires des Canaries ou des deux côtes voisines de l'Afrique et de l'Espagne. Ces plantes, qui appartiennent au même type, sont étroitement liées entre elles, non-seulement par leur style filiforme, leurs semences bordées et leur silique tétragone; mais encore par leurs feuilles linéaires, lancéolées, soyeuses, veloutées ou rudes au toucher, enfin par leurs tiges rameuses et frutescentes. Quelques-unes d'entre elles, comme le *Mutabilis* et le *Scoparius*, présentent le singulier phénomène de pétales, qui changent de couleur depuis le moment où ils se développent, jusqu'à celui où ils se flétrissent. Ce dernier, qui appartient à l'île de Ténériffe, a les fleurs naissantes blanches, brunes ou jaunes, selon les variétés, et les fleurs adultes pourprées, légèrement rougeâtres et orangées. Ces différentes teintes sur les mêmes individus produisent un effet assez bizarre.

Les *Cheiranthus* ont à peu près tous la même végétation. Ils donnent sans cesse de leurs racines ou du bas de leurs tiges, des rameaux, dont les feuilles inférieures se désarticulent, tandis que les supérieures s'accumulent au sommet; c'est du sein de cette rosette que sortent au printemps les tiges fleuries, qui me paraissent véritablement terminales. Ces plantes supportent facilement les plus grands degrés de froid.

Ce genre n'a pas été admis dans toute son étendue par les divers botanistes; non-seulement, comme je l'ai dit, parce qu'il renferme des espèces dont les unes ont des cotylédons incombants et les autres accombants, mais encore à cause des variations de sa silique qui est quadrangulaire à valves univervées dans le *Cheiri*, et cylindrique ou diversement aplatie dans les autres.

TROISIÈME GENRE. — *Nasturtium.*

Le *Nasturtium*, que nous allons décrire, correspond à peu près à la première division des *Sisymbres* de LINNÉ. Il a pour caractère un

calice ouvert et égal, des pétales entiers et quelquefois nuls par avortement, des étamines libres et dépourvues d'appendice; la silique est
cylindrique, courte, un peu bosselée, à valves concaves et non-
carénées; les semences sont petites, sans rebords, et placées généralement sur deux rangs.

Ce genre est composé d'herbes ordinairement vivaces, glabres,
rameuses, qui se multiplient de rejets, et donnent facilement des
racines de leurs aisselles inférieures; leurs tiges sont cylindriques, leurs
feuilles plus ou moins pennatifides, leurs fleurs disposées en grappe et
dépourvues de bractées, leurs siliques souvent penchées.

Les espèces aquatiques fournissent sans cesse, comme les *Batrachium*, des racines nouvelles, qui s'enfoncent dans la vase, à mesure
que les anciennes se détruisent; la tige s'allonge ainsi jusqu'à ce qu'elle
ait donné sa grappe florale.

Le *Nasturtium* a été divisé par DE CANDOLLE en trois sections assez
naturelles, qu'on peut considérer comme trois types, jusqu'à ce que
leurs diverses espèces soient mieux connues :

1° Le *Cardaminum*, à siliques à peu près cylindriques et légèrement
penchées, et pétales blancs, plus grands que le calice ;

2° Les *Brachylobos*, à siliques à peu près cylindriques ou ellipsoïdes,
et pétales jaunes ;

3° Les *Clandestinaria*, à siliques amincies et à peu près cylindriques,
et pétales blancs, très-petits ou nuls.

La première section ne contient qu'une seule espèce, le *Nasturtium
officinale*, si commun dans les fontaines, les sources pures et les petits
ruisseaux des quatre parties du monde, où il est recherché par sa
saveur piquante et agréable. Cette plante vivace, à peu près toujours
semblable à elle-même, fleurit une grande partie de l'année; sa tige est
fistuleuse, son tissu lâche, comme celui des plantes aquatiques; ses
valves s'ouvrent sans se rouler, et ses graines jaunâtres, bisériées, pendantes et crustacées sont couvertes d'un joli réseau à mailles penta-
gones, qui les protége sans doute au milieu des eaux, et leur permet
d'y séjourner, sans perdre leur faculté germinatrice.

On remarque dans la fleur, quatre glandes vertes placées entre les
petites étamines et le calice.

Les *Brachylobos* renferment quinze à seize espèces, qui habitent
aussi les eaux ou les lieux humides, dans l'ancien et le nouveau continent, et principalement dans la Sibérie. On en compte cinq européennes : le *Palustre*, dont on distingue plusieurs variétés; le *Pyre-
naïcum*, qui diffère aussi selon les localités, et dont le *Lippizense* n'est
peut-être qu'une variété; enfin le *Sylvestre* et l'*Amphibium*. Ces cinq

plantes sont, non-seulement dispersées dans les diverses contrées de l'Europe, mais la plupart se retrouvent encore en Amérique, en Chine, au Japon, etc., sans qu'on puisse décider si elles y croissent naturellement, ou si elles y ont été semées. Leurs fleurs sont petites, jaunes, tantôt égales au calice, comme dans le *Palustre;* tantôt plus grandes, comme dans le *Sylvestre* et l'*Amphibium.* La seule d'entre elles qui soit annuelle, c'est le *Palustre;* les autres sont vivaces, et se multiplient par des rejets, ou des radicules qui sortent de leurs aisselles inférieures. Elles fleurissent ordinairement depuis la fin du printemps jusqu'au milieu de l'été. Le *Pyrenaicum* à tiges effilées a ses siliques redressées sur ses pédoncules divariqués; le *Sylvestre* a ses feuilles pennatiséquées, ses petits pétales d'un jaune doré, et ses quatre glandes emmiellées à la fécondation; enfin l'*Amphibium* présente un phénomène assez commun chez les plantes aquatiques, celui de feuilles inférieures, qui, plongées dans l'eau, ont leurs lobes plus ou moins capillaires, et qui, développées sur le terrain, sont seulement pennatifides.

Ces plantes, qui appartiennent évidemment au même type, se distinguent surtout par la forme de leur silique et sa longueur comparée à celle du pédicelle, par leurs semences régulièrement ou irrégulièrement placées sur deux rangs, et par les divisions de leurs feuilles, variables selon les espèces.

Les *Clandestinaria,* ainsi appelées de l'absence ou de la petitesse de leurs pétales, sont des plantes étrangères à l'Europe, et dispersées dans les Indes, la Chine et l'Amérique méridionale. On en compte cinq ou six espèces, qui sont annuelles, et semblent se rapprocher par la forme et la couleur de leurs fleurs, mais qui ne sont pas encore suffisamment connues, et pourraient bien appartenir, les unes aux *Sisymbres,* les autres aux *Arabis.*

QUATRIÈME GENRE. — *Notoceras.*

Le *Notoceras* est un genre créé par R. BROWN, et dont le caractère principal consiste, comme son nom l'indique, dans des valves prolongées vers leur sommet en cornes plus ou moins marquées. Le calice est droit et non bosselé à la base; les pétales sont oblongs ou linéaires, les étamines libres et sans appendices, les siliques bivalves, biloculaires, et terminées, comme je l'ai dit, en cornes; le style est court et le stigmate arrondi en tête; les semences sont ovales, aplaties.

Ces plantes sont toutes des herbes annuelles et peu élevées; leurs tiges sont cylindriques, rameuses, droites ou couchées; leurs feuilles oblongues, entières ou sinuées; leurs pédoncules opposés aux feuilles et dressés; leurs fleurs disposées en grappes, petites et quelquefois apétales; leurs siliques se rapprochent de celles des *Erysimum* et de celles des *Capselles*.

Ce genre, quoique composé seulement de quatre espèces, se divise en trois sections.

1º Les *Dicérates*, à siliques déhiscentes, terminées par deux cornes;

2º Les *Macrocérates*, à siliques indéhiscentes, terminées par deux cornes;

3º Les *Tétracérates*, à siliques terminées par quatre cornes.

Les *Dicérates* comptent deux espèces: le *Canariense* et l'*Hispanicum*, appartenant au même type et presque semblables. Elles diffèrent des autres *Notoceras* par leurs fleurs jaunes et leurs feuilles entières, toutes recouvertes de poils rudes, couchés et rayonnant deux à deux du même centre.

Les *Macrocérates* ne forment qu'une espèce, le *Cardaminifolium*, originaire de l'île de Chypre et des champs voisins du Bosphore. Ses feuilles sont glabres et pennatiséquées; ses fleurs blanches, assez semblables à celles des *Cardamines*.

Enfin, le seul *Tétracérate* encore connu, est le *Quadricorne* de la Sibérie, dans les environs du Volga; ses feuilles sont sinuées et dentées, ses poils mols et ramifiés, ses pétales très-petits ou nuls.

La plupart des *Notoceras* avaient été placés par WILLDENOW parmi les *Erysimum* dont ils diffèrent évidemment par leurs valves prolongées en corne; le *Canariense* est une plante dure, à feuilles lancéolées, toutes recouvertes de poils rudes, couchés et géminés. Ses fleurs jaunes et disposées en épi s'élèvent au-dessus des tiges, et ses valves qui se détachent séparément, laissent à découvert environ six semences attachées trois à trois à chaque côté de la cloison persistante : je ne connais pas l'usage des cornes qui terminent les valves.

CINQUIÈME GENRE. — *Barbaræa*.

Le genre *Barbaræa* a été formé par R. BROWN de quelques espèces démembrées des *Erysimum* et des *Sisymbrium*. Il comprend des plantes à calice droit, lâche, sans bosse apparente, à pétales onguiculés et ovales, à étamines libres et non appendiculées; le torus est chargé de quatre glandes, deux en dehors des grandes étamines, et deux plus marquées en dedans des petites; la silique obtusément tétragone a deux angles relevés, des valves carénées, des semences placées sur un seul rang.

Les *Barbarœa* sont des herbes annuelles ou bisannuelles, et parfai. tement glabres; leurs racines sont fibreuses, leurs tiges droites et cylindriques, leurs feuilles lyrées, pennatifides, dentées et glanduleuses sur les bords; leurs fleurs, toujours jaunes, sont disposées en grappes terminales multiflores, allongées et jamais corymbiformes.

Ce genre, très-distinct par son port et les caractères que nous avons énoncés, comprend quatre ou cinq espèces éparses le long des marais et dans les terrains humides de l'Europe et de l'Asie tempérée. La principale d'entre elles, et celle qu'on peut considérer comme le type de tout le genre, est le *Barbarœa vulgaris*, répandue dans presque toutes les contrées de l'Europe, et jusque dans la Sibérie et le Kamchatka. Elle fait, au printemps et en été, l'ornement de nos haies et de nos fossés, par ses belles grappes d'un jaune éclatant, et comme elle double sans peine, elle décore aussi nos jardins, où l'on peut la multiplier par bouture en été et par éclat en automne.

Le *Barbarœa præcox*, long-temps confondu avec le *Vulgaris*, en diffère par ses feuilles supérieures pennatifides à lobes allongés, entiers, et par ses siliques lâches et non appliquées contre la tige. On l'emploie aux mêmes usages que le *Nasturtium officinale*, parce que sa saveur n'est pas nauséabonde, comme celle de l'espèce commune. Il fleurit de bonne heure, se cultive dans les jardins anglais, et croît principalement sur les rivages maritimes et dans les terrains uligineux, en France, en Angleterre et en Italie.

Les autres espèces de *Barbarœa*, dans lesquels je comprends le *Rupicola* de la Sardaigne, à siliques deux ou trois fois aussi longues que celles des *Vulgaris*, ne diffèrent guère de celles que nous venons de décrire, si ce n'est par la forme de leurs feuilles, et celle de leurs siliques plus ou moins redressées ou même courbées. Quelques-unes d'entre elles ne sont pas suffisamment connues.

Les *Barbarœa* méritent d'être étudiées pour les mouvements de leurs fleurs. J'ai remarqué que les pédoncules de l'espèce commune s'abaissaient horizontalement dans la préfloraison, parce que la partie supérieure de la grappe n'était pas suffisamment dégagée; que les pétales se rapprochaient par paire, et formaient ainsi deux lèvres, presque entièrement fermées, à l'approche de la nuit, sur leur pédoncule incliné; enfin, que leur corolle présentait dans la floraison deux ouvertures tubulées, qui communiquaient immédiatement avec les glandes des petites étamines.

A la fécondation, les six anthères s'ouvrent au sommet du tube corollaire, à la hauteur du stigmate, qui est une tête aplatie et papillaire.

Le *Barbaræa vulgaris* des jardins se multiplie par éclats de racines, parce que ses fleurs doubles ne fructifient jamais.

SIXIÈME GENRE. — *Turritis*.

Le *Turritis* a un calice lâche et des pétales onguiculés, à limbe oblong et entier; la silique est allongée, grêle et droite; les valves sont planes et rayées de nervures; le stigmate est obtus et à peu près entier; les semences sont très-nombreuses et placées sur deux rangs.

Ce genre, tel que nous venons de le définir, ne comprend plus que trois espèces, originaires, la première de l'Europe, la seconde des lacs salés de la Sibérie, et la dernière des pentes du Cotopaxi dans la province de Quito. Ce sont des herbes droites, ordinairement rudes dans leur jeunesse, et qui deviennent glabres en vieillissant; leurs feuilles radicales, disposées en rosette, sont dentées et rétrécies en pétiole; les caulinaires sont amplexicaules, entières et plus ou moins sagittées; les grappes sont allongées, les pédicelles filiformes et nus, les fleurs blanches ou blanchâtres, les semences petites, nombreuses, exactement placées sur deux rangs. Ce dernier caractère distingue surtout ce genre de celui des *Arabis*.

Le *Turritis glabra*, qui est seul indigène, habite les pâturages secs et les pentes rocailleuses ou sablonneuses de nos montagnes. On le trouve dans toute l'Europe, et jusque dans la Sibérie; ses feuilles inférieures sont velues et disparaissent de bonne heure; les autres sont amplexicaules, glabres et entières; les grappes florales, d'abord courtes, s'allongent ensuite beaucoup; les fleurs, d'un blanc jaunâtre, ont des glandes peu marquées; leurs siliques, toujours serrées contre la tige, sont amincies, linéaires et souvent longues de deux pouces.

Cette plante, qui est bisannuelle, fleurit vers la fin du printemps, et ne tarde pas à répandre ses semences; ses fleurs sont quelquefois vertes et déformées.

SEPTIÈME GENRE. — *Arabis*.

L'*Arabis* a un calice droit, quelquefois bosselé; une corolle à pétales onguiculés, à limbe ouvert, entier, ovale ou plus rarement oblong; des étamines libres et sans appendices; une silique linéaire, à valves planes, veinées ou marquées de nervures, des semences ovales ou orbiculaires, aplaties et unisériés, bordées ou non bordées.

Ce genre, aujourd'hui très-étendu et dont plusieurs espèces sont encore mal déterminées, comprend des herbes annuelles ou vivaces dont le port et la végétation sont assez variables ; la plupart ont leurs feuilles radicales disposées en rosette; leurs feuilles caulinaires sessiles ou amplexicaules, dentées ou entières et rarement lobées. Quelques espèces sont glabres, mais les autres sont plus ou moins velues; les poils sont simples ou ramifiés, souvent simples sur la tige, bifides ou trifides sur les feuilles; les grappes florales sont terminales et ordinairement lâches; les pédicelles, filiformes et dépourvus de bractées; les fleurs blanches, rarement roses.

Les *Arabis* diffèrent des *Turritis* par leurs semences toujours unisériées; des *Cardamines*, par leurs valves rayées de nervures et non roulées en spirale, et des autres genres de la même tribu, par leurs siliques linéaires et aplaties.

La plupart des espèces sont bisannuelles, et poussent en automne leurs feuilles radicales; d'autres, en assez grand nombre, se multiplient par des rejets souterrains, comme l'*Alpina*, ou par des drageons semblables à ceux du *Stolonifera*, ou enfin ont des racines rhizomatiques comme l'*Hirsuta*, etc. Leurs sépales sont différemment conformés, quelquefois sensiblement égaux et sans glandes bien marquées sur le torus; quelquefois bosselés deux à deux, avec des glandes nectarifères saillantes. Je crois que c'est sur ces caractères et sur d'autres semblables, tirés principalement des organes floraux, qu'il faut fonder la distinction des espèces, plutôt que sur la forme des feuilles, leur villosité et d'autres circonstances également variables.

Les *Arabis* sont dispersés sur les différents points du globe, principalement dans l'ancien continent et l'hémisphère boréal. On en trouve à peu près quarante en Europe, treize en Asie, cinq dans l'Amérique du nord, deux dans celle du sud, une seule à Java, et une autre dans la Mauritanie. Mais il est bien entendu que ces nombres doivent changer, à mesure que les recherches s'augmenteront, ou que la science fera de plus grands progrès.

Les *Arabis* se plaisent dans les lieux frais et ombragés, sur les pentes et quelquefois même les sommets des montagnes. Quelques-uns, en petit nombre, comme le *Verna*, vivent au milieu de nos cultures, d'autres dans les sables, mais aucun, je crois, dans les lieux humides ou sur les bords des marais.

Ce vaste genre a été divisé par De Candolle en deux grandes sections :

Les *Alomatium*, à semences dépourvues d'aile membraneuse, quarante espèces ;

Les *Lomaspora*, à semences bordées d'une aile membraneuse, seize espèces.

La première section forme quatre groupes :

1° Celui des espèces à feuilles caulinaires amplexicaules, pétales ovales et ouverts ;

2° Celui des espèces à feuilles caulinaires amplexicaules, pétales oblongs et redressés ;

3° Celui des espèces à feuilles caulinaires sessiles ou pétiolées, pétales ovales et ouverts ;

4° Celui des espèces à feuilles caulinaires sessiles ou pétiolées, pétales oblongs et redressés.

La seconde section ne comprend que trois groupes :

1° Celui des espèces à feuilles caulinaires amplexicaules, pétales oblongs et redressés ;

2° Celui des espèces à feuilles caulinaires sessiles, pétales oblongs et redressés ;

3° Celui des espèces à feuilles caulinaires sessiles, pétales ovales et ouverts.

Comme les graines de toutes les *Arabis* n'ont pas été examinées, il y a plusieurs espèces dont la section et même le genre sont encore incertains.

Le premier groupe des *Alomatium* présente deux types assez distincts, celui des espèces à fleurs rouges et celui des espèces à fleurs blanches. Le premier est formé de deux plantes annuelles : le *Verna*, qui habite l'Europe australe, et le *Rosea*, originaire de la Calabre. L'une et l'autre fleurissent au printemps, et ont les feuilles chargées de poils rudes et rameux. Le second type de ce premier groupe est représenté par notre *Alpina*, qui recouvre, au printemps, de ses fleurs d'un blanc de lait, les pentes de presque toutes les montagnes de l'Europe, et qui se retrouve encore au Groenland, à la terre de Labrador, dans l'île de Madère, et jusque sur l'Atlas. Ses dimensions varient beaucoup, de même que son port; mais ses feuilles sont tou · jours dentées et recouvertes d'un duvet de poils radiés et blanchâtres. C'est une plante sociale, qui se multiplie sans cesse par des rejets, et dont le même pied ne fleurit qu'une seule fois; les autres espèces du même type sont principalement : le *Viscosa*, des Alpes de la Perse septentrionale; l'*Albida*, des Alpes de la Tauride et du Caucase, qui se conserve très-bien dans nos jardins; le *Billardierii*, des montagnes de la Syrie, etc. Toutes ces plantes vivaces ont leurs fleurs blanches et ouvertes, leurs calices bosselés et leurs glandes nectarifères très-marquées. Les deux latérales se prolongent dans le sac des sépales,

les deux autres sont en forme de dent raccourcie, et manquent quelquefois.

Le second groupe des *Alomatium*, tout entier européen, est jusqu'à présent composé de cinq ou six espèces annuelles, qui habitent sur les pentes de nos montagnes, où elles fleurissent au printemps, pour se ressemer ensuite. Elles se réunissent sous un seul type, représenté par l'*Arabis hirsuta*, détaché dernièrement du genre des *Turritis*, à cause de ses graines unisériées; ses feuilles sont dentées et rudes au toucher, ses rameaux nombreux et rapprochés de l'axe, ses grappes florales allongées dans la maturation, ses calices médiocrement bosselés, ses glandes latérales peu apparentes, et placées en dehors des petites étamines. Les autres espèces ont le même port, la même végé. tation, les mêmes fleurs blanches ou blanchâtres; elles ne diffèrent entre elles que par leurs feuilles plus ou moins auriculées, leurs pédicelles courts ou allongés, et leurs siliques penchées ou redressées selon que leurs grappes se sont moins ou plus allongées pendant le cours de la floraison; aussi leur synonymie a-t-elle beaucoup embarrassé les botanistes. CAMBESSÉDÈS, dans sa Flore des Baléares, voudrait qu'on réunît à l'*Hirsuta*, non-seulement le *Sagittata*, mais encore le *Muralis*, qui appartient à notre troisième groupe, et se lie au second par des nuances insensibles. Il faudrait peut-être y ajouter encore l'*Arabis Allioni*, et l'*Incana* que GAUDIN considère comme une variété de l'*Hirsuta*.

Le troisième groupe, débarrassé des espèces que je viens d'indiquer, ne renferme plus que deux types : l'un formé du *Stricta* et du *Ciliata*, et l'autre du *Thaliana* et du *Serpyllifolia*. L'espèce principale du premier, ou le *Stricta*, forme sur la terre, des rosules de feuilles épaisses, vertes, laurinées, rouges en dessous, et dont les dents se terminent par des poils roides, simples ou bifurqués. C'est peut-être une variété du *Ciliata*, qui a le même port, mais dont les grappes sont plus garnies et les fleurs plus petites. Tous les deux se multiplient par des rejets souterrains, et forment, chaque année, de nouvelles rosules. J'ai vu sur les pentes de Salève, le *Stricta* présenter une foule de passages entre les feuilles laurinées et les feuilles rudes, entre les tiges nues et les tiges chargées de feuilles, et j'en ai conclu que cette espèce, ainsi que la plupart des *Arabis*, était un véritable protée.

Le *Thaliana*, qui est le second type du troisième groupe, vit sur les murs, les toits et les bords des champs sablonneux, où il fleurit depuis le commencement du printemps jusqu'au milieu de l'été. Il se trouve non-seulement dans toute l'Europe, mais encore en Asie, dans l'Amérique boréale, où il a été sans doute propagé. Il est bisannuel, et forme, dès l'automne, des rosules de feuilles courtes, ovales, ciliées et légèrement dentées. Le *Serpyllifolia*, qui appartient au même type, et qui est aussi bisannuel, ne croît que sur les pentes des montagnes, et se reconnaît aussi à ses fleurs petites, blanches et fermées. Du reste, MM. GAY et MONNARD ont placé le *Thaliana* parmi les *Sisymbres*, à cause de ses cotylédons dorsifères ou incombants.

Enfin, le dernier groupe des *Alomatium* présente trois ou quatre sous-types : le premier est celui du *Procurrens* et du *Præcox*, deux espèces de la Hongrie et du Bannat, qui se multiplient par des rejets, et fleurissent dès l'entrée du printemps. La première vient dans nos jardins, où elle se fait remarquer par son calice bosselé et son torus entièrement chargé d'une substance glanduleuse, qui distille abondamment l'humeur miellée. Elle s'élève jusqu'à un pied, et donne des feuilles très-entières, vertes en dessus et rougeâtres en dessous. Le second de ces sous-types est formé du *Petræa*, qui habite les rochers de l'Europe boréale et tempérée. Sa racine est un rhizome ligneux; ses feuilles sont glauques, entières sur la tige et diversement incisées à la base; ses fleurs sont tantôt blanches et tantôt teintes de pourpre. La troisième division comprend l'*Arenosa* ou le *Sisymbrium arenosum* de LINNÉ, plante bisannuelle à fleurs roses, à feuilles incisées et tige rameuse. On y joint l'*Arabis Halleri*, le *Stolonifera* et l'*Ovirensis* des Alpes de la Carinthie, trois plantes vivaces, à fleurs blanches ou rarement roses, qui se multiplient par des rejets ou par leurs racines. Enfin, le dernier sous-type est le *Cebennensis*, plante distincte de toutes celles du groupe, et peut-être de tous les *Arabis*, par ses feuilles pétiolées, ovales, acuminées, veloutées, et ses fleurs d'un violet pâle, assez semblables à celles de l'*Arenosa*. Ces diverses espèces ont leurs pédicelles et leurs siliques étalées.

Le premier groupe des *Lomaspores* est formé de plantes réunies sous un seul type, dont la principale est l'*Arabis turrita*, si commune dans nos buissons montueux, dès le milieu du printemps. Elle se reconnaît tout de suite à ses feuilles larges et pubescentes, à ses fleurs d'un blanc jaunâtre, et surtout à ses siliques pendantes. Les trois autres, appartenant au même type, sont originaires de la Sibérie, et ont les fleurs petites et blanches. Toutes sont annuelles, ou plutôt bisannuelles, et se reconnaissent à leurs siliques longues et pendantes. La plus remarquable est le *Pendula*, dont les fleurs blanches, à pétales étroits et allongés, se déjettent fortement pendant l'estivation, et finissent par présenter dans la maturation des siliques pendantes portées sur de longs pédoncules également pendants ; ses graines plutôt cylindriques qu'aplaties, sont bisériées comme dans les *Turritis*, auxquels elle pourrait bien appartenir.

Les siliques pendantes qui distinguent ce premier groupe, et qui se retrouvent aussi çà et là dans les autres comme dans le *Lilacina* à fleurs roses, sont intimement liées avec le développement de la tige florale, comme on peut le voir, par exemple, dans l'*Ornithogalum refractum* : lorsque celle-ci ne s'allonge pas ou s'allonge tard, les siliques ne peuvent pas rester droites sans embarrasser la floraison, surtout si elles sont très-prolongées naturellement.

Le second groupe renferme trois espèces européennes, qui habitent le sommet de nos Alpes, et se distinguent par leurs racines ligneuses, leurs feuilles radicales en rosettes, leurs grappes courtes, et leurs siliques redressées. Ce sont le *Pumila*, à fleurs blanches et à tige presque nue; le *Bellidifolia*, à fleurs aussi blanches, mais à tige feuillée, et le *Cœrulea* à fleurs d'un rose pâle, à grappes penchées, et à tige garnie d'un petit nombre de feuilles.

Enfin, le dernier groupe compte trois espèces européennes, originaires des Alpes ou des collines de l'Italie; le *Stellulata*, le *Collina* et le *Vochinensis* encore mal déterminé. Toutes trois sont des herbes vivaces, à feuilles radicales, recouvertes de poils radiés, à tige peu élevée et à fleurs blanches.

Il est clair, d'après ce qui précède, que les *Arabis*, comme la plupart des genres nombreux, sont composés de plantes qui présentent des passages continuels de forme et d'apparence, dont les points saillants peuvent seuls être considérés comme des espèces, et dont les autres ne sont guère que des variétés produites par le sol et l'exposition, quoiqu'elles se conservent souvent par la culture.

Un des caractères qui nous paraît le plus constant dans ce genre, c'est celui qu'on tire de ses pétales, tantôt ovales et recourbés, tantôt allongés et redressés sur leur limbe. Cette double conformation est sans doute en rapport avec la fécondation, qui, dans le premier cas, s'opère à l'air libre, et dans le second, à l'intérieur de la fleur. Elle dépend de l'organisation intime du pétale, lequel, au moment où il s'épanouit, se fléchit sur le haut de sa lame, ou se tient dressé, comme il était primitivement dans la fleur. Il reste à examiner quelle différence ces deux formes, qu'on retrouve encore dans quelques genres, introduisent dans les poches des sépales, les glandes nectarifères, les étamines et les stigmates.

Il serait aussi curieux d'examiner la cause finale de l'aile membraneuse des semences de quelques *Arabis*. Est-elle liée à l'acte de la dissémination? Je ne puis l'affirmer, mais je remarque que les *Lomaspores* européennes sont en général des plantes annuelles, ou de petits sous-arbrisseaux qui tapissent les sommités de nos Alpes.

Les *Arabis*, comme la plupart des *Crucifères*, sont sujets à être déformés. De Candolle rapporte déjà, dans son *Systema*, qu'il a vu un échantillon d'*Arabis Allioni*, dans lequel les pédicelles étaient rapprochés et réunis de manière à former entre eux un seul rameau aplati et multiflore. M. Seringe, dans son *Bulletin botanique*, 1830, table seconde, p. 10, mentionne une monstruosité encore plus remarquable, celle d'un *Arabis alpina*, dont quelques fleurs portaient, à l'aisselle de leurs sépales mutilés, des pédicelles terminés par des fleurs avortées, en sorte que la fleur primitive était changée en trois fleurs, la primitive sessile, et les deux latérales longuement stipitées. Cette forme de monstruosité, qui se trouve dans d'autres genres de *Crucifères*, semble donner du poids à l'opinion que les fleurs des *Crucifères* étaient primitivement réunies trois à trois.

Du reste, quelque jugement qu'on porte à cet égard, il demeure certain que dans le très-grand nombre, pour ne pas dire la totalité des plantes qui existent de nos jours, c'est la forme actuelle qui seule assure la fécondation, et par conséquent la propagation; aussitôt que les végétaux s'en écartent, ils ne fournissent que des êtres mutilés, incapables de conserver leur espèce. Jamais donc, dans l'état actuel de notre globe, la forme primitive n'a pu exister avec quelque ordre et quelque constance. En était-il autrement à des époques antérieures? C'est ce que j'ignore.

Les *Arabis* fleurissent à peu près toutes au printemps, et quoiqu'ils ne soient remarquables ni par leur port ni par leur élégance, ils ne laissent pas, surtout au pied de nos montagnes, de contribuer à la parure de l'année, comme je l'ai déjà remarqué de l'*Alpina*, et comme il serait vrai de le dire aussi de l'*Arenosa*, de l'*Albida*, du *Proccurrens*, etc. Ce sont des plantes dures qui ne redoutent point nos intempéries, et qui avancent leur développement, au milieu même de nos hivers et sous la neige qui les abrite. Les feuilles caulinaires des grandes espèces et les rosettes des petites se recourbent, à cette époque, pour protéger et envelopper les jeunes tiges. Les fleurs me paraissent dépourvues de mouvements organiques.

L'*Albida*, qui supporte dans nos jardins les plus grands froids, pousse sans cesse de ses aisselles supérieures, et ses tiges inférieures forment sur le terrain des gazons desséchés qui conservent long-temps la nervure moyenne des anciennes feuilles. Ce que les *Arabis* me paraissent présenter de plus remarquable, c'est le rapport qui se trouve entre les dimensions de leur grappe et le nombre ainsi que la forme de leurs siliques; lorsque celles-ci sont rares et peu allongées, la grappe s'étend très-peu, mais dans le cas contraire, elle s'étend beaucoup.

Les siliques, à leur tour, au lieu de rester droites et appliquées, s'étalent et même se réfléchissent, et je suis persuadé que dans chaque cas particulier, on pourrait se rendre compte des rapports qui se trouvent entre ces deux organes.

HUITIÈME GENRE. — *Cardamine.*

Les *Cardamines* ont un calice bosselé droit ou un peu étalé; leurs pétales sont onguiculés et entiers, leurs étamines libres et non dentées; leurs siliques sessiles et linéaires, ont pour valves des panneaux planes et sans nervures, qui se détachent et se roulent obliquement, à l'époque de la dissémination. Ce dernier caractère distingue les *Cardamines* de toutes les *Crucifères*, excepté cependant des *Dentaires* et des *Pteroneuron*, dont la silique a la même structure, mais dont les cordons funiculaires sont élargis et comme ailés, tandis qu'ils sont amincis dans les *Cardamines.*

Les *Cardamines* sont des herbes bisannuelles et plus souvent vivaces; les racines de ces dernières portent fréquemment des tubercules ou des renflements destinés à propager l'espèce; souvent aussi, comme dans le *Cardamine amara*, elles jettent des fibrilles de leurs aisselles inférieures, parce qu'elles se plaisent dans les lieux humides, tandis que les *Arabis*, qui recherchent un sol sec et rocailleux, se multiplient par des rejets souterrains.

Les feuilles des *Cardamines* ont une apparence et une conformation qui les font aisément reconnaître. Elles sont épaisses, luisantes, glabres ou parsemées de poils simples et caducs, non pas étoilés et persistants comme ceux des *Arabis*. Leur forme générale est la pennatifide à lobes profonds et arrondis, et leur disposition à se subdiviser se manifeste dans plusieurs espèces.

Les fleurs, ordinairement blanches, sont quelquefois teintes en rose ou en lilas; les pétales sont onguiculés et ouverts, les sépales latéraux faiblement bosselés, le torus porte des glandes souvent aplaties à la base des petites étamines, et relevées auprès des grandes. Les siliques sont fortement articulées sur leur pédoncule; le style est court ou même nul, le stigmate entier ou légèrement échancré; les semences sont ovales, non bordées et disposées sur un seul rang; celles du *Pratensis*, de l'*Hirsuta*, etc., sont pendantes.

Quelques espèces, comme le *Pratensis*, l'*Amara*, etc., sont météoriques, c'est-à-dire qu'elles ouvrent leur corolle lorsque le soleil luit, tandis qu'elles restent fermées et même penchées sur leurs pédoncules, lorsque le temps est couvert et la température humide. Elles répètent ce mouvement, chaque jour, jusqu'à ce que leur fécondation soit accomplie.

On observe aussi des avortements assez réguliers dans les fleurs de quelques espèces; par exemple, l'*Hirsuta* n'a jamais que les quatre grandes étamines; l'*Impatiens*, qui, dans les lieux ombragés, perd quelquefois ses deux petites étamines, est souvent dépourvu de pétales. Mais le phénomène le plus intéressant, à cet égard, est celui qui a été observé par Auguste SAINT-HILAIRE, sur des échantillons de *Cardamine hirsuta*, dont chaque calice portait trois fleurs tétrandriques; parce que les étamines latérales de la fleur primitive avaient été remplacées par autant de fleurs complètes à quatre étamines.

Les feuilles radicales du *Cardamine pratensis* sont chargées de tubercules, d'abord observés par H. CASSINI (*Opuscules phytologiques*, vol. II, pag. 340), et qui naissent non pas des aisselles, mais de la nervure principale et de la base des lobes. Ce joli phénomène se rencontre très-souvent dans les bois, au milieu des automnes pluvieuses, et j'ai eu sous les yeux, le 8 octobre 1828, des feuilles de cette *Cardamine*, toutes chargées de ces tubercules, les uns avec leurs radicules longuement développées et s'enfonçant dans la terre; les autres, et surtout ceux de la base du lobe terminal, commençant à se former. Je n'ai encore remarqué rien de semblable dans les feuilles des autres espèces, ni en particulier sur celles de l'*Amara*, qui se multiplie d'une manière fort différente, et que CASSINI a tort de considérer comme une variété du *Pratensis*.

La silique des *Cardamines* n'est pas conformée comme celle de la plupart des *Crucifères*, chez lesquelles les valves se prolongent souvent jusqu'au sommet, et forment tout le corps de la silique, à l'exception du stigmate. Ici, au contraire, les valves sont des panneaux articulés et distincts du reste de la silique, qui subsiste encore lorsqu'ils sont tombés. On pourrait donc croire que cette différence de structure en nécessite une autre dans la forme primitive, et qu'on ne trouverait pas facilement des siliques de *Cardamines* transformées en feuilles, comme celles du *Diplotaxis*. L'observation confirmera ou détruira cette conjecture.

Les diverses espèces de ce genre, qui s'élèvent déjà à près de soixante, sont répandues dans l'hémisphère nord, plutôt que dans le sud. On en trouve une quinzaine en Europe, huit dans l'Asie orientale et la Sibérie, cinq dans les Indes, la Chine et le Japon, quelques-unes au Cap, aux îles Maurice et aux terres australes; l'Amérique méridionale en compte six, et la septentrionale douze.

Ces plantes recherchent de préférence les terrains humides ou aquatiques et les ombrages frais des montagnes. Comme elles ont des racines vivaces ou bisannuelles, elles fleurissent en grand nombre au premier printemps, et elles ornent nos basses prairies, les lisières de nos bois, les bords de nos haies et de nos ruisseaux, de leurs fleurs tantôt d'un blanc pur, tantôt roses ou lilas, et presque toujours réunies en famille. Il n'y a rien de si frais, par exemple, que les touffes du *Cardamine amara* étalant sur les bords des eaux ses panicules de fleurs blanches ou roses, relevées encore par des anthères pourprées. Mais, de toutes les espèces, la plus commune et aussi la plus brillante, c'est le *Pratensis*, qui forme dès l'entrée du printemps, sur nos prairies, de vastes tapis d'un rose lilas, et se retrouve également dans tous nos bois. Malheureusement cette scène charmante passe bien vite, et au mois de juin, la plante entière a disparu.

Les *Cardamines* sont tellement liées entre elles, qu'il est difficile de les diviser en sections. De Candolle en a formé trois groupes artificiels, fondés uniquement sur la considération des feuilles entières, trilobées ou pennatifides. Nous nous contenterons de rapprocher entre elles les espèces européennes.

La première race qui se présente à notre examen est celle des espèces naines, vivaces, à fleurs petites, blanches, qui tapissent sur le haut des montagnes, les rochers humides et voisins des neiges. Ce sont principalement le *Bellidifolia*, le *Resedifolia*, le *Trifolia*, qui appartiennent au même type.

La seconde race vit plus rapprochée de nous, et se compose de plantes plus élevées, à racine granuleuse ou stolonifère, à fleurs grandes, blanches, roses, lilas, et à feuilles pennatipartites ; telles sont : le *Granulosa* des environs de Turin, dont le tronc radical est tuberculé, comme celui de la *Dentaire* ; l'*Amara*, dont nous avons parlé, et qui est répandu au bord des eaux, dans toute l'Europe et jusqu'aux monts Urals ; l'*Uliginosa*, qui se trouve dans l'Ukraine et la Tauride ; le *Pratensis*, le plus commun de tous et qu'on a observé jusqu'au nord de l'Asie et de l'Amérique ; le *Dentata*, de la Gallicie et de la Podolie, fort semblable à l'*Amara* ou à l'*Uliginosa*. Toutes ces plantes, appartenant au même type, développent leurs feuilles pendant l'hiver et fleurissent au printemps.

On peut joindre à cette race le petit groupe des *Cardamines* à feuilles entières et souvent arrondies, qu'on trouve dispersées principalement dans l'Amérique septentrionale, où elles vivent sur les bords des eaux, et dont une seule, l'*Asarifolia*, est européenne et habite les petits ruisseaux du Piémont et des Apennins : elle a, comme la plupart de ses congénères, les fleurs blanches et les siliques longues, affilées et redressées.

Les *Cardamines* de cette seconde race, et principalement le *Pratensis* et l'*Amara*, redressent leurs pédoncules et ouvrent leurs fleurs le matin des beaux jours; elles les referment le soir en s'inclinant sur leurs pédoncules, et elles conservent cette même position si l'atmosphère est humide ou pluvieuse ; lorsqu'ensuite la fécondation est accomplie, elles allongent leurs tiges et redressent leurs siliques. Ces mouvements, auxquels les autres races participent plus ou moins, ne peuvent guère s'expliquer mécaniquement, mais on voit qu'ils ont pour but de protéger les anthères qui, dans ces plantes, s'élèvent au-dessus du stigmate et du calice.

La troisième race est celle de l'*Hirsuta*, dont le type est l'espèce commune, à laquelle on a coutume d'en joindre trois autres, qui n'en sont, je crois, que des variétés : le *Sylvatica* et l'*Umbrosa* des forêts de l'Europe, et le *Parviflora* des prairies humides. Ce sont des plantes annuelles, à fleurs petites et blanches, dont le port n'a point d'apparence, et qui fructifient de très-bonne heure, en allongeant leurs pédoncules et leurs siliques. Elles ont ordinairement, comme l'*Hirsuta*, leurs petites étamines avortées, leurs pétales redressés et leurs anthères très-peu apparentes; mais ce qu'elles présentent de plus remarquable, c'est que leur stigmate élégamment papillaire, entouré à la fécondation des quatre anthères qui le recouvrent de leur pollen, s'élève très-promptement ensuite au-dessus de la fleur par l'allongement de la silique.

La quatrième race n'est formée, je crois, que d'une seule espèce, l'*Impatiens*, ainsi nommée de la facilité avec laquelle elle ouvre ses siliques, et répand ses semences. On la trouve dans les bois montueux de presque toute l'Europe, et même du Caucase et de l'Ibérie, où elle se fait remarquer par ses feuilles profondément pennatiséquées, munies à leur base de deux oreillettes, par ses fleurs petites, blanchâtres, presque avortées et disposées en longues grappes; enfin, par ses siliques allongées et étroites. Elle est annuelle ou plutôt bisannuelle, et fleurit dès le mois de mai.

La dernière race est celle des espèces vivaces à feuilles larges, pennatiséquées, semblables à celles des *Chélidoines*, et qui comprend principalement le *Latifolia* et le *Chelidonia*, originaires de l'Europe australe et surtout des bois humides et montueux de l'Italie. Elles fleurissent à la même époque que les autres, et se distinguent à leur port élevé, à l'élégance de leur feuillage et à la grandeur de leurs fleurs pourpres. Viviani, dans son second appendice à sa Flore de Corse, observe que le *Cardamine chelidonia* a les cotylédons condupliqués et non pas accombants comme les autres espèces du genre. Cette observation s'applique-t-elle à toutes les *Cardamines* du même groupe dont quelques-unes habitent la Sibérie, et devrait-on ranger cette race dans les *Pteroneuron,* parce que ses funicules sont plus ou moins dilatés?

Les fleurs des *Cardamines* ne sont pas semblablement conformées; ainsi dans l'*Amara* et le *Pratensis* de la seconde race, elles ont les pétales élargis et assez ouverts pour qu'il y ait une communication immédiate entre les anthères et les glandes du torus; au contraire; dans les deux dernières races, ses pétales sont étroits, redressés, et cachent entièrement les glandes qui sont, au reste, très-peu marquées, au moins dans l'*Impatiens.* On observe également que, dans les espèces de notre seconde race, les anthères sont fortement renversées en-dehors.

NEUVIÈME GENRE. — *Pteroneuron.*

Le *Pteroneuron* a un calice redressé, un peu ouvert et bosselé; ses pétales sont onguiculés et entiers, ses étamines libres et dépourvues d'appendices, sa silique sessile, lancéolée, à valves élastiques et planes, comme celles de la *Cardamine;* les placentas se prolongent en aile extérieure; le style est marqué de deux arêtes saillantes; les funicules sont élargis et comme ailés.

Ce genre a été formé par DE CANDOLLE, de deux espèces de *Cardamines :* le *Carnosa* et le *Græca,* qui différaient des autres par la forme de leurs siliques. Elles ont les racines fibreuses, les feuilles pennatiséquées, à grappes terminales, les fleurs blanches, les pédicelles filiformes, dépourvus de bractées.

Le *Pteroneuron carnosum* est une herbe vivace et peu connue, qu'on trouve sur les pentes rocailleuses des montagnes qui séparent la Dalmatie de la Croatie, et qu'on distingue à ses feuilles glauques et épaisses, à son calice ouvert et à ses pétales blancs, deux fois aussi grands que les sépales. Le *Græcum* est répandu dans le midi de l'Italie et les îles de la Méditerranée. Il est annuel et fleurit au printemps; son feuillage est aussi glauque, et son port le rapproche des *Fumeterres* ou du *Thalictrum aquilegifolium.*

DIXIÈME GENRE. — *Dentaire.*

Les *Dentaires* ont un calice égal ou bosselé, mais toujours droit; leurs pétales sont onguiculés, à limbe élargi, quelquefois légèrement échancré; les étamines sont libres et sans appendices; les siliques sessiles, lancéolées, amincies, ont leurs valves élastiques dépourvues de nervures et plus étroites que la cloison ; le style est filiforme et le stigmate à peu près simple ; les funicules sont dilatés, les graines nues, ovales et placées sur un seul rang.

Ce genre, réuni par R. Brown à celui des *Cardamines,* en a été séparé par De Candolle, à cause de la conformation de sa silique et de ses funicules, et surtout en raison de son port et de sa végétation. Ses racines sont des rhizomes épais, charnus, horizontaux et recouverts de tubercules, ressemblant assez bien à des dents, comme l'indique le nom du genre ; ses feuilles, presque toujours glabres et plus ou moins glauques, sont larges, pétiolées, glanduleuses sur les bords, alternes ou verticillées, à divisions pennatiséquées ou digitées ; ses tiges sont redressées, presque nues et terminées par des grappes de fleurs lâches, grandes, blanches, pourprées ou jaunâtres.

Les *Dentaires* habitent les forêts ombragées et montueuses de l'hémisphère boréal ; on en compte onze dans l'ancien continent et cinq dans le nouveau. Parmi les premières, huit se trouvent en Europe et trois en Sibérie ou dans les forêts du Caucase ; les autres sont originaires de la Pensylvanie.

Ces plantes ont tant de rapports entre elles, qu'à l'exception du *Tenuifolia* et du *Microphylla,* elles ne forment guère qu'un seul type, et se distinguent, au premier coup d'œil, de toutes les autres *Crucifères.* De Candolle les a séparées en trois groupes, dont le premier contient les espèces à feuilles verticillées rarement alternes et à style allongé ; le second, celles à feuilles alternes, palmatiséquées, et le dernier, celles à feuilles alternes, pennatiséquées. Ces divers groupes, plutôt artificiels que naturels, comme il est facile de le comprendre, renferment chacun des plantes indigènes et étrangères, qu'il est difficile de séparer par des caractères tranchés, et dont quelques-unes ne sont sans doute que des variétés.

Les européennes habitent principalement le pied des montagnes sous-alpines, depuis la France jusqu'au Tyrol et à la Croatie. Les deux espèces les plus répandues sont le *Digitata* et le *Pinnata,* communes dans nos forêts montueuses, où elles croissent souvent réunies ; ensuite vient le *Bulbifera,* qui s'étend au nord jusqu'en Suède et en Angleterre ; enfin le *Polyphylla,* du Piémont, de la Rhétie et de la Croatie. Les autres espèces, comme l'*Enneaphylla,* le *Glandulosa,* le *Trifolia* et l'*Hypanica,* appartiennent surtout à l'Europe orientale, c'est-à-dire à la Carinthie, la Hongrie, la Podolie, la Transylvanie et la Croatie.

Les tubercules qui recouvrent les rhizomes des *Dentaires,* sont les bases d'autant de feuilles dont les pédoncules et le limbe ont avorté, comme on peut le vérifier par les appendices foliacés qu'on y observe encore. Leur assemblage forme comme un collier à anneaux blanchâtres d'où sortent les vraies racines. Lorsque le rhizome, qui se détruit toujours par le bas, en même temps qu'il se développe par le haut, est terminé par une tige, il cesse incontinent de se prolonger, et ne donne plus que des jets latéraux, sortant toujours de l'aisselle des tubercules; si, au contraire, il ne porte à son sommet que des feuilles, sa végétation continue, parce que les feuilles sont extérieures, tandis que les tiges naissent du centre; les rejets se séparent ensuite, plus tôt ou plus tard, du rhizome principal, et forment de nouvelles plantes qui fleurissent après avoir reçu un accroissement convenable.

Les feuilles et les tiges ne sont recouvertes d'aucune écaille avant leur développement, mais les fleurs sont protégées par les feuilles caulinaires roulées et tordues irrégulièrement dans leur vernation, et repliées sur leurs pétioles, comme les tiges. J'ai remarqué que les jeunes pieds du *Pinnata* n'avaient que cinq ou trois divisions dans leurs feuilles, et j'en ai conclu que le nombre des lobes dépendait beaucoup de la vigueur de l'individu.

Les fleurs des *Dentaires* ont leurs calices peu ou point bosselés, et leurs pétales plissés de manière que deux sont extérieurs, et deux enveloppés; les sépales adhèrent au torus par trois points, et les pétales par un seul; les uns et les autres tombent promptement, après la floraison; les glandes entourent principalement la base extérieure des petites étamines, et sont percées, à leur surface, de deux points mellifères.

La fécondation est à peu près intérieure : on voit les deux loges des grandes anthères saupoudrer de leur pollen abondant et blanchâtre la jolie tête papillaire du stigmate; les deux anthères inférieures placées beaucoup plus bas, répandent leur pollen sur les glandes du torus ; ces anthères se conservent long-temps parce que leur connectif est très-épais.

Les siliques des *Dentaires* portent des panneaux très-marqués, qui se détachent par le bas et se roulent en haut pendant la dissémination ; les graines unisériées sont lancées à distance par le mouvement élastique qui en résulte, comme cela a lieu sans doute pour les *Cardamines*.

La *Dentaire bulbifère* porte à ses aisselles des tubercules ou des gemmes, qui ont beaucoup de rapports avec ceux du *Cardamine pratensis*, et sont quelquefois si abondants, qu'ils causent l'avortement de la fleur ou au moins de la silique. On ne peut guère douter que les glandes des aisselles du *Trifoliata*, du *Glandulosa* et de l'*Hypanica*, ne soient de même nature, quoique moins développées.

Les *Dentaires* végètent pendant l'hiver et développent leurs feuilles dès l'entrée du printemps. Leurs fleurs, grandes, d'un pourpre plus ou moins foncé, paraissent dans les forêts montueuses, avant les feuilles des arbres, et jouissent ainsi de tout le bienfait de la lumière. Mais comme elles sont en petit nombre sur leur tige solitaire et terminale, elles ont bientôt passé, et répandu leurs graines ; on doit donc placer les *Dentaires* parmi les plantes dont la végétation se termine dans l'intervalle de quelques semaines.

Les cotylédons des *Dentaires* ne sont pas exactement accombants : Koch remarque qu'ils sont pliés longitudinalement sur leurs bords, mais que dans le *Bulbifera*, un seul des deux est légèrement plissé au sommet.

Deuxième tribu. — ALYSSINÉES, ou PLEURORHIZÉES LATISEPTES.

Les *Alyssinées* ont la silicule biloculaire ou uniloculaire par avortement, bivalve, ovale, oblongue, aplatie ou renflée ; leur cloison est ovale ou oblongue, les valves sont planes ou concaves et jamais carénées, les semences ovales ou aplaties et souvent bordées.

Elles diffèrent essentiellement des *Arabidées* par la forme de leur silicule et de leur cloison, qui cependant, dans quelques *Draba* et quelques *Farsetia*, sont assez allongées. Mais dans des familles aussi naturelles que celle des *Crucifères*, les passages entre les tribus sont souvent aussi insensibles que ceux entre les genres et les espèces.

PREMIER GENRE. — *Lunaire*.

La *Lunaire* a un calice fermé et bosselé, des pétales onguiculés à limbe ovale, des étamines libres et sans appendices, une silique ou silicule biloculaire, pédicellée, plane, elliptique ou oblongue, des placentas nerviformes et relevés, une cloison membraneuse et persistante, des valves planes et sans nervures, des funicules allongés et adhérents à la cloison, des semences distantes et bordées.

Ce genre comprend deux espèces, le *Rediviva* et le *Biennis*, originaires des forêts de l'Europe centrale. Ce sont des herbes élevées et un peu velues, à tiges cylindriques, droites et rameuses, à feuilles pétiolées, alternes ou opposées, cordiformes, fortement dentées et acuminées ; leurs fleurs sont grandes, élégantes, d'un rouge lilas, les grappes terminales, les pédicelles filiformes, articulés et dépourvus de bractées.

Ce genre forme un groupe naturel dans la famille des *Crucifères*, où il se distingue par ses feuilles grandes, épaisses et pétiolées, ainsi que par la forme arrondie, amincie et membraneuse de sa silicule pédicellée et couronnée d'un long style persistant; ses feuilles, irrégulièrement plissées, fortement veinées et glanduleuses sur les bords, enveloppent les grappes terminales, jusqu'à l'époque de l'épanouissement; le calice est légèrement coloré, et les glandes nectarifères des petites étamines sont ternées dans le *Biennis*, deux en dehors et une en dedans, selon SCHKUHR.

Les *Lunaires* fleurissent dans nos bois, dès le milieu du printemps. Le *Rediviva*, qui est de beaucoup le plus commun, couvre les pentes du Jura, et repousse chaque année de nouvelles tiges du même rhizome; le *Biennis*, plus rare et moins odorant, développe de bonne heure ses belles fleurs d'un pourpre foncé, qui se trouvent dans tous les jardins, où elles doublent avec peine et se ressèment facilement. Tous les deux sont remarquables par le tissu brillant et satiné de l'intérieur de leurs valves et de leur cloison, qui subsiste long-temps après la dissémination.

Je n'ai point remarqué de mouvement organique dans ces plantes. Leurs grappes sont redressées, leurs calices fermés et leurs pétales une fois étalés ne se referment plus. Cependant les siliques du *Rediviva* sont flottantes sur leur pédoncule, avant la dissémination, qui a lieu au commencement de septembre.

Je suppose que les semences, qui sont très-peu nombreuses, ne se détachent pas d'elles-mêmes; mais qu'elles se sèment avec leur cloison où le funicule reste adhérent.

SECOND GENRE. — *Ricotia.*

Le *Ricotia* a le calice droit et bosselé, les pétales onguiculés à limbe cordiforme, les étamines libres et non dentées, la silicule sessile, oblongue, aplatie, biloculaire dans sa jeunesse, uniloculaire à la maturité. Les valves sont planes, les semences, au nombre de quatre dans l'ovaire, avortent ensuite en partie, et sont portées par un funicule libre et allongé.

Ce genre diffère des *Lunaires* par la conformation de sa silique sessile et uniloculaire, ainsi que par sa végétation et par son port. Il est formé de deux espèces appartenant au même type, l'une et l'autre annuelle, le *Ricotia lunaria* de la Syrie et du mont Carmel, et le *Tenuifolia* à feuilles plus divisées, de la Caramanie.

La première à laquelle LINNÉ avait donné le nom d'*Ægyptiaca*, mais qui ne se trouve point en Égypte, fleurit habituellement dans nos jardins, où elle mûrit ses graines. Elle s'élève à deux pieds et plus, sur une tige glabre, tortueuse et un peu grimpante. Ses feuilles sont alternes, distantes, épaisses et pennatiséquées, ses grappes lâches et terminales, ses pédicelles filiformes et allongés après la fécondation; les pétales, d'un rose lilas, s'ouvrent horizontalement; le torus est chargé de deux glandes nectarifères, placées entre les étamines latérales et le pistil; et le péricarpe ne renferme ordinairement qu'une seule graine légèrement bordée.

Gærtner représente la silicule du *Ricotia lunaria* comme biloculaire, quoiqu'elle n'ait jamais de cloison à la maturité; il est probable qu'il l'a confondue avec celle du *Lunaria rediviva*.

Le *Tenuifolia* diffère de l'espèce que nous venons de décrire, par ses feuilles plus fortement et plus finement divisées.

TROISIÈME GENRE. — Farsetia.

Les *Farsetia* ont le calice droit, fermé et bosselé, les pétales onguiculés à limbe entier ou un peu échancré, les étamines dentées ou non dentées, la silicule elliptique, sessile, aplatie, terminée par un style court, la cloison elliptique et membraneuse, les valves planes, les semences horizontales disposées irrégulièrement, aplaties, plus ou moins orbiculaires et entourées d'une aile membraneuse.

Ces plantes sont des herbes et quelquefois des sous-arbrisseaux rameux, droits, généralement blanchâtres et tomenteux; leurs feuilles sont toujours oblongues et entières, leurs grappes terminales, leurs pédicelles filiformes et ordinairement dépourvus de bractées.

Ce genre diffère des *Lunairés* par sa silicule sessile, ses funicules libres, et surtout par sa forme de végétation. Quoiqu'il se compose d'un petit nombre d'espèces, il a été divisé par De Candolle en trois sections, qui font autant de types.

La première est le *Farsetiana*, qui se distingue des deux autres par une silicule elliptique, des étamines non dentées et des pétales entiers d'un pourpre blanchâtre. Elle ne contient qu'une espèce, le *Farsetia ægyptiaca*, herbe vivace, rameuse, qui croît sur les côtes méridionales de la Méditerranée, depuis Alep jusqu'en Mauritanie; ses feuilles sont linéaires et soyeuses, ses rameaux serrés et opposés aux feuilles, ses fleurs d'un pourpre pâle comme celles du *Mathiola tristis*. Elle fleurit de bonne heure et se fait remarquer par sa cloison mince et perforée à la base. Cette ouverture existait-elle primitivement, ou vient-elle de la destruction partielle de la cloison? c'est ce que j'ignore.

La seconde section a reçu le nom de *Cyclocarpæa*, de la forme orbiculaire de sa silicule, et se reconnaît encore à ses petites étamines dentées, ainsi qu'à ses pétales allongés, un peu échancrés et d'un pourpre livide. Elle ne compte non plus qu'une espèce, le *Farsetia suffruticosa*, originaire de la Perse, et caractérisé par sa racine ligneuse, ses tiges chargées des cicatrices des anciennes feuilles, ses rameaux tomenteux, ses grappes courtes et terminales, ses fleurs d'un violet lilas, inodores et légèrement penchées, enfin par ses semences grosses, aplaties et fortement ailées.

Les *Fibigia* forment la section la plus nombreuse du genre, et contiennent sous le même type quatre espèces, la plupart européennes ; le *Lunarioides* de l'Archipel de la Grèce, l'*Eriocarpa* de l'île de Chypre, le *Cheiranthifolia* de l'Orient, et le *Clypeata* de l'Europe australe. Toutes ont les pétales jaunes, ovales et entiers, les petites étamines dentées, la silicule elliptique, la cloison entière, les racines vivaces, les tiges et les feuilles blanchâtres et couvertes de poils étoilés.

Le *Clypeata*, de beaucoup le plus commun, se conserve facilement dans nos jardins ; ses pétales sont étroits et linéaires, ses grandes étamines sont élargies à la base, et ne paraissent que des pétales avortés et anthérifères. Il fleurit de bonne heure, et mûrit lentement et successivement ses graines. Lorsque la silicule est sur le point de s'ouvrir, elle se fléchit et se courbe en différents sens, jusqu'à ce que les valves soient détachées de la cloison, où les graines restent encore long-temps attachées. Ce mode de dissémination m'a paru assez rare, pour être remarqué.

Les *Fibigia* comptent encore une cinquième espèce, le *Farsetia triquetra* de la Dalmatie, sous-arbrisseau à rameaux triquètres et à style caduc, qui me paraît former un second type.

QUATRIÈME GENRE. — *Berteroa*.

Le *Berteroa* a un calice droit et non bosselé, des pétales onguiculés, à limbe bilobé, des étamines libres dont les latérales sont échancrées à la base, une silicule biloculaire elliptique, à valve convexe et membraneuse, une cloison elliptique, un style persistant, terminé par un stigmate en tête, des semences ovales, planes et légèrement bordées.

Ce genre, dédié à BERTERO, qui a enrichi la botanique par ses travaux et ses recherches, est formé de quelques *Alyssum* de LINNÉ, et comprend des herbes ou des sous-arbrisseaux d'une contexture solide, à tiges et à feuilles recouvertes de poils blanchâtres et radiés ; leurs grappes terminales et opposées aux feuilles s'allongent beaucoup dans la maturation; leurs pédicelles sont filiformes, redressés et dépourvus de bractées, leurs fleurs sont blanches et quelquefois changeantes.

Le *Berteroa*, que l'on reconnaît tout de suite à son port et surtout à ses pétales bifides, contient cinq espèces, deux étrangères, et trois originaires du bassin septentrional de la Méditerranée; l'*Incana* des contrées orientales, le *Mutabilis* des environs de Corfou, et l'*Obliqua* du midi de l'Italie, dont les fleurs blanches passent facilement au rose.

De ces trois espèces appartenant au même type, et qui ne sont peut-être que des variétés, la plus répandue est l'*Incana*, qui se conserve et se reproduit facilement dans les jardins de botanique; ses fleurs, d'un beau blanc, sont assez grandes, et ne se referment point, lorsqu'une fois elles ont été ouvertes; ses petites étamines légèrement dentées, sont entourées à leur base d'une glande mellifère, ses silicules médiocrement enflées, perdent successivement leurs valves, qui se détachent sans se déformer, et laissent à découvert une cloison mince et blanche, dont les bords sont garnis de semences brunâtres. De Candolle dit que cette plante est bisannuelle, mais je l'ai observée plusieurs années de suite croissant à la même place et fleurissant tout l'été, en sorte que je soupçonne, sans l'affirmer pourtant, qu'elle est vivace.

On trouve sur un échantillon d'*Incana* cueilli dans la Tauride, et sur un autre conservé dans l'herbier de Vaillant, des calices chargés de trois fleurs, deux latérales et presque sessiles, et une centrale pédicellée portant elle-même un second calice à trois fleurs. Cette forme de monstruosité est semblable à celle que nous avons déjà remarquée dans l'*Arabis alpina*.

CINQUIÈME GENRE. — *Aubrietia.*

L'*Aubrietia* a un calice fermé, bosselé à la base, des pétales onguiculés, à limbe entier, des étamines latérales, dentées, une silicule oblongue, terminée par un style persistant, des valves planes, concaves, une cloison elliptique, des semences nombreuses et non bordées.

Ce genre, qui est encore un démembrement des *Alyssum* de Linné, a un port et des caractères très-distincts. Il diffère du *Berteroa* par ses pétales entiers, du *Farsetia* et du *Vesicaria* par ses valves concaves, et de l'*Alyssum* par son fruit oblong et son calice bosselé.

Les deux espèces qu'il renferme, le *Deltoidea* et le *Purpurea* sont originaires du bassin de la Méditerranée, et appartiennent au même type. La première croît dans le midi de l'Italie, au Liban et aux sources du Simoïs ; la seconde, dans la Bithynie, au sommet du mont Olympe. Ce sont des plantes peu élevées, sous-frutescentes à leur base, à tiges rameuses, blanchâtres et couvertes de poils étoilés ainsi que les feuilles ; leurs grappes opposées et terminales sont lâches et ne portent qu'un petit nombre de fleurs assez grandes, pourprées et semblables à celles des *Malconia*. Les feuilles du *Deltoidea* sont rhomboïdes, et les fleurs d'un bleu violet ; les filets sont élargis en membrane à la base, et le stigmate est une tête papillaire aplatie. Ce que cette plante offre de plus remarquable, ce sont les onglets de ses pétales élevés au-dessus du calice, et qui laissent entr'eux des intervalles par lesquels pourrait passer la silique.

Quelle est l'origine de ces dents que portent les filets et qui paraissent des restes d'étamines soudées et avortées ? ne semblent-elles pas prouver que les fleurs des *Crucifères*, telles que nous les voyons, sont déformées ?

SIXIÈME GENRE. — *Vesicaria.*

Le *Vesicaria* a un calice fermé, des pétales onguiculés, à limbe obtus ou un peu échancré, des étamines libres, quelquefois dentées en tout ou en partie, une silicule globuleuse, enflée, déhiscente et couronnée par un style assez marqué ; des valves et une cloison membraneuses, des semences peu nombreuses et ordinairement bordées.

Ce genre, fondé principalement sur la forme des silicules, n'est pas très-naturel, parce que les espèces qui le composent n'ont pas la même forme de végétation, et ne sont pas réunies par des caractères communs ; les unes ont le calice égal ; les autres, bosselé ; les étamines sont simples ou dentées, les valves membraneuses ou coriaces, etc. Ces différences et d'autres semblables formeraient autant de sections, si les espèces étaient plus nombreuses.

En attendant, nous nous contenterons de diviser ce genre en deux sections :

1° Les *Vesicariana*, à silicule globuleuse, à valves membraneuses et enflées ;

2° Les *Alyssoïdes*, à silicule ovale, à valves épaisses et convexes.

Les *Vesicariana* comprennent deux espèces européennes, qui ont quelque ressemblance pour le port, mais qui n'appartiennent pas, je crois, au même type.

La première est le *Vesicaria utriculata*, sous-arbrisseau qui se plaît sur les rochers calcaires, au pied des Alpes et des montagnes de l'Europe méridionale et orientale; ses rameaux frutescents résistent à l'hiver, et sont toujours couverts des vestiges des anciennes feuilles; ses fleurs, en grappes terminales et d'un jaune d'or, paraissent dès l'entrée du printemps, et ressemblent beaucoup à celles du *Cheiranthus cheiri*, qui croît sur les murailles; ses feuilles, recouvertes d'un vernis glauque, sont entières, glabres, un peu roides et touffues; ses pétales sont légèrement échancrés; son calice est bosselé et son torus chargé de quatre glandes nectarifères; le style tombe avant la maturation, et la silicule, en s'ouvrant, laisse voir dans chaque loge quatre ou six graines légèrement bordées et pendantes.

La seconde espèce ou le *Sinuata* se trouve en Espagne, sur les côtes de l'Istrie et de l'Illyrie. Elle est annuelle et fleurit plus tard que la première; sa tige et ses feuilles sont duvetées; son calice est entr'ouvert et égal; ses pétales, d'un beau jaune, sont bifides; ses filets sont chargés d'un renflement ou d'un appendice peu marqué; ses silicules sont globuleuses, ses semences bordées d'une aile membraneuse.

Le *Grandiflora*, dont je ne connais pas la patrie, est une herbe annuelle à feuilles ovales, dentées et recouvertes sur leurs deux surfaces de poils étoilés, le calice est égal et s'ouvre entièrement; les pétales sont étalés et d'un beau jaune; les étamines renflées à la base et entourant l'ovaire, m'ont paru dépourvues de glandes; les anthères amincies et fortement sagittées, recouvrent de leur pollen, avant l'épanouissement, la tête papillaire du stigmate; la silicule globuleuse renferme huit à dix semences lisses, sphériques et pédicellées.

Les deux autres espèces de la section sont étrangères, et ne paraissent pas appartenir non plus à un même type.

La section des *Alyssoïdes* ne comprend qu'une seule espèce européenne, le *Cretica*, petit sous-arbrisseau qui a le port du *Sinuata*, mais dont le calice est caduc, et la silicule recouverte d'un duvet étoilé.

Les autres espèces sont la plupart étrangères et jusqu'à présent mal déterminées. FRANKLIN, dans son voyage au pôle, en a rapporté deux sous-arborescentes, à tiges basses ou rampantes et à fleurs jaunes : l'*Arctica* du Groenland, et l'*Arenosa* du Suskatchawen.

SEPTIÈME GENRE. — *Schivereckia*.

Le *Schivereckia* est un nouveau genre qu'ANDRZEIOSKI, célèbre par ses travaux sur les *Crucifères*, a dédié au botaniste polonais SCHIVERECK. Son caractère consiste dans un calice égal et un peu lâche, des pétales oblongs, des étamines différemment conformées, quatre grandes membraneuses et denticulées, deux latérales filiformes.

Ce genre ne comprend qu'une espèce, le *Schivereckia podolica*, originaire des monts Urals, de la Wolhinie et de la Podolie; c'est une herbe vivace qui a le port de l'*Alyssum* et du *Draba*, et qui est recouverte d'un duvet blanchâtre. Ses feuilles radicales sont disposées en rosule; les caulinaires sont légèrement amplexicaules et les grappes sont terminales.

Elle fleurit dès le premier printemps, au jardin botanique de Genève; ses quatre pétales, d'un beau blanc, présentent l'apparence de deux fleurs soudées, parce que leur ouverture est resserrée au milieu et élargie sur les côtés, où se réunissent trois à trois les six étamines; les quatre grandes enveloppent de leurs filets élargis tout le pistil, qui est comme renfermé dans une petite loge; le pollen jaunâtre tombe ainsi en grande partie sur l'ovaire qui est velu, et le dissout en partie; la silicule est ovale, et les semences nues, un peu aplaties, sont disposées sur deux rangs.

HUITIÈME GENRE. — *Alyssum.*

L'*Alyssum* a le calice égal, les petales onguiculés, à limbe entier ou échancré; les étamines ordinairement dentées ou appendiculées en tout ou en partie; la silicule orbiculaire ou ovale, aplatie, à valves planes ou renflées au centre, et appliquées sur les bords; la cloison très-amincie est terminée par un style court; les semences peu nombreuses sont ovales, aplaties et quelquefois ailées.

Les espèces de ce genre varient assez pour les caractères; elles ont les fleurs blanches ou jaunes, les semences nues ou bordées, les filets dentés, non dentés ou dentés seulement en partie, les silicules planes ou convexes, à une ou deux semences, quelquefois même quatre; c'est la raison pour laquelle DE CANDOLLE les a divisées en plusieurs sections, qui formeront peut-être, un jour, autant de genres :

1° Les *Adyseton*, à fleurs jaunes, étamines dentées ;
2° Les *Anodontea*, à fleurs jaunes, étamines non dentées;
3° Les *Lobularia*, à fleurs blanches, étamines non dentées;
4° Les *Odontostemon*, à fleurs blanches, étamines dentées.

La première section, qui est en même temps la plus naturelle et la mieux marquée, se subdivise en deux groupes : celui des espèces à tiges sous-frutescentes ou persistantes, et celui des espèces herbacées ou annuelles.

Le premier et le plus riche comprend, dans DE CANDOLLE, vingt-quatre espèces qui vivent toutes sur les rochers des montagnes ou des collines de l'Europe centrale et méridionale, de la Sibérie ou du mont Atlas. L'espèce principale est le *Saxatile* de la Podolie et du Volga, cultivé dans nos jardins sous le nom de *Corbeille d'or*, à cause de la multitude de ses fleurs ramassées en touffes. Cette plante, comme celles du même groupe, a une racine frutescente et très-ramifiée, qui résiste à tous nos hivers et fournit, chaque année, des tiges stériles en rosule, destinées à remplacer les tiges florales. Les autres espèces appartiennent évidemment au même type, et il est impossible de n'y pas reconnaître plusieurs variétés, comme l'ont déjà observé DE CAN-DOLLE lui-même, GAUDIN et BENTHAM dans son voyage des Pyrénées. Elles ne se distinguent guère que par leurs tiges florales disposées en panicules, corymbes, grappes simples ou composées, leurs silicules plus ou moins ovales, comprimées et velues, leurs étamines différemment dentées, leurs graines plus ou moins bordées et souvent solitaires par avortement. Elles fleurissent toutes au premier printemps dans nos jardins, et sur les montagnes, au moment où la nature se réveille, et elles parent, à cette époque de l'année, les flancs décharnés des rochers, de leurs brillantes touffes d'un jaune d'or. On peut les sub-diviser peut-être en deux races : celle à tiges sous-frutescentes, qui est la plus nombreuse, et celle à tige sous-herbacée, dans laquelle on comprend deux espèces originaires de la Perse et de la Syrie, qui ont le calice fermé et allongé.

L'*Alyssum alpestre*, qui appartient aux espèces sous-frutescentes, est remarquable par les appendices de ses étamines, dont la réunion forme une corolle intérieure recouvrant l'ovaire : ceux des quatre grandes étamines sont tronqués et légèrement dentés au sommet, les autres sont étroits et lancéolés, tous sont conformés comme de vrais pétales.

Au reste ces *Alyssum* sous-frutescents ou sous-herbacés ont le port des annuels; cependant, si on les observait, on leur trouverait peut-être d'assez grandes différences organiques : ainsi, par exemple, les espèces dont les semences sont multiples ou ailées ne doivent pas avoir la même forme de dissémination que les autres. Je vois au jardin le *Serpyllifolium* de l'Atlas et de l'Espagne dont la silicule aplatie et monosperme est comme suspendue à un pédicelle réfléchi durant tout le cours de la maturation; tandis que dans le *Calicinum* de notre second groupe à silicule polysperme, la cloison orbiculée tombe avec les valves dont les bords épaissis forment un cercle vide attaché long-temps au pédicelle.

Le second groupe des *Adyseton* renferme les espèces annuelles qui croissent dans les champs, les sables et le long des torrents, dans l'Europe méridionale et centrale, la Podolie, la Tauride et la Sibérie. On en compte, jusqu'à présent, dix espèces, qui ont toutes le port et la végétation des *Adyseton* frutescents, mais qui sont dépourvues d'éclat et d'élégance, parce que leurs fleurs sont petites, d'un jaune pâle et leurs tiges presque toujours rampantes. On peut les considérer aussi comme dépendant d'un même type, et comprenant de même des variétés; cependant elles diffèrent entre elles non-seulement par leurs fleurs en grappes simples, paniculées ou même ombellifères, mais encore par la forme de leur silicule glabre, velue ou même tuberculée, la longueur de leur style, et leur calice caduc ou persistant, après la fécondation. L'Europe proprement dite, sans y comprendre les contrées orientales, n'en compte guères que deux espèces : le *Campestre* à silicule hérissée, beaucoup plus rare que le *Calicinum*, qui se trouve partout et se reconnaît à son stigmate sessile, à ses très-petites anthères placées plus haut, avec deux sétules qui accompagnent ses petites étamines, à son calice persistant et à ses pétales qui blanchissent sans tomber; ses grappes s'allongent en fleurissant, et ses silicules inférieures répandent déjà leurs graines que les supérieures ne sont pas encore fécondées. Il n'est point impossible que quelques-unes de ces espèces ne se multiplient par des rejets, comme je crois l'avoir observé du *Minutum*.

La section des *Anodontea* ne renferme que deux plantes annuelles : l'*Alyssum edentulum* des rochers calcaires du Bannat, et le *Dasycarpum* de la Sibérie; elles sont le passage des *Alyssum* aux *Vesicaria*, elles ont, en effet, la silicule des derniers, les tiges et les feuilles blanchâtres des premiers; mais elles n'appartiennent point au même type, car l'*Edentulum* a ses pétales grands et bifides, et sa capsule glabre; le *Dasycarpum*, les pétales courts, presque entiers, et la capsule velue.

Les *Lobulaires*, ou la troisième section des *Alyssum*, forment un groupe unique, composé de huit espèces, six originaires de l'Europe méridionale et deux de la Sibérie. Elles ont les fleurs blanches, les étamines non dentées et les tiges sous-frutescentes à la base. On les trouve sur les rochers calcaires, entre lesquels pénètrent leurs racines. L'espèce principale ou le *Maritimum* croît en abondance sur les bords de la Méditerranée, où elle se fait remarquer par ses touffes de fleurs blanches, qui se succèdent très-long-temps, ses silicules glabres et ses feuilles linéaires plus ou moins veloutées; le *Rupestre* des rochers de l'Italie n'en diffère guère que par ses feuilles argentées et ses silicules recouvertes d'écailles cotonneuses; les autres espèces, ou l'*Halimifo-*

lium, le *Macrocarpum*, le *Pyrenaicum* et le *Spinosum* ont le même port et les mêmes habitudes. Le dernier est remarquable par ses rameaux et ses pédoncules, qui deviennent épineux après la chute des graines ou l'avortement des fleurs, propriété qu'il partage jusqu'à un certain point avec le *Macrocarpum*.

Quelques botanistes, comme Moris, ont fait de l'*Alyssum maritimum* un genre particulier, auquel ils ont donné le nom de *Koniga*, et dont le caractère est d'avoir son calice ouvert et son torus chargé de huit glandes hypogynes; ils y rangent encore l'*Alyssum purpureum* de Lagasca, et le *Longicaule*, qui tous les deux sont originaires des montagnes du royaume de Grenade.

La dernière section, ou celle de l'*Odontostemum*, est formée d'une seule espèce, l'*Hyperboreum*, herbe vivace et gazonnante, qui a le port de l'*Hesperis arabidiflora*, et dont nous n'avons rien à dire.

Le principal objet de recherches dans ce genre, consiste dans les dents ou les prolongements des étamines. Quel est leur usage? Pourquoi les trouve-t-on dans certaines espèces et non pas dans d'autres qui en sont très-voisines? Pourquoi toutes les étamines en sont-elles quelquefois pourvues? Pourquoi manquent-elles souvent dans les latérales ou dans les grandes, ou pourquoi enfin disparaissent-elles dans certains individus ou se retrouvent-elles dans d'autres de la même espèce? Ces diverses questions ne recevront de solution satisfaisante que par des observations et des comparaisons attentives. En attendant, je remarquerai qu'on pourrait considérer ces appendices comme des organes avortés, peut-être des développements informes de pétales, qui, dans le cours de la végétation, ont été changés en étamines, et qui reparaîtraient dans les fleurs doublées. Gaudin dit, et je l'ai vérifié, que les étamines de l'*Alyssum calicinum*, et non pas celles du *Campestre*, lui ont toujours paru capillaires dans toute leur longueur. Il a observé de plus, après Schkuhr, que les latérales étaient accompagnées de deux arêtes ou filets libres, que Villars autrefois et ensuite Bieberstein avaient pris pour des filaments stériles. Dans le *Montanum* et plusieurs autres espèces, les dents des étamines forment autant d'ailes fort élargies, et dans le *Rostratum*, ou dans une espèce très-voisine, les appendices des quatre grandes se réunissent en utricule ou en sac, pour loger la silicule.

On devrait encore déterminer ici la position et la forme des glandes nectarifères, qu'on néglige souvent, parce qu'il est presque impossible de les observer sur les échantillons secs, et souvent très-difficile dans les fleurs fraîches. Je crois qu'elles sont, en général, peu marquées, mais qu'elles varient beaucoup, selon les espèces. De Candolle dit que dans le *Maritimum*, on en trouve quatre placées en dehors des grandes étamines. Le *Rostratum*, dont j'ai parlé plus haut et dans lequel les appendices sont réunis en godet, ses étamines latérales libres et entourées, à leur base, de deux belles glandes vertes, qui versent sans doute dans l'utricule leur suc mellifère. Enfin j'ai vu le *Campestre* chargé à la base de sa silicule tuberculée de quatre jolies glandes jaunes pédicellées, et qu'on ne trouve pas dans le *Calicinum*.

Les *Alyssum* des diverses sections m'ont paru des plantes dépourvues, en général, de mouvements organiques, excepté de ceux qui sont propres aux pédoncules, pendant et après la fécondation. Les fleurs du grand nombre ne se referment point et tombent assez promptement; au contraire, celles du *Calicinum* et de quelques espèces voisines resserrent leur corolle et leur calice, durant la maturation.

Ces plantes, qui se reconnaissent au premier coup-d'œil, à leurs tiges dures et étalées sur le terrain, à leurs feuilles sèches, ovales, lancéolées, et à leur surface recouverte de poils blanchâtres, courts, bifides, ramifiés ou étoilés, ne possèdent qu'à un faible degré la saveur âcre et brûlante qu'on trouve souvent dans les *Crucifères*.

La fécondation m'a paru directe dans tous les *Alyssum*, parce que les anthères entourent toujours le stigmate. A la dissémination, les valves s'ouvrent lorsque les silicules renferment plusieurs graines, autrement elles restent fermée. J'ai remarqué que les semences sont souvent pendantes et attachées par un pédicelle au sommet de la silicule.

J'indique ici, comme pouvant être réuni aux *Alyssum*, le *Meniocus*, herbe annuelle, à pétales petits, entiers et blancs, qui se trouve en Espagne et en Orient. Elle se fait remarquer par ses tiges rameuses et dures, et ses feuilles recouvertes d'un duvet blanc et étoilé. Elle diffère des *Alyssum* par sa silicule un peu allongée, aplatie comme celle de la *Drave*, et qui contient six à huit semences dans chaque loge.

NEUVIÈME GENRE. — *Clypeola*.

Le *Clypeola* a un calice non bosselé, des pétales entiers, des étamines dentées, une silicule orbiculaire, plane, légèrement échancrée, uniloculaire et monosperme, un stigmate sessile, une semence aplatie, centrale et attachée latéralement à un funicule horizontal.

Ce genre est formé de trois plantes annuelles petites, droites ou diffuses, et recouvertes d'un duvet court et étoilé; leurs feuilles sont oblongues, linéaires et entières, leurs grappes terminales et redressées, leurs pédicelles filiformes, courts et nus; leurs fleurs petites et jaunes, blanchissent quelquefois après la fécondation.

Le *Clypeola* a le port et la végétation des *Alyssum* ; sa silicule diffère de celle du *Peltaria*, à laquelle elle ressemble d'ailleurs beaucoup, parce qu'elle est toujours bordée de cils ou de dentelures, et recouverte de poils ras et allongés, mols ou rudes.

De Candolle, d'après Desvaux, partage ce genre en trois sections :

1° Le *Jonthlaspi*, à silicule ciliée sur les bords, glabre ou légèrement pubescente sur le disque, une espèce ;

2° L'*Orium*, à silicule dentée sur les bords, recouverte de poils lanugineux, une espèce ;

3° Le *Bergeretia*, à silicule dentée sur les bords, hérissée de poils roides sur le disque, une espèce.

De ces trois espèces, la plus connue est le *Clypeola Jonthlaspi*, répandu le long des murs et sur les collines calcaires du midi de l'Europe, où il fleurit presque à l'entrée du printemps. C'est une plante sans apparence, dont les fleurs jaunes sont très-petites, et dont les calices ne tombent que tard. De Candolle dit que toutes ses étamines sont dentées, et Gaudin qu'il n'a aperçu qu'une longue dent à la base externe des étamines latérales. A mesure que la plante fleurit, ses silicules élégantes et membraneuses se déjettent, puis elles se détachent sans s'ouvrir ; cependant les deux valves sont distinctes et facilement séparables. Mais l'avortement de la cloison et celle des graines s'opère de trop bonne heure pour qu'on puisse voir la séparation.

Le *Clypeola eriophora*, qui forme la seconde section, est une plante des environs de Madrid, à calice persistant et silicule fortement échancrée.

L'*Echinata* de la troisième section a, comme les deux autres, les fleurs très-petites, le calice promptement caduc, les pédicelles réfléchis et les silicules pendantes.

On peut ajouter à cette dernière section le *Cyclodontea*, qui a tout-à-fait le caractère du genre, les étamines dentées, les fleurs jaunes très-petites et les feuilles épaisses et comme incrustées de poils blanchâtres et étoilés, mais ses silicules pendantes, latérales et discoïdes, sont tuberculées, blanchâtres, et leur contour ressemble tout-à-fait aux dents d'une roue.

A la dissémination, la silicule débarrassée de son calice, comme dans le *Jonthlaspi*, se rompt au sommet de son pédoncule réfléchi.

Cette plante annuelle a été trouvée par Delile aux environs de Montpellier, au milieu des laines arrivées de l'Afrique, auxquelles elle s'était attachée par les dents tuberculées de sa silicule pendante et par conséquent destinée à être transportée.

DIXIÈME GENRE. — *Peltaria.*

Le *Peltaria* a le calice ouvert et non bosselé, les pétales entiers et arrondis, les étamines non dentées, la silicule orbiculaire ou ovale et aplatie, uniloculaire et surmontée d'un stigmate en tête; elle renferme dans sa jeunesse deux à quatre semences qui se réduisent quelquefois à une seule, la cloison elle-même disparaît, et les valves d'abord renflées s'aplatissent; les semences sont pendantes.

Les *Peltaria* sont des herbes vivaces, glabres et droites; leurs feuilles sont entières, les radicales pétiolées et ovales, les autres sessiles ou sagittées et amplexicaules; les grappes sont nombreuses et disposées en corymbe, les pédicelles, redressés à l'époque de la fécondation, s'étalent ensuite, ou même se recourbent; les pétales sont blancs.

Ce genre est distingué de tous ceux qui l'avoisinent par sa conformation générale; sa silicule diffère de celle du *Clypeola*, parce qu'elle renferme plusieurs graines, et qu'elle ne devient uniloculaire que par la suite de la végétation; d'ailleurs ses étamines ne sont point dentées.

Les trois espèces qui le forment actuellement, sont : l'*Alliacea* de l'Istrie, de la Dalmatie et du Piémont, l'*Angustifolia* et le *Glastifolia* des environs de Damas ou d'Alep; elles appartiennent au même type et ne diffèrent pas essentiellement entre elles. La première, très-distincte par la forte odeur qu'elle répand lorsqu'on la broie, est cultivée dans la plupart de nos jardins, où elle se fait remarquer, à la fin du printemps, par ses feuilles glauques et semblables à celles de l'*Isatis*, par ses nombreuses fleurs à calice caduc et blanchâtre, enfin par ses pétales d'un blanc de lait. Ses étamines non dentées sont un peu élargies à la base, et ses glandes nectarifères s'aperçoivent à peine; sa silicule fortement bordée et comme ailée, ne s'ouvre point à la dissémination, et même ne peut point facilement se séparer en deux valves, quoiqu'elle contienne souvent plus d'une graine; ce qui montre que sa déformation, qui a commencé plus tard, a été plus considérable que celle du *Clypeola*.

Les deux dernières espèces de ce genre sont encore peu connues.

ONZIÈME GENRE. — *Petrocallis.*

Le *Petrocallis* a un calice égal, des pétales entiers, des filets non dentés, un style très-court, une silicule ovale, à cloison membraneuse, des valves planes et marquées de nervures dans leur milieu, des loges à deux semences non bordées, des funicules adnés à la cloison, et des cotylédons obliquement accombants.

Le *Petrocallis* est un genre créé par R. Brown, et qui ne renferme qu'une seule espèce, le *Draba pyrenaica* de Linné, qu'on trouve sur les montagnes élevées du midi de l'Europe, dans les Alpes de la Savoie, de la Suisse, de la Carinthie, etc. Ses racines sont des rhizomes ligneux et très-ramifiés, qui forment sur le terrain des rosules comme celles des *Saxifrages palmées*, et dont les feuilles sont épaisses, brillantes, ciliées à la base, profondément trifides ou quinquéfides au sommet. Les hampes sont latérales et non terminales, en sorte que les mêmes tiges s'allongent indéfiniment, et redonnent, toutes les années, de nouveaux corymbes, qui s'allongent ensuite en grappes.

Les fleurs du *Petrocallis* paraissent à la fin du printemps; elles sont grandes et d'un violet lilas; leurs calices sont légèrement colorés sur les bords; leurs étamines latérales sont recourbées; la silique est glabre, légèrement enflée, échancrée; les semences sont grandes, ovales, allongées.

Cette plante a été séparée des *Draves*, principalement à cause du petit nombre de ses graines, dont le funicule adhère à la cloison, comme dans la *Lunaire*. Elle est encore remarquable par ses cotylédons, qui ne sont pas exactement accombants. Gaudin, dans sa *Flore helvétique*, vol. iv, pag. 263, dit que M. Gay, si connu par l'exactitude de ses observations, sur seize semences de *Petrocallis*, en a trouvé une notorhizée, deux seulement pleurorhizées, et treize dans une position intermédiaire; ce qui prouve qu'au moins dans cette plante, la direction de la radicule est variable.

Le *Petrocallis* est une de ces plantes que je désignerai sous le nom de difformes, dont le port n'annonce pas l'organisation de la fleur; elle a, en effet, la végétation des *Draba Aizopsis* et la silicule des *Lunaires*. Les funicules, selon Koch, sortent par le sommet de la capsule ouverte.

DOUZIÈME GENRE. — *Drave.*

La *Drave* a un calice entr'ouvert, peu ou point bosselé, des pétales entiers ou légèrement échancrés, des étamines non dentées, une silicule entière, ovale ou oblongue, des valves à peu près planes, une cloison membraneuse de même largeur que les valves, des semences nombreuses, nues et disposées sur deux rangs.

Ce genre est composé d'herbes annuelles ou vivaces, tantôt basses et gazonnantes, tantôt élevées et rameuses; leur surface est glabre, velue ou duvetée; leurs feuilles sont dures ou molles, linéaires ou ovales, entières ou dentées; leurs grappes sont terminales, leurs pédi. celles nus et filiformes, leurs fleurs jaunes ou blanches.

La plupart des *Draves* vivent sur les montagnes élevées, dans les régions froides ou tempérées; les autres, en petit nombre, descendent dans les plaines, où elles se ressèment chaque année. Elles habitent presque toutes l'hémisphère boréal de l'ancien continent, principalement l'Europe orientale et la Sibérie, où les botanistes russes en ont découvert, depuis quelque temps, un assez grand nombre. On en compte aujourd'hui près de soixante-dix, en y comprenant quelques espèces originaires des deux Amériques.

Ce genre, d'où l'on a exclu le *Draba verna* de Linné, à cause de ses pétales bifides, peut être, selon De Candolle, divisé en cinq sections, dont les trois premières renferment des herbes vivaces, et les deux autres, des annuelles.

1° Les *Aizopsis*, à feuilles roides et ciliées, à style assez allongé et fleurs jaunes;

2° Les *Chrysodraves*, à feuilles ni roides ni carénées, à style court et fleurs jaunes;

3° Les *Leucodraves*, à feuilles molles et fleurs blanches;

4° Les *Holarges*, à style court et fleurs blanches;

5° Les *Drabelles*, à stigmate sessile et fleurs blanches.

Les mêmes sections peuvent être présentées analytiquement sous la forme suivante :

Draves vivaces.	Fleurs jaunes.	Feuilles roides. .	*Aizopsis.*
		Feuilles molles. .	*Chrysodraves.*
	Fleurs blanches.		*Leucodraves.*
Draves annuelles.	Style court, mais distinct		*Holarges.*
	Style nul.		*Drabelles.*

Il y a de plus quelques espèces qui ne sont pas assez connues pour être rapportées sûrement à l'une de ces sections.

Les *Aizopsis* comprennent onze espèces appartenant toutes au même type, parce qu'elles ont la même végétation, la même foliation et la même inflorescence. Elles ne diffèrent que par des caractères secondaires, tirés principalement du nombre des fleurs, de la forme des feuilles nues ou ciliées, de la longueur relative des pétales, du calice et des étamines, ou du style et de la silicule, etc. De ces onze espèces, plusieurs habitent les rochers du Caucase ou de la Sibérie; trois seulement se rencontrent en Europe : l'*Aïsoon* de l'Autriche et de la

Croatie, le *Cuspidata* de l'Espagne et des Apennins, et l'*Aizoïdes*, commun sur presque toutes nos montagnes.

Cette dernière espèce, dont la description s'applique à peu près à toutes les autres, tapisse, dès les premiers jours du printemps, les rochers, de ses belles fleurs d'un jaune éclatant; elle se multiplie par des rejets qui partent de ses feuilles inférieures, et pousse continuellement du sommet, parce que ses hampes sont réellement des pédoncules latéraux. A mesure que les tiges se développent en hauteur, elles se couchent dans leur partie inférieure, et se changent insensiblement en un rhizome, long-temps recouvert des anciennes feuilles, sur lesquelles on remarque des points noirs et réguliers qu'on peut considérer comme autant de petites *Sphéries*.

Quoique le calice de l'*Aizoïdes* ne soit pas bosselé, son torus est presque entièrement nectarifère, et ses petites étamines sont entourées à leur base de deux glandes assez saillantes. La fécondation est immédiate, les anthères répandent leur pollen sur la petite tête aplatie et papillaire du stigmate placé à la même hauteur, et l'on peut remarquer que les six étamines sont toutes égales et équidistantes.

Les *Chrysodraves* ont les fleurs jaunes des *Aizopsis*, mais leur style est très-court, et leurs feuilles ne sont ni roides ni carénées ; on en compte aussi onze espèces, la plupart originaires de la Sibérie et surtout du Caucase; deux d'entre elles forment un type particulier, et se trouvent sur les montagnes du Mexique; une autre, la *Muricelle*, est commune à la Sibérie et aux montagnes de la Norwége ; une dernière enfin, l'*Alpina*, est purement européenne, et vit sur les montagnes de la Norwége et de la Laponie.

Les neuf *Chrysodraves* de l'ancien continent, dont quelques-unes sont aussi des variétés, ont tout-à-fait le port et la végétation des *Aizopsis*, et ne s'en distinguent guères que par leurs feuilles molles, velues et planes. Elles diffèrent principalement les unes des autres par leurs poils simples ou radiés, leurs feuilles entières ou dentées, et leurs silicules ovales, oblongues et elliptiques; plusieurs se multiplient par des drageons, et allongent, chaque année, leurs tiges gazonnantes et sous-ligneuses; elles fleurissent à la même époque que les *Aizopsis*, et comme leur style est toujours raccourci, leurs étamines ne sont jamais saillantes.

Les *Leucodraves* comptent quinze espèces, qui ont le port et la végétation des deux premières sections; elles habitent les rochers des montagnes élevées de l'ancien continent, à l'exception du *Calicina*, qui est originaire du Pérou, et se reconnaît à son calice persistant et à sa hampe uniflore. On en trouve trois dans l'Amérique boréale, une en Sibérie, sur les rivages de l'Océan, une sur le Caucase, quatre en Norwége et en Laponie, six ou sept sur les Pyrénées ou les montagnes de la Suisse. Mais ces espèces ont souvent tant de rapports entre elles, que leur synonymie est fort embarrassée. Elles se distinguent à leurs différents degrés de villosité, à la forme de leurs feuilles entières, dentées, nues ou ciliées, surtout à leurs silicules ordinairement plus allongées que dans les *Aizopsis* ou les *Chrysodraves;* une des plus remarquables est le *Stellata* des Pyrénées et de la Suisse, qui doit son nom aux poils étoilés de ses feuilles; sa hampe latérale est à peu près nue, mais son port n'est pas celui des *Aizopsis*. Les autres sont principalement l'*Helvetica*, qui habite la limite des neiges éternelles, et le *Rupestris* de l'Ecosse et de la Norwége, qui donne des rejets rosulacés et dont les hampes latérales portent cinq ou six fleurs blanches à silicules aplaties et allongées.

Les *Holarges* sont moins nombreux et plus irrégulièrement distribués que les *Leucodraves;* deux seulement habitent l'Europe, les six autres croissent au nord de l'Amérique septentrionale, au Groenland, en Sibérie, ou même au détroit de Magellan. Leurs tiges sont rameuses et feuillées; leurs fleurs, disposées en grappes, sont portées sur des pédicelles filiformes ordinairement redressés pendant la fécondation. Parmi les *Holarges*, je remarque le *Rumnolorica* qui a le port d'un *Thlaspi*, mais dont les feuilles sont velues et les fleurs axillaires ramassées au sommet en petits corymbes aplatis; le *Confusa* de la Suède, peu différent du *Stylaris*, et le *Contorta*, dont les silicules aplaties et glabres se tordent après la fécondation comme celles de l'*Arabisans*, et préparent ainsi l'œuvre de la dissémination. Ces plantes, la plupart bisannuelles, vivent de préférence dans les contrées froides, sur les bords des mers boréales ou sur les montagnes. Quelques-unes sont mal déterminées et pourraient bien être considérées comme des variétés : l'*Aurea* du Groenland a les pétales jaunes, toutes les autres ont les fleurs blanches.

Les *Drabelles* ne sont guères séparées des *Holarges* que par leur stigmate sessile et la petitesse de leurs fleurs jaunes ou blanches; la principale espèce de cette dernière section, qui n'en compte que quatre, est le *Draba muralis*, qui fleurit, au printemps, le long des murs et des haies, où il se fait remarquer par ses rosules et ses tiges rameuses, chargées de feuilles caulinaires amplexicaules et dentées; ses silicules étalées sont tout-à-fait semblables à celles de l'*Erophila verna*, mais ses pétales sont entiers. Les autres espèces qui appartiennent au même type, sont le *Lutea* du pied du Caucase, et le *Nemoralis* des Pyrénées et de la Transylvanie, tous les deux à fleurs

jaunes et ne méritant guères d'être séparés. Ces trois plantes, ainsi
que le *Caroliana* et le *Nummularia*, ont les semences petites et nombreuses.

Les *Draves*, comme l'on voit, présentent deux formes de végétation : celle des espèces à rosule et à hampe, qui se multiplient par
des rejets ou par des développements successifs, et celle des espèces
à tige proprement dite qui ne se propagent que par leurs graines.
Les premières habitent exclusivement nos montagnes, où leurs feuilles
petites et souvent assez épaisses bravent tous les frimas; les autres
descendent quelquefois dans les plaines et disparaissent promptement,
après avoir répandu leurs semences. Les deux *Chrysodraba* du Mexique, le *Jorullensis* et le *Toluccana*, semblent faire exception à la
règle que je viens d'établir; car elles sont vivaces, et ont cependant
des tiges feuillées; rien n'aurait empêché non plus qu'on ne trouvât
des *Draves*, qui, à l'exemple de l'*Erophila verna*, auraient des
hampes et des rosules, et seraient pourtant annuelles; mais, jusqu'à
présent du moins, cette forme de végétation ne s'est pas encore
présentée dans ce genre.

Les silicules des *Draves* varient beaucoup pour la forme; elles
s'allongent quelquefois assez pour ressembler à celles des *Arabis*,
comme dans le *Draba arabisans* des bords du lac Champlain; ordinairement elles sont redressées, de manière à former une ligne droite
avec leur pédoncule; quelquefois, au contraire, elles prennent une
position oblique, ou bien elles se contournent et se tordent, comme
dans le *Contorta* et le *Confusa*. Ce petit phénomène, que j'ai déjà
remarqué dans le *Farsetia clypeata*, a sans doute pour but de séparer
les valves et de favoriser la dissémination.

On a peu étudié les glandes nectarifères et la fécondation des
Draves, parce qu'on a rarement l'occasion de rencontrer ces plantes
vivantes; cependant, les espèces à style court et à étamines cachées,
ne doivent pas avoir leurs fleurs conformées exactement comme celles
à style allongé et à étamines saillantes; c'est ce que l'observation peut
seule apprendre. En attendant, je remarque que les pétales des
Draves ne paraissent pas doués de mouvements organiques; ils ne
se referment plus quand une fois ils sont ouverts, mais ils se séparent lentement, et blanchissent quelquefois avant de tomber. Les
grappes florales s'allongent ordinairement beaucoup pendant la fécondation.

L'*Erophile* a un calice bosselé et un peu lâche, des pétales profondément bilobés, des étamines libres et non dentées, une silicule ovale ou oblongue, à cloison membraneuse, des valves à peu près planes et un stigmate sessile, des semences nombreuses, petites, nues et bisériées.

Les *Erophiles* sont de petites plantes annuelles, ou plutôt bisannuelles, détachées par DE CANDOLLE du genre des *Draves,* à cause de leurs pétales profondément bifides; elles ont tant de ressemblance entre elles, qu'elles peuvent être considérées comme des variétés modifiées par le climat; on les trouve, en effet, dispersées dans l'ancien et le nouveau monde, où elles fleurissent dès le premier printemps, et disparaissent dès qu'elles ont répandu leurs graines.

Ces plantes ont toutes une racine grêle et de petites feuilles radicales glabres ou velues, ovales ou oblongues, et disposées en rosule; leurs hampes sont nues, droites et toujours latérales, comme celles des *Draves;* leurs pédicelles allongés et dépourvus de bractées; leurs fleurs petites, blanches et un peu penchées avant l'épanouissement, s'ouvrent au soleil et se referment à l'obscurité.

Ce genre est formé de cinq espèces : le *Vulgaris* de l'Europe, l'*Americana* de l'Amérique boréale, le *Præcox* du Caucase, le *Minutissima* des environs de Constantinople, et le *Muscosa* du Pérou. Elles diffèrent surtout par la longueur de leur silicule et celle de leur hampe plus ou moins feuillée, mais elles appartiennent toutes au même type, et peuvent être considérées, je crois, comme autant de variétés. Le *Vulgaris* lui-même en renferme deux : celle à feuilles épaisses et incisées qui vit dans nos cultures, et celle à feuilles plus amincies et à peu près entières qui croît sur les terrains stériles.

L'espèce européenne, qui se rencontre presque partout, et qui vit, comme les autres, sur les bords des champs et des haies, principalement dans les terrains maigres et sablonneux, s'annonce, dès l'automne, par ses petites rosules qui résistent à toutes les intempéries, et sont souvent si nombreuses que leurs fleurs forment comme un nuage blanc, qui couvre au loin le sol.

On peut prolonger la vie de ces plantes si fugitives, en les empêchant de fleurir. J'ai vu des pieds d'*Erophila vulgaris,* dont on avait supprimé les hampes, conserver leur végétation tout l'été, et pousser de leurs racines de nouvelles rosules. On ne doit guère douter que la plupart des espèces annuelles ne présentassent le même phénomène dans des circonstances semblables.

Les filets de l'*Erophile* sont renflés à la base, mais non pas nectarifères; leurs graines se sèment avant la fin du printemps, et supportent, sans s'altérer, les plus grandes chaleurs de l'été; elles germent pendant les pluies de l'automne, quelquefois plus tôt, et alors elles refleurissent la même année. Les *Erophiles* diffèrent des *Draves*, comme les *Berteroa* des *Alyssum*, par leurs pétales bifides.

QUATORZIÈME GENRE. — *Cochlearia*.

Les *Cochlearia* ont un calice entr'ouvert à sépales concaves, des pétales à limbe ovale ou obtus, des étamines non dentées, un style très-court, une silicule globuleuse, elliptique ou oblongue, et marquée d'une nervure dorsale, une cloison membraneuse, des valves convexes ou un peu épaissies, des semences ordinairement nombreuses et nues.

Les *Cochlearia* sont des herbes annuelles ou vivaces, souvent glabres ou charnues, quelquefois cependant recouvertes de poils simples ou bifurqués; leurs feuilles sont ordinairement pétiolées dans le bas et sagittées vers le haut; leurs pédicelles sont nus, étalés, filiformes ou un peu anguleux, leurs fleurs blanches, excepté dans une seule espèce.

Ce genre est plutôt séparé des autres par son port, ses feuilles épaisses, lisses, d'un vert lustré, que par les caractères tirés de sa fleur et de la forme variable de son péricarpe. Il diffère des *Draba*, non-seulement par sa végétation et la nature de ses poils, mais encore par ses valves ordinairement enflées et épaissies, et ses fleurs qui ne sont jamais jaunes.

DE CANDOLLE divise les *Cochlearia* en quatre sections, d'autant plus naturelles que quelques botanistes en font autant de genres.

1° Les *Kernera*, à silicule globuleuse, et valves un peu roides;

2° Les *Armoracia*, à silicule ellipsoïde ou oblongue, à style filiforme et stigmate en tête;

3° Les *Cochlear*, à silicule de forme variée, non échancrée au sommet, à style très-court ou nul;

4° Les *Jonopsis*, à silicule arrondie, un peu comprimée, échancrée au sommet, à fleurs pourpres ou lilas.

Les *Kernera* ne comprennent, jusqu'à présent, qu'une seule espèce, le *Cochlearia rupestris* des montagnes calcaires de l'Europe centrale et méridionale; sa racine est un rhizome qui s'attache aux fentes des rochers, et pousse, toutes les années, des rosules de feuilles sèches, spathulées et chargées de quelques poils simples, rudes et blanchâtres; ses tiges sont grêles, flexueuses, ramifiées et chargées de feuilles sessiles, linéaires, incisées ou même amplexicaules, et jamais plissées avant leur développement. Le calice et la fleur surtout sont d'un blanc pur, les glandes placées entre les petites étamines et l'ovaire sont vertes et bilobées, les quatre grandes étamines, rapprochées deux à deux à la base, sont divariquées au sommet, et, par cette disposition, les six anthères se trouvent sur le même plan et à la même hauteur. C'est une charmante plante qui, dans les mois de mai et de juin, décore le sommet de nos rochers, et dont les semences sont au nombre de six dans chaque loge. MONNARD observe dans GAUDIN que leur radicule n'est pas toujours pleurorhizée.

Les *Armoracia* ne comprennent non plus qu'une espèce européenne, l'*Armoracia* des marais un peu montueux de l'Europe, qui se distingue de presque tous les autres *Cochlearia*, par son rhizome ou sa souche dont les étranglements se rompent pour la reproduction, et redonnent des jets dont les premières feuilles sont allongées et entières, et les suivantes pennatiséquées; sa tige est terminée par des grappes nombreuses de petites fleurs blanches; ses semences avortent souvent, comme celles de la plupart des *Crucifères* à grosse racine.

Cette espèce, qui se trouve rarement spontanée, est commune dans les jardins; elle forme dans KOCH et dans quelques autres auteurs, un genre à part, parce que sa silicule n'a pas la nervure dorsale des *Cochlearia*. Le *Macrocarpa* des marais de la Hongrie, n'en est probablement qu'une variété.

La troisième section, ou celle des *Cochlear*, qui comprend les anciens *Cochlearia*, est actuellement formée de près de vingt espèces, dont plusieurs sont étrangères et encore mal déterminées; les plus connues appartiennent au même type, et peuvent être représentées par le *Cochlearia officinalis*. Ce sont des plantes glabres et d'un beau vert, à feuilles radicales arrondies ou creusées en cuiller, et à feuilles caulinaires sessiles, amplexicaules ou sagittées; leurs fleurs, assez grandes et d'un blanc de lait, paraissent successivement, depuis le milieu du printemps jusqu'au commencement de l'été. Les espèces européennes, à peu près au nombre de six, sont fort rapprochées; elles se plaisent au bord des eaux, et sont surtout répandues sur les côtes septentrionales de la France, de l'Allemagne et de la Baltique; de là, elles se dirigent d'un côté, sur le Groenland, la baie de Baffin et la terre de Labrador, et de l'autre, sur les rivages de la Sibérie, à l'embouchure de la Léna, aux îles Aléutiennes, etc.

Je ne les connais pas assez pour rien dire de leur fécondation, mais je vois qu'elles sont, en général, annuelles ou plutôt bisannuelles, et se ressèment, chaque année sur les rivages des mers qu'elles ornent de leurs belles touffes vertes, dès que le printemps vient animer la végé-tation de ces contrées sauvages et reculées.

Les *Jonopsis* ne contiennent qu'une seule espèce, qui croît sur les collines basaltiques ou calcaires du Portugal, et qui porte le nom d'*Acaulis*, à cause de sa petitesse. Elle se distingue par ses pétales pourprés, trois fois aussi grands que le calice et par ses semences nombreuses; sa racine est vivace, ses pédoncules sont radicaux ou axillaires; sa silicule échancrée la rapproche des *Thlaspi*, dont l'éloi-gne son port et son feuillage.

Troisième tribu. — THLASPIDÉES ou PLEURORHIZÉES ANGUSTISEPTES.

Les *Thlaspidées* ont une silicule biloculaire, bivalve, à cloison très-étroite et linéaire, des valves carénées ou naviculaires, des semences ovales, aplaties et souvent bordées, des cotylédons planes, accombants.

C'est une tribu très-distincte, rapprochée seulement de celle des *Lépidinées*, dont elle se distingue par ses cotylédons accombants et ses semences plus aplaties; elle renferme des genres à pétales inégaux, comme l'*Iberis* et le *Teesdalia*, et un autre, le *Biscutella* à embryon inverse, c'est-à-dire dont la radicule se dirige vers le bas de la silicule. Les cotylédons sont évidemment perpendiculaires à la cloison, lorsque les loges sont monospermes.

PREMIER GENRE. — *Thlaspi*.

Le *Thlaspi* a son calice non bosselé, ses pétales entiers et égaux, ses étamines libres et non dentées, ses silicules aplaties, échancrées, sa cloison oblongue ou ovale, son style filiforme ou très-court, ses valves naviculaires et ailées sur le dos, ses semences nues, ordinaire-ment nombreuses dans chaque loge, ses cotylédons un peu convexes.

L'essence de ce genre consiste dans des valves naviculaires prolon-gées sur le dos en ailes membraneuses; les plantes qui le composent sont des herbes annuelles ou vivaces, à tige droite et rameuse, à feuilles glabres, glauques, entières ou dentées, ordinairement pétiolées à la base et amplexicaules sur la tige; les fleurs blanches sont disposées en grappes terminales et portées sur des pédicelles nus.

DE CANDOLLE divise les *Thlaspi* en cinq sections distinctes, et qui pourraient être considérées comme autant de genres si elles étaient plus riches en espèces.

1° Les *Pachyphragmes*, à cloison épaisse, à silicule large, légèrement échancrée, à quatre semences non striées ; une espèce;

2° Les *Carpoceras*, à valves dont le sommet est allongé en corne, quatre semences striées; une espèce;

3° Les *Nomisma*, à valves entièrement bordées, semences nombreuses et striées; trois espèces;

4° Les *Neurotropes*, à valves bordées et circonscrites par une nervure, semences nombreuses et non striées; deux espèces;

5° Les *Ptérotropes*, à valves entièrement bordées et non circonscrites par une nervure, semences non striées ; sept espèces.

La première section comprend le *Thlaspi latifolium*, plante vivace de l'Ibérie et du Caucase, qui fleurit au printemps et se distingue de toutes les espèces du genre par son port et ses feuilles radicales, cordiformes, auriculées et longuement pétiolées ; sa corolle est trois fois aussi longue que son calice, ses semences sont pendantes, géminées, planes d'un côté et convexes de l'autre.

Le *Thlaspi carpoceraton*, qui forme seul la seconde section, est originaire des plaines salées de la Sibérie, mais croît facilement dans nos jardins, où il est annuel et fleurit à la fin du printemps; ses feuilles caulinaires sont sagittées, amplexicaules; sa corolle est petite et ses silicules se prolongent en deux cornes aplaties; ses semences sont géminées, pendantes et striées; enfin ses capsules, longuement pédonculées, sont distribuées autour de la tige sur cinq rangs très-symétriques.

Les *Nomisma* sont au nombre de trois : l'*Arvense*, le *Baicalense* et le *Collinum*, qui forment un seul type et probablement une seule espèce. Le premier, qui se rencontre dans toute l'Europe, et même dans l'Amérique septentrionale où il s'est sans doute semé, est une plante à odeur d'ail, remarquable par sa grande silicule profondément échancrée, et ses semences élégamment rayées de stries concentriques. Ses fleurs, qui paraissent dès le commencement du printemps, m'ont paru dépourvues de glandes ; il en est de même de celles du *Baicalense*, qu'on cultive dans les jardins de botanique, et qui ne diffère presque du *commune* que par ses silicules plus allongées et moins orbiculaires.

Les deux espèces de *Neurotropes* sont originaires de l'Ibérie ou du nord de la Perse, et ont le port du *Thlaspi arvense*, mais elles s'en distinguent facilement par leurs semences non striées, et surtout par leur silicule marquée de rayons qui s'étendent du centre à la circonférence.

Les Ptérotropes forment la section la plus nombreuse; des sept espèces qui les composent, cinq sont européennes et appartiennent au même type; mais elles se distinguent en deux sous-types : le premier est formé de l'*Alliaceum* et du *Perfoliatum*, plantes annuelles et répandues dans les champs de toute l'Europe; le second contient deux et peut-être trois espèces vivaces, l'*Alpestre*, le *Montanum*, l'*Heterophyllum*, qui habitent les Pyrénées, les Alpes, etc., où la première au moins se multiplie par des rejets. On peut y ajouter, je crois, le *Præcox*, que l'on considère comme une variété du *Montanum*, mais qui est très-remarquable par sa précocité, son port et ses touffes feuillées à racines fibreuses.

Les *Thlaspi* européens ont entre eux de grands rapports, soit pour la végétation, soit pour la conformation générale. Ils fleurissent tous au printemps, les vivaces sur nos montagnes, les annuels dans nos blés; leurs fleurs, d'abord en corymbe, s'allongent de bonne heure et finissent par former, dans la maturation, des grappes très-régulières dont les silicules sont disposées symétriquement sur des pédicelles de même longueur; la dissémination commence par le bas, et les valves se séparent sans se déformer.

La principale différence qui existe dans les espèces européennes est celle des graines, ordinairement lisses, mais quelquefois très-élégamment striées de raies concentriques. Quelle est la raison de cette différence dans des plantes d'ailleurs si semblables? c'est ce que j'ignore.

Presque tous les *Thlaspi* européens ont les feuilles molles, à nervures peu sensibles, d'un vert glauque, et chargées à l'extrémité de leurs dentelures de dents assez marquées. Ces feuilles, comme les autres parties de la plante, ont une saveur d'ail souvent très-prononcée.

Les calices tombent lentement après la floraison, et les pétales de quelques espèces, comme le *Perfoliatum*, s'ouvrent au soleil et se referment le soir, mais les silicules restent toujours droites, et lorsqu'elles sont étalées, elles forment, comme je l'ai déjà dit, des grappes qui ne sont pas dépourvues d'élégance.

Ces plantes, comme nous venons de le voir, habitent l'hémisphère boréal, à l'exception du *Magellanicum*, voisin du *Perfoliatum* et de l'*Alpestre*. Elles nuisent à la culture des céréales, avec lesquelles elles aiment à croître, et au moyen desquelles elles se multiplient.

Je n'ai pas suivi leur fécondation, mais j'ai remarqué que les unes, comme l'*Alpestre*, avaient leurs étamines saillantes, tandis que les autres en plus grand nombre les cachaient dans la corolle; j'ai vu de plus que les glandes du torus étaient à peu près nulles, au moins dans les deux dernières sections : enfin je note que dans l'*Arvense* bisannuel et non annuel de la section des *Nomisma*, les valves se séparent au moment où les graines mûres se détachent de leurs pédicelles.

Les fleurs dans cette espèce se penchent la nuit sur leurs pédoncules.

SECOND GENRE. — *Hutchinsia.*

L'*Hutchinsia* a un calice droit et non bosselé, des pétales égaux et entiers, des étamines libres et non dentées, une silicule oblongue ou elliptique, aiguë ou tronquée, aplatie et entière, les valves sont naviculaires et sans rebords, la cloison membraneuse et aiguë aux deux extrémités, les semences pendantes, alternes, de deux à huit dans chaque loge.

Les *Hutchinsia* sont des herbes vivaces rarement annuelles, et toujours glabres ; leurs tiges sont nombreuses, leurs feuilles entières ou pennatifides, leurs fleurs blanches ou rougeâtres, leurs grappes droites et terminales, leurs pédicelles nus et filiformes, leurs feuilles inférieures souvent opposées.

Elles diffèrent des *Iberis* par leurs pétales égaux, des |*Thlaspi* par leurs silicules |ni bordées ni échancrées, des *Draves* par leurs valves naviculaires, et des *Lepidium* par leurs loges non monospermes.

De Candolle les divise en deux sections très-distinctes :

1° Les *Iberidella*, à style filiforme et feuilles entières ou légèrement dentées ;

2° Les *Nasturtiolum*, à feuilles pennatilobées.

La première section est formée de plantes appartenant toutes au même type, et placées autrefois dans les *Iberis ;* elles habitent les pentes des montagnes et s'enfoncent, par leurs racines vivaces, au milieu des roches brisées qui les recouvrent. On en compte six ou sept, dont deux ou trois sont étrangères et se trouvent sur le Caucase ou dans les montagnes de la Perse. Des quatre européennes, la plus connue est le *Rotundifolia*, qui croît près des neiges et dont la racine est un rhizome très-ramifié ; ses feuilles, comme celles des autres espèces, sont glauques, charnues, pétiolées à la base, amplexicaules sur la tige et glanduleuses sur les bords ; elles tombent en automne par une articulation préparée, et permettent ainsi au rhizome de s'allonger. Les semences, au nombre de deux ou trois dans chaque loge, sont pendantes, et ont leur radicule irrégulièrement pleurorhizée. Les trois autres espèces du même type sont le *Cepeæfolia*, le *Stylosa* et le *Brevistyla* des Apennins ou de la Corse ; on peut y joindre, je crois, le *Sylvia* du Mont-Cervin, nouvelle espèce décrite par GAUDIN, dans sa *Flore helvétique*, vol. 4, p. 221.

Les *Nasturtiolum* se reconnaissent, au premier coup-d'œil, à leurs feuilles pennatilobées, quoiqu'ils n'appartiennent pas au même type. Des quatre espèces qu'ils renferment, trois sont européennes, l'*Alpina*, le *Petræa* et le *Procumbens* ; mais la première et surtout la dernière ont, selon GAY et MONNARD, leurs cotylédons incombants, et doivent par conséquent être placées parmi les *Lepidium*.

La seule espèce européenne de cette section est par conséquent le *Petræa*, petite plante bisannuelle qui germe en automne et fleurit dès l'entrée du printemps; elle croît dans deux stations très-différentes, tantôt dans les sables calcaires, secs et stériles du pied de nos montagnes, tantôt sur les rivages de notre lac, autour des flaques d'eau. C'est une plante d'une structure délicate et élégante, qui brave cependant les froids les plus vifs ; ses pétales blancs et nectarifères à la base sont fortement étalés, comme les six étamines dont les anthères, introrses et très-petites, répandent leur pollen sur la belle tête papillaire du stigmate au moment même de l'épanouissement; ses silicules d'abord vertes brunissent après la fécondation, et sont terminées par un stigmate sessile; les quatre semences qu'elle renferme sont pendantes et attachées par des pédoncules inégaux. Cette silicule, d'abord droite, s'incline fortement à la maturation et perd bientôt ses valves; mais la cloison se conserve long-temps.

La section des *Nasturtiolum* a peu de rapports avec celle des *Iberidelles*, tant pour la végétation que pour la conformation des fleurs. Si le caractère que j'ai cru reconnaître dans les pétales existe réellement, l'*Hutchinsia petræa* mériterait peut-être de former un genre séparé.

Cette dernière, qui a la saveur piquante des *Lepidium*, disparaît de très-bonne heure; tandis qu'au contraire l'*Alpina* est une plante vivace qui couvre de ses touffes élégantes et de ses fleurs, d'un blanc de lait, les sommités de notre Jura et les pentes des torrents alpins.

TROISIÈME GENRE. — *Teesdalia*.

Le *Teesdalia* a un calice caduc à quatre pièces légèrement réunies; des pétales entiers, égaux ou inégaux; des étamines chargées à leur base d'un appendice écailleux; une silicule aplatie, ovale, échancrée au sommet, à valves naviculaires, déhiscentes et faiblement ailées; une cloison oblongue et étroite, un style nul et des semences géminées dans chaque loge.

Le *Teesdalia* est un genre détaché des *Iberis*, à cause de ses étamines appendiculées. Il ne comprend que deux espèces qui sont rapprochées, mais distinctes, l'*Iberis* et le *Lepidium*, plantes annuelles très-petites, glabres, qui vivent parmi les blés et les sables stériles, où elles fleurissent au printemps. Leurs feuilles radicales, disposées en rosules étalées, sont pennatilobées et donnent plusieurs tiges presque aphylles, d'un à deux pouces; leurs grappes terminales, d'abord corymbifères, s'allongent beaucoup ensuite; leurs pédicelles sont nus, filiformes, divariqués; leurs fleurs blanches et très-petites.

Le *Teesdalia Iberis*, ou l'*Iberis nudicaulis* de Linné, est plus commun que le *Lepidium*, qui ne croît guère que dans l'Europe australe, l'Espagne et la Mauritanie; les pétales du premier sont inégaux comme dans l'*Iberis*, mais ils sont égaux dans le second, qui se reconnaît encore à ses étamines latérales souvent avortées, et à la forme variable de ses feuilles.

Gaudin soupçonne, peut-être avec raison, que les appendices des étamines sont nectarifères; je ne les ai pas observés.

QUATRIÈME GENRE. — *Iberis.*

L'*Iberis* a le calice non bosselé, les deux pétales extérieurs plus grands que les autres, les étamines libres et non dentées, les silicules très-aplaties, à valves carénées, naviculaires et prolongées au sommet; le style est filiforme et persistant, la cloison très-étroite et souvent séparables en deux membranes superposées; les semences solitaires sont nichées à l'angle intérieur de la loge; la radicule est extrorse et descendante dans presque toutes les espèces.

Les *Iberis* sont des herbes annuelles ou des sous-arbrisseaux à tige cylindrique et dure; leurs feuilles sont charnues et presque toujours glabres, souvent entières ou dentées, quelquefois pennatifides; leurs fleurs sont disposées en corymbes, ordinairement allongés après la fécondation; les pédicelles sont nus, les fleurs blanches ou pourprées, mais jamais jaunes; les calices sont souvent colorés.

Ce genre est très-naturel, surtout lorsqu'on en sépare les *Teesdalia*, dont les étamines sont dentées, et les *Hutchinsia*, dont les pétales sont égaux. Il peut se diviser physiologiquement en deux sections :

1º Les *Iberidiastrum*, à radicule horizontale, cloison double et semence légèrement bordée;

2º Les *Iberidium*, à radicule descendante, cloison simple et semence non bordée.

La première section ne comprend qu'une espèce, le *Semperflorens*, originaire des rochers de la Sicile, et introduite dans nos jardins, où elle fleurit presque toute l'année, surtout dans les mois d'hiver. Elle a le port des *Iberis*, mais la semence et la cloison des *Biscutelles*, et pourrait bien former un genre à part. Sa végétation est celle des *Iberis* frutescents; ses feuilles se séparent naturellement, et laissent leur cicatrice sur la tige; ses grappes de fleurs blanches et odorantes périssent chaque année, et sont remplacées par de jeunes rameaux.

Les *Iberidium*, qui comprennent tous les autres *Iberis*, se partagent en quatre groupes assez symétriques :

1° Celui à pédicelles fructifères, corymbiformes et tiges sous-frutescentes;

2° Celui à pédicelles fructifères, corymbiformes et tiges herbacées;

3° Celui à pédicelles fructifères, grappes et tiges herbacées;

4° Celui à pédicelles fructifères, grappes et tiges sous-frutescentes.

Le premier groupe comprend trois espèces européennes : une de l'Espagne et deux de l'Italie méridionale ou de la Sicile, à fleurs blanches ou pourprées. Elles appartiennent au même type, sont plus ou moins frutescentes et végètent comme le *Semperflorens*. M. Moris vient d'en décrire une quatrième qu'il a trouvée dans la Sardaigne.

Le second renferme huit espèces, la plupart européennes et répandues principalement dans les contrées du midi. Elles ont tant de ressemblance entre elles qu'on pourrait bien les réunir sous un seul type. En effet, elles sont toutes annuelles ou bisannuelles; leurs feuilles glabres sont ordinairement spathulées à la base, allongées, dentées ou linéaires près du sommet; leurs fleurs d'un pourpre violet ont les pétales extérieurs beaucoup plus grands que les autres, et les sépales souvent colorés. La principale différence qui les distingue, c'est la forme plus ou moins échancrée et allongée des lobes de leur silicule, et la grandeur relative ou absolue de leur style. On les sépare en deux sous-types, celui des espèces qui vivent sur les montagnes, qui comprend le *Spathulata* et le *Nana*, et celui des espèces qui habitent les champs et les collines de l'Italie ou de la France, comme le *Ciliata* et le *Tenuifolia*, qui en diffère très-peu, le *Lagascana*, du royaume de Valence, à feuilles simples et canaliculées, et enfin l'*Umbellata*, si répandu dans nos jardins. Le caractère distinctif de ce groupe, c'est d'avoir ses fleurs disposées en un corymbe dont l'axe ne s'allonge pas durant le cours de sa fécondation, mais dont les pédoncules extérieurs s'étendent et se déjettent, afin de laisser aux intérieurs l'espace nécessaire pour féconder et mûrir leurs graines.

Le troisième groupe est formé de quatre espèces européennes qui habitent nos moissons ou nos collines découvertes, et qu'on peut réunir en deux sous-types, principalement d'après la forme des feuilles entières ou pennatifides. Le premier comprend l'*Intermedia*, des environs de Rouen, et l'*Amara*, très-répandu dans les champs de l'Europe et reconnaissable à son amertume. Le second est formé du *Pinnata* des contrées du midi, et de l'*Odorata* de la Crète, tous les deux remarquables par leur odeur. Ces quatre plantes à fleurs blanches sont annuelles ou bisannuelles, et n'allongent que médiocrement leurs grappes. Leur torus est chargé de deux glandes à la base de chaque étamine latérale, et leurs anthères jaunes sont un peu saillantes : celle qui fleurit la première est sans doute l'*Intermedia*, dont la racine est bisannuelle, et dont les rosules sont déjà marquées en automne.

Le dernier groupe, qui réunit les espèces sous-frutescentes, à corymbes allongés en grappe, a beaucoup de rapport avec le premier pour la végétation et pour les apparences extérieures; il comprend sept ou huit espèces, rangées sous le même type, dont quelques-unes même peuvent être considérées comme variétés, et qui, en raison de leurs feuilles dures et épaisses, vivent sur les pentes méridionales des montagnes ou des collines caillouteuses de l'Europe australe. Ce sont principalement le *Gibraltarica*, le *Saxatilis*, le *Sempervirens*, le *Garrexiana* et le *Conferta*, qui ne diffèrent guère que par leurs dimensions et la forme un peu variable de leurs feuilles ou de leurs silicules. Ces plantes, dont la consistance est telle qu'elles bravent nos frimas, conservent leur verdure pendant tout l'hiver, et poussent, au printemps, de leurs anciennes aisselles et surtout du sommet de leurs tiges feuillées, de nouvelles rosules fertiles ou stériles qui forment ensuite des rameaux disposés en ombelle. C'est au moins ce que je vois dans quelques espèces, et qui doit être vrai des autres. La plus répandue de ces plantes est le *Sempervirens*, qu'on cultive dans tous les jardins, où il forme des bordures de fleurs d'un beau blanc, quelquefois mêlé de teintes pourprées.

Les *Iberis* sont éminemment européens et originaires du bassin de la Méditerranée. Leur consistance est sèche et robuste, leurs tiges et leurs feuilles sont épaisses, et leurs espèces frutescentes recherchent principalement les pentes arides et rocheuses où elles sont nourries moins par le sol que par l'atmosphère. Leurs feuilles, dont la forme générale est la spathulée, ne sont ni plissées ni enveloppées dans leur jeunesse, mais seulement réunies en rosule assez serrées, recouvertes d'abord par une espèce de vernis velu et résineux qui ne tarde pas à disparaître.

L'inégalité des pétales qui forme le caractère principal du genre dépend visiblement du mode d'inflorescence. Les fleurs accumulées en corymbe serré se développent surtout sur les bords où rien ne les gêne, et où se porte sans doute la sève en raison de l'organisation propre à ce genre. C'est pourquoi l'on observe que plus les corymbes sont serrés et constants dans leur forme, plus aussi les pétales extérieurs sont difformes.

Les *Iberis* se distinguent, au premier coup-d'œil, par leur péricarpe qui est une silicule dont les valves s'allongent au sommet en deux ailes, souvent aiguës, et qui renferme dans chaque loge une semence pendante ; la radicule est descendante, et les cotylédons ascendants sont contraires à la cloison. Les valves se séparent sans se déformer, et laissent à découvert des graines aplaties et jaunâtres suspendues au sommet de la cloison par un pédicelle assez marqué.

Le calice et les pétales des *Iberis* n'ont pas de mouvements organiques : les fleurs une fois ouvertes ne se referment plus ; mais la tige principale s'allonge souvent, et les pédicelles s'étalent horizontalement toutes les fois qu'ils forment des grappes ; ils se resserrent, au contraire, pendant la maturation, dans l'*Umbellata*, et probablement dans les espèces corymbifères.

L'inflorescence générale de l'*Iberis amara*, et sans doute celle des autres espèces, est simultanée, c'est-à-dire que tous les corymbes paraissent en même temps, parce qu'ils terminent les sommets de rameaux semblables, et qu'ils sont semblablement placés ; mais celle de chaque corymbe est centripète, les fleurs extérieures s'écartent un peu pour faire place aux intérieures, ou, ce qui est plus commun, le corymbe s'allonge et devient une vraie grappe. Dans l'estivation, les pétales extérieurs recouvrent les autres, et le sépale extérieur, plus large et plus agrandi, enveloppe toute la fleur.

Les glandes nectarifères sont placées entre l'ovaire et les petites étamines dont elles entourent quelquefois la base ; pendant la fécondation, qui a toujours lieu à l'air libre, les anthères se couchent sur le stigmate et le recouvrent de leur poussière jaunâtre. Ensuite, les téguments floraux ne tardent pas à tomber avec les étamines, dont les filets sont épais et sans mouvements.

CINQUIÈME GENRE. — *Biscutella*.

La *Biscutelle* a un calice tantôt entr'ouvert et égal, tantôt droit et fortement bosselé ; des pétales onguiculés, à limbe ovale et entier ; des étamines non dentées, une silicule biloculaire surmontée d'un long style persistant, des loges monospermes, indéhiscentes, orbiculaires, planes, très-aplaties et attachées latéralement à l'axe central ; les semences sont aplaties, à cotylédons inverses et radicule descendante.

Les *Biscutelles* sont des herbes annuelles ou vivaces, quelquefois assez glabres, mais ordinairement recouvertes de poils rudes et étoilés; leurs feuilles souvent hérissées comme leurs silicules, sont oblongues, entières, dentées ou même pennatifides; leurs tiges cylindriques, droites, rameuses et ordinairement nues, sont terminées par des corymbes presque toujours allongés et dont la sommité fleurit encore, tandis que la base répand ses graines; les pédicelles sont filiformes et nus, les fleurs jaunes et le plus souvent jaune soufre.

Ce genre est très-naturel et très-distinct de tous les autres, par la forme bizarre de sa silicule composée de deux loges toujours monospermes, indéhiscentes et adhérentes par un filet latéral à un axe articulé. Les semences ont leur radicule extrorse et recourbée en bec, et leur funicule horizontal ou légèrement incliné. Les loges séparées de l'axe flottent long-temps suspendues, et j'ai remarqué qu'en les macérant on les sépare en deux lames, en sorte que le péricarpe entier semble formé de quatre panneaux appliqués deux à deux l'un contre l'autre.

Ces plantes habitent le bassin de la Méditerranée, d'où elles s'étendent jusque dans la partie occidentale de l'Asie. Quelques-unes se rencontrent sur le sommet de nos montagnes; mais en général elles recherchent les terrains stériles et les collines rocailleuses et découvertes.

Elles n'ont ni grâce ni maintien dans le port, leurs corymbes mêmes manquent de symétrie et d'élégance, parce qu'ils s'épanouissent successivement, et que les tiges, à peu près nues, sont irrégulièrement divisées. C'est la raison pour laquelle on ne les rencontre que dans les jardins botaniques, où leurs silicules en forme de lunette les font aisément remarquer.

Elles ont été divisées, par Viviani, en trois groupes, d'après la considération de leur péricarpe, dont les loges sont ou tangentes, ou réunies à l'axe dans toute leur longueur, ou enfin décurrentes sur le style; mais De Candolle les a partagées en deux sections plus naturelles, et qui formeront peut-être un jour autant de genres :

1° Les *Jondraves*, à calice éperonné ;

2° Les *Thlaspidium* à calice non éperonné;

Les *Jondraves*, qui habitent l'Espagne ou le midi de la France, se distinguent, au premier coup d'œil, à leurs sépales latéraux prolongés en longs éperons et renfermant une glande nectarifère à deux cornes. Ils sont formés de deux types; le premier présente deux espèces très-rapprochées et annuelles : l'*Auriculata*, dont l'*Erigerifolia* n'est qu'une variété selon Gambessédès, et l'*Hispida*, recouverte de poils hérissés sur les feuilles, et de tubercules sur la silicule. Le second n'en comprend qu'une seule, le *Cichoriifolia*, herbe vivace à tige élevée, feuillée, à poils mols et épais. Leur principale différence est celle des silicules qui sont décurrentes dans l'*Auriculata*, et seulement appliquées contre l'axe ou même échancrées dans les deux autres. Est-ce la glande nectarifère qui a creusé la fossette des calices des *Jondraves*, ou bien cette fossette a-t-elle été formée, parce qu'elle devait recevoir une glande? C'est une question qu'on déciderait en examinant les fleurs avant leur épanouissement, et la solution ne m'en paraît pas difficile.

Les *Thlaspidium* peuvent également se diviser en deux types, celui des espèces annuelles et celui des vivaces. Le premier compte dix ou onze espèces distinguées par leur silicule glabre ou hérissée de tubérosités et de poils rudes, par leurs feuilles plus ou moins lyrées, leur tige basse, élevée, nue, feuillée, simple ou rameuse; mais ces différences dépendent beaucoup des localités et ne présentent pas des caractères très-constants. Il en est de même du second type, dont les espèces sont vivaces et ont des silicules plus fortement bilobées. L'espèce principale très-répandue dans les montagnes de l'Europe, est le *Lævigata*, dont les six autres sont aussi très-voisines et dont l'on compte un très-grand nombre de variétés.

Pendant la maturation, les sommités des tiges des *Thlaspidium* annuels s'allongent et se recourbent fortement, de manière que leurs silicules deviennent pendantes et flottent au gré des vents. J'ai vérifié ce fait sur le *Lyrata*, le *Maritime* et l'*Ériocarpe*, qui ne me paraissent guères que des variétés, et je crois qu'il appartient à la plupart des espèces annuelles.

Le *Lævigata* et sans doute les autres *Thlaspidium* du même type ont leurs pétales auriculés au-dessus de l'onglet, et leurs filets courts et épais; leur stigmate, à l'époque de la fécondation, est à peu près à la hauteur des anthères; mais il s'allonge ensuite de manière que les silicules paraissent comme enfilées à un axe, qui les dépasse dans les deux sens; les glandes nectarifères, au nombre de quatre, sont petites et toutes placées entre l'ovaire et les étamines, tandis que dans les *Jondraves* et les *Thlaspidium* du second type, les latérales sont extérieures.

Le fruit des *Biscutelles* ne peut être ramené à la structure ordinaire, qu'en supposant des avortements et des soudures : le cordon ombilical attaché à l'axe, s'allonge souvent avant d'atteindre la radicule qui se recourbe de son côté, et les deux lobes de la silicule qui m'ont toujours paru monospermes, restent long-temps suspendus à un léger fil comme les péricarpes des ombelles; la déformation des silicules a lieu de très-bonne heure.

Les fleurs des *Biscutelles* sont, je crois, dépourvues de mouvements organiques; leurs pédoncules, toujours dressés et articulés, ne se rompent qu'après la dissémination, et leurs tiges, plus ou moins ramifiées, ne sont nues qu'en vertu d'avortements dont on aperçoit la trace; leurs feuilles varient beaucoup en forme et en villosité, et les tubercules qui recouvrent souvent leurs silicules, n'ont pas beaucoup plus de constance que les poils.

Pourquoi les *Biscutelles* ont-elles leurs cotylédons descendants et leur radicule extrorse, et quelle liaison y a-t-il entre cet arrangement et l'organisation générale du genre? C'est ce que j'ignore.

SIXIÈME GENRE. — *Menonvillea.*

Le *Menonvillea* a une silicule légèrement stipitée, formée de deux scutelles bordées d'une aile membraneuse, et disposées parallèlement à la même hauteur.

Ce genre ne renferme que le *Linearis* du Pérou, herbe vivace, haute d'un à deux pieds; ses feuilles radicales sont plus ou moins incisées, sa tige glauque et un peu succulente, porte de petites fleurs à calice blanchâtre, et pétales linéaires et jaunâtres, les anthères sont bilobées, le pistil est formé de deux lames parallèles papillaires sur le bord supérieur, et qui se transforment ensuite en deux loges monospermes et ailée; le torus est tapissé d'une belle glande verdâtre, quadrifide et frangée.

Le *Menonvillea* a d'assez grands rapports avec le *Biscutella*, mais les deux lobes de sa silicule, élevés à la même hauteur, sont parallèles et non pas placés sur le même plan.

Quatrième tribu. — PLEURORHIZÉES NUCAMENTACÉES, ou EUCLIDIÉES.

Les *Euclidiées* ont une silicule ou une silique raccourcie et ordinairement indéhiscente, à valves peu distinctes, ou lentement caduques. Elles ne comprennent que trois genres, l'*Euclidium*, l'*Ochthodium* et le *Pugionium*, dont les espèces peu nombreuses habitent presque toutes l'Orient; l'*Euclidium syriacum*, ou l'*Anastatica syriaca* de LINNÉ, est la seule qui se retrouve en Europe.

Cette tribu n'est peut-être pas assez naturelle.

Cinquième tribu. — PLEUROBHIZÉES SEPTULATÉES, ou ANASTATICÉES.

Les *Anastaticées* ont une silicule oblongue ou ovale, à valves convalves ouvertes en longueur et intérieurement prolongées en cloisons, qui forment des loges monospermes; les semences sont aplaties et peu nombreuses.

Cette tribu n'est peut-être pas assez distincte des *Alyssinées*.

PREMIER GENRE. — *Anastatica.*

L'*Anastatica* a un calice entr'ouvert, des pétales ovales, des étamines non dentées, une silicule enflée, biloculaire, déhiscente, terminée par un style filiforme et un peu crochu au sommet; les valves sont concaves et surmontées d'un appendice coriace, auriculé et transversal; chaque loge est divisée, par une cloison transversale et incomplète, en deux locules, qui renferment une graine pendante, orbiculée et plane, en sorte que la silicule entière fournit quatre graines. GÆRTNER dit qu'il n'y en a que deux, parce que celles du locule inférieur avortent.

Ce genre ne comprend qu'une espèce, l'*Anastatica hierochuntica*, autrement appelé *Rose de Jéricho*. C'est une plante annuelle, petite et rameuse de la base; ses feuilles sont velues, oblongues et entières, ses grappes courtes et opposées aux feuilles, ses fleurs petites, sessiles et blanches; elle est d'abord herbacée, ensuite elle s'endurcit, devient glabre et ligneuse, enfin ses rameaux se resserrent en peloton.

Elle se sème au printemps et fleurit au bout de quelques semaines; sa fécondation est immédiate, les anthères introrses répandent leur pollen jaunâtre sur le stigmate qui est une tête papillaire placée à la même hauteur, bientôt les pétales tombent avec le calice et les étamines, et il ne reste qu'un ovaire endurci, couronné de son style et chargé comme les feuilles de poils étoilés qui disparaissent également.

- Cette plante, très-remarquable par son organisation, croît dans les sables d'Égypte, en Syrie, en Palestine, en Arabie et en Barbarie. Elle fleurit en mai et en juin, ensuite ses feuilles tombent et ses rameaux se replient si exactement, que leur réunion forme une masse arrondie. Dans cet état, elle est détachée du sol et transportée par le vent çà et là dans le désert; lorsqu'elle arrive dans des lieux humides et sur les bords des eaux, elle étale ses rameaux, ouvre ses silicules et répand ses semences. Cette contraction par la sécheresse et cette dilatation par l'humidité, dont le but est ici la dispersion des graines dans des localités convenables, a donné lieu à un grand nombre de contes ridicules propagés par les moines d'Orient.

Quelques plantes que j'indiquerai successivement, entre autres l'*Ænothera tetraptera*, déjà cité par DE FRANCE, possèdent cette propriété, directement opposée à celle qui appartient au très-grand nombre des péricarpes.

SPACH dit que les graines sont quelquefois géminées dans chaque loge, et qu'alors elles sont horizontales et que les cotylédons peuvent être aussi irrégulièrement incombants.

Sixième tribu. — PLEURORHIZÉES LOMENTACÉES, ou CAKILINÉES.

Les *Cakilinées* ont une silicule ou une silique, qui se sépare transversalement en deux ou plusieurs articulations à une ou deux locules; leurs valves sont concaves, irrégulières, leur cloison étroite, leurs semences nues et aplaties, leurs cotylédons planes. C'est une tribu très-naturelle et distinguée de toutes celles qui en approchent, par ses cotylédons accombants.

PREMIER GENRE. — *Cakile.*

Le *Cakile* a un calice entr'ouvert et bosselé, des pétales onguiculés, à limbe ovale, des étamines non dentées, une silicule lomentacée à deux articulations, dont l'inférieure est presque turbinée, tronquée et bidentée au sommet, la supérieure ensiforme est terminée par un stigmate sessile; les semences sont solitaires dans chaque locule; la supérieure est redressée, l'inférieure pendante; le funicule est à peu près nul.

Ce genre est composé d'herbes annuelles, glabres, charnues, rameuses, à feuilles pennatifides et dentées; les grappes sont opposées aux feuilles et terminales; les pédicelles sont filiformes et dépourvus de bractées, les fleurs blanches ou légèrement pourprées ont quatre glandes nectarifères.

Elles habitent les sables maritimes et forment deux types, dont le premier comprend le *Cakile maritima*, répandu sur toutes les côtes d'Europe, et l'*Americana* des rivages de l'Amérique septentrionale et des Antilles. Le second est limité à une seule espèce, l'*Æqualis* de la Martinique.

La silique du *Cakile maritima*, et sans doute aussi celle de l'*Ame-*

ricana, que je n'ai pas examinée, est formée de deux parties distinctes : l'inférieure à deux valves très-marquées, la supérieure qui paraît un prolongement de la cloison est formée d'une seule pièce prolongée et ensiforme; la partie inférieure, dans laquelle on n'aperçoit plus de trace de cloison, renferme une ou deux semences pendantes; la supérieure, renflée en articulations, contient également une ou deux semences redressées : cette singulière structure a déjà lieu long-temps avant qu'on puisse apercevoir là silique.

Dans l'*Æqualis* du second type, que je n'ai jamais vu, l'article supérieur se termine en un long bec tétragone et recourbé.

SECOND GENRE. — *Chorispora.*

Le *Chorispore* a une silique à peu près cylindrique à articulations égales, et des semences pendantes.

Ce genre comprend deux espèces à pétales entiers, le *Stricta* et le *Tenella,* originaires de la Sibérie, et rangées par PELTES sous le genre *Raphanus* : le *Tenella,* comme le *Stricta,* est une plante annuelle à tige succulente et feuilles roncinées ; les fleurs sont petites, rougeâtres et fort semblables à celles du *Raphanus;* les anthères sagittées répandent abondamment leur pollen jaunâtre sur le stigmate, qui s'étend en lame papillaire sur ses deux côtés.

L'inflorescence est une panicule lâche et terminale.

Le *Stricta* a les siliques de deux formes : les inférieures sont celles de son genre, et les supérieures celles des *Mathiola.* Les deux autres espèces à pétales jaunes et échancrés, sont le *Sibirica* et l'*Iberica,* originaires de la Sibérie et annuels comme les précédents.

J'ai remarqué que le stigmate du *Tenella* était ensiforme et papillaire sur les deux arêtes, tandis que celui du *Stricta* était une belle tête papillaire et bilobée : pendant la fécondation, qui est directe, le calice s'entr'ouvre et les stigmates se déjettent d'un côté; la fécondation est alors extérieure soit dans le *Tenella,* soit dans le *Stricta.*

SECOND ORDRE. — NOTORHIZÉES.

Les *Notorhizées* ont les cotylédons planes et incombants, la radicule dorsale, les semences ovales et non bordées.

Septième tribu. — **NOTORHIZÉES SILIQUEUSES**, ou **SISYMBRÉES**.

Les *Sisymbrées* ont la silique biloculaire, bivalve, déhiscente, linéaire, cylindrique ou tétragone, à style court lorsqu'elle est allongée, à style allongé lorsqu'elle est raccourcie, ce qui est rare; la cloison est linéaire; les valves sont planes, concaves, carénées et toujours déhiscentes; les semences sont unisériées, ovales ou oblongues, et légèrement triquètres.

Cette tribu, très-distincte pour la conformation de sa silique et de sa semence, a une grande correspondance avec celle des *Arabidées*. Ainsi, par exemple, le *Mathiole* des *Arabidées* est représenté par le *Malcomia* des *Sisymbrées*, le *Cheiranthus* par l'*Hesperis*, le *Nasturtium* par le *Sisymbre*, le *Barbarœa* par l'*Alliaria*, etc.

Le cotylédon dorsal introduit-il quelque différence dans la végétation, et se lie-t-il à l'organisation générale de la plante? C'est ce que je ne crois pas, et alors je ne sais pas me rendre raison de sa forme à peu près invariable.

PREMIER GENRE. — *Malcome.*

Le *Malcome* a un calice fermé, plus ou moins bosselé, des pétales tantôt ovales, tantôt légèrement échancrés, des étamines libres et non dentées, une silique cylindrique, terminée par un style très-aigu, des semences ovales.

Ce genre, créé par R. BROWN, est formé de plusieurs plantes que LINNÉ avait placées parmi les *Cheiranthus* ou les *Hesperis*, et qui ont, en effet, des rapports soit avec les *Mathioles*, soit avec les *Hesperis*. Mais on le reconnaît à son port, à sa silique cylindrique, surtout à son style allongé, formé de deux styles étroitement réunis et terminés par un stigmate, en apparence unique. Les espèces qui le composent sont, pour la plupart, annuelles, presque toujours recouvertes de poils étoilés, rudes ou veloutés; leurs feuilles sont oblongues ou ovales, entières, dentées ou sinuées et pennatifides, leurs pédicelles sont nus et disposés en grappes, leurs fleurs presque toujours pourprées et quelquefois très-petites. On peut remarquer, comme un phénomène assez rare, dans les *Crucifères* siliqueuses, qu'elles ne doublent pas dans nos jardins.

La patrie des *Malcomes* est le bassin de la Méditerranée; leurs localités sont les bords de la mer, les lieux sablonneux et découverts. Quelques-unes d'entre elles n'ont encore été trouvées qu'en Orient.

Elles ont tant de rapports qu'il est difficile de les séparer en groupes ou en types. J'ai cependant essayé d'en former quelques-uns tirés principalement des calices égaux ou bosselés et de la longueur du style, deux caractères qui me paraissent liés à l'organisation générale.

Le premier de ces types comprend, selon moi, quatre espèces, dont deux européennes, l'*Africana*, commune à l'Afrique et au midi de l'Europe, et le *Chia* de l'île de Chio, qui ont le style très-court, les fleurs petites et pourprées, le calice égal et persistant après la fécondation. Ce sont des plantes annuelles qui fleurissent au milieu du printemps, et dont les feuilles sont couvertes de poils étoilés.

Le second est formé de cinq ou six espèces à calice bosselé, à style allongé et feuilles velues ou cotonneuses. Ce sont le *Maritima* des bords de la Méditerranée, l'*Incrassata* à pédoncules épaissis après la fécondation, et qui se trouve dans les îles de l'Archipel, le *Littorea* des bords de l'Océan, le *Patula* des environs de Madrid, et le *Lacera* des sables maritimes de l'Espagne et du Portugal; elles sont annuelles, si l'on en excepte le *Patula*; leurs fleurs sont pourprées et plus grandes que celles du premier type; leurs feuilles sont rudes ou tomenteuses. La plus commune est le *Maritima*, qu'on trouve, à la fin du printemps, dans nos jardins, où elle forme, sous le nom de *Giroflée de Mahon*, de charmantes bordures de fleurs pourprées ou blanchâtres, d'une odeur agréable.

Le troisième type comprend deux espèces, le *Parviflora* et le *Lyrata*, à feuilles tomenteuses, à fleurs petites et pourprées et style très-court. Elles pourraient se réunir à celles du premier type, car elles sont aussi annuelles et elles ont à peu près les mêmes caractères; toutefois elles s'en distinguent par leurs feuilles radicales lyrées ou sinuées, recouvertes, ainsi que la silique, d'un duvet cotonneux.

Enfin, on doit considérer comme dernier type du genre, l'*Alyssoïdes* du Portugal, espèce frutescente qui a l'apparence d'un *Alyssum*, et qui se distingue encore par son calice bosselé, ses pédicelles très-courts et ses feuilles tomenteuses, obtuses, qui laissent, en tombant, leur cicatrice sur la tige.

Je ne connais pas la floraison des *Malcomes*; je sais seulement que leurs pétales sont dépourvus de mouvements, et que leurs calices serrés tombent quelquefois un peu tard. Il n'est pas douteux que les espèces à calice bosselé ne soient pourvues de glandes nectarifères, au moins à la base des étamines latérales, et qu'à l'époque de la fécondation, le stigmate ne soit à peu près au niveau des anthères; la silique s'allonge beaucoup ensuite, au moins dans plusieurs espèces ; mais je ne connais pas exactement la forme et la position du stigmate, qui doit promptement disparaître toutes les fois que le style se termine en pointe aiguë.

SECOND GENRE. — Hesperis.

L'*Hesperis* a un calice fermé et bosselé, des pétales onguiculés, à limbe ouvert, obtus ou échancré, des étamines libres et non dentées, des glandes vertes, presque annulaires autour des petites étamines ; une silique serrée contre la tige, un peu tétragone ou aplatie et terminée par deux stigmates dressés et connivents, des semences oblongues, légèrement triquètres et pendantes.

Les espèces de ce genre sont annuelles, bisannuelles ou vivaces ; leurs racines sont fibreuses, leurs tiges cylindriques, droites ou difformes, leurs feuilles ovales, lancéolées ou oblongues, dentées, en rondache ou lyrées ; les unes sont couvertes de poils simples ou rameux ; les autres portent des poils glanduleux, qui répandent une odeur un peu bitumineuse ; les grappes sont terminales, redressées et nues ; les pédicelles sont filiformes et ne s'épaississent pas après la fécondation ; les fleurs sont blanches ou pourprées, souvent changeantes et odorantes.

Ce genre se reconnaît facilement à la structure de ses stigmates redressés et connivents. Il diffère d'ailleurs du *Cheiranthus* par ses cotylédons incombants, du *Sisymbre* par son calice bosselé, de l'*Erysimum* par sa silique irrégulièrement tétraèdre, par ses stigmates qui ne sont ni bossus ni allongés en corne, comme ceux des *Mathioles*, ni amincis en pointe comme ceux des *Malcomes*.

Les *Hesperis* habitent l'hémisphère boréal, et sont dispersées en Europe, en Barbarie, en Orient et surtout en Sibérie : une seule peut-être est originaire de l'Amérique. Elles recherchent les expositions découvertes et le voisinage des buissons.

DE CANDOLLE les divise en deux sections :

Les *Hesperidium*, à pétales linéaires et livides ;

Les *Deilosma*, à pétales arrondis et non livides.

La première section comprend deux espèces remarquables par leur silique dont la cloison est fongueuse, et les valves carénées sur deux angles assez marqués : ce sont l'*Alyssifolia* de la Perse, et le *Tristis* du royaume de Naples, de l'Autriche et de la Russie méridionale. Ces deux plantes, dont la première est encore mal connue, n'appartiennent peut-être pas au même type, quoiqu'elles aient cependant de

grands rapports : elles diffèrent surtout par la longueur de leurs pédicelles et la nature des poils qui recouvrent leurs feuilles. Toutes les
deux répandent, vers le soir et dans la nuit, une odeur très-suave, et
pour laquelle on cultive la dernière.

La seconde section est plus riche en espèces, soit européennes,
soit étrangères. Les plantes qui la forment ont leur silique cylindrique,
ou légèrement tétragone, et leur cloison membraneuse. Le premier
type qu'on y rencontre est moyen entre les deux sections, et renferme deux espèces annuelles, le *Laciniata* de la Provence et du
Piémont, et le *Villosa* du midi de l'Italie, distinctes des autres, soit
par leurs feuilles en rondache et leurs tiges hispides, soit surtout par
leurs pétales ovales, oblongs, tantôt pourprés, tantôt jaunâtres, et
odorants le soir; le second type, et en même temps le plus connu,
est celui des *Hesperis* proprement dits, qui comprend quatre espèces
peu distinctes, le *Runcinata* des buissons de la Hongrie, l'*Heterophylla*
du royaume de Naples, le *Steveniana* de la Tauride méridionale, et
le *Matronalis* des masures et des buissons de toute l'Europe. Cette
dernière espèce, la seule cultivée, a naturellement ses fleurs rouges
et peu odorantes; mais dans les jardins, ses fleurs sont simples, d'un
blanc violâtre, odorantes surtout le soir, ou bien doublées, rougeâtres, d'un beau blanc, enfin panachées de ces deux couleurs. La
variété blanche et double, connue sous le nom de *Girarde*, est remarquable par la richesse et la beauté de ses grappes qui s'entremêlent
souvent avec celles des *Mathioles*, et produisent alors des effets admirables. Le troisième type que je veux mentionner ici, est celui des
Hesperis à hampe simple et à feuilles entières et charnues; il est propre à la Sibérie orientale, et il contient deux espèces vivaces, le
Scapigera et l'*Arabidiflora* à fleurs pourprées, en corymbe.

La plupart des autres *Hesperis* habitent l'Orient, les sables de l'É-
gypte ou de la Syrie; elles peuvent se réunir en un quatrième type
qu'on distingue à ses tiges ramifiées, à ses pétales oblongs, roses ou
violets. Ce sont des plantes annuelles et dont nous ne devons pas nous
occuper.

Plusieurs espèces d'*Hesperis* portent, comme nous l'avons déjà
dit, des fruits glanduleux et visqueux à odeur de bitume; tel est en
particulier le *Runcinata*, si remarquable par ses rameaux adnés aux
aisselles, fortement déjetés dans leur jeunesse et redressés pendant la
floraison.

Le principal phénomène physiologique du genre est celui des fleurs
de l'*Hesperis matronalis*, qui se changent quelquefois dans les jardins
en feuilles vertes et pétaloïdes, dont le centre donne souvent une

seconde touffe feuillée, de la même forme que la première. Cette monstruosité et celle des fleurs doubles sont vivaces et se multiplient par éclats, tandis que l'espèce primitive est ordinairement bisannuelle.

Un second phénomène que m'a présenté ce même *Hesperis*, et qui lui est commun avec les *Mathioles* et quelques autres *Crucifères*, c'est celui de sa fécondation intérieure; au moment de la floraison ses pétales sont tellement serrés, qu'ils cachent les organes sexuels, lesquels ne se montrent que plus tard; on remarque alors les deux stigmates rapprochés et papillaires entourés d'anthères qui ont déjà répandu leur pollen.

Les fleurs des *Hesperis* ne se ferment point, et leur calice, souvent coloré, tombe de bonne heure sans s'ouvrir. La silique, dont le stigmate est d'abord à la hauteur des anthères, s'allonge ensuite et s'étale plus ou moins selon les espèces; elle est souvent renflée et irrégulièrement bosselée.

TROISIÈME GENRE. — *Sisymbrium*.

Les *Sisymbrium* ou *Sisymbres* ont leur calice égal, ouvert ou fermé, leurs pétales onguiculés et entiers, leurs étamines libres et non dentées, leur silique sessile, cylindrique ou légèrement anguleuse, biloculaire et terminée par un style raccourci; la cloison est membraneuse, les valves sont trinervées, les semences ovales ou oblongues sont unisériées; les cotylédons sont quelquefois irrégulièrement dorsifères.

Ce genre ne renferme pas de caractère précis et applicable à toutes les espèces. Il se distingue de l'*Erysimum* par sa silique non tétraèdre, de l'*Hesperis*, par son calice non bosselé et ses stigmates non connivents, et des autres *Crucifères*, par la forme de ses cotylédons et la situation de sa radicule. Les plantes qui le composent sont des herbes annuelles ou vivaces, et très-rarement des sous-arbrisseaux; leurs grappes s'allongent après la fécondation; leurs pédicelles sont filiformes, dressés, nus ou chargés de bractées; leurs fleurs sont jaunes, rarement blanches.

Les *Sisymbres*, dont on connaît aujourd'hui près de soixante espèces, appartiennent presque tous à l'ancien continent et à l'hémisphère septentrional : l'Europe en compte vingt-cinq; l'Asie, douze; l'Afrique boréale, quatre; le Cap, cinq, et l'Amérique, quatre.

De Candolle les distribue en six sections, qui formeront peut-être un jour autant de genres : cinq seulement sont européennes.

1° Les *Velarum*, à siliques subulées et pédicelles très-courts, appliqués contre l'axe. Fleurs jaunes ;

2° Les *Norta*, à siliques cylindriques, calices ouverts et semences oblongues. Fleurs jaunes ;

3° Les *Irio*, à siliques cylindriques et semences à peu près ovales. Fleurs jaunes ;

4° Les *Kibera*, à pédicelles chargés de bractées à la base ;

5° Les *Arabidopsis*, à siliques linéaires, aplaties, stigmate sessile et tronqué, Fleurs blanches très-légèrement pédicellées.

La principale et peut-être la seule espèce de la première section, est le *Sisymbrium officinale*, plante annuelle répandue dans toute l'Europe, où elle fleurit une grande partie de l'année, le long des chemins et des murs, ou au milieu de nos décombres. Elle n'a ni grâce ni éclat, ses rameaux sont divariqués, ses fleurs jaunes et petites, ses feuilles légèrement velues sont découpées en rondache ; mais ses siliques légèrement pédicellées et fortement serrées contre la tige, en font un véritable type. Elle porte deux glandes à la base de ses étamines latérales, et ses pétales sont quelquefois transformés en feuilles. Le *Corniculatum* des environs de Madrid, que De Candolle place encore parmi les *Velarum*, a le port et les fleurs de l'*Officinale*, mais ses feuilles articulées au-dessus de leur insertion, se coudent fortement contre la tige afin de protéger le fruit qui est une silique aplatie, à pédicelles épais, courts et solitaires.

Les *Norta* sont aussi formés de deux espèces qui n'appartiennent pas non plus au même type, mais qui se font remarquer par leur calice ouvert et coloré, leurs quatre glandes nectarifères et leurs semences oblongues. La première est le *Strictissimum*, herbe vivace, élevée, dont les feuilles sont lancéolées et glanduleuses, et qui est assez répandue dans les montagnes de l'Europe et même dans les jardins. La seconde est le *Junceum* de la Hongrie et de la Haute-Asie, plante annuelle à feuilles glauques et pennatifides à la base. Elle a la silique de l'*Erysimum* et le calice ouvert du *Sinapis*, et pourrait bien un jour être transportée dans un autre genre.

Les *Irio* forment la section la plus nombreuse des *Sisymbres*, et se rangent sous trois groupes :

1° Celui à feuilles entières ou dentées ;

2° Celui à feuilles pennatiséquées, à lobes entiers, ou dentés ;

3° Celui à feuilles bipennatiséquées.

Le premier de ces groupes ne comprend qu'une espèce européenne, l'*Hispanicum*, plante annuelle, à tige rameuse et divariquée, siliques droites et glabres ; mais dans le second, qui forme les *Sisymbrium* proprement dits, on range le *Lœselii*, dont De Candolle a formé son genre *Leptocarpœa*, mais qui a aussi ses cotylédons dorsifères, l'*Acutangulum*, le *Taraxifolium*, l'*Austriacum*, l'*Irio*, le *Nitidum*, le *Subhastatum*, le *Columnæ*, le *Pannonicum*, tous dépendant du même type, et dont quelques-uns ne forment sans doute que des variétés. Ce sont des herbes annuelles ou plus souvent bisannuelles, assez grandes et étalées, à calice ouvert, à fleurs moyennes, à feuilles en rondache irrégulièrement lobées, glabres ou velues, et d'un beau vert; elles habitent nos cultures, nos vignes, nos vallées, et s'élèvent quelquefois assez haut sur nos montagnes. On dit que depuis l'incendie de 1812, le *Pannonicum* croît en grande abondance dans les décombres et les terrains qui avoisinent Moskou.

Le troisième groupe des *Irio* est très-distinct, et renferme deux types principaux, celui du *Sophia* et celui du *Tanacetifolium* : le premier, représenté par le *Sisymbrium Sophia* répandu dans toute l'Europe, est composé de plantes annuelles, à port aminci et élégant, à feuilles blanchâtres finement bipennatiséquées, fleurs jaunes, petites et disposées en corymbe. Il comprend deux ou trois autres espèces étrangères, dont la plus remarquable est le *Brachycarpum*, à siliques raccourcies, trouvé dernièrement par Franklin dans les contrées arctiques. Le second type de ce groupe est formé d'herbes vivaces qui ne ressemblent pas mal au *Sophia*, mais dont les feuilles ont une coupe différente, et dont les fleurs sont plus grandes. Sa principale espèce est le *Sisymbrium. Tanacetifolium*, originaire des Alpes, dont les pétales sont légèrement dressés et veinés, et dont les étamines latérales raccourcies sont ceintes, à la base, d'une glande nectarifère. On y joint le *Millefolium* de Ténériffe, à longues grappes jaunes, et quelques espèces étrangères, moyenne entre les deux types.

Les *Kibera* se réunissent en un seul groupe, et comprennent cinq ou six espèces annuelles, sans port ni élégance; on les reconnaît à leur calice fermé, à leurs fleurs petites, jaunes, rarement blanches, et surtout à leurs siliques sessiles aux aisselles des feuilles, ou, ce qui est la même chose, à leurs pédicelles garnis de bractées. Des quatre espèces européennes, deux, le *Runcinatum* et l'*Hirsutum*, appartiennent à l'Espagne; les deux autres, le *Supinum* et le *Polyceratium*, sont répandues çà et là dans toute l'Europe. La dernière a les fleurs blanches et les siliques ternées à chaque aisselle, tandis que les autres ont les fleurs jaunes et les siliques solitaires. Enfin, la section des *Arabidopsis*, ainsi appelée parce qu'elle a le port et les fleurs blanches des *Arabis*, rassemble trois espèces européennes qui se reconnaissent à leurs feuilles radicales lyrées, à leurs tiges droites et feuillées, ainsi qu'à leurs pédicelles courts, épais ou amincis. Du reste, elles ne paraissent ni appartenir au même type, ni rechercher les mêmes loca-

lités. Le *Bursifolium*, dont le pédicelle est grossi et dont la feuille ressemble à celle du *Capsella Bursa Pastoris*, vit dans les Pyrénées
orientales et la Sicile; l'*Erysimoides* à siliques étalées, dans les sables
de l'île de Ténériffe et du midi de l'Espagne, et enfin le *Pinnatifidum*,
sur les pentes caillouteuses des Pyrénées et des Alpes. Les deux premiers sont annuels, le troisième est vivace. C'est sans doute dans
cette section qu'il faut placer l'*Arabis Thaliana*, dont les graines sont
notorhizées et non pas pleurorhizées.

Koch a rangé dans son genre *Braya*, qu'il distingue du *Sisymbrium*
par sa silique uninervée et ses semences bisériées, le *Pinnatifidum* et
le *Supinum* qu'il réunit à l'*Alpina*, herbe vivace des Alpes de l'Autriche.

On peut conclure de tout ce que nous venons d'exposer, que le
Sisymbrium est un genre dont les espèces sont loin d'être unies entre
elles par des rapports naturels : non-seulement elles diffèrent par la
forme de leurs siliques, de leurs feuilles et de leurs semences, mais
leurs pédicelles sont courts ou longs, minces ou épais, nus ou feuillés;
leurs fleurs sont jaunes ou blanches, grandes, moyennes ou petites;
et leurs styles, variés en longueur, sont terminés par des stigmates
polymorphes. Les *Sisymbrium* ne se ressemblent pas mieux par leurs
habitudes que par leurs formes; leurs pétales sont courts ou saillants,
leurs calices ouverts ou fermés, leurs siliques serrées contre la tige,
droites, obliques ou divariquées. Ils habitent tantôt nos champs et
nos masures, tantôt nos vallées ou nos montagnes; ils sont annuels,
bisannuels ou vivaces, européens, asiatiques ou africains; en un mot,
il n'est presque aucune différence qui ne puisse se trouver entre leurs
nombreuses espèces.

Le principal mouvement organique qu'on peut y remarquer, c'est
celui du calice, qui, dans les espèces à glandes nectarifères, s'ouvre
sans doute pour favoriser la fécondation; les pétales, au contraire,
conservent presque toujours la même position; mais les siliques ont
quelquefois des mouvements très-marqués pendant la maturation.
Dans l'*Officinale*, par exemple, qui est le type des *Velarum*, la silique
jusqu'alors fortement appliquée contre la tige dans le sens de ses
sutures, s'écarte au moment de la dissémination, et les valves s'ouvrent de droite et de gauche sans que leur mouvement soit gêné. Les
siliques s'appliquent toujours par leurs sutures lorsqu'elles se serrent
contre les tiges.

Je vois dans le *Sophia*, à l'époque de la fécondation, les quatre
pétales étalés et les quatre glandes du torus surmontées chacune
d'une gouttelette.

QUATRIÈME GENRE. — *Alliaria*.

L'*Alliaria* a le calice lâche, caduc et non bosselé, les pétales onguiculés à limbe ovale, les étamines libres et non dentées, quatre glandes nectarifères, deux à la base des petites étamines, et deux entre les grandes et le pistil ; la silique est tétragone, cylindrique, striée sur le milieu des valves, et marquée encore de quelques arêtes longitudinales. Elle est bivalve et biloculaire, à cloison membraneuse, et se termine par un style très-court et un stigmate aplati ; les semences sont presque cylindriques.

Ce genre est à peine distinct de l'*Erysimum*, et surtout de la section des *Coringia* ; mais il mérite d'en être séparé à cause de sa végétation, de son port, de ses fleurs blanches et de ses propriétés.

L'*Alliaria*, qui a reçu son nom de la saveur de ses feuilles et de ses semences, ne comprend qu'une seule espèce européenne, l'*Officinalis*, répandue dans toute l'Europe. C'est une herbe vivace, dont la racine pivotante est un rhizome traçant, et qui borde au printemps toutes nos haies de ses belles fleurs d'un blanc pur, d'abord disposées en corymbe et ensuite allongées en grappes. Ses siliques, qui s'ouvrent à panneaux, mais sans élasticité, donnent leurs graines dès le commencement de juin, et dès le mois de juillet, la plante a entièrement disparu. Les feuilles, dont les pétioles sont redressés presque parallèlement aux tiges, sont cordiformes, fortement dentées, pourvues de glandes peu apparentes et non terminales.

Les fleurs de l'*Alliaria* n'ont point de mouvements, mais les calices colorés en blanc ne tardent pas à tomber, et les pédicelles s'endurcissent beaucoup après la fécondation. Les graines, selon SCHKUHR, sont recouvertes de raies parallèles, roulées en spirale vers le sommet.

L'*Alliaria* n'est pas une plante sociale, puisque sa racine ne donne point de rejets ; cependant elle aime à former des touffes qui ajoutent beaucoup à son éclat.

DE CANDOLLE lui réunit avec doute une seconde espèce, l'*Alliaria Brachycarpa* de l'Ibérie, dont la silique est assez différente, et KOCH en fait une section dans les *Sisymbres*.

CINQUIÈME GENRE. — *Erysimum*.

L'*Erysimum* a un calice fermé et légèrement bosselé, des pétales onguiculés, à limbe ovale et entier, des étamines libres et non dentées, une silique tétragone, sessile, biloculaire, bivalve, à cloison membraneuse, un style tantôt filiforme et allongé, tantôt très-court et terminé par deux stigmates étalés; les semences sont ovales ou oblongues, unisériées et non bordées.

Ce genre a, pour caractère principal, une silique tétragone et un calice fermé. Les espèces qu'il comprend, et qui s'élèvent aujourd'hui à plus de quarante, sont des herbes annuelles ou vivaces, quelquefois un peu frutescentes et ordinairement rameuses; les feuilles, tantôt glabres, tantôt légèrement velues ou pubescentes, sont oblongues, linéaires, entières, dentées, pétiolées, sessiles ou même amplexicaules et cordiformes, dans quelques espèces. Les grappes effilées et naturellement axillaires, deviennent terminales par l'avortement des tiges; les pédicelles sont nus et filiformes, les fleurs jaunes et très-rarement blanchâtres.

De Candolle divise les *Erysimum* en quatre sections, dont deux appartiennent à l'Europe occidentale :

1° Les *Stylomena*, à style filiforme et allongé, stigmates étalés et fleurs presque sessiles;

2° Les *Cuspidaria*, à style filiforme et raccourci, silique à deux angles plus marqués que les autres;

3° Les *Erysimastrum*, à style court ou presque nul, à calice caduc, à feuilles non cordiformes ou amplexicaules;

4° Les *Coringia*, à style presque nul, et feuilles cordiformes, amplexicaules.

Les *Stylomena* comprennent quatre espèces bisannuelles dont deux habitent les déserts de la Tauride, une les sables de la Hongrie, et la dernière ceux de la Sicile. La troisième forme dans Koch le genre *Syrenia*, qui se distingue de l'*Erysimum* par sa silique uninervée et ses semences bisériées.

Les *Cuspidaria* comptent deux espèces originaires de l'Europe orientale : la plus connue est le *Cuspidatum*, distingué par la forme de sa silique à deux angles beaucoup plus saillants que les deux autres, et par conséquent imparfaitement tétragone; ses pétales jaunes tombent avec le calice, et ses siliques redressées sont accumulées vers le sommet.

Les *Erysimastrum*, qu'on doit considérer comme le vrai type du genre, comprennent près d'une trentaine d'espèces, les unes européennes, et les autres moins nombreuses, éparses en Asie, en Sibérie, principalement sur les rochers du Caucase; une seule, jusqu'à présent, appartient à l'Amérique. Ce sont des herbes annuelles ou vivaces, à tiges fermes, anguleuses et dures, à feuilles lancéolées ou linéaires, ordinairement recouvertes de poils courts et étoilés; elles

ont entre elles de si grands rapports, qu'on doit les considérer comme
appartenant à la même race, et formant des passages continuels d'une
espèce ou d'une variété à une autre. C'est la raison pour laquelle leur
synonymie est pleine de difficultés, qu'on ne peut lever qu'avec
peine.

Leurs principales différences consistent, non pas dans la forme ou
dans la villosité toujours variable des feuilles, mais dans la grandeur
et la couleur des 'pétales, dans les rapports de longueur entre les
pédoncules, les calices, les siliques et les styles; enfin, dans la configuration du stigmate, des glandes nectarifères et du calice égal ou
bosselé. De toutes les divisions qu'on peut établir ici, la plus simple,
je crois, et la plus commode dans l'application, quoiqu'elle ne soit
pas entièrement naturelle, est celle de GAUDIN dans sa *Flore helvétique :* elle est fondée sur la longueur relative du pédoncule et du
calice.

Ce botaniste partage les *Erysimastrum* de la Suisse en deux groupes;
le premier contient les espèces dont les pédoncules égalent ou surpas-
sent les calices; et le second, celles dont les pédoncules sont au moins
de moitié aussi courts que les calices. Il va sans dire que la comparaison n'a lieu qu'à l'époque de la floraison.

Dans le premier groupe sont placés : le *Virgatum*, à rameaux nombreux et effilés, à fleurs d'un jaune-soufre, qui se plaît le long des
murs et des masures; le *Longisiliquum*, dont les siliques ont plus de
trois pouces, et qui est fort peu connu; le *Cheiranthoïdes*, à fleurs
dorées et petites, beaucoup plus répandu que les autres; le *Lanceolatum*, à pétales jaunes, dont l'onglet dépasse le calice; et enfin le
Diffusum, ou le *Canescens* de KOCH, dont le feuillage est blanchâtre,
les feuilles linéaires, les siliques redressées et amincies. Ces cinq plantes
sont bisannuelles et fleurissent vers la fin du printemps.

Le second groupe renferme quatre espèces assez distinctes, et dont
trois au moins sont vivaces : l'*Helveticum* des collines montueuses, à
fleurs jaune-soufre, à style distinct, à siliques droites et très-allongées;
le *Pumilum* des Alpes méridionales, dont les tiges ne s'élèvent guère
au-delà d'un pouce, et dont les pétales aussi jaune-soufre ont les
onglets étroits et saillants hors du calice; l'*Ochroleucum*, placé par
DE CANDOLLE parmi les *Cheiranthus*, mais dont les cotylédons sont
notorhizés, et qui recouvre les rochers du Jura de ses belles fleurs à
pétales jaune-pâle et onglets saillants ; enfin, le *Rhæticum*, ou le
Pallens de KOCH, probablement annuel, à fleurs grandes et jaunes,
dont les siliques de trois à quatre pouces sont terminées par un style
épais et allongé. La plupart de ces plantes ont le calice bosselé.

Les fleurs des *Erysimastrum* sont dépourvues de mouvement; leurs calices ne s'ouvrent point, et leurs pétales ne se referment point lorsqu'une fois ils sont épanouis. Les glandes nectarifères du torus, ordinairement assez marquées, sont coniques, relevées, obtuses, selon les espèces; les stigmates sont entiers, bilobés, saillants, aplatis, épais, amincis, et ces différences, qui n'ont point encore été déterminées avec soin, sont sans doute liées à la fécondation, et par conséquent constantes dans les mêmes espèces. Les siliques, dont les valves sont pliées à angles droits, répandent leurs graines dans le cours de l'été; mais les tiges et les feuilles ne disparaissent que tard.

Les *Erysimastrum* ont été destinés par la nature aux mêmes usages que la plupart des *Cheiranthus* auxquels ils ressemblent si fort. Ils parent de leurs jolies fleurs jaunes et quelquefois odorantes, nos vieux murs et nos masures, ou les collines découvertes et les rochers de nos montagnes; cependant ce ne sont pas des plantes sociales, et je les ai rarement vues en abondance dans les lieux qu'elles habitent.

La dernière section des *Erysimum*, connue sous le nom de *Coringia*, comprend des plantes à feuilles glauques, cordiformes et amplexicaules, à fleurs blanches et d'un jaune pâle. On n'en connaît encore que deux, l'*Erysimum perfoliatum* de l'Europe et de l'Asie tempérée, plante effilée qui fleurit quelques semaines après avoir été semée, et que Linné a décrit sous le nom de *Brassica orientalis*, et l'*Austriacum* de l'Autriche et de l'Espagne, que Koch réunit aux *Sisymbres*, à cause de ses valves trinervées; l'une et l'autre sont annuelles et appartiennent au même type, pour ne pas dire à la même espèce; car on ne les distingue guère que par leurs siliques striées ou lisses. De Candolle avait joint à cette section, l'*Erysimum alpinum*, plante vivace d'un port différent, assez répandue sur les pentes des Alpes; mais elle a été placée depuis parmi les *Arabis*, à cause de ses cotylédons pleurorhizés, et elle est désignée actuellement sous le nom d'*Arabis brassicæformis*.

J'ai remarqué que les pédicelles de l'*Erysimum perfoliatum* se penchent un peu avant la fécondation et qu'ils se relèvent ensuite. Est-ce la même chose des autres *Erysimum*? Je crois que ce mouvement doit avoir lieu toutes les fois que l'inflorescence est un corymbe qui ne s'allonge que lentement.

Les *Camélinées* ont la silicule biloculaire ou uniloculaire, par avortement, les valves plus ou moins concaves, ordinairement déhiscentes, la cloison elliptique et placée dans le plus grand diamètre du fruit, les semences variables en nombre, ovales et non bordées.

Les *Camélinées*, dans les *Nothorizées*, correspondent aux *Alyssinées* dans les *Pleurorhizées*.

PREMIER GENRE. — *Camelina*.

Le *Camelina* a le calice non bosselé, les pétales entiers, les étamines non dentées, la silicule ovale ou globuleuse, biloculaire, entière, obtuse et surmontée d'un style persistant, la cloison est membraneuse, ses valves sont ventrues et déhiscentes, les semences nombreuses, oblongues et non bordées.

Les *Camelines* sont des herbes redressées et souvent rameuses; leurs feuilles sont amplexicaules ou sagittées, oblongues, entières, dentées, sinuées ou même pennatifides; leurs grappes terminales et multiflores s'allongent après la fécondation; les pédicelles sont filiformes et nus, les fleurs jaunes.

Ce genre est très-distinct de tous les autres : il diffère du *Myagrum* par sa silicule polysperme, et il n'est pas pleurorhizé comme les *Cochlearia*, les *Draba* et les *Alyssum*.

Il peut être facilement divisé en deux sections :

1° Les *Chamœlinum*, à silicule ovale;

2° Les *Pseudolinum*, à silicule globuleuse.

Les *Chamœlinum* comptent quatre espèces appartenant au même type, qui ont toutes les silicules bordées, le style conique, le stigmate simple et les feuilles plus ou moins sagittées. La principale d'entre elles est le *Sativa*, qui vit dans nos cultures, et surtout parmi nos *Lins*, avec lesquels elle naît, croît et dépérit. C'est une plante effilée, à fleurs petites, d'un jaune d'or, dont le torus est chargé de deux petites glandes vertes, et dont la silicule est marquée de quatre arêtes; elle se ramifie plus ou moins selon la richesse du sol, et répand ses graines à la même époque que le *Lin*. On dit que la variété velue reste toujours sauvage, tandis que la glabre se trouve dans nos moissons et nos *Lins*.

La seconde espèce est le *Dentata*, qui diffère de la cultivée par ses

feuilles dentées, et qui habite également nos cultures; la troisième
est le *Microcarpa* de la Podolie, à silicule plus petite et marquée
seulement de deux arêtes, et la dernière enfin, l'*Armeniaca*, trouvée
dans l'Arménie par Tournefort, est distincte des précédentes par
ses feuilles entières et ses silicules un peu allongées pendant la maturation.

Ces quatre plantes n'offrent aucune différence essentielle. Toutes
sont annuelles, à racine amincie et blanchâtre, à feuilles glanduleuses sur les bords; toutes ont leur calice à demi fermé, velu et médiocrement bosselé. Leurs fleurs sont jaunes et un peu veinées; leurs
étamines latérales sont chargées de glandes nectarifères; leurs silicules sont marquées d'arêtes, formées surtout par le prolongement
extérieur de la cloison; leurs valves tombent avec la partie du style
à laquelle elles adhéraient.

Les *Pseudolinum* diffèrent des *Chamœlinum*, non-seulement par
leur silicule, mais encore par leur style filiforme et leur stigmate
capité. Ce sont des plantes vivaces, à feuilles amplexicaules, légèrement sagittées, et dont De Candolle mentionne deux espèces,
l'*Austriaca* et le *Barbarœa* de la Sibérie orientale, mais cette dernière,
examinée avec plus d'attention, se trouve avoir une silicule quadrivalve et des graines à peu près quadrisériées et pendantes sur des
pédicelles libres et capillaires. On vient donc *(Annales des Sciences
naturelles.* Déc. 1835*)*, d'en former, sous le nom de *Tetrapoma*, un
nouveau genre; enfin je vois, dans nos jardins, sous le nom de *Camelina Laxa*, une crucifère à feuilles simples, velues, allongées et
sagittées, à fleurs paniculées jaunes et à silicule arrondie lisse, portée
sur des pédoncules filiformes et étalés; mais ces plantes doivent être
placées parmi les *Nasturtium*, comme l'a fait Koch pour l'*Austriacum*,
parce que leurs cotylédons sont accombants et non pas incombants.

SECOND GENRE. — *Neslia.*

Le *Neslia* a le calice ouvert et non bosselé, les pétales entiers, les
étamines non dentées, la silicule coriace, indéhiscente, à peu près
globuleuse, aplatie et biloculaire; la cloison est placée dans le plus
grand diamètre du fruit, et quelquefois tellement avortée, que la
silicule devient uniloculaire; les valves sont concaves et indistinctes,
les semences solitaires dans chaque loge; si la silicule est uniloculaire,
elle ne renferme qu'une seule semence globuleuse, pendante et
latérale.

Le *Neslia* est un genre très-distinct du *Camelina*, par sa silicule indéhiscente et monosperme; il ne renferme qu'une seule espèce, le *Paniculata*, qui se trouve dans toute l'Europe, croissant au milieu des blés et des cultures, dans les terres légères et sablonneuses. Sa racine est annuelle et pivotante, ses feuilles sont sagittées et amplexicaules, ses grappes terminales et allongées, ses pédicelles filiformes et nus, ses fleurs petites, jaunes et chargées de deux glandes sur leur réceptacle.

Ce genre offre l'exemple d'un double avortement, qui dépend des circonstances, et qui s'opère, pour ainsi dire, sous les yeux de l'observateur; je veux dire celui de la loge et celui de la graine : quand la cloison subsiste, il y a deux graines; quand elle s'oblitère, il n'en reste plus qu'une. Mais quelle liaison y a-t-il entre la soudure des valves et le nombre des semences? Pourquoi, lorsqu'il n'en reste plus qu'une, les valves sont-elles toujours soudées?

DE CANDOLLE et la plupart des botanistes ont attribué au *Neslia* des cotylédons toujours notorhizés; mais SCHKUHR remarque que la radicule n'a pas ici une position constante, et qu'elle est, au contraire, tantôt pleurorhizée et tantôt dorsifère.

Neuvième tribu. — NOTORHIZÉES ANGUSTISEPTES, ou LÉPIDINÉES.

Les *Lépidinées* ont une silicule oblongue, ovale, didyme ou légèrement cordiforme; leur cloison est très-étroite; leurs valves sont fortement concaves ou carénées; leurs semences, plus ou moins nombreuses et quelquefois même solitaires dans chaque loge, sont ovales et non bordées; leurs cotylédons sont planes, entiers, trilobés ou incisés.

Les *Lépidinées* représentent, dans les *Notorhizées*, les *Thlaspidées* des *Pleurorhizées*. Les genres des deux tribus ont de même leurs correspondants, ainsi les *Thlaspi* monospermes sont analogues aux *Lepidium*, les *Teesdalia* aux *Æthionema*, etc.

PREMIER GENRE. — *Senebiera*.

Le *Senebiera* a un calice ouvert et non bosselé, des pétales entiers, des étamines non dentées et réduites quelquefois à quatre ou deux par avortement, des silicules didymes, légèrement aplaties, évalves, aptères, biloculaires, indéhiscentes, presque globuleuses, ridées ou légèrement appendiculées; les loges sont monospermes, les semences globuleuses, triquètres et pendantes, les cotylédons linéaires et plissés en deux au moins dans les espèces indigènes.

Ce genre contient des herbes annuelles et bisannuelles, ramifiées et souvent couchées, glabres ou un peu velues ; leurs feuilles sont alternes, tantôt linéaires et entières, tantôt dentées, incisées ou même pennatilobées. Les grappes sont courtes et opposées aux feuilles, les pédicelles nus, les fleurs blanches et très-petites.

Les *Senebiera* forment un genre très-distinct, non-seulement par la forme de leurs fruits, mais aussi par leur inflorescence et leur port. Les huit espèces qui le composent aujourd'hui sont beaucoup plus dispersées que celles des autres genres ; les unes se trouvent en Amérique, les autres au Cap, à Madagascar, à Sainte-Hélène et en Égypte. L'Europe n'en contient que deux.

De Candolle les divise en trois sections, dont deux sont indigènes :

1° Le *Nasturtiolum*, à silicule échancrée au sommet, et à cloison plus courte que les valves ;

2° Les *Carara*, à silicule non échancrée, aplatie, ridée et relevée en arête sur le dos.

La première section a pour principale espèce le *Pinnatifida*, qui se rencontre sur les bords de la mer et dans les décombres de toute l'Europe. Il paraît être originaire de l'Amérique, puisqu'il n'est point indiqué par les anciens botanistes, quoiqu'il soit très-commun aujourd'hui. C'est une plante qui pousse de son collet plusieurs tiges diffuses, couchées et rameuses ; à feuilles irrégulièrement pennatifides ou dentées, à rameaux multiflores, courts et opposés aux feuilles ; ses fleurs à peu près apétales m'ont offert deux étamines anthérifères, opposées et correspondantes à l'échancrure, c'est-à-dire aux grandes étamines, comme dans le *Linoides*, et quatre filets sans anthères, qui, au lieu d'être rapprochés deux à deux, se trouvaient placés à droite et à gauche des deux anthères, où elles représentaient sans doute les pétales, et s'étalaient au lieu de tomber après la fécondation ; le stigmate était globuleux et comme enfoncé dans l'échancrure, et les valves des silicules paraissaient bien marquées. Les autres espèces de *Nasturtiolum* appartiennent au même type, ou plutôt peuvent se partager en deux sous-types, celui du *Linoides* à feuilles entières, et celui à feuilles pennatifides : ce dernier renferme notre espèce européenne, le *Pectinata*, qui n'en est guère qu'une variété, et l'*Heleniana* de l'île Sainte-Hélène.

Les *Carara* ont pour type le *Senebiera coronopus*, qui vit, comme le *Pinnatifida*, dans les décombres, le long des murs et des chemins de presque toute l'Europe, d'où il a probablement passé en Amérique, comme le *Pinnatifida* en Europe. Ses feuilles sont aussi pennatifides ou pectinées, à pétioles dilatés et à dentelures glanduleuses. Elles forment sur la terre des rosules d'un beau vert, du milieu desquelles sortent des tiges à grappes latérales et presque sessiles. Les pétales se rapprochent après l'inflorescence et ne tombent que pendant la maturation; les silicules, réunies au nombre de sept à huit par paquets, ne sont point articulées sur leurs pédicelles, et ne s'ouvrent point, quoiqu'elles conservent la trace des valves. On remarque dans la fleur épanouie, quatre jolies glandes opposées aux quatre pétales et qui semblent y adhérer; les anthères sont bleuâtres et les silicules légèrement aplaties portent trois rangs de tubercules. Le *Coronopus* se sème en automne, et fleurit pendant tout le cours de l'été.

Les *Senebiera* offrent, parmi les *Crucifères*, l'exemple assez rare de plantes qui développent leurs feuilles aux dépens de leurs fleurs. Les premières, en effet, sont toujours grandes et nombreuses, tandis que les autres non-seulement sont très-petites, mais perdent quelquefois par avortement quelques-uns de leurs organes. Si le *Pinnatifida* cessait d'avoir ses deux dernières étamines fertiles, il ne se reproduirait plus, puisqu'il n'est pas vivace et ne donne pas de rejets. Il disparaîtrait ainsi pour toujours, comme ont peut-être déjà disparu un assez grand nombre de plantes.

Les deux loges qui forment la silicule se séparent de la cloison qui les unissait, et se sèment sans s'ouvrir dans le *Pinnatifida*, et sans doute aussi dans quelques autres espèces, mais non pas dans le *Coronopus*.

SECOND GENRE. — *Capsella.*

Le *Capsella* a le calice égal, les pétales entiers, les étamines non dentées, la silicule aplatie, triangulaire, tronquée au sommet, la cloison membraneuse et presque linéaire, les valves carénées, aplaties, non ailées, et le stigmate très-court; les semences sont nues, nombreuses et marquées, selon GÆRTNER, de raies parallèles.

Ce genre ne comprend qu'une seule espèce, le *Bursa pastoris*, plante annuelle fort variée dans son port; les feuilles radicales disposées en rosule, sont tantôt entières, tantôt incisées, tantôt pennatifides, à la manière du *Senebiera coronopus*; les caulinaires sont éparses, sagittées et oblongues; les pédicelles sont filiformes, nus et beaucoup plus longs que la silicule, les fleurs sont petites et blanches.

Cette plante, la plus commune de toutes les *Crucifères*, vit dans les cultures et le long des chemins, où elle fleurit depuis le premier printemps jusqu'aux approches de l'hiver. De là, sans doute, elle s'est répandue dans presque toutes les parties du monde, dans les Indes, le Japon, la Sibérie, la Perse, le Cap, les îles Maurice, le détroit de Magellan et l'Amérique. Mais elle est restée confinée dans les plaines, et ne s'est pas élevée sur les hauteurs.

Elle manque de grâce et d'élégance, quoique ses feuilles radicales forment sur le sol des rosettes très-régulières, et que ses silicules soient disposées très-symétriquement sur leur axe allongé. On la voit souvent attaquée par l'*Uredo candida* des *Crucifères*, qui s'y trouve quelquefois en si grande abondance, qu'il la détruit partiellement.

Les pétales et les calices du *Capselle* n'ont pas des mouvements organiques; les petites étamines portent à leur base une glande nectarifère peu visible, et les grappes florales disposées d'abord en corymbes, s'allongent beaucoup pendant la maturation : j'ai vu après l'hiver rigoureux de 1837 à 1838, un grand nombre de *Capselles* dont les anthères étaient avortées, quoique les stigmates eussent conservé toute leur vie; leurs grappes se sont ensuite allongées, mais toutes leurs siliques étaient avortées.

Jacquin a observé quelquefois, aux environs de Vienne, vers la fin du printemps, des *Capselles* à fleurs apétales, à dix étamines, dont quatre provenaient des pétales transformés. Cet exemple, comme tant d'autres semblables, prouve la grande analogie des pétales avec les étamines.

De Candolle avait placé le *Capselle* parmi les *Pleurorhizées*, d'après l'opinion de Gærtner, entre le *Thlaspi* et l'*Hutchinsia*, à cause de ses rapports apparents; mais d'après les observations de Schkuhr, de Gay et Monnard, que j'ai aussi vérifiées, cette plante, qui a les cotylédons réellement dorsifères, doit être reportée, comme nous l'avons fait, parmi les *Lépidinées*, et l'on doit, selon Koch, ajouter au genre *Capsella* le *Lepidium procumbens* de Linné, et le *Pauciflore* de l'Allemagne, qui n'en est peut-être qu'une variété.

TROISIÈME GENRE. — *Lepidium.*

Le *Lepidium* a le calice non bosselé, les pétales entiers, les étamines non dentées, la silicule ovale, aplatie, déhiscente, à valves carénées, tantôt aptères, tantôt légèrement ailées au sommet, la cloison membraneuse, étroite, égale aux valves ou même plus petite, le style à peu près nul ou filiforme, les semences solitaires dans chaque loge, pendantes, aplaties ou légèrement triquètres, les cotylédons oblongs et linéaires.

Les *Lepidium* sont des herbes ou de petits sous-arbrisseaux à tiges cylindriques et rameuses; leurs feuilles sont simples et de forme variée, leurs grappes terminales, droites et allongées à la maturation, leurs pédicelles filiformes et nus, leurs fleurs blanches et petites.

Ce genre, confondu souvent avec celui des *Thlaspi*, en diffère non-seulement par la position de sa radicule, mais encore par ses loges constamment monospermes. Les espèces qui le composent sont répandues dans l'ancien et le nouveau continent. L'Asie en renferme quinze; le Cap de Bonne-Espérance, sept; l'Australasie, neuf; l'Amérique, onze; l'Europe, seulement dix. De Candolle les distribue en cinq sections :

1° Celle des *Cardaria*, à silicule ovale, cordiforme, à valves aptères et un peu enflées, à style filiforme;

2° Celle des *Cardamon*, à silicule sous-orbiculaire échancrée, à valves naviculaires ailées et à cotylédons divisés;

3° Celle des *Lepia*, à silicule sous-orbiculaire échancrée, à valves naviculaires, ailées et adhérentes au style, à cotylédons entiers;

4° Celle des *Dileptium*, à silicule sous-elliptique, légèrement échancrée au sommet, à valves carénées et aptères, à style très-court;

5° Celle des *Lepidiastrum*, à silicule sous-elliptique et très-entière, à valves carénées et aptères, à style très-court.

Le *Cardaria* ne renferme qu'une seule espèce, le *Draba* des champs et des cultures de l'Europe australe, plante remarquable par ses grandes feuilles amplexicaules, auriculées, et par ses longues grappes de fleurs petites et d'un beau blanc. Elle est annuelle, et fleurit depuis la fin du printemps jusqu'au commencement de l'automne; son style est persistant et assez allongé; ses valves sont plutôt concaves que carénées; ses cotylédons sont entiers, épais et obtus.

Le *Cardamon* ne comprend qu'une espèce européenne, le *Lepidium sativum*, qui croît dans tous les jardins et dont la patrie paraît être la Perse et l'île de Chypre, où il vient au milieu des moissons. Il est annuel, rameux, glabre et couvert de poussière glauque; ses feuilles sont plus ou moins incisées, quelquefois frisées; ses pétales et ses calices se resserrent contre la silicule avant de tomber, et son torus est dépourvu de glandes. Cette plante est surtout distinguée par ses cotylédons ordinairement trifides, quelquefois bifides et rarement entiers; souvent l'un des deux est trilobé et l'autre entier, et quand ils sont tous les deux divisés régulièrement, ils sont disposés en verticille autour de la jeune tige. Le *Spinescens*, qui se trouve aux environs de Damas, dépend du même type, et se reconnaît à ses rameaux divariqués, endurcis et légèrement épineux.

La troisième section, ou celle des *Lepia*, compte six espèces, dont la plus connue est le *Campestre*, à silicules chargées de poils et de glandes très-petites et transparentes. Ses feuilles sagittées, dentées et blanchâtres, portent aussi des glandes, et ses téguments floraux se rapprochent de la silicule avant de tomber. On le trouve dans tous les champs argileux, où ses grappes, qui fleurissent long-temps, finissent par avorter au sommet. L'*Hirtum*, qui dépend du même type, croît dans l'Europe australe, et principalement dans la région des *Oliviers;* il est caractérisé par ses calices et ses siliques recouvertes de poils droits et rayonnants. L'*Humifusum*, originaire des montagnes de la Corse, diffère des deux autres par ses racines vivaces et ses tiges couchées; enfin le *Spinosum*, de l'Orient et de la Grèce, a ses feuilles radicales pennatiséquées et articulées, ses silicules oblongues, échancrées et prolongées en deux cornes et ses petites fleurs blanches disposées en épi. Ces quatre espèces ont les cotylédons entiers, et trois d'entre elles sont annuelles.

Les *Dileptium* se reconnaissent non-seulement à la forme de leur silicule, mais à leurs fleurs très-petites, dont les pétales avortent quelquefois, et dont les étamines sont souvent réduites à quatre ou même à deux. On y distingue deux types : le premier, à feuilles linéaires, contient plusieurs espèces; la principale est le *Ruderale* des masures de toute l'Europe et même de la Sibérie, dont les fleurs plus petites à mesure qu'elles approchent du sommet, sont aussi plus avortées et finissent par disparaître; la seconde est le *Subulatum*, plante sous-frutescente, indigène de l'Espagne; les autres sont étrangères et se réunissent au *Virginicum*, qui habite les masures de l'Amérique, et dont les cotylédons ne sont pas exactement notorhizés. Le dernier type de cette section est lié au premier par des espèces intermédiaires, et il est représenté par le *Perfoliatum* et le *Cardamines* qui habitent tous les deux en Espagne, et qui ne diffèrent guère des autres que par leurs feuilles pennatiséquées à la base, arrondies ou amplexicaules vers le sommet. Ces plantes, annuelles pour la plupart et à cotylédons entiers, donnent presque toujours des fleurs fertiles, parce que leurs anthères répandent immédiatement leur pollen sur un stigmate papillaire très-bien conformé et placé à la même hauteur qu'elles. J'ai remarqué que dans le *Ruderale* les deux étamines sont placées en face des grands côtés de la capsule, et par conséquent représentent les quatre grandes.

Les *Lepidiastrum*, qui forment notre dernière section et qui ont la silicule entière, non bordée, et le stigmate à peu près sessile, sont aussi réunis sous deux types : celui à feuilles larges, ovales, lancéolees ; et celui à feuilles pennatiséquées à la base et linéaires sur la tige. Le premier comprend le *Latifolium*, plante élevée, à grappes nombreuses et garnies, à racine vivace et épaisse, à fleurs petites très-rapprochées, et à torus chargé de quatre glandes vertes. Elle croît dans les pâturages succulents de toute l'Europe, et on lui associe le *Crassifolium* des marais salés de la Hongrie, à racine vivace, à feuilles glauques, long-temps attachées au bas des tiges. Le second type renferme le *Graminifolium* de GAUDIN, ou l'*Iberis* de DE CANDOLLE, qui, comme la plupart de ses congénères, vit le long des murs et des décombres, et qu'on reconnaît à ses tiges très-rameuses et très-effilées, à ses fleurs petites, blanches et quelquefois teintes en pourpre, comme les calices et les tiges. Ses pétales et ses étamines avortent souvent en partie, et sa racine est vivace, comme celle du *Latifolium*. Les plantes qu'on joint à ce type sont le *Suffruticosum* et le *Lineare*, toutes les deux vivaces et originaires de l'Espagne.

Les fleurs des *Lepidium* se referment après la fécondation, dans plusieurs espèces ; mais elles n'ont pas le mouvement alternatif et diurne des *Barbarœa* et des *Cardamines*. Elles sont dressées avant et après l'épanouissement ; pendant la maturation leurs grappes s'allongent, et leurs pédoncules grandissent en s'écartant. Les espèces où les pétales et les étamines avortent sont surtout celles dont les grappes sont trop serrées pour nourrir toutes leurs fleurs, qui, quelquefois même, tombent sans s'ouvrir ; mais celles qui restent sont presque toujours fertiles, parce qu'elles ont été sans doute réciproquement fécondées. Je n'ai pas examiné en détail les glandes du torus, mais j'ai noté que le *Lepidium Iberis* en avait deux, à droite et à gauche des petites étamines, et qu'elles donnaient en abondance l'humeur miellée.

On ne rencontre ni dans ce genre, ni dans celui des *Senebiera*, ni dans ceux qui composent le reste de la tribu, aucune fleur à pétales agrandis ou doublés, parce que la végétation se porte naturellement sur les feuilles, et que les fleurs épuisent, par leur multitude, la sève destinée à les nourrir.

Ces plantes répandues en grande abondance dans les diverses parties du monde, le long des murs, des masures et sur les bords des mers, sont presque toutes dépourvues d'éclat et d'élégance.

On peut remarquer que les feuilles du *Lepidium sativum* sont incisées à la manière de leurs cotylédons, en sorte que la force quelconque qui a déterminé leur division a aussi influé sur celle des lobes de l'embryon. Les graines de cette plante, plongées dans l'eau, se recouvrent promptement de mucosité, et germent quelquefois dans l'intervalle de vingt-quatre heures.

QUATRIÈME GENRE. — *Bivonæa.*

Le *Bivonæa* a un calice à peu près égal, des pétales onguiculés, un peu échancrés sur leurs bords, des étamines simples et non dentées, une silicule aplatie, ovale, échancrée, à style très-court et stigmate en tête, une cloison oblongue, à valves carénées, ciliées sur le dos et déhiscentes, quatre ou six semences ovales et pendantes dans chaque locule.

Ce genre n'est composé que d'une seule espèce, le *Bivonæa lutea*, herbe annuelle, glauque, glabre et d'un tissu lâche, trouvée par Bivona dans les environs de Palerme. Sa tige est filiforme et peu rameuse, ses feuilles pétiolées à la base, deviennent, vers le sommet, cordiformes et amplexicaules ; ses pédicelles sont filiformes et nus, ses fleurs petites et jaunes.

On la place parmi les *Lépidinées,* à cause de ses cotylédons dorsifères, de sa silicule ovale et de sa cloison étroite; elle a le port et la fleur de quelques *Draves,* et les valves carénées des *Thlaspi.*

CINQUIÈME GENRE. — *Æthionema.*

L'*Æthionema* a un calice inégal, des pétales entiers, six étamines, dont les plus grandes sont réunies entre elles, ou dentées intérieurement; la silicule est aplatie, ordinairement échancrée, couronnée par un style court, tantôt biloculaire, polysperme et déhiscente, tantôt uniloculaire, monosperme et indéhiscente; ses valves sont naviculaires, ailées ou aigrettées sur le dos; ses semences, rarement solitaires dans chaque loge, sont ovales, oblongues et finement chagrinées.

Les *Æthionema* diffèrent des *Thlaspi* non-seulement par leurs cotylédons dorsifères et leurs grandes étamines réunies et dentées, mais encore par leur végétation et leur port : ce sont des herbes annuelles, vivaces ou même sous-frutescentes, rameuses, diffuses ou redressées; leurs feuilles sont glauques, sessiles, entières, ovales, oblongues et quelquefois opposées à la base ; leurs grappes sont serrées et comme terminales; leurs fleurs sont très-petites, pourprées, roses ou même blanchâtres.

Ce genre contient jusqu'à présent neuf espèces, originaires principalement des montagnes ou des collines arides et sablonneuses de la Méditerranée, du Mont-Liban et de la Perse. Elles sont tellement liées les unes aux autres à certains égards, et tellement séparées à d'autres, qu'elles ne peuvent pas être partagées en sections.

La principale et la plus connue de ces espèces, est l'*Æthionema saxatile* ou le *Thlaspi saxatile* de LINNÉ, plante vivace et un peu frutescente qui habite les rochers de l'Europe australe et les pentes méridionales des Alpes. Ses fleurs d'un rouge blanchâtre sont disposées en grappes allongées qui fleurissent par le haut, en même temps qu'elles se sèment par le bas; ses feuilles charnues, articulées et glauques prennent souvent en vieillissant une teinte pourprée; ses filaments sont élargis à la base, et les plus grands ont au-dessus du sommet une dent qui fait paraître les anthères latérales; ses pédoncules sont articulés, et ses silicules, redressées et fortement ailées, renferment deux ou trois graines dans chaque loge. On peut rapprocher de cette espèce le *Monospermum* d'Espagne, qui en a tout-à-fait le port, la végétation et les feuilles; mais dont les silicules uniloculaires par avortement sont monospermes et par conséquent indéhiscentes.

Le *Coridifolium* du mont Liban est vivace et demi-frutescent; ses fleurs d'un rose pourpré, sont grandes et disposées en longues grappes, ses quatre étamines principales sont élargies et non pas réunies à la base, et ses silicules biloculaires et dispermes sont ailées sur le dos, ses feuilles sont glaucescentes et linéaires.

La dernière espèce d'*Æthionema* que je veux mentionner ici, c'est le *Buxbaumii*, originaire de l'Ibérie, et qui fleurit aussi dans nos jardins; c'est une plante annuelle et de courte durée, dont les fleurs sont roses et les étamines dentées, comme celles du *Saxatile*; ses rameaux, d'abord corymbifères, se transforment après la floraison en une grappe conique semblable à celle du *Houblon*, dont les écailles sont des silicules orbiculaires, échancrées et fortement ailées, et dont chaque loge contient d'une à trois graines pendantes et chagrinées.

Sa fécondation est immédiate, et ses anthères placées à l'entrée du tube recouvrent de leur pollen le stigmate semblable à une petite coupe.

A la dissémination, les valves des silicules se détachent de la cloison, emportant avec elles leurs graines.

Ce genre n'est pas fondé comme les autres sur la silicule dont la forme est inconstante, ni sur les semences dont le nombre est très-variable. Il repose presque entièrement sur la structure des étamines et sur le caractère de ses feuilles toujours consistantes, glauques, sessiles, articulées, caduques et entières : cette observation sert à prouver que les organes de la fleur ne doivent pas être seuls considérés dans la création des genres.

Du reste, on aperçoit bien que la silicule, dont la forme est en apparence très-variable, a cependant, dans toutes les espèces, la même organisation primitive.

Dixième tribu. — NOTORHIZÉES NUCAMENTACÉES, ou ISATIDÉES.

Les *Isatidées* ont la sicule uniloculaire, monosperme, à valves indéhiscentes et quelquefois non distinctes, les semences ovales, oblongues et non bordées. Elles forment, parmi les *Crucifères*, une petite famille naturelle et distinguée par ses tiges herbacées, ses feuilles glauques, entières ou dentées, pétiolées à la base et sagittées au-dessus ; elles renferment deux genres européens : l'*Isatis* et le *Myagrum*.

PREMIER GENRE. — *Isatis*.

L'*Isatis* a un calice ouvert et non bosselé, des pétales égaux et entiers, des étamines non dentées, un ovaire aplati, un stigmate sessile, une silicule entière plus ou moins oblongue, uniloculaire, monosperme, aplatie, subéreuse ou membraneuse, et comme foliacée sur les bords ; les valves sont fortement carénées et à peine déhiscentes, la semence est pendante et oblongue, et les fruits mûrs ressemblent tout-à-fait à ceux du *Frêne*.

Les *Isatis* sont des herbes annuelles ou plutôt bisannuelles, élevées, droites, rameuses, à racine fusiforme, à tige cylindrique et blanchâtre ; leurs grappes terminales et multiflores sont disposées en panicules lâches, droites et allongées ; leurs pédicelles sont filiformes, dépourvus de bractées, dressés pendant la fécondation et penchés ensuite ; leurs fleurs sont jaunes et petites.

Elles forment un genre très-naturel, composé d'espèces fort rapprochées, dont un petit nombre habite l'Europe, et dont les autres sont répandues dans l'Orient et la Sibérie. PERSOON n'en décrit que six, DE CANDOLLE en compte actuellement dix-huit, qu'il range sous deux sections :

1º Les *Sameraria*, à silicule ovale ou orbiculaire, entourée d'une aile grande, membraneuse et foliacée ;

2º Les *Glastum*, à silicule ovale et subéreuse.

Les *Sameraria* comptent cinq espèces, quatre de l'Asie occidentale et une cinquième du Portugal, qui diffèrent principalement par leur silicule et les oreillettes de leurs feuilles. L'espèce européenne, longtemps confondue avec d'autres, est entièrement glabre ; ses silicules pendantes à la maturation, sont cunéiformes à la base et orbiculaires au sommet ; leur loge centrale est enflée, oblongue et légèrement striée.

Les *Glastum* sont compris sous treize espèces, dont plusieurs sans doute ne sont que des variétés, et qui se distinguent principalement en trois types : 1° celui de l'*Alpina* du Piémont et des Apennins, dont la silicule demi-foliacée forme un passage entre les deux sections ; 2° celui de l'*Aleppica*, plante grêle de l'Asie mineure et de la Grèce, fort remarquable par sa silicule linéaire huit fois plus longue que large ; 3° enfin, celui du *Tinctoria* répandu sur les pentes rocailleuses et découvertes de l'Europe australe et tempérée : c'est de ce dernier type que dépendent la plupart des autres espèces de la section.

Le *Tinctoria*, plus rustique et plus commun que les autres *Isatis*, est seul employé pour la formation du pastel. La plante cultivée a ses feuilles plus larges et plus glabres. Le *Sauvage*, qui porte quelquefois une grande quantité de poils articulés, ne paraît pas d'abord appartenir à la même espèce.

Les feuilles des *Isatis* sont épaisses, d'un vert obscur, qui semble indiquer déjà le principe coloré qu'elles contiennent. Celles du bas naissent à demi roulées sur leur surface inférieure ; mais celles du sommet, ainsi que celles qui enveloppent les panicules, ne sont ni roulées, ni plissées ; les fleurs sont très-nombreuses, serrées au sommet des tiges et garanties contre la pluie par la matière résineuse qui les enduit. Les fleurs d'un jaune d'or ne se referment pas à l'obscurité, mais s'inclinent seulement sur leurs pédicelles ; les calices sont colorés, les pétales étalés, les étamines saillantes, les glandes nectarifères, petites ou même nulles.

A l'époque de la maturation, les pédoncules épaissis se recourbent fortement, et les silicules sont pendantes dans toutes les espèces : cette disposition ne tient pas primitivement à la pesanteur, puisque les fruits qui avortent s'inclinent comme les autres ; mais elle est favorisée par la forme de la silicule amincie à la base et élargie au sommet. A la maturation, le fruit noircit, et bientôt après le pédicelle se rompt.

L'ovaire de l'*Isatis* est naturellement formé, comme tous ceux des *Crucifères*, de deux loges séparées par une cloison dont l'on aperçoit toujours la suture, mais qui se rétrécit beaucoup, tandis que les valves se creusent fortement en carène à peu près comme dans le *Capsella Bursa pastoris* ; cette déformation s'opère de très-bonne heure, cependant on aperçoit encore dans l'ovaire, comme l'a remarqué d'abord Schkuhr, et comme je l'ai vérifié, une graine au moins dans chaque loge, mais bientôt il n'y a plus qu'une seule graine placée, non pas dans une des loges, mais au centre de la suture même où elle est cachée comme dans un nid. Cette conformation appartient probablement aux *Isatis*, dont les capsules toujours attachées à des pédicelles flottants, tombent ordinairement indéhiscentes et présentent quelquefois, mais très-rarement, deux semences.

SECOND GENRE. — *Myagrum.*

Le *Myagrum* a un calice légèrement entr'ouvert, des pétales oblongs, à peine saillants hors du calice, des étamines simples dont les deux plus grandes sont presque réunies à la base; l'ovaire est turbiné, oblong et couronné par un style fortement conique; la silicule est coriace, subéreuse, à valve aplatie, uniloculaire et monosperme à la base, dilatée au sommet, en deux locules stériles; la semence est oblongue et pendante; les cotylédons sont un peu recourbés.

Ce genre, ainsi déterminé, est formé d'une seule espèce, le *Perfoliatum,* plante annuelle qui croît dans les moissons du midi de l'Europe, et se distingue par ses feuilles glabres, glauques, amplexicaules et auriculées le long des tiges.

Les fleurs petites et jaunes sont disposées à peu près en grappes au sommet des tiges et des rameaux axillaires; les silicules pédonculées sont serrées contre la tige pendant la maturation : en les examinant de près on y reconnaît deux valves séparées par une suture d'où s'élève au sommet un style conique, endurci et terminé par un stigmate en tête. La semence, qui m'a paru solitaire même dans les très-jeunes silicules, a une radicule recourbée et supère qui se trouve placée dans la partie inférieure de la silicule, dont le sommet est plein de parenchyme.

SCHKUHR assure que l'ovaire renferme d'abord deux ovules que je n'ai pas su apercevoir, parce que la déformation s'opère de très-bonne heure; la silicule se désarticule aussi promptement, et tombe sans s'ouvrir.

TROISIÈME ORDRE. — ORTHOPLOCÉES ou (o ≫).

Les *Orthoplocées* ont leurs cotylédons incombants, souvent échancrés, plissés en deux, et contiennent dans leur pli la radicule nothorhizée; leurs semences sont ordinairement globuleuses, le style est souvent renflé, et renferme à sa base une loge séminifère, toujours indéhiscente.

Onzième tribu. — ANCHONIÉES.

Les *Anchoniées* ont la silicule ou la silique séparée transversalement en articles monospermes, des cotylédons planes et incombants, des semences ovales.

Goldbachia.

Le *Goldbachia* a les étamines libres, la silique articulée et le style à peu près nul, les fleurs petites et d'un blanc rosé.

Ce genre comprend trois espèces annuelles, le *Lævigata* des sables d'Astracan, à semences lisses, pendantes, et dont les articulations sont rétrécies; le *Torulosa* de l'Orient, dont les siliques toruleuses et à peu près cylindriques se séparent à peine, et le *Tetragona* à pédoncules recourbés et siliques redressées sans articulations marquées, mais dont les semences sont chacune entourées d'une membrane propre, les feuilles ovales, allongées et amplexicaules sont entièrement lisses et glaucescentes, les fleurs, très-petites et violettes, ont leur limbe droit et la fécondation intérieure.

Douzième tribu. — ORTHOPLOCÉES SILIQUEUSES, ou BRASSICÉES.

Les *Brassicées* ont la silique allongée, à cloison linéaire et à valves longitudinalement déhiscentes. Les genres qu'elles renferment sont tellement rapprochés, qu'on ne peut guère les distinguer par des caractères tranchés. Cette tribu est analogue à celle des *Arabidées* dans les *Pleurorhizées*, et à celle des *Sisymbrées* dans les *Notorhizées*; en poussant plus loin la comparaison, le *Brassica* représentera le *Cheiranthus* et l'*Hesperis*; le *Sinapis*, le *Sisymbrium* et le *Nasturtium*; le *Diplotaxis*, le *Turritis*, etc.

PREMIER GENRE. — *Brassica*.

Le *Brassica* a un calice égal, droit, rarement entr'ouvert, des pétales ovales, des étamines libres et entières; sa silique, à peu près cylindrique, est biloculaire, bivalve, à loges polyspermes, à valves concaves ou légèrement carénées; son style est persistant, conique et quelquefois monosperme à la base; ses semences sont unisériées et presque globuleuses.

Ce genre comprend des plantes bisannuelles, rarement annuelles, vivaces ou sous-frutescentes; les feuilles radicales sont souvent pétiolées, sinuées ou même pennatifides; les caulinaires sont entières, sessiles ou amplexicaules; les grappes sont allongées, les pédicelles nus ou filiformes, les fleurs jaunes ou rarement blanches, jamais pourprées ou veinées.

Le *Brassica* se distingue du *Sinapis* par son calice droit ou seulement entr'ouvert, et par son organisation générale. Il est formé d'un grand nombre d'espèces quelquefois fort rapprochées, et dont la culture a souvent altéré le type primitif.

En attendant, nous le diviserons, selon De Candolle, en trois sections assez naturelles :

1° Les *Brassicastrum*, à silique sessile, et bec nul ou asperme;

2° Les *Erucastrum*, à silique sessile et bec monosperme;

3° Les *Micropodium*, à silique légèrement stipitée.

Les *Brassicastrum*, se divisent physiologiquement en deux grands groupes; celui des espèces cultivées et celui des espèces sauvages. Le premier présente, au plus haut degré, l'exemple des altérations ou des changements que l'industrie humaine opère sur les végétaux, selon les usages auxquels elle les destine. On voit, en effet, tantôt leurs racines, tantôt leurs tiges, leurs feuilles ou leurs fleurs, grossir ou se multiplier aux dépens des autres parties, et perpétuer même à l'indéfini, par les semences, les nouvelles formes qu'elles ont acquises; phénomène rare dans le règne végétal, et qui ne peut guère avoir lieu qu'en vertu d'une organisation spéciale.

Au moyen de cette disposition, le genre *Brassica*, qui occupe, en apparence, si peu de place dans la famille, est devenu une des bases sur lesquelles reposent la nourriture et l'entretien des hommes et des animaux; c'est ce qu'on verra plus clairement, quand j'aurai passé en revue, d'après De Candolle, les variations ou les transformations principales de quatre ou cinq espèces de ce genre.

La première et la plus importante de ces espèces est le *Brassica oleracea*, originaire des rochers maritimes de l'Europe, et distingué, dans son état de nature, par ses feuilles toujours glabres, charnues, recourbées, lobées et couvertes d'une poussière glauque. Il a produit dans les jardins, où il est cultivé depuis un temps immémorial, cinq grandes races : 1° l'*Acéphale* ou le *Chou commun*, vert, blanc, pourpré, à tige simple ou ramifiée, à feuilles lyrées, pennatifides et laciniées; 2° le *Bullata* ou le *Frisé*, à tête ronde ou oblongue, à jets et rejets gemmnifères, aux aisselles des feuilles ; 3° le *Capitata* ou le *Commun*, à grosse tête souvent aplatie, quelquefois ovale ou conique, blanche ou plus rarement rouge ; 4° le *Caulo-Rapa* ou *Chou-Rave*, à tige renflée au-dessus du collet ; 5° le *Botrytis* ou le *Chou-Fleur*, dont les corymbes charnus sont raccourcis et serrés en masse, et le *Brocoli*, dont les rameaux sont seulement charnus au sommet, et dont les fleurs avortent. Ces cinq races, comme il est facile de le comprendre, ne se conservent pas pures. Ainsi, par exemple, le *Chou-Frisé* ou de Milan, le *Chou-Fleur* donnent des *Hybrides*.

La seconde des espèces tranformées est le *Brassica campestris*, indigène des champs d'Europe, et distingué du précédent par ses feuilles moins épaisses, ciliées ou chargées, dans leur jeunesse, de poils épais et assez rudes. Il a produit, à son tour, trois variétés principales : l'*Oléifère* ou le *Colza*, si connu par l'huile que l'on extrait de ses semences ; le *Pabularia* ou le *Chou-à-faucher*, destiné spécialement à la nourriture des bestiaux, et enfin le *Napo brassica* ou le *Navet*, qu'il ne faut pas confondre avec le *Caulo-Rapa* ou le *Chou-Rave*, et qui, avec le *Rutabaga* blanc ou pourpré, est si précieux dans l'économie rurale.

La troisième espèce est le *Brassica Rapa*, qui, selon quelques auteurs, croît naturellement dans les champs de l'Europe, et se reconnaît à ses feuilles radicales, lyrées, rudes au toucher et dépourvues de poussière glauque. Elle s'est moins transformée que les deux autres, et ne se divise qu'en deux variétés : l'*Oléifère* ou la *Navette*, qui se sème dans les vallées méridionales du Dauphiné, et la *Rave* proprement dite, à racine ovale, aplatie ou oblongue, et dont la culture est moins étendue depuis l'introduction de la *Pomme de terre*.

La quatrième de ces espèces est le *Brassica Napus*, dont la patrie n'est pas non plus bien connue, et qui est caractérisé par ses siliques divariquées et ses feuilles glabres et glauques, lyrées à la base, lancéolées et amplexicaules au sommet. Il a aussi donné naissance à deux variétés : l'*Oléifère*, à racine amincie, cultivée dans les sols légers sous le nom de *Navette d'hiver*, et l'*Esculenta*, à racine enflée au-dessous du collet, désigné particulièrement sous le nom de *Navet*, et souvent confondu avec le *Napo brassica* et le *Rapa oblonga*.

Enfin, la cinquième et dernière espèce transformée par la culture, est le *Brassica præcox*, dont l'origine est aussi incertaine, mais qu'on peut distinguer du précédent à ses siliques redressées. Il n'est cultivé que comme plante oléifère, mais comme il croît vite, il se sème, au printemps, dans les champs montueux, où il réussit mieux que les autres, quoiqu'il donne des récoltes moins abondantes.

Les espèces sauvages propres à l'Europe sont toutes sous-frutescentes, et vivent la plupart sur les bords de la mer ou sur les collines
montueuses des provinces méridionales. Elles sont, jusqu'à présent, au
nombre de sept qu'on peut classer en trois sous-types : 1° le *Cretica*,
l'*Insularis* de Sardaigne et le *Balearica*, à feuilles glabres, glauques et
charnues; 2° l'*Incana* et le *Gravinæ* du midi de l'Italie et de la Sicile,
à feuilles velues ou hispides, irrégulièrement sinuées à la base;
3° l'*Humilis* et le *Repanda* du midi de la France, à feuilles épaisses
et pennatifides, et fleurs portées sur des hampes peu élevées.

Les *Erucastrum* sont tous sauvages et originaires de l'Europe centrale ou méridionale. Leurs espèces, jusqu'à présent mal déterminées,
peuvent se classer sous deux types : le premier comprend les sous-
frutescentes à feuilles glabres, glauques et un peu charnues, dont le
bec contient deux ou trois semences, comme le *Richerii* et le *Mo-
nensis;* le second, celles dont les feuilles radicales sont hispides et
pennatiséquées, telles que le *Cheiranthus* des collines de la France
méridionale, le *Cheiranthifolia* des sables d'Olonne et d'Espagne, le
Tournefortia, le *Lævigata* et le *Valentina*, tous trois originaires des
sables d'Espagne, enfin l'*Erucastrum* de LINNÉ et de GAUDIN, commun dans la Suisse occidentale, où il fleurit dès le printemps et se
reconnaît à ses feuilles d'un vert noir et à sa corolle jaune, de moitié
plus petite dans l'espèce ou la variété *Ochroleuca*. Quelques-unes de
ces plantes, dont la synonymie est peu fixée, ont le calice entr'ouvert
et s'approchent ainsi des *Sinapis*.

La troisième section ou celle des *Macropodium*, a beaucoup de rapports avec les *Diplotaxis*, et comprend deux espèces appartenant au
même type : l'*Elongata* des sables de la Hongrie, et le *Sabularia* du
Portugal, l'une et l'autre sont bisannuelles, ont leurs feuilles radicales
pennatifides, velues ou hispides, leur calice entr'ouvert et leur silique
amincie. La première est cultivée en Hongrie comme plante oléifère,
parce qu'elle réussit dans un sol maigre, que ses siliques ne s'ouvrent
que tard et donnent beaucoup de graines.

Les *Brassica* ne forment pas, comme l'on voit, un genre naturel; car
les trois sections qui les composent pourraient facilement être réunies
sous autant de genres. Toutefois, la plupart des espèces qui appartiennent à la première section sont assez bien réunies entre elles, soit
par leurs feuilles glauques et consistantes, soit par la forme de leurs
siliques.

Les pétales des *Brassica* ne sont pas affectés par la lumière, et ne se
referment pas à l'obscurité; mais ils persistent quelquefois assez
long-temps, et alors ils blanchissent; leurs calices sont peu ou point

bosselés, et cependant leur torus est chargé de belles glandes nectarifères, deux en dedans des petites étamines et deux en dehors des
grandes; les étamines se tordent quelquefois à la fécondation, en
sorte que l'ouverture des loges est opposée au stigmate; mais alors
l'extrémité supérieure de l'anthère s'incline en dedans, et la poussière
sort du côté du stigmate.

M. Seringe a observé (*Bulletin botanique*, mars 1830) dans le
Brassica campestris, variété *Colza*, comme dans le *Cheiranthus cheiri*,
variété *Grandiflora*, plusieurs fleurs qui portaient huit étamines disposées par paires entre les quatre pétales et sur deux rangs bien prononcés; il n'y avait d'ailleurs rien de changé aux sépales, aux pétales
et aux glandes du torus. J'ai trouvé à la même époque des fleurs de
Cheiri à huit étamines, dont six valvaires et deux latérales ou placentaires; j'ai vu de même des fleurs de *Colza* soudées deux à deux et
formées de six sépales, six pétales, deux pistils et douze étamines.
Quel est donc l'état normal de la fleur des *Crucifères*? Est-ce celui
que nous venons de décrire, ou bien est-ce celui de fleurs réunies
trois à huit, comme nous l'avons vu dans les *Arabis* et d'autres
genres? Je l'ignore, mais je remarque que ces déviations dans la
structure ordinaire de la fleur entraînent presque toujours la déviation des autres organes, et rendent la plante inféconde : serait-il donc
vrai que la fleur eût besoin de perdre sa forme primitive pour devenir
fertile?

Le phénomène le plus remarquable du genre est celui que présentent ces graines logées hors de la cloison, et dans la cavité du style.
Étaient-elles originairement attachées au placenta de la cloison, ou en
étaient-elles indépendantes? Dans le premier cas, on ne comprend
pas comment elles s'en sont séparées, et dans le second, on est obligé
d'admettre deux systèmes de graines, et par conséquent deux systèmes
de vaisseaux spermatiques, dont les uns conduisent l'*Aura seminalis*
aux placentas de la cloison, et les autres aux graines solitaires,
géminées ou même ternées de la base du style; cette anomalie n'est
pas rare dans les *Crucifères*, on la retrouve dans les *Sinapis*, dont le
style renferme quelquefois une graine solitaire.

Les *Brassica*, surtout ceux de la première section, n'ont pas,
comme on l'a vu, la saveur âcre et piquante des *Crucifères*, et leurs
graines, par conséquent, ne peuvent pas remplacer celles des *Sinapis*;
leurs fleurs sont peu odorantes et ne doublent pas ordinairement;
cependant les champs recouverts, au printemps, des grappes dorées
du *Colza*, produisent un effet très-agréable dans un moment où la
campagne n'est point encore parée.

M. Gay remarque (*Ann. des Sciences naturelles*, vol. 2, pag. 412) que le style du *Brassica oleracea* est souvent séminifère, et que ses graines sont recouvertes d'une membrane qui adhère à la paroi intérieure du tégument, dont elle est sans doute un simple appendice.

Les *Brassica* cultivés supportent bien nos hivers; cependant je les ai vus succomber à un froid de 14 à 16 degrés.

SECOND GENRE. — *Sterigma.*

Le *Sterigma* a ses grandes anthères soudées deux à deux jusqu'au sommet, et sa silique, à peu près cylindrique, rompue dans la dissémination en plusieurs articles.

Ce genre est formé de quatre espèces bisannuelles et homotypes, originaires de la Syrie ou de la Perse et des environs de la mer Caspienne; leurs feuilles sont entières dans l'*Elichrysifolium*, et plus ou moins sinuées et pennatiséquées dans les autres, leurs fleurs sont d'un jaune soufre, et leur conformation générale les avait fait placer parmi les *Cheiranthus*, dont leur caractère générique les sépare.

Le *Torulosum*, que je vois vivant, a un stigmate saillant à deux grands lobes papillaires et réfléchis, quatre anthères extrorses par retournement, qui l'entourent et le surmontent en même temps que leur sommet recourbé le saupoudrent de leur pollen; les filets sont soudés deux à deux jusque près du sommet, et les anthères des deux petites étamines sont introrses, et par conséquent non retournées.

La silique est toruleuse et irrégulièrement recourbée à la dissémination.

TROISIÈME GENRE. — *Sinapis.*

Le *Sinapis* a un calice ouvert et non bosselé, des pétales à limbe ovale, des étamines libres et non dentées, une silique plus ou moins cylindrique, biloculaire, bivalve, polysperme, à valves concaves ou légèrement carénées dans leur milieu, un style tantôt court et aigu, tantôt prolongé en bec subulé, conique ou ensiforme, asperme ou monosperme; les semences des loges sont unisériées et à peu près globuleuses.

Les *Sinapis* sont des herbes annuelles ou bisannuelles rarement frutescentes; leurs tiges sont droites, rameuses, glabres et plus souvent velues; leurs feuilles sont lyrées ou incisées, leurs grappes nues et terminales, leurs fleurs jaunes.

Ce genre est composé d'un grand nombre d'espèces d'une organisation variée, réunies en genre par un seul caractère artificiel, qui se retrouve dans d'autres plantes, surtout dans le *Brassica*; c'est pourquoi il sera plus tard subdivisé : voici, en attendant, les sections dans lesquelles De Candolle le décompose :

1° Les *Melanosinapis*, à style court, petit et dépourvu de bec ;

2° Les *Ceratosinapis*, à style conique ou subulé, bec non séminifère ;

3° Les *Hirschfeldia*, à style ovale, court, bec monosperme ;

4° Les *Leucosinapis*, à style ensiforme et bec ordinairement mono-sperme ;

5° Les *Dissaccium*, à style épais et très-court, calice bosselé.

De ces cinq sections, quatre sont européennes; la cinquième appartient à l'île de Madère, et se forme d'une ou deux espèces frutescentes qui n'appartiennent pas probablement aux *Sinapis*, mais qui en ont pourtant le port, les calices étalés et les fleurs jaunes.

La première section ne compte qu'une espèce européenne, le *Sinapis nigra*, plante annuelle, commune dans les champs où elle fleurit dans les mois d'été, et qui se reconnaît à ses siliques glabres, presque tétragones, serrées contre leur pédoncule, et à ses feuilles lyrées à la base, lancéolées, entières et pendantes sur les rameaux; ses fleurs sont petites et jaunes, ses semences globuleuses et finement ponctuées ont une saveur brûlante. Les cinq autres espèces se trouvent principalement au Cap et sur les côtes de la Barbarie. Le *Geniculata* de la Barbarie pourrait bien n'être qu'une variété du *Nigra*, mais non pas le *Turgida*, si remarquable par son style conique et fortement strié, et qui doit être rangé dans la section suivante.

Les *Ceratosinapis*, ou *Sinapis* à style conique et plus ou moins aplati, renferment plusieurs espèces étrangères, et sont représentés en Europe par l'*Arvensis*, à peine distinct de l'*Orientalis*, et répandu en grande abondance dans nos champs, qu'il infeste en se ressemant sans cesse. Les autres espèces indigènes, au nombre de trois, habitent l'Espagne et ne peuvent guère être rapprochées sous un seul type; ce sont le *Pubescens*, plante vivace toute recouverte de poils mous; le *Subbipinnatifida*, à feuilles pennatipartites, et dont le style n'est pas toujours asperme, enfin le *Lævigata*, glabre dans toutes les parties, et qui se range assez bien dans le groupe des *Sinapis* de la Chine et du Japon, séparé des autres par ses feuilles glabres.

Les *Hirschfeldia* ne comptent que deux espèces appartenant au même type : l'*Incana* de l'Europe australe, et l'*Heterophylla*, qui n'en diffère que par ses siliques pubescentes. Koch a fait de cette section son genre *Erucastrum*, qu'il caractérise par une silique linéaire à valves uninervées, et dans laquelle il fait entrer le *Sisymbrium obtusangulum* de LINNÉ; le *Pollichii*, qui est la variété *Ochroleuca* du *Brassica erucastrum* de GAUDIN, et le *Sinapis incana* de LINNÉ, les deux premières vivaces, la dernière annuelle. Leurs semences sont unisériées, et leurs cotylédons plissés et canaliculés.

Les *Leucosinapis*, qui pourraient former un genre à part ou être réunis aux *Eruca*, se distinguent par leur silique bosselée, à style ensiforme; ils sont au nombre de trois, l'*Alba*, l'*Hispida*, qui n'en est peut-être qu'une variété, indigène de l'Espagne, et le *Dissecta*. La première de ces plantes est répandue dans les moissons et les décombres de l'Europe méridionale, et se cultive pour ses semences, qui tantôt fournissent la moutarde blanche, et tantôt une huile semblable à celle du *Colza*; ses siliques sont remarquables par les poils blancs qui les recouvrrent; son style est quelquefois monosperme, tandis que celui des deux autres espèces l'est toujours; et l'on observe que la semence solitaire du *Dissecta*, quoique pendante, est pourtant, comme dans le *Crambe*, attachée à un funicule qui naît de la base.

Les *Sinapis*, dont l'on compte déjà une quarantaine d'espèces, et dont le nombre ne tardera pas sans doute à s'accroître, habitent principalement les bords de la Méditerranée, l'Égypte, l'Orient, le Japon, la Chine et les Indes. On en trouve une ou deux espèces au Cap, une aux Antilles et une à la Nouvelle-Hollande. La plupart sont annuelles ou bisannuelles, et se plaisent au milieu de nos champs et de nos semailles, auxquelles elles ne nuisent que trop souvent. La culture n'a point entrepris de les changer, et jusqu'à présent l'homme s'est contenté d'en retirer les avantages qu'elles offraient naturellement; il s'est servi de leur feuillage pour la nourriture de ses bestiaux, et quelquefois pour la sienne; leurs graines âcres et brûlantes, lui ont fourni tantôt de l'huile, tantôt des rubifiants, et plus souvent un assaisonnement recherché connu sous le nom de moutarde. On l'extrait en Europe du *Sinapis nigra* et de l'*Alba*, et ailleurs, des autres espèces, telles que le *Cernua*. Il y a peu de genres dont la détermination des espèces soit plus difficile, parce que les principaux caractères qu'on est obligé d'employer, la pubescence des surfaces, la forme des feuilles, celle des siliques, etc., sont extrêmement variables. Les espèces anciennes ont souvent une synonymie embarrassée, et les nouvelles sont encore trop peu connues pour être définitivement fixées. Je suis porté à croire qu'en les examinant de près, on y trouvera plusieurs variétés, comme cela arrive dans les genres nombreux.

Le caractère qui paraît le plus constant dans les *Sinapis*, c'est l'écartement à peu près horizontal du calice pendant la floraison. Il s'ouvre comme par charnière, sans entraîner avec lui les pétales qui sont toujours redressés, et il reste dans cette position jusqu'à ce qu'il se détache du pédicelle. On ne doit guère imaginer qu'une disposition si régulière n'ait aucun but, et l'on n'en peut soupçonner aucun autre que celui de la fécondation; mais comme ce mouvement des sépales ne peut être attribué ni à la pression des pétales, ni à celle des étamines, il ne peut guère provenir que du sépale lui-même dont la base élastique se débande au moment même de l'épanouissement.

Les fleurs des *Sinapis* ont presque toujours quatre glandes très-apparentes qui donnent une assez grande quantité d'humeur miellée : deux sont intérieures aux petites étamines, et deux extérieures aux grandes; les anthères, naturellement introrses, deviennent souvent extrorses par le contournement de la partie supérieure du filet, comme on peut le voir dans l'*Alba*, le *Turgida*, etc., et lorsque les quatre supérieures, les seules qui puissent se retourner, répandent leur poussière, elles embrassent quelquefois le sommet du style, qui est toujours à leur hauteur et ne grandit que plus tard. Les poils des siliques ne s'étalent d'ordinaire qu'après la fécondation.

Les pétales sont dépourvus de tout mouvement organique; mais les siliques, dressées pendant la floraison, se resserrent ensuite contre la tige, ou bien s'étalent de diverses manières, par une suite de mouvements bien plus réguliers que les formes des feuilles; les grappes s'allongent plus ou moins selon les espèces, et les pédoncules s'épaississent quelquefois.

Lorsque le style est ensiforme, comme dans le *Sinapis arvensis*, il est articulé à la silique, comme celle-ci l'est au pédoncule, en sorte que ces trois parties ne forment pas un tout continu. A la dissémination, les valves se détachent d'abord par la base, mais le style ne s'ouvre point, quand même il est séminifère, comme cela a lieu dans l'*Arvensis*, et sans doute dans plusieurs autres *Ceratosinapis*.

Quoique les racines des *Sinapis* soient amincies, elles ont cependant toujours, comme celles des *Brassica*, quelque tendance à grossir, et elles servent souvent, comme les tiges et les feuilles, d'habitation et de nourriture à plusieurs sortes d'insectes.

De Candolle dit qu'il a vu quelquefois une des petites étamines du *Sinapis juncea* changée en un pétale frangé qui avait fait disparaître la glande nectarifère correspondante, et M. Alphonse De Candolle a observé des graines de *Sinapis ramosa* du Bengale, soudées deux à deux dans toute leur longueur, et germant avec deux, trois ou quatre cotylédons plus ou moins déformés.

Quelle est la cause du plissement longitudinal des graines du *Sina-*

pis et en général des *Brassicées*, et comment est placée leur radicule par rapport à la cloison? est-elle parallèle ou perpendiculaire, interne ou externe? sa disposition est-elle constante ou variable? c'est ce que j'ignore. Dans l'*Incana* de la section des *Xirschfeldia* la graine est pendante, et la radicule supère descend parallèlement aux valves; mais comme la silique est cloisonnée, la situation primitive est quelquefois un peu dérangée. Je vois bien dans le bec les deux semences dont l'ombilic est attaché à la continuation de la cloison, et qui avortent souvent en tout ou en partie; mais l'on ne comprend pas bien comment, d'un côté, le bec est organisé en deux valves à la manière des siliques, et comment de l'autre il est articulé.

QUATRIÈME GENRE. — *Moricandia.*

Le *Moricandia* a un calice fermé et bosselé, des pétales entiers et étalés, des étamines libres et non dentées, une silique aplatie, tétragone, allongée, linéaire, biloculaire, à deux valves planes ou légèrement carénées; la cloison est membraneuse, le style conique, aplati, asperme ou rarement monosperme, les semences ovales, petites et bisériées.

Ce genre est formé de trois espèces autrefois éparses dans divers genres, et qui diffèrent du *Brassica* et du *Sinapis* par leurs graines bisériées, leurs siliques tétragones et la couleur de leurs fleurs. Ce sont des plantes bisannuelles ou sous-frutescentes, glabres et ordinairement glauques; leurs tiges sont cylindriques, blanchâtres, droites, rameuses et peu consistantes, leurs feuilles sont épaisses et leurs grappes terminales; leurs pédicelles sont nus, filiformes et toujours redressés, leurs fleurs grandes et pourprées.

La principale espèce et la seule européenne est le *Moricandia arvensis*, répandu dans les champs humides et argileux de l'Europe australe, en Espagne, en France, en Grèce, en Italie, et jusque dans la Mauritanie. C'est une belle plante herbacée dans sa jeunesse, et plus consistante dans la suite; ses feuilles glauques et assez épaisses sont ovales et étalées à la base, cordiformes, amplexicaules et entières vers le sommet. Ses grappes sont lâches et allongées, ses fleurs belles, grandes et violettes; leur calice, serré et un peu capuchonné au sommet, porte à la base deux bosses prolongées qui correspondent à deux glandes vertes placées à la base des petites étamines; les anthères, dont les latérales sont de moitié plus longues et ont par conséquent les filets plus courts que les autres, sont chargées extérieurement de glandes jaunâtres; la silique est longue, droite et terminée par un style conique, dont les deux faces opposées sont creusées en gouttière et fortement papillaires.

Lorsque cette plante croît dans les champs, elle est herbacée; mais lorsqu'elle vient sur les collines arides et montueuses, elle est sousfrutescente.

Les deux autres espèces du genre habitent l'Égypte ou les déserts qui l'avoisinent; l'*Hesperidiflora* appartient au type de l'*Arvensis*; le *Teretifolia*, à feuilles multifides et lobes filiformes, ne dépend peut-être pas du même genre; au moins, ses cotylédons n'ont pas encore été examinés.

CINQUIÈME GENRE. — *Diplotaxis*.

Le *Diplotaxis* a un calice lâche et non bosselé, des pétales entiers et étalés, des étamines libres et non dentées, des siliques linéaires, aplaties, biloculaires, à nervure médiane et cloison membraneuse; le style est conique ou très-court, et contient rarement une ou deux semences; les graines sont ovales, petites, bisériées ou unisériées par avortement.

Les *Diplotaxis* sont des herbes droites, rameuses, glabres ou hispides; leurs feuilles sont souvent un peu charnues; leurs grappes sont allongées, leurs pédicelles filiformes et nus, leurs fleurs presque toujours jaunes.

Ce genre, créé par DE CANDOLLE et adopté par plusieurs botanistes, est formé d'espèces auparavant éparses dans les *Brassica*, les *Sinapis* et les *Sisymbrium*, et réunies par le caractère commun de leurs graines bisériées; leur calice est plus ouvert que celui du *Brassica*, et moins que celui du *Sinapis*, il n'est pas bosselé comme celui du *Moricandia*.

On partage les *Diplotaxis* en deux sections très-naturelles :

1° Celle des *Catocarpos*, à siliques pendantes, et stigmate à peu près sessile ;

2° Celle des *Anocarpos*, à siliques redressées et stigmate conique.

Les *Catocarpos* sont composés de quatre espèces, toutes indigènes des bords de la Méditerranée, deux de la Sicile ou de l'Espagne, et deux autres de la Barbarie ou des environs du Caire. Ce sont des herbes bisannuelles, à feuilles irrégulièrement dentées ou incisées, et ordinairement recouvertes de poils un peu rudes; leurs fleurs, disposées en panicules lâches, sont jaunes et petites; leurs siliques deviennent pendantes dans la maturation : cette section paraît ne former qu'un seul type.

Les *Anocarpos* sont plus nombreux et habitent principalement l'Europe méridionale. On y distingue d'abord l'*Erucoïdes* de l'Espagne et de l'Italie, qui se fait remarquer par ses feuilles lyrées, son style ensiforme, ses fleurs blanches long-temps épanouies, et ses semences irrégulièrement bisériées. Ensuite viennent le *Virgata* et le *Catholica*, tous les deux annuels, originaires de l'Espagne, distingués des suivants par leur tige feuillée, leur style allongé, cylindrique ou ensiforme, leur silique linéaire et leurs semences régulièrement bisériées.

Mais le type le plus marqué de ce genre, est celui des espèces à tiges presque nues, à style court et ordinairement filiforme, à feuilles lyrées, pennatipartites, glabres et épaisses. On peut le représenter par le *Tenuifolia*, plante vivace, qui orne, pendant tout l'été, de ses grandes fleurs d'un jaune citron, les décombres, les bords des murs et les graviers de l'Europe. Auprès d'elle se place le *Muralis*, plus petit dans toutes ses parties, mais fleurissant à la même époque et dans les mêmes localités. Il se distingue aisément à ses racines annuelles, à ses pétales moins grands et d'un jaune plus pâle. Les autres espèces sont le *Barrelieri* de l'Espagne, reconnaissable à ses feuilles radicales, hispides principalement sur les pétioles et les nervures; le *Scaposa* de l'île de Lampedouse, remarquable par sa petitesse; le *Viminea* des vignes et des cultures de la France et de l'Italie, enfin le *Saxatilis*, vivace comme le *Tenuifolia*, et habitant les rochers et les collines méridionales. Il a le port des autres *Diplotaxis*, mais ses semences, bisériées au sommet de la silique, sont unisériées à la base.

Ce genre possède à un assez haut degré, comme on peut en juger par le *Tenuifolia*, la saveur âcre et piquante des *Sinapis*; mais ses diverses espèces ne sont ni cultivées, ni admises dans les jardins d'ornement.

Les principales observations physiologiques auxquelles il donne lieu, concernent le mouvement des pétales, qui, dans le *Tenuifolia*, se ferment vers le soir et s'ouvrent dans la matinée, et la torsion des filets qui nuirait à la fécondation, si les anthères devenues extrorses ne repliaient, du côté du stigmate, leur extrémité supérieure.

Les anthères se retournent souvent en dehors dans ce genre et dans quelques autres, sans doute afin que le pollen puisse tomber en partie sur les glandes du torus; c'est pour faciliter cette communication que les pétales s'écartent du style, comme on peut le voir, par exemple, dans le *Tenuifolia*.

Presque tous les *Diplotaxis* portent sur leur torus quatre belles glandes vertes, deux sessiles entre le pistil et les étamines latérales, et deux pédicellées plus saillantes hors des grandes étamines. Les styles, dans les mêmes espèces, sont souvent séminifères ou aspermes;

les siliques, presque toujours sessiles, sont un peu stipitées dans le *Tenuifolia*, et les graines pendantes ne sont pas placées régulièrement sur deux rangs dans toutes les espèces.

SIXIÈME GENRE. — *Eruca*.

L'*Eruca* a un calice droit, des pétales entiers à limbe ovale, des étamines libres et non dentées, une silique ovale, oblongue, biloculaire, bivalve, à valves lisses et concaves, un style ensiforme, aptère, presque aussi long que les valves.

Ce genre diffère du *Brassica*, non-seulement par la forme de son style, mais encore par son port, et il s'approche des *Vella* par sa silique et ses pétales veinés. Il est composé de trois espèces indigènes de l'Europe australe, qui sont toutes des herbes annuelles, droites, rameuses, à pédicelles nus et filiformes, pétales blancs ou jaunâtres et toujours veinés.

La principale et la plus connue de ces espèces est l'*Eruca sativa*, cultivé de temps immémorial. C'est une belle plante qui s'élève jusqu'à trois pieds, et qui varie extrêmement, soit pour la couleur des pétales, soit pour la forme de la silique ; ses feuilles plus ou moins velues sont lyrées, pennatipartites ; ses fleurs sont portées sur des grappes allongées, ses pédoncules hispides sont plus courts que le calice, qui est livide ou bleuâtre, et serré contre les pétales ; son torus est chargé de quatre glandes nectarifères disposées comme dans les *Diplotaxis*. Les siliques sont droites et raccourcies, les valves se séparent comme par élasticité, et la cloison demeure attachée inférieurement à la base du fruit et supérieurement à son bec. On reconnaît, à la vue simple, que les cotylédons sont incombants, condupliqués, et que la radicule est fort saillante. Les semences sont souvent bisériées.

Les deux autres espèces d'*Eruca* sont l'*Hispida* du royaume de Naples, variété du *Sativa* et plus petite dans toutes ses dimensions, et le *Vesicaria* de l'Espagne, très-remarquable par son calice persistant, qui se dilate un peu après la fécondation, pour protéger la silique hispide et renflée, dont la cloison a été déformée par les graines.

La fécondation du *Vesicaria* est immédiate : les anthères, cartilagineuses extérieurement, serrent, pendant tout le cours de la floraison et long-temps après, le stigmate qu'elles recouvrent de leur pollen jaunâtre et adhérent, et le calice protége assez long-temps le jeune fruit.

Les fleurs de l'*Eruca sativa* ont l'odeur de celles des *Orangers*.

Treizième tribu. — ORTHOPLOCÉES LATISEPTES, ou VELLÉES.

Les *Vellées* ont une silicule à cloison elliptique, à valves concaves
et déhiscentes en longueur ; leurs semences sont globuleuses et leurs
cotylédons condupliqués.

Les *Vellées* ont la cloison elliptique et les valves concaves des
Alyssinées; elles forment un petit groupe de *Crucifères* sous-frutescentes et herbacées, particulières à l'Espagne.

PREMIER GENRE. — *Vella.*

Le *Vella* a un calice droit et non bosselé, des pétales à limbe entier ou échancré, six étamines dont les quatre grandes sont réunies
par paires ; l'ovaire est ovale, le style élargi et foliacé, la silicule ovale,
aplatie, la cloison mince et bordée de placentas qui se réunissent en
un style plane, foliacé, terminé par deux stigmates ; les loges renferment une ou deux semences globuleuses et pendantes ; les cotylédons sont foliacés et bilobés au sommet.

Ce genre ne comprend qu'une seule espèce, le *Vella Pseudo-Cytisus*,
petit arbrisseau de deux ou trois pieds, qui croît en Espagne, sur
les collines gypseuses des environs d'Aranjuez, où il fleurit dès l'entrée
du printemps ; ses tiges sont droites et rameuses, ses feuilles petites,
nombreuses, ovales, entières, persistantes, ciliées sur les bords et un
peu hérissées sur leurs deux surfaces ; les grappes sont droites, allongées et comme terminales ; les pédicelles sont très-courts, garnis de
quelques bractées dans le bas et nus vers le haut ; le calice est persistant, les pétales ont leur limbe jaune et leur onglet blanchâtre en
dedans du calice et pourpré en dehors; leurs semences naturellement
géminées dans chaque loge, sont quelquefois solitaires par avortement.

Le *Vella* est un exemple rare de *Crucifères* arborescents ; il est aussi
remarquable par son mode de végétation que par la conformation de
ses fleurs à étamines soudées et anthères libres. DE CANDOLLE observe
qu'on trouve quelquefois aux aisselles de ses jeunes feuilles des fleurs
éparses et solitaires.

SECOND GENRE. — *Boleum.*

Le *Boleum*, réuni autrefois au *Vella*, a aussi le calice droit et non
bosselé, les grandes étamines réunies par paires, et l'ovaire ovale ;

mais son style est une languette étroite et presque subulée ; sa silicule est ovale à valves indéhiscentes et concaves, sa cloison *est mince et* elliptique ; ses semences varient d'une à deux dans chaque loge.

Cette plante est, comme le *Vella*, un sous-arbrisseau des collines caillouteuses et stériles de l'Espagne ; ses rameaux sont droits, courts, hérissés de poils, comme les feuilles qui sont lobées à leur base et entières près du sommet. Les fleurs sont disposées en corymbes qui ne tardent pas à s'allonger, et dont les pédicelles inférieurs portent des bractées ; les pétales sont d'un jaune pâle et marqué de veines plus foncées ; les siliques sont globuleuses et hérissées de poils.

Ce genre a tout-à-fait le port et l'organisation du *Vella*, dont il ne diffère que par son style beaucoup plus étroit, et sa silique à peu près indéhiscente.

Le *Carrichtera* a un calice droit et légèrement bosselé, des pétales entiers, des étamines libres, un ovaire ovale, un style plane, foliacé et persistant, une silicule ovale, biloculaire et bivalve, des valves concaves et déhiscentes, une cloison membraneuse, quatre semences globuleuses et pendantes dans chaque loge.

Ce genre ne contient non plus qu'une espèce, le *Carrichtera Vellæ*, plante herbacée qui fleurit à la fin de l'hiver dans les champs sablonneux, sur les décombres et au milieu des chemins de l'Espagne méridionale, des îles Baléares, de la Sicile, de la Grèce, de la Mauritanie et de la Syrie. Elle est annuelle, rameuse et toute couverte de poils piquants ; ses feuilles sont bipennatipartites, alternes et un peu hérissées ; ses rameaux sont opposés aux feuilles quoiqu'ils paraissent terminaux ; ses fleurs sont petites, à calice fermé, valvaire et caduc ; ses pétales jaunâtres, à veines pourprées ; sa silique est pendante sur le pédoncule et recouverte de poils longs et coniques, ses semences plongées dans l'eau chaude se recouvrent d'une pulpe glutineuse, comme celles du *Vella* et du *Boleum*.

Je n'ai pas vu cette plante vivante, et je ne connais pas sa fécondation ; il faut qu'elle soit assez remarquable, puisque son style coriace et foliacé finit par se rouler en limaçon. Qu'est-ce que le stigmate, et comment est-il disposé à l'égard des anthères qui sont appendiculées ?

Les cotylédons sont fortement bilobés, comme dans les deux genres précédents, et l'extérieur plus charnu est bombé sur le dos.

QUATRIÈME GENRE. — *Succowia.*

Le *Succowia* a le calice droit et légèrement bosselé, des pétales entiers, des étamines libres, un ovaire ovale, un style tétragone, subulé, une silicule ovale, globuleuse, biloculaire, bivalve, à valves concaves, déhiscentes, hérissées; la cloison est membraneuse; les semences solitaires dans chaque loge sont globuleuses et pendantes.

Le *Succowia*, dont on ne connaît non plus qu'une espèce, le *Balearica*, habite les Baléares, l'île de Ténériffe, et se retrouve en Sicile comme en Sardaigne. Cette plante annuelle est au *Carrichtera* ce que le *Boleum* est au *Vella*; ses tiges sont glabres et rameuses, ses feuilles pennatipartites, ses grappes opposées aux feuilles, droites et allongées; ses pédicelles filiformes et nus, ses fleurs petites et jaunes.

Le *Succowia* diffère du *Carrichtera* non-seulement par la forme de son style conique et subulé, mais encore par ses semences solitaires et non quaternées dans chaque loge.

Ses cotylédons sont conformés comme ceux de la même tribu.

Quatorzième tribu. — ORTHOPLOCÉES NUCAMENTACÉES, ou ZILLÉES.

Les *Zillées* ont la silicule indéhiscente, à peu près globuleuse et formée d'une ou deux loges, dont les valves ne sont pas distinctes; les semences sont globuleuses et solitaires dans chaque loge.

Cette tribu ne diffère presque de celle des *Vellées*, que par son fruit indéhiscent et monosperme. Elle est composée de trois genres et d'autant d'espèces, dont deux habitent les sables de l'Égypte ou de l'Afrique boréale; l'Europe n'en contient qu'une.

PREMIER GENRE. — *Zilla.*

Le *Zilla* a une silicule indéhiscente à deux loges monospermes, son fruit est à peu près celui du *Crambe*, et ses épines ressemblent à celles de l'*Alyssum épineux.*

Le *Zilla myagroïdes*, ou le *Bunias spinosa* de LINNÉ, la seule espèce de ce genre, est une plante annuelle à tige glabre, feuilles épaisses et linéaires, et rameaux terminés par deux ou trois pointes qui ne partent pas du même point; ses fleurs placées près des épines et quelquefois à leur aisselle sont d'abord blanchâtres et passent bientôt au rouge violet; les anthères sont jaunes et introrses, un peu élevées au-dessus d'un stigmate allongé et papillaire qu'elles recouvrent de leur pollen, les glandes nectarifères sont placées à la manière ordinaire, deux en dehors des grandes étamines et deux en dedans des petites; le pistil qui paraît d'abord régulier se déforme dans la maturation, et devient enfin une silicule évalve et biloculaire qui est sans doute transportée au gré des vents, à travers les sables de l'Égypte, où habite exclusivement cette plante.

SECOND GENRE. — *Calepina.*

Le *Calepina* a un calice non bosselé, des pétales ovales, un peu agrandis à l'extérieur, des étamines non dentées, un ovaire ovale, un style conique et très-court, ou même nul, une silicule coriace, à peu près globuleuse, indéhiscente, uniloculaire et monosperme; une semence globuleuse, pendante et tronquée au sommet, des cotylédons incombants, recourbés, tronqués et légèrement condupliqués sur les bords.

Ce genre ne compte qu'une seule espèce, le *Calepina corvini*, plante annuelle qui croît dans les champs, les vignes, les sables et les décombres de l'Europe australe; ses feuilles radicales sont sinuées et s'étendent en rosule sur le sol; les autres sont entières, arrondies et très-obtuses; la tige, d'abord penchée, simple ou rameuse, porte, vers le sommet, des feuilles amplexicaules et légèrement auriculées; les fleurs, très-petites, sont disposées en grappes lâches et terminales sur la tige, et les rameaux à peu près axillaires et assez allongés; leur calice est blanchâtre et fermé, leurs pétales sont blancs à onglet dilaté, leurs étamines incluses et un peu élargies à la base; les silicules petites, réticulées, ridées, dures, osseuses, recouvertes d'une pulpe verte et adhérente, ne s'ouvrent jamais, quoiqu'on trouve à leur surface des traces évidentes de suture.

Cette plante a été successivement placée dans divers genres, et n'a vraiment de rapport qu'avec le *Crambe*, dont elle diffère encore par sa silicule sessile, uniloculaire, et par ses étamines non dentées. Elle s'écarte de toutes les *Crucifères* connues, par la structure bizarre de ses cotylédons repliés peut-être sur les bords par le resserrement de la silicule.

On peut remarquer ici que les *Crucifères*, dont la silique a conservé sa forme primitive, appartiennent surtout aux zones froides et tempérées, et que les autres habitent de préférence les contrées méridionales. Le climat a-t-il quelque influence sur ce genre d'avortement?

ADANSON dit que le torus du *Calepina* est chargé de quatre glandes cylindriques; GAUDIN, qui a décrit la plante fraîche avec beaucoup d'exactitude, ne fait aucune mention de ces glandes, que je n'ai pas non plus aperçues.

La fécondation est directe, les anthères s'élèvent à la même hauteur que le stigmate qui est élargi, tronqué, et paraît porter à son centre une petite pointe; à la dissémination, la silicule se sépare du pédicelle.

Le *Calepina* est bisannuel, puisqu'il fleurit au premier printemps. Sa racine porte au sommet un tubercule assez allongé, sur lequel sont comme implantées les feuilles radicales qui tombent de très-bonne heure.

Quinzième tribu. — ORTHOPLOCÉES LOMENTACÉES, ou RAPHANÉES.

Les *Raphanées* ont la silique ou la silicule divisée transversalement en articulations monospermes ou polyspermes, et renferment des semences globuleuses.

Cette tribu approche, pour la structure de son fruit, de celle des *Cakilinées*, dont elle diffère essentiellement par la forme de ses cotylédons.

PREMIER GENRE. — *Crambe.*

Le *Crambe* a le calice ouvert et légèrement bosselé, les pétales entiers, les grandes étamines souvent dentées latéralement près du sommet, l'ovaire ovale, le style court ou nul, le stigmate en tête, la silicule coriace, à deux articulations indéhiscentes et uniloculaires, l'inférieure avortée en forme de pédicelle, la supérieure globuleuse et monosperme; le funicule naît de la base et se recourbe au sommet, où il porte une semence globuleuse et pendante; les cotylédons sont épais, un peu foliacés et profondément échancrés; les articulations se rompent à la maturité, selon GÆRTNER.

Ce genre, qui est très-naturel et se distingue par son port et la singulière conformation de sa silicule, est formé de plantes herbacées ou sous-frutescentes, à feuilles épaisses ou minces, velues ou glabres, pétiolées, incisées, lyrées ou pennatifides; leurs grappes allongées forment, par leur réunion, une panicule lâche, à pédoncules filiformes et fleurs blanches.

Les *Crambe* habitent les bords de la Méditerranée, depuis les Canaries, où se trouvent les espèces frutescentes, jusqu'à l'Asie orientale et la Perse, qui en renferment d'autres annuelles ou seulement vivaces. Le *Maritima* croît sur les rivages de l'Europe boréale, et le *Filiformis* dans la Patagonie.

On peut commodément, selon DE CANDOLLE, diviser les *Crambe* en trois sections naturelles :

1° Les *Sarcocrambe*, à silicule dont l'article inférieur est aplati et épais, le stigmate sessile, et les grandes étamines dentées; leur racine est vivace et branchue au collet ;

2° Les *Leptocrambe* à silicule dont l'article inférieur est cylindrique, allongé, le stigmate sessile, les étamines dentées ou non dentées; leur racine est annuelle ou bisannuelle, leur tige solitaire;

3° Les *Dendrocrambe*, à silicule dont l'article inférieur est court et filiforme, et le stigmate légèrement pédicellé; leur tige est frutescente.

Les *Sarcocrambe* sont formés de huit espèces appartenant à peu près au même type, et qu'on distingue à leurs feuilles plus ou moins divisées, à leur surface ordinairement glabre et glauque, quelquefois âpre au toucher et même hérissée de poils rudes. La principale de ces espèces et la seule un peu connue, est le *Maritima*, qu'on cultive dans les jardins et dont l'on mange au printemps les jeunes pousses étiolées. Ses fleurs paraissent dans le mois de mai, et se font remarquer par leurs grands filets bifurqués et même trifurqués, assez dilatés pour entourer entièrement l'ovaire, qui se termine par un beau stigmate globuleux et papillaire. Les anthères sont plutôt latérales qu'introrses, et le torus est chargé de quatre glandes, dont les plus marquées sont extérieures aux grandes étamines. Les autres espèces sont l'*Orientalis*, qui ne diffère du *Maritima* que par ses feuilles chargées de quelques poils rudes; le *Pinnatifida* de la Hongrie et des déserts du Caucase, à peu près moyen entre les deux précédents; le *Tataria*, indigène des mêmes contrées, à feuilles radicales décomposées; l'*Aspera* et le *Juncea* de la Tauride et de l'Ibérie, tous les deux recouverts de poils rudes, et dont le premier a la silicule ridée; le *Cordifolia*, des environs du Caucase, remarquable par ses feuilles cordiformes et par la petitesse de son article inférieur; enfin le *Grandiflora* du Pont-Euxin, dont les pétales sont très-grands, mais qui n'appartiendra définitivement aux *Crambe* que lorsqu'on aura examiné sa silicule. Toutes ces plantes, comme je l'ai déjà dit, sont des herbes vivaces dont le torus est chargé de glandes, et dont la silique se détache tout entière et se sème sans s'ouvrir.

La fécondation des *Dendro-Crambe* est extérieure : les anthères, glanduleuses postérieurement, recouvrent de leur pollen la tête admirablement papillaire du stigmate, et en laissent tomber en même temps une partie sur les glandes du torus.

Les *Leptocrambe*, à tige mince et solitaire, et à racine annuelle, sont réunis sous trois espèces qui appartiennent au même type : l'*Hispanica* de l'Espagne, le *Reniformis* des rochers de l'Atlas, et le *Filiformis* à rameaux filiformes, de la Patagonie. Ce sont des herbes hautes de deux ou trois pieds, à feuilles inférieures lyrées, pennatifides et rudes au toucher, à silicules petites, globuleuses et lisses. Les deux premières ont leurs grandes étamines dentées; mais dans la troisième, les dents sont souvent avortées.

La fécondation du *Filiformis* est intérieure : les anthères laissent tomber leur pollen sur le disque jaunâtre et papillaire du stigmate sessile, qui ne tarde pas à se dessécher et à sortir de la fleur par l'allongement de son article inférieur.

Enfin, les *Dendrocrambe*, ou *Crambe frutescents*, habitent exclusivement le groupe des Canaries, et se composent de deux espèces à feuilles plus ou moins divisées, blanchâtres et recouvertes de poils roides. La première, ou le *Fruticosa* des rochers élevés de Madère, a les filets dentés et la silicule lisse; la seconde, ou le *Strigosa* des plaines humides de Canarie ou de Ténériffe, a les filets tantôt dentés, tantôt non dentés, la silicule ridée et comme réticulée. Le style est persistant jusqu'à la maturité dans l'une et l'autre espèce.

Les silicules des *Crambe* varient non-seulement pour la forme, mais encore pour le mode d'avortement; l'article inférieur, ordinairement vide, est primitivement séminifère dans le *Maritima*, selon GÆRTNER, et le supérieur contient d'abord deux loges et deux semences dans chaque loge. C'est une singulière transformation que celle dont la dernière phase s'opère ici sous les yeux, et il serait bien intéressant de voir les silicules des *Crambe* ramenées à leur état primitif par quelque monstruosité; mais il paraît, comme on peut aisément le concevoir, que plus un organe s'écarte de sa structure primitive, plus aussi il devient difficile de l'y rappeler. Si l'on examine une silicule de *Crambe maritime*, un peu après la fécondation, on trouvera qu'elle est déjà fortement déformée, quoiqu'elle contienne encore des traces de ces deux loges, et l'on reconnaîtra, je pense, que ce cordon funiculaire, auquel est suspendue la semence supérieure, est l'un des deux placentas de la cloison détruite, et qu'il communique évidemment à la graine inférieure qui prend d'abord quelque accroissement, mais dépérit pour l'ordinaire; on verra dans une cavité supérieure de la graine supérieure les premiers rudiments verdâtres de l'embryon, et l'on en conclura que cette silicule, primitivement régulière, a été déformée par des développements et des accroissements insolites, mais qu'en même temps elle conserve toujours au moins une graine par laquelle elle se reproduit. Y a-t-il des plantes qui aient été détruites par défaut de semences fertiles ?

SECOND GENRE. — *Enarthrocarpus.*

L'*Enarthrocarpus* a une silique à deux articulations, l'inférieure raccourcie renferme deux ou trois graines, la supérieure plus longue en compte neuf à dix, séparées par autant de loges.

Ce genre est formé de trois petites plantes annuelles, homotypes et assez semblables pour être considérées comme de simples variétés ; leurs feuilles radicales sont lyrées ou pennatifides, leurs feuilles jaunes et rougeâtres ; elles croissent au milieu des blés dans l'Égypte, la Crète, etc., et se reconnaissent tout de suite à la singulière conformation de leur capsule recourbée.

TROISIÈME GENRE. — *Rapistrum.*

Le *Rapistrum* a un calice lâche, des pétales onguiculés et entiers, des étamines non dentées, une silicule coriace, lomentacée et formée de deux articles monospermes à peine séparables, l'inférieur est à peu près conique et souvent stérile, le supérieur presque globuleux, ridé et terminé par un long style filiforme; la semence du locule inférieur est pendante, celle du supérieur est droite.

Ce genre diffère du *Crambe* par son port, ses feuilles non charnues, ses étamines non dentées et ses fleurs jaunes. Il est principalement formé de deux espèces européennes, annuelles ou vivaces, à tiges rameuses, à feuilles pubescentes ou velues, lyrées ou pennatifides, à grappes allongées, à pédicelles filiformes et redressés.

Le *Rapistrum rugosum*, indigène de l'Europe centrale et méridionale, habite les champs sablonneux et les masures, où il fleurit tout le long de l'été; c'est une plante annuelle sans apparence, dont les nombreux rameaux nus et effilés sont couverts de petites fleurs jaunes; ses silicules appliquées contre les tiges ont leur article inférieur mince et cylindrique, le supérieur globuleux, renflé et marqué de six à huit sillons obtus. Le *Perenne*, qui a été souvent confondu avec le *Rugosum*, et qui se trouve à peu près dans les mêmes localités, où il est plus rare, en diffère par sa racine vivace et profonde, ses feuilles pennatifides et non lyrées, sa silicule glabre, à deux articulations lisses, légèrement aplaties et à peu près semblables, lorsqu'il n'y a point d'avortement. Les autres espèces de *Rapistrum*, telles que l'*Orientale* de la Sardaigne, peuvent être considérées comme des variétés du *Rugosum*.

La fécondation du *Rugosum* et du *Perenne* est directe comme celle de la plupart des *Crucifères*; j'ai remarqué que non-seulement les anthères se recourbent au sommet, mais qu'elles tordent leurs filets afin de présenter leur ouverture en dehors.

Dans la dissémination, l'articulation supérieure se détache et se sème sans s'ouvrir, mais l'inférieure s'ouvre en deux valves qui représentent une silicule; on doit supposer, comme dans le *Cakile*, que l'articulation supérieure est un prolongement de la cloison dont les deux placentas se sont rapprochés. C'est une chose bien remarquable que cet avortement constant dans les genres que nous décrivons.

Les calices des *Rapistrum* sont un peu bosselés, leurs pétales échancrés ont un onglet presque pédicellé, et leur torus est chargé de quatre glandes.

De Candolle avait d'abord placé ce genre à côté du *Cakile*, parmi les *Crucifères* à cotylédons oblongs et accombants; mais Andrzeiowski, l'a rapproché du *Raphanus*, à cause de ses cotylédons conduplíqués.

QUATRIÈME GENRE. — *Morisia*.

Cette singulière plante, qui avait d'abord été rangée parmi les *Rapistrum*, a été dédiée au botaniste Moris, à qui nous devons une *Flore* complète de la Sardaigne. Elle croît sur le rivage méridional de la Corse, etc., et a été décrite par Viviani sous le nom d'*Erucaria Epigæa*, parce que ses cotylédons sont incombants et conduplíqués et non pas repliés en spirale; ses feuilles sont découpées et disposées en rosette, à peu près comme celles du *Capsella Bursa pastoris*, et ses fleurs sont pédonculées, solitaires et jaunâtres. Après la floraison, leur pédoncule se renverse et tourne contre la terre une silique arrondie, formée de deux articles, le supérieur souvent monosperme, asperme ou avorté; l'inférieur ordinairement à deux loges dispermes; la silicule ne tarde pas à s'enfoncer dans la terre où elle dépose ses semences : c'est là une forme de dissémination qui se trouve bien dans quelques autres familles, mais qui est, je crois, unique dans les *Crucifères*. Du reste, la forme des deux articles et le nombre de leurs semences est assez variable.

Le *Morisia Epigæa* est vivace et fleurit de novembre en juin; sa rosule s'accroît à mesure que ses silicules se sèment, et ses nouvelles feuilles, qui sortent toujours du centre et remplacent les anciennes, s'étendent sans plissements. On en distingue deux variétés : le *Radicans*, dont les pédoncules uniflores naissent de la racine, et le *Caulescens*, dont quelques-uns naissent d'une tige très-raccourcie.

CINQUIÈME GENRE. — Raphanus.

Le *Raphanus* a un calice dressé, un peu bosselé à la base, des pétales ovales ou cordiformes, des étamines non dentées, une silicule cylindrique, évalve, coriace ou subéreuse, biloculaire ou uniloculaire par avortement, tantôt continue, tantôt étranglée çà et là dans sa longueur; le style est conique, les semences unisériées sont globuleuses et pendantes, les cotylédons sont épais et échancrés.

Les espèces de ce genre sont des herbes annuelles, droites et rameuses, glabres et légèrement hispides, à rameaux cylindriques et divariqués; leurs racines pivotantes et plus ou moins charnues sont coléorhizées; leurs feuilles inférieures pétiolées et lyrées; leurs grappes, tantôt opposées aux feuilles et tantôt terminales, sont allongées et portent des pédicelles nus et filiformes; leurs fleurs jaunes, blanches ou pourprées, sont grandes et ordinairement veinées.

Ce genre a été divisé par De Candolle en deux sections :

1° Celle des *Raphanis*, à silique feutrée, biloculaire et rarement étranglée;

2° Celle des *Raphanistrum*, à silique coriace, uniloculaire et ordinairement articulée à la maturation.

La première section comprend le *Raphanus sativus*, plante originaire de la Chine et du Japon, cultivée aujourd'hui dans tous les jardins, où elle se reconnaît promptement à ses fleurs d'un rouge violet et quelquefois blanchâtre, ainsi qu'à ses siliques cylindriques et biloculaires, dont les semences sont séparées par des cloisons transversales. Elle présente, comme les plantes cultivées, plusieurs variétés, dont les principales sont le *Radicula*, à racine charnue, blanche ou rose, et le *Niger* ou *Radis noir*, à racine plus dure et beaucoup plus âcre. La première est aussi cultivée comme plante oléifère, et alors elle prend, ainsi que le *Colza*, une racine amincie; la dernière est regardée par quelques botanistes comme une espèce.

Dans la seconde section, on range trois espèces européennes, dont la plus connue est le *Raphanistrum* proprement dit, plante qui est restée toujours sauvage, et qui vit parmi nos blés qu'elle infeste; ses fleurs sont ordinairement d'un jaune citron, et ses silicules, couronnées par un style persistant, sont régulièrement striées. Les deux autres espèces qu'on associe au *Raphanistrum*, et qui dépendent évidemment du même type, sont : 1° le *Maritimus* des rivages de l'Angleterre et de la France occidentale, qui paraît vivace, et dont les feuilles sont irrégulièrement lyrées ; 2° le *Landra* des moissons de la Lombardie, dont les siliques sont légèrement striées, et dont les feuilles, semblables à celles du *Maritimus*, sont mangées en salade par les pauvres.

Les *Raphanus* ont quatre glandes nectarifères, deux entre les petites étamines et la silique, et deux plus marquées en dehors des grandes étamines ; les veines de leurs pétales sont penniformes, et partent toutes d'une veine principale qui divise en deux le limbe ; les siliques portent des traces manifestes de valves, quoiqu'elles ne s'ouvrent pas, parce que les sucs nourriciers qui s'y dirigent en abondance obstruent les soudures ; la cloison s'aperçoit presque toujours avant la maturité, et les graines qui deviennent libres par la destruction du fruit, ne germent point dans l'intérieur des locules ; les grappes m'ont semblé souvent terminales, et j'ai remarqué sur les bords des feuilles, des glandes très-apparentes et quelquefois rougeâtres.

Les diverses parties de ces plantes ne m'ont pas présenté de mouvements organiques ; les calices ne s'ouvrent point ; les pétales ne se referment pas non plus, lorsqu'une fois ils sont épanouis ; mais ils se roulent sur leurs bords en se desséchant.

Le *Raphanus sativus* offre dans sa racine un phénomène, dont l'on trouve l'exposition dans les *Opuscules Phytologiques* de Cassini, vol. II, pag. 380. Cette racine, dans les espèces du genre, est constamment coléorhizée, c'est-à-dire revêtue d'une gaîne ou d'une écorce, qui ne se continue point sur les racines proprement dites, mais s'arrête et s'ouvre à la base du caudex, et se détache ensuite depuis cette base jusqu'au sommet, pour se diviser en deux lanières longitudinales très-régulières et correspondant exactement aux deux cotylédons. J'ai remarqué dans la radicule de la graine non encore mûre, la trace de la fente ou la rainure qui devait diviser ensuite la coléorhize, et qui était donc antérieure au développement de la graine.

La coléorhize, que l'on avait cru d'abord propre aux Monocotylées, lesquelles avaient en conséquence reçu le nom d'*Endorhizes*, n'appartient pas seulement aux *Raphanus* ; on la trouve encore dans le *Sinapis arvensis* et dans l'*Alba*, et l'on en aperçoit des traces dans quelques autres *Crucifères*, telles que le *Malcomia maritima* ou *Gazon de Mahon*.

Turpin (*Annales des Sciences naturelles*, novembre 1830), prétend que la coléorhize des *Dicotylées* n'a aucun rapport avec celle des monocotylées, et qu'elle est uniquement produite par la rupture de

l'écorce d'un premier mérithalle ou entre-nœud descendant, c'est-
à-dire allongé au-dessous. Pourquoi s'aperçoit-elle dès les cotylédons,
et pourquoi la vraie racine ne commence-t-elle que plus bas, immédiatement après le dernier nœud ?

La déformation des siliques des *Raphanus* s'opère avant la floraison : à cette époque, les sutures sont déjà effacées, et les graines sont
enveloppées par les replis membraneux de la cloison; ensuite la cloison
s'épaissit, les valves de la silique deviennent succulentes surtout vers
le bas, les graines se détachent de leurs sutures, et enfin la silique se
perce et se fend irrégulièrement pour l'émission des semences. Au
contraire, on trouve constamment dans le *Raphanistrum*, une silique
uniloculaire dépourvue de cloison, et remplie en si grande abondance
de la substance même du péricarpe, que les funicules sont souvent
détruits avant que les graines aient pu être fécondées.

Spach prétend que la silique du *Raphanus* est toujours articulée,
mais que l'articulation, qu'il ne faut pas confondre avec les étranglements et qui est située près de la base, s'oblitère assez facilement dans
les variétés cultivées, et Koch assure que, dans plusieurs espèces du
genre, les étranglements se séparent naturellement.

Quatrième ordre. — SPIROLOBÉES.

Les *Spirolobées* ont leurs cotylédons incombants, linéaires, roulés
en spirale, et leurs semences à peu près globuleuses. Ces plantes forment un ordre très-peu nombreux, qui ne contient que deux tribus :
celle des *Nucamentacées* et celle des *Lomentacées*, l'une et l'autre
représentées par un seul genre.

Seizième tribu. — SPIROLOBÉES NUCAMENTACÉES, ou BUNIADÉES.

Les *Buniadées* ont une silicule lomentacée, indéhiscente, à deux
ou quatre loges monospermes.

On ne peut guère douter que cette tribu ne soit formée de plantes
dont l'organisation primitive a été, en grande partie, détruite; car
il ne contient qu'un très-petit nombre d'espèces, et dans ces espèces
mêmes, la silicule est si bizarrement et si différemment conformée,
qu'elle a évidemment subi des altérations considérables.

Bunias.

Le *Bunias* a un calice non bosselé, des pétales onguiculés, des étamines non dentées, une silicule nucamentacée, indéhiscente, évalve, plus ou moins tétragone, biloculaire dans sa jeunesse, ensuite quadriloculaire par le cours du développement. Les semences sont arrondies, les cotylédons linéaires et roulés en spirale; la radicule est conique et prolongée en bec.

Les *Bunias* sont des herbes à tige droite et rameuse, à racine simple et perpendiculaire, à tiges cylindriques, recouvertes près de leur sommet de glandes rousses et sessiles, et vers la base de poils simples; les feuilles sont entières, pennatifides ou en rondache; les grappes sont allongées, les pédicelles filiformes, nus et assez étalés, les fleurs petites et jaunes.

Ce genre est séparé de tous les autres par son port et ses caractères, et quoiqu'il soit formé d'un très-petit nombre d'espèces, il se partage commodément en deux sections naturelles :

1° Celle des *Erucago*, à silicules quadriloculaires, tétragones, étroites et ailées;

2° Celle des *Lœlia*, à silicule biloculaire et ovale.

La première section est formée du *Bunias Erucago*, plante annuelle qui fleurit au printemps sur les bordures des champs et des chemins de l'Europe australe; ses feuilles radicales sont en rondache, et forment sur le terrain une rosette du centre de laquelle s'élève une tige glanduleuse et velue. Les fleurs, disposées en corymbe lâche, sont jaunes, penchées et fermées pendant la nuit, droites et ouvertes durant le jour. Leur torus est chargé de quatre glandes vertes, dont les plus grandes entourent la base des petites étamines. On joint à cette plante, comme variété, l'*Aspera* du Portugal, dont les feuilles sont quelquefois toutes lancéolées.

Les *Lœlia* ne renferment non plus qu'une espèce, l'*Orientalis* des champs et des prés de l'Europe orientale; elle fleurit à la même époque que la première, mais elle est vivace et plus élevée; ses feuilles inférieures sont irrégulièrement pennatilobées et chargées, ainsi que le reste de la plante et même le fruit, de ces petites glandes brunes et verruqueuses qui sont un des caractères du genre; la silicule est souvent monosperme par avortement.

Ce genre, qui ne paraît pas artificiel, puisque les espèces qui le composent conviennent pour les fleurs, les feuilles et les aspérités glanduleuses, présente, comme les précédents, un bel exemple d'avortemens déterminés par le grossissement extraordinaire du péricarpe : lorsque sa paroi intérieure pénètre à travers les loges, elle les divise chacune en deux locules monospermes; lorsqu'elle surabonde, elle oblitère une des loges, et divise l'autre en deux locules superposés, dont le supérieur est souvent vide, ou ne renferme qu'une graine avortée. Le premier cas est celui des *Erucago*, l'autre appartient aux *Lælia*.

Si l'on examine la silique de l'*Erucago* avant que la fleur soit épanouie, on lui trouve la forme linéaire et allongée du péricarpe des *Crucifères*, et l'on distingue très-bien la cloison qui la divise en deux dans toute son étendue. La déformation ne commence que plus tard, lorsqu'on voit paraître sur la surface de cette même silique quatre raies longitudinales, qui formeront ensuite quatre rangs irréguliers de tubercules. Les semences, d'abord assez nombreuses et symétriquement rangées, se déplacent ensuite et avortent en partie.

Je ne peux guère concevoir les cotylédons spirolobés comme une forme primitive; j'imagine qu'ils ont été formés, dans le cours du développement, par une pression longitudinale qui les a roulés dans un état de mollesse.

Dix-septième tribu. — SPIROLOBÉES LOMENTACÉES, ou ERUCARIÉES.

Les *Erucariées* ont la silique lomentacée, à deux articulations : l'inférieure cylindrique et biloculaire, la supérieure uniloculaire et ensiforme; les semences sont légèrement aplaties, et les cotylédons repliés et légèrement roulés en spirale au sommet.

Cette tribu est ainsi presque moyenne pour la forme des cotylédons entre les *Spirolobées* et les *Diplécolobées*, et assez voisine, pour le péricarpe, des *Cakilinées* et des *Raphanées*.

Erucaria.

L'*Erucaria* a un calice droit et non bosselé, des pétales ovales et longuement onguiculés, des étamines non dentées et plus grandes que le calice, une silique cylindrique à deux articulations, l'inférieure bivalve, biloculaire, à cloison membraneuse, et la supérieure ou le bec, évalve, ensiforme et renfermant un petit nombre de graines dressées et non pendantes, comme celles de l'articulation inférieure.

Ce genre est formé d'herbes annuelles, glabres, droites, rameuses, dont les tiges cylindriques et blanchâtres s'endurcissent en vieillissant;

les feuilles sont incisées ou plus souvent pennatipartites et plus ou moins charnues; les grappes, qui s'allongent à la maturation, sont opposées aux feuilles et terminales; les pédicelles sont courts, nus et très-droits; les fleurs sont d'un blanc pourpre.

Les *Erucaria,* qui ont tout-à-fait le port du *Cakile,* habitent les déserts sablonneux de l'Orient, et se divisent en deux sections:

1° Celle dont l'articulation supérieure se prolonge en un style filiforme;

2° Celle dont l'articulation supérieure se termine en stigmate sessile.

La première section renferme la principale espèce du genre, l'*Alepica,* des environs d'Alep, de la Syrie, de la côte occidentale de l'Asie mineure et même de l'Archipel; l'articulation inférieure de sa silique est déhiscente, et contient communément dans chaque loge quatre graines oblongues; l'articulation supérieure, au contraire, qui se sépare naturellement de l'autre, est indéhiscente, uniloculaire, et comprend un ou deux locules superposés et monospermes. Les cotylédons, selon GÆRTNER, sont roulés en spirale dans les graines pendantes, et simplement plissés en deux sur leur longueur dans les graines redressées, ou de l'articulation supérieure. Le *Latifolia,* indiqué dans les mêmes lieux, appartient évidemment au même type, et présente seulement quelque différence dans les feuilles.

La seconde section est formée du *Crassifolia,* indigène de l'Égypte, où il est très-commun, et de l'*Hyrcanica,* qu'on croit habiter le nord de la Perse. Ils diffèrent par leurs feuilles plus ou moins divisées; et ils ont l'un et l'autre l'articulation supérieure, évalve, polysperme, séparable et terminée par un stigmate sessile.

Les *Erucaria* offrent l'exemple unique de siliques moitié déhiscentes et moitié indéhiscentes. On peut remarquer que l'articulation inférieure, toujours déhiscente, renferme aussi un plus grand nombre de graines qui se sèment sur place, tandis que celles de l'articulation supérieure, enveloppées dans le péricarpe, sont dispersées par les vents.

L'*Alepica* se cultive dans les jardins de botanique, et présente le phénomène de ses quatre grandes étamines soudées deux à deux par leurs filets, et libres par leurs anthères. Les autres espèces sont encore très-peu connues.

CINQUIÈME ORDRE. — DIPLÉCOLOBÉES.

Les *Diplécolobées* ont leurs semences aplaties, leurs cotylédons in-combants, linéaires, deux fois plissés transversalement, et non pas longitudinalement, comme dans les *Orthoplocées.* Elles se distinguent des *Spirolobées* par leurs cotylédons qui ne sont pas roulés en spirale, et dont la radicule n'est jamais détachée.

Dix-huitième tribu. — DIPLÉCOLOBÉES SILIQUEUSES, ou HÉLIOPHILÉES.

Les *Héliophilées* ont une silique allongée, plus souvent oblongue ou ovale; leur cloison est linéaire ou ovale, leurs valves sont planes, dans les siliques oblongues, et un peu convexes dans les allongées.

PREMIER GENRE. — *Héliophile.*

L'*Héliophile* a un calice plus ou moins redressé et bosselé, des pétales à limbe ovale, étalé, à onglet cunéiforme, des étamines laté-rales, dentées ou non dentées, une silique biloculaire, bivalve, à cloison membraneuse, et qui varie beaucoup en forme et en déhis-cence; les semences sont unisériées, pendantes, aplaties et souvent ailées; les cotylédons au moins deux fois aussi longs que la radicule, sont désignés par le mot de *Bicrures,* à cause de leur double plissement en largeur.

Ce genre comprend des herbes annuelles et des sous-arbrisseaux à feuilles très-variables, à grappes allongées, à pédicelles nus et fili-formes, à fleurs jaunes, blanches, roses et souvent d'un bleu de ciel.

Il se réduisait autrefois à deux espèces; aujourd'hui il en renferme environ quarante, toutes originaires du Cap, recueillies successive-ment par divers botanistes, et surtout par BURCHELL. On peut dire que ce genre est éminemment multiforme, et qu'il présente dans ses huit sections le modèle abrégé des tribus dans lesquelles nous avons divisé les autres ordres : les *Siliqueuses,* les *Latiseptes,* les *Angustiseptes,* les *Nucamentacées,* les *Septulatées* et les *Lomentacées.* Exemple remarqua-ble de la correspondance des avortements dans les différents ordres, ou, si l'on veut, de l'analogie qui existe entre leurs diverses tribus.

Les *Héliophiles* sont peu répandus dans nos jardins de botanique, où l'on n'en connaît encore que quatre ou cinq. J'y ai vu fleurir, un mois ou deux après sa germination, l'*Amplexicaulis* à feuilles opposées, glauques et lancéolées, et dont les fleurs, d'un violet blanchâtre, étaient disposées en grappes lâches au sommet des tiges ; les étamines avaient les anthères diversement contournées; l'ovaire légèrement pédicellé portait à sa base quelques glandes peu apparentes, et s'allongeait promptement après la chute des téguments floraux; il devenait enfin une silique aplatie, bosselée et comme articulée entre les graines unisériées, à peu près au nombre de douze ; à la maturation, cette silique s'ouvrait à peu près comme celle des *Cardamines,* quoiqu'elle fût très-différemment conformée.

L'*Amplexicaulis,* comme la plupart des espèces de ce genre, étale ses fleurs à la lumière et les referme à l'obscurité. C'est la même chose du *Pilosa* à tige herbacée, hérissée de poils comme les feuilles, ordinairement simples, et qui se distingue par ses siliques linéaires et ses pétales d'un beau bleu deux fois aussi longs que le calice.

SECOND GENRE. — *Schizopetalon.*

Le *Schizopetalon* a un calice cylindrique, fermé et non bosselé, des pétales ovales, incisés et comme pennatiséqués, des stigmates épaissis et rapprochés.

Ce genre, que BARTLING a réuni aux *Héliophilées* à cause de ses semences à cotylédons deux fois plissés transversalement, est une herbe annuelle, originaire du Chili, qui fleurit quelques semaines après avoir été semée, et dont la tige molle et velue porte des feuilles linéaires et des fleurs pédonculées et solitaires dans les aisselles supérieures, et réunies en petits corymbes au sommet. Ces fleurs jaunâtres et assez semblables à celles de l'*Erinus Lychnoidea,* ont le limbe pennatiséqué, et s'ouvrent le soir comme celles des *Silènes;* les étamines, qui m'ont paru portées sur des glandes écailleuses, se terminent par des anthères introrses et allongées qui ferment le haut du tube, et au-dessous desquelles est placé un beau stigmate à deux lobes latéraux et appliqués contre une silicule allongée, velue, et dont les semences sont nues et à peu près ovoïdes.

C'est un genre très-remarquable dans les *Crucifères,* soit à cause de ses fleurs fermées au milieu du jour, soit à cause de ses pétales pennatiséqués.

On peut remarquer que l'intérieur de la corolle est toujours fermé par les faces extérieures des anthères introrses, qui recouvrent immédiatement de leur pollen le stigmate placé au-dessous et hors de l'influence de l'atmosphère humide de la nuit.

Dix-neuvième tribu. — DIPLÉCOLOBÉES LATISEPTES, ou SUBULARIÉES.

Les *Subulariées* ont une silicule ovale, à cloison elliptique, à valves convexes, à loges polyspermes et stigmate sessile. Leurs cotylédons sont deux fois plissés.

PREMIER GENRE. — *Subularia.*

Le *Subularia* a un calice à peu près droit, des pétales ovales et amincis à la base, des étamines non dentées, une silicule ovale, biloculaire, bivalve, à cloison membraneuse et elliptique; les valves sont ventrues, les semences ovales et quaternées dans chaque loge, les cotylédons linéaires; le style manque et le stigmate n'est qu'un point.

Le *Subularia aquatica*, seule espèce du genre, est une très-petite herbe aquatique, glabre et dépourvue de tige; ses racines sont fasci-culées, fibreuses, simples et blanches, ses feuilles radicales linéaires et subulées, sa hampe pauciflore, ses pédicelles filiformes et nus, ses fleurs blanches et petites.

Elle habite au fond des fossés inondés, des lacs, des ruisseaux et des rivières de l'Europe boréale. C'est la seule *Crucifère* européenne qui ait ses cotylédons diplécolobés.

De CANDOLLE l'avait d'abord placée parmi les *Draves*, dont elle a, en effet, le port et la hampe; mais il en a fait ensuite le type d'une tribu, d'après la structure de ses cotylédons, qui la rapproche des *Héliophiles*, dont ses autres caractères l'éloignent beaucoup. LINNÉ assure dans sa *Flore de Laponie* qu'elle fleurit au fond de l'eau, phé-nomène très-remarquable et qui n'appartient, je crois, à aucune autre *Crucifère*. Il serait important de vérifier le fait et de s'assurer en même temps comment il s'opère, et quelle est la conformation des anthères et du stigmate. Il ne serait pas impossible non plus que le *Subularia* ne se multipliât par des rejets, lorsque ses fleurs seraient infécondes. C'est à ceux qui pourront observer cette plante en vie, à vérifier ces conjectures.

SECOND GENRE. — *Tetrapoma.*

Le *Tetrapoma* a un calice à quatre sépales ouverts, quatre pétales, six étamines, une silique à peu près sphérique, à quatre valves, un stigmate en tête aplatie et à peu près sessile.

Ce genre, dont le fruit ne ressemble à celui d'aucune *Crucifère*, est formé de *Tetrapoma barbaræœfolium*, herbe annuelle qui a le port des *Myagrum*, et dont les fleurs petites et jaunes ont un péricarpe qui s'ouvre en quatre valves caduques, entre lesquelles sont placées quatre cloisons qui partent du centre et portent sur leurs deux bords des graines nombreuses : il y a donc ici huit rangs. Je ne connais pas la structure de la graine et la patrie de cette plante qui n'est pas encore décrite dans le Prodrome. Je l'ai indiquée dans le *Camelina* sans savoir encore la place qu'on lui assigne. Spach la range à côté des *Camélines*.

Douzième famille. — *Capparidées*.

Les *Capparidées* ont quatre sépales égaux ou inégaux, presque libres, ou réunis en tube à leur base, quatre pétales disposés en croix, souvent onguiculés et inégaux, des étamines à peu près périgynes, insérées au fond du calice, rarement tétradynames, presque toujours quaternaires et multiples, un pollen ellipsoïde à trois plis, avec ou sans papilles, un torus hémisphérique ou allongé, souvent glanduleux, un thécaphore aminci ou un ovaire à deux carpelles étroitement soudés. Le style est nul ou filiforme, le fruit siliqueux ou bacciforme, uniloculaire, rarement monosperme, indéhiscent ou déhiscent, et formé de deux placentas polyspermes et intervalvulaires; les semences sont ordinairement réniformes et dépourvues de vrai albumen; l'embryon est recourbé; les cotylédons sont foliacés, plus ou moins planes et incombants.

Cette famille se divise en deux tribus : celle des *Cléomées* et celle des *Capparées*.

Première tribu. — CLÉOMÉES.

Les *Cléomées* ont un fruit capsulaire, à valves déhiscentes et amincies. Elles comprennent cinq genres, réunissant entre eux environ soixante-douze espèces, qui sont des herbes ou des sous-arbrisseaux dispersés dans les deux Indes, au Cap, en Arabie, en Afrique, ou en Orient.

Cette tribu me paraît fort remarquable par le grand nombre des types qu'elle présente en raison des variations de ses organes floraux, de ses étamines et de sa silique ; elle mérite donc l'attention des botanistes observateurs. Malheureusement ses espèces sont étrangères et ne se trouvent pas en grand nombre dans nos jardins ; la seule indigène est la *Violacée*, petite plante annuelle du Portugal, à fleurs solitaires, pédicellées aux aisselles voisines du sommet ; du côté supérieur du torus, sont placées trois glandes sphériques et glutineuses. L'ovaire, d'abord très-court, s'allonge ensuite en se recourbant et se termine enfin en un stigmate papillaire, fécondé par le pollen briqueté de cinq ou six étamines recourbées. L'ovaire articulé à la base se déjette perpendiculairement, et devient un cylindre à nervures longitudinales, qui renferme un grand nombre de graines recourbées sur deux placentas opposés : je décris cette plante comme exemple.

PREMIER GENRE. — *Cléome.*

Le *Cléome* a un calice de quatre sépales ouverts et même réfléchis, quatre pétales, un torus presque hémisphérique, six et rarement quatre étamines, une silique déhiscente, stipitée ou sessile.

On divise ce genre en deux sections :

1° Les *Pedicellaria*, à torus élevé et thécaphore allongé ;

2° Les *Siliquaria*, à torus peu apparent et thécaphore nul ou court.

La première, dont l'*Heptaphylla* peut être considéré comme le type, est formée de sous-arbrisseaux et d'herbes vivaces ou annuelles, à feuilles digitées, articulées, à trois, cinq et ordinairement sept folioles pubescentes ou même recouvertes de poils glanduleux ; les fleurs, disposées en grappes terminales, ont leurs pétales supérieurs redressés, leurs filets allongés et leurs anthères latérales ; le pollen jaunâtre tombe sur la tête papillaire du stigmate et sur le torus, qui distille abondamment l'humeur miellée ; la silique amincie, longuement recourbée, stipitée et bivalve, a son placenta intervalvulaire chargé d'un grand nombre de semences.

Les *Siliquaria*, beaucoup plus nombreuses que les *Pedicellaria*, et aussi plus dispersées, forment différents types encore mal déterminés et presque tous composés d'herbes annuelles : le *Violacea* du Portugal, la seule espèce indigène, se reconnaît à ses fleurs terminales, corymbiformes, et à ses feuilles trifoliées, recouvertes de poils glanduleux, comme l'*Iberica*, qui n'en diffère que par sa silique pédicellée et recourbée.

SECOND GENRE. — *Polanesia.*

Le *Polanesia* a un calice de quatre sépales étalés, quatre pétales, huit à trente-deux étamines, un torus peu marqué, une silique à peu près sessile et terminée par un style distinct.

Ce genre, qui se divise en deux sections fondées sur la grandeur du style relativement à l'ovaire, est formé de plantes la plupart originaires des Indes : une des plus répandues est le *Dodecandra,* dont les pétales unilatéraux sont toujours tournés du côté du nectaire, et dont les anthères répandent immédiatement leur pollen jaunâtre sur le stigmate papillaire et les poils visqueux qui recouvrent l'ovaire ; une seconde espèce est le *Graveolens,* à feuilles aussi trifoliées et silique glanduleuse. L'une et l'autre sont annuelles.

TROISIÈME GENRE. — *Gynandropsis.*

Le *Gynandropsis* a un calice de quatre sépales étalés, quatre pétales, un torus allongé, six étamines et une silique stipitée.

L'espèce la plus répandue de ce genre est le *Pentaphylla,* qui se trouve souvent dans nos jardins, où il se fait remarquer par la singularité et l'irrégularité de ses fleurs portées sur de longues grappes terminales ; cette plante annuelle et qui ne s'épanouit que tard, a d'abord toutes les parties de sa fleur égales, ses filets très-courts et son péricarpe à peu près sessile ; ensuite elle se développe en une fleur fortement irrégulière, à anthères libres, allongées et biloculaires, stigmate glutineux et discoïde et péricarpe longuement stipité : ce péricarpe, assez semblable à celui des *Chélidoines,* est formé, comme dans les autres *Cléomées,* de deux valves très-amincies, séparées par une lame placentaire chargée d'un grand nombre de semences pédicellées.

Les feuilles du bas ont cinq folioles, les supérieures trois, et les florales sont entières.

Seconde tribu. — CAPPARÉES.

Les *Capparées* ont leur fruit indéhiscent, plus ou moins charnu, et se distinguent des *Cléomées* par l'ensemble de leurs caractères. Elles comprennent environ cent cinquante espèces, arbres et arbrisseaux, originaires des tropiques, et réunies sous une douzaine de genres, dont le plus important et le plus riche est le *Capparis.*

Capparis.

Le *Cappáris* a un calice à quatre divisions, quatre pétales, un torus peu marqué, un thécaphore aminci, un grand nombre d'étamines, une silique stipitée et bacciforme.

Ce genre comprend des arbres ou sous-arbrisseaux, à stipules souvent épineuses, à feuilles simples, entières et ordinairement coriaces, à fleurs solitaires ou en grappes paniculées et corymbiformes, terminales, axillaires et extra-axillaires, accompagnées de bractées, et ordinairement blanchâtres.

Les *Capparis* sont répandus par groupes dans l'ancien et le nouveau monde, en sorte que les espèces semblables habitent les mêmes contrées, et que celles qui n'appartiennent pas aux mêmes types sont dispersées dans des régions différentes. Des six sections dans lesquelles DE CANDOLLE les partage, la plus connue et en même temps la plus étendue est celle des *Eucapparis*, dont les espèces sont indigènes de l'ancien monde ou de la Nouvelle-Hollande, et qui comprend le *Spinosa*, originaire, dit-on, de l'Orient, et acclimaté aujourd'hui sur toutes les côtes de la Méditerranée, où il est quelquefois cultivé.

Cette plante est un arbrisseau à tiges allongées et demi-grimpantes, qui aime à croître sur les murs et les rochers, où il fleurit depuis la fin du printemps jusqu'au milieu de l'été. Ses feuilles, alternes, pétiolées et épaisses, sont plissées en deux dans la préfoliation, et se désarticulent en automne; ses fleurs, grandes et blanches, sont solitaires dans les aisselles inférieures; les deux pétales supérieurs ont leurs bords rapprochés, et forment une rainure très-marquée, qui aboutit à une glande du torus, et d'où sort, à l'époque de la fécondation, la liqueur miellée; les anthères sont introrses, et les filets, recourbés avant l'épanouissement, grandissent ensuite tout-à-coup; le style est terminé par un petit corps conique d'un rouge brun, qui doit être le stigmate.

La fécondation de chaque fleur dure deux jours : les filets des étamines se contournent d'abord circulairement, comme dans les *Cistes*, et leurs anthères ne s'ouvrent guères que le second jour. Le pollen blanchâtre adhère long-temps aux parois. Le stigmate noirâtre et légèrement papillaire est porté sur un renflement glanduleux qui retient la poussière fécondante, et les deux pétales supérieurs se réunissent pour former un beau sillon creux tout recouvert de poils humides et sur lequel s'incline le stigmate.

Le péricarpe est une baie uniloculaire, traversée par un axe verdâtre et dont les graines nombreuses, à embryon demi-circulaire, et entourées d'une matière pulpeuse, paraissent adhérer à toute l'étendue des parois ; le pédoncule est articulé, comme dans toutes les espèces du genre.

L'estivation du calice est embriquée; les deux sépales intérieurs sont recouverts par les extérieurs, dont le plus grand enveloppe tous les autres. La corolle est aussi embriquée et non plissée ; les stipules, d'abord molles, s'endurcissent insensiblement, et manquent même quelquefois, ce qui montre qu'elles ne forment pas un organe nécessaire.

La végétation du *Capparis spinosa* commence au printemps, et se termine aux premiers froids : les tiges, après s'être développées autant que l'ont permis le climat et la température, et avoir donné leurs fruits, se dessèchent près du sommet, et sont remplacées par d'autres qui naissent des bourgeons axillaires inférieurs. Dans le midi de la France, on protége, contre la rigueur de l'hiver, les *Capriers* qu'on cultive.

Les espèces les plus voisines du *Capparis spinosa* sont le *Rupestris*, qui n'en diffère que par ses épines non piquantes, et qui croît sur les rochers de la Crète et de l'Archipel ; celui de Des Fontaines, des rochers de la Mauritanie, à stipules crochues et à feuilles cordiformes ; enfin l'*Ægyptia*, des déserts de la Haute-Égypte, à feuilles légèrement cunéiformes et mucronées, épines recourbées et dorées. Les *Eucapparis*, à pédoncules solitaires, ne se distinguent guères les uns des autres que par la consistance de leurs épines, la longueur de leurs pétioles et de leurs pédoncules, la forme plus ou moins ovale de leurs feuilles glabres, velues ou blanchâtres.

Les autres *Eucapparis* ont la même conformation générale; mais ils sont distribués en trois groupes : le premier comprend les espèces dont les pédoncules uniflores sont placés dans la même aisselle, longitudinalement les uns au-dessus des autres ; le second, celles dont les pédoncules multiflores, disposés en grappes ou en corymbes, ont les étamines nombreuses; et le troisième enfin, celles dont les pédoncules sont ordinairement multiflores, et dont les fleurs n'ont que huit étamines. Ce dernier groupe, qui pourrait former une section, appartient uniquement au Cap.

Les espèces de *Capparis* ne sont pas assez caractérisées pour qu'on n'y puisse pas soupçonner un grand nombre de variétés; mais elles sont jusqu'à présent trop peu connues pour que ces variétés puissent être exactement déterminées. De Candolle remarque, je crois avec raison, que les pédoncules unisériés, uniflores, du second groupe des *Eucapparis*, doivent être considérés comme des pédoncules multiflores, soudés contre la tige, et servant de passage entre les deux classes de pédoncules, qui dépendraient ainsi primitivement de la même forme. C'est là un exemple de soudure que l'on retrouve dans d'autres plantes, comme les *Solanées*.

J'ai peu d'observations physiologiques à présenter sur ce genre; je remarquerai seulement que ces stipules plus ou moins endurcies, plus ou moins allongées et recourbées, selon les espèces, offrent une preuve remarquable des transformations que peut subir un même organe, et qui sont quelquefois si bizarres, que dans l'*Heteracantha*, par exemple, l'une des épines est droite, et l'autre crochue.

On peut ajouter que, dans les *Capparis* et la plupart des genres de la même famille, le nombre des étamines présente de grandes variations : Auguste Saint-Hilaire et Moquin Tendon (*Bulletin de Férussac* t. 24, p. 179 et suiv.), ont cherché par des dédoublements à ramener ce nombre à celui de quatre, qui appartient également au calice et à la corolle, et ils expliquent les aberrations des étamines par le développement de la glande nectarifère qui se trouve sur le torus des *Capparidées*.

Du reste, c'est dans le fruit bacciforme et stipité que doivent se trouver les variations les plus remarquables du genre, et en effet, la troisième section a pour péricarpe une silique longue, cylindrique et charnue; dans la sixième, cette silique est même déhiscente, et l'on trouve dans la première le *Leucophylla* des environs de Bagdad, qui a un péricarpe à six valves dont les bords sont chargés d'un placenta bisérié, et qui présente par conséquent à l'intérieur six rangs longitudinaux de semences bisériées.

Les *Capparis* vivent principalement dans les terrains arides et pierreux, et sur les rochers des bords de la mer, où leurs feuilles épaisses se nourrissent, comme celles des plantes grasses, aux dépens des gaz atmosphériques. Leurs fleurs, remarquables par leur grandeur et leur beauté, s'épanouissent successivement et sont rapidement fanées.

On cultive, en Europe, le *Capparis spinosa*, dont les jeunes boutons, confits au vinaigre, sont un assaisonnement agréable. Dans les Indes orientales, on emploie le *Sepiaria* pour les clôtures. Quelques autres *Capparis* à pédoncules multiflores, comme le *Pulcherrima*, l'*Odoratissima*, le *Cynophallophora*, etc., sont aussi remarquables par l'excellence de leur odeur que par la beauté de leurs fleurs, et pourraient faire l'ornement de nos serres, comme elles font la brillante parure des lieux dans lesquels elles croissent et se multiplient naturellement.

Treizième famille. — *Cistinées.*

Les *Cistinées* ont cinq sépales continus au pédicelle et souvent inégaux, deux extérieurs plus petits que les autres, et quelquefois avortés, trois intérieurs en estivation tordue; cinq pétales hypogynes, caducs, égaux et tordus en sens opposé du calice; des étamines hypogynes, droites et ordinairement très-nombreuses; des anthères ovales, biloculaires, insérées par leur base et ouvertes au sommet par des fentes longitudinales; un pollen ellipsoïde à trois sillons, un ovaire libre, un style filiforme, un stigmate simple, une capsule à trois ou cinq valves, très-rarement à dix; le placenta est appliqué longitudinalement sur le milieu des valves, ou bien s'allonge en cloison, et forme alors des loges plus ou moins complètes; les semences sont petites et nombreuses, tantôt attachées au placenta pariétaire, tantôt à l'angle interne de la cloison; l'albumen est farineux, l'embryon roulé en spirale ou recourbé dans l'albumen; la chalaze très-peu apparente est opposée à l'ombilic, et par conséquent la radicule est supère.

Cette famille comprend des herbes annuelles ou vivaces et des sous-arbrisseaux, à feuilles simples, penninerves, entières ou légèrement dentées, toujours opposées à la base, rarement alternes au sommet, et accompagnées de deux stipules foliacées toutes les fois que les pétioles ne sont pas amplexicaules; les fleurs, disposées ordinairement en grappes latérales, se développent comme dans les *Borraginées;* les pétales s'ouvrent le matin et tombent vers le milieu de la journée : ils sont blancs, jaunes, pourprés, et souvent tachés à la base.

PREMIER GENRE. — *Ciste.*

Le *Ciste* a un calice de cinq pièces sur deux rangs, l'intérieur de trois sépales égaux, et l'extérieur de deux qui manquent quelquefois; les cinq pétales sont caducs et légèrement cunéiformes; les étamines nombreuses naissent souvent d'un disque glanduleux; le style est filiforme et le stigmate est une tête aplatie et tuberculée; la capsule recouverte par le calice est formée de cinq ou dix loges et d'autant de valves loculicides; les semences sont ovales, anguleuses, l'embryon est spiral et filiforme.

Les *Cistes* sont des arbrisseaux et des sous-arbrisseaux à feuilles opposées, nues, entières ou légèrement dentées; à pédoncules axillaires, uniflores ou multiflores. On les divise en deux sections :

1° Les *Erythrocistus*, à pétales roses et capsules à cinq loges ;

2° Les *Ledonia*, à pétales blancs ou jaunâtres et capsules à cinq ou dix loges.

La section des *Erythrocistus* comprend à peu près douze espèces, presque toutes originaires des deux bords de la Méditerranée, et qu'on reconnaît à leurs sépales extérieurs, plus étroits ou plus petits que les autres, comme aux intérieurs, concaves à la base et scarieux sur les bords. Ils appartiennent évidemment au même type et ne diffèrent que par leur surface plus ou moins velue et cotonneuse, leurs pédoncules axillaires ou terminaux, solitaires, géminés ou ternés, leurs feuilles plus ou moins ovales et engaînantes, et enfin leurs pétales plus ou moins pourprés et échancrés au sommet.

Les *Ledonia*, à peu près aussi nombreux que les *Erythrocistus*, se distinguent non-seulement à leurs pétales blanchâtres ou jaunâtres, mais encore à leurs deux sépales externes, tantôt avortés, tantôt grands et aigus, à leurs étamines nombreuses plus longues que le pistil, à leur stigmate presque sessile, enfin à leurs feuilles souvent glutineuses.

On peut les distinguer en quatre groupes :

1° Celui du *Salvifolius*, dont les pédoncules sont nus à la base, et portent souvent vers le milieu deux feuilles opposées. Il est formé de sept espèces originaires de la France méridionale et de l'Espagne. Une seule, le *Florentinus*, est indigène de l'Italie ;

2° Celui du *Longifolius* et du *Populifolius*, dont les pédoncules portent, à la base, des bractées caduques, concaves et coriaces, et au-dessus de la base, deux bractées opposées plus grandes que les autres ;

3° Celui du *Laurifolius*, du *Cyprius* et du *Ladaniferus*, dont les calices n'ont que trois sépales, et dont les pédoncules inférieurs sont courts et uniflores, les supérieurs axillaires et solitaires, ou terminaux et multiflores ;

4° Enfin, celui du *Clusii*, espèce d'Espagne et de Barbarie, distincte des *Ledonia* du troisième groupe par son style cylindrique, égal aux étamines et terminé par un petit stigmate. Cette plante a le caractère des *Cistes*, les feuilles linéaires et roulées des *Hélianthèmes* et le port de l'*Helianthème libanotis*.

Les *Cistes* sont tous des arbrisseaux à racine ligneuse, qui ne donnent pas de rejets souterrains, mais qui repoussent perpétuellement du même pied, ou, si l'on veut, du même rhizome. Leurs tiges et leurs rameaux se développent sans rupture, et se terminent par des fleurs solitaires ou réunies en petit nombre ; mais ensuite elles se détruisent au sommet, et sont remplacées par de nouvelles pousses sorties des aisselles supérieures, et ainsi sans interruption pendant toute la vie de la plante. Les pédoncules sont simples ou plus ou moins ramifiés, souvent chargés de bractées, ordinairement articulés dans leur longueur, comme les tiges; ils se dessèchent à la maturité, et se brisent irrégulièrement dans le cours de l'hiver ou au printemps de l'année suivante. Les feuilles sont opposées et convolutives, tantôt libres et pétiolées, tantôt simplement sessiles, connées ou engaînantes; leurs bords, presque toujours entiers, sont quelquefois denticulés, ciliés ou roulés; leur surface est souvent recouverte de poils allongés, ras, blanchâtres ou même étoilés; les sommités de leurs tiges fournissent dans plusieurs espèces, surtout dans le *Ladanum*, un suc glutineux et résineux qu'on recueille, en Orient, à cause de son odeur et de ses propriétés médicinales.

Les feuilles des *Cistes* se reconnaissent facilement à leur substance un peu épaisse, ridée, sèche et plus ou moins marquée de trois nervures principales; elles se détachent, à la fin de l'hiver, de leur tige articulée, et celles qui les remplacent protégent, au printemps, les jeunes boutons qui n'ont point d'autre enveloppe dans la préfoliation; elles sont opposées sur toute leur surface, roulées sur leurs bords, ou demi-embrassées.

L'estivation du calice est embriquée et non pas tordue comme dans les *Hélianthèmes;* les pétales sont aussi embriqués, tantôt plissés comme les *Pavots*, tantôt raccourcis jusqu'au moment où ils s'épanouissent; ils se détachent quelques heures après leur développement, mais le calice persiste au contraire, et, par un effet de cette organisation supérieure que nous sommes loin de comprendre, il se referme après la floraison, en comprimant contre la capsule les étamines desséchées.

Je n'ai point aperçu de nectaire dans les *Cistes*, mais j'ai remarqué que les anthères extrorses latérales, au moins dans plusieurs espèces, répandaient, en s'agitant sur leurs filets, une grande quantité de pollen jaunâtre qui recouvrait la tête tuberculée du stigmate, en sorte que la fécondation était toujours directe; ces mouvements organiques ont déjà été observés par plusieurs botanistes et en particulier par Palm qui, dans sa *Dissertation sur les plantes volubles,* assure qu'elles se redressent et environnent les stigmates jusqu'à ce que la fécondation soit accomplie; qu'ensuite, par une secousse assez forte, elles se couchent horizontalement sur les pétales.

Les capsules des *Cistes* sont toutes à cinq loges, excepté celles du *Ladaniferus*, qui paraissent en avoir dix; les divisions du stigmate correspondent à celles des capsules, toutes les fois que celles-ci ont cinq loges. Il serait curieux de vérifier si le stigmate du *Ladaniferus* a aussi dix lobes ; s'il n'en avait que cinq, cela indiquerait que ces dix loges, phénomène singulier dans ce genre, ne sont que cinq loges divisées.

La dissémination des *Cistes* a lieu assez promptement après la floraison : les calices s'entr'ouvrent et les capsules redressées ouvrent leurs valves ; les semences sortent ensuite à la moindre agitation de l'air.

La classification des *Cistes*, fondée sur la couleur de leur corolle, paraît d'abord purement artificielle ; cependant elle renferme d'autres caractères qui la rendent plus naturelle ; puisque les botanistes remarquent que les espèces des deux sections ne se mêlent pas entre elles, tandis que celles de la même section sont tellement rapprochées et confondues par des fécondations artificielles qu'il devient très-difficile de les bien distinguer. BENTHAM dans son *Catalogue des Plantes des Pyrénées*, dit que les bois de Fonfroide, près de Narbonne, abondent en hybrides de *Cistes*, dont quelques-unes n'ont rien de constant, tandis que les autres peuvent, au contraire, être considérées comme des espèces permanentes. Telles sont, dans ces dernières, le *Ledum* qui provient du *Monspeliensis* et du *Laurifolius*, le *Longifolius* qui est né du *Monspeliensis* et du *Populifolius*, le *Florentinus* qui doit probablement son origine au *Monspeliensis* et au *Salvifolius*, et ne diffère, selon CAMBESSÉDÈS, du *Monspeliensis*, que par ses fleurs moins nombreuses, disposées en corymbe et non en cyme. Les mêmes observations pourraient être faites sur les *Erythrocistes*, dont les espèces sont aussi voisines que celles des *Ledonia*.

Non-seulement la nature produit elle-même, tous les jours, des variétés de *Cistes* ; mais les jardins en fournissent continuellement de plus nombreuses et de plus belles que celles des forêts du midi de l'Europe. J'ai devant les yeux une monographie des *Cistinées*, qui se publie actuellement à Londres, et dont les figures coloriées représentent non-seulement les anciennes espèces du genre, mais encore celles qui naissent dans les jardins des amateurs, et dont le nombre tend sans cesse à s'accroître ; elles renferment souvent des fleurs magnifiquement doublées.

Puisque nous voyons les *Cistes* se multiplier, pour ainsi dire, sous nos yeux, dans le grand laboratoire de la nature, nous pouvons en conclure qu'ils se sont également multipliés à des époques antérieures, et, par une analogie plus générale, que le nombre des espèces, ou pour mieux dire, des variétés voisines entre deux véritables espèces, bien loin d'être permanent dans la nature, tend, au contraire, chaque jour à s'accroître.

Si ces plantes ne servent pas à satisfaire immédiatement nos besoins corporels, elles jouent un grand rôle dans les scènes brillantes de la nature : elles couronnent de leurs belles fleurs presque tous les coteaux stériles de l'Espagne et du midi de la France, où leurs espèces se succèdent comme celles des *Erica* de Clermont à Limoges et de Limoges à Bordeaux; ici c'est le *Crispus*, là le *Salvifolius*, plus loin le *Monspeliensis*, l'*Albidus*, etc., qui dominent et déterminent la nature du tableau. Ce charmant spectacle, qui dure plusieurs semaines à la fin du printemps, commence le matin au lever du soleil et se termine au milieu du jour, où ces mêmes collines, qui avaient paru si décorées quelques heures plus tôt, sont entièrement défleuries. Plus tard, et pendant tout le reste de l'année, on n'aperçoit aucune fleur de *Ciste*.

Les *Cistes* donnent naissance au *Cytinus*, plante parasite de la famille des *Raflesia*, qui se développe sur leurs racines et fleurit aussi au mois de mai; on la trouve indifféremment sur les diverses espèces du genre, telles que le *Salvifolius*, le *Monspeliensis*, l'*Albidus*, et comme elle s'y présente toujours sous la même forme, on peut en conclure au moins que ces différents *Cistes* ont une organisation très-rapprochée.

Ce genre ne m'a pas offert un grand nombre de remarques physiologiques; ses tiges, ses rameaux et ses feuilles sont d'une construction lourde, sans grâce, et je crois aussi sans mouvements; ses pétales seuls et ses étamines ont de la souplesse et de l'élégance. J'ai vu la poussière anthérifère, qui est toujours jaune, adhérer longtemps aux filets, et j'ai soupçonné que la tache jaune ou pourprée de l'onglet des pétales pourrait bien jouer quelque rôle dans la fécondation : du reste, le stigmate, qui est manifestement papillaire, peut lui-même absorber les vésicules du pollen.

SECOND GENRE. — *Helianthemum.*

Les *Hélianthèmes* ont un calice à trois sépales égaux ou à cinq sépales inégaux et placés sur deux rangs, cinq pétales souvent dentés irrégulièrement sur les bords, un stigmate en tête, un style tantôt presque nul, tantôt droit, tantôt oblique ou même recourbé à la base, un ovaire triquètre, une capsule à trois valves loculicides, des semences anguleuses et glabres, un albumen farineux, un embryon recourbé, quelquefois fléchi en crochet, une radicule centrifuge.

Ce grand genre est formé d'herbes annuelles ou vivaces, de sous-arbrisseaux et d'arbrisseaux la plupart originaires de l'Europe australe et des deux bords de la Méditerranée. Il est très-voisin du *Ciste*, dont il diffère principalement par sa capsule à trois loges et par son port. Ses nombreuses espèces diffèrent par leurs feuilles opposées ou alternes, nues ou stipulées, trinerves ou penninerves; leurs pédicelles, très-souvent garnis, à la base, de bractées opposées, sont quelquefois opposés à des bractées ou même à des feuilles alternes; ils varient beaucoup aussi dans leur inflorescence, les uns sont solitaires, les autres réunis en ombelles, en grappes, en corymbes et en panicules. C'est en conséquence de ces variations que DUNAL, dans le Prodrome de DE CANDOLLE, divise les *Hélianthèmes* en trois séries :

1° Celle des espèces à style droit, très-petit ou du moins plus court que les étamines, et stigmate en tête. Elle renferme trois sections, dont deux européennes : les *Halimium* et les *Tuberaria;*

2° Celle des espèces à style droit de la même grandeur ou plus long que les étamines. Elle comprend deux sections européennes : les *Macularia* et les *Brachypetalum;*

3° Celle des espèces à style fléchi à la base. Elle est divisée en quatre sections : les *Fumana*, les *Pseudo-Cistus*, les *Euhelianthemum* et les *Eriocarpum;* la dernière appartient à l'Égypte, à la Barbarie et aux Canaries.

Ces trois séries sont évidemment fondées sur un caractère artificiel, qui ne paraît point tenir à l'organisation générale. Cependant les sections dans lesquelles elles se partagent sont assez naturelles, comme on pourra facilement en juger.

La première, ou celle des *Halimium*, a un calice de trois pièces ou rarement de cinq, dont les deux extérieures plus petites; les pétales sont presque toujours jaunes, et chargés, à la base, d'une tache d'un violet ou d'un jaune foncé; le style est droit, court ou presque nul; le stigmate est légèrement trilobé; les semences sont noirâtres, chagrinées, plus ou moins anguleuses et toujours en petit nombre.

Les *Halimium* sont des arbrisseaux ou sous-arbrisseaux, originaires de l'Espagne et du Portugal. Ils ont le port des *Cistes* et la capsule des *Hélianthèmes;* leurs feuilles, toujours opposées et marquées de trois nervures, sont velues ou tomenteuses et non stipulées; leurs pédoncules d'une à trois fleurs sont axillaires, solitaires ou ombelliformes et rarement paniculés. DUNAL en compte treize espèces ou variétés qu'il sépare en deux groupes : celles dont le style est marqué et le stigmate petit, et celles dont le style est nul et le stigmate grand.

Toutes ces plantes me paraissent appartenir au même type, car les

principaux caractères par lesquels on les distingue, le mode d'inflorescence, le nombre des sépales, la villosité de leur surface, la forme
de leurs feuilles et les taches de leurs pétales, sont extrêmement
variables. On pourrait les diviser en espèces à tige presque glabre,
comme le *Libanotis ;* à tige recouverte de poils blancs, comme l'*Alys-
soides* ou le *Lasyanthus ;* enfin à tige et feuilles lépreuses, comme
l'*Atriplicifolium* ou l'*Halimifolium.* Le plus beau des *Halimium* paraît
être le *Formosum* du Portugal, dont les pétales grands et jaunes portent à la base une large tache noir-pourpre.

Les *Tuberaria* ont un calice à cinq pièces, dont les extérieures,
plus petites ou plus grandes que les autres, sont ordinairement étalées. Leurs pétales jaunes, entiers ou denticulés, sont souvent tachés
à la base; leurs étamines nombreuses sont plus grandes que le pistil;
leur style est presque nul; leur stigmate est en tête; leur capsule est
trivalve, et leurs semences sont petites et jaunâtres. DUNAL en compte
neuf espèces, que BENTHAM réduit à peu près à cinq, et qu'on partage
assez bien en deux groupes : celui à racine vivace et ligneuse, et celui
à racine annuelle et herbacée.

Le premier est formé de deux espèces : le *Globulariæfolium* du
Portugal, et le *Tuberaria,* répandu encore en France et en Italie; ils
se distinguent non-seulement par leur durée, mais encore par leur
grandeur, leurs feuilles non stipulées, leurs tiges velues seulement à
la base, leurs fleurs peu nombreuses, pourvues de bractées et légèrement paniculées.

Le second groupe comprend trois espèces, qu'on reconnaît à leurs
feuilles supérieures souvent pourvues de bractées, ainsi qu'à leurs
grappes unilatérales et terminales. Ce sont des plantes à tige mince et
effilée, fort remarquables par l'élégance et la délicatesse de leurs fleurs.
La principale est le *Guttatum,* répandu dans plusieurs contrées de
l'Europe, et très-commun d'Antibes à Nice, où il borde toute la
route, et tourne le matin ses fleurs du côté de la mer. Son efflorescence est centripète, et à mesure qu'il se développe, il abaisse ses
longs pédicelles inférieurs, qui se brisent et répandent leurs graines,
avant que le reste de la plante ait achevé de fleurir. Les autres espèces
présentent les mêmes phénomènes; elles sont tellement unies entre
elles, dit BENTHAM, qu'il est impossible de les séparer en espèces distinctes, et qu'il est même difficile de trouver deux échantillons qui aient
exactement les mêmes caractères. Les principales variétés que l'on
peut y reconnaître sont le *Plantagineum,* à feuilles très-larges, et l'*Inconspicuum,* à fleurs très-petites; l'une et l'autre originaires de la Corse.

Les *Brachypetalum* ont le calice à cinq pièces, les deux extérieures

petites, les autres acuminées et marquées de trois nervures; les pétales
sont jaunes, ordinairement plus petits que le calice et quelquefois
tachés à la base; les étamines sont peu nombreuses; le style est droit
et épaissi au sommet; le stigmate est simple, l'ovaire triquètre à angles
souvent velus; la capsule est glabre et plus ou moins brillante; les
semences sont nombreuses, petites, pâles et anguleuses.

Ces plantes, toutes annuelles, ont leurs feuilles stipulées, pétiolées,
penninerves, opposées à la base et alternes près des fleurs; leurs
stipules assez étroites s'allongent vers le haut; leurs pédoncules sont
uniflores, courts et solitaires, rarement axillaires, souvent opposés
aux feuilles ou aux bractées.

On divise cette section en trois groupes : le premier comprend le
Villosum et le *Niloticum*, indigènes surtout de l'Espagne, à pédoncules médiocrement redressés et plus courts que les feuilles; le second
est formé du *Sanguineum* et de l'*Ægyptiacum*, aussi originaires de
l'Espagne, dont les sépales intérieurs sont marqués de quatre nervures,
et dont les pédoncules, d'abord penchés, se redressent pendant la floraison et se réfléchissent ensuite; le troisième, enfin, est celui de l'*Intermedium*, du *Denticulatum* et du *Salicifolium*, qui sont peut-être
trois variétés de la même espèce, et se distinguent des autres groupes
par leurs pédoncules plus longs que les feuilles et les bractées, redressés pendant la floraison et étendus ensuite horizontalement. La
plus répandue est le *Salicifolium*, qui fleurit dès l'entrée du printemps,
et dont la capsule est exactement uniloculaire.

Les *Macularia* ont le calice formé de cinq pièces, dont les intérieures
sont striées; leurs pétales sont tachés; leur style droit est deux fois
aussi long que l'ovaire; leur capsule est lisse. Ils ne diffèrent presque
des *Brachypetalum* que par la forme du style, et ils ne comprennent,
jusqu'à présent, qu'une espèce, le *Lunulatum*, petit arbrisseau tortu
des Alpes du Piémont, à feuilles penninerves, planes, dépourvues de
stipules, à fleurs solitaires ou réunies trois à quatre sur de courts
pédicelles.

Les *Fumana* ont un calice à cinq pièces tordues, dont les intérieures
sont marquées de quatre à cinq stries; leurs étamines sont peu nombreuses, et leur style, oblique pendant la floraison, se redresse plus
ou moins ensuite.

Ce sont de petits sous-arbrisseaux à feuilles linéaires et presque
sessiles, à pédicelles glanduleux, uniflores, d'abord penchés, relevés
ensuite et réfléchis pendant la maturation. Leur corolle, qui s'ouvre
de bonne heure, tombe très-promptement, et leurs rameaux minces,
rabougris et peu élevés, sont sans cesse chargés, à la base, de nou-

velles pousses gemmiformes; les feuilles épaisses et lisses sont appliquées deux à deux; les pétales sont fortement roulés en sens contraire du calice, qui ne se contourne plus après la fécondation, et dont les deux sépales extérieurs restent réfléchis.

Ces plantes habitent l'Espagne, l'Italie et le midi de la France; leurs espèces, qui s'élèvent à dix ou douze dans la Monographie de DUNAL, ont été réduites à deux par BENTHAM : 1° le *Fumana*, qui se distingue par ses feuilles alternes, dépourvues de stipules, et auquel on réunit, comme variétés, l'*Ericoides* de l'Espagne, et le *Procumbens* du midi de la France; 2° le *Lævipes*, à feuilles stipulées et fleurs disposées en grappes latérales; il comprend, selon BENTHAM, tous les autres *Fumana*, dont les variétés sont de quatre sortes : 1° les glutineuses, à feuilles allongées; 2° celles à feuilles très-courtes; 3° celles à feuilles inférieures glabres; 4° les lisses, dont les pédoncules et les calices sont seuls glanduleux. Si ces plantes ne sont pas aussi rapprochées que le prétend cet auteur, du moins elles appartiennent incontestablement au même type, sans en excepter l'*Arabicus* de l'Arabie et de l'Espagne, qui a les stipules du *Lævipes*, mais dont les tiges sont velues et les pédoncules solitaires. SPACH ajoute que les étamines extérieures des *Fumana* sont stériles, et que leurs filets très-déliés sont moniliformes.

Les *Pseudo-Cistes* ont un calice à cinq pièces, dont les intérieures sont marquées de quatre nervures; leur style, souvent plus court que les étamines, est tordu, fléchi à la base et au sommet; leur stigmate est en tête trilobée. Ils se distinguent à leurs tiges vivaces, consistantes et souvent sous-ligneuses; leurs feuilles pétiolées, penninerves et opposées, sont presque toujours dépourvues de stipules; leurs fleurs sont disposées en panicules ou en grappes unilatérales, et leurs pédicelles, d'abord recourbés, se redressent ensuite et se réfléchissent pendant la maturation. Ces plantes sont droites ou couchées. Les premières habitent plus généralement l'Espagne et la Barbarie, les autres s'avancent plus au nord et remontent jusque sur nos montagnes, où leurs feuilles et leurs tiges, recouvertes de longs poils blanchâtres, bravent toutes les intempéries. Les dix-sept espèces qu'elles contiennent, et qui ont été réduites à dix par ARNOTT et BENTHAM, comprennent trois ou quatre types, parmi lesquels on doit distinguer surtout celui du *Canum* et de l'*Ælandicum* de nos montagnes, et sous lequel on peut ranger une grande partie des espèces de la section.

Enfin, les *Euhelianthemum* ont un calice légèrement tordu, dont les trois sépales intérieurs sont marqués d'arêtes relevées et souvent velues; leurs pétales sont plus grands que ceux des *Pseudo-Cistes*;

leur style est fléchi à la base et plus ou moins renflé au sommet; leur capsule recouverte par le calice, est trivalve, uniloculaire, et s'ouvre au sommet. Ils forment la section la plus nombreuse du genre, et comprennent des espèces vivaces plus ou moins frutescentes, à rameaux nombreux, ordinairement droits et quelquefois couchés; leurs feuilles opposées, légèrement pétiolées, et plus développées au sommet qu'à la base, sont souvent roulées en dessous et toujours pourvues de stipules linéaires ou lancéolées; leurs fleurs jaunes ou jaunâtres, blanches, roses ou rouges, sont disposées en grappes simples, terminales, et tournées d'un même côté; les pédicelles, garnis de bractées, sont d'abord penchés, puis redressés, et enfin réfléchis. Les trente-huit espèces dans lesquelles DUNAL les distribue, et qui appartiennent à peu près toutes à l'Espagne, au midi de la France ou aux îles de la Méditerranée, ont été réduites par BENTHAM à treize principales, qui sont encore très-rapprochées. Le principal type qu'on y distingue, c'est celui de l'*Helianthemum vulgare*, sous lequel se réunissent plus de douze espèces du Prodrome, en particulier, le *Grandiflorum*, si commun sur nos pelouses, où il fleurit une grande partie de l'année, et dans lequel je place aussi le joli sous-type du *Mutabile*, à fleurs blanches, roses, rouges et quelquefois jaune soufre.

Le vaste genre des *Hélianthèmes* descend par nuances insensibles, depuis les arbrisseaux de la section des *Halimium* jusqu'aux simples herbes des *Brachypetales;* mais il est surtout riche en sous-arbrisseaux peu élevés et rampants, tels qu'on les trouve dans nos trois dernières sections. Les racines des *Hélianthèmes*, quoique ligneuses et persistantes, ne paraissent pas participer à la nature des rhizomes, et recevoir des accroissements successifs par la transformation du bas des tiges; elles ne s'étendent pas non plus sous le sol par des rejets souterrains; mais elles conservent la même forme en donnant sans cesse de nouvelles tiges qui remplacent les anciennes, et fleurissent ordinairement la seconde année. Cependant il est assez probable que les espèces rampantes, comme le *Canum*, se propagent par les longues tiges dont elles recouvrent le terrain.

Les tiges, toujours articulées comme dans les *Cistes*, se développent tant que la saison est favorable, et ne se rompent jamais au sommet; les feuilles, opposées deux à deux, sont plus ou moins roulées en dehors selon les espèces; celles du bas des tiges se désarticulent dans l'année, les autres persistent souvent l'hiver, ou bien elles tombent promptement, comme dans les *Fumana;* les calices sont plus ou moins tordus selon les sections et les espèces; leurs sépales extérieurs sont ordinairement libres, petits et homogènes; mais les autres sont

formés d'une substance sèche et scarieuse, marquée longitudinalement de trois ou quatre nervures vertes et relevées, parallèles et non
pas penninerves, comme celles des feuilles.

Les feuilles des *Hélianthèmes* sont souvent accompagnées de deux
stipules latérales, vertes et semblables à de petites feuilles; ces stipules, dont je ne comprends pas l'usage, et qui manquent dans les *Cistes*,
se présentent ici sous une forme très-variable : tantôt elles accompagnent toutes les feuilles de la même espèce, tantôt elles manquent
vers le bas et ne reparaissent que près du sommet. Quelquefois enfin
elles manquent entièrement dans des espèces qui paraissent d'ailleurs
très-voisines des autres. Elles sont ordinairement persistantes, et se
développent en même temps que les feuilles, sur lesquelles on les
voit d'abord couchées sans plissement.

La fleur des *Hélianthèmes* est toujours formée de cinq pétales minces, gazés, très-caducs et quelquefois plissés. Elle présente la même
organisation et les mêmes mouvements que celle des *Cistes*; mais elle
est moins régulière : non-seulement ses sépales sont inégaux, mais
sa capsule n'est formée que de trois valves. Quelle est la raison de ces
anomalies si constantes ? pourquoi les deux sépales extérieurs sont-ils
toujours plus petits, et pourquoi la capsule est-elle constamment
trigone et trivalve dans les *Hélianthèmes* et non pas dans les *Cistes* ?
Je l'ignore; mais je remarque que le stigmate a une conformation
correspondante à celle de la capsule; il a toujours trois lobes et non
pas cinq, comme dans les *Cistes*.

Les pédoncules, qui, dans les premières sections, paraissent toujours
redressés comme dans les *Cistes*, ont au contraire des mouvements
très-marqués dans les *Brachypetalum*, les *Fumana*, les *Euhelianthemum* et l'*Intermedium* en particulier, où, d'abord redressés, ils se cour-
bent ensuite à angle droit pour favoriser la maturation. Ces mouvements, très-réguliers et très-semblables aux mêmes époques de la
végétation, sont un exemple frappant de cette vie végétale qui a été
placée fort au-dessus des simples combinaisons de la matière ; car,
comment expliquer pourquoi, au moment même où la poussière des
étamines va se répandre, le pédoncule se redresse, le calice se déroule,
les pétales s'épanouissent ; et pourquoi ensuite, après la fécondation,
les pétales tombent, les calices se referment, et les pédoncules se déjettent ?

Les étamines des *Hélianthèmes*, dont quelques-unes sont souvent
dépourvues d'anthères comme dans le *Fumana* et l'*Hirtum*, présentent les mêmes signes d'irritabilité que celles des *Cistes*; mais elles
n'ont pas, je crois, été mieux observées à l'époque où elles s'agitent

spontanément. Hope, dans l'*English Bot.* 19, tab. 1321, dit que celles de l'*Helianthemum vulgare*, touchées avec la pointe d'une aiguille, par un temps chaud et serein, s'éloignent des pistils pour se coucher sur les pétales, et l'on ne peut guère douter que ce mouvement, relatif à la fécondation, ne s'observe aussi dans la plupart des espèces du genre, dont les étamines souples et délicates se prêtent facilement à ces mouvements.

Le style varie beaucoup dans les *Helianthèmes* : tantôt il est petit et peu apparent ; tantôt, au contraire, il est allongé et plus grand que les étamines ; quelquefois il est un peu renflé en massue, comme dans les *Euhelianthemum ;* mais ordinairement il est plus ou moins fléchi à la base et au sommet, comme dans les quatre dernières sections. Cette dernière forme pourrait bien tenir à l'état de gêne où il s'est trouvé avant l'épanouissement ; mais elle peut aussi avoir pour but de rabaisser le stigmate au niveau des étamines. Dans quelques espèces, le style se redresse pendant la floraison ; dans d'autres, comme l'*Inconspicuum* et je crois aussi l'*Intermedium*, les pétales avortent en tout ou en partie ; la fleur ne s'ouvre pas et la fécondation a lieu intérieurement par l'application immédiate des anthères sur le stigmate.

Le stigmate, qui tombe avec le style, est formé d'une substance papillaire et humide, propre à recevoir et à absorber le pollen ; il se divise, comme je l'ai dit, en autant de lobes que la capsule porte de placentas. Je n'ai pas vu les mouvements fécondateurs des étamines, mais j'ai bien remarqué que, dans l'*Hélianthème* commun et dans les espèces voisines, le style se déjetait, de manière que le stigmate se trouvait caché au milieu des anthères, et recouvert de leur pollen.

Les capsules des *Hélianthèmes* s'ouvrent plus ou moins à la maturité, et leurs valves, plus minces que celles des *Cistes*, se réfléchissent et se tournent contre terre dans les *Fumana*, et s'écartent seulement dans les *Euhelianthemum ;* leurs placentas varient aussi beaucoup : ils sont prolongés en cloison complète dans les *Fumana*, incomplète dans le *Canum*, l'*Ælandicum*, et plusieurs autres espèces de la même section, et à peine visible dans le *Salicifolium*, dont la cloison est parfaitement uniloculaire.

Après la fécondation, qui s'accomplit toujours le matin d'assez bonne heure, les trois sépales intérieurs se rapprochent de l'ovaire qu'ils embrassent étroitement pendant tout le cours de la maturation, mais dont ils s'écartent plus ou moins aux approches de la dissémination. Les deux sépales extérieurs ne participent point à ces mouvements, mais ils restent indépendants comme deux petites bractées, et, de même qu'ils ne se sont point tordus pendant l'estivation, ils ne se resserrent point dans la maturation.

Les *Hélianthèmes* comme le *Fumana*, le *Grandiflorum*, le *Mutabile*, etc., refleurissent souvent en automne, ce qui est rare dans les *Cistes*.

J'indique dans ce genre deux principaux objets de recherche. Le premier est la raison pour laquelle certaines espèces ont des stipules tandis que d'autres en sont privées, et le second est relatif au style; pourquoi est-il tantôt droit et tantôt plus ou moins recourbé? a-t-il été aplati dans sa préfloraison, ou bien est-il fléchi afin que dans la fécondation les anthères soient plus rapprochées du stigmate? Qu'y a-t-il de vrai dans l'irritabilité que quelques auteurs attribuent aux étamines, quand a-t-elle lieu et dans quelles espèces? Enfin je remarque qu'il y a peu de genres dans lesquels les cloisons de la capsule soient plus variables, depuis le point où elles sont nulles et où les placentas sont véritablement pariétaux, jusqu'à celui où elles se réunissent au centre du péricarpe : cette structure est-elle liée avec les formes de dissémination? Il me semble qu'il en est ainsi au moins dans les *Hélianthèmes Fumana*, mais cette structure confirme que les placentas ne sont pariétaux que par l'avortement des cloisons.

C'est un phénomène qui se répète souvent, que la variation du même organe dans des espèces à peu près semblables, et sa constance dans les divers individus de la même espèce. On l'explique en supposant qu'il y a dans chaque espèce une force ou une puissance qui modifie toujours de la même manière la forme primitive. C'est cette puissance qui a sans doute déterminé les trois loges de la capsule non symétrique des *Hélianthèmes*, et qui, en même temps, a soudé les valves par leurs bords, et les a divisées par leur milieu.

Les *Hélianthèmes* ne fleurissent pas tous à la même époque, et ne sont pas, comme les *Cistes*, relégués dans les mêmes contrées; leurs diverses sections présentent, au contraire, d'assez grandes différences à cet égard comme à d'autres. Ainsi, les *Halimium*, qui ont le port et à peu près la consistance des *Cistes*, habitent, comme ces derniers, les côtes occidentales de la Méditerranée, et s'épanouissent à peu près dans le même temps. Les *Brachypetalum*, qui sont des plantes annuelles, prolongent plus long-temps leur floraison et se font remarquer par la délicatesse de leurs fleurs élégamment tachetées, et les mouvements variés de leurs pédoncules. Ils contrastent avec les *Fumana*, petits arbrisseaux rabougris et à peu près dépourvus de mouvements, qui se plaisent sur les collines stériles, où ils fleurissent souvent une grande partie de l'année. Les *Pseudo-Cistes*, beaucoup moins ligneux, mais aussi vivaces, recouvrent de leurs feuilles vertes ou plus ou moins velues, les collines méridionales et les pentes de nos montagnes, où leurs fleurs s'épanouissent chaque matin pendant les derniers mois du printemps et les premiers de l'été. Il en est de même des *Euhelianthemum*, dont les espèces communes vivent auprès de nos habitations, le long de nos chemins et sur nos pelouses, qu'elles embellissent long-temps de leurs grandes fleurs d'un jaune d'or. Ces différentes scènes ne sont pas aussi brillantes que celles des *Cistes*, mais elles sont plus étendues et plus diversifiées.

On a même introduit, depuis quelques années, dans nos jardins, le petit groupe des *Hélianthèmes* changeants, si voisins de notre *Hélianthème grandiflore*, et l'on en a formé des plate-bandes de fleurs rouges, roses, jaunes, souvent variées dans le même individu, et très-remarquables par leurs beaux pétales, qu'on est parvenu à doubler.

Les *Hélianthèmes* des diverses sections ne se multiplient guère que par semences, si l'on en excepte quelques espèces de *Pseudo-Cistes*, qui paraissent être des plantes sociales. Ils sont, du reste, très-robustes, et ne sont guère affectés par la sécheresse, la chaleur ou le froid.

Quatorzième famille. — *Violariées*.

Les *Violariées* ont un calice à cinq sépales persistants, libres ou légèrement réunis à la base, et souvent prolongés inférieurement ; une corolle de cinq pétales, alternes au calice, hypogynes, insérés sur le torus, égaux ou inégaux, et dont l'inférieur est souvent éperonné ; cinq étamines, à anthères biloculaires, adnées, appliquées contre l'ovaire, souvent dilatées ou monadelphes à la base ; un ovaire uniloculaire, à trois placentas pariétaux, une capsule trivalve et terminée par un seul style, un albumen charnu et un embryon droit.

Cette famille comprend des herbes, des sous-arbrisseaux, ou des arbrisseaux à feuilles ordinairement alternes, stipulacées et simples, à fleurs droites ou penchées, à pédoncules solitaires ou nombreux, simples ou ramifiés. Elle est divisée en trois tribus, et formée d'un grand nombre de genres répandus sur les différentes parties du globe, principalement dans l'Amérique méridionale, sur les côtes d'Afrique et dans la Nouvelle-Hollande. Le plus nombreux de ces genres contient plusieurs espèces européennes, et c'est celui dont nous allons parler.

PREMIER GENRE. — *Viola.*

Le *Viola* ou la *Violette* a les sépales inégaux, prolongés inférieure‑
ment en appendices, des pétales inégaux en estivation convolutive, et
dont l'inférieur est éperonné, des étamines dilatées à la base, allongées
au sommet en membrane scarieuse, et dont les deux antérieures se
prolongent dans l'éperon en appendices nectarifères; un ovaire tantôt
supère, tantôt enfoncé dans la cavité du torus et par conséquent
semi‑infère; des valves élastiques après la maturation, des semences
caronculées, plus ou moins ovoïdes et brillantes, un embryon oblong,
une radicule à peu près cylindrique, des cotylédons oblongs et orbi‑
culaires.

Les *Violettes* sont des herbes vivaces, très‑rarement annuelles, à
tige tantôt très‑courte et comme souterraine; tantôt élevée et même
un peu souligneuse; leurs pédoncules sont solitaires, axillaires, uni‑
flores, non articulés, recourbés au sommet et chargés de deux brac‑
tées; les fleurs sont penchées, les feuilles séminales sont oblongues,
ovales et pétiolées.

Ce beau genre se divise actuellement en cinq sections, dont trois
sont européennes :

1° Les *Nominium*, ou *Violettes* de mars, à stigmate en bec percé
d'un trou terminal, à style aminci de la base au sommet, et capsule
ordinairement trigone;

2° Les *Dischidium*, à stigmate bilobé au sommet, percé d'un trou
entre les lobes, style aminci de la base au sommet, capsule ordi‑
nairement trigone, et renfermant un petit nombre de semences;

3° Les *Melanium* ou les *Pensées*, à stigmate urcéolé, chargé laté‑
ralement de poils en faisceau, style aminci du sommet à la base, et
capsule légèrement hexagone.

Les *Nominium* forment une section très‑nombreuse, répandue prin‑
cipalement en Europe, dans l'Amérique septentrionale, et le nord de
l'Asie. Leurs espèces européennes, qui s'élèvent à peu près à quinze,
peuvent être commodément partagées en deux groupes : celui des
Violettes sans tiges, et celui des *Violettes* caulescentes. Les premières,
dont les feuilles grandissent après la fécondation pour l'accroissement
de leurs racines ou de leurs stolons, me paraissent former deux types
principaux : celui du *Viola pinnata*, à tige ligneuse et à feuilles mul‑
tifides, qui ne contient qu'une seule espèce indigène des Alpes; et
celui de l'*Odorata*, dans lequel je comprends le *Pyrenaica* des Pyré‑
nées, le *Palustris* des marais du Jura, et l'*Hirta* des ombrages et des

forêts humides. La *Violette odorante*, que tout le monde connaît, et dont la variété à fleurs blanches est aussi très-répandue, se distingue de toutes celles du même type par ses longs rejets, qui en font une plante sociale; mais cette propriété appartient aussi, en partie, à l'*Hirta*, dont les rejets sont, il est vrai, fort peu développés; au *Palustris*, dont les racines sont rampantes et, par conséquent, les rejets souterrains, et à la *Pyrenaica*, qui n'en est qu'une variété. Ces plantes fleurissent au premier printemps, et généralement avant leurs congénères.

Le second groupe des *Nominium*, qui se distingue du précédent non-seulement par ses tiges, mais encore par ses stipules plus ou moins dentées, a, pour espèce principale, le *Viola canina*, qui croît en grande abondance dans nos buissons et dans nos haies. J'y reconnais trois types principaux : le premier, formé du *Canina*, de nos haies et de nos bois; du *Pumila*, des lieux stériles et des marais tourbeux, de l'*Arenaria* du Vallais et des basses montagnes de la Provence, et du *Nummularia* des Alpes du Piémont; le second, du *Mirabilis*, qui renferme une seule espèce remarquable par son port et ses larges feuilles capuchonnées, et enfin, le troisième, du *Montana*, dont l'on distingue plusieurs variétés, réunies entre elles par leurs tiges et leurs feuilles allongées, et dans lequel je place encore l'*Arborescens* du midi de la France et de la Corse, à tige sous-frutescente, à feuilles lancéolées, amincies à la base, stipules longues, adhérentes. Ces plantes, sans odeur, à fleurs grandes, d'un violet blanchâtre, paraissent généralement après que les premières ont passé.

Les *Dischidium* ne comprennent que trois ou quatre espèces, et sont représentés en Europe par le *Viola biflora*, originaire des montagnes de la Sibérie et de l'Europe, où il recherche les expositions fraîches et humides. Il fleurit à la fonte même des neiges, et il est très-remarquable par son pédoncule biflore, ses jolies fleurs jaunes et sa tige délicate, chargée de deux feuilles réniformes et fortement crénelées. La forme de son stigmate est très-singulière, et son style, qui va bien en s'amincissant, est fortement coudé à la base.

Les *Melanium*, dont l'Europe est la véritable patrie, se distinguent à la forme de leur stigmate urcéolé, à leurs étamines triangulaires et réunies, et surtout à la structure de leurs fleurs, dont les deux pétales supérieurs sont redressés en étendard, et les trois inférieurs, barbus à la base et pendant en lèvres. Leurs tiges sont triquètres, leurs stipules dentées ou plus ou moins pennatifides, et leurs feuilles ont une texture plus molle que celle des deux premières sections. Les *Melanium* dérivent à peu près tous du *Tricolor*, qui prend des apparences très-diverses, selon qu'il croît dans les champs, les montagnes ou les jardins, et près duquel on place successivement le *Rothomagensis*, qui n'en est peut-être qu'une variété vivace ; le *Declinata* des Alpes de la Hongrie et de l'Italie ; l'*Altaica* de nos jardins, à fleurs très-grandes et du plus beau pourpre ; le *Grandiflora* de nos pâturages alpins à fleurs jaunes ou teintes de jaune et de pourpre, ou d'un violet pourpré ; le *Calcarata* des pâturages de nos Alpes, à tige presque nulle, et le *Cornuta* des Pyrénées et du mont Atlas, à tige plus marquée, à éperon tubulé et allongé.

Enfin, on peut regarder comme un dernier type de cette section, le *Cenisia*, à tiges filiformes, simples et couchées, à stipules entières, à fleurs d'un bleu foncé, deux ou trois fois aussi grandes que celles de la *Violette* de mars, et auquel on doit réunir le *Valderia* des Alpes du Piémont, qui n'en est qu'une variété.

Les *Violettes* sont dispersées dans les quatre parties du monde, où elles habitent principalement les zones tempérées, les plaines élevées et les pentes fraîches des montagnes. Elles comptent déjà près de cent espèces, la plupart originaires de l'Europe ou de l'Amérique septentrionale, et toutes vivaces par leurs racines, à l'exception, je crois, du *Viola tricolor*. Elles ont été surtout destinées à embellir le spectacle de la nature, et à fournir à l'homme ces jouissances douces et pures qu'il trouve si souvent quand il sait les reconnaître. Dès le premier printemps, il voit naître dans les vergers, les prairies et les lisières des bois, la *Violette odorante*, cachée dans les herbes, mais qui se trahit par son délicieux parfum, que tout le monde se plaît à respirer. Lorsque cette modeste plante a accompli sa destinée, elle est remplacée par d'autres espèces du même genre, le *Canina* surtout, plus apparent et plus frais, mais à peu près sans odeur. Ensuite on voit paraître, en grande abondance, dans les champs un peu montueux, le *Viola tricolor*, d'abord faible et peu remarquable, mais s'embellissant à mesure qu'il atteint des localités plus élevées, et présentant ensuite une fleur admirable en richesse, en variété et en distribution de couleurs rayonnantes Enfin la scène se transporte sur les sommités des montagnes, qui sont çà et là recouvertes des splendides tapis du *Cenisia*, du *Cornuta* et surtout du *Calcarata* auquel rien ne peut être comparé.

Pour reproduire ces divers effets, au moins en partie, on a cultivé dans les jardins, les deux espèces principales de *Violettes* : l'*Odorata*, qui y fleurit plusieurs fois l'année, et le *Tricolor*, qui s'y est, pour ainsi dire, établi. Mais l'on est encore loin d'avoir retracé avec tous leurs charmes, les touchantes scènes de la simple nature.

Ce qui distingue surtout les *Violettes* de toutes les autres plantes, c'est leur fleur irrégulière et symétrique, composée de *cinq* pétales inégaux et toujours disposés en *estivation valvaire*. On peut croire que cette forme bizarre est le résultat d'un développement inégal, et qu'originairement les *Violettes* avaient cinq pétales éperonnés comme les *Aquilegia*; c'est au moins ce que l'on voit assez fréquemment dans certaines monstruosités de l'*Hirta*, du *Rothomagensis* et de quelques autres espèces.

La même force qui a opéré ce dérangement, peut bien avoir aussi influé sur la capsule, qui devait régulièrement être formée de cinq valves, et qui n'en a jamais que trois loculicides.

Les organes foliacés présentent assez de ressemblance; dans la plupart des espèces de ce genre, les racines, presque toujours persistantes, sont de petits rhizomes qui s'accroissent sans cesse en hauteur, et qui tantôt jettent des filets souterrains, comme dans le *Palustris*, et tantôt, comme dans l'*Odorata*, donnent de véritables drageons; les hampes sont toujours latérales, et par conséquent doivent être considérées comme de simples pédoncules, et les feuilles dépourvues d'articulations se dessèchent en laissant sur la tige l'extrémité de leur pétiole. On ne peut guère douter que la distinction entre les espèces a tiges et sans tiges, ne vienne de ce que ces dernières s'épuisent en fleurs ou en rejets; car, en retranchant les fleurs et les rejets, on parviendrait sans doute à donner des tiges aux espèces qui en sont en apparence privées.

Les feuilles toujours glanduleuses sur leurs bords, sont accompagnées de stipules simples dans les deux premières sections, et plus ou moins incisées dans la dernière. Ces stipules, qui paraissent comme entassées dans les violettes dépourvues de tiges, se distinguent des feuilles, non-seulement parce qu'elles ne sont point crénelées, mais surtout parce qu'elles ne sont jamais involutives.

Les fleurs des *Violettes* sont penchées sur leurs pédoncules, pendant tout le cours de la fécondation, qui n'a pas, je crois, encore été bien observée. J'ai vérifié que toutes les espèces ont leurs étamines terminées par des appendices roussâtres et membraneux, destinés à recouvrir la poussière fécondante. J'ai vu de même que le stigmate penche toujours son bec ou son extrémité sur la poche du pétale éperonné, et qu'au moment de la floraison, les appendices des deux étamines supérieures laissent échapper de leur glande latérale, l'humeur miellée. Enfin j'ai vu le pollen pulvérulent sortir comme par jets, soit entre l'ovaire et les appendices membraneux qui terminent les filets des étamines, soit entre les intervalles qui à cette époque séparent les filets des deux étamines inférieures ; et l'on peut toujours observer à la floraison, et dans le voisinage du stigmate, un pollen abondant attaché surtout aux poils du fond de la corolle. La fécondation n'a lieu qu'après la sortie du stigmate, et l'on voit alors aisément les boyaux fécondateurs s'insérer dans ses papilles.

Ce qui rend la fécondation des *Violettes* encore plus digne d'examen, c'est le phénomène qu'offrent plusieurs espèces de la première section, en particulier, le *Mirabilis*, le *Montana*, l'*Hirta* et même l'*Odorata*, qui portent souvent deux espèces de fleurs, les inférieures complètes et les supérieures avortées, c'est-à-dire privées de pétales, mais non pas de stigmate. Il arrive toujours dans ces espèces, que les fleurs supérieures, quoique apétales, sont cependant fertiles, tandis que les autres sont quelquefois infertiles. Or en admirant de près ce phénomène dans le *Montana*, par exemple, et surtout dans le *Mirabilis*, on trouve que ces fleurs supérieures, quoique dépourvues de pétales, ont cependant leurs anthères chargées de pollen et leurs stigmates bien conformés ; au contraire les fleurs radicales du *Mirabilis* ont leurs anthères et leurs stigmates à demi avortés, et doivent par conséquent être très-souvent infécondes.

Le style et surtout le stigmate sont si variables dans les *Violettes*, que l'on a fondé sur ces deux organes, les sections et les principales divisions des sections du genre :

Dans les *Nominium*, c'est un bec recourbé et percé au sommet ;

Dans les *Melanium*, c'est une tête globuleuse, vide en dedans et ouverte inférieurement par un grand pore toujours plein d'humeur visqueuse et entouré de poils humides pour absorber le pollen.

Dans le *Biflora*, qui appartient aux *Dischidium*, c'est une tête de bélier prolongée et ouverte en dessous par un pore tubulé.

Dans toutes les *Violettes* la fécondation est directe ; le stigmate sort d'entre les appendices membraneux avant l'ouverture des anthères ; le pollen se répand ensuite soit intérieurement sur l'ovaire, soit extérieurement par l'ouverture que laissent entr'elles les deux membranes correspondantes au nectaire ; il arrive de là au stigmate toujours penché sur le nectaire, et toujours humide pour absorber le fluide fécondant, ensuite le pore se referme ou s'oblitère, les étamines se séparent et se détruisent par l'accroissement de l'ovaire, long-temps caché sous les écailles membraneuses.

Les anthères, placées près de la base des filets, sont grandes, biloculaires et remplies d'un pollen granuleux, blanc et transparent, qui

ne sort que tard et recouvre entièrement la surface de la capsule.
Leurs cinq filets sont toujours terminés par une membrane sèche et
roussâtre, et les deux supérieurs se prolongent en un appendice vert
et épais, qui porte, à son extrémité et sur chacun de ses côtés, la
glande nectarifère ; si la fleur se déforme, ce qui arrive quelquefois,
chaque pétale éperonné est pourvu d'un appendice, ce qui prouve le
rapport qui existe entre l'éperon et le nectaire.

Lorsque la fleur des *Violettes* est fécondée, le pédoncule se redresse
avec la capsule, au moins dans toutes les espèces pourvues de tige ;
car dans les autres, comme l'*Odorata*, l'*Hirta*, le *Collina*, il continue à se pencher, et finit par enfoncer en terre ses capsules dont les
parois s'épaississent et se colorent en brun sale ; c'est dans cette position qu'elles mûrissent et se détruisent enfin, en répandant leurs
semences. Mais les capsules des *Violettes* caulescentes, qui sont bien
plus nombreuses, mûrissent en plein air, et un peu avant la complète
maturation, elles étalent leurs trois valves et exposent au soleil les
graines qui les recouvrent ; ensuite les valves se contractent et leurs
bords se rapprochent tout-à-coup avec tant de force et de prompti-
tude, que les graines sont souvent lancées à deux ou trois pieds de
distance ; enfin, les valves se séparent et tombent débarrassées de
leurs graines. Ce phénomène, qui a été souvent observé, et que
je décris d'après l'excellente monographie de M. De Gingins, est
l'exemple frappant d'une cause finale qu'on ne saurait révoquer en
doute.

Le nombre des graines, qui varie selon les espèces, s'élève à plus
de soixante dans le *Tricolor*. Ces graines, presque toutes de forme
ovoïde, sont suspendues par leur petit bout à un funicule très-court,
emboîté, à la base, d'une caroncule très-marquée dans les espèces
sans tiges, et moins visible dans les autres ; le cordon ombilical se
prolonge sous l'épiderme du côté inférieur en un raphé qui s'épanouit au sommet de la graine, où il forme une aréole un peu ridée,
qu'on peut considérer comme le véritable ombilic ; cette marche du
cordon s'aperçoit très-bien dans l'ovule.

La germination a lieu assez promptement, au moins dans quelques
espèces, comme le *Tricolor*. La graine se gonfle d'abord, puis l'épiderme se détruit par places ; enfin, la radicule perce la tunique
interne et le test, pour venir de là s'enfoncer en terre ; lorsqu'elle
s'est enracinée, elle élève ses cotylédons, qui paraissent au jour encore coiffés de leurs téguments ; les feuilles primordiales naissent
opposées, mais ne se développent que l'une après l'autre, comme
cela arrive peut-être dans toutes les plantes à feuilles alternes ; tandis

que dans les autres, les *Labiées* par exemple, les feuilles primordiales se développent simultanément. Cette observation de M. De Gingins peut servir à distinguer, à l'époque même de leur germination, les deux formes de végétaux.

L'estivation du calice est différente de celle de la corolle. Dans le premier, trois des sépales sont extérieurs, deux en bas, un en haut, les deux autres sont intérieurs et latéraux ; dans la seconde, le pétale éperonné est roulé sur ses deux bords et enveloppé par les quatre autres, qui se recouvrent par paires et se déplient dans le même ordre où ils étaient plissés : après la fécondation, les pétales se roulent sur leurs bords; ils ne tombent que tard.

Je n'ai pas aperçu d'autre mouvement organique dans les *Violettes*, que ceux du pédoncule, qui se redresse après la floraison, ou qui, dans les espèces dépourvues de tiges, se penche vers la terre, ou enfin se tord pour placer la fleur sous l'influence directe de la lumière. Cette torsion s'opère avant que les pétales soient sortis du calice, et l'on voit le long de nos haies, au premier printemps, toutes ces fleurs penchées du côté du chemin et redressant leurs pétales du côté opposé.

Les feuilles du *Viola tricolor*, du *Calcarata* et probablement encore celles de quelques autres espèces, sont attaquées sur leur surface inférieure par un *Æcidium*, que De Candolle désigne sous le nom d'*Æcidium violarum*.

J'observe en finissant qu'à peu près tous les *Nominium* portent deux espèces de fleurs, les premières qui paraissent au printemps sont pétalées, à feuilles longuement pétiolées et stipules agrandies; les autres, qui se développent plus tard, non-seulement sont dépourvues de pétales et n'ont guère que deux étamines, mais sont placées sur des tiges rameuses dont les feuilles ont des pétioles raccourcis et des stipules plus petites. Les *Dischidium* et les *Mélanium* ne m'ont rien offert de semblable.

On cultive dans les jardins de botanique quelques espèces étrangères, qui n'ont pas tout-à-fait le port et la structure des indigènes : telles sont en particulier l'*Hederacea* de la Nouvelle-Hollande à racine rhizomatique, éperon avorté, stigmate en trompe d'éléphant et dont les deux anthères inférieures s'écartent beaucoup pour l'émission du pollen; l'*Erpetium reniforme* de la Nouvelle-Hollande, non décrit par De Candolle, à calice et corolle à peu près régulières, stigmate filiforme et penché sur le pétale inférieur creusé en cupule mais dépourvu d'éperon : ces deux plantes peu élevées se multiplient par des rejets, et la dernière qui fera un jour un genre, n'a pas les prolongements des anthères et écarte ses étamines pour la fécondation. On cultive surtout plusieurs *Violettes* de l'Amérique septentrionale, telles que le *Canadensis*, le *Palmata*, le *Cucullata*, et surtout l'*Altaica* de la Sibérie à fleurs grandes et tricolores; celles de la *Violette* commune et des espèces voisines qui n'ont point de tiges, doublent aisément; mais je n'ai pas encore aperçu de *Melanium* ou de *Pensées* à fleurs doubles.

Quinzième famille. — *Résédacées*.

Les *Résédacées* ont quatre à six sépales persistants et continus *avec* les pédicelles, autant de pétales alternes aux sépales hypogynes : les supérieurs à onglet écailleux et limbe multifide, les latéraux bilobés, ou trilobés, et les inférieurs très-petits et entiers. Les étamines, qui varient de dix à vingt-quatre, sont hypogynes; elles ont leurs filets plus ou moins réunis à la base, leurs anthères biloculaires, leur pollen ovoïde à trois plis. Le nectaire est une écaille épaisse et très-obtuse, appliquée sur le côté supérieur du torus, tantôt très-rétréci, tantôt stipité; les ovaires, qui varient de trois à six, sont quelquefois libres, monostyles et appliqués au sommet du torus; quelquefois, au contraire, ils sont réunis par leurs valves en un ovaire unique, couronné de trois à six styles courts, coniques et contigus aux sutures des valves; les carpelles, dans le premier cas, sont libres, folliculaires, oligospermes et ouverts intérieurement; dans le second, ils sont soudés par des sutures indéhiscentes, et forment une seule capsule de trois à six valves, ouverte au sommet, uniloculaire, polysperme et couronnée par autant de styles qu'il y a de valves; les placentas sont solitaires et oligospermes dans les fruits à plusieurs carpelles, et égaux au nombre des valves, dans les autres.

Les semences sont bisériées, légèrement pendantes et recouvertes d'une enveloppe crustacée; l'albumen est nul ou aminci et membraneux; les cotylédons sont charnus, l'embryon est arqué et la radicule supère.

PREMIER GENRE. — *Réséda*.

Ce genre se divise en quatre sections : les *Leucoreseda*, les *Resedastrum*, les *Luteola* et les *Glaucoreseda*.

Les *Leucoreseda*, qui se font remarquer par leurs fleurs blanches et leurs feuilles pennatipartites, et plus ou moins ondulées, sont principalement l'*Alba* des sables maritimes, l'*Undata* qui n'en est qu'une variété, mais dont les capsules sont plus grosses et les feuilles plus ondulées, le *Fruticulosa*, de l'Espagne, à souche ligneuse; enfin le *Pinnatifida*, le *Glaucescens*, et le *Virescens*, dont je parlerai ensuite, et qui ne sont sans doute que les mêmes formes différemment modifiées. Ces plantes, dont les fleurs sont à peu près régulières, ont leurs cinq ou six pétales trifides semblables, dix à douze étamines jaunâtres, bisériées, des capsules tétragones, médiocrement ouvertes et toujours redressées.

Les *Resedastrum*, qui ont six sépales, trois et rarement quatre stigmates, renferment quatre espèces à grappes lâches et capsules penchées : ce sont l'*Odorata*, originaire de l'Égypte et de la Barbarie, mais cultivé partout à cause de son excellente odeur, et distingué par ses anthères briquetées; le *Phyteuma*, des terrains sablonneux, à calice agrandi et fleurs inodores; le *Mediterranea*, qui en est très-voisin, mais qui s'en distingue surtout par ses calices raccourcis, et enfin le *Lutea* de nos chemins et de nos murs, à fruits triangulaires et tronqués au sommet.

Ces plantes annuelles se sèment continuellement et fleurissent quelquefois pendant tout l'hiver; les capsules des trois premières, qui sont très-ouvertes, se renversent de bonne heure pour répandre leurs graines; mais celles du *Lutea*, qui sont fortement bordées et médiocrement ouvertes, n'ont pas besoin de se retourner pour répandre leurs graines. On rend ces plantes vivaces en les empêchant de fleurir, ou seulement en retranchant quelques-unes de leurs grappes. On ne voit dans les *Resedastrum* aucune trace de ces renflements qui couronnent les capsules des *Luteola*.

Les *Luteola* doivent leur nom au *Reseda luteola*, cultivé sous le nom de *Gaude*, pour la couleur jaune qu'il fournit; on le rencontre sur le bord des chemins, où il se reconnaît à sa racine pivotante et bisannuelle, ainsi qu'à ses tiges élevées, ses feuilles entières et ondulées, et surtout à sa capsule coriace, toujours redressée et fermée par trois cornes foliacées, qui alternent avec trois tubercules charnus, recourbés en dedans et renflés par l'humidité.

Les fleurs sont petites et presque sessiles; le pétale inférieur avorte presque toujours, et le supérieur est beaucoup plus grand que les autres. A la dissémination, les cornes s'écartent un peu, les tubercules charnus se flétrissent, et les semences sortent par les intervalles ; le moindre mouvement de l'air suffit pour agiter les longs épis de cette plante.

On doit ranger parmi les *Luteola*, le *Crispata*, herbe annuelle à feuilles allongées et entières; son épi aminci porte des fleurs à quatre sépales bilabiés, le supérieur fortement quadrilobé, et les trois autres, entiers, allongés et filiformes. Les étamines ont leurs anthères couchées sur les trois lobes déjetés du stigmate; la lame nectarifère est élargie; la liqueur miellée remplit le cuilleron du pétale supérieur. Pendant la maturation, la capsule s'élargit et s'entr'ouvre à la base, comme dans le *Luteola*. Celui-ci est beaucoup moins déformé que les autres espèces du genre, car sa lame peu apparente ne m'a pas paru nectarifère, et ses étamines, qui entourent de tout côté l'ovaire, ne se renversent pas en haut, comme on le voit dans le *Lutea*, l'*Odorata*, etc. Je crois remarquer que sa fécondation est indirecte, et que les stigmates des fleurs inférieures ne sont pas encore développés lorsque les anthères déjetées s'ouvrent pour répandre le pollen.

Les *Glaucoreseda* ne renferment que le *Glauce* des collines caillouteuses des Pyrénées, qu'on distingue par sa couleur glauque et pruineuse. Ses racines sont vivaces, ses tiges diffuses et ses feuilles linéaires; ses fleurs blanches sont médiocrement déformées.

Ce genre est très-distinct des autres par la structure variable de sa fleur, son nectaire scutelliforme, tapissé d'un duvet humide, sa floraison, ses pétales valvaires, qui ne se développent que tard, enfin par ses étamines, dont les anthères sont constamment découvertes pendant la préfloraison.

Plusieurs botanistes ont tâché de découvrir, au milieu de ces déformations nombreuses, la structure primitive de la fleur des *Résédas*. HOOKER, en la comparant à celle des *Euphorbes*, a imaginé de considérer son calice comme un involucre commun, et ses pétales comme les restes d'autant de fleurs avortées, et dont une seule a conservé ses étamines et sa capsule.

Jules DE TRISTAN, dans les *Annales du Musée*, vol. 18, page 392, LINDLEY, dans la planche 22 de sa *Collection botanique*, et R. BROWN, dans ses *Notes sur les Voyages de Denham et Clapperton*, se sont ensuite occupés de ce sujet difficile, sur lequel ce dernier surtout a répandu une grande lumière.

Auguste SAINT-HILAIRE, qui leur a succédé, m'a paru avoir enfin mis en évidence cette structure primitive que les précédents auteurs n'avaient fait qu'entrevoir. Cet habile physiologiste, dans un mémoire sur la structure et les anomalies de la fleur des *Résédacées* (*Voyez* le 13e vol. des *Annales de la Société royale des sciences d'Orléans*), établit que cette fleur était primitivement formée de six verticilles à cinq divisions : le premier, celui du calice; le second, celui des pétales; le troisième, celui des écailles opposées aux pétales; le quatrième, celui des écailles alternes aux pétales; le cinquième, celui des étamines, et le dernier celui des carpelles.

Ces divers verticilles, dont l'on trouve des traces dans tous les *Résédas*, ont été plus ou moins altérés selon les espèces; principalement les deux écailleux, c'est-à-dire le second, et le troisième dans les *Leucoreseda*, moins déviés que les autres du type primitif, principalement dans le *Virescens* et le *Glaucescens*, très-voisins de l'*Alba* et de l'*Undata*; on y reconnaît, en effet, cinq sépales avec lesquels alternent cinq pétales à onglets allongés et lames trifides, un nectaire lamelleux, élargi et appliqué du côté supérieur, dix à douze étamines, et ordinairement quatre stigmates; en sorte que le troisième verticille a disparu presque entièrement, et qu'il ne reste du quatrième qu'un lobe épaissi et redressé. Dans les *Resedastrum*, où la déformation est plus frappante, parce que les pétales sont très-irrégulièrement divisés, les deux écailles du troisième verticille sont appliquées à la base des pétales supérieures, devenus ainsi plus consistants, et l'écaille supérieure du quatrième s'étend en un large nectaire dureté qu'on ne retrouve pas aussi prononcé dans les autres. Enfin, dans toutes les sections du genre, les carpelles, au lieu d'être séparés comme dans l'*Astrocarpe*, sont au contraire soudés par leurs bords, de manière à former des capsules à quatre, trois ou même deux valves toujours ouvertes au sommet et indéhiscentes sur les bords. Voilà ce qui concerne les principales anomalies des fleurs des *Résédas*.

Lorsque la fleur a ses deux premiers verticilles à peu près réguliers, comme dans les *Leucoreseda*, et que la lame nectarifère est redressée et non feutrée, la fécondation est directe, et les étamines, dont le nombre ne s'élève guère au-delà de douze, et qui ordinairement sont successivement alternes et opposées aux pétales, répandent leur pollen sur les stigmates qu'elles entourent et qui s'arrondissent de bonne heure en têtes papillaires; mais lorsque le verticille floral est irrégulier, comme dans les *Resedastrum*, alors ces mêmes étamines, beaucoup plus nombreuses, et qui d'abord étaient disposées régulièrement autour du pistil, se déjettent du côté inférieur pour faire place à un beau nectaire épais, qui s'étend en écusson contre les pétales supérieurs, dont la base est devenue lamellaire et un peu mellifère pendant le cours du développement floral. Au moment où commence la fécondation, on voit les étamines presque toutes déjetées, redresser et renverser leurs filets, afin que les anthères puissent répandre leur pollen sur la plaque duvetée et profondément mellifère du nectaire. On doit observer encore qu'à cette époque, les stigmates ne *sont pas* entièrement développés, et qu'ils ne deviennent papillaires qu'après l'émission du pollen sur la lame nectarifère.

Ce qu'il y a de plus remarquable ici, c'est que la fleur déformée est beaucoup plus féconde que la fleur régulière, tandis que, dans toute la section des *Leucoreseda*, spécialement dans l'*Alba*, l'*Undulata*, le *Virescens*, etc., les capsules souvent avortées, sont toujours grêles, paucispermes et redressées ; dans celle des *Resedastrum*, elles sont au contraire renflées et inclinées sur le sol pour répandre plus facilement leurs nombreuses graines. C'est là un nouvel exemple de ces altérations si communes dans les fleurs, et presque toujours destinées à la conservation des espèces.

Dans le *Luteola*, qui forme avec le *Crispata* une section, à cause du nombre de ses folioles calicinales et de ses pétales, ainsi que de la forme bizarre de sa capsule, la symétrie des verticilles extérieurs est également dérangée par le développement du nectaire ; c'est pourquoi les étamines, d'abord déjetées, se réfléchissent vers le haut, et les graines sont fécondes et nombreuses ; mais les capsules droites sont fermées jusqu'à la dissémination.

Dans les sections où les étamines se redressent en se rejetant vers le haut de la fleur, on observe que les anthères sont primitivement toutes introrses, mais que les inférieures en se relevant se retournent sur leurs filets, afin qu'en passant du côté opposé du stigmate, elles deviennent introrses et non pas extrorses, comme elles l'auraient été naturellement; on peut suivre ce mouvement dans le *Lutea*, le *Phyteuma*, l'*Odorata*, etc.

Le *Glaucescens* de la Sicile appartenant à la section peu déformée des *Leucoreseda*, a les fleurs presque entièrement régulières à cinq sépales et cinq pétales, d'un beau blanc, divisés chacun jusque près de la base en cinq lanières étroites. Les étamines, au nombre de dix, sont alternativement opposées et alternes aux pétales ; l'ovaire tétragone est terminé par quatre stigmates à tête blanche et papillaire ; le nectaire n'est point placé au haut de la fleur, mais chaque étamine est nectarifère et écailleuse à sa base ; les capsules allongées, régulièrement tétragones et fermées pendant la maturation, portent leurs graines sur les quatre arêtes qui alternent avec les stigmates et forment les quatre sutures des valves ; chaque stigmate est ainsi bifide et correspond à deux arêtes.

Les anthères sont introrses et arrangées autour du pistil qui reste droit, en sorte qu'il n'y a aucune déformation ; cette plante, qui présente çà et là dans quelques-unes de ses fleurs, des étamines surnuméraires et placées dans un rang intérieur, est donc le véritable type normal du *Réséda*.

On cultive au jardin de Genève, sous le nom de *Reseda virens*, une plante qui s'y conserve depuis long-temps et qui fleurit à peu près tout l'été; son port, ses feuilles, ses fleurs appartiennent au *Réséda blanc*, dont elle présente, je crois, la forme primitive; les six sépales alternent avec autant de pétales réguliers trilobés et rarement qua-trilobés; le pistil est au centre, entouré de six étamines symétriques, sans aucune trace de nectaire. Mais cette fleur, en apparence très-bien formée, n'a guère que des stigmates avortés, des anthères sans pollen et des capsules infécondes; toutefois j'ai aperçu, dans quelques-unes de ces capsules flasques et aplaties, des graines avortées et d'autres qui pouvaient bien être fécondes.

Je remarque enfin que la déformation des *Résédas*, qui acquiert son plus grand degré d'intensité quand la grappe est en pleine floraison, et que la température est la plus favorable, disparaît en grande partie dans le cas contraire. A l'entrée de novembre, et plus tôt, je vois les fleurs supères du *Lutea* et du *Luteola* perdre leur nectaire et une partie de leurs pétales, en conservant encore leur calice, leurs stigmates et leurs étamines bien conformées; dans le *Lutea*, on distingue alors facilement que les pétales sont indépendants du torus; que celui-ci règne dans tout le contour des organes sexuels, mais qu'il acquiert une plus grande largeur vers le haut de la fleur, où il est sensiblement nectarifère, et que l'irrégularité dans la position et le mouvement des étamines est essentiellement son ouvrage.

M. Edmond Boissier a rapporté de son voyage en Espagne deux *Résédas*; le premier, qu'il appelle le *Complicata*, et qui me paraît voisin du *Lutea*, a des calices à six divisions fort allongées, un nectaire marqué, bordé vers le haut de trois pétales élargis à la base, des filets nombreux et qui ne m'ont pas paru se déjeter, une capsule linéaire allongée, terminée par trois becs raccourcis, et ouverte au sommet; elle renferme des semences qui pourraient bien avorter.

La seconde espèce est une plante très-effilée, à feuilles linéaires, et fleurs très-petites, légèrement pédonculées et bractéolées au sommet des tiges; ses fleurs régulières m'ont paru formées d'un calice à cinq ou six divisions égales, d'une douzaine d'étamines à anthères jaunes et introrses, d'un ovaire à quatre ou cinq lobes coniques, divariqués et terminés par des stigmates sessiles et papillaires. Je n'ai su y voir aucune trace de déformation ou de nectaire; il appartient donc à la section de l'*Alba*; c'est l'*Undata*.

SECOND GENRE. — *Astrocarpus.*

L'*Astrocarpus* a quatre à six sépales inégaux, et dont les supérieurs sont laciniés, douze à quinze étamines, quatre à six carpelles portés sur un torus stipité, étendu horizontalement et s'ouvrant par une fente intérieure; une ou deux semences, lenticulaires vers le milieu de chaque carpelle.

Ce genre a été détaché de celui du *Réséda,* à cause de la structure de son fruit, qui n'est point unicapsulaire et à valves soudées sur les bords, mais qui est au contraire formé de quatre à six carpelles uni-loculaires, plissés dans leur milieu, et ouverts intérieurement comme ceux des *Hellébores.*

Il renferme jusqu'à présent deux espèces vivaces : le *Canescens* de l'Espagne et le *Sesamoïdes,* beaucoup plus connu, et dont l'on distingue deux variétés, le *Stellatus* à feuilles radicales, ovales, oblongues, et le *Purpurascens,* à feuilles radicales, à peu près linéaires; on pourrait y joindre peut-être quelques espèces étrangères, telles que le *Bipetale* du Cap de Bonne-Espérance, etc.; mais je ne les connais pas assez pour rien affirmer à leur égard.

Les *Astrocarpus* ont des calices petits, des pétales très-inégaux, à onglets nectarifères vers le sommet de la fleur et dans le voisinage du vrai nectaire. On remarque de plus que leurs carpelles, quoique distincts, s'ouvrent également vers le sommet pour mettre à découvert leur graine à radicule recourbée, placé un peu différemment que dans les *Résédas.*

Pourquoi, au milieu d'une déformation aussi semblable, les valves des carpelles, au lieu de se souder entre elles, sont-elles restées distinctes et renferment-elles un si petit nombre de graines? C'est ce que je ne conçois pas encore, et qui doit tenir à la fécondation. En attendant, j'observe qu'on peut suivre à l'œil toutes les déformations successives du fruit des *Astrocarpus,* depuis l'époque où les carpelles sont encore redressés, jusqu'à celle où ils s'étalent en rayons et s'ouvrent au sommet (Voyez *Ann. du Museum,* v. 18, p. 192.)

Seizième famille. — *Droséracées.*

Les *Droséracées,* qui forment une famille nouvelle, établie par DE CANDOLLE, ont un calice à cinq sépales persistants, à estivation embriquée; cinq pétales distincts ou rarement soudés, hypogynes, alternes aux sépales, et, pour l'ordinaire, marcescents; les étamines, qui persistent également, sont libres, tantôt alternes aux pétales, tantôt deux, trois ou quatre fois aussi nombreuses; les anthères sont biloculaires, extrorses, et percées de deux trous; l'ovaire est solitaire et sessile; les styles, qui varient de trois à cinq, sont réunis à la base ou distincts, bifides ou rameux; la capsule est formée d'une à trois loges et de trois à cinq valves, qui s'ouvrent par le sommet, et se roulent plus ou moins sur leurs bords; les placentas sont tantôt placés à la base, tantôt longitudinalement, sur le milieu des valves; les semences, bisériées sur les valves, ou entassées à la base de la capsule, sont ovales, brillantes, nues ou enveloppées d'un arille mince et folliculé; l'albumen est cartilagineux ou charnu; l'embryon est droit, aminci, central, dicotylé; les cotylédons sont assez épais, la radicule est obtuse et dirigée vers l'hilus.

Les *Droséracées* diffèrent entre elles, comme l'on voit, par plusieurs caractères essentiels tirés du nombre des étamines et des pistils, de la conformation de la capsule, de la situation du placenta et de la structure des semences nues ou arillées, mais elles sont plus liées par leur mode de végétation, leur port, leurs habitudes, etc. Ce sont des herbes vivaces ou annuelles, à feuilles radicales, dont les fleurs sont toujours portées par des hampes.

Des huit genres qui forment la famille encore mal circonscrite des *Droséracées,* quatre appartiennent, en tout ou en partie, à l'Europe; les quatre autres sont dispersés dans l'Amérique septentrionale, au Cap, dans la Nouvelle-Hollande et les îles adjacentes à la Sibérie orientale. Tous sont plus ou moins remarquables par la singularité de leur port, les poils glanduleux et quelquefois irritables de leurs feuilles, la conformation de leurs fleurs, enfin leur forme de végétation. Presque tous, avant leur développement, ont les feuilles et les hampes roulées en spirale, comme les *Fougères.*

PREMIER GENRE. — *Drosera.*

Le *Drosera* a un calice et une corolle sans appendices, cinq étamines, trois à cinq styles divisés en deux.

C'est le plus étendu des genres de cette petite famille, car il compte plus de trente espèces dispersées dans presque toutes les parties du monde, et qui habitent à peu près toutes dans les tourbières et les marais recouverts de mousse. On les reconnaît à leurs feuilles radicales disposées en rosule, ainsi qu'à leurs hampes courtes, grêles, élégantes et roulées sur elles-mêmes avant leur développement; les feuilles portent, sur leurs bords et sur leur surface, des poils ordinairement rougeâtres et terminés par de belles glandes transparentes.

Ce genre a été divisé par DE CANDOLLE en deux *sections :*

Celle des *Rorella,* à styles simples ou à deux et trois divisions, terminées par de petits renflements en tête ;

Celle des *Ergaleium,* à styles capillaires, multifides et pédicellés au sommet.

La première section, de beaucoup la plus nombreuse, se divise, comme la seconde, en deux groupes : celui des espèces à tige, et celui des espèces à hampe. Le dernier, le seul européen, est formé de vingt-une espèces ou variétés, originaires principalement du Cap, de la Nouvelle-Hollande et des deux Amériques, et distinguées entre elles par la forme de leurs feuilles et de leur hampe, ainsi que par leurs fleurs plus ou moins nombreuses. Trois seulement sont indigènes et appartiennent évidemment au même type, sinon à la même espèce : ce sont le *Rotundifolia,* le *Longifolia* de LINNÉ, et l'*Anglica.* KOCH y ajoute l'*Obovata* et l'*Intermedia,* et il distingue ces diverses espèces par leurs stigmates échancrés ou non échancrés, en massue ou obovoïdes; mais ces deux dernières sont évidemment homotypes aux trois premières.

Ces trois espèces diffèrent les unes des autres par leurs feuilles longues ou ovales, leurs stigmates entiers en massue, ou cunéiformes et divisés. Elles habitent même souvent ensemble, et j'ai cueilli plusieurs fois réunis le *Rotundifolia* et le *Longifolia* ou l'*Intermedia* de DE CANDOLLE, qui est, en effet, moyen entre les deux autres. Toutes les trois fleurissent au mois de juin, et une seconde fois en automne, quand la saison est favorable. Leur efflorescence est centripète, et leur hampe se déroule successivement; les fleurs, d'abord légèrement penchées, se redressent pendant la maturation, où la capsule est recouverte par le calice et les pétales desséchés. Les graines du *Longifolia* et de l'*Anglica* sont nues, selon GAUDIN et la plupart des botanistes; au contraire, celles du *Rotundifolia* sont enveloppées dans un sac ou une membrane réticulée; mais il est difficile de concevoir une telle différence d'organisation dans les plantes d'ailleurs si semblables, et je suis bien plus porté à croire, d'après GÆRTNER, que cette membrane existe primitivement dans toutes les espèces, mais qu'elle se sépare souvent avant la complète maturité des graines. Elle est très-distincte dans le *Rotundifolia*, où je l'ai vue plusieurs fois, et elle ressemble beaucoup à celle des *Orchidées*, du *Monotropa*, des *Pyroles*, et, en général, de toutes les plantes à semences scobiformes.

Les feuilles des *Drosera*, épaisses et onctueuses au toucher, sont d'abord pliées transversalement sur leur face inférieure, et bordées sur l'autre d'un renflement formé de poils glanduleux fortement couchés en dedans : ces poils ou ces spinules rougeâtres recouvrent ensuite toute la surface supérieure, et distillent constamment de leur sommet renflé une liqueur gluante qui s'étend en filets sur les corps qui la touchent. Plusieurs botanistes disent qu'ils sont irritables, et ROTH, selon POIRET, *Dictionnaire Encyclopédique*, vol. VI, pag. 298, assure que si un insecte se pose sur les feuilles d'un *Drosera*, à l'instant ces poils glanduleux, par un mouvement d'irritabilité, se fléchissent et l'enveloppent, qu'ensuite la feuille elle-même se replie pour incarcérer entièrement le petit animal, comme dans le *Dionæa muscipula*. Mais si on observe ce petit phénomène de plus près, on verra que c'est l'insecte lui-même qui, en touchant les poils glanduleux, s'enveloppe insensiblement dans leurs filets gluants, et détermine par ses mouvements les feuilles à se rouler du sommet à la base sur leur face glanduleuse.

La fécondation des *Drosera* a lieu par le pollen sphérique et comme quadriloculaire, que les anthères extrorses laissent échapper d'une fente longitudinale sur les stigmates fortement rejetés en dehors : après l'épanouissement; qui est très-court et qui a lieu vers le milieu du jour, les anthères serrent de tous côtés les stigmates filiformes et papillaires, et les saupoudrent enfin entièrement de leur pollen qui est une poussière fine et adhérente ; les semences recouvrent, comme le dit GÆRTNER, tout l'intérieur des valves, et ne m'ont pas paru placées sur deux rangs, comme l'affirme DE CANDOLLE ; mais j'ai constaté que les valves variaient de trois à cinq, ainsi que les styles et les stigmates ; toutefois, lorsqu'il y a cinq stigmates, il n'y a cependant que trois styles dont deux sont bifurqués.

Les *Drosera européens* fleurissent deux fois l'année, à la fin du printemps et au commencement de l'automne; j'ai trouvé en septembre, sur des touffes de *Drosera* dont quelques hampes avaient déjà donné leurs graines, de jeunes *Drosera* dont les uns avaient quatre feuilles, les autres seulement deux : ces feuilles pliées en deux comme les autres avaient déjà leurs poils rouges et glanduleux, la racine assez allongée était flottante.

Auguste SAINT-HILAIRE, qui a rapporté du Brésil plusieurs espèces nouvelles de *Drosera*, observe que les mêmes espèces, comme l'*Intermedia*, sont quelquefois répandues dans les deux mondes, et que le genre lui-même, comme ceux qui vivent auprès des eaux, est dispersé presque indifféremment dans toutes les latitudes. Il ajoute que les *Drosera* ont réellement une tige, que leur hampe n'est qu'un pédoncule, et qu'enfin les deux sections que nous avons établies ne sont pas toujours distinctes. On doit donc, comme le docteur HUSSENOT (fascicule des plantes de Lorraine), considérer les racines des *Drosera* comme des rhizomes, qui, selon les circonstances, développent plus ou moins leurs feuilles presque toujours disposées en rosettes, et dont les aisselles donnent naissance à des hampes qui paraissent successivement.

Les *Drosera* européens ne se multiplient point par des rejets, et ne sont pas en conséquence des plantes sociales; cependant ils se trouvent en grande abondance dans les lieux qu'ils habitent. Les espèces étrangères, lorsqu'elles sont vivaces, doivent, au contraire, croître souvent en touffe, comme le *Linearis* du Canada, et donner des drageons ou des racines latérales. Il n'est pas douteux qu'elles ne présentent aussi plusieurs phénomènes intéressants et encore peu connus.

SECOND GENRE. — *Aldrovanda.*

L'*Aldrovanda* a cinq sépales et cinq pétales non appendiculés, cinq étamines et cinq styles courts, filiformes et terminés par autant de stigmates obtus; sa capsule, globuleuse et uniloculaire, s'ouvre à cinq valves et renferme dix semences attachées aux parois.

Ce genre ne comprend qu'une seule espèce, l'*Aldrovanda vesiculosa*, des lacs et des eaux stagnantes du midi de la France, du Piémont et de l'Italie. C'est une plante grêle, faible et flottante, à tige simple ou peu rameuse, à feuilles disposées en verticilles plus ou moins garnis, renflées en vessie au sommet, et portées par des pétioles bordés de longs cils près du limbe. Le pédoncule est axillaire, solitaire, cylindrique, plus long que les feuilles, et terminé par une fleur blanche assez petite.

Cette singulière plante ressemble au *Drosera* pour la fleur, mais non pas pour la végétation. Il paraît, dit DE CANDOLLE, qu'elle germe au fond de l'eau, et qu'elle y végète jusqu'au moment de sa floraison; qu'ensuite, ne pouvant ni s'allonger assez pour atteindre la surface du liquide, ni fleurir au fond même de l'eau, elle se sépare de sa racine, près du collet, pour venir fleurir et fructifier en plein air, à peu près

comme le *Valisneria*. Cette explication, très-ingénieuse et très-naturelle, sera complètement vérifiée, lorsque, d'un côté, on aura vu
germer des graines d'*Aldrovanda*, et que, de l'autre, l'on aura trouvé
au fond de l'eau leur racine vivante, prête à donner de nouvelles
pousses.

Je n'ai jamais vu cette plante, et par conséquent je ne peux rien dire
sur sa fécondation. A-t-elle des nectaires, étale-t-elle et referme-t-elle
ses fleurs? Ses vésicules se détruisent-elles pendant le cours de la végétation? Comment sont constituées ses graines, et quel est son mode
de germination? Ces questions, ainsi que les précédentes, doivent être
résolues par ceux qui auront le bonheur d'observer la plante dans les
lieux qu'elle habite. Je remarque, en finissant, que le pédoncule est
latéral et non pas terminal; ce qui semble indiquer que la tige se conserve après la floraison.

TROISIÈME GENRE. — *Drosophyllum*.

Le *Drosophyllum* a cinq sépales et cinq pétales à onglets rapprochés,
dix étamines et cinq styles filiformes, une capsule uniloculaire à cinq
valves qui se recourbent en dedans par leurs rebords, et forment ainsi
cinq loges imparfaites.

Cette plante, qui a été séparée des *Drosera* à cause de ses dix étamines, de ses styles simples et des valves recourbées de sa capsule,
croît sur les collines ou les sables du Portugal, et par conséquent ne
paraît pas avoir l'organisation intérieure des *Drosera*; cependant elle
s'en rapproche pour la forme et la conformation de ses feuilles, qui
sont entières, très-étroites, et recouvertes de poils glanduleux.

Le *Drosophyllum* est sous-frutescent et se multiplie par des rejets
souterrains; ses fleurs, disposées en corymbe lâche, sont grandes et
d'un jaune soufre. Je ne l'ai jamais vu.

QUATRIÈME GENRE. — *Dionœa*.

Le *Dionœa* a cinq sépales et cinq pétales, dix à vingt étamines dont
les anthères s'ouvrent latéralement, un style terminé par un stigmate
orbiculaire et frangé, une capsule uniloculaire à cinq valves, un grand
nombre de semences, à demi plongées dans une substance celluleuse
qui remplit le fond du péricarpe.

Le *Dionœa* est une plante vivace qui se multiplie par ses racines et
par ses graines; ses feuilles, disposées en rosette sur le sol, comme
celles du *Drosera*, ont leur pétiole ailé et articulé au limbe d'abord

·plié en deux, roulé sur les côtés et couché horizontalement ·sur le pétiole qui le protége ; insensiblement ce limbe se redresse, et s'étale en deux lobes demi ovales qui se referment exactement avec leurs cils, lorsqu'on les irrite. La hampe qui naît du milieu des feuilles est nue, grêle et porte à son sommet cinq à sept fleurs blanches, pédonculées, dont l'ensemble forme un corymbe lâche.

Cette plante croît dans les lieux humides de la Caroline septentrio-nale, autour de la ville de Wilmington, où elle occupe, dit Bosc, dont j'emprunte les expressions, une surface de deux ou trois lieues carrées ; c'est le seul lieu du monde où on la rencontre, mais elle y vient en si grande abondance, qu'elle recouvre souvent tout le sol.

La surface extérieure des deux lobes foliacés n'a rien de remarquable, mais l'intérieure est formée d'une substance épaisse, cornée, humide et tellement irritable, que le moindre contact suffit pour y déterminer un mouvement ; lorsqu'un insecte vient s'y poser, les lobes se replient aussitôt, croisent les cils épineux qui les bordent, et retiennent ainsi ou même tuent leur prisonnier par leurs piqûres : tant que l'insecte se débat, les lobes restent fermés, mais lorsqu'il cesse de se mouvoir où qu'il est mort, ces lobes s'écartent d'eux-mêmes. Ce joli phénomène n'a lieu dans toute son étendue, que pendant la végétation et surtout la floraison de la plante ; il disparaît en automne, lorsque la fructifica-tion est entièrement terminée.

Le *Dionæa* a souvent été apporté en Europe, où il a fleuri en pré-sentant les mêmes phénomènes, mais il ne s'y est jamais conservé au-delà de quelques années, parce qu'il a besoin, comme le *Drosera*, d'un sol tourbeux et humide.

Quel est le but de cette propriété si remarquable ? C'est sans doute d'écarter les insectes qui nuiraient à la végétation et à la fécondation de la plante. Mais de quel genre seraient les désordres qu'ils pourraient y causer ? c'est ce que j'ignore. En attendant, c'est un spectacle singu-lier que celui de tous ces *Dionæa* pliant et dépliant sans cesse leurs feuilles, dans ce coin du monde où ils ont été relégués.

CINQUIÈME GENRE. — *Parnassia.*

Le *Parnassia* a cinq sépales, cinq pétales et cinq écailles nectari-fères opposées aux onglets des pétales, cinq étamines à anthères extrorses, quatre stigmates sessiles, une capsule uniloculaire à quatre valves loculicides, des semences enflées ou folliculées.

Ce genre, qui a des rapports un peu éloignés avec les *Drosera*, est formé de six ou sept espèces appartenant toutes au même type ; une seulement habite l'Europe, une autre la Sibérie, et les cinq dernières l'Amérique septentrionale. Ce sont des plantes vivaces, consistantes, entièrement glabres, à feuilles radicales entières, plus ou moins ovales, à hampe anguleuse, uniflore et chargée d'une feuille sessile. Leurs principales différences consistent dans la forme de leurs pétales sessiles ou onguiculés, nus ou ciliés, et surtout dans le nombre des glandes qui terminent les écailles.

La *Parnassie* européenne ou *Palustris*, que je prends ici pour modèle du type de ce singulier genre, est fort répandue dans les marais humides et montueux, où elle fleurit depuis le commencement de l'automne; sa racine est une petite bulbe qui donne naissance à quelques feuilles radicales laurinées, un peu glanduleuses au sommet, et d'où sortent latéralement de petits bourgeons, qui contiennent les nouvelles pousses et les jeunes feuilles roulées sur les côtés.

Du milieu des feuilles radicales s'élève une hampe ou une tige triangulaire au-dessus de la feuille qu'elle porte. Cette tige uniflore se contourne plus ou moins, sans doute par l'effet de la lumière sur la fleur, dont les pétales sont blancs, coriaces, veinés et persistants. A leur base, on voit autant de nectaires formés d'une écaille verdâtre, et frangée de cils symétriquement terminés par des globules glanduleux; ces cils, qui varient ici de sept à treize, et qui sont toujours en nombre impair, se réduisent à trois dans presque toutes les espèces étrangères; devant les nectaires sont les étamines, qui entourent un ovaire légèrement tétragone, terminé par quatre stigmates sessiles. Il n'y a rien de plus élégant que toute cette structure.

Les phénomènes physiologiques que présente le *Parnassia* se rapportent principalement à la fécondation. Lorsque la fleur est épanouie, les filets, d'abord fort courts, grandissent tout-à-coup, et viennent placer l'anthère au-dessus de l'ovaire, en sorte que tous les globules glanduleux, et surtout l'écaille qui les porte et qui est recouverte de gouttelettes emmiellées, puissent dissoudre le pollen dont ils sont saupoudrés; l'opération achevée, l'anthère tombe en se désarticulant, et le filet reprend sa première place; chacune des anthères exécute séparément le même mouvement; mais celles qui se succèdent sont alternatives et non pas contiguës; en sorte que la marche du phénomène n'est jamais troublée.

Les anthères sont extrorses et un peu latérales; la poussière ne peut pas par conséquent tomber sur le stigmate, mais elle se répand sur les nectaires qui en sont comme ternis, et dont les émanations peuvent seules, je crois, féconder les stigmates. Il serait difficile, du moins, d'assigner une autre fonction que celle de l'absorption de la poussière fécondante, à ce nectaire si remarquable et si constant dans toutes les espèces du genre.

Ce qui confirme ma conjecture, c'est que les stigmates ne sont point du tout visibles, tant que les anthères répandent leur poussière; et qu'ils ne commencent à se dérouler et à étaler leurs languettes papillaires, qu'au moment où l'émission est achevée. Bientôt après, la capsule ouvre ses quatre panneaux, au sommet desquels on aperçoit encore les stigmates desséchés, et dont les graines, régulièrement placées sur les quatre placentas et au milieu des valves, sont enveloppées, comme celles de la plupart des *Drosera*, de ce même sac membraneux qu'on trouve dans les *Orchidées*, les *Pyroles*, etc. J'ai inutilement tenté de les faire germer, parce que je ne les ai pas placées dans le sol humide et spongieux qui leur convient; car je ne puis douter qu'elles n'aient la faculté de reproduire la plante.

La déhiscence de la capsule s'opère ici, comme dans quelques *Campanulées* et en particulier dans le *Walhenbergia*, au moyen des placentas, dont les extrémités supérieures non séminifères sont fortement cornées, et se recourbent élastiquement en se fendant par leur milieu.

La *Parnassie* d'Europe, et peut-être aussi les autres espèces du genre, sont des plantes tardives et qui ne paraissent que lorsque la plupart des végétaux sont déjà défleuris. Elles ferment ainsi le cercle de l'année, et elles se font remarquer par l'élégance et l'admirable conformation de leurs belles fleurs blanches, qui se succèdent assez long-temps, et qui sont toujours plus ou moins réunies dans les mêmes lieux.

Je n'ai aperçu aucun mouvement dans les calices et les pétales de la *Parnassie*, dont les fleurs et les capsules sont toujours redressées; mais l'on ne peut s'empêcher de reconnaître comme dépendant d'une force vitale, ce mouvement de l'étamine qui va s'appliquer si fortement contre le stigmate, qu'on ne pourrait l'écarter sans la rompre; elle reprend ensuite naturellement, et sans effort, sa première place.

On peut remarquer que la capsule de cette plante devrait être régulièrement formée de cinq valves. Celle qui manque a-t-elle avorté? ou le péricarpe n'avait-il primitivement que quatre pièces?

Dix-septième famille. — *Polygalées.*

Les *Polygalées* ont un calice de cinq pièces, deux intérieures, souvent pétaliformes, trois extérieures ordinairement plus petites et disposées de manière que l'une est supère et les deux autres infères; les
pétales, au nombre de trois ou quatre, sont hypogynes, plus ou moins
réunies au tube staminifère et rarement distincts; les filets des étamines
sont adhérents aux pétales, monadelphes et divisés au sommet en deux
phalanges égales; les anthères, au nombre de huit, sont uniloculaires,
insérées à la base et ouvertes au sommet; le pollen est sphérique ou à
peu près en forme de cylindre, avec un assez grand nombre de plis longitudinaux; l'ovaire est libre et presque toujours biloculaire; le style
est recourbé, le stigmate infondibuliforme ou bilobé, le péricarpe
capsulaire ou drupacé, biloculaire ou uniloculaire par avortement;
les cloisons naissent du milieu des valves; les semences, solitaires dans
chaque loge, sont pendantes, souvent caronculées ou arillées à la
base, quelquefois velues ou aigrettées; l'embryon est droit et plane,
tantôt placé dans un albumen charnu dont il forme comme l'axe,
tantôt, mais rarement, dépourvu d'albumen, et recouvert d'un endoplèvre un peu renflé.

Les feuilles des *Polygalées*, qui varient très-peu, soit pour la forme,
soit pour l'organisation, sont alternes, très-rarement opposées, entières et articulées à la base; les fleurs axillaires, solitaires ou rassem-
blées en grappes au sommet des rameaux, ont leurs pédoncules articulés sur des consoles.

Cette grande famille, qui comprend déjà près de trois cents espèces
plus ou moins connues, et qui s'accroît tous les jours, est formée
d'arbrisseaux ou d'herbes vivaces, quelquefois annuelles, réunies sous
dix ou onze genres répandus dans les diverses parties du monde, où
ils font souvent des groupes distincts.

Les *Polygalées* forment une famille très-naturelle, et qui n'a pas
des rapports bien marqués avec les autres. Sa structure est tellement
bizarre, qu'il est très-difficile de la rapporter à une forme primitive et
régulière, et de lui trouver de vraies affinités même avec les familles
dont elle semble au premier coup-d'œil être le plus rapprochée, c'est-
à-dire, les *Papilionacées* et les *Fumariacées.* Mais ce qui est digne de
remarque, ici comme ailleurs, c'est que la nature a tiré de cette
forme primitive, si étrangement altérée, une forme symétrique très-
régulière, très-agréable à voir et très-bien accommodée aux vrais

besoins de la plante, c'est-à-dire, sa fécondation et sa reproduction.

Je dois ajouter ici que la structure irrégulière des fleurs des *Poly-galées* a été ramenée par Auguste SAINT-HILAIRE à sa *forme primi-tive* d'un calice et d'une corolle à estivation quinconciale, avec des avortements variés selon les genres.

PREMIER GENRE. — *Polygala.*

Le *Polygala* a des sépales colorés et inégaux, dont les deux inté-rieurs sont latéraux et ont la forme d'ailes; les pétales, au nombre de trois ou cinq, sont réunis au tube des étamines, et l'inférieur a l'apparence d'une carène; la capsule est aplatie, elliptique, ovale ou un peu cordiforme; les semences sont caronculées, velues et non aigrettées.

Ce grand genre se divise actuellement en huit sections, qui forme-ront peut-être un jour autant de genres, deux seulement, celle des *Polygalon* et celle des *Chamæbuxus*, renferment des espèces euro-péennes.

La première de ces huit sections, ou celle des *Psychanthus*, ne comprend que des arbrisseaux originaires du Cap, un seul excepté, et son caractère consiste dans une carène fortement et élégamment frangée, une capsule glabre et échancrée, et trois bractées ordinai-rement persistantes à la base des pédoncules. Ses nombreuses espèces, dont plusieurs ne sont que des variétés, diffèrent surtout par la forme de leurs feuilles rarement opposées, leurs bractées caduques et persistantes, et leurs grappes florales allongées ou raccourcies, lâ-ches ou serrées. On les cultive dans nos jardins, où elles se font remar-quer par la singularité de leurs belles fleurs pourpres, diversement tachées de violet et de blanc. Les plus communs sont le *Bracteolata,* l'*Oppositifolia* et le *Speciosa*, dont la corolle ressemble beaucoup à celle de notre *Polygala vulgaris*, mais dont le pinceau, très-élégam-ment frangé, est implanté sur le pétale inférieur. Le stigmate, tourné en dedans de la fleur, est formé de deux lèvres, l'une supérieure, droite et demi-cylindrique, l'autre inférieure et pendante.

En analysant ces plantes, on y trouve les traces des cinq pièces qui formaient primitivement la corolle, un étendard fort court, bilobé et réfléchi, deux ailes réduites à deux appendices allongés et légèrement recourbés, et une carène à deux pièces; les huit étamines sont à peu près entièrement libres; les filets sont renflés dans le milieu, les anthères originairement biloculaires s'ouvrent au sommet et répandent leur pollen jaunâtre sur le stigmate recourbé en dedans; le fond de la

fleur est urcéolé ; le pédoncule est entouré à la base de trois bractées
qui distinguent la section, et l'on remarque de bonne heure dans les
anthères du *Speciosa* par exemple, les traces de cette déformation
d'où résulte la déhiscence au sommet ; le pédoncule se tord comme
dans les autres sections du genre.

Les feuilles de ces plantes sont fortement articulées ; leurs grappes
sont terminales, leurs pédoncules colorés, flottants, déjetés et articulés comme les feuilles ; les fleurs ont les mêmes mouvements que
celles de nos *Polygala* ; leurs ailes s'écartent pendant la fécondation
et se rapprochent ensuite.

La première section européenne est celle des *Polygalon*, très-rap-
prochés des *Psychanthus*, et qu'on reconnaît à leur carène en pinceau,
à leur capsule glabre, ainsi qu'à leurs bractées situées à la base des
pédicelles et promptement caduques. Elle se compose d'environ une
vingtaine d'espèces, dont quelques-unes appartiennent à l'Asie tempérée, mais dont la véritable patrie est le bassin de la Méditerranée.
Les unes habitent les sables et les rochers, tandis que les autres, au
contraire, s'élèvent sur les collines et les pentes des montagnes, où
elles forment de petits sous-arbrisseaux, des herbes dures, à demi
ligneuses, ou enfin des plantes annuelles. Tous les *Polygala* européens appartiennent au même type, celui du *Vulgaris*, qui se présente sous un grand nombre de variétés, et près duquel on place
successivement l'*Amara*, distingué par ses feuilles radicales, arrondies et d'une saveur amère ; le *Major*, des prés montueux de l'Italie,
à fleurs grandes d'un rose pourpre ; le *Flavescens*, à fleurs jaunes,
de l'Italie méridionale ; le *Saxatilis* des rochers du midi de la France,
à tige sous-frutescente et à grappes pauciflores ; enfin, le *Monspeliaca*
et l'*Exilis* de la même contrée, deux plantes annuelles qui se plaisent
dans les terrains secs et sablonneux.

Le *Polygala vulgaris* a une racine ligneuse, qui, selon les circonstances, peut devenir un rhizome, et qui pousse sans cesse de
nouvelles tiges de sa base ; ses feuilles, régulièrement disposées en
ordre quaternaire, sont simples, entières et légèrement recourbées
sur les bords, avant leur développement. Elles subsistent toute l'année, et tombent en automne ou au printemps, un peu après les
rameaux desséchés. Les tiges, toujours terminées par les fleurs, sont
ordinairement simples, parce que les boutons qu'on aperçoit aux
aisselles des feuilles ne se développent que rarement.

Les grappes, d'abord serrées, s'allongent insensiblement, et chaque
fleur s'écarte de la tige en retournant son pédoncule et en perdant les
trois bractées colorées, qui l'avaient jusqu'alors protégée. Le pédicelle

sort d'une console ou d'une saillie qui appartient, je crois, à tous
les *Polygala*, et qui se retrouve à la base des feuilles. Bientôt après,
s'ouvrent les deux ailes qui forment les deux grandes pièces du calice,
et dont l'estivation est telle, que l'un des bords enveloppe, tandis
que l'autre est enveloppé. Enfin, paraît le pétale débarrassé des ailes
qui l'avaient jusqu'alors recouvert, et formé d'un tube terminé par
deux lèvres, la supérieure à deux divisions couchées l'une sur l'autre,
et l'inférieure très-élégamment frangée sur ses bords et chargée à sa
base d'un godet cartilagineux, qui s'ouvre et se ferme, et contient
d'abord les organes sexuels. L'appareil de la fructification est placé à
l'ouverture même de la corolle ; il est composé d'une capsule aplatie
à deux loges monospermes, surmontées d'un style simple, caduc,
légèrement coudé, et de deux stigmates, dont le supérieur, en demi-
cylindre, n'est qu'une simple lame, tandis que l'inférieur, pendant et
papillaire, forme, comme dans les *Psychanthus*, le véritable organe
stigmatoïde ; les huit anthères uniloculaires, réunies en deux corps,
et portées par deux petites lames élastiques et un peu glutineuses en
dehors, enveloppent le stigmate, et viennent déposer, sur sa surface
humide, la poussière qui sort par de simples pores, et qui ne manque
presque jamais de féconder les graines.

Ce qui est digne de remarque, c'est que dans les *Polygalon*, comme
dans les autres sections du même genre, la lèvre inférieure, ou le
véritable siége du stigmate, est toujours tournée en dedans ou du
côté de la tige, apparemment pour recevoir l'influence du nectaire,
avec lequel elle communique ainsi plus immédiatement.

Lorsque les anthères sont près de répandre leur poussière, la fleur,
d'abord droite, se penche, et les ailes s'ouvrent en même temps que
les pinceaux rayonnants s'écartent pour découvrir les organes sexuels.
A l'entrée de la nuit, les ailes se rapprochent, les pinceaux se resserrent, le godet est fermé, et les organes sexuels ont disparu ; ce joli
spectacle dure deux ou trois jours, jusqu'à ce que la fécondation soit
accomplie ; enfin les ailes perdent leurs vives couleurs, s'épaississent
et deviennent d'un vert livide. Dans cet état, elles s'appliquent contre
la capsule, qu'elles protégent jusqu'à sa maturité. On les voit pendre
le long de l'axe floral, en se recouvrant les unes les autres, jusqu'à ce
qu'elles tombent avec le péricarpe, par la rupture du pédoncule
articulé.

La capsule ne s'ouvre guère qu'après sa chute ; les graines qui sortent par les bords élastiques des valves, sont pendantes, velues,
attachées au sommet de leur péricarpe et entourées, au point de
suture, d'une caroncule charnue à trois prolongements inégaux. On

voit le raphé ou cordon ombilical courir le long de la graine et s'enfoncer dans la chalaze, qui est à peu près opposée à l'ombilic; les deux valves sont planes, loculicides, réticulées ou ponctuées. Auguste SAINT-HILAIRE observe que, dans le *Polygala* et les autres genres de la famille dont la capsule est déhiscente, la graine a deux téguments, l'un extérieur crustacé et l'autre intérieur membraneux, et que ce dernier manque dans les graines dont la capsule est indéhiscente.

Les fleurs des *Polygalon* sont primitivement disposées sur leur pédoncule en ordre quaternaire, comme les feuilles; ensuite elles se tournent du côté de la lumière, et ne forment plus qu'un épi unilatéral qui conserve la même apparence jusqu'à la fin. Dans l'estivation, les deux sépales latéraux enveloppent, comme je l'ai déjà dit, le reste de la fleur, et la lèvre inférieure est repliée en dedans du tube avec ses pinceaux. Le calice et la corolle ont, à cette époque, la même couleur et la même consistance, mais bientôt la dernière tombe, tandis que l'autre au contraire acquiert un plus grand développement. C'est là une disposition dont le but final n'est pas difficile à saisir.

Le nectaire des *Polygalon* est une glande qui entoure la base de l'ovaire, et qui donne son humeur miellée à l'époque de la fécondation. Il est très-visible dans les grandes espèces, comme le *Rosea*, le *Flavescens*, etc., et il communique sans doute avec le stigmate, du côté où celui-ci se déploie, c'est-à-dire du côté intérieur.

Le *Polygala vulgaris* est une charmante plante, qui fait l'ornement de nos chemins, de nos prairies et des bords de nos bois, depuis le commencement du printemps jusqu'à la fin de l'été, et dont les fleurs varient du rose au bleu ou même au blanc, sur des plantes d'ailleurs entièrement semblables et placées les unes auprès des autres. L'*Amara* est plus rare, et ne se trouve guère que dans les prairies humides ou même montueuses, et sur les sommités de nos Alpes. Le *Grandiflora*, qui croît en Italie avec l'espèce commune, dont il se distingue par son ovaire stipité, est très-remarquable par ses grandes fleurs d'un rose pourpré, et le *Flavescens*, facile à reconnaître à ses ailes aiguës plus longues que la corolle, est très-abondant dans le midi de l'Italie et sur les pentes des Apennins. Je ne crois pas qu'il diffère réellement du commun. J'ai même vu le passage des deux espèces sur les Apennins, entre Bologne et Florence. En partant de cette dernière ville, on ne rencontre d'abord que le *Flavescens*, à fleurs jaunes, ensuite ces fleurs deviennent d'un blanc sale, enfin elles sont tout-à-fait roses. Cette remarque pourrait, je crois, s'appliquer à plusieurs autres plantes.

Les *Chamœbuxus*, qui forment la seconde et dernière section des *Polygala* européens, ont leur sépale inférieur capuchonné et chargé d'une glande à sa base intérieure ; leur carène est légèrement frangée ou seulement renflée au sommet ; leurs fleurs sont grandes et peu nombreuses ; ce sont des herbes ou des sous-arbrisseaux dont les espèces, quoique peu nombreuses, sont dispersées principalement dans les deux Amériques ; une seule d'entre elles a été séparée de ses congénères et reléguée sur nos montagnes, dans nos bois de sapins, où elle vit au milieu de plantes avec lesquelles elle n'a aucun rapport.

Ce singulier *Polygala* tapisse, dès le premier printemps, les lieux qu'il habite, de ses jolies fleurs jaunes, tachées de blanc et de pourpre, qui paraissent avant les feuilles ; ses tiges ligneuses se développent sans cesse du sommet, et ses racines, qui sont de vrais rhizomes, s'étendent beaucoup sous terre, tandis que ses tiges recouvrent au loin le sol ; ses feuilles sont dures, persistantes et assez semblables à celles du buis ; ses fleurs, qui naissent des aisselles supérieures où elles sont géminées et ternées, se font remarquer par leur grandeur comme par leur forme, et portent à leur base trois écailles ou bractées blanches, qui les protégent avant leur développement ; les deux ailes, de la même couleur que les bractées, renferment une nacelle d'un beau jaune, dont l'extrémité devient ensuite orangée, et qui est comme soutenue par les deux sépales inférieurs raccourcis. Les franges qui ornent les carènes de la plupart des *Polygala*, sont ici remplacées par six ou sept dents obtuses, lesquelles conservent, en le modifiant, un des principaux caractères du genre.

Les anthères, distribuées lâchement en deux corps, sont extrorses, biloculaires et libres, mais dans la fécondation elles se replient, de manière à répandre immédiatement leur pollen sur le stigmate recourbé en dedans et terminé par une glande stigmatoïde visqueuse. La fécondation s'opère avant l'épanouissement, et la base supérieure de l'ovaire est nectarifère dans ce *Chamœbuxus*, comme dans les *Polygala*.

Les fleurs, dont le pédoncule est tordu, sont articulées sur une petite console, qui persiste long-temps après leur chute, et qui est elle-même articulée à la tige, dont elle se sépare beaucoup plus tard. Les feuilles, également articulées, tombent au printemps à l'apparition des nouvelles pousses, et les tiges stériles de l'année précédente se terminent par un bourgeon, qui se développe après les fleurs des aisselles, et qui est aussi articulé, tellement qu'on peut juger de l'âge d'une tige par le nombre des anneaux qu'elle porte. Enfin, à l'aisselle des feuilles qui n'ont pas donné de fleurs, on aperçoit des bourgeons destinés à l'accroissement ultérieur de la plante, et développés plus ou moins selon les circonstances. Cette forme de végétation, qui ne ressemble point à celle des autres *Polygala*, présente un type très-distinct. Appartient-elle aux *Chamœbuxus* étrangers? c'est ce que j'ignore.

La capsule du *Polygala Chamœbuxus* est échancrée et à peu près cordiforme, les semences sont oblongues et pubescentes. La caroncule est trifide, et les deux divisions latérales descendent assez bas le long de la graine; du reste, sa dissémination est celle des *Polygalon*, et l'on remarque très-bien le raphé qui va de la base au sommet de la graine.

SECOND GENRE. — *Muraltia.*

Le *Muraltia* a un calice glumacé, formé de cinq sépales inégaux, trois pétales réunis, dont l'intérieur est bifide, à lobes obtus, un ovaire couronné de quatre cornes ou tubercules, une capsule bivalve et biloculaire, à quatre cornes ou tubercules.

Les *Muraltia* sont tous des arbrisseaux ou sous-arbrisseaux originaires du Cap, et que LINNÉ avait réunis aux *Polygala*, dont ils diffèrent cependant à plusieurs égards. Ils ont un port élancé, des feuilles dures et amincies, et des fleurs petites, axillaires, serrées contre les tiges. On en compte à peu près trente-sept espèces plus ou moins bien connues, qui renferment sans doute plusieurs variétés, et que DE CANDOLLE divise en deux groupes inégaux, d'après la considération de leurs feuilles mucronées ou obtuses au sommet.

Les *Muraltia* du premier groupe, beaucoup plus nombreux que le second, sont souvent cultivés dans nos serres, où ils se font remarquer par l'élégance de leur port et la singularité de leurs fleurs.

L'une des espèces qui s'y rencontrent le plus souvent, est le *Stipulacea* ou le *Polygala stipulacea* de LINNÉ, qui a tout-à-fait l'apparence d'un *Erica :* ses feuilles, à peu près fasciculées, sont subulées et presque cylindriques; ses fleurs, toujours axillaires, ont leur pétale inférieur terminé par deux lobes représentant la houppe des *Polygala*, et appliqués l'un contre l'autre dans l'estivation; le stigmate formé de deux lèvres, dont l'une seule est papillaire, s'étale au-dessous de ses huit anthères placées sur deux rangs et à peu près sessiles : tout l'appareil de la fécondation est caché dans l'intérieur d'un godet à peu près fermé que forme à sa base le pétale inférieur.

La fleur, qui d'abord avait son pétale inférieur appliqué contre la tige, se tourne sur son court pédoncule, comme dans les *Polygala*, et probablement dans tous les genres de la famille.

L'*Heisteria*, à feuilles mucronées et triquètres, a les cornes plus longues que la capsule, mais il est, dans tout le reste, analogue au précédent.

Le *Muraltia mixta*, qui me paraît du reste fort semblable au *Stipulacea*, fleurit dans nos serres, dès le mois de septembre et pendant le cours de l'automne, qui correspond au printemps du Cap; ses tiges sont effilées, comme celles de l'espèce précédente; ses feuilles linéaires, épaisses et cylindriques sont ponctuées et étalées quatre à quatre en forme d'éventail; ses tiges se développent indéfiniment et sans rupture, et ses fleurs, solitaires à chaque aisselle, sont placées à quelque distance du sommet : elles m'ont paru monopétales, à trois divisions, l'inférieure, prolongée en lèvre et creusée à sa base en un sac qui renferme les étamines et le pistil, est terminée par un appendice teint en rouge, à deux lobes bifides dont la réunion forme quatre lobes; le calice, composé de cinq pièces membraneuses et assez dures, est entouré, à sa base, de quelques écailles très-petites; le stigmate, déjeté contre la lèvre supérieure, est verdâtre, allongé et entouré d'anthères jaunes portées par des filets assez élastiques et qui semblent réunis en un seul corps. On aperçoit les quatre tubercules au sommet de l'ovaire.

La structure primitive de la fleur de toutes les *Polygalées* a été plus ou moins déformée dans les genres différents dont elle est composée, mais cette déformation a toujours eu pour but d'assurer la fécondation; ainsi le pétale supérieur, qui est devenu l'inférieur par la torsion du pédoncule, et dont la base renflée en tube corné renferme les organes sexuels, a pu écarter ses appendices pour que la fécondation s'opérât à l'air, et qu'en même temps la capsule du stigmate fût protégée. Qu'on se rappelle les divers phénomènes floraux que j'ai indiqués, et qu'on y ajoute tous ceux qu'une observation plus étendue fera découvrir, et l'on verra s'ils ne doivent pas leur origine à cette déformation de la fleur : cette remarque s'applique également à tous les genres déformés.

Dix-huitième famille. — *Pittosporées.*

Les *Pittosporées* ont un calice caduc formé de cinq sépales embriqués, tantôt libres, tantôt réunis jusqu'à la moitié de leur longueur; leurs pétales au nombre de cinq sont embriqués, hypogynes, connivents ou même quelquefois soudés par leurs onglets, mais étalés dans leur limbe; les cinq étamines sont hypogynes, distinctes et alternes aux pétales; l'ovaire est libre et renferme deux à cinq loges et autant de placentas polyspermes; le style est solitaire et les stigmates sont toujours en même nombre que les placentas; le péricarpe est une capsule ou une baie à loges polyspermes et quelquefois incomplètes; les semences sont ordinairement enveloppées d'une pulpe glutineuse. L'embryon est placé près de l'ombilic dans un albumen charnu.

Les *Pittosporées* sont tous des arbrisseaux ou de petits arbres de l'Afrique, de l'Asie et surtout de l'Australasie; ils comprennent cinq genres et plusieurs espèces cultivées dans nos jardins, surtout à cause de leur odeur.

PREMIER GENRE. — *Sollya*.

Le *Sollya* a un calice quinquéfide, cinq pétales connivents, cinq anthères conniventes soudées au sommet et dont les ouvertures sont apiciliaires, un ovaire cylindrique et biloculaire, un stigmate bilobé, un péricarpe cartacé, sec et polysperme.

Ce genre ne comprend encore que l'*Hétérophylle* de la Nouvelle-Hollande, sous-arbrisseau à tige cylindrique et grêle, à feuilles entières et articulées; ses fleurs d'un beau bleu et semblables à celles des *Campanules*, ont leur stigmate recouvert d'une substance muqueuse, et enveloppé par les anthères qui s'ouvrent à leur sommet intérieur par deux fentes longitudinales, et répandent par jets sur le stigmate un pollen granuleux et blanchâtre; le stigmate fécondé sort ensuite de sa gaîne; le péricarpe marqué de cinq côtes et couronné par le style est rempli d'une pulpe résineuse odorante.

Le principal des phénomènes qu'offre cette plante, c'est celui de ses filets arqués à la base, afin que les anthères ne s'élèvent pas au-dessus du stigmate et ne nuisent pas à la fécondation.

SECOND GENRE. — *Pittosporum*.

Le *Pittosporum* a un calice de cinq pièces; cinq pétales connivents par leurs onglets, un péricarpe capsulaire ou bacciforme, de deux à cinq loges souvent incomplètes et qui le font paraître uniloculaire, des semences attachées à un axe central et engagées dans une pulpe glutineuse.

Ce genre est composé d'une douzaine d'arbrisseaux à feuilles entières et persistantes, dont le plus grand nombre croît dans la Nou-

— 335 —

velle-Hollande, mais dont deux sont originaires de l'Afrique et trois
des Canaries ou de Madère; leurs fleurs blanches ou jaunâtres ont
souvent l'odeur du jasmin, et leurs feuilles froissées entre les mains
sont quelquefois aromatiques.

Le *Pittosporum roulé* de la Nouvelle-Galles, qui fleurit dans nos serres
en janvier, a ses tiges garnies, près du sommet, de corymbes latéraux et
développés indéfiniment sans rupture; les fleurs, d'un jaune sale, dont
les cinq pétales sont roulés en dehors sur leur limbe, ont une fécondation directe; les anthères introrses recouvrent de leur pollen la tête
élargie et glutineuse du stigmate; le germe est porté sur une glande
fortement nectarifère, dont l'humeur recouvre même les pétales
roulés; la capsule est velue et le pédoncule articulé; les fruits ressemblent à de petits citrons rugueux à quatre lobes; ils s'ouvrent en
deux valves, et découvrent des graines nombreuses, pisiformes,
attachées sur deux rangs de chaque côté de l'axe. En coupant les
capsules avant la maturité, on y distingue déjà la substance qui
remplit à peu près la moitié des loges, et devient ensuite une pulpe
glutineuse. Les autres espèces ont à peu près la même conformation.

TROISIÈME GENRE. — *Bursaria.*

Le *Bursaria* a un calice à cinq dents, cinq pétales séparés, une
capsule aplatie légèrement stipitée, biloculaire, bivalve et cordiforme comme celles du *Polygala*, des semences enduites de résine.

Ce genre ne comprend que le *Spinosa*, petit arbrisseau épineux et
très-ramifié de la Nouvelle-Hollande, à feuilles cunéiformes et échancrées; les fleurs disposées en belles panicules ont une corolle de cinq
pétales amincis et d'un beau blanc; les étamines alternes aux pétales
portent des anthères introrses; l'ovaire est placé sur une glande fortement nectarifère; le style qui va en s'amincissant est terminé par
un point papillaire et la fécondation est directe; les feuilles sont
fasciculées.

Je n'ai pas aperçu de mouvement organique dans les feuilles ou
dans les fleurs.

Dix-neuvième famille. — *Frankéniacées.*

Les *Frankéniacées* ont quatre ou cinq sépales redressés, égaux, linéaires, aigus, et réunis à la base en un tube canaliculé. Les pétales, en même nombre que les sépales avec lesquels ils alternent, sont hypogynes, onguiculés, étalés et garnis de quelques écailles à leur ouverture ; les étamines hypogynes et filiformes, sont tantôt alternes et égales en nombre aux pétales, tantôt augmentées d'une ou deux autres opposées à ces mêmes pétales ; les anthères sont arrondies et extrorses à pollen ovoïde; l'ovaire est libre, le style filiforme, bifide ou trifide; la capsule enveloppée par le calice persistant est ovale, oblongue, uniloculaire, polysperme, légèrement trigone et formée de deux, trois ou quatre valves septicides qui portent des placentas sur leurs bords; les semences sont petites, l'embryon, selon Gærtner fils, est droit et placé au milieu d'un albumen engaînant divisé en deux lames; la radicule est courte et dirigée du côté de l'ombilic.

Les *Frankéniacées* forment une famille distincte des *Caryophyllées*, soit par leur port, soit surtout par leurs semences attachées aux bords, et non pas au milieu des valves comme dans les *Violariées*, avec lesquelles elles ont encore moins de rapports qu'avec les *Caryophyllées*. Elles ne comprennent que trois ou quatre genres, dont le plus nombreux a donné son nom à la famille.

Ces plantes sont ordinairement des herbes vivaces et quelquefois des sous-arbrisseaux, à tiges cylindriques et très-ramifiées. Leurs feuilles opposées ou verticillées, et toujours dépourvues de stipules, se prolongent, à la base, en une membrane amplexicaule ; elles sont oblongues, entières, plus ou moins élargies, roulées sur leurs bords, et souvent glanduleuses ; les fleurs terminales, ou sessiles dans les dichotomies des rameaux, sont petites, ordinairement violettes et et toujours accompagnées de bractées.

Frankenia.

Le *Frankenia* a un style trifide, à lobes oblongs et intérieurement papillaires ; sa capsule s'ouvre en trois ou quatre valves et renferme plusieurs semences.

Ce genre contient quinze ou seize espèces, dont le plus grand nombre habite le bassin de la Méditerranée, mais dont les autres sont dispersées sur les côtes d'Afrique, au Cap, à la Nouvelle-Hollande, ou même dans l'Amérique méridionale. Les espèces européennes, qui appartiennent au même type, et qui peut-être ne sont que des variétés les unes des autres, vivent dans les sables des bords de la Méditerranée : la principale et la plus commune est le *Lœvis*, glabre dans toutes ses parties, et dont les tiges longues de quelques pouces forment un gazon bien garni sur le terrain où elles sont couchées ; ses feuilles sont étroites, opposées, verticillées et comme fasciculées ; ses fleurs d'un rouge violet à anthères jaunes, sont solitaires et presque sessiles ; l'*Hirsuta* en diffère par ses tiges hérissées, ses fleurs réunies en faisceau et ses calices recouverts de poils blancs ; le *Pulverulenta*, par ses feuilles courtes et poudreuses, ainsi que par ses fleurs plus petites et plus pâles ; enfin, l'*Intermedia* a les tiges veloutées et les calices hispides.

Les espèces étrangères vivent dans les mêmes localités que les européennes ; quelques-unes d'entre elles se rangent dans le même type, et ne sont peut-être que des variétés des précédentes. Mais d'autres forment évidemment des espèces distinctes : telles sont, par exemple, le *Corymbosa* des côtes de la Barbarie, à fleurs disposées en corymbe ; le *Microphylla* de l'Amérique méridionale, à feuilles ovales, embriquées sur quatre rangs ; le *Fruticulosa* de Sainte-Hélène, à tiges droites et sous-frutescentes, et enfin le *Tetrapetala* de la Nouvelle-Hollande, à calice de quatre pièces et fleurs de quatre pétales.

Toutes ces plantes sont vivaces, à l'exception du *Pulverulenta*, qui est annuel ; mais, comme il ne diffère point d'ailleurs organiquement des autres espèces du même type, on doit admettre qu'il serait également vivace, s'il portait un moins grand nombre de fleurs, ou si ses tiges étaient moins développées.

Les styles, selon Auguste SAINT-HILAIRE, ne sont pas, en apparence, très-distincts des stigmates, ou plutôt les papilles stigmatoïdes s'appliquent intérieurement et longitudinalement, depuis une certaine hauteur, sur les branches du style qu'elles accompagnent jusqu'au sommet. Ces branches se roulent-elles en spirale, comme dans la plupart des *Caryophyllées*, ou bien restent-elles sans mouvement pendant le cours de la fécondation ? C'est ce que j'ignore.

Ce qui me paraît plus clair, c'est que les onglets sont le siége de l'organe nectarifère, car ils sont creusés en gouttière et logés dans les cavités correspondantes des sépales. Or, je n'ai presque jamais vu de fossettes ou de sillons canaliculés dans l'intérieur d'une fleur, que je n'y aie incontinent aperçu des traces d'humeur miellée distillant par ces fossettes ou ces sillons. Je recommande donc aux botanistes curieux d'observations semblables, de s'assurer, à l'époque de la fécondation, si les onglets des *Frankenia* sont nectarifères, et de constater en même temps si les anthères sont introrses ou extrorses, et si elles répandent leur poussière immédiatement sur le stigmate, ou bien dans le fond de la corolle, comme les écailles qui ferment son ouverture semblent le faire présumer.

Le *Frankenia pulverulenta* est une plante annuelle qui croît abondamment aux salines de Hyères, et étend sur le sol ses rameaux filiformes et noueux; elle étale dès le mois de juin ses jolies fleurs bleuâtres et probablement météoriques. Je n'ai pas vu sa fécondation, mais j'ai observé que ses feuilles ovales et épaisses étaient repliées sur leurs bords et recouvertes en dessous de poils blanchâtres.

Le plus remarquable des quatre genres qui forment actuellement la famille des *Frankéniacées*, est le *Luxemburgia* du Brésil méridional, dont Auguste Saint-Hilaire a décrit cinq espèces qui sont des arbrisseaux glabres à grandes fleurs jaunes, étamines variables en nombre, capsule uniloculaire, polysperme et trivalve, feuilles alternes, dentées et coriaces, et stipules persistantes ou caduques.

Le *Frankenia* présente un exemple de soudure dans sa capsule, qui devrait avoir régulièrement cinq valves, et qui n'en a ordinairement que quatre, trois ou même deux; et un exemple d'avortement dans ses étamines, dont le nombre naturel était double de celui des pétales, mais qui se réduisent à six ou sept, parce que, comme dans quelques *Alsinées*, les autres ont disparu. Il est aussi probable qu'il y a eu quelque altération dans le nombre variable des branches du style.

Vingtième famille. — *Caryophyllées.*

Les *Caryophyllées* ont un calice persistant de cinq et rarement de quatre sépales continus à leur pédicelle, tantôt réunis entre eux par un tube à cinq ou quatre dents, et tantôt séparés jusqu'à la base; les pétales, en même nombre que les pièces du calice, sont hypogynes et insérés sur un torus plus ou moins élevé, que les botanistes désignent ordinairement sous le nom d'*Androphore*; ils sont alternes aux sépales, onguiculés, entiers ou bifides, et quelquefois garnis, sur leur limbe, d'écailles pétaloïdes; les étamines sont au nombre de dix: cinq alternent avec les pétales et se développent les premières; cinq autres leur sont opposées et adhèrent par leur base; *les filaments sont subulés et quelquefois légèrement réunis près du torus*, où ils s'insèrent; les anthères biloculaires et introrses sans retournement, et dont le pollen est ordinairemnt ovoïde à trois plis, s'ouvrent par deux fentes et sont souvent implantées par leur extrémité inférieure; l'ovaire, placé au sommet du torus ou de l'androphore, est simple, ovale ou oblong, formé de deux à cinq valves et couronné par autant de styles fili-formes, qui portent, au-dessus de leur insertion et sur le côté interne, l'organe stigmatoïde formé de poils papillaires; quelquefois, au contraire, les papilles sont placées au sommet des styles terminés en massue; la capsule s'ouvre au sommet, à l'époque de la dissémination, et présente souvent un nombre de dents double de celui des valves. Elle est ordinairement uniloculaire, mais quelquefois elle se divise intérieurement en autant de loges complètes ou incomplètes, qu'il y a de valves; le placenta est central et presque toujours polysperme; les semences sont disposées sur les côtés du placenta, où elles forment autant de séries à deux rangs, qu'il y a de styles; elles sont ovales, arrondies, plus ou moins aplaties et presque toujours tuberculées; leur embryon est tantôt semi-annulaire, tantôt seulement recourbé, très-rarement droit et axile; la radicule est tournée du côté de l'hilus ou de la cicatricule; le périsperme est farineux et ordinairement central.

La structure organique du péricarpe des plantes de cette famille a été l'objet des recherches spéciales de DE CANDOLLE et d'Auguste SAINT-HILAIRE, qui ont constaté tous les deux, à la même époque (1816), que les placentas étaient toujours en même nombre que les styles, et qu'avant la fécondation, on pouvait observer à la loupe et quelquefois même à la vue simple, les styles se prolonger dans l'intérieur de l'ovaire en filets blanchâtres, qui, arrivés aux placentas, s'y ramifiaient en autant de branches qu'il y avait de graines à féconder; qu'ensuite, soit par l'allongement de la capsule, soit en vertu de leur organisation, ils se rompaient par le milieu, et disparaissaient enfin entièrement, à la maturité du fruit.

Ces deux auteurs ont représenté, par des figures très-exactes, non-seulement les différents modes de rupture de ces vaisseaux conducteurs de l'*Aura seminalis*, mais encore leurs diverses associations dans l'intérieur des péricarpes, en sorte qu'on y voit également l'importance que met la nature à la fécondation, et la nécessité de ce grand acte pour le développement des graines.

Pour expliquer les diverses apparences de la capsule, uniloculaire ou multiloculaire des *Caryophyllées*, DE CANDOLLE suppose qu'elle était primitivement formée d'autant de carpélles qu'on y observe de valves, et qu'elle porte de styles ; mais que, par la suite des développements, les cloisons ou les rebords recourbés des valves ont été plus ou moins détruits. Ce qui confirme cette explication, c'est que l'on trouve dans ces capsules des divisions de toute forme et de toute dimension. Ici les cloisons sont entières et arrivent jusqu'à l'axe central ; là elles sont incomplètes ou même manquent entièrement ; et comme l'on ne peut guère supposer que des variations si considérables appartiennent à la forme primitive, l'on est conduit à recourir à des avortements, qui, dans ce cas, comme dans d'autres, s'opèrent à peu près sous nos yeux. Enfin, pour se rendre un compte encore plus complet de la forme et de la situation des placentas centraux des *Caryophyllées*, De Candolle dit que la partie inférieure des cloisons, celle qui portait seule les graines, a disparu dans les péricarpes uniloculaires, par le développement extraordinaire des placentas, qui conservent cependant encore leurs graines sur deux rangs, comme les placentas intervalvulaires où les cloisons ont aussi avorté. Dans cette famille, les vaisseaux nourriciers de la graine sont, je crois, toujours insérés au même point que les cordons pistillaires.

Les ovaires des *Caryophyllées* changent de forme après la fécondation ; dans l'*Arenaria serpyllifolia* et dans le *Lychnis flos cuculi*, ils deviennent coniques ; dans l'*Agrostemma githago*, ils perdent la forme pentagone et prennent la tétragone, etc. Ordinairement la capsule grandit et laisse entre les placentas et le sommet, un espace vide, trèsconsidérable dans quelques espèces, comme l'*Agrostemma githago* et le *Lychnis dioica*.

Les *Caryophyllées* sont des herbes annuelles ou vivaces, rarement des sous-arbrisseaux ; leurs tiges sont effilées, dures, articulées ou nerveuses ; leurs feuilles, souvent connées ou vaginantes, sont toujours opposées et entières, ordinairement étroites et linéaires, mais quelquefois plus élargies et moins consistantes ; comme dans les *Alsinées*.

La végétation des *Caryophyllées* est assez remarquable : chaque tige, après avoir acquis une certaine hauteur, se termine par une fleur pédonculée, et pousse en même temps de chacune de ses deux aisselles supérieures, un rameau qui porte de même une fleur à son extrémité. Cette forme de végétation, qu'on peut appeler dichotomique, continue sans interruption jusqu'à ce que la plante soit épuisée, ou arrêtée par des circonstances atmosphériques. L'efflorescence est alors centrifuge ; mais comme l'accroissement est rapide, les fleurs des diverses aisselles, s'atteignent bientôt mutuellement et forment un bouquet plus ou moins étalé, auquel on est convenu de donner le nom de *Cyme*.

La famille des *Caryophyllées* compte aujourd'hui environ mille espèces distribuées inégalement dans vingt-huit genres, dont quelques-uns, très-nombreux, ont été divisés en sections, et dont d'autres, au contraire, sont réduits à une ou deux espèces. De ces genres, six sont entièrement étrangers, six autres complètement européens, et seize moitié exotiques et moitié indigènes, en sorte que sept cent quarante-quatre *Caryophyllées* habitent l'Europe et les îles de la Méditerranée, et deux cent soixante-six l'Asie, l'Afrique ou l'Amérique.

Cette famille se divise en deux tribus : celle des *Silénées* et celle des *Alsinées*. Les *Silénées*, d'une organisation plus forte et d'un feuillage moins délicat, habitent principalement les plaines découvertes, les collines stériles et rocailleuses des bords de la mer du bassin de la Méditerranée; quelques-unes s'élèvent aussi sur nos montagnes, dont leurs fleurs, ordinairement blanches ou rouges, recouvrent les pentes et les sommités. Les *Alsinées* préfèrent les bords de nos haies, les lisières et les ombrages de nos bois, ou même nos champs cultivés et le voisinage de nos maisons; leurs feuilles sont en général plus vertes, plus élargies et plus molles, et leurs fleurs ont une organisation plus gracieuse et plus délicate.

Les *Silénées* fleurissent en général à la fin du printemps et dans le cours de l'été; les *Alsinées* sont plus hâtives, et plusieurs d'entre elles parmi les *Stellaria*, les *Cerastium* et les *Holosteum*, etc., annoncent le retour des beaux jours.

Ces plantes, qui ont de si grands rapports dans leur mode de végétation et dans la structure de leurs fleurs, présentent, tantôt dans leurs genres et tantôt dans leurs espèces, différents phénomènes physiologiques propres à fixer notre attention, et qui concernent surtout leur floraison, leur fécondation et leur dissémination. Nous en parlerons dans les genres qu'ils concernent.

Le seul que nous voulons mentionner ici, parce qu'il s'applique au très-grand nombre des espèces de la famille, c'est celui de ces étamines alternativement plus grandes et plus courtes, qui s'ouvrent à deux époques différentes, pour que la fécondation soit plus assurée, dans des plantes dont les fleurs en général ne se referment pas, parce qu'elles n'accomplissent pas leur fécondation en un seul jour.

Les *Caryophyllées* sont à peu près sans usages économiques, mais on en cultive plusieurs, soit pour la beauté de leurs fleurs, soit pour l'excellence de leur odeur : dans leur nombre, on place quelques espèces de *Cerastium*, de *Gypsophila*, de *Saponaria* et surtout de *Lychnis;* mais le genre le plus remarquable de toute la famille, c'est celui des *Dianthus*, dont les diverses espèces font, une grande partie de l'été, un des plus beaux ornements de nos parterres, par la richesse et le parfum de leurs fleurs.

Première tribu. — SILÉNÉES.

Les *Silénées* ont leurs sépales réunis en un tube cylindrique, divisé au sommet en cinq ou quatre dents.

PREMIER GENRE. — *Gypsophile*.

Les *Gypsophiles* ont un calice campanulé, anguleux, terminé par cinq lobes membraneux sur leurs bords, cinq pétales non onguiculés, dix étamines, deux styles et une capsule uniloculaire.

On les divise en deux sections :

1° Les *Struthium* dont les calices sont dépourvus d'écailles ;

2° Les *Petrorhagia* dont les calices portent à la base deux ou quatre écailles scarieuses et opposées par paires.

La première section, de beaucoup la plus nombreuse, comprend à peu près trente espèces, dont plusieurs sont européennes, et dont les autres habitent l'Orient, la Sibérie et principalement les environs du Caucase. On peut assez facilement diviser les indigènes en trois groupes, dont le plus apparent est celui des espèces à tiges droites, élevées et paniculées, à fleurs petites et étalées. Il comprend principalement le *Paniculata* des sables de la Sicile, le *Perfoliata* et le *Struthium* de l'Espagne, le *Fastigiata* de la France, auxquels on peut réunir le *Scorzonerifolia*, l'*Altissima*, l'*Acutifolia* et l'*Ascendens* de la Sibérie et du Caucase : ce sont des plantes très-remarquables par leurs panicules indéfiniment divisées, et par la multitude de leurs fleurs qui ressemblent de loin à un nuage blanchâtre, et sont souvent, comme dans le *Paniculata*, dioïques par avortement.

Le deuxième groupe, mal séparé du premier, se compose d'espèces à racines ligneuses et traçantes, à tiges rampantes et couchées, à feuilles glauques et épaisses, à fleurs plus grandes, étalées en tapis sur le terrain. Sa principale espèce est le *Repens* des Alpes et des Pyrénées, auquel on associe le *Prostrata* de LINNÉ et le *Dubia* de WILDENOW, qui sont peut-être autant de variétés du *Repens*.

Le troisième et dernier groupe de la section est formé de plantes annuelles, à feuilles amincies et tiges filiformes : telles que le *Muralis*, qui est commun dans nos champs ; le *Compressa*, originaire de la

Barbarie, et quelques autres espèces étrangères et mal déterminées, comme l'*Elegans*, etc.

Les *Petrorhagia* ne comprennent que trois espèces, dont deux étrangères, à fleurs rapprochées en tête et formant par conséquent un type distinct, et une troisième européenne, le *Saxifraga*, qui recouvre les rochers de l'Europe australe, et qui se rapproche des *Dianthus*, non-seulement par les écailles de son calice, mais encore par ses semences aplaties d'un côté, convexes de l'autre, son embryon droit et son ombilic logé au milieu de la surface convexe. C'est pourquoi Koch en a fait, sous le nom de *Tunica*, un genre qui diffère des *Gypsophiles* par ses quatre écailles calicinales, et des *Dianthus* par son calice évasé et par ses pétales rétrécis insensiblement et dépourvus à peu près d'onglet.

Les *Gypsophiles*, dont Linné comptait à peine dix espèces, se sont fort multipliées de nos jours : Des Fontaines en a rapporté *quelques-unes* de la Barbarie, et Marshall du Caucase; les recherches de Steven, de Fischer et des botanistes russes en ont fait connaître d'autres; en sorte qu'actuellement elles s'élèvent à trente-six, toutes originaires de l'hémisphère nord de l'ancien continent; mais il n'est guère douteux que, dans le nombre, il n'existe des variétés que j'ai déjà entrevues et qu'un examen ultérieur fera mieux reconnaître.

Ces plantes, comme l'indique leur nom, se plaisent sur les rochers calcaires et gypseux; elles recherchent encore les graviers des torrents desséchés, où elles se nourrissent par leurs feuilles épaisses, et les terrains arides et sablonneux où elles enfoncent leurs fortes racines. Des quatre espèces que comptent la France et la Suisse, une seule, le *Muralis*, petite plante annuelle, vit au milieu de nos cultures, où elle se ressème continuellement.

Les *Gypsophiles* vivaces ont une racine ligneuse et pivotante, dont le collet forme un rhizome et donne un grand nombre de tiges souvent gazonnantes, mais jamais traçantes; les unes se chargent de fleurs à leur sommet, les autres restent stériles et remplacent les premières l'année suivante, et ainsi de suite à l'indéfini. Les tiges sont renflées à leurs articulations et se coudent en divers sens, selon les besoins de la plante et l'influence de la lumière; les feuilles, variées dans leurs dimensions, mais jamais articulées, se détruisent irrégulièrement dans le cours de l'année; en sorte que la tige florale est souvent nue, tandis que la stérile est feuillée.

Les extrémités supérieures des tiges sont toujours dichotomes; lorsqu'il n'y a point d'avortement, on trouve à la base de chacune de leurs divisions, de petites bractées scarieuses et opposées, qu'on doit considérer comme des rudiments de feuilles : on remarque, de plus, dans les entre-nœuds de quelques espèces, comme le *Glauca*, l'*Acutifolia* et l'*Armerioïdes*, ces enduits visqueux qui se présentent souvent dans les *Silene*.

Les feuilles, avant leur développement, sont opposées deux à deux et un peu recourbées sur leur surface supérieure; les divisions du calice, toujours scarieuses sur les bords, sont en estivation quinconciale, c'est-à-dire que deux sont extérieures, deux autres intérieures, et qu'une dernière est recouverte d'un côté et recouvre de l'autre; les pétales ont, au contraire, l'estivation tordue des *Dianthus*.

Le nectaire des *Gypsophiles*, qui est peu apparent, réside, je crois, dans l'androphore : du moins j'ai vu sortir de ses bords une liqueur jaune et miellée, et je n'ai jamais aperçu à la base des principales étamines, c'est-à-dire de celles qui alternent avec les pétales, excepté toutefois dans le *Repens*, ces glandes qui sont si communes dans les *Alsinées*, mais qu'on trouve ici à la base de l'ovaire et de l'androphore.

Je n'ai pas non plus observé des mouvements dans les fleurs, qui sont indifféremment tournées de tous les côtés, et qui, malgré les variations de la température et de la lumière, ne se referment pas lorsqu'une fois elles sont ouvertes. Cependant dans quelques espèces, comme le *Paniculata*, les pétales se roulent en dehors en vieillissant, et dans d'autres, comme le *Fastigiata*, les feuilles se tournent du côté le plus éclairé.

Les étamines sont plus sensibles que les pétales; leurs filets, d'abord recourbés intérieurement, se redressent aux approches de la fécondation, et rapprochent ensuite successivement leurs anthères du pistil, dont les styles se roulent en spirale, pour mieux présenter leurs stigmates au pollen. Lorsque les anthères sont défleuries, les étamines et les styles ne tardent pas à tomber; mais les pétales se dessèchent, et le calice, d'abord évasé, se resserre contre le fruit.

La capsule est toujours redressée à l'époque de la maturité, et, quoique formée de cinq valves, elle ne s'ouvre cependant qu'en quatre pièces. Les semences assez grosses, sont noires, ponctuées et quelquefois striées; l'embryon est contourné en spirale dans les *Struthium*; mais dans les *Petrorhagia*, il est à peu près droit, comme dans les *Dianthus*.

Les *Gypsophiles* présentent peu de remarques physiologiques. Le *Paniculata* est dioïque par avortement, de même que la plupart des espèces, telles que l'*Altissima*, le *Scorzonerifolia*, etc. C'est la raison pour laquelle on aperçoit dans les mêmes espèces, tantôt des étamines et des stigmates saillants, tantôt sur d'autres fleurs ces mêmes organes avortés. Le *Muralis* s'ouvre le matin et se referme le soir dans les jours sereins; l'*Arenaria* de la Hongrie a les tiges fortement divariquées.

Les *Gypsophiles* ne fleurissent guère qu'à la fin du printemps et dans le cours de l'été, parce que leurs fleurs terminent toujours les pousses de l'année, mais quelquefois elles refleurissent, en automne, par le développement de nouvelles tiges. L'espèce qui paraît la dernière est le *Muralis*, plante véritablement annuelle, qui naît au printemps et ne fructifie que dans l'arrière-saison.

Les *Gypsophiles* ne sont guère cultivées dans nos jardins, parce qu'elles manquent d'odeur, et que leurs fleurs sont petites et sans éclat. Cependant les grandes espèces européennes, comme le *Fastigiata*, le *Paniculata*, le *Struthium*, et surtout celles de la Sibérie et du Caucase, sont pleines de grâce et d'élégance; leurs fleurs, d'un blanc pur ou rayé de rose, forment un agréable contraste avec leurs feuilles minces et bleuâtres. Le *Repens* orne admirablement de ses touffes fleuries et de ses larges gazons, les bords des torrents de nos Alpes et des rivières de nos plaines, où ses graines sont quelquefois transportées par les eaux; et le *Saxifraga*, qui se multiplie par des rejets souterrains, étale, presque toute l'année, sur nos terrains sablonneux et sur les bords de notre lac, ses jolies fleurs roses.

SECOND GENRE. — *Dianthus*.

Le *Dianthus* a un calice tubulé à cinq dents, embriqué à sa base, de deux à quatre écailles opposées, cinq pétales longuement onguiculés, dix étamines, deux styles, une capsule uniloculaire, des semences aplaties, convexes d'un côté et concaves de l'autre, un embryon à peine recourbé.

On divise ce grand genre en deux sections inégales :

1° Celle des *Armeriastrum*, à fleurs en tête ou en corymbe, sessiles ou pédonculées;

2° Celle des *Caryophyllum*, à fleurs paniculées ou solitaires.

Les *Armeriastrum* se subdivisent en trois groupes : le premier, dont les fleurs sont enveloppées de bractées ovales; le second, dont les bractées sont lancéolées et aiguës, les calices velus et striés; le troisième, enfin, dont les bractées sont ovales ou lancéolées, et les calices glabres et à peine striés.

Le premier groupe ne renferme qu'une seule espèce européenne, le *Prolifer*, petite plante annuelle à feuilles légèrement dentées, qui fleurit, au commencement de l'été, au bord de nos champs et de nos blés, et qui a reçu son nom de ce que ses fleurs sessiles et renfermées dans une enveloppe de quatre bractées élargies et scarieuses, paraissent les unes après les autres, et non pas toutes à la fois, comme dans la plupart des espèces de la section, ce qui fait que la fécondation est toujours directe. Ces fleurs sont petites, d'un rose pâle, échancrées et non dentées. Moris en ajoute une seconde, le *Velutinus* de la Sardaigne et du midi de l'Italie, qui se distingue du *Prolifer* par sa tige pubescente et ses fleurs pédicellées.

Le second groupe ne renferme non plus qu'une espèce européenne, l'*Armeria*, annuel comme le *Prolifer* et habitant les mêmes lieux; ses fleurs, qui paraissent aussi successivement, et dont par conséquent la fécondation est aussi toujours directe, forment un bouquet terminal, composé de trois ou quatre petits faisceaux enveloppés chacun de deux bractées étroites et allongées; ses écailles sont velues comme le calice; ses pétales sont petits, rouges, dentés et semés de points blancs. Le *Pseudo-Armeria* de la Tauride, qui se cultive dans les jardins botaniques, appartient au même type, mais paraît former une espèce distincte.

Le troisième groupe et le plus nombreux en espèces, contient trois types européens : 1º celui du *Carthusianorum*, dont la principale espèce, répandue dans les terrains stériles de toute l'Europe, se distingue par ses feuilles linéaires à trois nervures, et par ses fleurs barbues plus longues que les écailles; on y joint le *Ferrugineus* des Pyrénées, à fleurs d'un jaune ferrugineux, et l'*Atrorubens* des bords de la Méditerranée, à fleurs plus foncées, qui me paraît former une véritable espèce; 2º celui du *Barbatus*, à fleurs agrégées, fasciculées, à écailles aussi longues que le calice, à feuilles élargies et lancéolées. L'espèce principale, originaire de l'Allemagne et de la France méridionale, a été transportée dans nos jardins, où elle a reçu le nom d'*OEillet de Poète*, et où elle se fait remarquer par ses nombreuses fleurs agréablement panachées de blanc et de rouge. Les autres variétés ou espèces du même type sont le *Japonicus* à tige courte, assez cultivé dans nos jardins; le *Latifolius*, l'*Aggregatus*, le *Balbisii* des environs de Nice; le *Polymorphus* du Caucase, qui paraît dioïque; et l'espèce moyenne entre ce type et le précédent, est le *Collinus* des collines stériles des Alpes de la Lombardie; 3º enfin, celui des espèces sous-frutescentes et même frutescentes des îles de la Méditerranée et principalement de la Crète, qu'on distingue à leurs écailles et à leurs feuilles glauques, un peu charnues et piquantes. La plupart des plantes de cette division ont les fleurs petites, sans éclat et sans odeur; il faut en excepter toutefois le *Rupicola* des rochers de la Sicile, qui appartient au type des espèces arborescentes, et dont les fleurs sont, dit-on, très-odorantes.

La fécondation de ces plantes est variable ; lorsque leurs fleurs sont fasciculées, comme dans le *Barbatus*, les étamines sont saillantes et répandent leur pollen avant que les stigmates soient formés et sortis du tube. Au contraire, dans le *Carthusianorum* et ceux où les fleurs ne paraissent que successivement, les étamines sortent en même temps que les stigmates déjà bien conformés : il peut y avoir des exceptions à cette règle, mais elles sont dues sans doute à des conformations particulières, que l'on reconnaîtra en les observant séparément.

La section des *Caryophyllum* a été divisée par SERINGE, dans le Prodrome de DE CANDOLLE, en deux groupes : celui des espèces à pétales dentés et celui des espèces à pétales frangés ; mais je crois plus convenable d'y distinguer également différents types ou espèces semblablement conformées, présentant à peu près les mêmes phénomènes physiologiques. Le plus remarquable de ces types, celui qui a été le premier observé et qui a donné aux *Dianthus* la réputation dont ils jouissent dans nos jardins, est celui du *Caryophyllus*, qui paraît croître naturellement sur les vieux murs du midi de la France, et qui se reconnaît tout de suite à ses grandes fleurs, à ses écailles courbées et quaternées, ainsi qu'à ses feuilles linéaires, étroites, canaliculées et glauques. On doit y réunir, comme espèces, au moins très-rapprochées, d'abord le *Sylvestris* de nos Alpes et de nos collines stériles, qui est peut-être la véritable souche du *Caryophyllus*, quoiqu'il n'ait pas une odeur aussi marquée ; ensuite le *Longicollis* des environs de Naples, très-remarquable par ses six écailles acuminées et fortement aplaties, ainsi que par ses pétales lancéolés et irrégulièrement échancrés. Le second de nos types est celui du *Deltoïdes*, à tige gazonnante et rameuse, dont les pétales, inégalement crénelés, sont marqués d'une raie transversale, anguleuse et pourprée, et dont les fleurs s'ouvrent dans la matinée et se referment le soir, quoique moins régulièrement que celles du *Pomeridianus* de la Palestine. Le troisième est celui du *Cæsius* de nos collines montueuses, à feuilles gazonnantes, épaisses, glauques, à fleurs odorantes, recouvertes, à leur ouverture, de poils longs et pourprés. Le quatrième, qui en est assez voisin, est celui du *Plumarius*, dont l'on ne connaît pas la patrie, mais qui est cultivé sous le nom de *Mignardise* dans tous les jardins, où il forme, dès le milieu du printemps, des bordures charmantes, et où il répand l'odeur suave et particulière qui le caractérise. Le cinquième est celui du *Superbus*, aussi distingué par la grandeur de ses fleurs élégamment frangées que par le parfum qu'il exhale. Il vit dans nos bois, qu'il embellit dès la fin de l'été, en conservant sa forme primitive que l'art n'a point essayé de changer. On range tout auprès, quoique dans un rang inférieur, le *Monspessulanus* des Pyrénées et du Jura, ainsi que le *Plumosus* du mont Baldo. Enfin, le sixième et dernier type est celui du *Chinensis*, plante annuelle, cultivée depuis longtemps dans nos jardins, pour la singularité et l'éclat de ses fleurs magniquement veloutées en pourpre et en rose, mais qui malheureusement n'ont pas d'odeur.

Je place dans ce même type, quoiqu'avec un peu de doute, le *Glacialis* de Gaudin, et l'*Alpinus* de Koch, qui tapissent les pelouses du mont Cenis de ses fleurs d'un rouge ponceau, et dont les quatre écailles sont aristées et à peu près égales ; le bord de son tube floral est teint en bleu noir, et ses pétales sont roulés en cornet sur leurs deux côtés après la floraison. La fécondation est directe comme celle du *Chinensis*, car ses stigmates s'épanouissent à l'entrée du tube, et ses anthères placées un peu au-dessus répandent leur pollen bleuâtre sur la tache d'un bleu noir qui distingue cette espèce ; au contraire, dans le *Superbus*, les anthères sortent successivement, les cinq principales les premières, et ce n'est que lorsqu'elles ont répandu leur pollen blanchâtre et farineux, que l'on voit les stigmates qui souvent avortent, développer leurs papilles et se contourner sur eux-mêmes. Dans ce cas, la fécondation est aidée par les onglets, qui se recourbent fortement pour mettre à découvert leurs stigmates encore enfoncés dans la corolle.

Les *Dianthus*, qui, dans le Prodrome de De Candolle, s'élèvent déjà à plus de cent dix espèces, habitent, en grand nombre, les îles et les côtes de la Méditerranée, et sont, de plus, répandus, selon leurs différents types, dans l'Europe centrale, la Tauride, l'Asie mineure et la Sibérie. On les retrouve au Japon, à la Chine et au Cap ; mais ils paraissent à peu près étrangers à l'Amérique, aux Indes et à la Nouvelle-Hollande. Les espèces dont les feuilles sont glauques et épaisses, se plaisent sur les rochers, dans les sables et les plaines stériles ; les autres habitent nos bois ou les bords de nos haies, et plutôt les expositions sèches et découvertes que les terrains riches et profonds. Mais ces diverses plantes, tant annuelles que vivaces, ne fructifient guère qu'à la fin de l'été ou dans le cours de l'automne, parce que leurs fleurs sont toujours terminales.

Les *Dianthus* ont tous la même organisation générale. Leurs racines ligneuses ou simplement fibreuses donnent rarement des rejets, quoique leurs feuilles inférieures soient souvent gazonnantes ; leurs tiges minces et fortement genouillées, ont les rameaux régulièrement opposés ; toutefois il arrive souvent que l'un des deux avorte, et que la

fleur paraisse réellement solitaire; d'autres fois la tige ne se ramifie que
vers le sommet, et les rameaux sont alors si courts et si rapprochés,
qu'ils forment tantôt une seule tête, tantôt une agrégation de quelques
têtes allongées et fasciculées, comme on le voit dans la section des
Armeriastrum; mais, dans chaque dichotomie, la tige centrale périt
et ne se termine pas par une fleur, comme dans les *Silene.*

Les principales différences qui distinguent les espèces de ce beau
genre, sont tirées de la forme de l'inflorescence, de celle des feuilles
et des écailles de la fleur. Mais il faut convenir que ces caractères sont
toujours variables, au moins dans certaines limites, et que, parmi
les espèces, plusieurs ont une synonymie embarrassée, et ne sont
guère que des variétés dépendantes de la nature du terrain et de celle
de l'exposition, ou même des hybrides qui se forment facilement tous
les jours entre des plantes d'une organisation d'ailleurs si semblable.

Les corolles des *Dianthus* ont souvent leur limbe marqué de cercles
concentriques de couleur variée, et très-remarquables dans les nombreuses variétés du *Chinensis;* leur stigmate est une lame papillaire,
qui, comme dans les *Silene,* reste long-temps cachée entre les gaines longitudinales du style avec lesquelles on la confond; mais en général ces
plantes ne présentent qu'un petit nombre de phénomènes physiologiques, parce qu'elles ont entre elles un trop grand nombre de ressemblances. Leur calice ne s'ouvre jamais que médiocrement, et se referme
toujours après la fécondation. Leurs fleurs n'ont pas non plus de mouvements sur leurs pédoncules, et elles restent droites ou du moins
légèrement penchées, soit quand elles s'épanouissent, soit quand elles
fructifient; la plupart même ne se referment point quand une fois
elles sont épanouies. Cependant celles du *Deltoides ,* à pétales blancs
et à couronne pourprée, s'ouvrent, comme je l'ai dit, dans la matinée,
et se referment le soir. Celles du *Superbus ,* au contraire, s'ouvrent le
soir et se referment ou plutôt se chiffonnent irrégulièrement dans les
heures chaudes du jour. Le *Pomeridianus* est encore plus remarquable
à cet égard; il s'ouvre, dit-on, à midi et demi, et se referme à six
heures. L'*Armeria ,* l'*Arenaria ,* etc., et surtout le *Chinensis ,* au lieu
de fermer leurs pétales, les roulent, au contraire, en dedans, à la
manière de plusieurs *Silene ,* et les déroulent ensuite à la lumière.
D'autres espèces ont des mouvements moins marqués, mais pourtant
très-sensibles.

L'estivation du calice est à peu près valvaire, et celle des pétales
est tordue d'occident en orient ou de droite à gauche. L'ovaire est
porté sur un androphore très-marqué, à la base duquel sont insérées
la corolle et les étamines; et pendant la dissémination, la capsule qui

reste redressée s'ouvre en quatre lobes d'autant plus écartés que la sécheresse est plus grande.

La fécondation des *Caryophyllum* est ordinairement réciproque: les cinq étamines principales sortent les premières, et répandent leur pollen blanchâtre et onctueux sur les pétales hérissés de poils et tapissés à la base d'un vernis verdâtre et visqueux; les cinq autres s'ouvrent successivement dans l'intérieur du tube qu'elles tapissent de leur pollen; enfin les stigmates commencent à développer leur rainure papillaire et à se contourner en s'allongeant. Toutefois dans le *Mensposulanus*, cette fécondation m'a paru directe.

On observe cinq glandes jaunâtres à la base de l'ovaire, dont le contour est emmiellé, et c'est pour faciliter la communication du pollen avec ces glandes que le tube de la plupart des *Dianthus* présente ces cinq tubulures si remarquables dans les *Convolvulacées*. On peut voir même les pétales du *Dianthus Carthusianorum* portant sur leur milieu une lame destinée à former les parois de ces tubulures, mais dans le *Monspesulanus*, il n'y a ni glandes ni tubulures, et l'ovaire est légèrement pédicellé.

Les pétales des *Dianthus* se dessèchent sans tomber, et le calice recouvre constamment le péricarpe. Mais la capsule grandit, comme dans la plupart des *Caryophyllées*, et finit par s'ouvrir au sommet en quatre valves. Les graines m'ont paru avoir constamment la même forme; elles sont minces, concaves d'un côté, convexes de l'autre, et renferment dans leur intérieur un embryon droit ou du moins peu courbé. Lorsque la pluie survient pendant la dissémination, la capsule se referme.

Les tiges des *Dianthus* périssent après avoir donné leurs graines, et les racines repoussent, de leur collet ou de leur rhizome, de nouveaux jets qui se fortifient pendant l'automne, et redonnent, au printemps, des tiges florales. C'est sur ce principe qu'est fondée l'opération du marcottage, si connue des jardiniers, et si fort employée pour la multiplication des *Dianthus*. Les espèces sous-frutescentes conservent leurs tiges qui repoussent de plus haut, et j'ai vu en Italie des pieds de *Caryophyllus*, qui n'est pourtant qu'à demi ligneux, étendre leurs tiges le long des murs qu'ils garnissaient, et donner de tous côtés de nouvelles pousses. Je ne connais aucune espèce du genre qui se multiplie par des rejets.

Les feuilles des *Dianthus* sont appliquées deux à deux et un peu recourbées avant leur développement. Les écailles, qui ne sont que des feuilles avortées, comme on peut le voir distinctement dans quelques espèces où elles sont agrandies, servent à protéger les fleurs dans

leur première jeunesse, et ne se séparent jamais de la plante. Il y a
même quelques *Dianthus* étrangers, comme celui de *Burchel* et le
Micropetalus, tous les deux originaires du Cap, dans lesquels toutes
les feuilles sont changées en écailles.

L'inflorescence des *Dianthus* est, comme je l'ai dit, constamment
dichotome. Des deux fleurs qui terminent les rameaux de chaque
dichotomie, celle qui est la plus voisine de la tige principale s'épanouit
la première, et la dichotomie supérieure fleurit avant les autres,
comme on peut le voir dans le *Chinensis*, l'*Armeria*, le *Plumarius*,
le *Caryophyllus*, et même le *Barbatus*, dont les fleurs, au premier
coup-d'œil, paraissent toutes sortir du même point.

La dissémination ne m'a rien offert de remarquable : le calice toujours redressé se dessèche sans se fendre, la capsule devient cartilagineuse et s'ouvre au sommet en quatre valves qui s'étalent fortement,
et les semences se répandent par la simple agitation de l'air. Mais ces
semences, quoique sorties de la même capsule, produisent souvent
des individus qui varient, par le nombre des écailles calicinales, la
couleur des pétales et leurs découpures (Voyez *Bulletin de* Férussac,
v. 24, page 337).

Les *Dianthus* ont été destinés, comme tant d'autres plantes, à
embellir la demeure terrestre de l'homme, et il faut convenir, comme
nous l'avons déjà entrevu, qu'ils contribuent beaucoup à diversifier
les scènes brillantes que cette terre nous offre à chaque pas. Je passe
ici sous silence les *Armeriastrum,* quoique plusieurs de leurs espèces,
le *Carthusianorum* par exemple, et surtout le *Barbatus* de nos jardins,
méritassent d'être distingués, et l'eussent été sans doute si leurs fleurs
étaient odorantes. Mais qui est-ce qui peut rencontrer, sans l'admirer
et le cueillir, ce *Superbus*, magnifique décoration de nos bois, au
moment où ils ne renferment presque plus de fleurs; ce *Sylvestris,*
dont les fleurs roses revêtent si élégamment la nudité de nos rochers
ou de nos sables, et ce *Deltoides,* si remarquable par sa couronne
pourprée, étalée sur des pétales d'un blanc pur. Si de ces tableaux
champêtres, je passe à la pompe de nos jardins, j'y découvre d'abord
le *Chinensis,* peint de couleurs vives, assorties avec la même bizar-
rerie que celle des peintures grotesques de sa patrie; ensuite, le *Plumarius,* si parfumé et si brillant de fraîcheur dans les mois du printemps, et enfin j'arrive à ce roi du genre, à ce magnifique *Caryophyllus*,
qui revêt, à la volonté de l'homme, toutes les formes et toutes les
couleurs; qui, simple et modeste dans les jardins ou sur les fenêtres
du pauvre, brille d'un si grand éclat et étale tant de merveilles dans
les magnifiques parterres des riches. Qu'on suppose un moment que

les plantes se multipliassent toutes sans fleurir, à la manière des *Fou-gères* ou des *Mousses*, et l'on comprendra combien la nature nous paraîtrait alors triste et dépouillée. Elle ne serait jamais nue, mais elle n'offrirait jamais de printemps.

J'ajoute, en finissant, que les *Dianthus* de la seconde section dou-blent plus facilement que les autres, et qu'en particulier, les pétales du *Caryophyllus* s'augmentent tellement, qu'ils forcent le calice à se rompre. Quelquefois ce sont les écailles qui se multiplient, et les fleurs, au contraire, qui avortent. Les tiges se terminent alors par des épis écailleux, qui ne ressemblent pas mal à ceux des *Crucianelles*.

TROISIÈME GENRE. — *Saponaria*.

La *Saponaire* a un calice tubulé, nu à la base et terminé par cinq dents, cinq pétales onguiculés, dix étamines, deux styles et une capsule uniloculaire.

Ce genre est formé d'espèces qui n'ont pas le même port et la même structure; en conséquence il a été divisé en quatre sections :

La première est celle des *Vaccaria*, à fleurs paniculées, calice anguleux et glabre;

La deuxième, celle des *Bootia*, à fleurs paniculées et fasciculées, calice cylindrique souvent velu;

La troisième, celle des *Proteinia*, à fleurs axillaires et solitaires, calice rarement glabre;

La quatrième, celles des *Bolanthus*, à fleurs agrégées, calice cylin-drique et velu, et feuilles gazonnantes.

La première section comprend seulement deux espèces, le *Saponaria vaccaria*, qui habite nos blés, et le *Perfoliata* des Indes orientales, qui n'en est peut-être qu'une variété. La première est une plante véritable-ment annuelle, qui naît au printemps et se ressème pendant la moisson. Ses feuilles glauques, épaisses, pointues et engaînées, sont roulées en dehors dans leur premier développement, et se font remarquer par leurs nervures longitudinales et leur contour légèrement cartilagineux; ses tiges cylindriques et fortement genouillées se ramifient seulement vers le sommet, et ses fleurs paniculées, presque nivelées, sont toujours solitaires sur leurs pédoncules : la première qui paraît est celle de la dichotomie du rameau supérieur; elle est remplacée successivement par celle des autres dichotomies, en sorte que l'efflorescence est cen-trifuge pour chaque rameau; quelquefois il y a des avortements, mais l'on reconnaît toujours la fleur de la dichotomie à son pédoncule dé-pourvu de bractées.

Les pétales, qui sont nus, légèrement dentés et d'un rouge agréable, s'ouvrent le soir et se referment aux approches de la nuit, mais ils ne s'étalent jamais, parce que le calice n'est que légèrement quinquéfide; ils se dessèchent ensuite sans tomber, tandis que le calice, d'abord étroit et à peu près fermé, se renfle pour l'accroissement de la capsule, et devient enfin pyramidal et pentaèdre.

La fécondation est directe, les anthères rouges et introrses répandent abondamment leur poussière à l'entrée de la corolle; les stigmates qui sortent dans le même moment ont leurs houppes papillaires placées sur presque toute la largeur des styles, dont l'extrémité est ordinairement roulée en spirale; le nectaire est formé de dix glandes sessiles à la base interne des étamines; enfin la capsule, au fond de laquelle on aperçoit les rudiments de trois ou quatre cloisons, et qui est toujours étroitement enveloppée de son calice, s'ouvre au sommet en quatre lobes; les graines sont noirâtres, chagrinées et portées séparément sur un funicule redressé qui part de l'axe central à différentes hauteurs : l'embryon est périsphérique et la radicule centripète.

Les *Bootia*, qui contiennent quatre espèces toutes européennes, ne sont pas, comme les *Vaccaria*, formés d'un seul type : ils en renferment, au contraire, deux très-distincts, et peut-être même un troisième.

Le premier est celui du *Saponaria officinalis* ou de la *Saponaire commune*, qui se trouve sur le bord des chemins dans presque toute l'Europe, où elle occupe souvent un espace considérable, et forme des touffes de tiges élevées et terminées par des fleurs grandes, roses, en panicules fasciculées; ses feuilles ovales, lancéolées et marquées de trois nervures, sont demi-embrassées dans leurs premiers développements; ses pétales à écailles étroites et linéaires sont dépourvues de tout mouvement; ses étamines, glanduleuses à la base, sont saillantes et plus longues que les styles; sa capsule, qui porte aussi des traces de cloison et s'ouvre en quatre valves, est oblongue et sillonnée; ses semences sont noires et chagrinées.

Le second est celui de l'*Ocymoides*, qui forme également des gazons très-étendus, et dont les nombreuses fleurs, d'un beau rouge, produisent un effet charmant sur les pentes qu'elles recouvrent dès l'entrée du printemps. Ces fleurs sont dépourvues de tout mouvement, mais leur calice se renfle et se déjette pour faciliter la dissémination; les cinq étamines secondaires sont logées dans les onglets canaliculés des pétales et retenues par les dents ou les écailles qui ferment l'entrée du tube; les cinq autres sont soudées au torus et articulées sur autant de glandes nectarifères qui ressemblent à celles des *Alsine*.

Les racines de cette plante sont de vrais rhizomes, dont les tiges étalées donnent sans cesse de leur base de nouveaux jets, qui subsistent l'hiver et fleurissent au premier réveil de l'année; les feuilles sont petites, engaînées, ovales, lancéolées et demi-embrassées.

Pendant la maturation, qui s'opère assez promptement, les calices enflés se dessèchent, et les capsules cartilagineuses sortent enfin par le sommet et s'ouvrent en quatre valves. L'*Alsinoides* de la Sardaigne ne diffère presque de l'*Ocymoides* que par son port plus grêle et les onglets de ses pétales non saillants.

Le troisième type de la section est formé par le *Glutinosa*, qui est annuel ou bisannuel, et croît sur les montagnes de la Tauride. Je ne le connais pas assez pour le décrire.

Les *Proteina* comptent, dans le Prodrome, quatre espèces, qui paraissent toutes appartenir au même type, et dont deux européennes habitent l'Illyrie et la Crète; le *Porrigens*, originaire de l'Orient et assez commun dans nos jardins, a le port et les habitudes des grandes *Gypsophiles*; c'est une plante élevée, quoique annuelle, dont le calice est légèrement campanulé comme dans les autres espèces de la section, et dont les rameaux très-divariqués portent des feuilles lancéolées, linéaires et visqueuses; sa corolle est nue, petite, rougeâtre et toujours ouverte, ses styles sont divariqués et ses stigmates latéraux se terminent par de petites têtes; ses nectaires, placés sans doute comme ceux des autres *Saponaires*, donnent une humeur abondante.

Ce que cette plante présente de remarquable, c'est l'allongement de ses pédoncules placés aux angles de toutes les dichotomies, et qui se développent successivement du sommet à la base; au moment où les fleurs sont sur le point de paraître, ils s'allongent considérablement, et ensuite ils s'inclinent à peu près horizontalement, en offrant, pour ainsi dire, leurs capsules à l'observateur. Ce petit phénomène, qui caractérise toutes les espèces de la section, se rencontre aussi dans l'*Orientalis* de l'Orient et de la Carniole, qui me paraît différer peu du *Porrigens*, quoiqu'il soit plus petit dans toutes ses parties.

On range encore dans la même section deux espèces nouvellement reconnues et cultivées dans les jardins botaniques, le *Cerastioides*, à fleurs roses très-petites et dépourvues d'écailles, et le *Sicula* ou *Calabra* à pétales spatulés d'un beau rouge, écailles petites et saillantes. La première a la fécondation directe et à peu près intérieure du *Porigens*, mais dans la dernière, les étamines élevées et redressées au centre de la fleur, se déjettent *comme pour* féconder les fleurs voisines, et lorsque ces étamines sont flétries, il sort enfin du même calice deux longs stigmates contournés, qui vont recevoir le pollen des autres anthères. Ces plantes sont annuelles, comme la plupart des *Proteina*, et leurs capsules s'ouvrent ordinairement en quatre valves.

Les *Bolanthus*, qui forment la dernière section des *Saponaires*, comprennent six ou sept espèces qui habitent sur les bords de la Méditerranée, mais dont deux sont originaires de l'Orient. Elles paraissent appartenir au même type, et forment toutes sur les rochers de nos montagnes élevées, des touffes de feuilles serrées, à tiges à *peu près* nues, comme les *Draba* ou quelques *Silene*. Celle que je prends ici pour type est le *Lutea* des Alpes du Piémont et du Valais, dont la racine ligneuse et divisée s'enfonce profondément dans les rochers; ses feuilles, très-nombreuses, sont glabres, redressées et linéaires; ses tiges cylindriques, hautes de deux ou trois pouces, et chargées, à la base, de deux ou trois paires de feuilles connées, se terminent par une petite tête ornée de pédoncules simples ou ramifiés, entremêlés de bractées linéaires; le calice est cylindrique et velu; la corolle, d'un jaune pâle, porte à son entrée des écailles très-marquées, que traversent de grandes étamines violettes à anthères jaunes; les styles sont allongés, blanchâtres, roulés en spirale et à peine renflés au sommet. Cette conformation est, à peu de différence près, celle du *Cespitosa* des Pyrénées, à fleurs roses; du *Bellidifolia* des monts élevés de l'Italie, à pétales et anthères jaunes; enfin du *Depressa* des pentes de l'Etna.

La fécondation des *Saponaires* varie selon les types : dans l'*Ocymoides* les filets sont très-saillants et les anthères, versent leur pollen brunâtre sur les dents de la corolle, avant que les stigmates soient sortis. Il en est de même de l'*Officinalis*, où les cinq premières étamines paraissent toujours avant les autres; et en général, aucune des espèces de ce genre ne m'a présenté de fécondation directe.

Pendant la maturation, les calices de la plupart des espèces commencent à se fendre pour laisser sortir la capsule, et l'on ne peut pas dire que ce soit la capsule qui ait déterminé cette fissure, puisqu'elle commence par le haut et fort au-dessus de l'ovaire. Toutefois, l'*Orientalis* et l'*Officinalis* que j'ai devant les yeux, conservent jusqu'à la fin leur calice cylindrique, qui enveloppe étroitement une capsule ouverte au sommet en quatre valves.

QUATRIÈME GENRE. — *Cucubalus.*

Le *Cucubalus* a un calice campanulé à cinq dents, cinq pétales on-guiculés et bifides, une capsule charnue et uniloculaire.

Ce genre, autrefois très-nombreux, est actuellement réduit à une seule espèce, le *Cucubalus bacciferus* du midi de l'Europe, plante sin-gulière qui a mérité de former un genre à part, à cause de son port et surtout de la structure de sa capsule.

Elle croît au pied des haies, où seule de sa famille, elle s'attache par ses longues tiges articulées et demi-sarmenteuses, et qu'elle couronne ensuite de ses fleurs pendant les derniers mois de l'été. Ses genoux sont enflés, ses feuilles lancéolées et un peu velues; son calice a l'esti-vation valvaire des *Silene Behen*, et ses fleurs, qui naissent solitaires dans les diverses dichotomies, sont grandes, étalées, toujours ouvertes et inclinées vers la terre pour assurer la fécondation qui est à peu près directe.

A cette époque, les pétales étroits, irrégulièrement bifides et d'un blanc verdâtre, étalent presque horizontalement leur limbe couronné, sur lequel s'étendent des anthères blanches et introrses; en même temps l'androphore, qui est très-saillant, distille en abondance l'hu-meur miellée de ses glandes jaunâtres.

Lorsque la fécondation est accomplie, le calice renflé se déchire au sommet pour donner issue au péricarpe, qui, d'abord semblable à celui des *Silene*, prend successivement beaucoup d'accroissement en épaisseur, et devient enfin une espèce de baie noire et succulente; cependant il conserve encore sous cette apparence toute l'organisa-tion d'une capsule, son réceptacle est central, ses graines, logées dans l'espace vide, sont portées sur des funicules recourbés, et ses parois intérieures conservent les traces des trois loges qui distinguent les *Silene*.

Il y a donc ici deux phénomènes remarquables : le premier est celui d'une transformation et d'une soudure de péricarpe qui s'opère, pour ainsi dire, sous nos yeux; le second est celui d'une préordina-tion dans les diverses parties de la fleur; le calice s'enfle et les pétales s'écartent, comme s'ils savaient à l'avance que le fruit doit se trans-former en baie.

La dissémination n'a lieu que très-tard, car la baie, quoique libre et débarrassée de toute enveloppe, ne s'ouvre ni ne se détache naturelle-ment : les oiseaux qui s'en nourrissent transportent çà et là ses graines brunâtres et luisantes.

Toute la plante a une odeur vireuse qui lui est propre

CINQUIÈME GENRE. — *Silene*.

Les *Silene* ont un calice tubulé, nu et terminé par cinq dents, cinq pétales onguiculés, bifides et très-souvent écailleux, dix étamines, trois styles, une capsule triloculaire à la base, et ouverte au sommet en six dents.

Ce vaste genre, composé actuellement de plus de deux cents espèces, la plupart européennes, a été divisé par OTTH en huit sections, la plupart naturelles, et dont voici le tableau :

1re section. *Nanosilene*. Tige à peu près nulle, pédoncules uniflores, calice légèrement enflé.

2me — *Behenantha*. Fleurs solitaires ou paniculées, portées sur une vraie tige, calices renflés.

3me — *Otites*. Fleurs en épis verticillés.

4me — *Conoïmorpha*. Calice à peu près conique et ombiliqué à la base.

5me — *Stachymorpha*. Fleurs axillaires et non opposées, disposées en épi, calice à dix stries.

6me — *Rupifraga*. Tiges amincies et rapprochées, pédoncules filiformes, calices cylindriques ou campanulés.

7me — *Siphonomorpha*. Fleurs paniculées, rarement solitaires, pédoncules courts et opposés, calice tubulé.

8me — *Atocion*. Fleurs en corymbe, calice en massue à dix stries.

Les *Nanosilene* sont formés de deux espèces, dont la plus commune est le *Silene acaulis* des rochers élevés de nos Alpes, où elle forme des tapis serrés de petites feuilles d'un vert gai, recouvertes, au printemps, de fleurs roses non roulées sur leur limbe. Cette plante vivace, à racine ligneuse, la dernière que DE SAUSSURE rencontra dans son ascension au Mont-Blanc, produit sans cesse, de son collet, de nouveaux rejets, qui se changent insensiblement en rhizomes. Dès que la fécondation est accomplie, on voit naître, des dernières aisselles de ses petites tiges, de jeunes pousses destinées à remplacer les anciennes, qu'elles ne tardent pas à surpasser. La capsule pédicellée se dégage alors de son calice, et s'ouvre à six valves pour répandre, à l'entrée de l'automne, des semences assez grosses, attachées par leur funicule à un réceptacle central. Cependant j'ai vu, au mois de juin, sur le Simplon, les capsules encore chargées de graines, à peu près en même temps que les fleurs de l'année s'épanouissaient.

Cette plante est dioïque, d'après les observations des botanistes modernes ; la fleur mâle a les étamines saillantes, l'ovaire et les étamines avortées ; la fleur femelle, plus petite et presque sessile, manque, à son tour, d'étamines. Mais elle a, comme cela était nécessaire, les stigmates fort saillants, velus, papillaires, latéraux, et par conséquent contournés au sommet. Koch dit qu'elle est polygamo-trioïque, c'est-à-dire sur trois pieds.

Le *Pumilio*, dernière espèce de la section, vit dans les Alpes de la Carinthie, et ne paraît différer de l'*Acaulis* que par ses feuilles plus élargies, ses calices enflés et velus; car il a aussi les fleurs terminales et solitaires. Toutefois Koch le range parmi les *Behenantha*, à cause de son calice enflé et de sa capsule sessile.

Les *Behenantha* comprennent un grand nombre d'espèces éparses en Orient, dans la Sibérie et les îles de la Méditerranée. Ils se divisent assez bien en deux types. Le premier est caractérisé par ses androphores raccourcis ou nuls, ses pétales nus et jamais roulés, sa tige non visqueuse sous les articulations, et son calice valvaire renflé en vertu d'une organisation particulière et non par la pression de l'ovaire; ils sont représentés par le *Silene inflata* ou le *Cucubalus Behen* de Linné, plante multiforme, et ils admettent comme sous-types les *Fimbriata*, très-remarquables par leurs pétales élégamment frangés, et dont l'on compte trois ou quatre espèces, qui, comme le *Silene inflata*, ont presque toujours les organes sexuels incomplets, des styles saillants avec des étamines avortées ou des étamines saillantes et des pistils plus ou moins avortés; ce qui rend leur fécondation indirecte.

Le second type des *Behenantha* a des calices striés, des pétales appendiculés et des ovaires ou sessiles ou portés sur des androphores; les plantes qui le composent habitent l'Espagne, l'Italie, la Sibérie, etc., et pourraient bien former plusieurs types. Une des espèces les plus remarquables de cette division est l'*Indica*, du Népaul, dont les fleurs, d'un rouge sale, ne se referment point et dont les pétales courts, larges et fortement bifides, portent chacun deux écailles sur lesquelles se dépose le pollen des grandes anthères à demi saillantes. Les autres restent dans le tube, où elles fécondent les stigmates qui s'ouvrent très-tard. Tant que dure la fécondation, la fleur est renversée sur le terrain, ensuite elle se relève.

Le calice des *Behenantha* de notre premier type reste libre, évasé et non adhérent. Il se dessèche insensiblement, et il est à demi détruit lorsque la capsule s'ouvre au sommet en six valves; les graines se répandent par la simple agitation de l'air.

Les *Otites* forment une section assez nombreuse, dont la véritable patrie est la Sibérie, et qui comptent seulement deux espèces européennes. On les distingue à leur port élancé, à leurs feuilles radicales nombreuses, comme à leurs tiges presque nues, simples et non dichotomes; les pédoncules naissent aux aisselles des deux feuilles opposées, où ils se bifurquent et se divisent de manière à imiter en petit l'inflorescence des autres *Silene* ; mais comme leurs divisions sont raccourcies , les fleurs paraissent irrégulièrement verticillées à chaque nœud, et prennent ainsi un aspect rare dans les *Caryophyllées*. La principale espèce de cette section est l'*Otites*, plante vivace, fort répandue dans les terrains stériles et sablonneux du midi de l'Europe, où elle fructifie dans les mois d'été, en offrant plusieurs variétés. Ses fleurs, d'un jaune sale, à pétales linéaires et nus, sont dioïques; les mâles ont leur calice à peu près fermé, et au contraire leurs étamines saillantes et très-divariquées; les fleurs femelles, dont les calices sont aussi fermés, et qui, comme les fleurs mâles, allongent leurs pédoncules les uns après les autres, ont les stigmates papillaires de tous les côtés, afin de mieux recevoir les influences du pollen. Pendant la maturation, le calice s'amincit et se fend irrégulièrement, ensuite la capsule sessile s'ouvre en six valves.

La plupart des *Otites* ont leurs tiges allongées, glutineuses, à peu près nues, leurs étamines saillantes, leurs pétales étroits, entiers ou bifides : ce sont des plantes qui n'ont ni légèreté ni élégance, parce que leurs tiges sont simples, et que leurs fleurs peu apparentes fleurissent successivement et non simultanément dans chaque verticille ; cependant le *Viscosa*, qui est une seconde espèce européenne, et qu'on trouve en Italie, en Angleterre et ailleurs, se distingue des autres par ses fleurs penchées à pétales grands et bifides, par les poils visqueux qui le recouvrent dans toutes ses parties et surtout par ses étamines aggrandies et déjetées sur le côté inférieur, et ses stigmates qui ne se développent guère qu'après l'émission du pollen, comme cela a lieu aussi dans la plupart des espèces de la section.

Les *Otites* ont les feuilles roulées sur leur bord supérieur et les tiges ordinairement dépourvues d'articulations glutineuses; les tiges sont simples et allongées, les pétales étroits et roulés dès le matin, et comme les fleurs ne se développent que successivement dans chaque verticille, elles n'ont dans leur ensemble ni grâce ni élégance. Leurs diverses espèces ont tantôt un androphore bien marqué, et tantôt un androphore à peu près nul, ce qui prouve qu'elles ne sont pas homotypes.

Les *Conoimorpha*, qui forment notre quatrième section, ne comptent que cinq espèces, dont deux européennes, appartenant au même type : le *Conoidea* et le *Conica*, plantes annuelles qui habitent les moissons et les bords des champs de la France, et qui se distinguent de la plupart des autres *Silene* par leur calice conique, rayé de trente stries et comme tronqué à la base. La forme singulière de ce calice, qui constitue le caractère principal de la section, provient de l'absence presque complète de l'androphore et du renflement de la base de la capsule, dont le sommet pointu s'ouvre à six dents, et dont les graines, légèrement contournées comme l'embryon, s'échappent par l'ouverture du péricarpe, sans que le calice s'ouvre sensiblement; ces plantes, dont les fleurs s'épanouissent le soir, comme dans la plupart des *Silene*, ont la fécondation indirecte, car leurs étamines sortent avant les styles.

La section des *Stachymorpha*, qui compte à peu près cinquante espèces, est caractérisée par ses calices à dix stries et ses fleurs axillaires disposées grossièrement en forme d'épi. OTTH la divise artificiellement en deux groupes, d'après la conformation du calice.

Le premier, qui comprend les espèces à calice cylindrique, et qui renferme principalement le type du *Gallica*, est formé d'une dizaine d'espèces à tiges simples, deux ou trois fois divisées au sommet, où leurs fleurs s'entassent de manière à former une espèce d'épi souvent déjeté. Ce sont des plantes annuelles, à feuilles petites et velues, à calice cylindrique plus ou moins renflé, à pétales irrégulièrement divisés et souvent renversés à la maturation, à capsule sessile et poils ordinairement articulés; elles se ressemblent si fort, que BENTHAM, dans son Catalogue des plantes des Pyrénées, rapproche sous la même espèce le *Quinquevulnera*, le *Cerastoides*, le *Gallica*, le *Lusitanica* et le *Tridentata*, qui ne diffèrent que par leurs fleurs; on peut voir, à ce qu'il assure, réunies dans le même lieu ces prétendues espèces, présentant, d'un côté, toutes les nuances de couleur, depuis le blanc le plus pur jusqu'au pourpre foncé, à peine bordé d'une teinte plus claire, et de l'autre, toutes les modifications de limbe entier, cordiforme et bifide.

La fécondation de ces plantes a lieu ordinairement dans l'intérieur du tube, dont les stigmates non saillants occupent le fond, tandis que les anthères sont placées au sommet. A l'époque de la dissémination, la capsule médiocrement renflée s'ouvre, en même temps que le calice veiné se fend irrégulièrement : toutefois, dans le *Nocturna*, la fécondation est extérieure et indirecte, et la fleur s'ouvre le soir.

Les pétales de la plupart de ces plantes, le *Nocturna* et quelques autres exceptés, se disposent irrégulièrement sur un plan plus ou moins incliné, et quelquefois presque vertical. Ce mouvement ne dépend pas des heures du jour, comme celui des autres *Silene*, mais il se développe tard et il est durable. Je l'ai vu également dans le *Trinervia*.

Le second groupe des *Stachymorpha* comprend un grand nombre d'espèces, dont plusieurs habitent les îles de la Méditerranée et les côtes adjacentes ; plusieurs aussi, comme l'*Obtusifolia*, le *Bellidifolia* et le *Lateriflora*, errent dans nos jardins sans qu'on puisse assigner leur véritable patrie. Ces plantes, presque toutes annuelles, ont les fleurs ordinairement unilatérales, blanches ou pourpres, leurs pétales s'ouvrent le soir et se roulent le matin ; leur calice est en massue, et leur androphore grandit assez dans la maturation pour dégager au moins le sommet de la capsule ; leur fécondation est toujours indirecte, parce que les étamines sortent long-temps avant les stigmates ; les plus remarquables sont le *Pendula*, à fleurs pendantes du midi de l'Italie ; le *Colorata* de Maroc et de l'île de Scio, à pétales roses ; le *Villosa* de l'Égypte ; le *Canescens* et le *Trinervia* de l'Italie, et sans doute aussi le *Nocturna*.

Le *Colorata* se distingue des autres par son mode de fécondation ; ses anthères, portées sur des filets lâches, s'ouvrent à l'entrée du tube, et répandent leur pollen blanchâtre sur les stigmates placés audessous, et dont les lobes papillaires en-dedans ne sortent que très-tard, mais ouvrent dans l'intérieur du tube leur rainure stigmatoïde. Le *Trinervia*, à fleurs d'un rouge sanguin, ouvre bien aussi ses anthères dans le godet cylindrique formé par les dix écailles, mais ses longs stigmates ne se forment que très-tard et hors du tube.

Les *Rupifraga*, qui ont reçu leur nom de ce que plusieurs d'entre eux croissent sur les rochers, se reconnaissent, au premier coup-d'œil, à leurs tiges effilées non glutineuses, et à leurs pédoncules filiformes. On y distingue comme premier type, les espèces vivaces qui habitent ordinairement les côtes escarpées et humides de nos Alpes ; telles que le *Rupestris*, le *Quadridentata*, l'*Alpestris*, le *Glaucifolia*, le *Saxifraga*, le *Petræa* et le *Campanula*, tous remarquables par l'élégance de leur port, leurs feuilles lisses et souvent glauques, et leurs jolies fleurs d'un blanc de lait. Le *Rupestris*, plus abondant que les autres, se plaît dans les vallées granitiques ; le *Quadridentata*, plus effilé, plus délicat et plus rare, décore les flancs humides des rochers ; le *Saxifraga*, à pédoncules très-allongés, habite les pentes méridionales des Alpes, de même que le *Campanula*, à calices grands et campanulés. Ces plantes, si gracieuses, ont les fleurs terminales et axillaires, les pétales plus ou moins divisés et couronnés, les ovaires sessiles ou pédicellés, selon que les calices sont campanulés ou renflés en massue. Quelques-unes présentent des aberrations qui méritent d'être remarquées : ainsi la capsule du *Quadridentata* porte quelquefois quatre ou même cinq styles ; le *Saxifraga* a souvent cinq étamines stériles, et l'*Alpestris* se reconnaît à ses graines ciliées.

Les plantes de ce premier type ont des corolles non météoriques, qui restent ouvertes pendant tout le cours de la floraison; leurs étamines sont toujours saillantes, mais les cinq principales paraissent avant les autres, et dans le *Rupestris*, par exemple, les stigmates ne sont développés que lorsque les cinq étamines secondaires ou opposées aux pétales répandent leur pollen. Il en est de même de l'*Altaica*, très-voisin du *Dentata*, mais dont les dents sont plus allongées, et dont la fécondation m'a paru médiate, et la corolle, par conséquent très-évasée.

Le second type de la section comprend des herbes annuelles qui habitent nos champs, et se font remarquer par leurs tiges paniculées et leurs petites fleurs rougeâtres à peu près de la grandeur du calice. Telles sont l'*Inaperta* de la France, qui n'a souvent que cinq étamines, et dont le *Polyphylla* n'est qu'une variété; le *Clandestina*, du Portugal, à feuilles étroites, et enfin l'*Antirrhina* de la Virginie, à pétales couronnés. Ces divers *Silene* ont la fécondation directe et intérieure, et le *Quadridentata* a comme l'*Alpestris* ses graines ciliées; le premier a de plus les calices campanulés et les capsules sessiles.

Les *Siphonomorpha*, qui forment la septième section des *Silene*, se partagent en trois groupes: 1° celui à fleurs penchées et calices cylindriques; 2° celui à fleurs redressées, calices courts et terminés en massue; 3° enfin, celui à fleurs redressées et calice prolongé en grande massue.

Le premier groupe est représenté par le *Silene nutans*, plante qui se trouve dans toutes nos prairies sèches, et monte jusque sur les Alpes; ses racines sont des rhizomes couronnés par un grand nombre de feuilles spatulées, et ses fleurs d'un blanc sale, pendantes à chaque dichotomie, se redressent durant la maturation; elle a produit un grand nombre de variétés, qui diffèrent surtout par leurs feuilles élargies ou étroites, glabres ou velues, et qui toutes ont la tige glutineuse aux articulations supérieures, et les pétales bifides, réfléchis et roulés pendant le jour. On lui associe, comme espèces ou comme variétés, l'*Insubrica* à fleurs plus grandes et tiges non glutineuses, le *Longifolia* et le *Viridiflora* du Portugal, le *Quadrifidu* des envions de Vérone, le *Rubens* de Clagenfurt, le *Chlorantha* et le *Nicæensis* des environs de Nice, qui n'en est qu'une variété altérée par le voisinage de la mer, et qui présente le singulier phénomène d'articulations visqueuses d'un seul côté.

J'ai remarqué que des dix étamines du *Nutans*, et des autres espèces du même groupe ou des autres groupes, les cinq principales sortent long-temps avant que les stigmates soient développés, et que les cinq autres ne paraissent que lorsque les styles étalent leurs branches, 'en sorte que les fleurs ne sont pas sans doute fécondées par leurs propres anthères. J'ai fait la même observation sur le *Ramosissima* de DES FONTAINES, qui dépend du même groupe, dont les fleurs comme celle du *Nutans*, se déroulent le soir et se roulent le matin pendant plusieurs jours, et qui m'a présenté de plus le singulier phénomène d'une capsule sessile, fermée, je crois, par un couvercle, et non fendue en cinq valves, comme l'a décrite l'*illustre auteur*, dont cette plante rappelle lenom. L'espèce la plus remarquable de ce groupe est le *Saponaniæfolia*, qui appartient par ses feuilles glauques et son calice lisse et renflé aux *Behenantha*, mais dont la fécondation indirecte est tout-à-fait celle du *Silene nutans*; ses fleurs fortement penchées et ouvertes dès le soir, redressent leurs pédoncules dans la maturation, et les calices se fendent pour donner issue à la capsule *sessile* ovale et triloculaire; la fleur blanche roule ses pétales à peu près nus.

Le second groupe ne diffère du premier que par ses fleurs redressées pendant la fécondation et ses calices terminés en massue. Il renferme principalement trois types. Le premier est celui du *Catholica*, à tige droite et paniculée, fleurs étalées et dépourvues d'écailles, articulations glutineuses, fécondation directe et extérieure; le second, est celui du *Noctiflora*, qui a le port du *Lychnis dioica* et dont les calices sont renflés et irrégulièrement veinés; les fleurs ne s'ouvrent que le soir, et les étamines, comme les stigmates papillaires de tous les côtés, ne sont jamais saillantes; le troisième, est celui des espèces à tiges effilées, feuilles linéaires et glabres, telles que le *Glauca* qui a la fécondation intérieure du *Noctiflora*, le *Pubescens*, le *Corsica*, le *Sericea*, l'*Ornata* du Cap, qui épanouit dans nos terres, dès le premier printemps, ses fleurs d'un beau rose; le *Picta*, à pétales rougeâtres; le *Bicolor*, qui s'ouvre le matin et se ferme avant dix heures; le *Muscipula* et le *Stricta* de l'Espagne. Les tiges de ses plantes, et en particulier celles du *Muscipula* et du *Picta*, ont leurs articulations glutineuses, et arrêtent ainsi les insectes qui voudraient sucer leurs fleurs.

Le troisième groupe des *Siphonomorpha*, a les fleurs redressées du second; mais il se distingue du premier par ses calices fortement cylindriques, à androphore allongé et chargé de capsules renflées. Je le divise également en deux types : le premier est celui des espèces à tiges élevées et paniculées, comme l'*Italica*, commun en Italie; le *Bupleuroides* de la Perse, à fleurs grandes et paniculées, et tiges glutineuses dans les entre-nœuds; le *Paradoxa* du Dauphiné, ainsi nommé, parce que ses écailles demi-avortées le placent 'entre les

Cucubalus et les *Silene* de LINNÉ; le *Polyphylla* de l'Autriche et quelques autres espèces à fleurs blanchâtres et roulées. Le second est celui
du *Valesiaca*, des Alpes du Valais, à racine ligneuse, pédoncule biflore, pétales rouges et bifides, calice très-allongé et capsule renflée;
on doit peut-être y réunir le *Fruticosa* de la Sicile, et le *Capsica* des
environs du Caucase. Les plantes de ce groupe ont, je crois, toutes la
fécondation indirecte et les pétales roulés pendant le jour.

Enfin, les *Atocion*, distingués par leurs fleurs en corymbe et leur
calice en massue à dix stries, sont formés principalement de trois
types. Le premier compte deux espèces annuelles, l'*Atocion* et le
Pseudo-Atocion, l'un et l'autre à fleurs couronnées et disposées en
corymbes lâches. Le second est celui des *Armeria*, qui ne contient
qu'une seule espèce caractérisée par ses tiges annuelles, glabres et
visqueuses, ses corymbes fasciculés, ses fleurs rouges et couronnées,
et ses feuilles glauques. Le dernier est celui du *Cespitosa*, à racine
ligneuse, enfoncée dans les rochers, à feuilles petites, ordinairement linéaires, et à fleurs rouges, bifides, couronnées et peu nombreuses. Les autres espèces de la section sont des plantes étrangères
ou trop peu connues pour pouvoir être rapprochées; mais elles ont,
en général, comme les autres *Atocion*, leur tige visqueuse aux articulations, leurs fleurs petites et sans mouvements, et leurs calices en
massue; elles sont aux *Silene*, ce que les *Armeriastrum* sont aux
Dianthus.

La fécondation des *Atocions* est indirecte : dans l'*Armeria* que
je prends pour exemple, les cinq étamines principales sortent long-
temps avant que leurs stigmates soient développés, et répandent par
conséquent leur pollen sur les stigmates des autres fleurs rapprochées
en faisceau; les cinq autres étamines qui paraissent ensuite, restent
toujours plus courtes; à la dissémination, le calice se fend, l'androphore s'allonge et la capsule reste à découvert.

Les *Silene* forment, comme l'on voit, un genre bien circonscrit,
et qui présente peu d'aberrations dans les caractères; mais autant il
y a de facilité à reconnaître un *Silene* dans la famille des *Caryophyllées*, autant il y a de peine à déterminer l'espèce à laquelle il appartient. Les embarras proviennent, en partie, des variations naturelles
à la plupart des plantes de ce genre, et en partie de l'inexactitude des
descriptions, où les caractères constants sont souvent omis, tandis
que les autres sont longuement exprimés.

Il y a peu de végétaux plus simplement organisés que les *Caryophyllées* et surtout que les *Silene*. On n'y trouve ni stipules, ni bractées, ni glandes, ni nectaires. Leurs tiges sont toujours primitive-

ment dichotomes, leurs pédoncules solitaires, leurs feuilles simples et entières; leurs fleurs régulières et semblablement conformées, sont disposées en cymes quelquefois fortement développés, d'autres fois tellement réduits qu'on n'y trouve presque plus que la fleur centrale et solitaire; les variations qui concernent les organes sexuels consistent, soit dans le nombre des styles, qui s'élève à quatre ou cinq dans le *Rupestris*, soit dans celui des étamines, dont cinq manquent quelquefois et qui avortent toutes dans les espèces monoïques ou dioïques.

Les différences spécifiques des *Silene* ont été jusqu'ici cherchées dans l'inflorescence, la forme des feuilles, des calices, des pétales étroits ou élargis, nus ou couronnés; mais on en aurait obtenu de plus constantes peut-être, dans les mouvements des fleurs et les diverses circonstances de la fécondation.

Le principal phénomène physiologique que présente ce genre, est celui de l'irritabilité des pétales, qui se roulent sur eux-mêmes, pendant le jour, et dont les mouvements paraissent organiques et indépendants de tout agent extérieur, puisqu'ils ont lieu par un temps couvert et pluvieux comme par un ciel serein, et dans l'obscurité comme en plein jour. Mais pourquoi certaines espèces, au lieu de rouler leurs pétales, les tordent-elles, à la manière du *Quinquevulnera?* Pourquoi d'autres n'ont-elles aucun mouvement? Je l'ignore entièrement; mais je remarque qu'en général, les pétales sont irritables dans certaines sections, et non pas dans d'autres; ainsi les *Nanosilene*, les *Rupifraga*, et la plupart des *Atocion* ou des *Silene* fasciculés, sont dépourvus de mouvements, qu'ils n'auraient pas pu facilement exécuter.

Les pédoncules, à cet égard, ne sont pas moins remarquables que les pétales. Quelquefois ils restent penchés pendant la fécondation, et se relèvent après, comme dans le *Silene nutans;* d'autres fois, au contraire, ils sont d'abord redressés et se déjettent ensuite. Ces mouvements opposés ont sans doute rapport à la fécondation, qui tantôt s'opère mieux à découvert et par les étamines redressées, tantôt est plus favorisée par l'obscurité et le renversement des étamines. Enfin, un dernier phénomène qui me paraît caractériser plusieurs sections de ce genre, c'est celui de leur capsule pédicellée; quand le calice est renflé, comme dans les *Behenantha*, le support est presque nul, parce que la capsule peut s'ouvrir facilement et répandre même ses graines dans l'intérieur du calice; il est encore nul dans les espèces qui, comme le *Nocturna*, le *Gallica*, etc., ont un calice qui se fend aisément ; mais dans d'autres espèces, ce support s'accroît tellement qu'il chasse la capsule hors du calice, ce qui est une des nombreuses formes de dissémination employées par la nature dans le règne végétal.

Les tiges des *Silene* sont souvent glabres ou simplement velues ; mais ordinairement elles sont visqueuses, surtout près du sommet ; quelquefois aussi, comme dans l'*Armeria*, le *Picta*, le *Muscipula*, le *Nutans*, etc., cette viscosité ne recouvre que la partie voisine de l'articulation, qui reste glutineuse pendant tout le cours de la fécondation et se dessèche ensuite. On voit de plus que la bande d'où est sortie l'humeur visqueuse, reste brunâtre et altérée.

C'est à l'androphore qu'il faut attribuer la plupart des différences qu'on remarque dans les calices des *Silene*. Lorsque cet organe est à peu près nul, et que la capsule se renfle à la base, il en résulte la forme qui caractérise la section des *Conoimorpha ;* lorsqu'au contraire, il est allongé et terminé par une capsule renflée, on a les calices en massue si communs dans cette famille. On comprend que tous les intermédiaires entre ces deux formes extrêmes peuvent être expliqués par les variations relatives de l'androphore et du fruit.

La capsule, en grossissant, rompt le calice, qui, d'après son mode d'organisation, se fend facilement par ses sillons membraneux ; en sorte qu'un calice strié indique d'ordinaire une capsule qui se renfle, tandis qu'un calice lisse annonce, au contraire, une capsule qui reste à peu près cylindrique, comme celle des *Dianthus ;* toutefois l'on doit ajouter que la fleur mâle de l'*Otites* et celle du *Lychnis dioica* ont aussi leur calice strié, mais jamais enflé.

La capsule des *Silene* est sèche, cartilagineuse et primitivement triloculaire, en sorte que des six lobes qui forment son ouverture, trois correspondent au milieu des valves et trois autres aux sutures ; elle s'ouvre par la sécheresse et répand ses semences par la simple agitation de l'air ; après la dissémination, elle se sépare du pédoncule qui se rompt irrégulièrement.

Les graines de toutes les espèces que j'ai examinées, m'ont paru contournées à peu près de la même manière que l'embryon. Leur surface est comme ciselée d'arêtes élégantes et longitudinales, et leur ombilic est constamment placé du côté concave, comme dans les *Dianthus*.

Les appendices, qui bordent souvent l'entrée des corolles, n'ont rien de nectarifère, et paraissent destinés, soit à fermer le tube de la fleur, soit à maintenir les étamines dans une position verticale. Ils varient beaucoup de forme et de grandeur ; pour l'ordinaire, ils sont composés de deux lames, qui s'appliquent l'une contre l'autre dans la préfloraison; mais quelquefois ils manquent ou sont remplacés par de simples tubercules.

Les fleurs des *Silene* durent ordinairement deux jours, parce que les grandes étamines se développent un jour avant les petites, et tant que leur floraison n'est pas accomplie, les mêmes pétales se déroulent le soir et s'enroulent le matin. La fécondation tantôt directe, comme dans les *Rupifraga* et quelques autres espèces, est ordinairement indirecte et réciproque. Les cinq étamines principales fécondent les styles déjà développés des fleurs voisines; les cinq autres plus tardives fécondent quelquefois leurs propres styles, alors saillants et contournés; plus souvent encore elles avortent avant que leurs stigmates soient bien conformés, et répandent ainsi leur pollen sur les fleurs en état de le recevoir, comme on pouvait déjà le conclure par l'observation des plantes dioïques et monoïques, qui ne sont pas rares dans ce genre. Du reste, on peut croire qu'en observant les divers *Silene* sous ce point de vue, on y découvrirait d'autres arrangements qu'on ne soupçonne point encore, et qui donneraient une idée bien plus grande de la richesse et de la variété que le Créateur a mises dans ses ouvrages, que ne peuvent le faire les différences de feuilles ou d'inflorescence.

La plupart des *Silene* sont dispersés çà et là dans le midi de l'Europe, dans les îles de la Méditerranée et dans la Sibérie, où ils vivent solitaires, se reproduisant par leurs rhizomes et presque jamais par des rejets; mais il en est d'autres plus rapprochés de nous, et qui forment des tableaux plus variés; tel est d'abord le *Silene acaulis*, si commun sur les rochers de nos montagnes alpines et si remarquable par ses gazons serrés, tout brillants de fleurs roses; tels sont ensuite les *Rupifraga*, à feuillage si élégant et à fleurs d'un blanc si pur; tel est l'*Inflata* de nos prairies et des bords de nos champs, qui serait bien plus admiré par son feuillage et ses grandes fleurs blanches, s'il était moins répandu; tels sont les *Quinquevulnera*, le *Cerastioïdes*, etc., espèces annuelles qui couvrent de leurs jolies fleurs rouges les champs du midi; tel est, enfin, l'*Armeria* des collines caillouteuses et stériles, qui a mérité l'entrée de nos jardins, conjointement avec le *Bipartita* de la Barbarie, et qui étalent, une grande partie de l'année, leurs nombreuses fleurs d'un beau rouge.

Du reste, ce genre a besoin d'une nouvelle rédaction, parce que, d'un côté, il ne contient pas les espèces ou nouvellement découvertes, ou mieux observées, et que de l'autre, ses diverses sections ne sont pas suffisamment circonscrites.

SIXIÈME GENRE. — *Lychnis.*

Le *Lychnis* a un calice tubuleux, à cinq dents, cinq pétales onguiculés et ordinairement couronnés, dix étamines, cinq styles, un
androphore long ou nul, et une capsule dont le nombre des loges
est variable.

On le divise en quatre sections :

1° Les *Viscaria*, calice cylindrique terminé en massue, capsules à
cinq loges incomplètes, et androphore allongé ;

2° Les *Eulychnis*, calice cylindrique terminé en massue, capsule
uniloculaire, pétales couronnés, androphore allongé ou raccourci ;

3ᵃ Les *Agrostemma*, calice ovoïde terminé par des dents courtes,
capsule ordinairement uniloculaire, androphore nul ou très-court ;

4° Les *Githago*, calice coriace, cylindrique, légèrement campanulé
et terminé par des découpures très-allongées, capsule uniloculaire et
androphore nul.

Les *Viscaria* ne renferment qu'une espèce qui habite les prés
secs et sablonneux de l'Europe centrale et méridionale ; ses feuilles
radicales sont entassées en gazon au-dessus de sa racine ligneuse ; sa
tige est simple et fortement glutineuse sous les articulations ; ses
fleurs, d'un beau rouge et disposées en verticilles irréguliers comme
celles des *Otites*, ont leurs pétales non roulés, plus ou moins échancrés et couronnés d'écailles bifides ; son calice, tubulé et rougeâtre,
est marqué de dix côtes peu saillantes, et sa capsule, à cinq loges incomplètes, se renfle en massue ; c'est une plante vivace, qui double
facilement dans les jardins, et qui présente sur des pieds différents ou
sur le même des fleurs à pistils avortés et d'autres régulièrement hermaphrodites à stigmates contournés et saillants, mais dont la fécondation est indirecte. Le calice se fend et l'androphore grandit à la maturation.

Les *Eulychnis*, plus nombreux, se rangent assez bien sous deux
types ; le premier est celui du *Cœli rosa*, plante annuelle des côtes de
la Barbarie, à pédoncules allongés et penchés avant l'épanouissement ;
le second est celui du *Chalcedonica*, plus généralement connu sous
le nom de *Croix de Malte*, et remarquable non-seulement par ses fleurs
d'un rouge éclatant, ramassées en tête serrée, mais encore par ses
calices à côtes relevées ; on peut y joindre le *Lychnis flos Jovis*, plante
alpine, à feuilles tomenteuses et fleurs fasciculées, à laquelle je réunis
le *Coronaria* de la troisième section, le *Fulgens* de la Sibérie, à pétales
quadrifides, et enfin le *Grandiflora* de la Chine et du Japon, très-belle

espèce à port élevé, dont les fleurs grandes et comme peintes, sont d'un rouge de brique.

Tous ces *Lychnis* vivaces, à tige et calice secs et coriaces, sont dépourvus de mouvements, et je crois aussi d'organes nectarifères : leur fécondation est presque toujours indirecte; ainsi par exemple, dans le *Chalcedonica* et le *Fulgens*, les anthères seules sortent du tube et se couchent à son entrée, en répandant leur pollen sur les écailles; ensuite on voit paraître les stigmates qui s'étalent, et sont fécondés, soit par ses fleurs latérales, soit par le pollen accumulé entre les écailles; dans le *Cœli-rosa*, où la fécondation est à peu près semblable, les stigmates allongés et introrses sont velus comme dans le *Githago*; toutefois j'ai noté que, dans le *Flos Jovis*, la fécondation était intérieure, et que les stigmates, comme les anthères, restaient dans le tube corollaire.

La troisième section, encore plus nombreuse que la seconde, est formée principalement de trois types européens : premièrement, celui des espèces dioïques par avortement, telles que le *Dioica*, à fleurs blanches, qui croît le long des chemins ; le *Sylvestris*, à fleurs rouges, qui habite les pentes de nos basses montagnes, peut-être encore le *Diclinis* du royaume de Valence. Secondement, celui du *Flos cuculi* des prés de l'Europe, très-remarquable par ses pétales quadrifides et frangés. Enfin, celui du *Pyrenaica* des rochers des Pyrénées, ou de l'*Alpina* des pâturages élevés des Alpes et des Pyrénées, plante remarquable, qui devrait former un genre à part, à cause de ses calices campanulés, de ses fleurs dioïques dont les stigmates, papillaires sur la face supérieure, s'étalent fortement en dehors, de sa capsule nettement operculée au sommet et légèrement pédonculée. Les autres espèces comprises dans la section, comme l'*Apetala* de la Laponie, à fleurs apétales; le *Lœta* du Portugal, qui est probablement le *Corsica* du Prodrome; le *Pusilla*, dont la conformation est à peu près celle des *Githago*, et le *Magellanica*, dont les organes sexuels restent cachés dans le calice, ont sans doute des formes variées de fécondation ; mais je ne les connais pas assez pour rien affirmer à cet égard. J'ai noté seulement que dans certains pieds du *Flos cuculi*, les anthères sortaient à peine du tube, et qu'elles étaient défleuries avant l'apparition de leurs stigmates qui s'étalaient beaucoup, et que dans d'autres individus, les anthères saillantes répandaient abondamment leur pollen d'un violet foncé sur le limbe de la corolle, tandis que les stigmates restaient avortés, en sorte que la fécondation était imparfaitement dioïque.

Enfin, les *Githago* ne contiennent qu'une seule espèce, qui vit dans les blés, avec lesquels elle croît et se ressème, et se distingue de ses congénères par ses longues lanières qui forment son calice; ses grands pétales, d'un rouge veiné, sont dépourvus d'écailles et de mouvements, et ses styles sont recouverts de poils blanchâtres qu'il ne faut pas confondre avec la bande papillaire et intérieure du stigmate. Cette espèce, qui forme un véritable type, a la fécondation directe et l'inflorescence assez remarquable; les aisselles supérieures fournissent deux jets opposés, dont l'un continue la tige et l'autre est un pédoncule : cette disposition, qui est constante, se répète plusieurs fois.

Les *Lychnis*, qui, comme on le voit, ne forment point un genre naturel, mais sont au contraire composés de plusieurs types très-distincts, ont l'organisation des *Caryophyllées*, et en particulier, celle des *Silene ;* leurs tiges dichotomes, à pédoncules insérés dans les divisions des branches, se terminent en panicule, en corymbe ou en fascicules, selon le mode de développement des rameaux qui avortent quelquefois au point que la fleur paraisse solitaire; les feuilles, simples et élargies plutôt qu'étroites, varient de consistance : pour l'ordinaire, elles sont dures, épaisses, velues et cotonneuses comme les tiges; mais quelquefois aussi elles sont linéaires, presque glabres; les fleurs sont grandes, d'un rouge plus ou moins éclatant, rarement roses ou blanches.

La plupart des *Lychnis* sont vivaces et se conservent par leurs racines, sans donner toutefois de rejets. Ceux qui vivent parmi les blés, comme notre *Githago* et le *Cœli-rosa* de la Sicile, sont, au contraire, annuels, et le premier disparaîtrait de nos climats, s'il n'y avait plus de culture.

Les calices, ordinairement coriaces et chargés de côtes membraneuses, qu'on ne retrouve point, je crois, dans les autres *Caryophyllées*, sont simplement striés dans le *Dioica*, l'*Alpina* et le *Flos cuculi*. Leur forme dépend de celle de l'androphore, qui varie considérablement dans ce genre : tantôt il est nul ou à peine visible, et alors le calice reste tubulé ou campanulé, comme dans l'*Alpina*, le *Diclinis*, le *Fulgens*, le *Githago*, etc.; tantôt, au contraire, il est très-long et très-marqué, comme dans le *Viscaria*, le *Grandiflora*, le *Cœli-rosa* et le *Chalcedonica*, dont le calice se fend pendant la maturation. Ces différences, toujours constantes, sont la base des sections ou plutôt des types que nous avons cherché à établir.

Les pétales varient ici comme les calices; ils sont bifides dans le *Chalcedonica*, le *Cœli-rosa*, le *Dioica*, le *Sylvestris*, l'*Alpina* et le *Lœta ;* quadrifides dans le *Fulgens*, profondément et irrégulièrement découpés dans le *Flos cuculi ;* entiers ou seulement échancrés dans la plupart des autres espèces. On ne trouve pas plus de régularité dans les écailles que dans la forme des pétales : quelquefois elles manquent entièrement, comme dans le *Githago*; quelquefois elles sont tuberculées, comme dans l'*Alpina*, ou quadrifides comme dans le *Dioica*; mais, pour l'ordinaire, elles sont bifides, redressées et acuminées. Enfin, la capsule, primitivement quinquéloculaire, devient, par avortement, plus ou moins uniloculaire, à cinq valves bifides ou dix dents.

La fécondation ne paraît pas s'opérer dans les *Lychnis* avec la même régularité que dans les *Silene*. Celle du *Grandiflora* ne ressemble pas à celle du *Pusilla*; celle du *Pusilla* n'est pas celle du *Githago*; celle du *Githago* n'appartient pas au *Cœli-rosa*; et enfin, ni les unes ni les autres ne ressemblent à celle du *Flos cuculi*. Mais c'est surtout celle des espèces dioïques que je veux mentionner ici : dans le *Dioica* et le *Sylvestris*, qui n'en est peut-être qu'une variété, les stigmates très-allongés et papillaires de tous les côtés, s'étendent et se divariquent, afin de recevoir plus facilement le pollen des fleurs mâles qui est déposé par les anthères à l'entrée du tube de la corolle; quelquefois le calice se fend, et les anthères, dont les filets sont toujours très-amincis et très-faibles, sont mises à découvert avec leur pollen. On voit les fleurs femelles se dépouiller de leur corolle pour que leurs stigmates, encore en pleine vie, puissent recevoir l'influence du pollen des fleurs mâles, qui se développent le soir et sont défleuries à la fin du jour suivant, où elles tombent désarticulées.

On peut remarquer aussi que les fleurs mâles du *Lychnis dioica*, ainsi que du *Sylvestris*, portent au fond de leur corolle et à la place de l'ovaire, un godet jaunâtre nectarifère qui imprègne de son humeur les étamines velues à la base, et sans doute aussi la corolle et ses écailles, qui conservent long-temps le pollen onctueux dont elles sont recouvertes.

Les pétales des *Lychnis* sont presque toujours insensibles à l'influence de la lumière et de la température : ils restent ouverts à peu près horizontalement, et leur consistance est telle, qu'ils supportent assez long-temps, sans s'altérer, les variations atmosphériques. J'en excepte toutefois les espèces dioïques, dont les pétales se déroulent le soir comme ceux des *Silene*, avec lesquels ils ont de grands rapports.

Les pédoncules, qui n'ont pas plus de mouvements que les pétales, restent constamment redressés; les capsules, quoique plus épaisses en général que celles des *Silene*, répandent leurs graines de la même manière, par une ouverture ordinairement élargie.

Les nectaires des *Lychnis*, beaucoup plus distincts que ceux des *Silene*, sont placés à la base des grandes étamines. Dans le *Flos Jovis*, ils forment deux petites glandes latérales. Dans le *Grandiflora* et le *Githago*, la liqueur paraît sortir entre l'androphore et l'ovaire, etc.; mais j'avoue que je n'ai rien remarqué de nectarifère dans le *Lychnis alpina*, sans doute parce que je n'ai vu que les fleurs femelles dont les étamines sont avortées.

Ce genre ne m'a présenté qu'un petit nombre de phénomènes physiologiques, dont le plus remarquable est, sans contredit, celui de la capsule operculée de l'*Alpina*. On peut citer ensuite les articulations glutineuses du *Viscaria*, qui se rapproche ainsi de quelques *Silene;* les variations si nombreuses des androphores, le prolongement si extraordinaire des lobes du calice, dans le *Githago*, et surtout les écailles pointues et cornées du *Coronaria*, qui forment d'abord comme un cône grillé au centre de la corolle, et qui, au moment où la fécondation commence, s'étalent et découvrent dans l'intérieur du tube cinq beaux stigmates latéraux, fortement roulés, et qui ne sortent jamais. Les autres espèces présentent-elles des mouvements semblables?

Dans la plupart des *Lychnis*, le calice se fend pendant la maturation, pressé par la dilatation de la capsule; dans quelques autres, comme le *Dioica* et le *Sylvestris*, il s'amincit et se change en une pellicule desséchée et peu apparente, et l'on peut remarquer que dans ces dernières espèces, les fleurs femelles sont à peu près sessiles dans les dichotomies de la tige, mais qu'il n'en est pas de même des fleurs mâles où il n'y a point de dichotomie bien marquée.

Le calice du *Githago* reste entier et coriace, mais la capsule s'allonge et étale au-dessus les six lobes dans lesquels son sommet se partage. Si on l'ouvre à cette époque, on trouvera qu'elle est toute remplie de graines tuberculées dont les pédicelles sont placés à différentes hauteurs : ces graines se détachent d'elles-mêmes avant la dissémination et sont chassées par le vent. On ne voit plus à cette époque aucune trace de ces styles changés en cordons ombilicaires et destinés à charrier les émanations du pollen. Dans le *Flos Jovis*, le calice se fend aussi, mais la capsule sessile s'ouvre en cinq valves.

Enfin, si l'on compare l'androphore des diverses espèces de ce genre avec le calice qui le renferme, on devinera facilement la raison pour laquelle il est nul, médiocre ou allongé. Ces deux organes sont en rapport parfait avec la dissémination, qui est ici le principal but de la nature.

Les *Lychnis* sont sans usages économiques, et quelques-uns même, comme le *Githago*, nuisent beaucoup à nos blés, qu'ils infestent; mais ils contribuent à l'ornement de nos jardins, par la beauté de leurs fleurs. On doit citer avant tout le *Chalcedonica*, ou la *Croix de*

Malte, qui s'élève jusqu'à huit pieds, et dont les fleurs fastigiées forment un bouquet d'un rouge éclatant ; ensuite le *Grandiflora* de la Chine, à corolle d'un rouge briqueté et comme vernissé ; enfin le *Fulgens*, ainsi nommé de l'éclat de ses fleurs. Après ces magnifiques plantes, viennent les *Lychnis* du midi de l'Europe, tels que le *Coronaria*, le *Flos Jovis*, qui lui ressemble beaucoup, et le *Cœli-rosa*, plus élégant et plus gracieux que les deux autres ; enfin, les espèces communes, le *Viscaria*, le *Flos cuculi*, et le *Dioica*, qui, quoique moins brillantes que leurs congénères, forment des touffes mieux garnies de fleurs plus fraîches et souvent doublées.

SEPTIÈME GENRE. — *Velezia*.

Le *Velezia* a un calice longuement tubulé, terminé par cinq ou six dents ; cinq ou six pétales courts, à limbe échancré, à onglets filiformes et barbus ; cinq à six étamines, et une capsule uniloculaire couronnée de deux styles.

Ce genre est formé de deux petites plantes annuelles, dont l'une est le *Velezia rigida*, du midi de la France, et l'autre le *Quadridentata* de l'Asie mineure, distingué par ses pétales à quatre dents et ses calices renflés en massue.

Le *Rigida*, qui vit dans les lieux arides et sablonneux, s'élève à deux ou trois pouces sur une tige striée et rameuse, dont les articulations sont chargées de feuilles en alène soudées à leur base, et dont les fleurs axillaires et sessiles ont leurs pétales chargés d'une petite écaille, comme les *Silene*. GÆRTNER a observé que la capsule, sessile au fond du calice, était uniloculaire, quadrivalve, à réceptacle linéaire et libre ; que les semences, au nombre de dix à douze sur deux rangs, étaient allongées, pointues, convexes d'un côté et canaliculées de l'autre, que l'ombilic se trouvait du côté concave, comme dans les *Dianthus* ; enfin, que l'embryon était droit et la radicule supère.

Le *Velezia rigida* a les habitudes des *Dianthus*, dont il diffère surtout par l'absence des écailles calicinales, la forme du réceptacle et le nombre des étamines. Cependant SIBTHORP et SMITH ont observé que dans la Crète, où elle se retrouve, cette plante a toujours dix étamines ; celles qui manquent sont sans doute les secondaires, qui doivent être considérées comme avortées.

HUITIÈME GENRE. —→ *Drypis.*

Le *Drypis* a un calice tubulé à cinq dents, cinq pétales onguiculés, à limbe bifide et bidentés à la base; cinq étamines, trois styles, une capsule uniloculaire, monosperme et ouverte horizontalement.

Le *Drypis* ne contient qu'une seule espèce originaire de l'Italie, de l'Istrie et de la Mauritanie, aussi remarquable par sa conformation, que son genre l'est déjà par ses caractères. C'est une plante rameuse, à tiges noueuses, tétragones, paniculées, sèches, dures et long-temps persistantes. Les feuilles sont opposées, linéaires et pointues au sommet; les supérieures, épineuses à la base, soutiennent de petits paquets fasciculés de fleurs blanches ou rougeâtres, presque sessiles et enveloppées de bractées, de même forme que les dernières feuilles.

Le *Drypis spinosa* est bisannuel et a ses tiges dichotomes comme la plupart des *Caryophillées*, mais les dernières dichotomies sont tellement rapprochées, que les fleurs paraissent comme fasciculées, les pétales portent chacun à l'entrée du tube deux squamules très-marquées, les étamines sont très-saillantes et ont leurs anthères bleuâtres, mais les stigmates ne sortent et ne se déroulent que tard, en sorte que la fécondation est toujours indirecte; les fleurs une fois ouvertes ne se referment plus.

Cette plante a été placée, comme d'autres, sur la limite et non pas au centre de la famille, dont elle diffère par sa conformation extérieure, par sa capsule ouverte horizontalement, et enfin par sa semence solitaire. GÆRTNER dit que cette semence, grosse et réniforme, est portée par un funicule qui naît du fond de la capsule et s'insère latéralement; que la radicule est infère, et que l'embryon, enveloppé extérieurement d'un albumen très-blanc, forme, avec ses cotylédons linéaires, trois tours complets de spirale.

Du reste, la capsule operculée du *Drypis* appartient aussi, comme nous l'avons vu, au *Lychnis alpina* et peut-être encore au *Silene ramosissima;* l'on peut conjecturer qu'elle n'est ici monosperme que par avortement.

Seconde tribu. — ALSINÉES.

Les *Alsinées*, qui forment la seconde tribu des *Caryophyllées*, diffèrent des *Silénées* par plusieurs caractères, dont le plus remarquable est un calice à quatre ou cinq sépales, quelquefois légèrement réunis à la base. Ces plantes, qui sont pour la plupart des herbes, ont leurs tiges et leurs rameaux articulés et leurs feuilles opposées, entières et presque toujours dépourvues de stipules; ce qui les distingue physiologiquement, ce sont les mouvements variés de leurs pédoncules, que j'ai décrits fort au long dans l'*Holosteum*, et qui appartiennent également à l'*Alsine*, à l'*Arenaria*, etc. Plusieurs d'entre elles ont une fécondation qui dure deux jours : dans le premier, les étamines alternes aux pétales approchent leurs anthères des stigmates; et dans le second, ce sont les anthères opposées aux pétales qui les remplacent. On peut remarquer, avec Koch, que le nombre des valves des capsules est ordinairement égal à celui des styles, ou double de ce même nombre, lorsque sans doute ces valves se sont divisées en deux.

PREMIER GENRE. — *Gouffeia.*

Le *Gouffeia* a un calice à cinq divisions étalées, cinq pétales entiers, dix étamines, deux styles, une capsule globuleuse, uniloculaire, bivalve, à une seule semence.

Ce genre est formé d'une petite plante qui fleurit au premier printemps, sur les collines rocailleuses des environs de Marseille, et dont les tiges, hautes de trois à quatre pouces, sont ramifiées, diffuses et un peu visqueuses au sommet; les feuilles sont courtes et rétrécies; les fleurs petites, nombreuses, terminales; les pédoncules grêles et disposés en panicules; les pétales ovales, blancs et persistants; les sépales striés et aigus.

Ce qui distingue ce genre, c'est principalement sa capsule globuleuse, qui se fend longitudinalement en deux parties à la maturité, et qui ne renferme qu'une seule semence. La plante qui le forme a le port de l'*Arenaria tenuifolia.*

Le *Gouffeia arenarioides* a le port des *Arenaria*, des *Alsine*, et de la plupart des plantes de sa tribu; ses tiges faibles, diffuses et rampantes, sont articulées et donnent à chaque articulation des rameaux florifères et souvent dichotomes; ses pétales, assez agrandis, sont cordiformes et plus ou moins échancrés; les étamines, opposées aux sépales, sont fortement glanduleuses à leur base; les deux styles divariqués ont leurs stigmates latéraux et allongés en massue; la capsule s'ouvre latéralement en deux valves hémisphériques, et découvre à sa base une ou deux semences turbinées assez grosses, avec les rudiments de quelques autres.

Les pédoncules qui naissent des dichotomies se réfléchissent fortement après la floraison, et les fleurs, une fois ouvertes, ne se referment plus; la fécondation dure plusieurs jours, et les calices protégent la capsule pendant la maturation : cette plante forme une singulière aberration dans une famille d'ailleurs très-naturelle.

SECOND GENRE. — *Buffonia*.

Le *Buffonia* a un calice à quatre pièces, quatre pétales entiers, quatre étamines, deux styles, une capsule aplatie, uniloculaire, bivalve, à deux semences.

Ce genre est composé de quatre espèces fort rapprochées : deux originaires de la Perse, et deux du midi de la France. Ces plantes, qui pourraient bien ne différer que par les lieux où elles croissent, ont le port de l'*Arenaria fasciculata* ou du *Juncus buffonius;* leurs tiges sont droites, filiformes, presque rameuses à chaque nœud; leurs feuilles, amincies, réunies à la base et presque stipuliformes au sommet; leurs fleurs, terminales ou axillaires, sessiles ou légèrement pédonculées; leurs sépales, rayés de stries plus ou moins convergentes, scarieux et blanchâtres sur les bords; leurs pétales, blancs, très-petits et comme avortés; leurs semences, aplaties et marquées d'arêtes tuberculées et concentriques.

Je n'ai pas observé ces plantes fraîches, et je ne connais pas les diverses circonstances de leur floraison ; je vois seulement que leurs calices se ferment après la fécondation, et que leurs deux ovules communiquent avec les styles par les filets conducteurs, comme dans le reste de la famille.

Les semences sont fixées par un funicule au fond de la capsule; leur embryon est allongé et presque circulaire, leur radicule est infère.

GÆRTNER observe que quelquefois deux des quatre étamines avortent.

TROISIÈME GENRE. — *Sagina*.

Le *Sagina* a un calice à quatre ou cinq divisions, quatre ou cinq pétales et autant d'étamines; la capsule, qui s'ouvre à quatre ou cinq valves, est uniloculaire et polysperme.

Les *Sagines* comptent une dixaine d'espèces, qui sont toutes des herbes très-petites, à feuilles vertes et amincies, à pétales blancs très-peu apparents et souvent avortés. Deux d'entre elles sont étrangères; les autres habitent les terrains sablonneux de l'Europe.

Je distingue ces dernières en deux types : le premier est celui de l'*Erecta*, formé d'une seule espèce qui a le port du genre, mais qui est caractérisée par ses fleurs plus grandes et surtout par sa capsule oblongue, transparente au sommet et bordée à son ouverture, comme celle du *Cerastium*, de huit petites dents. Ce dernier caractère, qui la sépare des autres *Sagines*, l'a fait considérer par quelques botanistes, comme formant un genre particulier, qu'ils désignent par le nom de *Mœnchia.*

Le second type compte deux espèces, le *Procumbens* et l'*Apetala*, qui ne méritent guère d'être séparées, et vivent dans nos terrains sablonneux et nos cultures. Elles se distinguent des autres *Alsinées* par leur calice ouvert et plus grand que la corolle, leurs quatre styles simples et leur capsule à quatre valves, tellement étalées à la maturité, qu'elles ressemblent à un second calice.

Le *Sagina procumbens* de nos cultures, que GAUDIN considère avec raison comme vivace, est souvent apétale, et par conséquent sa fleur ne s'ouvre pas : sa fécondation est donc intérieure, et en examinant une fleur très-jeune, on trouvera déjà ses quatre anthères appliquées contre les quatre stigmates filiformes et papillaires qu'elles recouvrent de leur pollen. Après la fécondation, on voit paraître au sommet de la fleur, toujours fermée, une tête stigmatoïde à demi détruite et pourtant encore recouverte de pollen ; à la dissémination, le calice s'étale horizontalement, et la capsule s'ouvre en quatre valves de consistance papyracée.

Les *Sagina* fleurissent de bonne heure, et se reproduisent dans nos champs jusqu'à la fin de l'automne. Leurs pédoncules ne sont pas insérés aux dichotomies des branches, mais aux aisselles des feuilles, dont chaque paire émet ordinairement, d'un côté, une fleur longuement pédonculée, et de l'autre, un rameau. Les pétales ne s'ouvrent guère qu'à une vive lumière, et ne tardent pas à se refermer.

QUATRIÈME GENRE. — *Mœrhingia.*

Le *Mœrhingia* a un calice profondément quadrifide, quatre pétales, huit étamines, deux styles, une capsule uniloculaire, polysperme et quadrivalve.

Ce genre, qui ne comprenait autrefois qu'une seule espèce, le *Muscosa*, en compte à présent deux autres ; le *Sedoides* des Alpes de Tende, à feuilles plus charnues et fleurs plus petites, et le *Stricta* de l'île de Crète, à feuilles raides, scarieuses et ciliées à la base ; mais comme ces plantes appartiennent toutes trois au même type, et que les deux dernières ne sont peut-être que des variétés, nous nous contenterons de décrire la première.

Le *Mœrhingia muscosa* a la conformation des *Caryophyllées* : sa tige principale se prolonge jusqu'au sommet, où elle se termine par une fleur solitaire qui paraît la première ; elle est suivie de la fleur centrale des autres dichotomies, en commençant par le haut ; mais il y a, en général, peu de régularité dans l'inflorescence, à cause du grand nombre des avortements. Cette plante fait un des principaux ornements des pentes de nos montagnes et de nos rochers, par son port plein de grâce et de légèreté et ses fleurs d'un blanc pur qui contraste admirablement avec le vert glabre et foncé des feuilles. Elle est vivace, et ses tiges amincies se dépouillent successivement de leur écorce pour se changer en rhizomes, qui s'étendent quelquefois au-delà de trois pieds entre les débris pierreux des montagnes.

Le pédoncule du *Mœrhingia* reste toujours redressé, et ses pétales ne se referment point pendant toute la durée de la floraison. Le calice, d'abord serré contre la capsule, s'écarte au moment où celle-ci ouvre horizontalement ses quatre valves, et répand ses nombreuses graines, dont le funicule est fort court, l'embryon périsphérique et la radicule infère. J'ai noté que la cicatricule avait la forme d'une capsule transparente à rayons nombreux et bien marqués. Mais cette observation mérite d'être vérifiée.

Les filets sont blancs et réunis à la base en urcéole ; les anthères sont arrondies et introrses ; les stigmates sont en tête, et le nectaire est placé à la base des quatre grandes étamines. C'est une glande ou fossette ouverte du côté extérieur, et qui, au moment de la fécondation, porte une belle goutelette d'humeur miellée. Les pétales échancrés à la base, forment par leur ensemble quatre fossettes qu'on aperçoit très-bien au fond de la corolle, et qui reçoivent l'humeur miellée. Une disposition semblable se remarque dans une foule de plantes, les *Convolvulus*, par exemple.

CINQUIÈME GENRE. — *Holosteum*.

L'*Holosteum* a un calice de cinq pièces, cinq étamines, dont une ou deux avortent quelquefois, trois styles, une capsule uniloculaire, qui s'ouvre au sommet en cinq dents, un embryon replié dans l'albumen.

L'*Holosteum* compte quatre ou cinq espèces encore mal déterminées et dispersées dans les diverses parties du monde ; la seule qui doive nous occuper, est l'*Umbellatum* des murs et des champs stériles, qui a été souvent réuni aux genres voisins, avec lesquels il a d'assez grands rapports.

Cette plante porte à sa base une rosule de feuilles ciliées, spathulées et glauques, d'où sortent des tiges cylindriques, fortement articulées à leur base, terminées par une ombelle simple, garnie à sa naissance, de quelques petites bractées, et composée de sept à huit rayons inégaux et uniflores.

Les pédoncules sont d'abord pendants le long des tiges; celui qui fleurit le premier et qui répond au centre de l'ombelle, se redresse et étale à la lumière ses petits pétales échancrés d'un blanc souvent lavé de rose; ensuite il referme son calice, puis reprend sa première position en même temps qu'il s'allonge et se roidit. Les autres pédoncules exécutent successivement et avec beaucoup de précision les mêmes mouvements, jusqu'à ce que la floraison soit achevée. Alors le premier se relève verticalement et ouvre sa capsule pour répandre ses graines; il est suivi du second, et celui-ci du troisième, et successivement dans un ordre très-régulier. Enfin, les pédoncules se dessèchent avec les tiges et les feuilles, et dès le mois d'avril, la plante a disparu jusqu'au printemps suivant.

Ces divers mouvements, qui ont toujours lieu de la même manière, et qui ne sont jamais troublés que par de fortes intempéries, ont évidemment pour but de favoriser les trois opérations importantes de la fécondation, de la maturation et de la dissémination. Et comme il serait impossible de les expliquer par des causes mécaniques, il faut bien qu'ils aient lieu en vertu de cette organisation supérieure, dont j'ai déjà parlé, et qui se trouve fort au-dessus de notre portée. L'acte de la dissémination est encore favorisé dans l'*Holosteum* et les genres voisins par l'amincissement des valves, qui acquièrent un si grand poli et une si grande élasticité, que le plus léger mouvement suffit pour détacher et lancer au-dehors les graines, comme on peut s'en assurer, si l'on prend la peine d'observer leur départ.

Je remarque, en finissant, que les tiges glutineuses de l'*Holosteum* ne sont point dichotomes, comme celles des *Caryophyllées*, mais simples et terminées réellement en ombelle; qu'elles se coudent à la base pour être moins gênées dans leur développement; que les styles sont papillaires intérieurement et se recourbent au sommet sans se rouler en spirale; que les étamines sont glanduleuses à leur base, enfin que les semences, nombreuses et tuberculées, sont marquées inférieurement d'un sillon relevé, qui est dû à la radicule repliée sur elle-même.

Lorsque les fleurs de l'*Holosteum umbellatum* doublent, ce qui arrive quelquefois naturellement, leurs pédoncules conservent-ils les mêmes mouvements?

L'*Holosteum Heuflesii*, qui se sème dans nos jardins, est une espèce rabougrie qui a les feuilles et le port de l'*Umbellatum*, mais ses ombelles ne sont guère formées que de trois ou quatre fleurs dont les pédoncules allongés se déjettent également à la maturation, et se relèvent pour la dissémination.

SIXIÈME GENRE. — Spergula.

Les *Spergula* ont un calice à cinq divisions, cinq pétales entiers, cinq à dix étamines, cinq styles, une capsule uniloculaire, polysperme, ouverte à six valves, comme celle de l'*Holosteum*.

Ce genre a été divisé en deux groupes :

1º Celui des espèces à feuilles verticillées et stipulées ;

2º Celui des espèces à feuilles opposées et dépourvues de stipules.

Le premier groupe est formé de deux espèces appartenant au même type, l'*Arvensis* et le *Pentandra*, qui ne diffèrent que par le nombre de leurs étamines et la forme de leurs semences ailées ou seulement bordées. L'*Arvensis*, qui est la plus commune, a une consistance molle et un peu succulente; ses feuilles allongées et canaliculés, c'est-à-dire fortement plissées en-dessous sur leurs deux bords, sont réellement opposées par paires; mais elles portent, à leur aisselle, des rameaux raccourcis qui prennent la forme de verticilles, en laissant un vide dans la place qui correspond aux paires supérieures et inférieures. La première section est liée à la seconde, où l'on aperçoit également des rudiments de verticille.

L'inflorescence des *Spergula* verticillés est dichotome; chaque bifurcation est chargée d'un pédoncule qui se déjette et se relève, et dont la fleur ouverte à la lumière, se referme à l'obscurité, exactement comme dans l'*Holosteum*, avec lequel le *Spergula* verticillé a de grands rapports pour tous ses mouvements organiques.

Les étamines du *Spergula arvensis*, qui sont régulièrement au nombre de dix, avortent quelquefois en partie, comme celles du *Pentandra*, auquel l'*Arvensis* ressemblerait alors si ses semences ne l'en distinguaient suffisamment : elles ont la forme d'une boîte à savonnette aplatie, et partagée dans son milieu par un petit rebord ailé; je les ai souvent vues germant dans la capsule qui s'ouvre en cinq ou six valves; leur surface est d'un beau noir parsemé de points brillants, qui paraissent autant de glandes.

A la dissémination, les pédoncules et les pédicelles sont redressés, et les capsules papyracées ont leurs cinq lobes divisés jusqu'à la base.

Ces plantes, comme celles du second groupe, ont les étamines

alternes, glanduleuses, et les pétales échancrés à la base, pour faciliter la communication de l'humeur miellée avec les stigmates.

Les *Spergula* du second groupe diffèrent des autres, non-seulement
par leurs feuilles non stipulées, mais encore par leur organisation et
leur port. Ce sont, en général, des plantes vivaces, qui se plaisent
dans les marais ou les lieux humides, dont les tiges minces et filiformes sont couchées sur le terrain, et dont les feuilles linéaires et
glabres sont souvent entassées aux articulations inférieures et à la
base des jeunes rameaux. Leurs pédoncules, toujours allongés et solitaires dans les dichotomies, paraissent quelquefois terminaux par
avortement. Leurs fleurs, d'une coupe élégante et d'un beau blanc,
n'ont point les mouvements de celles de la première section, et leurs
semences sont lisses, à peine tuberculées et bordées. On en compte
principalement quatre : le *Nodosa* des marais tourbeux, le *Saginoides*
des rochers humides des Alpes, le *Subulata* des sables humides, et le
Glabra des prairies humides et élevées des Alpes, dont les fleurs sont
météoriques comme celles des autres espèces du genre.

La fécondation de ces plantes est toujours directe : leurs stigmates,
légèrement renflés près du sommet et toujours contournés, ont leurs
papilles latérales étalées au moment où les anthères répandent leur
pollen, et où leurs belles glandes répandent l'humeur miellée : toutefois j'ai observé que, dans le *Nodosa*, la fécondation était intérieure, et
que les stigmates s'étalaient dans le tube autour des anthères. A la
dissémination les cinq valves amincies s'écartent assez pour que les
semences sortent au moindre vent, au moins dans le *Saginoides*, qui
se reproduit de rejets, et qui est quelquefois dioïque par avortement.

Les *Spergula* du premier groupe sont recherchés par les bestiaux,
et l'*Arvensis* est souvent cultivé dans les sables humides, tandis que
les espèces du second groupe sont absolument sans usages ; mais ces
dernières, aussi remarquables par l'élégance de leur tige que par le
beau vert de leurs feuilles, décorent, dans les mois d'été, les bords
des marais de leurs fleurs d'un blanc pur : au contraire, les *Spergula*
du premier groupe, dont la corolle est presque toujours fermée, et
dont les rameaux et les panicules sont constamment divariqués, n'offrent, comme les *Holosteum*, ni grâce ni symétrie.

SEPTIÈME GENRE. — *Larbrea.*

Le *Larbrea* a le calice quinquéfide et urcéolé à la base, cinq pétales
bifides, dix étamines périgynes comme les pétales, un ovaire unilocu-

laire, polysperme et surmonté de cinq styles; une capsule ouverte au sommet en six valves.

Ce genre n'est composé que d'une seule espèce, l'*Aquatica*, qui croît dans les lieux froids, humides et un peu montueux ; ses racines sont annuelles, ses tiges nombreuses, diffuses et quadrangulaires, ont leurs bifurcations chargées de bractées blanchâtres, du milieu desquelles naissent des pédoncules solitaires; les fleurs ont leurs calices blanchâtres sur les bords, leurs pétales bifides et leurs capsules ovales, ouvertes à six valves.

Mais ce que le *Larbrea* présente de remarquable, et qui a été d'abord observé par Auguste Saint-Hilaire (Mémoires du Musée, tome ii, page 26), c'est l'organisation de sa fleur, dont le calice est urcéolé à la base, et dont les étamines et les pétales sont périgynes et non hypogynes, comme dans toutes les espèces de la même famille, le *Cherleria* excepté.

Ces étamines et ces pétales périgynes sont une conséquence du calice urcéolé et quinquéfide, ainsi que de la capsule qui, amincie à la base, s'enfonce plus profondément dans le disque périgyne qui appartient à toutes les *Alsinées ;* c'est pourquoi Koch ne sépare pas les *Larbrea* des *Stellaria*, mais il se contente d'en faire une section dans laquelle entre le *Stellaria aquatica* et même l'*Uliginosa* des prairies marécageuses de l'Allemagne, qui n'en est, je crois, qu'une variété, et il ajoute même que l'ordre entier des *Alsinées* a ses fleurs périgynes.

HUITIÈME GENRE. — *Stellaria.*

Le *Stellaria* a un calice de cinq divisions, cinq pétales bifides, dix étamines dont plusieurs avortent souvent, trois styles, une capsule uniloculaire, polysperme, ouverte au sommet en six valves.

Ce genre compte dans le Prodrome cinquante-six espèces, les unes européennes, les autres étrangères et dispersées principalement dans la Sibérie, les deux Amériques et sur les Cordilières. Les indigènes, au nombre de dix ou douze, peuvent être réunies en quatre groupes.

Le premier, ou celui des *Stellaires* à feuilles élargies, compte trois espèces, le *Stellaria nemorum*, plante à racine traçante et écailleuse, qui vit dans nos bois montueux ; le *Pentagyna* de Gaudin ou le *Cerastium aquaticum* de Linné, qui a bien cinq styles, mais qui a tant de ressemblance avec le *Stellaria*, qu'on ne peut guère l'en séparer; et le *Montica* qui a de même cinq styles et que Koch a réuni à l'*Aquatica* de Linné, pour en former le genre *Malachium*, distingué des *Stellaires*, non-seulement par ses cinq styles mais encore par sa capsule à cinq valves bifides, et non pas à dix, comme dans les *Cerastium*, où elle est de plus prolongée ou recourbée, lorsqu'elle n'a pas ses dents tordues. Ce groupe, qui se retrouve au haut des Andes, où il est représenté, en particulier, par le *Cuspidata*, qui n'est peut-être qu'une variété du *Nemorum*, est distingué par ses grands pétales profondément bifides et dépourvus de tout mouvement.

Le second type, peu différent du premier, est celui du *Stellaria* ou de l'*Alsina media* de LINNÉ, qui fleurit presque toute l'année autour de nos habitations, et qui se fait remarquer par ses petites feuilles ovales et succulentes d'un beau vert, et par ses tiges chargées de deux rangs opposés de poils blanchâtres. Cette plante annuelle, dont les étamines avortent presque toujours partiellement avec les glandes qui les portent, et dont les pédoncules ont les mêmes mouvements que ceux de l'*Holosteum*, est unique dans son type, au moins en Europe.

Le troisième type est celui des espèces à tige amincie, à feuilles étroites, dures et un peu cartilagineuses dans les bords, comme l'*Holostea* de nos buissons, le *Graminea* de nos prairies et des bords de nos bois et le *Glauca* moins répandu que les deux autres. Ces plantes, auxquelles on peut réunir encore diverses espèces étrangères, sont les unes annuelles, les autres vivaces et semblables à celles du premier type; toutes sont dépourvues de mouvements dans leurs pétales.

Enfin, notre quatrième et dernier type est celui du *Stellaria cerastoides*, qui se reproduit par des rejets souterrains, et qui forme sur les Alpes des gazons serrés et très-glabres. Ses styles varient de trois à cinq, et ses pétales, à peu près doubles du calice, sont légèrement bifides, comme ceux du *Cerastium*. Le *Cerastoides* est unique dans son type comme le *Media*; car le *Radicans* de LA PEYROUSE, qu'on pourrait y joindre, n'en est qu'une variété, au moins selon BENTHAM.

Les *Stellaires* forment un genre jusqu'à présent mal défini, et dont les espèces présentent un grand nombre d'anomalies, soit dans le nombre des étamines et des styles, soit dans la forme et les divisions de la capsule. Pour le circonscrire avec plus de précision, il conviendrait, selon DE CANDOLLE, d'y comprendre toutes les espèces dont la capsule se fend jusqu'à la base en un nombre de valves égal à celui des styles ou même quelquefois double de ce nombre, et de placer parmi les *Cerastium* celles dont la capsule cylindrique et plus ou moins allongée en bec s'ouvre au sommet en un nombre de petites dents double de celui des styles. On ferait cesser ainsi l'incertitude où l'on se trouve pour classer les espèces qui ont indifféremment trois ou cinq styles, et l'on aurait encore l'avantage de restreindre au seul genre des *Cerastium*, le caractère physiologique de l'allongement de la capsule après la fécondation.

Ces plantes sont principalement répandues dans les zones tempérées de l'ancien et du nouveau continent, où elles recherchent de préférence les localités fraîches et ombragées, les pieds des montagnes, les bords des rivières et des bois. Quelques-unes s'élèvent sur les pentes et même sur les plus hautes sommités; d'autres, au contraire, vivent autour de nos maisons ou de nos cultures.

Les *Stellaires* ont à peu près toutes un feuillage d'un beau vert et un port plein de grâce et d'élégance. Elles ne se trouvent pas dans nos jardins, parce qu'elles manquent d'odeur, et que leurs fleurs, toujours simples, ne sont ni assez grandes ni assez durables; mais elles parent, pendant une grande partie de l'année, nos bois et nos prairies. Y a-t-il rien de plus gracieux, par exemple, que ce *Stellaria nemorum* étalant ses touffes si blanches et si légères sous les ombrages de nos montagnes, ou que cet *Holostea* couronnant nos buissons, autour desquels il entrelace de mille manières ses nombreux rameaux. Les autres espèces ne sont pas, à la vérité, aussi brillantes; mais toutes nous présentent cette végétation fraîche et verdoyante, qui appartient à l'Europe, et se trouve si rarement entre les tropiques. Tel est le *Graminea* de nos prairies, si voisin de l'*Holostea* et beaucoup plus commun, tel est, en particulier, cet avant-coureur du printemps, ce modeste *Stellaria*, qui semble se plaire à étaler sous nos yeux ses fleurs si délicates et si sensibles à la lumière; telles sont enfin plus ou moins toutes les espèces de ce genre répandu si abondamment par la nature.

Les *Stellaires* sont des herbes annuelles ou vivaces, très-ramifiées et long-temps fleuries. Leurs racines sont rarement traçantes, comme celles du *Bulbosa* des Alpes de la Carinthie, ou celles du *Nemorum*, dont les premières feuilles se transforment en écailles blanches et épaisses, qui portent, à leur aisselle, tantôt des rameaux avortés, tantôt de vrais rameaux. Leurs tiges, quelquefois irrégulièrement quadrangulaires et à demi-grimpantes, comme dans l'*Holostea*, sont dichotomes et chargées à chaque embranchement de pédoncules solitaires. Leurs fleurs, ordinairement dépourvues de mouvement, s'ouvrent et se ferment dans le *Media*, et peut-être aussi dans quelques autres espèces; mais ne se roulent jamais, comme celles des *Silene*.

A l'époque de la fécondation, qui ne dure qu'un jour et commence dès le matin, le *Media* ouvre ses fleurs et répand le pollen blanchâtre des anthères violettes sur les trois stigmates étalés et fortement papillaires; l'*Aquatica*, au contraire, fleurit pendant deux jours et ne ferme jamais ses fleurs: ses anthères latérales ne répandent leur pollen qu'après avoir tourné leur ouverture sur les stigmates ; dans le *Graminea*, la fécondation est indirecte, car le pollen se répand avant que les stigmates soient bien conformés, ce qui prouve que le *Stellaria* est un genre à différents types.

La fécondation s'opère en plein air, et les grandes étamines répandent leur pollen au moment même où leurs glandes nectarifères donnent si abondamment leur humeur miellée ; ensuite les étamines secondaires s'ouvrent, et les styles se déploient. Quand une grande étamine avorte, sa glande manque aussi, comme on peut le voir dans le *Media*.

Les feuilles des *Stellaria* sont appliquées par paires légèrement recourbées, et plus ou moins réunies à leur base. En les examinant après leur développement, on trouve que leurs bords sont membraneux, quelquefois un peu dentés, et que leur extrémité porte une glande plus ou moins marquée.

Le *Stellaria media*, indiqué par les auteurs comme annuel, est au moins bisannuel, car j'ai vu à l'entrée du printemps ses tiges, étalées en gazons fort étendus, pousser des fleurs dès qu'elles étaient débarrassées de la neige qui les recouvrait ; le *Graminea* et l'*Holostea*, qui sont vivaces, donnent après la floraison de longs rejets stériles.

La dissémination doit s'opérer un peu différemment, selon les espèces : dans le *Media*, comme nous l'avons dit, les pédoncules dejetés se redressent ; au contraire, dans le *Graminea*, ses pédoncules redressés se déjettent fortement par le moyen d'une articulation renflée qu'ils portent à leur base, et en même temps ouvrent en six valves leur capsule renfermée encore dans le calice ; enfin, dans le *Nemorum*, la capsule papyracée à six valves reste redressée et encore entourée de son calice desséché.

NEUVIÈME GENRE. — *Arenaria.*

L'*Arenaria* a un calice de cinq pièces, cinq pétales entiers, dix étamines, dont quelques-unes avortent quelquefois ; trois styles, une capsule uniloculaire, polysperme, formée de trois à six valves.

Ce vaste genre se divise en deux sections :

1º Celle des *Spergularia* à feuilles entourées, à la base, de stipules scarieuses, et capsules constamment trivalves ;

2º Celle des *Arenarium* à feuilles dépourvues de stipules et capsules de trois à six valves.

Les *Spergularia* comptent douze espèces ou variétés irrégulièrement dispersées en Égypte et en Amérique ; ce sont de petites plantes presque toutes annuelles et remarquables par leurs feuilles linéaires et les stipules scarieuses qui entourent les nœuds de leur tige. Les espèces européennes se réunissent sous deux types : 1° celui du *Segetalis*, qui vit dans les moissons de la France et de l'Espagne, et se reconnaît à ses petites fleurs blanches ainsi qu'à ses feuilles subulées et ordinairement unilatérales; 2° celui du *Rubra*, qui ne comprend guère non plus qu'une seule espèce modifiée selon les localités, et distinguée par ses tiges couchées et glutineuses, comme par ses panicules en grappes axillaires ou terminales, chargées de petites fleurs rouges.

Ces plantes, et sans doute aussi celles qui appartiennent à la même section, ont des mouvements organiques très-marqués : non-seulement leurs pédoncules se renversent après la floraison, mais leurs fleurs s'ouvrent et se ferment avec beaucoup de régularité. Je trouve, dans LINNÉ, que le *Segetalis* épanouit sa corolle depuis trois heures jusqu'à neuf heures; et le *Rubra*, depuis neuf heures jusqu'au milieu du jour.

La fécondation de l'*Arenaria rubra* est immédiate et ne dure qu'un jour; les dix étamines, dont les bases ne m'ont pas paru glanduleuses, étalent leurs anthères introrses sur les trois lobes divariqués et papillaires des stigmates.

Cette première section diffère essentiellement de la suivante par sa forme d'organisation, et surtout par ses tiges, dont les articulations sont garnies de bractées destinées à envelopper primitivement les deux feuilles principales, de même que les secondaires qui naissent souvent fasciculées à leurs aisselles.

Les *Arenarium*, qui forment tout le reste du genre, c'est-à-dire environ cent vingt espèces, se rangent sous trois groupes :
1° Celui des espèces à feuilles de graminées;
2° Celui des espèces à feuilles subulées ou linéaires;
3° Celui des espèces à feuilles lancéolées, ovales ou arrondies.

Le premier groupe est étranger à l'Europe, et appartient presque entièrement à la Sibérie ou aux contrées qui avoisinent le Caucase. Les vingt-neuf espèces qui le composent sont presque toutes vivaces, et ont des feuilles amincies et allongées. La plus répandue est le *Graminifolia*, du Caucase, à fleurs blanches, dont les stigmates sont papillaires et allongés, et dont les anthères m'ont toujours paru avortées; ce qui indique qu'elle est réellement dioïque. Le *Longifolia*, qui n'en est probablement qu'une variété, a aussi ses tiges et ses feuilles très-allongées; la fleur femelle a ses trois stigmates saillants, même avant le développement de la corolle, et ses étamines à anthères avortées ont cependant conservé leurs cinq beaux nectaires.

Le second groupe compte plus de cinquante espèces, la plupart européennes, et que je réunis sous deux ou trois types : le premier et le plus marqué est celui des espèces sous-frutescentes, dont les racines forment des rhizomes, et dont les tiges sont sans cesse remplacées par de nouveaux rejets qui portent des fleurs l'année suivante. Ces plantes, qui couronnent les sommités de nos montagnes, sont principalement l'*Arenaria grandiflora*, le *Laricifolia*, l'*Austriaca*, le *Verna*, le *Recurva*, etc., à feuilles gazonnantes, subulées et sépales striés ; elles ne diffèrent presque les unes des autres que par la pubescence de leurs tiges, la grandeur de leurs corolles lisses ou rayées et la forme plus ou moins cylindrique de leurs capsules. Elles ont toutes des glandes jaunâtres et ouvertes, et des styles allongés, qui ne s'étalent que tard ; et elles se distinguent de leurs congénères par leurs fleurs légèrement météoriques, et leurs pédoncules dépourvus de mouvements ; leurs capsules, ordinairement trivalves et cylindriques, sont allongées en tube, et à peine quinquéfides dans le *Grandiflora*.

Je place, dans mon second type, le *Polygonoides*, plante vivace à racine sarmenteuse, qui habite les pâturages caillouteux des Hautes-Alpes, et que Koch range parmi les *Mœhringia*, quoique son calice ait cinq divisions, que ses étamines soient au nombre de dix et que sa capsule soit constamment trivalve. Les fleurs blanches et médiocres sont dépourvues de mouvements comme celles de notre premier groupe.

Mon troisième type, beaucoup plus marqué que le précédent, est formé d'espèces annuelles ou vivaces, à tiges minces, fasciculées et dichotomes, à feuilles sétacées, à calices étroits et striés, à fleurs très-peu apparentes ; il comprend principalement quatre espèces : le *Tenuifolia*, des bords de nos murs ; le *Fasciculata*, des contrées montueuses, qui fleurit en automne et répand ses graines en hiver ; le *Mucronata*, qui habite les mêmes lieux et n'en diffère guère que par ses tiges vivaces et ses feuilles plus roides ; enfin, le *Setacea*, des collines voisines de Paris. Ces plantes, dont les pédoncules sont toujours droits, ouvrent leurs fleurs pendant la matinée, et les referment promptement, comme l'*Arenaria Segetalis*, à laquelle elles ressemblent d'ailleurs assez par le port.

Les *Arenarium* du troisième groupe, ou ceux à feuilles élargies, forment à peu près soixante espèces, les unes européennes, les autres étrangères et dispersées dans le Groenland, le Kamchatka, et sur les montagnes de l'Amérique méridionale : les indigènes, qui sont les plus nombreuses, peuvent se réunir sous trois types assez distincts, quoique fort inégaux.

Le premier ne comprend qu'une seule espèce : le *Tetraquetra*, des montagnes stériles du midi de la France, qu'on distingue de toutes les *Arenaires* par ses feuilles ovales, carénées, imbriquées sur quatre rangs, et ses fleurs disposées en tête ou en petits faisceaux au sommet des tiges. GAY observe que cette plante est polygame, et que sa fleur est formée de quatre sépales, quatre pétales et huit étamines légèrement périgynes; elle ne s'élève guère qu'à demi-pouce, tandis que sa variété, qui était autrefois le *Gypsophila aggregata* de LINNÉ, est à peu près quatre fois plus grande.

Mon second type, formé d'espèces à feuilles arrondies et couchées sur le terrain, est représenté par le *Biflora*, dont les styles varient de trois à cinq, et dont les tiges filiformes et comme sarmenteuses jettent çà et là des rameaux courts, chargés, à leurs aisselles supérieures, d'une, deux, ou trois fleurs. Il s'étend en tapis sur les sommités de nos Alpes, et il est voisin du *Balearica*, qui croît aux Baléares et dans l'île de Corse, mais dont les rameaux ne portent qu'une seule fleur. Les botanistes remarquent que le *Balearica* incline son pédoncule et penche sa capsule après la floraison; je n'ai pas observé s'il en est de même du *Biflora*.

Les espèces de ce second type, auxquelles je joins le *Ciliata*, le *Cerastiifolia* et le *Repens* à fleurs dépourvues d'étamines glanduleuses et déjetées après la fécondation, ont une végétation qui leur est propre; leurs tiges, après avoir donné des feuilles qui tombent aux approches de l'hiver, poussent, de leurs aisselles inférieures, des rameaux qui se fixent en terre par des radicules, et forment ainsi des gazons très-étendus et toujours renouvelés.

La plus élégante des espèces de ce type après le *Biflora*, c'est le *Balearica*, qui couvre de ses tapis verts et de ses rejets les rochers des îles de la Méditerranée sur lesquels elle aime à s'étendre; ses feuilles sont plus petites, plus délicates et plus ailées que celles du *Serpyllifolia*, et ses fleurs, d'un blanc de neige, ont les glandes staminifères, mais ne se referment pas.

Mon troisième type est celui de l'*Arenaria serpyllifolia*, plante annuelle à feuilles ovales, qui croît sur les murs et les champs sablonneux de toute l'Europe. On place auprès le *Trinervia*, aussi annuel, mais plus frais et plus délicat, et qu'on distingue à ses feuilles glanduleuses, marquées de trois à cinq nervures; le *Spathulata* des sables de la Barbarie, et quelques autres espèces moins connues : ces différentes plantes, dont KOCH compose presque entièrement son genre *Arenaria*, ouvrent et ferment leurs fleurs selon l'heure et la température du jour.

Les tiges de ces plantes ne présentent pas des divisions bien régulières, en sorte qu'on a quelquefois de la peine à y reconnaître les dichotomies qui caractérisent leur famille ; les rameaux avortent si fréquemment, et les tiges restent si courtes, qu'elles sont souvent chargées d'un petit nombre de fleurs latérales, terminales, solitaires, fasciculées, etc., selon les espèces. Je ne voudrais pas nier que quelques-unes n'eussent réellement les fleurs axillaires, comme le *Biflora*, par exemple, etc. ; mais je crois qu'il ne serait pas difficile de retrouver, dans la plupart, la forme primitive dichotome qu'on aperçoit très-bien dans quelques espèces dont les pédoncules paraissent d'abord axillaires, comme ceux du *Trinervia*.

Les *Arénaires* diffèrent beaucoup dans leurs mouvements organiques : les unes, comme la plupart des espèces vivaces qui croissent sur les rochers, ont les pédoncules et les fleurs à peu près immobiles ; les autres, en plus grand nombre, comme les deux types des *Spergularia*, les *Arenarium* annuels, à feuilles subulées, tels que le *Fasciculata* et le *Mucronata*, de même que ceux à feuilles ovales, sont éminemment météoriques. Leurs fleurs se referment quelquefois avec tant de régularité qu'on ne peut pas distinguer une fleur non épanouie d'une autre qui a déjà été ouverte. Ce mouvement dépend, il est vrai, principalement du calice, que les pétales ne pourraient pas ouvrir s'il opposait trop de résistance ; mais il réside sans doute dans les deux organes qui l'exécutent, avec un grand accord ; et il ne dépend pas uniquement de l'action directe de la lumière, puisqu'il a lieu, par exemple, dans l'*Arenaria tenuifolia* et le *Serpyllifolia*, mis à couvert dans un jour pluvieux. Du reste, si l'on place ces plantes et d'autres semblables dans une obscurité profonde, comme l'a fait DE CANDOLLE, on remarque que leur mouvement s'affaiblit graduellement et finit enfin par se détruire ; ce qui prouve qu'il tient à l'état de santé, et à une espèce d'habitude qui ne peut pas être tout-à-coup changée.

Les principales aberrations que présente la fleur des *Arénaires*, se rapportent aux étamines, dont les cinq secondaires avortent souvent en tout ou en partie ; aux styles, dont le nombre s'accroît quelquefois d'une ou deux unités ; à la capsule, dont les valves ou les dents ne sont pas toujours constantes ; et enfin, aux pétales qui avortent, ou qui, dans le *Tetraquetra*, se réduisent d'un cinquième, comme les calices et les étamines.

Les capsules varient aussi selon les espèces ; lorsqu'elles sont cylindriques et coniques au sommet, leurs filets conducteurs s'aperçoivent facilement ; lorsqu'au contraire elles prennent peu d'accroissement et restent sphériques ou aplaties, le placenta en remplit toute la capacité, et les filets conducteurs sont peu visibles.

Les pétales des *Arénaires* sont blancs et rarement rouges, comme dans l'*Arenaria rubra* de notre première section; souvent ils sont lisses et d'un blanc de lait; quelquefois ils sont rayés longitudinalement et d'un blanc cendré; tantôt ils sont échancrés à la base pour mettre à découvert les glandes nectarifères; tantôt, au contraire, ils sont étroits et linéaires, ce qui forme deux organisations très-différentes.

La fécondation qui s'opère ordinairement dans un seul jour a lieu au moment où la fleur s'épanouit; les cinq étamines principales s'avancent les premières vers les stigmates et sont bientôt remplacées par les cinq autres; le pollen des anthères introrses tombe en partie sur les glandes nectarifères, et se répand ensuite en émanations sur les stigmates qui se développent souvent assez tard.

J'ai remarqué que dans plusieurs espèces les stigmates se prolongeaient jusqu'à la base de la capsule, dans l'intérieur de laquelle les styles se réunissaient en un seul corps, et que dans le *Rubra* et le *Serpyllifolia*, les capsules qui s'ouvrent par la sécheresse et se ferment par l'humidité se détachaient de la plante encore en pleine végétation.

Enfin j'observe que la division des *Arenaria* en deux sections, dont la première ou celle des *Spergularia* a les feuilles entourées à la base de stipules scarieuses, n'est pas entièrement exacte puisque le *Liniflora*, du Jura, si voisin du *Laricifolia*, a les feuilles entourées de petites stipules membraneuses, quoiqu'il soit rangé dans la seconde section, c'est-à-dire parmi les *Arenarium*. J'ai cru voir aussi que dans le *Marina*, qu'on regarde comme une variété du *Rubra*; les étamines n'étaient pas plus glanduleuses que dans l'espèce principale, mais que les semences étaient bordées.

Les *Arénaires* ne se plaisent pas dans les mêmes localités : les unes, en grand nombre, habitent les rochers des montagnes élevées de l'ancien et du nouveau continent, où elles fleurissent depuis la fin du printemps jusqu'au commencement de l'automne; les autres, en plus petit nombre, bordent les rochers et les îles de la Méditerranée. Les *Spergulastrum* vivent dans nos moissons, et le *Serpyllifolia*, ainsi que le *Trinervia*, autour de nos cultures ou de nos bois. Ces diverses plantes ne manquent pas de grâce, quand on les considère séparément; mais comme elles forment rarement des touffes et qu'elles ne fleurissent qu'à certaines heures du jour, elles ne produisent pas d'effet agréable, excepté sur les rochers nus qu'elles revêtent de leurs tapis verts et long-temps fleuris. L'espèce qui m'a le plus frappé, c'est le *Biflora*, qui étend sur les pelouses alpines, ses longs rejets ornés de feuilles élégamment distribuées, et d'où partent des rameaux chargés régulièrement de deux jolies fleurs blanches. On dirait une cou-

ronne virginale, brillante de légèreté et de fraîcheur. Le *Balearica*,
qui appartient au même type, se sème ordinairement sur les vieux
murs qu'il tapisse de ses feuilles gazonnantes ; mais il est loin de produire le même effet, dans nos jardins, que le *Biflora* sur nos montagnes.

DIXIÈME GENRE. — *Adenarium*.

L'*Adenarium* a un calice de cinq divisions, cinq pétales entiers,
adhérents au fond du calice, dix étamines insérées avec les pétales,
trois à cinq styles, dix glandes entourant l'ovaire, une capsule uniloculaire de trois à cinq valves, et un petit nombre de semences.

Ce genre ne renferme qu'une seule espèce : le *Peploides*, plante
vivace à feuilles charnues, à fleurs blanches et solitaires, qu'on trouve
en Europe sur les rivages de l'Océan.

L'*Adenarium* a été séparé des *Arenaria* à cause de la conformation
singulière de sa fleur dont le calice est monosépale, et dont les pétales
et les étamines sont périgynes, comme dans le *Larbrea*. On y remarque de plus un nectaire très-différent de ceux des *Arenaria* et des
autres plantes de la même famille. Toutefois DE CANDOLLE le range
parmi les *Arenarium*, parce que son nectaire, quoique plus marqué, n'est pas conformé différemment que dans les autres espèces.

ONZIÈME GENRE. — *Cerastium*.

Le *Cerastium* a un calice de cinq divisions, cinq pétales bifides, dix
étamines et cinq styles ; sa capsule uniloculaire, cylindrique ou globuleuse, s'ouvre au sommet en dix dents redressées ou roulées sur leurs
bords.

Les *Cerastium* se divisent en deux sections :

1° Les *Strephodon* à capsule cylindrique et dents roulées sur elles-
mêmes ;

2° Les *Orthodon* à capsule plus ou moins recourbée au sommet et
dents droites ou roulées sur leurs bords.

Les *Strephodon* sont annuels ou vivaces et à peu près inconnus à
l'Europe : leur patrie est à peu près exclusivement la Sibérie et le
Caucase ; la seule espèce qu'on peut regarder comme indigène, parce
qu'elle habite la Grèce en même temps que les sables de la Sibérie et
de la Barbarie, c'est le *Perfoliatum* à feuilles connées, élargies et
glaucescentes, à fleurs disposées en ombelle au sommet des tiges, à

pétales plus courts que le calice et capsule allongée en bec redressé divisé au sommet en dix dents profondes.

Les *Orthodon*, beaucoup plus nombreux que les *Strephodon*, sont répandus dans l'ancien et le nouveau monde, mais la Sibérie et surtout l'Europe sont leur véritable patrie.

Les *Cerastium* européens se divisent en deux groupes :

1° Celui dont les pétales sont à peu près égaux au calice;

2° Celui dont les pétales sont plus grands que le calice.

Les *Cerastium* du premier groupe sont presque tous annuels, à feuilles et tiges velues et souvent visqueuses; ils fleurissent au premier printemps, le long de nos murs et autour de nos cultures, et sont tellement rapprochés les uns des autres qu'il est très-difficile de les séparer en espèces distinctes : les plus constantes et les plus déterminées sont le *Vulgatum*, que Linné et De Candolle regardent comme annuel, mais qui repousse chaque année des aisselles inférieures de ses tiges d'abord desséchées et plus tard rhizomatiques; le *Viscosum*, qui en diffère surtout par ses tiges visqueuses, plus ramifiées et plus velues; le *Brachypetalum*, dont les calices, barbus sur les bords, sont plus longs que la corolle; le *Semidecandrum*, qui n'a ordinairement que cinq étamines et qui se distingue encore par ses calices scarieux et ses pétales raccourcis; enfin, l'*Androsaceum*, de la Corse, et le *Murale*, des environs du Mans, qui n'est peut-être qu'une variété du *Vulgatum*, lequel m'a souvent présenté deux sortes de fleurs les unes à étamines avortées, stigmates allongés recouverts à peu près de tous les côtés de poils papillaires, les autres à étamines bien conformées et stigmates petits avortés en tout ou en partie : du reste plusieurs auteurs considèrent le *Vulgatum*, le *Viscosum*, le *Semidecandrum*, etc., comme une seule et même espèce.

Le second groupe est formé de plantes qui sont aussi tellement voisines qu'on n'y peut guère distinguer les simples variétés des vraies espèces. Les plus communes et les plus généralement reçues sont l'*Arvense*, à tiges couchées, ou l'*Arvense* proprement dit; le *Strictum*, à tiges redressées; l'*Alpinum*, plus ou moins laineux, à pédoncules ordinairement ternés et garnis de bractées; le *Latifolium*, du sommet de nos Alpes, qui varie beaucoup, mais qui se distingue toujours à ses feuilles rudes et elliptiques, ainsi qu'à ses capsules enflées, et ses pédoncules dépourvus de bractées; le *Tomentosum*, cultivé dans nos jardins, et remarquable par la blancheur de son duvet cotonneux qu'il perd cependant quelquefois; enfin, l'*Hirsutum*, du Samnium, fort semblable au *Tomentosum*, mais dont les pétales sont au moins doubles du calice, et dont toutes les étamines m'ont paru dépourvues de glandes nectarifères.

Les *Cerastium* européens se reconnaissent à leur consistance herbacée, à leurs feuilles élargies, épaisses et ordinairement velues,
ainsi qu'à leurs pétales bifides et toujours blancs. Ceux du premier
type vivent sur les bords de nos haies, dans nos champs et le long de
nos murs; les autres recherchent les lieux montueux et les expositions
des rochers.

Les espèces de notre premier groupe ouvrent et ferment leurs fleurs
selon les heures du jour et les influences de la température. Leurs étamines s'approchent et s'éloignent successivement pendant toute la
durée de la fécondation; ensuite leurs calices se referment, leurs
pédoncules s'inclinent, et leur capsule ne se redresse que lorsqu'elle
est sur le point de répandre ses graines.

Il n'en est pas de même de celles du second groupe, qui ne me
paraissent pas susceptibles de mouvements : leurs tiges, plus régulièrement dichotomes, restent toujours droites, ainsi que leurs capsules,
et leurs pétales ne se referment pas; cependant leurs étamines s'éloignent et s'approchent comme celles du premier groupe.

Les nectaires des *Cerastium* sont très-marqués à la base des grandes
étamines, où ils distillent une humeur assez abondante, principalement au commencement de la floraison. Je ne connais pas bien les
phénomènes de la fécondation, mais je présume qu'ils sont les mêmes
que dans les genres voisins.

L'estivation des pétales est en recouvrement, comme celle des
calices : les feuilles, dans la vernation, sont opposées deux à deux,
un peu recourbées sur les bords, les unes en avant, les autres en
arrière, et toujours chargées au sommet d'une glande très-marquée.
Le placenta est couvert de plusieurs rangs doubles de semences dont
l'embryon est demi-circulaire. On voit distinctement dans les jeunes
capsules, les filets conducteurs qui communiquent à chaque rang de
graines, et qui disparaissent bientôt avec les styles.

Mais le phénomène le plus remarquable de ce genre, c'est celui
que présente sa capsule, qui, d'abord ovoïde, s'allonge insensiblement, et finit par se terminer en un tube plus ou moins recourbé
en trompe, et divisé ordinairement en un nombre de dents double
de celui des styles. Cette singulière configuration sert d'abord à protéger les graines, et favorise ensuite la dissémination, au lieu de la
contrarier. Les parois du tube recourbé sont, en effet, si minces et
si élastiques, qu'à la moindre agitation de l'air et quelquefois même
par le temps le plus calme, on voit les graines s'échapper en glissant
rapidement le long du tube, dont la structure augmente leur mouvement. Je les ai souvent voulu suivre à la loupe, et elles m'ont tou-

jours échappé par leur extrême rapidité. On aurait dit qu'elles étaient lancées par une force inconnue.

La plus remarquable des espèces, est à cet égard le *Dichotomum* de l'Espagne, voisin du *Vulgatum*, dont les capsules cartilagineuses se terminent en pointe droite et aiguë, et dont la fécondation a lieu avant l'épanouissement ; si l'on ouvre de très-bonne heure un bouton, on trouve au fond de la fleur une capsule très-raccourcie, entourée de cinq petites étamines à anthères peu apparentes, mais dont le pollen tombe immédiatement sur les cinq stigmates déjà développés. La fécondation accomplie, la capsule allonge son col cartilagineux et redressé d'où sortent enfin les graines.

Les *Cerastium* du premier groupe sont des plantes sans port et sans élégance ; mais les autres forment souvent sur nos rochers de beaux tapis de fleurs très-nombreuses et presque aussi blanches que la neige. C'est pour cela qu'on les a transportés dans nos jardins, où leur principale espèce, le *Tomentosum*, connu sous le nom d'*Oreille de souris*, forme des touffes très-brillantes.

DOUZIÈME GENRE. — *Cherleria*.

Le *Cherleria* a un calice de cinq pièces, cinq pétales très-petits et échancrés, ou plutôt dix glandes cylindriques remplaçant les pétales et entourant le germe, dix étamines à anthères latérales, trois styles, une capsule à trois valves et trois loges qui s'ouvrent par la base et renferment chacune deux semences anguleuses.

Ce genre contient principalement le *Cherleria sedoïdes*, qui tapisse les rochers des plus hautes Alpes, où il forme des gazons extrêmement serrés, sur lesquels il étend, dès le mois de juillet, ses petites fleurs jaunâtres. Son port et ses habitudes le rapprochent beaucoup du *Silene acaulis*, sa racine ligneuse s'insinue de même dans les fentes des rochers, et pousse de son collet une multitude de petits rameaux fortement serrés les uns contre les autres et recouverts de feuilles opposées et engaînées ; les aisselles supérieures donnent chaque année une fleur latérale, qui, lorsqu'elle a répandu ses graines, périt avec son pédoncule, tandis que la tige elle-même se prolonge au sommet, pour donner l'année suivante une nouvelle fleur. Cette forme de végétation appartient à plusieurs plantes alpines, dont le bas des tiges se transforme insensiblement en rhizomes long-temps chargés de feuilles desséchées.

Les pétales qui manquent souvent et sont toujours très-petits, s'insèrent devant les étamines intérieures comme dans les autres *Alsinées*, et les grandes étamines, ou celles opposées aux sépales, sortent d'une glande échancrée.

Gay a vérifié que le *Cherleria* des Pyrénées a les pétales et les étamines insérés sur le calice, qui forme à sa base un petit godet; ses fleurs sont polygames; les femelles portent des filets avortés trois fois aussi courts que le calice, tandis que les mâles ont des anthères parfaitement conformées; la capsule est uniloculaire, trivalve; l'axe est central, libre et chargé de cinq à six semences, les pétales sont tantôt entiers, tantôt échancrés obliquement, et l'ovaire offre à sa base dix glandes alternes aux étamines.

Le même auteur ajoute que le *Cherleria imbricata* des Alpes du Tyrol, dont Koch a fait son *Alsine aretioides*, a les étamines hypogynes et ne diffère pas des *Mœhringia* pour le nombre des parties de la fleur. Le *Cherleria* des Alpes est-il le même que celui des Pyrénées?

Vingt-unième famille. — *Élatinées.*

Les *Élatinées* ont un calice de trois à cinq divisions, autant de pétales hypogynes, un nombre double d'étamines, trois à cinq styles à stigmates en tête, des ovaires de trois à cinq loges à valves loculicides, des semences attachées à un axe central et dépourvues de périsperme, un embryon légèrement recourbé, à radicule dirigée vers l'ombilic.

Cette nouvelle famille formée de trois genres, dont un seul est européen, comprend des plantes radicantes, à feuilles non stipulées, opposées et fleurs axillaires : elle doit être placée après les *Caryophyllées.*

PREMIER GENRE. — *Elatine.*

L'*Elatine* a un calice profondément divisé en trois ou quatre lobes, trois ou quatre pétales sans onglets, des étamines ordinairement en nombre simple ou double des pétales, trois ou quatre styles terminés par des stigmates en tête, une capsule à trois ou quatre valves et trois ou quatre loges polyspermes, des semences cylindriques striées en longueur ou en largeur; un embryon droit et une radicule infère.

Ce genre compte quatre espèces, toutes européennes, et qu'on peut diviser en deux types, celui des *Alsinastrum* à feuilles verticillées, et celui des *Hydropiper* à feuilles simplement opposées.

Le premier n'est formé que d'une seule espèce, l'*Elatine alsinastrum*, qui croît dans les mares et les fossés inondés, où elle se conserve par ses racines. Ses feuilles sont disposées en verticilles plus ou moins garnis; les inférieures, plongées dans l'eau, sont amincies, capillaires et réfléchies; les autres, qui varient de trois à douze dans chaque nœud, sont ovales, entières et raccourcies; les fleurs, presque sessiles, sont petites et verticillées, à pétales blancs et persistants; les quatre styles sont très-courts, la capsule est arrondie et aplatie.

. L'*Alsinastrum* fleurit au-dessus de l'eau et s'allonge continuellement par le haut, tandis qu'il se détruit par la base. Les racines, qui sortent constamment des nœuds inférieurs, le rabaissent successivement en même temps qu'ils l'amarrent, à peu près comme dans les *Ranunculus Batrachium.*

Le second type des *Elatine* compte trois espèces : l'*Hydropiper*, l'*Hexandra* et le *Triandra*, qui ne paraissent différer que par la longueur des pédoncules et le nombre très-variable des parties de la fleur. Ce sont des plantes rampantes sur la surface des mares ou des étangs desséchés, dont les tiges articulées poussent sans cesse de nouvelles racines, et se perpétueraient indéfiniment, si elles n'étaient détruites par les gelées ou les intempéries. J'ai vu l'*Hexandra* sur les bords de notre lac, tapisser, dès le commencement de l'automne, de ses fleurs rouges, des étendues assez considérables, végéter avec vigueur jusqu'à l'approche de l'hiver, et périr ensuite, à peu près sans retour, par un froid de quelques degrés.

Cette jolie plante a les feuilles succulentes chargées de glandes à leur face supère; l'estivation de son calice et de sa corolle est plutôt imbriquée que valvaire, et ses pédoncules, d'abord recourbés, se redressent à la floraison pour s'incliner ensuite.

Sa fécondation est directe, les six étamines à anthères introrses et biloculaires répandent immédiatement leur pollen sur les trois stigmates papillaires, peu apparents et recourbés entre les anthères : la capsule est aplatie, uniloculaire sans doute par avortement, et s'ouvre irrégulièrement en trois ou quatre valves pour la sortie des semences.

On peut remarquer que ses fleurs solitaires portent à leur base des stipules blanches et transparentes qui accompagnent également les feuilles.

L'*Alsinastrum* n'a-t-il les feuilles verticillées qu'en apparence, et l'*Hexandra* a-t-il réellement des stipules (Voy. CAMBESSÉDÈS, *Mémoires du Museum*, tom. 18, pag. 225 et suivantes).

SECOND GENRE. — *Mollugo.*

Le *Mollugo* a un calice profondément quinquéfide, une corolle nulle, sans doute par avortement, des étamines qui varient de trois à cinq, une capsule trivalve à trois loges polyspermes.

Ce genre est composé d'une trentaine d'espèces presque toutes originaires du Cap, de l'Amérique méridionale et des Grandes-Indes ou des îles adjacentes. Il est formé d'herbes, la plupart annuelles et couchées sur le terrain, à tiges noueuses, à feuilles entières, amincies, opposées ou verticillées, mais jamais stipulées; les fleurs sont petites, très-peu apparentes, axillaires ou terminales et souvent disposées en ombelle.

De Candolle divise ce genre en deux sections : celle des *Mollugo* proprement dits dont les pédoncules sont uniflores et verticillés, et celle plus nombreuse des *Pharmaceum*, dont les pédoncules sont ramifiés en grappes ou en ombelles.

La seule espèce européenne qui appartienne à ce genre, est le *Mollugo cerviana*, qui croît dans la Russie de même qu'en Espagne, et que j'ai vu fleurir dans notre jardin botanique. C'est une très-petite plante qui se sème en avril, et se ressème en juin pour fleurir au moins deux fois dans l'année; ses feuilles sont linéaires, verticillées et d'un vert glauque; ses tiges filiformes, nues et renflées à la base, se ramifient une ou plusieurs fois en ombelles de trois à quatre rayons qui exécutent divers mouvements relatifs à la fécondation et à la dissémination. Les calices s'ouvrent et se referment plusieurs fois, jusqu'à ce qu'enfin ils s'appliquent fortement contre les capsules, qui sont triloculaires, à valves loculicides.

La fécondation est immédiate, l'ovaire est terminé par trois stigmates à peu près sessiles et entouré de cinq anthères jaunâtres. A la dissémination, on voit les semences attachées par des funicules à l'axe central de la capsule; elles sont brillantes, recourbées sur le dos, légèrement concaves du côté opposé, qui est celui de l'insertion, et auquel correspond la radicule.

Le *Verticillata*, qui appartient à notre première section, tandis que le *Cerviana* dépend de la seconde, a les tiges très-noueuses, à feuilles verticillées, et à pédoncules uniflores, disposés autour de chaque verticille; du reste il a la fécondation et la dissémination du *Cerviana*.

TROISIÈME GENRE. — *Drymaria.*

Le *Drymaria* a un calice profondément quinquéfide, cinq pétales bifides, cinq étamines et trois styles, une capsule fortement trivalve et polysperme, un embryon périphérique.

Ce genre, tout-à-fait semblable pour l'organisation aux *Spergules* ou aux *Holosteum*, est formé de cinq ou six plantes annuelles, diffuses, rameuses et amincies, dont les pétales, d'un beau blanc, ne s'ouvrent qu'à la chaleur du jour, et dont les feuilles opposées, sessiles ou pétiolées, glabres ou légèrement duvetées, sont toujours accompagnées de stipules pétiolaires, géminées ou plus nombreuses; les calices striés se referment exactement après la floraison; enfin les pédoncules tombent avec la capsule.

Les *Drymaria* croissent principalement sur les hauteurs et appartiennent à la côte occidentale du sud de l'Amérique. Le *Gracilis*, que je vois fleurir et qui ne me paraît pas différer beaucoup du *Cordata*, a ses rameaux amincis et dichotomes, ses feuilles pétiolées et cordiformes, ses articulations renflées et entourées de cinq ou six stipules sétacées, ses stigmates à peu près sessiles, fusiformes et fortement papillaires.

Vingt-deuxième famille. — *Linées.*

Les *Linées* ont ordinairement cinq sépales en estivation imbriquée ou tordue, et continue avec le pédoncule; cinq pétales en estivation tordue, alternes aux sépales hypogynes, onguiculés et légèrement adhérents; cinq étamines monadelphes à leur base et séparées par des appendices qu'on pourrait considérer comme des étamines avortées; des anthères tantôt droites, tantôt incombantes, biloculaires et dépourvues de connectif; un ovaire à peu près globuleux et partagé en autant de loges qu'il y a de styles; un pollen ovoïde à trois plis; cinq stigmates en têtes papillaires et souvent allongées en massue; des capsules à peu près sphériques à valves repliées sur les bords; cinq loges divisées chacune par une cloison incomplète qui adhère aux parois; des semences solitaires dans chaque locule ou géminées dans chaque carpelle et attachées près du sommet; un albumen presque toujours remplacé par un endoplèvre renflé et charnu; un embryon droit, plane et charnu; une radicule dirigée vers la cicatricule; des cotylédons elliptiques et foliacés dans la germination.

PREMIER GENRE. — *Linum.*

Le *Linum* ou le *Lin* a cinq sépales, cinq pétales, cinq étamines, cinq et très-rarement trois styles.

Ce grand genre est divisé, par DE CANDOLLE, en *trois* groupes artificiels et très-inégaux :

1° Celui des espèces à fleurs jaunes;

2° Celui des espèces à fleurs bleues ou rougeâtres;

3° Celui des espèces à fleurs blanches et feuilles opposées.

Le premier est formé d'un grand nombre de plantes originaires *du* bassin de la Méditerranée, ou dispersées en Russie, dans les deux Amériques et au Cap de Bonne-Espérance. Les espèces européennes sont, les unes annuelles, les autres vivaces et sous-frutescentes; dans les premières, on place le *Gallicum* du midi de la France; l'*Aureum* de la Hongrie, le *Luteolum* de la Tauride, le *Setaceum* du Portugal, qui ont tous les pétales deux fois plus longs que le calice, et enfin le *Strictum* à panicule resserrée, feuilles pointues et ciliées, et pétales égaux en calice. Parmi les secondes, on range le *Maritimum* à feuilles glabres et panicules lâches, l'*Africanum* du Cap, à feuilles élargies, sépales ciliés et styles réunis, et le *Glandulosum*, à feuilles glanduleuses, et dont l'on distingue plusieurs variétés qui n'appartiennent pas aux mêmes contrées. Ces plantes ont la corolle deux ou trois fois aussi longue que le calice.

Dans ce groupe de *Lins* à fleurs jaunes, je ne saurais m'empêcher de mentionner comme type, le *Linum trigynum* des montagnes des Indes, qui fleurit dans nos serres la plus grande partie de l'année, et qui est un véritable sous-arbrisseau. Il a toute l'organisation florale des *Lins*, mais son pistil est trigyne, et il porte à la base de deux de ses étamines une glande nectarifère très-marquée.

Le second groupe, ou celui des *Lins*, à fleurs bleues et rougeâtres, peut-être partagé en trois types : 1° celui du *Suffruticosum* de l'Espagne et du *Tenuifolium* de nos collines, qui sont très-voisins, et ont tous les deux les feuilles rudes et sétacées, les sépales chargés de cils glanduleux, et les pétales rougeâtres trois fois aussi longs que le calice; 2° celui de l'*Hirsutum* et du *Viscosum*, plantes vivaces, à fleurs d'un bleu rougeâtre, et remarquables par leurs feuilles lancéolées, rayées de trois à cinq nervures, et recouvertes, ainsi que la tige, de poils glanduleux; 3° celui des *Lins communs*, à fleurs d'un bleur d'azur, dont la principale espèce est l'*Usitatissimum* ou le *Cultivé*, répandu dans toute l'Europe, et nulle part indigène. On lui associe le *Narbonense*, l'*Angustifolium*, le *Montanum*, l'*Anglicum*, l'*Austriacum*, le *Sibiricum*, l'*Alpinum*, etc., qui sont tellement rapprochés, qu'on doit peut-être les considérer comme autant de variétés, et les désigner, avec BENTHAM, sous le nom de *Perenne*, tandis qu'on donnerait celui d'*Annuum* au *Lin cultivé*.

Le troisième groupe ne comprend qu'une seule espèce, le *Catharticum*, plante annuelle, très-commune dans les champs, et qu'on distingue facilement à ses petites fleurs blanches, sa tige filiforme et dichotome, et ses feuilles glabres toujours opposées. On pourrait composer un dernier groupe du *Monogynum*, de la Nouvelle-Zélande, à fleurs blanches.

Les *Lins* forment une famille très-naturelle, et qui se distingue de toutes les autres par sa végétation, et surtout par sa structure florale; ses tiges sont dures, amincies et cylindriques, ses feuilles linéaires et entières; ses fleurs, disposées en cymes paniculés, plus ou moins fournis, sont très-régulièrement conformées en verticilles quinaires. Les seules espèces qui s'écartent de ce type primitif, sont le *Lin trigyne* et le *Radiola*, qui forme aujourd'hui un genre séparé.

Ces plantes ont toutes des racines fibreuses, amincies, dépourvues de stolons ou de rejets traçants; les espèces sous-frutescentes ou vivaces présentent souvent trois formes de tiges, celles de l'année précédente qui ne sont pas encore détruites, celles de l'année actuelle chargées de fleurs ou de graines, et enfin celles qui doivent fructifier l'année suivante; les stipules sont nulles; les feuilles qui ne se désarticulent que dans les *Lins* vivaces, sont d'abord repliées sur leurs bords, et présentent tantôt une surface glabre, tantôt des cils et des poils glanduleux, ou de véritables glandes, comme dans le *Glandulosum*. Les fleurs souvent rayées et toujours délicates et fragiles gardent constamment la même couleur, au moins lorsqu'elles sont jaunes ou bleues, car les rouges sont variables.

L'estivation des calices est quelquefois imbriquée, et souvent tordue de gauche à droite en sens contraire de la corolle. Aux approches de la fécondation, qui est toujours extérieure, le calice, animé d'une force vitale, s'étale horizontalement. La corolle prend la forme campanulée, les étamines étendent leurs filets, et les stigmates développent leurs papilles dorées. Cet épanouissement de toutes les parties de la fleur a lieu au commencement de la journée; le soir, lorsque la fécondation est opérée, les pétales tombent, les calices se referment fortement, et les anthères déjettent leur pollen dans le fond de la fleur. Les mêmes phénomènes ont lieu sur les autres fleurs, le lendemain et les jours suivants, jusqu'à ce que la fécondation soit terminée. On peut remarquer alors, dans les champs de *Lin*, tout le terrain jonché des pétales tombés.

En examinant de plus près ce qui se passe dans l'intérieur d'une fleur de *Lin* épanouie, on trouve des différences, selon les espèces; ainsi, dans quelques-unes, comme dans le *Trigynum*, le *Narbonense*, etc., les anthères sont extrorses; dans d'autres, comme le *Glandulosum* et le *Cultivé*, elles sont latérales; mais, pour l'ordinaire, elles s'ouvrent à l'intérieur, et répandent par deux fentes longitudinales un pollen globuleux, jaune, bleu ou blanc, selon la couleur de la fleur. Ces anthères restent immobiles dans le *Tenuifolium*, elles serrent et enveloppent les stigmates dans le *Narbonense*, tandis que dans le *Maritimum*, le *Catharticum*, etc.; elles s'approchent tour à tour des stigmates; car dans ces dernières espèces, les stigmates restent fixés au centre de la fleur, tandis que dans la première, les styles divariqués dès la base, ont jeté les stigmates sur les bords de la corolle.

Ces stigmates, constamment jaunâtres et papillaires de tous les côtés, sont cylindriques, en tête ou en massue. Dans certaines espèces, telles que le *Montanum*, le *Sibiricum*, le *Gallicum*, le *Maritimum*, le *Strictum*, etc., ils présentent le même phénomène que les *Primula*, c'est-à-dire des individus dans lesquels les stigmates sont inférieurs aux anthères, et d'autres dans lesquels ils leur sont supérieurs. Dans le premier cas, les anthères réunies laissent tomber leur pollen sur les stigmates placés exactement au-dessous, et alors la fécondation est immédiate; dans d'autres espèces, comme le *Catharticum*, les stigmates sont à peu près au niveau des anthères, et dans le *Tenuifolium*, ils sont extérieurs à ces mêmes anthères, au-dessus desquelles ils s'élèvent le long de la corolle.

En continuant d'observer l'intérieur d'une fleur de *Lin* épanouie, on trouve quelquefois les étamines distinctes et élargies à leur base, comme dans le *Maritimum*, mais plus souvent réunies en un anneau auquel adhèrent aussi les pétales, et séparées entre elles par des appendices qu'on peut considérer comme autant d'étamines avortées. Sur cet anneau, et du côté extérieur, sont placées des glandes ou des enfoncements nectarifères, répondant à autant de fossettes formées par les onglets relevés en arêtes des pétales, et tout-à-fait semblables à celles qu'on trouve dans les *Convolvulus*, les *Gentianées*, etc.; elles divisent le fond de la corolle en cinq tubulures, qui correspondent une à une aux glandes nectarifères que nous avons dit être placées sur l'anneau des étamines.

Le but final de ces tubulures est relatif à la fécondation. Dans le moment où elle a lieu, les anthères s'ouvrent exactement au-dessus, et laissent tomber, comme dans le *Catharticum*, par exemple, une grande partie de leur pollen, immédiatement absorbé par l'humeur miellée que distillent les glandes. C'est sans doute cette humeur qui reçoit les globules polliniques dont elle renvoie les émanations ou les boyaux aux stigmates en tête papillaire, qui sont ainsi fécondés.

On ne peut guère douter de ce mode de fécondation, et l'on en sera, je pense, convaincu, lorsqu'on aura vu de ses yeux le joli phénomène que je viens de décrire. Du reste, ce mode ne s'applique qu'aux espèces dont les fleurs sont tubulées, les autres en présentent peut-être de très-différents.

Les *Lins*, avant la floraison, ont souvent, comme le *Catharticum* et le *Cultivé*, le sommet de leurs tiges déjeté et comme replié en bas ; mais à mesure que les fleurs s'épanouissent, leurs pédoncules se redressent, et après la fécondation, pendant la maturation et la dissémination, ils restent constamment redressés. La plupart des espèces ont leur pédoncule articulé un peu au-dessous du calice, et c'est souvent par cette articulation que se séparent les capsules, qui, pour l'ordinaire, se dessèchent sur la tige, après avoir répandu leurs graines ; les onglets sont de même articulés sur l'anneau qui les porte.

La capsule est une sphère plus ou moins aplatie sur ses pôles, et presque toujours couronnée par la base persistante du style. Elle est primitivement composée de cinq ovaires ou de cinq carpelles, qui se replient sur leurs bords et forment ensuite autant de loges demi-ouvertes intérieurement : chacune de ces loges contient deux semences séparées par une demi-cloison, en sorte que la capsule renferme régulièrement dix semences lisses et brillantes. Cette organisation, qui ressemble un peu à celle des *Malvacées*, ne varie guère que par le nombre des loges, qui se réduit à trois dans le *Lin trigyne*, à quatre dans le *Radiola*, etc. Et l'on peut remarquer en passant que les *Lins*, comme les *Malvacées*, ont pour l'ordinaire leurs fleurs fertiles.

A l'époque de la dissémination, les valves se désoudent et s'écartent ; bientôt après les semences sortent favorisées par l'agitation de l'air ; ou bien, si la pluie tombe, ou seulement si l'air est humide, les valves se rapprochent en attendant des circonstances plus favorables. C'est l'axe central qui sert ici de support aux cordons pistillaires, en même temps qu'aux vaisseaux nourriciers, et l'on peut remarquer sur le dos de la graine la cicatrice par laquelle les vaisseaux nourriciers et les cordons pistillaires arrivaient à la radicule.

Les glandes nectarifères ne sont pas toujours aussi marquées et aussi régulières que je l'ai supposé : souvent on ne les aperçoit qu'avec peine, et quelquefois même elles semblent avoir disparu, comme dans l'*Hirsutum*; mais alors elles sont remplacées par des filets renflés et jaunâtres au-dessus de la base, ou par de véritables glandes placées sur le côté extérieur des étamines, ainsi que je l'ai remarqué dans le *Trigynum*; et je ne doute pas qu'en y regardant de près, on ne voie que, lorsque les glandes manquent, l'humeur miellée se répand par d'autres moyens; ainsi j'ai observé, dans le *Lin cultivé*, que les pétales légèrement nectarifères à la base, avaient encore leur onglet bordé de poils.

La principale remarque que m'ont présentée le *Linum Narbonense* et l'*Alpinum* est celle de leurs pédoncules opposés aux feuilles et non placés à leur aisselle. S'applique-t-elle aux autres espèces ?

Mais ce qui est surtout digne de considération dans ce grand genre, c'est la structure de la capsule. Est-elle réellement formée de cinq car-pelles, comme l'affirment la plupart des botanistes, ou bien doit-on l'envisager comme composée primitivement de dix carpelles ? Dans le premier cas, je ne saurais me rendre compte des cinq demi-cloisons qui partagent ces carpelles, d'où viendraient-elles ? et comment auraient-elles été produites ? Mais dans le second, elles sont pour moi de véritables cloisons qui ont avorté en partie, et je suis confirmé dans cette opinion, soit par les semences qui seraient alors solitaires dans chacune des dix loges, soit encore par ces cinq valves principales qui sont presque toujours bifides. Il faudrait, afin de résoudre com-plètement la question, trouver des *Lins* dont les cloisons fussent pro-longées jusqu'à l'axe, ou bien plutôt examiner des capsules dans leur première jeunesse, et voir si alors leurs demi-cloisons ne sont pas plus marquées.

Au reste, la capsule à huit loges du *Radiola*, qui n'a que quatre stigmates, lève tous mes doutes.

Les *Lins* se plaisent sur les collines arides, sur les pentes peu élevées des montagnes, ou sur les rochers maritimes des zones tempérées; mais ils fuient les lieux cultivés ou marécageux, ainsi que les climats ou trop froids ou trop chauds. Ils fleurissent à la fin du printemps ou au commencement de l'été, et ils revêtent de leurs brillantes couleurs les flancs décharnés des collines et des pentes rocailleuses où la nature a fixé leur demeure. Leurs fleurs, qui se succèdent long-temps, et qui, chaque matin, se présentent fraîches et nouvellement écloses, ajoutent encore quelque chose à cet éclat, et je connais peu de plantes plus gracieuses qu'un *Lin* dans toute sa parure matinale. KOCH, dans sa Flore d'Allemagne, distingue deux variétés du *Lin cultivé* : le *Vulgare*, à capsule toujours fermée, et le *Crepitans*, dont les capsules ouvrent leurs valves élastiquement.

De toutes les espèces que renferme ce beau genre, la plus estimée et la plus connue, c'est le *Lin cultivé*, qui semble un présent du ciel, puisqu'on ne sait d'où il vient et qu'il est resté annuel au milieu de ses congénères vivaces, afin qu'il pût être plus facilement cultivé et transporté dans tous les lieux.

La plupart des *Lins* ont une floraison diurne, et ils étalent le matin des pétales qui tombent le soir ; dans d'autres espèces, comme l'*Africanum* du Cap, la fécondation est plus prolongée et les pétales ne se détachent pas à la fin de la journée. Est-ce parce que la fécondation n'est pas terminée ?

SECOND GENRE. — *Radiola*.

Le *Radiola* a un calice quadrifide, dont les lobes sont trifides, quatre pétales égaux au calice, quatre styles courts, quatre stigmates en tête papillaire, une capsule à huit loges et huit semences.

Ce genre ne contient qu'une seule espèce, le *Radiola linoïdes*, qui croît dans les sables humides et inondés. Sa tige amincie, annuelle et à peine haute de deux pouces, se ramifie depuis la base en bifurcations très-régulières ; ses feuilles sont petites, entières et opposées ; ses fleurs sont blanches, nombreuses, pédicellées et solitaires dans les diverses dichotomies ; ses anthères sont jaunes et sa capsule arrondie est sillonnée.

Cette plante, que je n'ai jamais vue vivante, a l'inflorescence des *Caryophyllées*, et se rapproche à plusieurs égards du *Lin cathartique*.

Vingt-troisième famille. — *Malvacées*.

Les *Malvacées* ont un calice à cinq pièces, très-rarement à trois ou quatre, plus ou moins réunies à la base, disposées en estivation valvaire et souvent involucrées ; les pétales alternes aux divisions du calice sont hypogynes et tordus avant leur développement, quelquefois entièrement distincts, et plus souvent adhérents à la base ; les étamines sont hypogynes, indéfinies, ou égales au nombre des pé-

tales, ou enfin multiples de ce même nombre; leurs filets réunis inférieurement, et pour l'ordinaire avec les *pétales*, vont en décroissant
de longueur de la circonférence au centre; leurs anthères sont uniloculaires, plus ou moins courbées, et toujours ouvertes par une fente
transversale; le pollen est hérissé et sphérique; le disque hypogyne
est nul; l'ovaire est formé de plusieurs carpelles souvent verticillés
autour d'un axe central, quelquefois libres, mais pour l'ordinaire
soudés sous diverses formes et renfermant une ou plusieurs semences;
les carpelles monospermes ou dispermes s'ouvrent par leur suture
centrale, les autres sont tantôt loculicides, tantôt réunis en une
capsule ou baie irrégulière; les styles, en même nombre que les carpelles, sont distincts ou plus ou moins réunis, et toujours terminés
par des stigmates dont la forme varie beaucoup selon les genres; les
semences ovales et plus ou moins triquètres sont quelquefois recouvertes d'un épiderme velu ou pulpeux; l'albumen est nul, ou selon
Auguste SAINT-HILAIRE (*Bulletin botan.*, janvier 1828), formé dans
les *Malvées* d'une lame amincie; l'embryon est droit, la radicule cylindrique, et les cotylédons recroquevillés sont courbés sur la radicule.

Ces plantes, dont l'on compte aujourd'hui près de sept cents
espèces, réparties en vingt-cinq genres, ont été inégalement répandues
sur la surface du globe; on n'en trouve point ou presque point dans
les zones froides, ou sur les montagnes élevées; mais elles habitent
les contrées chaudes des zones tempérées, et surtout les régions
situées entre les tropiques. On peut leur assigner quatre centres principaux : 1° l'Amérique méridionale, en y comprenant le Mexique et
les Antilles; 2° les Indes orientales et les îles adjacentes; 3° le Cap et
les côtes de l'Afrique, avec les îles Bourbon; 4° enfin, le bassin de la
Méditerranée prolongé jusqu'en Égypte et en Syrie. De ces quatre
localités, la première est la plus riche en espèces, et la dernière est la
plus pauvre; car la France n'en renferme guère que vingt-cinq, dont
quelques-unes même sont étrangères, et dans l'Europe entière, on
n'en trouve non plus qu'une cinquantaine, appartenant presque toutes
à la division des *Malvées* ou des *Malvacées* à calice double.

Les espèces indigènes habitent le long de nos haies et de nos
champs, dans les terrains stériles, sur les bords des bois et quelquefois dans le voisinage de la mer.

Les *Malvacées* sont des herbes rarement annuelles, quelquefois des
arbrisseaux ou même des arbres; leurs feuilles, toujours alternes et
pourvues à la base de deux stipules ordinairement libres et persistantes, sont en général pétiolées, articulées à la base, dentées sur les
bords, plicatives avant leur développement, arrondies, palmatipartites,

diversement lobées et recouvertes de poils rameux et étoilés; leur
consistance est épaisse et parenchymateuse, leur saveur douce et
mucilagineuse, et leur contour souvent glanduleux au sommet des
nervures. Je n'ai pas aperçu qu'elles fussent douées de mouvements
bien marqués, cependant j'ai observé que le haut de leur pétiole était
un peu renflé, et qu'il se recourbait plus ou moins en dehors ou en
dedans, pour que le limbe de la feuille fût plus écarté de la tige, et
plus sensible aux impressions de la lumière; cette conformation est
surtout très-prononcée dans les genres *Sida*, *Malva*, etc.

Les fleurs sont toujours axillaires quoiqu'elles paraissent quelquefois
disposées en grappes ou en épis par l'avortement des feuilles; les
pédoncules sont solitaires ou réunis, et toujours articulés de manière
à se rompre facilement lorsque la fécondation n'est pas encore opérée,
ou plus tard lorsqu'elle a eu lieu; l'inflorescence est centripète, en
sorte qu'il n'est pas rare de voir sur la même tige des pédoncules
desséchés dont les carpelles ont déjà répandu leurs graines, et d'autres dont les fleurs sont loin d'être encore ouvertes; lorsque les fleurs
sont nombreuses à la même aisselle, elles s'épanouissent les unes
après les autres, comme dans la *Mauve*, et alors l'inflorescence est
plus compliquée. Quelquefois, comme dans ces mêmes *Mauves*,
l'aisselle qui a donné des fleurs fournit encore des rameaux, et la tige
se conserve; d'autrefois, au contraire, comme dans l'*Hibiscus syriacus*,
qui est pourtant un petit arbre, l'aisselle florifère ne fournit pas de
nouvelles feuilles, et alors la tige périt jusqu'à une certaine hauteur.

Les tiges de cette plante, et sans doute de celles qui lui ressemblent, se rompent au sommet, et sont chaque année remplacées par
de nouveaux rameaux qui subissent le même sort; en sorte qu'en
examinant l'intérieur de l'arbre, on le trouve tout chargé de vieux
bois, ou de tiges mortes que le temps détruit successivement. On y
trouve aussi, en grand nombre, les lenticelles de De CANDOLLE, que
j'ai aussi remarquées sur quelques *Malvacées* herbacées, comme le
Malva sylvestris, l'*Althea rosa*, et qu'on retrouve sur d'autres plantes
herbacées d'une consistance un peu ligneuse, par exemple, le *Sam-
bucus ebulus*.

La fleur même des *Malvacées* présente plusieurs phénomènes dignes
d'attention: le premier et le moins remarquable, est celui de ce double
calice qui distingue les *Malvées* des *Sida*, et qui peut être considéré
comme un involucre. Le second est celui de ces plaques glanduleuses,
si régulièrement placées à la base du calice, entre les pétales bordés
en ce point de poils blanchâtres d'une consistance molle et destinés à
s'imbiber de l'humeur miellée sortie abondamment des écailles necta-

rifères. Lorsque les anthères s'ouvrent, ces poils reçoivent en grande quantité les granules sphériques du pollen, qui se rompent et d'où proviennent sans doute des émanations destinées à la fécondation des stigmates. Toutes les *Malvacées* que j'ai pu examiner, et dont la corolle est pourvue de poils, ont aussi des écailles mellifères ; toutes celles, au contraire, dont la corolle est nue, sont privées d'écailles, et presque toujours aussi leurs pétales sont étroitement unis dans une grande partie de leur longueur.

Un troisième phénomène, lié au précédent, concerne la fécondation proprement dite ; tantôt les anthères s'ouvrent au moment où les stigmates sont entièrement dégagés du fourreau staminifère, et cela a lieu surtout dans les *Malvacées* dépourvues de nectaire ; tantôt, au contraire, les stigmates ne sortent que beaucoup plus tard, et longtemps après que les anthères ont répandu leur pollen ; on croirait alors que la nature a manqué son but, et que la fleur doit avorter ou être fécondée par les anthères non encore ouvertes des fleurs voisines ; mais si l'on y regarde de plus près, on s'apercevra qu'au moment où les stigmates commencent à sortir du milieu de ces anthères à demi flétries, une partie de leur pollen est déposé sur les poils nectarifères, tandis qu'une autre reste encore attachée sur ces anthères déformées, afin de se déposer sur les stigmates au moment de leur apparition ; c'est là un arrangement très-remarquable, et qui tient à ce que le pollen sphérique des *Malvacées* est hérissé d'aspérités.

La structure du pistil varie beaucoup selon les genres : dans ceux où les carpelles sont verticillés et distincts, la partie inférieure du style forme un disque charnu autour duquel viennent s'arranger les ovaires, et qui subsiste jusqu'à la dissémination ; dans les *Hibiscus*, des sections *Abelmoschus*, *Ketmies*, *Trionum*, etc., où ces carpelles sont soudés et réunis en capsules, ce disque entre dans l'intérieur des fruits, où il prend la forme d'un axe central ; dans les *Sida*, il disparaît très-promptement après la fécondation, et laisse au centre un espace vide, qui s'étend jusqu'à l'endroit où les cordons pistillaires entrent dans les graines ; dans les *Anoda*, il n'arrive que jusqu'à la surface du péricarpe ; dans d'autres genres, il est tronqué horizontalement, à peu près à la hauteur des carpelles qui l'entourent. Sous ces différentes formes, on reconnaît les modifications d'un même plan, et l'on peut ajouter que, lorsque les carpelles sont intimement réunis, et ne forment qu'une seule capsule, comme dans les *Hibiscus* et la section des *Mauves*, qui porte le nom de *Sphæroma*, on observe toujours que les cloisons sont formées de deux lames superposées, qui sont les prolongements recourbés des valves.

Les stigmates des *Malvacées* diffèrent à plusieurs égards : les uns, tels que ceux du *Malva sylvestris*, etc., sont latéraux sur la face interne du style, à peu près, comme dans les *Caryophyllées* ; les autres forment de petites têtes papillaires peu visibles, ou, comme dans les *Hibiscus*, représentent de grosses massues admirablement veloutées, et qui s'inclinent fortement sur les anthères qu'elles couronnent ; ces diverses apparences sont toutes relatives au mode de fécondation, comme nous le verrons dans l'exposition des genres.

Les anthères varient comme les stigmates ; elles sont extrorses ou introrses, unilobées, contournées en demi-cercle, et elles s'ouvrent longitudinalement et sans retournement de parois, par une suture médiate, visible de bonne heure. En les considérant de près, on trouve que leur surface extérieure est finement chagrinée, et que leur ligne d'ouverture répond à une demi-cloison intérieure assez saillante, et, si l'on examine les filets au point de leur insertion, on verra souvent qu'ils sont rapprochés deux à deux, et que les anthères ne sont unilobées que par dédoublement. On doit ajouter que c'est, dans la structure du fruit, que la nature s'est plu à déployer ici ses deux grands instruments de soudure et d'avortement, dont elle se sert si souvent, pour mettre dans ses œuvres ces nombreuses variations, toutes plus ou moins remarquables par les différents buts auxquels elles tendent.

Lorsque les stigmates sont sortis d'entre les étamines, et ont reçu au moins une partie de leur pollen, la corolle se roule comme dans l'estivation, et les anthères, serrées contre les stigmates, complètent la fécondation ; ensuite la corolle se détache avec le tube staminifère auquel elle est souvent unie, et les calices se referment étroitement pendant la maturation ; les pédoncules sont redressés, et ils restent dans cette position, jusqu'à ce qu'ils se séparent de la tige ; un peu auparavant, les calices s'ouvrent et la dissémination commence. Dans les espèces à carpelles monospermes ou dispermes, comme les *Mauves*, les *Althées*, et le grand nombre des *Malvées*, les carpelles ne s'ouvrent pas, mais ils restent constamment attachés à leur graine ; dans les autres, tels que les *Ketmies*, les *Sida*, les *Hibiscus*, etc., ils s'ouvrent en dedans, et se détachent de leur axe, afin de répandre plus facilement leurs graines ; dans le *Gossypium*, ces graines, comme celles des *Saules*, sont entourées d'un duvet floconneux, au moyen duquel elles se disséminent au loin.

Ces graines, en général, sont ovales, aplaties dans les carpelles monospermes, et obscurément triquètres dans les autres ; leur ombilic est placé intérieurement, à peu près à mi-hauteur, à l'endroit où les cordons pistillaires se détachant du style, entrent dans le carpelle ; cet

ombilic, assez enfoncé, ne m'a rien offert de remarquable, excepté
ce raphé extérieur, qui distingue la plupart des *Géraniées*, et qui
conduit les vaisseaux depuis l'ombilic jusqu'à la base de la graine, où
aboutit la radicule; mais ici il est relevé en membrane, et couvert
avant la maturité par la caroncule.

Les *Malvacées* européennes sont des plantes peu apparentes, à fleurs
ordinairement bleuâtres ou rougeâtres, et qui ne paraissent qu'au
milieu de l'été, parce qu'elles sont, pour la plupart, annuelles, et que
leurs fleurs sortent aux aisselles supérieures; toutefois les deux
Mauves Moschata et *Alcea*, produisent un assez bel effet sur les
chemins qu'elles bordent de leurs tiges élevées, et de leurs grandes
fleurs roses; mais c'est dans les contrées équatoriales que brillent du
plus bel éclat ces magnifiques *Hibiscus*, ces *Malvaviscus*, ces *Sida*, etc.,
qui font dans les derniers mois de l'été l'ornement de nos jardins, et
plus tard celui de nos serres. On ne sait ce qu'on doit y admirer de
préférence la beauté du feuillage, le brillant de sa fleur ou l'appareil
si singulier des étamines et des pistils.

La fécondation dure plusieurs jours dans la plupart des espèces de
cette famille, et c'est pourquoi la corolle ne tombe que tard.

Première division. — MALVÉES ou MALVACÉES à calice involucré.

PREMIER GENRE. — *Malope*.

Le *Malope* a un involucre triphylle, à folioles cordiformes, et plusieurs carpelles monospermes réunis en tête.

Ce genre, qui ne diffère de celui des *Mauves* que par ses carpelles
rapprochés en tête et non pas verticillés autour d'un axe commun,
est actuellement formé de quatre espèces, dont trois habitent l'Espagne et la côte d'Afrique, et dont la quatrième, le *Malacoïdes*, est
commun à la France et à l'Italie, d'où il s'étend jusqu'à l'île de Scio.

Ces quatre plantes, désignées sous les noms de *Malacoïdes*, *Stipulacea*, *Trifida* et *Multiflora*, appartiennent évidemment au même
type. Ce sont des herbes annuelles, à tige peu élevée, à fleurs
grandes, rouges et blanches, à pédoncules solitaires et agrégés dans
le *Multiflore*, à feuilles ovales, arrondies, et trilobées dans le *Trifide*,
introduit dans nos jardins à cause de ses belles touffes couronnées tout
l'été de fleurs rouges très-brillantes. MORIS, dans sa Flore Sarde, dit
que le *Stipulacea* et le *Trifida* ne se distinguent pas toujours du *Malacoïdes*, dont les stipules sont très-variables.

Les *Malopes* peuvent être considérés comme des *Mauves* dont les carpelles trop nombreux ont perdu leur disposition primitive, et au lieu de s'arranger circulairement autour d'un axe commun, se sont entassés les uns sur les autres; leurs anthères, comme celles des *Mauves*, naissent au sommet et à la surface du tube staminifère; leurs carpelles sont évalves, monospermes et égaux en nombre aux stigmates, et l'on ne peut douter que leurs sépales ne soient nectarifères, car leurs pétales sont bordés de poils ciliés. La seule différence organique qui me semble exister entre ces deux genres, c'est que dans les *Mauves*, les cordons pistillaires se détachent au même point, et que, dans les *Malopes*, ils viennent aboutir à des carpelles placés à des hauteurs et des distances différentes.

A ces quatre espèces anciennement connues, on peut ajouter le *Grandiflore* du Népaul, qui devient arborescent lorsqu'on le cultive en pot, et qui se distingue des autres *Malopes*, et peut-être de toutes les *Malvacées*, par ses anthères bilobées, réunies en cinq corps allongés, qui correspondent aux intervalles des pétales et aux poils humides et nectarifères sur lesquels tombe en grande abondance le pollen sphérique. On voit après sa dispersion, les styles s'élever au centre des cinq groupes staminifères, et se recourber en dehors pour recevoir les émanations du pollen sur leur rainure longuement papillaire; ses carpelles, irrégulièrement disposés en séries linéaires, forment entre eux un cône tronqué; ils sont rayés de stries transversales, et portent sur leurs dos les traces de la suture des deux valves; dans la dissémination, ils s'échappent séparément du calice et de l'involucre desséchés et persistants.

SECOND GENRE. — *Mauve.*

Les *Mauves* ont un involucre formé de trois et très-rarement de cinq ou six folioles oblongues ou même sétacées, et de nombreux carpelles presque toujours disposés circulairement autour d'un axe central.

On distingue ce genre en quatre sections :

1º Celle des *Malvastrum*, carpelles à valves uniloculaires, monospermes et réunis ;

2º Celle des *Maluchia*, carpelles à valves uniloculaires, monospermes, distincts et peu nombreux, involucre de cinq à six pièces ;

3º Celle des *Sphæroma*, carpelles uniloculaires, polyspermes, réunis en un fruit globuleux ;

4º Celle des *Modiola*, carpelles bivalves, dispermes, valves biaristées et rentrantes.

La première comprend seule des espèces européennes, les trois autres sont entièrement étrangères.

Les *Malvastrum* se subdivisent en sept groupes, dont quelques-uns sont un peu artificiels; les autres sont de véritables types.

Le premier est celui des *Chrysanthes* ou des *Mauves à fleurs jaunes*, qui comptent dans le Prodrome dix-neuf espèces ou variétés presque également répandues dans l'Amérique méridionale et les Indes orientales, où elles forment des herbes et de petits arbrisseaux à feuilles entières, trilobées, lisses, velues ou recouvertes de poils étoilés; les fleurs, presque sessiles, solitaires ou réunies dans les aisselles supérieures, sont quelquefois disposées en épis par l'avortement des feuilles; leurs carpelles sont lisses ou velus, mutiques ou cuspidés.

Les *Chrysanthes* les plus cultivés sont le *Tricuspidé* et l'*Américain*, annuels et homotypes. Le premier s'épanouit rarement, en sorte que je n'ai pas encore vu ses fleurs ouvertes; son calice n'a pas des écailles nectarifères marquées, néanmoins ses pétales ont leur base élargie et ciliée de quelques poils, par lesquels peut s'introduire la liqueur miellée qui suinte entre le calice et le torus; les anthères jaunes et fortement courbées s'ouvrent en deux sacs concaves, et répandent leur pollen sphérique sur les têtes blanches et papillaires des stigmates qui paraissent à l'époque de la fécondation; les carpelles verticillés n'ont pas d'abord des pointes bien marquées; le centre du torus est enfoncé, l'axe est très-court et les carpelles se détachent les uns des autres pour la dissémination. L'*Americana*, à fleurs presque solitaires et ouvertes, n'est guère qu'une variété du *Tricuspidata*.

Le second groupe des *Malvastrum*, désigné sous le nom de *Cymbalaires*, à cause de sa ressemblance de port avec le *Linaria Cymbalaria*, ne comprend encore que trois espèces homotypes : le *Leprosa* de l'île de Cuba; le *Sherardiana* de la Bithynie, et le *Cretica* de l'île de Crète; les deux premières vivaces et la dernière annuelle. On les reconnaît à leurs fleurs rougeâtres ou blanchâtres, à leurs pédicelles solitaires et uniflores, à leur involucre triphylle, ainsi qu'à leurs feuilles à peu près arrondies. La première est remarquable par ses feuilles et ses rameaux tachés de croûtes blanchâtres; la seconde, par ses pédoncules recourbés, et la dernière, par ses tiges redressées. Ce second groupe, plus artificiel que le précédent, ne se distingue guère de celui des *Fasciculées* que par ses pédoncules solitaires.

Les *Bibracteolatæ*, ou le troisième groupe des *Malvastrum*, sont annuels, indigènes de l'Espagne, et répandus aussi sur le bassin méridional de la Méditerranée; leurs fleurs blanches ou rougeâtres ont les pédoncules uniflores, et on les distingue des *Cymbalaria* par leurs feuilles presque toujours divisées, et surtout par leur involucre diphylle; on en compte six espèces qui diffèrent entre elles par leurs stipules et leurs feuilles, ainsi que par la proportion de grandeur entre la corolle et le calice.

Les *Bismalvæ*, ou les *Malvastrum* du quatrième groupe, habitent le bassin septentrional de la Méditerranée, et comprennent cinq espèces homotypes; on les reconnaît à leurs fleurs rougeâtres ou blanchâtres, à leurs pédoncules solitaires et uniflores, ainsi qu'à leur involucre triphylle et à leurs feuilles fortement divisées. Ce sont le *Tournefortiana*, l'*Althæoïdes* et le *Fastigiata*, indigènes de l'Espagne et de la France, l'*Alcea* et le *Moschata* à feuilles odorantes, qui croissent sur les bords de nos chemins, où leurs belles fleurs s'épanouissent depuis le milieu de l'été jusqu'au commencement de l'automne. Leurs écailles nectarifères sont très-marquées, et pourraient presque être détachées du calice qui les porte; leurs anthères recourbées et grisâtres s'ouvrent avant la sortie des stigmates, et répandent en abondance leurs granules sphériques sur le fond de la corolle, ainsi que sur les stigmates internes et papillaires qui se contournent fortement; après la fécondation, la corolle tombe et le calice se referme, et, à moins d'avortement, les pédoncules ne se désarticulent que lorsque la dissémination est accomplie. Gærtner observe que, dans la *Mauve alcée*, les carpelles glabres se rompent par les côtés, et que les graines, en se semant, n'emportent avec elles que le côté extérieur du carpelle appelé *scutum* ou bouclier; l'intérieur reste attaché au réceptacle. Je ne sais pas si les carpelles velus du *Moschata* ont la même forme de dissémination.

Les *Fasciculata*, que l'on range dans le cinquième groupe, se distinguent par leurs feuilles anguleuses, cordiformes, à cinq nervures, et surtout par leurs pédoncules axillaires, nombreux et uniflores; on en compte quinze espèces ou variétés : herbacées, annuelles, bisannuelles, ou vivaces, et irrégulièrement répandues sur la surface du globe, principalement dans l'Europe centrale et tempérée. Ces dernières se rangent sous un seul type, représenté par notre *Mauve des bois*, à laquelle on réunit celle de Mauritanie et celle d'*Henning* des environs de Moscou. La fécondation de ces plantes est en général semblable à celle des *Bismalvæ*, leurs calices sont nectarifères, et par conséquent leurs pétales ciliés; leurs anthères s'ouvrent avant l'apparition des stigmates, qui sont des lames papillaires contournées en spirale et placées naturellement du côté interne des styles. J'ai remarqué que dans le *Malva rotundifolia* de notre second type, le carpelle ne recouvre que la partie extérieure de la graine, et qu'il se soulève un peu à l'époque de la fécondation, et que, dans le *Mauritanica*, les papilles recouvrent tout le bord des longs stigmates.

Les *Fasciculées* présentent un second type, celui des espèces à fleurs petites, sessiles et agglomérées aux aisselles ; on y range le *Parviflora*, ou le *Borealis* de Koch, à carpelles ridés, le *Rotundifolia*, le *Mareotica* de l'Égypte, le *Crispa*, le *Brasiliensis*, le *Nicœensis*, le *Verticillata* de la Chine, qui est le *Glomerata* des jardiniers, etc. ; cette dernière présente deux particularités physiologiques qui appartiennent plus ou moins à ses homotypes ; la première, c'est que ses fleurs s'épanouissent les unes après les autres dans la même aisselle, et qu'elles allongent successivement leurs pédoncules lorsqu'elles sont sur le point de répandre leurs graines ; la seconde, c'est qu'elles n'ont point de poils nectarifères entre les lobes de leur corolle, et que les stigmates sortent de leur fourreau en même temps que les anthères répandent leur pollen, en sorte que la fécondation a lieu en plein air, au-dessus de la corolle.

Celle des *Mauves fasciculées* de notre premier type paraît d'abord indirecte : les anthères s'ouvrent et répandent, avant l'apparition des stigmates, leur pollen au fond de la fleur, sur les poils nectarifères très-élégamment grillés, et lorsque ces stigmates paraissent enfin, ils se penchent, comme une chevelure éparse, sur les anthères dont ils recueillent le petit nombre des granules encore adhérents, et dont ils se recouvrent tout le long de leurs bords ; on voit alors ces granules éclater et se fondre sur les stigmates papillaires.

Les *Malvastrum* du Cap ou les *Capenses*, de notre sixième groupe, ont les fleurs roses ou blanches, les feuilles anguleuses ou lobées, la tige frutescente, l'involucre triphylle et les pédicelles solitaires rarement géminés ou ternés ; en sorte qu'ils diffèrent des autres *Malvastrum*, plutôt par leur port et leur végétation, que par des caractères bien tranchés. Ils ont été réunis par De Candolle sous quinze espèces ou variétés, qui ne se distinguent que par leurs feuilles plus ou moins lobées, à surface glabre, velue, cotonneuse, rude ou glutineuse ; leurs involucres sont plus ou moins lancéolés, leurs pétales plus ou moins foncés, et enfin leurs pédoncules plus ou moins nombreux dans la même aisselle ; c'est pourquoi on doit les considérer, selon l'opinion de ce même botaniste, comme des variétés produites par la culture, ou des fécondations adultérines, et non pas comme des espèces proprement dites ; d'autant plus que toutes, sans exception, sont originaires de la même contrée.

Ces *Malvastrum* sont de petits arbrisseaux qui se développent sans cesse lorsque leur végétation n'est pas suspendue par le froid, et dont les pédoncules effilés sont articulés dans leur milieu; leurs feuilles, pourvues à la base de deux bractées et plissées irrégulièrement en deux dans la préfoliation, se recourbent pour protéger les fleurs; les calices portent des écailles nectarifères, correspondantes aux cils des pétales, et l'humeur miellée s'infiltre par un conduit semblable à celui des autres *Mauves*; les stigmates, qui sortent un peu après l'émission du pollen, sont de petites têtes papillaires d'un beau rouge, et non pas des bandes latérales, comme dans la plupart des autres *Mauves*; ces têtes s'inclinent et se serrent contre les anthères pour mieux recevoir le pollen.

La seule espèce que je veuille mentionner ici est le *Balsamica*, petit arbrisseau à feuilles légèrement pétiolées, quinquélobées et tronquées; ses fleurs sont solitaires aux aisselles supérieures ou au sommet des rameaux, et ses stigmates, au nombre de huit à dix, ont la fécondation directe; néanmoins l'appareil des poils et des glandes existe au fond de la corolle; ses feuilles et ses calices portent même des glandes sessiles, résineuses et un peu gluantes auxquelles la plante doit son nom.

Enfin, le dernier groupe est celui des *Multiflores*, ou des *Malvastrum*, à feuilles anguleuses, fleurs rougeâtres ou blanches, pédoncules axillaires et multiflores; ces plantes, dont six sont originaires du Pérou, et une du Mexique, se séparent de toutes les autres du même genre, par leurs pédoncules ramifiés et chargés d'un plus ou moins grand nombre de fleurs ordinairement assez petites. J'y distingue trois types : 1° celui des *Frutescentes*, à feuilles anguleuses et pédoncules paniculées, qui comprend trois espèces : le *Lactea*, le *Capitata* et le *Miniata*; 2° celui des *Herbacées*, à tige droite, épis axillaires et unilatéraux, formé de deux espèces homotypes : le *Limensis* et le *Peruviana*; 3° l'*Operculata*, à carpelles recouverts, comme dans le *Stegia*; et qui pourrait bien un jour former un genre; enfin l'*Acaulis*, plante fort élégante, qui croît sur les Andes, et dont les pédoncules radicaux sont multiflores; exemple rare de déviation dans un genre dont les espèces sont d'ailleurs si ressemblantes.

Le *Miniata* a l'involucre sétacé et caduc, et le *Limensis*, ainsi que le *Peruviana*, que j'ai observés vivants, ont une fécondation directe, des stigmates en tête repliés sur les anthères encore chargées de leur pollen, qui tombe dans le fond de la corolle et dans les fossettes nectarifères remplies de poils humides et grillés; ensuite la fleur se resserre, et les stigmates, pressés de toute part par le pollen des anthères humides, sont infailliblement fécondés. Le fruit du *Miniata* renferme, sous une forme arrondie et semblable au *Sphæroma*, un grand nombre

de carpelles serrés et dispermes ; mais le calice du *Limensis* est anguleux et ses carpelles sont monospermes.

J'ai remarqué que, dans le *Lactea*, les pédoncules grandissaient
pendant la maturation, et que les fleurs trop entassées s'isolaient ainsi
les unes des autres.

La seconde section des *Mauves*, ou celle des *Maluchia*, ne contient
que deux espèces homotypes originaires de l'Ile-Bourbon, dont l'involucre a cinq ou six folioles, et dont les cinq carpelles séparés sont
monospermes et indéhiscents.

La troisième, ou celle des *Sphæroma*, compte déjà dix ou douze
espèces, dont je réunis les cinq du Prodrome sous trois types; le
premier est représenté par l'*Angustifolia* a feuilles allongées et recouvertes de poils cotonneux, et calice chargé à la base d'une couronne
écailleuse et nectarifère, qui imprègne de son humeur les cils des pétales ; les stigmates sont papillaires et recourbés sur les anthères qui
répandent une poussière jaunâtre à granules très-petits. Le second type
des *Sphæroma* est l'*Elegans*, du Cap; et le troisième est l'*Umbellata*,
remarquable par ses feuilles arrondies, à cinq lobes, ses pédoncules
ombellifères et surtout ses grandes fleurs d'un violet ardent. Jussieu
fils a fait de cette division son genre *Sphæralcea*, qu'il distingue des
Mauves, par son péricarpe globuleux, renfermant dans une enveloppe
plusieurs carpelles renflés et polyspermes.

La section des *Modioles*, la dernière du genre, comprend quatre
ou cinq espèces originaires des contrées chaudes de l'Amérique, et
qu'on reconnaît à leurs carpelles dispermes, à deux valves aristées
au sommet et recourbées en dedans, de manière à former ainsi deux
demi-loges; elles sont, je crois, homotypes, annuelles ou vivaces, à
fruits presque toujours velus, feuilles lobées, tiges couchées et pédoncules uniflores. La principale est le *Caroliana*, à fleurs rougeâtres,
stigmates veloutés et pourprés, et carpelles fortement aristés. Son
involucre est formé de trois folioles avortées, sétacées et promptement caduques; sa fécondation directe s'accomplit après la floraison,
lorsque les pétales, déjà flétris, se rapprochent et serrent fortement
les anthères contre les stigmates; le fond de la fleur est entièrement
recouvert de pollen; les carpelles sont d'abord réunis en sphère aplatie
et leurs arêtes ne paraissent que tard.

Ce genre contient des espèces frutescentes et des herbacées vivaces
ou annuelles, à tiges dures et feuilles épaisses, qui supportent assez
bien les intempéries; les espèces vivaces, comme la *Mauve à feuilles
rondes*, donnent chaque année de leur collet des pousses qui couvrent
la terre en automne; ou bien, comme dans le *Caroliana*, s'étendent

en rejets d'où partent sans cesse de nouvelles radicules; celles dont les tiges résistent à l'hiver, redonnent souvent des mêmes aisselles, comme les *Mauves du Cap*, des fleurs et des rameaux florifères.

Ces plantes ont des caractères qui semblent les rapprocher des végétaux arborescents; leurs pédoncules se rompent, et leurs graines se répandent sans que les rameaux qui les ont portées paraissent en souffrir; l'on trouve même, sur plusieurs espèces herbacées, et en particulier sur le *Malva sylvestris*, ces lenticelles qui recouvrent les troncs des arbres.

Les feuilles sont alternes, pétiolées, plus ou moins articulées sur leurs tiges et plissées sur leurs nervures; leurs pétioles ordinairement assez allongés, se renflent vers le sommet et se fléchissent en dehors ou même en dedans, comme dans le *Sylvestris*, et l'on aperçoit presque toujours, à l'extrémité de leurs principales dentelures, des glandes verdâtres qui, dans le *Malva lactea*, occupent tout le contour.

On ne peut considérer ces feuilles, presque toujours recouvertes de poils plus ou moins étoilés, comme primitivement formées d'autant de folioles digitées qu'elles portent de lobes ou de nervures; en effet, ces nervures, comme celles des autres feuilles, donnent ici naissance à des nervures secondaires et pennées qui s'anastomosent entre elles aux points de soudure. On peut même ajouter que leurs plissements confirment cette idée; car ils ont toujours lieu sur les nervures principales. J'ai devant les yeux des feuilles de *Mauves*, séparées en folioles distinctes et pétiolées, et cette décomposition est ici l'ouvrage d'un insecte.

Les pédoncules des *Mauves*, soit uniflores, soit multiflores, sont articulés à différents points de leur longueur; lorsqu'ils sont réunis dans la même aisselle, ils grandissent les uns après les autres, et se redressent, à l'époque de la floraison, en conservant à peu près la même direction jusqu'à la fin; cependant ils se réfléchissent dans quelques espèces à tige rampante, comme le *Rotundifolia*, ou se recourbent en arc comme dans le *Sherardiana*.

L'inflorescence des *Mauves* à pédoncules solitaires est simplement centripète ou indéfinie; mais celle des espèces à pédoncules réunis dans la même aisselle est un peu plus compliquée, parce que leurs fleurs ne s'y épanouissent que successivement. Ces fleurs sont d'autant plus petites qu'elles sont plus nombreuses, car autrement elles se seraient mutuellement embarrassées; leurs pétales, peu sensibles à l'action de la lumière, s'étalent au jour et se referment à l'obscurité; mais cet effet n'est pas toujours très-marqué, et la fleur reste à demi ouverte jusqu'à ce qu'elle se roule en se desséchant.

L'involucre protége et recouvre ordinairement les fleurs jusqu'à leur développement; ses folioles s'écartent ensuite pour toujours, tandis que les sépales se rapprochent et se resserrent après la fécondation et la chute de la corolle; quelquefois même ils se détruisent au lieu de s'étaler, lorsque les carpelles se détachent de leur axe. L'involucre, qui paraît un organe accessoire, puisque plusieurs genres de *Malvacées* en sont dépourvus, est si constant dans les *Mauves*, qu'il sert en grande partie à caractériser leurs sections; ainsi, dans les *Malvastrum*, il est formé de trois folioles; de deux, dans les *Bibractéolées*, et de cinq ou six dans les *Maluchies*.

Le calice est en estivation valvaire ordinairement relevée en arête sur les bords; la corolle, au contraire, est tordue de droite à gauche; les pétales, toujours soudés à la base et au tube staminifère avec lequel ils tombent, sont ordinairement échancrés au sommet, et rayés dans leur longueur; ils se séparent au-dessus de la base, où ils sont toujours bordés de ces poils dont nous avons déjà assigné l'usage.

Les anthères extrorses, comme toutes celles des *Malvacées*, s'ouvrent, sans se rouler, par une fente longitudinale qui les partage en deux parties égales, et laissent échapper un pollen sphérique, dont les molécules visqueuses et hispides, se groupent en grappes lâches, sur les valves de l'anthère défleurie. J'ai indiqué ailleurs le but de ce singulier arrangement.

Les stigmates se présentent sous deux formes; tantôt, comme dans les *Sphæroma*, quelques *Multiflores* telles que le *Lactea*, et peut être encore d'autres espèces, ils forment une tête sphérique et papillaire; tantôt, et pour l'ordinaire, ils sont disposés en bandes latérales, velues et internes; cette différence en produit une autre dans la fécondation : les stigmates latéraux et allongés ne paraissent que tard au-dessus des anthères, sur lesquels ils se contournent et se déjettent de manière à représenter une tête chauve au sommet de la colonne anthérifère dont ils reçoivent ainsi facilement le pollen, comme on peut le voir dans le *Malva rotundifolia*, le *Moschata*, l'*Alcea*, etc.; souvent aussi ils sortent du milieu des anthères, et ils se recourbent sans se contourner; enfin les anthères du *Malva lactea* s'inclinent vers le fond de la corolle, avant de répandre leur poussière.

Les carpelles des *Mauves* varient beaucoup en nombre et en structure; on peut, je crois, y reconnaître deux formes principales : celle des carpelles réunis en tête sphérique qui caractérise les *Sphæroma*, et celle des carpelles verticillés qui appartiennent aux trois autres sections; mais, dans les *Maluchia*, ils sont séparés et au nombre de cinq, et dans les *Madioles*, ils sont bivalves, dispermes, à valves biaristées et réfléchies ; dans les *Malvastrum*, ils sont étroitement verticillés autour d'un axe central, dont ils se séparent ordinairement sans s'ouvrir ; cependant l'on observe presque toujours les traces de la suture des deux valves dont ils étaient primitivement formés, et l'on remarque quelquefois, comme dans le *Malva alcea*, le carpelle détruit sur les côtés, et couché sur le dos de la graine dont il se sépare facilement.

Les graines prennent la forme du carpelle, et ressemblent à un coin dont le tranchant est placé du côté de l'axe, et la tête du côté opposé ; leur point d'attache, que l'on reconnaît très-bien, se trouve vers le bas du tranchant, et le raphé se prolonge jusqu'à la base, où est logée la radicule dont l'extrémité amincie communique avec la cicatrice. Ces graines ne sont pas toutes fertiles, et l'on reconnaît les stériles à l'aplatissement du carpelle resserré et comme étouffé par les carpelles voisins.

La dissémination varie selon la forme du fruit : dans les *Malvastrum* de tous les groupes, les carpelles, qui sont monospermes et en général indéhiscents, se sèment avec leurs graines ; il en est de même des *Maluchia*, dont les cinq carpelles monospermes sont indéhiscents ; mais les *Modiola*, dont les carpelles sont dispermes, s'ouvrent en deux valves, et nous avons vu plus haut la dissémination des *Sphæroma*, dont les carpelles polyspermes sont enveloppés par une membrane épaisse qui est sans doute un prolongement du torus.

Koch décrit le fruit des *Malvacées* comme formé d'une capsule orbiculaire et multiloculaire, dont les dissépiments sont les bords rentrants des valves et dont les semences sont attachées à un axe central, et il ajoute que ces valves, séparées les unes des autres, séparent à leur tour les carpelles. Mais cette manière de concevoir l'organisation du fruit ne peut guère s'appliquer aux *Sphæroma* à carpelles réunis en sphère et recouverts d'une enveloppe, non plus qu'aux *Maluchia* dont les carpelles sont séparés, ou aux *Modiola* où ils sont bivalves et dispermes. Elle ne concerne donc que les *Bismalvæ* et les *Fasciculatæ* qui forment les deux sections de son genre.

Le problème le plus curieux à résoudre ici, c'est celui des granules sphériques du pollen ; s'ouvrent-ils d'eux-mêmes, et répandent-ils leurs boyaux sur les stigmates voisins, par l'effet de leur élasticité ? S'ouvrent-ils par l'intermède de la liqueur miellée, et lancent-ils également leurs boyaux sur les corps environnants ? Il faut sans doute l'intervention de l'humeur miellée dans le grand nombre des cas.

TROISIÈME GENRE. — *Kitaibelia.*

Le *Kitaibelia* se distingue par son involucre de sept à neuf divisions profondes, et ses carpelles capsulaires monospermes, réunis en une tête à cinq lobes.

Ce genre, si remarquable, est formé du *Kitaibelia vitifolia*, herbe vivace, élevée, toute recouverte de poils glanduleux; ses feuilles, à cinq lobes aigus et dentés, ont leurs pétioles articulés à la base, renflés et relevés au sommet; ses stipules sont bifides, son involucre agrandi et ses lobes légèrement dentés; son calice, plus petit que l'involucre, porte sur chacun de ses lobes un nectaire lamelleux, sur lequel reposent les poils de la corolle sans cesse humectés par l'humeur miellée, et recouverts ici par le pollen jaunâtre des anthères contournées comme celles des autres *Malvacées;* les styles, terminés par de petites têtes papillaires et un peu cylindriques, ne paraissent qu'après l'ouverture des anthères dont les granules sont très-petits.

Mais l'organe le plus remarquable du *Kitaibelia,* c'est sa capsule formée de la réunion de cinq carpelles bosselés et adhérents seulement entre eux par leur partie intérieure et centrale; chacun de ces carpelles renferme à peu près dix graines disposées sur deux rangs, et revêtues d'une enveloppe propre qui, à la maturité, s'ouvre en deux valves pour laisser échapper une graine disposée à peu près horizontalement, et pourvue, comme celles des *Mauves,* d'un ombilic et d'un raphé. On peut considérer aussi cette capsule comme ayant une conformation moyenne entre celle des *Mauves* et celle des *Hibiscus.* A la dissémination, le pédoncule ne se désarticule point, et l'involucre ne s'étale pas plus que le calice; mais ils se détruisent l'un et l'autre, et les graines sortent à travers leurs débris. Le *Kitaibelia* a été trouvé dans l'Esclavonie par WALDSTEIN et KITAIBEL, et se cultive aujourd'hui dans tous les jardins (Voy. *Flore de Hongrie*).

QUATRIÈME GENRE. — *Althœa.*

L'*Althœa* porte un involucre monophylle de six à neuf divisions, des carpelles capsulaires, monospermes et disposés circulairement autour d'un axe central.

On partage ce genre en trois sections :

1° Les *Althœastrum,* carpelles échancrés, sans rebords membraneux, involucre à huit ou neuf divisions;

2° Les *Alcea*, carpelles entourés d'un rebord membraneux et sillonné, involucre à six ou sept divisions ;

3° Les *Alphæa*, carpelles ridés et non échancrés, involucre à cinq divisions.

Les *Althæastrum* comprennent jusqu'à présent six espèces européennes, que je divise en quatre types : 1° celui de l'*Althæa officinalis*, dont les stigmates ne se développent que tard, et auquel j'associe le *Taurinensis* et le *Narbonensis*, plantes élevées, à feuilles mollement tomenteuses, plus ou moins lobées et pédoncules axillaires, multi-flores, tantôt plus courts, tantôt plus longs que les pétioles ; 2° celui du *Cannabina*, qui ne comprend qu'une seule espèce, à tige roide et divariquée, feuilles palmées, et pédoncules axillaires ordinairement biflores ; 3° celui de l'*Hirsuta*, à feuilles cordiformes à la base et quinquélobées au sommet, à poils rudes, pédoncules longs et solitaires ; 4° celui de l'*Althæa Ludwigii*, que je ne connais pas bien, mais qui paraît différer des précédents par ses feuilles glabres, cordiformes, lobées et dentées, ainsi que par ses pédoncules petits et réunis au nombre de deux à cinq dans la même aisselle. Les deux premiers types renferment des herbes vivaces, les deux autres n'en contiennent que des annuelles.

Les *Althæastrum* ont l'apparence des *Mauves*, et les calices, chargés d'écailles nectarifères, sur lesquelles reposent les poils blanchâtres et humides de la corolle. Les stigmates qui sortent du sommet, plus tôt, ou plus tard, selon les espèces, sont latéraux, papillaires, allongés, et se replient différemment pour mieux recevoir le pollen globuleux ; mais, dans les espèces du premier type, les corolles ne se referment pas, tandis que dans le *Cannabina* elles se resserrent après l'émission du pollen, et favorisent ainsi la fécondation. L'*Hirsuta* a des stigmates latéraux et velus qui s'étalent avant l'émission du pollen, et une corolle qui s'ouvre le matin et se referme le soir. Je n'ai pas observé vivante l'*Althæa Ludwigii*.

Les *Alcées*, ou la seconde section des *Althæa*, comprennent onze espèces, la plupart originaires de l'Orient, et dont une seule, le *Pallida*, appartient à l'Europe ; elles sont toutes annuelles ou bisannuelles, à feuilles cordiformes, arrondies, plus ou moins lobées, à tiges élevées, fleurs grandes et solitaires dans les aisselles supérieures. Le type de la plupart d'entre elles, est l'*Althæa rosa*, plus connu des jardiniers sous le nom de *Passe-rose* ou *Rose trémière*, et qui décore depuis le commencement de l'été, nos grands jardins de ses magnifiques grappes de fleurs jaunes, blanches, rouges, violettes, simples ou doubles. Cette belle espèce, sous laquelle on doit ranger le *Pallida* de la Hongrie, le *Sinensis*, le *Ficifolia* et peut-être encore plusieurs autres, a, comme le reste des *Malvacées*, son efflorescence centripète; ses feuilles, irrégulièrement plissées, sont articulées sur une console fort saillante, ses tiges portent des lenticelles assez grandes quoique peu visibles; ses fleurs sont pourvues d'un assez long pédoncule, et enfin ses calices sont couverts d'écailles nectarifères correspondantes aux poils cotonneux des pétales; sa fécondation n'est pas toujours directe, car les anthères répandent souvent leurs granules sur le fond de la corolle, avant que les styles soient sortis de leur fourreau, et l'organe stigmatoïde, qui réside essentiellement sur le côté interne des styles, ne se développe pleinement que lorsqu'il peut s'étendre en plein air; il reçoit alors les granules attachés encore aux anthères, et la fleur qui se ferme à cette époque aide aussi à la fécondation.

· Les carpelles sont nombreux et recouverts exactement par le calice; la colonne pistillaire ne s'enfonce pas jusqu'au torus, mais elle s'étale latéralement pour atteindre les graines recourbées et comprimées, dont l'ombilic et le raphé sont placés à la manière ordinaire, et qui se sèment étroitement unies à leurs carpelles; les fleurs non fécondées tombent de bonne heure en se rompant à la base, et le pédoncule endurci et grossi adhère à l'aisselle long-temps après la dissémination, quoiqu'il paraisse enflé et comme articulé à son milieu; les stipules de sa base sont multifides.

Le *Rosa sinensis* a une fécondation différente, car son pistil s'allonge beaucoup, et ses stigmates se déjettent sur les anthères placées à différentes hauteurs le long du tube staminifère.

Les *Alphœa* forment deux espèces, qui ne sont peut-être que des variétés, et dont l'une appartient au Cap, et l'autre aux îles Bourbon; je ne connais aucune des deux.

Les *Althœa* forment, comme on le voit, un genre fondé plutôt sur le nombre des divisions de l'involucre que sur des caractères essentiels et organiques; ce qu'elles ont en commun, ce sont des carpelles monospermes et verticillés sur un axe central, des stigmates latéraux et des fleurs quelquefois très-grandes, mais qui, à quelques exceptions près, sont dépourvues de mouvement, et ont toujours leurs pédoncules redressés. La première section appartient exclusivement à l'Europe; la seconde à l'Asie, et la troisième à l'Afrique.

L'*Althœa hirsuta*, qui est bien un type dans le genre, a les fleurs ouvertes le jour et fermées la nuit; à l'époque de la fécondation, qui dure plusieurs jours, ses stigmates unilatéraux, papillaires, velus et déjà saillants, se chargent dans toute leur longueur de granules sphériques; les anthères, observées lorsqu'elles étaient à peine visibles, m'ont paru nettement biloculaires, comme celles des autres *Althœa*, qui ne deviennent uniloculaires que par dédoublement.

On aperçoit très-bien dans l'*Althœa rosa* ou le *Passe-rose*, le canal qui contient l'humeur miellée, depuis l'écaille nectarifère du calice jusqu'au dessous de l'élégant grillage qui réunit à leur base les lobes de la corolle.

L'*Althœa cannabina* m'a présenté un phénomène qui m'a paru nouveau dans les *Malvacées*, c'est celui d'un fil roide ou d'une nervure attachée à l'axe séminifère et appliquée par son autre extrémité au dos de la graine ; à la dissémination, le carpelle flotte suspendu à ce fil, qui se prolonge en longueur dans toute son étendue et se déroule insensiblement ; on ne remarque rien de semblable dans l'*Hirsuta* ni dans le *Rosea*, dont les carpelles se détachent successivement de leur axe par la simple agitation de l'air, et s'ouvrent ensuite par leur rainure longitudinale.

CINQUIÈME GENRE. — *Lavatera*.

Les *Lavatères* ont un involucre de trois à six divisions peu profondes, des carpelles monospermes et disposés circulairement autour d'un axe différemment conformé.

On les partage en quatre sections, qui feront peut-être un jour autant de genres :

1° Les *Stegia*, axe ou réceptacle du fruit étendu au sommet en un disque qui recouvre les carpelles ;

2° Les *Olbia*, réceptacle du fruit central, conique et saillant ;

3° Les *Axolophes*, réceptacle tronqué au sommet et prolongé sur les côtés en autant d'arêtes membraneuses qu'il y a de carpelles ;

4° Les *Anthema*, réceptacle petit, non saillant, creusé en fossettes et dépourvu d'arêtes.

Les *Stegia* comprennent deux espèces : le *Trimestris*, de la Sardaigne, de la Syrie et de l'Espagne, et le *Pseudo-Olbia*, dont la patrie est inconnue et qui se cultive dans quelques jardins. Le *Trimestris*, ainsi appelé parce qu'il est annuel et fleurit très-promptement, forme des touffes brillantes de feuilles d'un beau vert, couronnées de grandes fleurs roses ou blanches et météoriques ; il est surtout remarquable par l'expansion de son axe pistillaire qui recouvre entièrement les carpelles, et qui, dans le *Pseudo-Olbia*, est beaucoup moins étendu ; le calice de ces plantes porte des écailles nectarifères, recouvertes par les poils cotonneux des pétales ; leurs styles sortent tard, et leurs stigmates allongés et papillaires ne s'étalent que lorsque les anthères ont répandu leur pollen au fond de la corolle; en sorte que la fécondation ne peut guère être immédiate; le pédoncule, selon CAVANILLES, n'est pas articulé, et le pistil se rompt de bonne heure au-dessus du disque.

En examinant comment pouvait s'opérer la dissémination, j'ai trouvé que le plateau ne tombait pas, mais que les carpelles striés en largeur et ouverts du côté de l'axe, se détachaient de dessous l'opercule, et se répandaient débarrassés de leur enveloppe cartilagineuse, en même temps que l'opercule se noircissait et abandonnait son axe.

Les pédoncules sont quelquefois soudés au pétiole jusqu'à une certaine hauteur, et par conséquent ne se désarticulent pas; les calices ne sont pas non plus exactement valvaires, et leurs lobes débordent sur les côtés et principalement au sommet.

La seconde section, ou celle des *Olbia*, renferme plusieurs types, dont le premier, ou celui des espèces arborescentes, comprend le *Lavatera Phœnicea*, des côtes septentrionales de l'Afrique et de Madère, remarquable par ses grandes fleurs écarlates, portées de trois à cinq sur des pédoncules solitaires. Le second est celui des *Olbia* proprement dits, à fleurs solitaires plus ou moins pédonculées, feuilles lobées et cotonneuses.

Le troisième est celui des espèces à fleurs terminales, disposées en grappes, telles que le *Lavatera Lusitanica* et le *Micans*, ainsi appelé des points brillants qui recouvrent ses feuilles à sept lobes plissés et et cotonneux. Enfin le quatrième est formé des espèces à tiges herbacées et fleurs ordinairement solitaires, mais quelquefois réunies en fascicules, telles que le *Thuringiaca*, le *Biennis*, et le *Punctata*, dont l'involucre est relevé en chapeau; on peut y ajouter peut-être le *Flava* de la Sicile à fleurs jaunes et agrégées, et enfin le *Plebeia* de la Nouvelle-Hollande, à feuilles quinquélobées, pédoncules axillaires agrégés, stigmates allongés et velus sur leurs bords.

Ces diverses plantes vivent en général sur les côtes de la Méditerranée, et leur fécondation est semblable à celle des *Mauves*; leur calice est nectarifère, les pétales sont ciliés à la base, les stigmates latéraux sortent plus tôt ou plus tard du fourreau des étamines, enfin les carpelles, plus ou moins nombreux et manifestement bivalves, sont engagés autour d'un axe qui se relève en cône, et porte à son sommet la cicatrice du style rompu.

Les *Axolophes* sont caractérisés par leur réceptacle tronqué au sommet et prolongé latéralement en autant d'arêtes qu'il y a de carpelles; leur principale espèce est le *Maritime*, à pédoncules solitaires et feuilles cotonneuses, obscurément lobées; les trois autres sont le *Triloba*, à pédoncules agrégés, de la Sardaigne et de l'Espagne;

l'*Oblongifolia*, à pédoncules solitaires, de Boissier, et le *Subovata* des côtes d'Afrique, à feuilles aussi tomenteuses mais plus fortement lobées et pédoncules solitaires ou géminées; toutes sont homotypes, frutescentes et recouvertes de poils cotonneux et étoilés; leur axe central ou le réceptacle du fruit se prolonge à la base en autant de rayons qu'il y a de carpelles, ou plutôt d'intervalles entre les carpelles. J'ai remarqué que le *Maritima*, pendant la fécondation, avait son tube staminifère déjeté.

Enfin les *Anthema* comptent cinq espèces méditerranéennes, arborescentes ou herbacées, mais vivaces et qui ont aussi les feuilles cotonneuses plus ou moins lobées et les pédoncules agrégés, excepté l'*Ambigua* des environs de Naples, où ils sont solitaires; l'espèce la plus répandue est l'*Arborea*, dont les nectaires sont très-marqués, et dont les calices très-courts ne recouvrent pas entièrement le fruit.

Dans la fécondation de la plupart de ces plantes, les stigmates sortent du milieu des anthères fleuries sur lesquelles ils se couchent pour mieux recevoir le pollen, et les poils humides nectarifères du fond de la corolle remplissent leur fonction accoutumée.

Pendant la maturation, les calices restent redressés et appliquent leurs lobes sur le péricarpe qu'ils protégent; ensuite ils se dessèchent et deviennent comme papyracés; enfin les carpelles s'ouvrent par la base, et les graines s'échappent les unes après les autres du milieu de leur enveloppe demi-élastique.

Les *Lavatères*, assez semblables pour le port et l'apparence extérieure, diffèrent beaucoup, quant à la forme de leur axe central que j'ai décrit dans les deux premières sections, et qui est comme ailé dans la troisième; elles s'éloignent encore de la plupart des *Mauves* par la forme de leur involucre qui est lâche, monophylle et fortement lobé.

Leurs nombreuses espèces appartiennent la plupart à l'Europe australe et croissent le long des haies ou sur les rochers maritimes; les herbacées ne fleurissent que tard, les autres poussent de bonne heure des rameaux aux aisselles des tiges stériles de l'année précédente. Les fleurs, grandes et rougeâtres, ne sont presque jamais odorantes.

Je connais peu de faits particuliers sur les *Lavatères*, qui, dans les trois dernières sections, sont à peu près dépourvues de mouvements organiques. J'ai noté que les pédoncules sont ordinairement articulés dans le voisinage du calice; que l'on aperçoit çà et là sur les tiges non annuelles des cavités elliptiques qui sont des restes de lenticelles, que le *Lavatera micans*, et quelques autres espèces voisines, ont leurs feuilles parsemées en-dessus de points brillants; que les carpelles varient considérablement en nombre, selon les espèces;

qu'ils sont tantôt nus sur les côtés, comme dans le *Lavatera de Thu-ringe*, l'*Ambigua*, etc., tantôt entièrement recouverts, ainsi que dans l'*Arborescens*, etc.; qu'on y trouve quelquefois les traces de cette nervure que j'ai remarquée dans l'*Althæa cannabina*, et qu'ils sont enveloppés d'ordinaire jusqu'à la dissémination par le calice accompagné de son involucre.

Cavanilles observe que, dans la dissémination, les graines de l'*Olbia* sont comme renfermées dans une nacelle, parce que la partie inférieure de leur enveloppe est restée adhérente à l'axe séminifère, et Cambessèdès, dans sa Flore des Baléares (*Annales du Museum*, 14, pag. 335), fait remarquer que, quoique son *Minoriensis* ait, comme le *Flava* et l'*Hispida* de Des Fontaines, l'involucre tripartite des *Malva*, on doit cependant rapporter ces trois plantes aux *Lavatera*, à cause de la forme étroite et écartée de leurs divisions calicinales.

Je termine en observant que, dans ce genre, la dissémination des carpelles est fort variée, et ne ressemble pas en général à celle des autres *Malvées*.

sixième genre. — *Malachra*.

Le *Malachra* a un involucre général de trois à cinq pièces, des fleurs en tête, séparées par des folioles sétacées qui sont autant de stipules des feuilles de l'involucre, ou de feuilles avortées, cinq ou six car-pelles monospermes autour d'un axe central.

Ce genre compte treize à quatorze espèces originaires du Brésil, des Caraques et surtout des Antilles, presque toutes annuelles, et dont le caractère est un involucre commun; on peut y distinguer deux types : celui à feuilles d'*Alcea*, qui comprend trois ou quatre espèces assez rapprochées, et celui à feuilles ovales ou cordiformes, qui paraît devoir être divisé en deux ou trois sous-types.

Les *Malachra* ont les fleurs petites, généralement jaunes, quelque-fois cependant blanchâtres ou roses; leurs carpelles s'ouvrent, dit Des Rousseaux, dans le Dictionnaire encyclopédique, par le côté intérieur, et Cavanilles observe que le *Malachra capitata* n'épa-nouit ses fleurs qu'une seule fois et pendant six ou huit heures dans nos climats. On ne peut guère douter qu'il n'en soit à peu près de même des autres, dont les fleurs sont toutes renfermées dans un invo-lucre commun; quelques espèces, comme l'*Urens*, ont les poils des *Orties*, les tiges et les feuilles d'un très-grand nombre sont velues ou même rudes au toucher.

Le *Malachra heterophylla* est une plante annuelle peu élevée, à tige courte, épaisse et ramifiée ; ses feuilles sont hérissées et divisées en cinq lobes irrégulièrement dentés ; ses fleurs roses et réunies en tête involucrée, souvent double ou triple au sommet des rameaux, ont un calice campanulé à cinq divisions, entouré d'un involucre particulier, velu et sétacé; elles s'ouvrent médiocrement dans les heures chaudes du jour, et ont un calice à rebord nectarifère, des pétales ciliés et humides à la base; les anthères à deux divisions distinctes et comme lobées, se déjettent fortement sur le fond de la corolle, en même temps que les styles sortent de leur fourreau et s'élèvent perpendiculairement; les stigmates, comme dans les *Hibiscus*, sont des disques aplatis, bordés de cils papillaires; les carpelles, au nombre de six, sont monospernes et s'ouvrent du côté intérieur.

CAVANILLES, qui a donné la description et la figure de plusieurs espèces, observe que leur involucre est velu ou quelquefois plumeux.

SEPTIÈME GENRE. — Urena.

L'*Urena* a un involucre à cinq divisions, plus grandes que le calice, au sommet du tube staminifère, cinq carpelles rapprochés, monospermes et souvent hérissés de poils piquants et rayonnants.

Les *Urena* sont des arbrisseaux ou des herbes annuelles et vivaces, presque également répandues dans les deux Indes et toutes étrangères à l'Europe. On en compte à peu près vingt espèces ou variétés, que l'on divise un peu artificiellement en deux groupes : 1° celui à feuilles entières ou légèrement trilobées; 2° celui à feuilles profondément lobées et sinuées; ce dernier ne contient que six espèces homotypes qui ne sont peut-être la plupart que des variétés, quoiqu'elles habitent des contrées différentes.

On les rencontre peu dans les jardins d'ornement, parce qu'elles n'ont rien de remarquable dans le port, et que leurs fleurs manquent également d'éclat et d'odeur; toutefois elles présentent plusieurs particularités physiologiques : ainsi, par exemple, leurs feuilles d'ordinaire plus découpées au sommet qu'à la base, portent sur leurs nervures inférieures une ou trois glandes, d'où découle un suc propre; leurs carpelles sont ordinairement hérissés de piquants, et leurs stigmates en tête sont formés par dix styles, qui se réunissent deux à deux avant d'arriver aux carpelles ; enfin, leurs fleurs, presque toujours axillaires, sont solitaires, géminées ou ternées, jaunes ou rouges ; leurs anthères sont réniformes et unilobées ; leurs carpelles indéhiscents ont souvent les graines très-finement striées.

CAVANILLES observe que le calice des *Urena* est chargé de cinq glandes à sa base, ce qui suppose que les pétales sont ciliés, quoiqu'on n'aperçoive pas dans les figures des auteurs, les poils humides du fond de la corolle.

HUITIÈME GENRE. — *Pavonia.*

Le *Pavonia* a un involucre de cinq à quinze folioles, cinq styles bifides terminés par dix stigmates, cinq ou très-rarement quatre carpelles capsulaires, bivalves et monospermes.

Ce genre se divise en trois sections :

1° Les *Typhalea*, carpelles hérissés d'épines roides ;

2° Les *Malache*, carpelles nus, involucre plus court que le calice ;

3° Les *Cancellaria*, carpelles nus, involucre plus long que le calice.

Les *Pavonia*, dispersés presque également dans l'Amérique du sud, les Indes orientales, les îles Bourbon et le Cap, sont des arbrisseaux ou des herbes vivaces et annuelles, à feuilles entières, rarement divisées ou lobées ; les pédoncules, ordinairement axillaires, sont uniflores ou multiflores, quelquefois paniculés ou agglomérés, les corolles sont jaunes, safranées, blanches, roses, violettes, ou écarlates.

Ils paraissent plus élevés dans l'organisation végétale que la plupart des plantes de la même famille ; non-seulement leurs fleurs, qui se tournent vers la lumière, ne s'ouvrent que tard et tombent promptement ; mais leur pistil s'incline dans la plupart des espèces des trois sections, parce que les anthères sont dispersées sur toute la longueur du tube staminifère, et non pas réunies au sommet, et l'on voit même les stigmates se recourber pour recevoir le pollen globuleux et hérissé.

Les carpelles des *Pavonia* sont de véritables capsules bivalves, articulées sur un axe central, et qui s'ouvrent à la dissémination, ou semblent s'ouvrir comme dans l'*Hastata*. Les *Cancellaria* présentent alors le joli phénomène de graines renfermées comme dans une grille et s'échappant à travers les barreaux des involucres qui ne s'écartent ni ne se détruisent.

Les pédoncules sont ordinairement articulés ; dans quelques espèces, comme le *Papilionacea*, ils sont renflés et fort allongés, dans d'autres, par exemple, le *Coccinea*, ils se redressent en girandole au-dessous de la fleur.

La section des *Cancellaria* est très-remarquable par son involucre de huit à quinze folioles qui persistent après la fécondation, et forment une petite sphère grillée enveloppant les graines. J'ai devant les yeux un *Cancellaria* annuel, à feuilles cordiformes et pendantes, qui porte le nom de *Pavonia rosea*, à cause de ses fleurs roses, et qui me paraît très-peu différer du *Zeylanica*. Quand on veut saisir son fruit à travers les barreaux, on voit les cinq carpelles inermes dont il est formé se détacher séparément et disparaître entre les grilles.

Le *Pavonia hastata*, qui appartient à la section des *Malache* et fleurit en été, a ses feuilles glanduleuses vernissées et fortement rabaissées sur leur pétiole renflé au sommet; l'involucre est égal au calice, et les fleurs roses et médiocres n'ont ni leurs pétales ciliés à la base, ni par conséquent leur calice à cinq écailles, quoiqu'on y aperçoive une couronne de glandes; les stigmates, fort élevés au-dessus des anthères avant l'émission du pollen, sont des têtes papillaires, toutes recouvertes d'un duvet violet, et qui sortent d'une gaine pentagone et comme ciliée sur les bords.

La structure du fruit du *Pavonia hastata* est très-remarquable; l'ovaire, d'abord pentagone, est formé en apparence de cinq carpelles, qui, pendant la maturation, étalent insensiblement leur face extérieure, et finissent par présenter un péricarpe à cinq valves étalées par la sécheresse et refermées par l'humidité; on voit au centre les cinq carpelles attachés à un réceptacle étoilé et s'ouvrant à la base en deux valves; la semence, semblable à celle des *Malvacées*, a un ombilic enfoncé et latéral.

NEUVIÈME GENRE. — *Malvaviscus.*

Le *Malvaviscus* a un involucre polyphylle et des pétales presque toujours auriculés et redressés en estivation enveloppante, dix stigmates et cinq carpelles ordinairement réunis en un péricarpe bacciforme à cinq loges.

On le divise en deux sections :

1° Celle des *Achania*, à pétales auriculés;

2° Celle des *Anotea*, à pétales non auriculés, que je ne connais pas.

La première comprend onze espèces ou variétés, qui sont de petits arbres ou des arbrisseaux, originaires des Antilles, de l'Amérique sud et surtout du Mexique; ils se distinguent par leurs fleurs allongées et comme demi-fermées, ordinairement redressées et quelquefois pendantes, et par leurs pétales non adhérents au tube staminifère.

Les *Malvaviscus* ont le tube staminifère, tordu autour du pistil; les pédoncules articulés, ainsi que les feuilles dont le pétiole est naturellement renflé au sommet.

Le *Mollis*, qui ne diffère presque de l'*Arboreus* que par ses feuilles moins rudes et ses sépales étalés en rosette et non redressés, a ses stigmates en cuillerons admirablement pénicillés sur leurs bords; ses filets réunis et tordus sur le style deviennent libres près du sommet, où ils se déjettent en étalant leurs anthères à deux loges séparées par une cloison ; le pollen se répand sur les stigmates et sur les corolles dépourvues de poils à leur base; les glandes qui entourent l'ovaire distillent abondamment une humeur miellée qui pénètre dans l'intérieur de la fleur; la fécondation est donc directe, mais elle peut être aussi réciproque par le grand nombre de fleurs qui se développent à la même époque.

La fécondation du *Malvaviscus arboreus* est aussi directe, parce que les pétales sont serrés contre le pistil; en sorte qu'il n'y a presque aucun espace libre en dedans de la fleur; on voit le style entouré de ses anthères et couronné de ses stigmates s'élever au-dessus de la fleur; les filets, étroitement réunis et roulés en spirale, se déjettent séparément, et se terminent chacun par une anthère à deux valves, qui s'ouvrent horizontalement comme une coquille, et exposent longtemps à l'air leur pollen sphérique. Cette déhiscence a lieu au moment même où les anthères sortent de la corolle, et où la tête stigmatique à cinq lobes d'un beau rouge reçoit immédiatement le pollen; le style ne m'a pas paru tordu comme les filets, et j'ai remarqué, autour du fruit, formé de cinq carpelles réunis, cinq belles glandes qui déposent leur humeur dans une fossette formée par les cinq oreilles des pétales; mais je n'ai trouvé aucun poil entre les lobes de la corolle.

Ces magnifiques plantes décorent souvent nos serres, où l'*Arboreus* en particulier fleurit toute l'année. Je ne connais point encore la cause finale de la torsion de leur tube staminifère et de leurs pétales auriculés. Les espèces à fleurs pendantes, comme l'*Arboreus*, sont fécondées directement par la chute du pollen sur les stigmates aigrettés placés plus bas; le fruit, recouvert par le calice dans la maturation, est formé de cinq carpelles osseux, fortement soudés et monospermes par avortement. Je n'ai pas vu la dissémination.

DIXIÈME GENRE. — *Hibiscus.*

L'*Hibiscus* a un involucre ordinairement polyphylle, quelquefois monophylle ou formé d'un petit nombre de folioles, des pétales dépourvus d'appendices et adhérents au tube staminifère, cinq stigmates en tête, une capsule à cinq loges presque toujours polyspermes, et dont les valves sont loculicides, des graines réniformes, quelquefois laineuses ou furfuracées.

Ce vaste genre se divise en onze sections, qui formeront peut-être un jour autant de genres :

1º Les *Cremontia*; corolle demi-fermée, comme celle des *Malvaviscus*, mais dépourvue d'oreillettes, cinq stigmates et cinq loges polyspermes ;

2º Les *Pentaspermum*; corolle étalée, capsule demi-cloisonnée, semences solitaires dans chaque demi-loge;

3º Les *Manihot*; capsules ou carpelles à semences nombreuses et glabres, involucre de quatre à six folioles, calice spathacé à cinq dents, fendu longitudinalement;

4º Les *Ketmia*; corolle étalée, capsules ou carpelles à semences nombreuses et glabres, involucre de cinq à sept folioles et calice à cinq lobes, non fendu longitudinalement;

5º Les *Furcaria*; capsules ou carpelles à semences nombreuses et glabres, folioles de l'involucre appendiculées ou fourchues au sommet;

6º Les *Abelmoschus*; corolle étalée, capsules ou carpelles à semences nombreuses et glabres, ou marquées sur le dos d'une bande de poils, involucre de huit à quinze folioles entières ;

7º Les *Bombicelles* ; corolle presque toujours étalée, carpelles polyspermes, étamines laineuses ou cotonneuses, involucre de cinq à dix folioles;

8º Les *Trionum*; corolle étalée, carpelles à semences nombreuses et glabres, calice enflé pendant la maturation, involucre polyphylle.

9º Les *Sabdariffa*; capsules à semences nombreuses et glabres, involucre polyphylle à plusieurs dents ou divisions; plantes herbacées ou annuelles;

10º Les *Azanza*; semblables aux *Sabdariffa*, mais arborescents ou frutescents ;

11º Les *Lagunaria*; involucre à simple rebord, entier ou denté ou monophylle et caduc.

La première section, ou celle des *Cremontia*, réunit douze espèces, la plupart arbrisseaux ou herbes vivaces, originaires des îles Bourbon, du Cap et du Sénégal; une seule se trouve aux Philippines, une autre aux Indes orientales, et deux seulement au Mexique; elles ne paraissent avoir de lien commun que leur corolle à demi fermée et non auriculée, car elles diffèrent par leur involucre, ainsi que par leurs feuilles ordinairement cordiformes et le nombre des fleurs réunies à chaque aisselle; le pistil, tantôt saillant, tantôt renfermé, est le plus souvent droit, quelquefois incliné, comme dans l'*Urens*; les anthères, rangées élégamment autour du tube roulé en spirale, dans le *Spiralis*, se re-

dressent aussi souvent et se dirigent du côté des stigmates ; les pédoɴ
cules articulés près de la fleur ou plus bas, comme dans le *Membra-
naceus*, sont ordinairement renflés ou genouillés au sommet, et le
Lampas a ses feuilles ponctuées en dessous.

La seconde section, ou celle des *Pentaspermum*, à cinq loges monospermes et bivalves, compte six espèces, dont cinq éparses dans les
Indes, au Cap, à la Caroline et à la Jamaïque, et dont la dernière,
ou le *Palustris*, à stipules caduques, vit dans les marais de l'Étrurie
et des environs de Venise. Ces plantes paraissent mieux liées que celles
de la section précédente, car leurs feuilles sont cordiformes et leurs
fleurs ordinairement solitaires dans les aisselles supérieures ; leurs
fruits, qui varient beaucoup pour la forme extérieure, sont quelquefois hispides ou tomenteux, leurs pistils sont droits ou inclinés, ce
qui indique des modes différents de fécondation.

Les *Manihot* comprennent cinq espèces originaires des Indes ou
des îles adjacentes, et se distinguent par leurs feuilles grandes et
palmées, ainsi que par leurs tiges ordinairement frutescentes ; mais ils
varient par le nombre des divisions de leur involucre persistant ou
caduc, ainsi que par leur tige glabre ou aiguillonnée ; leur caractère
distinctif est un calice spathacé, qui s'ouvre longitudinalement et qui
suppose un grand développement dans la corolle, laquelle est en
effet fort apparente et différemment colorée selon les espèces ; les
fruits sont gros et plus ou moins allongés.

Le *Manihot* proprement dit, a ses feuilles pennatifides, ses capsules
pyramidales et velues, ses pédoncules et ses involucres pentaphylles
recouverts de poils rudes ; ses calices membraneux et spathacés sont
fendus longitudinalement ; ses fleurs grandes et jaunes ne s'ouvrent
qu'une fois, et ses nombreuses semences sont bisériées ; mais on ne
trouve point au fond de sa corolle ces poils humides et ces écailles
nectarifères si communes dans les *Malvées ;* ses anthères sont à peu
près sessiles sur toute la longueur du tube staminifère, et ses cinq
stigmates, en languettes épaisses et violettes, réfléchissent fortement
leur face supérieure velue et papillaire sur les anthères dont ils reçoivent et absorbent lentement le pollen ; il n'y a ici aucun doute sur la
forme de fécondation, puisque les stigmates sont immédiatement
renversés sur les anthères ; le pédoncule est incliné à la maturation.

Les *Ketmia*, au nombre de sept, habitent exclusivement les Indes
orientales et les îles adjacentes, comme celles de Bourbon ; une seule,
le *Syriacus*, croît en Syrie et s'avance jusque dans la Carniole : elles
forment toutes, à l'exception du *Pruriens*, des arbrisseaux ou des
arbustes qui paraissent avoir entre eux de grands rapports, soit pour

la coupe des feuilles, soit pour des caractères plus essentiels. Le *Syriacus* supporte très-bien nos hivers, et ses fleurs blanches ou pourprées, sessiles et à peu près solitaires dans les aisselles, sont réunies trois à trois vers le sommet des rameaux de l'année ; les anciennes aisselles donnent des rameaux ou seulement comme dans le *Mélèze*, chaque année des feuilles qui s'étalent en rosette, et sortent de boutons axillaires écailleux et cotonneux; les tiges se rompent au sommet, et celles qui ont porté des fleurs périssent toujours jusqu'à une certaine hauteur.

Les feuilles irrégulièrement trilobées sont parsemées de glandes transparentes et visibles à la loupe; les fleurs s'ouvrent le jour, et se referment le soir ; la fécondation est directe; les stigmates, qui sont des têtes papillaires très-élégamment conformées, sortent de bonne heure du long étui staminifère, et se recourbent pour recevoir le pollen blanchâtre et globuleux qui tombe promptement; le fond de la corolle, d'un rouge de sang, est tapissé de poils blanchâtres sans cesse humectés par le nectaire, qui est une bande circulaire duvetée et sillonnée par intervalles de raies d'où paraît sortir l'humeur miellée.

J'ai remarqué que les étamines étaient en général géminées, plus ou moins soudées par leurs filets; que, lorsque la soudure était incomplète, l'anthère était unilobée, et que, lorsqu'elle était entière, comme cela arrive souvent, surtout à la base de la colonne staminifère, l'anthère était manifestement bilobée, ce qui tendrait à prouver que les anthères de cette famille ne sont unilobées que par dédoublement.

AMICI assure (*Annales des sciences naturelles*, tome 30, page 331) que, dans l'*Hibiscus syriacus*, les boyaux qui partent des granules du pollen s'allongent dans l'intérieur du style jusqu'à se mettre en contact avec l'amande, et que chaque ovule a son boyau correspondant.

Les *Furcaria*, au nombre de neuf, habitent les Indes orientales ou les bois de la Guiane; un seul se trouve au Mexique, et un autre s'avance jusque dans les marais de la Caroline; ils sont presque tous de petits arbrisseaux à tiges souvent aiguillonnées ou tuberculées, à feuilles palmées et lobées, à calice hérissé et fleurs jaunes, roses, rouges à fond noir et pourpré, ordinairement plus grandes que le calice, mais six fois plus petites dans le *Bicuspis*; le caractère qui les distingue est assez variable, puisque, dans le *Suratensis*, les folioles de l'involucre, au lieu d'être bifurquées, sont irrégulièrement appendiculées; que, dans le *Furcellatus* et le *Dodon*, les folioles sont cylindriques à leur base; que, dans le *Furcellatus*, elles portent sur le dos une arête crochue, et que, dans le *Radiatus*, on aperçoit à peine un appendice.

Les *Furcaria* se trouvent rarement dans nos jardins, et c'est pourquoi j'ignore la structure de leurs fleurs. Je vois que dans le *Surattensis*, comme dans les autres, elles ne s'ouvrent qu'une fois et se ferment de bonne heure.

Les *Abelmoschus*, qu'on peut considérer comme les vrais *Hibiscus*, parce qu'ils comptent à peu près vingt-cinq espèces, se divisent en deux groupes plutôt artificiels que naturels : celui à tige tuberculée ou aiguillonnée, et celui à tige lisse; le premier est formé de plantes quelquefois frutescentes ou même arborescentes, mais pour l'ordinaire annuelles, et qui habitent les Indes orientales, les Antilles, ou l'Amérique méridionale, et très-rarement la Nouvelle-Hollande; elles varient beaucoup pour les feuilles, les calices, les involucres et même les capsules; leurs fleurs solitaires sont grandes, jaunes, rouges, blanches, et pour l'ordinaire violettes à la base. On peut y distinguer surtout deux types : 1° celui de l'*Heterophyllus* à feuilles linéaires, lancéolées, piquantes, et quelquefois lobées; 2° celui des *Vitifolius obtusifolius* et *Heterotrichus*, remarquables par leurs fleurs penchées et leurs capsules velues à cinq ailes.

Le second groupe, qui comprend le reste des *Abelmoschus*, peut se partager en plantes annuelles, vivaces ou frutescentes; les premières, au nombre de deux, sont l'*Esculentus* dont l'on mange les fruits confits, et le *Longifolius* qui en est très-voisin; elles ont l'une et l'autre les calices spathacés et les dix folioles de leur involucre promptement caduques.

Les espèces vivaces appartiennent toutes à des zones tempérées, six se trouvent dans les marais de l'Amérique septentrionale, principalement dans la Caroline et la Floride; des deux autres, l'une croît dans les marais de l'Ombrie, et l'autre en Gascogne, sur les bords de l'Adour; ces plantes, la plupart homotypes, ont les fleurs axillaires, grandes, jaunes, blanches, roses, presque toujours d'un noir pourpre à la base; leurs feuilles déjetées sont épaisses, ovales, cordiformes et plus ou moins lobées, et leurs pédoncules, toujours épais, sont soudés aux pétioles jusqu'à une certaine hauteur dans le *Moscheutos*, et entièrement libres dans les autres; le *Palustris*, qui supporte très-bien nos hivers, a des écailles peu saillantes, mais fortement nectarifères, correspondantes aux cinq grandes ouvertures par lesquelles la liqueur miellée pénètre à travers les pétales imberbes; les filets sont ordinairement soudés deux à deux, et les anthères unilobées, mais manifestement divisées en deux par une cloison; enfin, les cinq stigmates forment chacun une tête jaune papillaire fortement inclinée sur la colonne staminifère et bordée de cils très-minces et très-élégamment distribués ; les grains de pollen sont gros, sphériques, jaunâtres et adhérents aux parois des anthères relevées sur les bords ; les filets forment dans leur ensemble, un arbre en miniature.

Les *Abelmoschus* frutescents comptent seize espèces, répandues dans les deux Indes ou au midi de l'Afrique, et distinguées par leur port et la beauté de leurs corolles ; leurs feuilles sont presque toujours cordiformes et plus ou moins lobées, leur involucre est sétacé et leur capsule hispide ; on y remarque les *Mutabilis* des Indes orientales, dont la corolle, blanche le matin, pâle au milieu du jour, est le soir d'un beau rose ; l'*Abelmoschus* des deux Indes, dont les graines musquées portent le nom d'*ambrette*, et s'emploient contre les morsures du *Crotalus horridus;* enfin, le *Clypeatus* des forêts de la Jamaïque, dont la capsule est turbinée et tronquée au sommet; les stigmates de ces diverses espèces ne sont pas toujours au nombre de cinq; on n'en compte qu'un seul dans le *Lambertianus*, tandis qu'il y en a plusieurs dans le *Sulphureus*, et qu'ils varient de trois à cinq dans l'*Affinis*.

A l'époque de la dissémination, les cinq carpelles, toujours étroitement unis, s'ouvrent au sommet en cinq valves loculicidés, et montrent un grand nombre de semences pédicellées sur l'axe central, dont elles se détachent successivement. On peut remarquer que, dans le *Palustris*, les bords des valves loculicidés sont ciliées en dedans, et que leur ouverture se ferme en cas de pluie; les calices m'ont paru entr'ouverts, mais non pas réfléchis.

Les *Bombicelles*, ainsi appelés de leurs semences laineuses ou cotonneuses, sont inégalement dispersés dans les deux Indes, l'Arabie et le midi de l'Afrique, où ils forment des arbrisseaux à feuilles ovales ou cordiformes et à fleurs axillaires; ils n'appartiennent pas sans doute au même type, puisqu'ils présentent séparément divers phénomènes physiologiques, ainsi l'*Unilateralis* a ses étamines tournées du même côté, et a probablement aussi ses pistils inclinés; le *Micranthus* a sa corolle réfléchie, tandis que celle du *Clandestinus* reste cachée dans l'intérieur du calice. Ces plantes, qui forment, par leurs semences laineuses, le passage naturel des *Hibiscus* aux *Gossypium*, n'ont pas des fleurs aussi remarquables que les *Abelmoschus ;* cependant le *Phœniceus* des Indes orientales est cultivé dans nos jardins.

Les *Trionum* forment la huitième section, et se distinguent facilement à leur calice enflé, transparent et réticulé; ils sont représentés par deux espèces homotypes et annuelles, le *Trionum* et le *Vesiculatus*, qui habitent l'Afrique, d'où la première s'est sans doute répandue dans l'Italie, la Carniole, etc.; leurs feuilles sont lobées, leurs pédon-

cules solitaires et articulés, leurs fleurs mélangées de jaune et de
pourpre, ne s'ouvrent qu'une fois aux rayons du soleil, et leur calice
promptement refermé reste penché jusqu'à la maturation. Les pétales,
continus et non ciliés à la base, portent cinq renflements circulaires
qui pourraient être un peu visqueux et remplacer les écailles nectarifères, qui, comme le fond de la corolle, ne se retrouvent pas dans la
section ; on remarque de plus sur le tube staminifère des glandes blanches, articulées, renflées, mais très-variables pour la forme, et qui
sont sans doute destinées à retenir les globules du pollen, *puisqu'on*
les trouve également à la base du calice. Les cinq stigmates *sont*
saillants, papillaires, visqueux et d'un pourpre éclatant; les anthères
sont unilobées, à poussière jaunâtre et adhérente, et les semences
sont pyriformes.

A l'époque de la dissémination, qui est successive, parce que les
Trionum fleurissent long-temps , le calice s'ouvre au sommet, et les
capsules étalent leurs cinq valves loculicides ; on voit, sur le milieu intérieur de chaque valve, le placenta chargé de deux rangs de semences
et séparé de l'axe central auquel il était d'abord contigu. On peut remarquer ici, comme une prévoyance de la nature, le renflement des
calices, qui n'est pas l'effet de la pression du fruit, mais qui était préparé pour le recevoir; il y a peu de fleurs plus belles que celles des
Trionum pleinement épanouies.

Les *Sabdariffa* ne forment encore que deux espèces homotypes et
annuelles, l'une des Indes et l'autre du Brésil; leurs fleurs sont blanches ou rougeâtres, et leurs feuilles, fortement divisées, ont une
glande à la surface inférieure. La première, ou le *Sabdariffa* des Indes,
porte le nom d'*Oseille de Guinée rouge*, et la seconde, ou la *Digitée*
du Brésil, s'appelle *Oseille de Guinée blanche*, à cause de la couleur
de sa fleur.

Les *Azanza*, originaires des deux Indes, ne diffèrent guère des
Sabdariffa que par leurs tiges frutescentes, ou même arborescentes;
leurs feuilles sont cordiformes, leurs stipules grandes et caduques,
et leurs belles fleurs changent souvent de couleur dans le cours de
leur durée.

Le vaste genre des *Hibiscus*, qui compte déjà plus de cent vingt
espèces, dont plusieurs, il est vrai, ne sont que des variétés, a été
répandu sous les tropiques, dans l'Amérique septentrionale, et même
en Europe où quelques-unes de ses sections ont leurs représentants.

Il peut se diviser en trois grands groupes, tantôt réunis, tantôt
séparés physiologiquement, savoir : celui des espèces annuelles, celui
des vivaces, et celui des frutescentes qui sont les plus nombreuses,

et il présente plusieurs sujets de recherches. Les premiers concernent les formes de végétation, et s'appliquent surtout aux espèces frutescentes ; ont-elles des boutons, et ces boutons repoussent-ils des mêmes aisselles ? Les tiges se développent-elles indéfiniment, ou se rompent-elles ? Conservent-elles leurs rameaux fleuris, ou les perdent-elles ? Les racines donnent-elles des rejets ou vivent-elles solitaires ? Enfin les tiges sont-elles toujours chargées de lenticelles, comme dans le *Syriacus ?* La seconde classe de questions est relative au développement des feuilles, des involucres et des calices : Les feuilles sont-elles toujours semblablement plissées ? Les involucres sont-ils toujours droits ? L'estivation des calices est-elle toujours valvaire, bordée, et les pétales sont-ils toujours tordus ? La troisième concerne les mouvements organiques : Les feuilles des espèces arborescentes ou même vivaces tombent-elles toujours ? Les pédoncules sont-ils toujours articulés, et les pétioles renflés et recourbés au sommet ? Les *Manihot,* à calice spathacé et caduc, ont-ils la même floraison, la même maturation et la même dissémination que les autres, et quelle est la cause de la structure si remarquable de leur calice ? Quelles sont les espèces dont les fleurs s'inclinent pour la floraison, et se redressent ensuite ? Quelle est la cause finale de ces mouvements, et pourquoi sont-ils si variables dans des végétaux d'ailleurs si semblables en apparence ? Pourquoi les fleurs de la plupart des espèces, s'ouvrent-elles une seule fois, et tombent-elles le jour suivant, tandis que celles du *Rosa sinensis,* etc., restent immobiles ? Enfin, pourquoi les étamines sont-elles quelquefois unilatérales, les styles tantôt droits et tantôt inclinés, et quels sont les mouvements relatifs des anthères et des stigmates ? Enfin, la dernière classe de questions est relative à la structure de la corolle : Trouve-t-on, dans quelques *Hibiscus,* ces nectaires écailleux et ces cils entre les pétales si communs dans les *Mauves,* les *Althœa* et les *Lavatères ?* Y a-t-il beaucoup d'espèces de ce genre qui aient les glandes cornées et visqueuses des *Trionum,* et dans celles qui en sont dépourvues, comment est remplacé l'organe nectarifère ? Est-ce par ces fossettes, que l'on voit à la base du fruit de l'*Hibiscus palustris ?* La teinte noire violette, qui est si commune au fond de la corolle de ces plantes, est-elle un enduit visqueux qui fixe et arrête le pollen ? La poussière est-elle toujours formée de globules hérissés, et les parois des anthères sont-elles, ici comme ailleurs, chargées de cils destinés à retenir ces globules ? Les cils des stigmates qui s'inclinent de si bonne heure sur les anthères, et dont l'organisation paraît si fine et si délicate, ne sont-ils pas destinés à fixer immédiatement le pollen après sa sortie ? Les anthères sont-elles véritablement uniloculaires, et pourquoi? Comment s'opère la fécondation? Les involucres qui ne tombent pas, s'écartent-ils? Les calices s'ouvrent-ils dans les espèces où ils ne se rompent pas, et laissent-ils aux graines un espace suffisant pour sortir de leur enveloppe? Les semences cotonneuses des *Bombicelles* se sèment-elles comme les autres? Enfin, les cordons pistillaires pénètrent-ils de la même manière dans les diverses capsules, et n'y a-t-il pas bien des différences à cet égard?

Tel est l'aperçu des principales questions que présente ce genre, et qui ne peuvent être complètement résolues que par l'examen attentif des espèces dans les diverses phases de leur développement; elles font de la botanique une science longue et difficile; mais elles donnent une magnifique idée des richesses de la nature, et de sa prodigalité dans le choix des moyens par lesquels elle a diversifié à l'infini les espèces végétales, et pourvu en même temps à leur conservation, ainsi qu'à leur reproduction.

ONZIÈME GENRE. — *Gossypium.*

Le *Gossypium* a un calice en gobelet, à cinq dents obtuses, et un involucre à trois divisions cordiformes, incisées et dentées; ses stigmates varient de trois à cinq, ainsi que ses carpelles réunis et polyspermes; ses semences sont entourées d'une laine cotonneuse.

Les *Gossypium* sont répandus dans les deux Indes, les îles avoisinantes et dans tous les climats chauds, excepté peut-être l'Amérique occidentale et l'Afrique orientale; la culture s'en est emparée depuis un temps immémorial, et les a transportés successivement en Égypte, dans les îles de la Méditerranée, le midi de l'Espagne et de l'Italie; il est résulté de ces diverses migrations, ainsi que de plusieurs fécondations artificielles, une foule de variétés placées entre les espèces primitives, et tellement rapprochées, qu'il est devenu à peu près impossible de les décrire botaniquement. C'est ce qui arrive ordinairement pour les plantes cultivées depuis long-temps.

DE CANDOLLE réduit à treize tous les *Gossypium* aujourd'hui connus, dans lesquels il distingue des espèces arborescentes et d'autres herbacées, annuelles ou bisannuelles, beaucoup plus nombreuses que les premières; mais il avertit en même temps que ces espèces sont la plupart fondées sur des caractères très-variables, et que ce genre plus que tous les autres, a besoin d'une monographie exacte; il observe encore que la plupart des espèces ont les feuilles chargées d'une glande sur la principale nervure inférieure, et que leurs fleurs sont ordinairement jaunes et tachées de rouge dans le fond.

Les naturalistes qui ont voyagé dans les lieux où l'on élève les *Cotonniers*, et qui, comme De Rohr, à l'île Sainte-Croix, ont cultivé toutes les espèces qu'ils avaient pu rassembler, s'accordent à dire que la forme des feuilles, celle des stipules, la présence ou l'absence des glandes et même leur nombre, sont des caractères très-inconstants, et qu'on ne doit guère compter pour déterminer les espèces, que sur la forme des graines, la nature et la couleur du coton.

Les treize espèces du Prodrome, admises par la plupart des botanistes, peuvent se diviser en deux sections, ou en deux types : celui à cinq loges, et celui à trois loges ou trois valves, beaucoup moins étendu que le premier.

Les principales différences concernent ici la forme des feuilles, la présence ou l'absence des glandes et des poils, enfin le nombre et la grandeur des divisions de l'involucre; les espèces annuelles peuvent facilement, à ce qu'il paraît, devenir bisannuelles ou même trisannuelles dans les circonstances favorables; les arborescentes ne s'élèvent pas au-delà de dix à douze pieds, et les branches qui ont porté des fruits, périssent ensuite jusqu'à une certaine hauteur, comme la plupart des *Mauves*, des *Lavatères* et des *Hibiscus* arborescents.

Certaines espèces ne fournissent qu'une récolte, d'autres en donnent deux, d'autres enfin sont continuellement en fleur et en fruit; les *Herbacées* ne fleurissent généralement qu'une fois, tandis que les *Arborescentes* poussent continuellement de nouvelles branches; les récoltes durent plusieurs jours, et les plus précieuses sont celles dont les fleurs ne se désarticulent pas, et dont le coton non sali par les pluies ou l'exposition à l'air libre, se détache facilement.

Les graines, qui varient de six à huit dans chaque loge, sont arrondies, un peu allongées, chagrinées et noires, ou lisses, et d'un brun noir; on y distingue très-bien l'ombilic qui s'allonge souvent en une arête plus ou moins prononcée, selon les espèces; la surface elle-même de la graine, indépendamment du coton dont elle est entourée, est souvent encore chargée de trois substances distinctes : 1° le duvet, qui est en forme de chevelure courte, crêpue et colorée en rouille de fer; 2° les poils, beaucoup plus longs que le duvet et qui s'amincissent de la base au sommet; 3° le feutre, duvet plus lisse et plus serré que le duvet ordinaire.

Le coton proprement dit est formé de fils soyeux, ordinairement blancs, quelquefois roux ou jaunâtres; c'est la partie précieuse de la semence, il sort naturellement du carpelle qui ne peut plus le contenir, et paraît destiné à disséminer la graine, comme la bourre des *Peupliers* et des *Saules*. Toutefois, en réfléchissant sur le grand nombre

de *Gossypium* répandus dans les climats chauds, et sur leur facilité
à recevoir les soins de la culture, on ne peut guère douter qu'il n'y
ait eu ici un but principal relatif aux besoins de l'homme; mais il y a
un grand choix à faire dans les espèces, tant pour l'abondance que
pour la qualité du produit; quelques-unes n'en fournissent qu'une
once par plante, et d'autres en donnent jusqu'à huit; les plus pro-
ductives sont l'*Herbacé*, le *Sorel rouge*, celui *de la Guiane*, l'*Indien*
et le *Siam blanc*.

Les fleurs des *Gossypium*, d'un blanc sale ou jaunâtre, plus ou
moins taché de pourpre, changent de couleur en vieillissant, comme
la plupart des *Hibiscus*, et ne tardent pas à tomber; les styles, qui
varient de trois à cinq, sont souvent soudés, et se terminent par des
stigmates en tête de clou; la colonne staminifère est souvent renflée
dans son milieu, et recouverte, dans toute son étendue, d'anthères
portées sur des filets très-courts. Je ne connais pas les divers mouvements des stigmates, et la manière dont s'opère la fécondation; mais
je vois que les calices et même les involucres sont nectarifères, et je
ne doute pas que les pétales ne se rétrécissent à la base ou qu'ils ne
soient pourvus de ces poils si communs dans les *Malvées*.

Les *Gossypium* ne fournissent pas de rejets, et par conséquent ne
sont pas des plantes sociales, et ils ne pourraient l'être avec leurs
nombreuses tiges et leurs larges feuilles; cependant De Rohr fait
mention d'un *Gossypium* de Guinée, qu'il appelle *Sarmenteux*, et
dont les tiges rampent au loin sur le sol. Il dit qu'il fournit un coton
très-beau, et qu'il prospérerait sur les pentes des collines, et dans
les lieux battus par les vents.

Les *Gossypium* aiment à vivre à découvert, et ne supportent pas
aisément l'air vicié de nos serres; l'*Herbaceum* est peut-être la seule
espèce qui donne des fruits dans nos contrées méridionales.

L'*Indicum* a la tige basse, hérissée plutôt que velue; les feuilles,
de trois à cinq lobes, et non glanduleuses, sont accompagnées de
deux bractées, l'involucre a trois folioles irrégulièrement frangées au
sommet et scutellées à la base; le calice tubulé à cinq dentelures,
serre étroitement la corolle qui, dans l'estivation, forme un cône aigu
d'un beau blanc cotonneux; le fourreau staminifère, épaissi et renflé
à sa base, est recouvert d'étamines ponctuées en noir, comme le
calice, et disposées sur cinq rangs; les intervalles entre les sépales
sont chargés de quelques glandes glutineuses et recouverts de poils
humides auxquels s'attache le pollen; le style, qui s'élève au-dessus
du fourreau, se termine par cinq stigmates papillaires sur leur face
antérieure; la capsule est recouverte de glandes noirâtres comme tout
le reste de la plante.

En examinant avec plus d'attention la même espèce dans la préfloraison, on voit le calice en forme de cône épais et comme feutré,
serrant étroitement la corolle, et en ouvrant la capsule à la même
époque, on observe que les nombreuses semences sont sphériques
entièrement lisses et dépourvues, soit sur leur surface, soit dans leurs
intervalles, de ces productions cotonneuses qui n'apparaissent que
plus tard.

J'ai trouvé, à la base de la capsule et entre les folioles de l'involucre,
une belle glande pourprée, et j'ai reconnu que les scutelles glanduleuses placées à leur base devaient maintenir les folioles redressées
pendant tout le cours de leur durée. Spach distingue, dans les *Gos-*
sypium, les espèces dont les graines ont une bourre qui se détache
d'elle-même à la maturité, et celles dont la bourre reste attachée à la
graine. Il est clair que ces dernières ont conservé leurs semences dans
l'état naturel, car la bourre était primitivement destinée à la dissémination.

Deuxième division. — MALVACÉES à calice nu, ou SIDÉES.

PREMIER GENRE. — *Anoda.*

L'*Anoda* a un calice quinquéfide, à lobes aigus et très-ouverts pendant la maturation; sa capsule, presque hémisphérique à la base et
aplatie au sommet, se compose de nombreux carpelles uniloculaires,
soudés et monospermes.

On le divise en deux groupes :

1° Celui des espèces à carpelles épineux;

2° Celui des espèces à carpelles non épineux.

Les *Anoda*, qui pourraient former une section dans les *Sida*, sont
des herbes annuelles, originaires du Mexique ou de la Nouvelle-Espagne; leurs feuilles, qui varient beaucoup dans la même espèce, sont
larges, velues, molles, cordiformes, acuminées, plus ou moins hastées et toujours rabattues sur leur pétiole cartilagineux et renflé au
sommet; leurs pédoncules sont dépourvus d'articulation, et leurs
fleurs d'un bleu violet sont quelquefois un peu jaunâtres ou incar-
nates.

Les carpelles dans leur jeunesse sont souvent recouverts de poils
rudes, jaunâtres et couchés de la base au sommet du fruit où ils viennent se réunir.

La fécondation a lieu comme dans la plupart des *Malvacées* : les

nombreux styles se font jour à travers les anthères, et les stigmates
en tête de clou, glutineux plutôt que papillaires, se déjettent de
bonne heure sur les anthères bleuâtres, contournées et unilobées par
soudure; une partie du pollen se répand sur les poils de la corolle
sans cesse humectés par les écailles nectarifères du calice; une autre
partie reste adhérente aux parois des anthères, en s'attachant plus
tard aux stigmates.

Les péricarpes forment dans leur ensemble un disque plane, dont
les carpelles monospermes, à enveloppe mince et membraneuse sont
mutiques ou prolongés en pointe, selon les espèces; à la dissémination, les sillons enfoncés qui séparent les carpelles s'ouvrent et laissent sortir chacun une graine piriforme, pointue à son extrémité
supérieure où aboutit le cordon pistillaire; tandis que les vaisseaux
nourriciers arrivent de la base en rampant sous l'enveloppe. La radicule est supère, allongée et flexible; les cotylédons sont recourbés
et repliés, la déhiscence est loculicide, et l'on aperçoit entre les sillons
qui s'ouvrent les sutures soudées des valves.

La fécondation se modifie un peu selon les espèces : ainsi, dans le
Triloba à grandes fleurs bleues, les anthères ont à peu près répandu
leur pollen avant que les stigmates sortent de leur fourreau; au contraire, dans l'*Hastata*, etc., les stigmates saillants s'inclinent de bonne
heure sur les anthères non entièrement défleuries; aussi dans la première, les poils nectarifères sont beaucoup plus nombreux; mais,
dans les diverses espèces que j'examine, je vois toujours le fond de la
corolle, et les cils des pétales tout recouverts des granules sphériques
du pollen dont les émanations arrivent au stigmate.

Le genre *Cristaria* de CAVANILLES et de DE CANDOLLE ne peut
guère être séparé de l'*Anoda*.

DEUXIÈME GENRE. — *Sida.*

Le *Sida* a un calice quinquéfide, souvent anguleux, un style multifide au sommet, cinq à trente carpelles verticillés et uniloculaires,
tantôt obtus, tantôt prolongés en barbe, monospermes ou polyspermes, et plus ou moins adhérents.

Ce genre polymorphe se divise en trois sections, qui formeront
peut-être un jour autant de genres :

1° Celle des *Malvinda*; cinq à douze carpelles monospermes et non
enflés ;

2° Celle des *Abutiloides*; quinze à quarante carpelles monospermes
et enflés;

3° Celle des *Abutilon*; cinq à trente carpelles polyspermes et sou-vent enflés.

Les *Malvinda* comptent près de quatre-vingt-dix espèces, que De Candolle réunit en divers groupes, d'après la longueur de leurs pé-doncules et la forme de leurs feuilles allongées, cordiformes, hastées, lobées ou même pennatifides. Ce sont des herbes annuelles et vivaces ou des arbrisseaux à fleurs ordinairement jaunes, axillaires, solitaires, géminées ou ternées; quelquefois même, mais rarement, disposées en épis, en grappes ou en corymbes, etc., et dispersées en nombre presque égal dans les Indes orientales et les îles voisines, au Cap, aux Antilles et dans l'Amérique méridionale; deux ou trois se ren-contrent dans l'Amérique nord, autant à Madère et aux Canaries; aucune, je crois, ne se trouve en Europe et dans le nord de l'Asie; mais plusieurs fleurissent dans nos jardins; telles sont, par exemple, l'*Angustifolia* à cinq carpelles bicuspidés, et petites fleurs jaunes; le *Malvæfolia* à fleurs violettes, petites, dépourvues d'écailles calicinales, et par conséquent de cils entre les pétales, le *Lanceolata* à feuilles appliquées contre la tige et non pas déjetées, à pétales jaunes et chargés dans leurs intervalles de poils qui arrêtent le pollen et correspondent à autant de nectaires peu visibles. On ne peut guère douter que les nombreuses espèces de *Malvinda* ne puissent être distribuées en types plus en rapport avec leur organisation primitive; mais les *Sida* ne sont pas encore assez connus pour être classés physiologiquement. En attendant, je voudrais qu'on étudiât leurs divers modes de féconda-tion et de dissémination; ainsi, par exemple, le *Bivalvis*, à coques adhérentes et déhiscentes séparément, n'est pas conformé comme les espèces à coques solubles et indéhiscentes, ni le *Dioica*, comme les espèces hermaphrodites.

Le principal phénomème de cette section est celui du *Sida dioica*, de l'Amérique nord, homotype au *Sida napæa*, dont les fleurs sont réellement dioïques; ce qui suppose une organisation un peu diffé-rente dans les organes sexuels de la fleur.

Les *Abutiloides*, beaucoup moins nombreux, habitent tous sans exception l'Amérique méridionale ou les Antilles, et sont pour la plu-part des arbrisseaux tomenteux, à fleurs jaunes, pédoncules axillaires, uniflores, ordinairement solitaires et quelquefois géminés, ou ternés; le principal caractère de la section consiste dans une capsule arrondie ou enflée, renfermant de quinze à quarante carpelles, et par consé-quent contenant des espèces fort distinctes.

On y distingue deux types principaux qui forment dans Kunth autant de genres, celui du *Gaya* et celui du *Bastardia*; le premier

contient quatre ou cinq espèces frutescentes de l'Amérique méridionale, et remarquables par leurs carpelles à trois valves, celle du
milieu carénée, les latérales membraneuses et plus grandes; le second
ne renferme que deux ou trois espèces, qui se distinguent par leurs
valves loculicides; disposition qui se rencontre aussi, comme nous
l'avons dit, dans quelques *Malvinda*, comme les *Bivalves* et quelques
Abutilons, comme le *Triquètre*. Les autres *Abutiloides* ont les carpelles
conformés à la manière ordinaire.

Les *Abutilon*, dont les carpelles diffèrent beaucoup, soit pour la
forme, soit pour le nombre, comprennent une grande variété d'espèces, originaires des Indes, de l'Afrique, et surtout des Antilles et
de l'Amérique méridionale; une seule espèce, qui a donné son nom à
toute la section, se trouve dans les Indes, la Sibérie et le midi de
de l'Europe; les pétales jaunes, échancrés à leur base, sont séparés par
cinq ouvertures ou fossettes, qui communiquent aux écailles nectarifères du calice, ainsi qu'à des points mellifères qu'on aperçoit tout
autour de l'ovaire; les anthères sont légèrement contournées, et les
stigmates en tête papillaire sont divariqués entre les étamines avant
l'émission du pollen; après la chute de la corolle, on remarque un
grand vide au centre des carpelles, parce que tout le système pistillaire qui aboutissait à l'ombilic, a été détruit; cependant l'on aperçoit
encore au-dessus l'axe conique qui portait le pistil, et les traces des
cordons fécondateurs. On voit aussi distinctement le raphé, qui conduit de l'ombilic au bas de la graine, où est placée la radicule; il est
légèrement ailé et faisait partie d'un corps allongé et épais qui s'est
détaché plus tôt.

Les carpelles, qui s'ouvrent du sommet à la base, renferment trois
ou quatre semences assez grosses et attachées à l'angle interne, où
l'on observe encore l'insertion des cordons pistillaires. L'embryon à
cette époque est un peu recourbé, ses cotylédons légèrement inégaux
sont étendus, opposés et non plissés; ils se replient peut-être plus
tard.

Les *Sida*, qui forment un vaste genre, dont les espèces ont été
abondamment répandues dans les contrées intertropicales, principalement dans les deux Indes, sont des plantes quelquefois frutescentes,
mais ordinairement herbacées, vivaces ou annuelles : les premières
peuvent, je crois, se diviser en deux groupes, dont l'un comprendrait
les espèces qui perdent chaque année leurs rameaux florifères, et en
repoussent de nouveaux, à la manière de plusieurs autres *Malvacées*;
l'autre, beaucoup moins nombreux, serait formé de celles qui, comme
l'*Hibiscus syriacus* ou le *Rosa sinensis*, redonneraient de nouvelles

fleurs des mêmes rameaux, l'*Arborea*, par exemple ; mais je n'ai pas encore eu occasion de vérifier cette remarque.

La nature n'a pas beaucoup varié l'organisation végétale des *Sida* ; ils ont presque tous une tige cylindrique, des feuilles ordinairement cordiformes, depuis la figure allongée de l'*Angustifolia* jusqu'à la palmatifide du *Vitifolia* ou du *Ricinoides* ; ces feuilles souvent cotonneuses, à poils radiés, sont accompagnées de deux stipules libres, excepté peut-être dans le *Phyllanthe*, où elles sont adhérentes et dans l'*Extipulée* où elles manquent entièrement ; les pédoncules fréquemment axillaires ne deviennent terminaux que par avortement ; ils sont solitaires ou multiples, uniflores ou multiflores, en grappes ou en corymbes, et toujours articulés ou au moins annulaires.

Le calice est à cinq divisions ; la corolle monopétale est intimement unie au tube staminifère avec lequel elle tombe, entraînant dans sa chute tout le système pistillaire ; les étamines sont nombreuses, et partent uniquement du sommet du tube staminifère, les anthères sont uniloculaires et légèrement contournées et les carpelles sont verticillés au haut d'un axe central, qui ordinairement disparaît et laisse à sa place un espace vide.

La fécondation m'a paru immédiate ; les anthères répandent leur pollen jaune sur les stigmates en tête. Je n'ai aperçu dans aucune espèce ces poils cotonneux si communs dans la tribu des *Malvées*, mais on remarque, comme je l'ai déjà dit, sur le calice de l'*Abutilon* et d'autres *Sida* une couronne feutrée plus ou moins élargie, qui communique à la corolle par les cinq fossettes que forment les échancrures des pétales.

Les carpelles diffèrent beaucoup, tant pour le nombre que pour la forme. Ils varient de cinq à trente, et paraissent assez constants dans les mêmes espèces ; quelquefois ils adhèrent immédiatement à la graine ; et dans ce cas, ils sont monospermes ; souvent ils sont renflés, soudés et forment des capsules monospermes ou polyspermes. Dans l'*Abutilon*, ils sont aplatis et se prolongent extérieurement en pointes, qui représentent autant de styles endurcis ; les uns et les autres ont deux valves, qui se séparent lorsqu'elles renferment plusieurs semences.

Les graines sont peu nombreuses, et toujours attachées à la base de l'angle interne de la capsule, où l'on voit adhérents les axes pédonculaires qui donnaient passage aux deux systèmes de vaisseaux ; l'embryon avant la maturité est souvent un peu recourbé, et ses cotylédons légèrement inégaux sont étendus et non encore plissés : ils se plissent sans doute plus tard.

La dissémination s'opère de diverses manières : souvent chaque carpelle se détache séparément; quelquefois, au contraire, les carpelles restent réunis et s'ouvrent par leur milieu; les valves sont alors formées de deux demi-valves soudées, et appartenant à deux carpelles différents; cette forme de déhiscence est appelée loculicide par RICHARD, et les espèces chez lesquelles elle a été reconnue composent dans KUNTH le genre nouveau des *Bastardia*, qui ne saurait, je crois, être admis à moins que ses espèces ne forment un seul et même type, ou n'aient entre elles d'autres rapports.

Les *Sida* ont presque tous les tiges droites, sans drageons ni rejets, et sont par conséquent des plantes non sociales : on doit en excepter pourtant quelques espèces couchées sur le sol, ou qui jettent même des radicules comme le *Radicans*, l'*Hederacea*, etc.; il y en a d'autres, qui vivent sur les Andes du Pérou, et dont les tiges sont gazonnantes, les feuilles pennatifides, les fleurs axillaires, solitaires, et les racines rhizomatiques; tels sont le *Phyllanthe*, l'*Acaulis* et le *Pichencha*; si elles deviennent plus nombreuses et mieux connues, elles formeront sans doute un véritable genre.

Les *Sida* ne présentent qu'un petit nombre de phénomènes physiologiques : certaines espèces comme le *Spinosa* de la Jamaïque, l'*Angustifolia* et celles du même type, portent au-dessous de leur pétiole deux à trois tubercules ou pointes épineuses, distinctes des stipules, et dont il n'est pas facile de deviner l'usage; le *Bracteolata* du Brésil a deux stipules, l'une linéaire, l'autre subulée; et l'*Auriculata* du Bengale, deux stipules larges et auriculées; quelques autres, comme le *Calyptrata* et l'*Occidentalis*, ont une carpelle à trois valves bizarrement conformées; le *Triquetra* se reconnaît à ses rameaux triquètres, comme le *Gigantea*, le *Reflexa*, etc., à leur corolle réfléchie; l'*Extipulata* de l'île Bourbon est entièrement dépourvu de stipules; l'*Urens* de la Jamaïque porte des poils qui piquent comme ceux de l'*Ortie*; celui à *calice membraneux* de la Nouvelle-Hollande a le calice prolongé en membrane, après la fécondation; le *Glauca* a les pédoncules inférieurs plus courts et les supérieurs plus longs que le pétiole, tandis que ceux de l'*Albicans* des Canaries sont au contraire tantôt plus courts et tantôt plus grands que les pétioles; le *Multifida* a les carpelles bizarrement ailés; enfin l'*Abutilon* et peut-être aussi les autres espèces à fruits renflés ont les folioles calicinales plissées en deux pour céder à la dilatation du fruit.

Les *Sida* sont plus ou moins sensibles aux impressions de l'air et de la lumière : d'abord leurs pédoncules ordinairement droits s'inclinent quelquefois et même se coudent, comme on le voit surtout dans les espèces, qui, telles que le *Crispa*, l'*Hirta* et le *Populifolia*, ont les pédoncules filiformes et les fruits globuleux; ensuite leur calice, pour l'ordinaire fermé, se réfléchit quelquefois, comme dans le même *Crispa;* enfin la fleur s'ouvre à des heures déterminées, et presque toujours une seule fois; les pétales se rapprochent ou. se flétrissent et tombent le lendemain.

Les feuilles ont aussi des mouvements qui dépendent d'un renflement corné et basilaire, semblable à une glande arrondie; son effet consiste à relever ou rabaisser, sur son propre pétiole, le limbe de la feuille; il s'élève ordinairement le jour et s'abaisse la nuit, comme on peut le voir dans l'*Abutilon*, l'*Angustifolia*, etc. Mais ces oscillations méritent d'être mieux étudiées.

Il n'est pas douteux qu'il ne se passe aussi des phénomènes curieux dans la fécondation des diverses espèces, dont les stigmates en tête veloutée, papillaire et souvent violette, se font jour latéralement à travers les anthères, au lieu de se diriger vers le sommet; ces anthères presque toujours insérées à l'extrémité supérieure du tube staminifère, se déjettent pour atteindre les stigmates qu'elles fécondent. C'est un phénomène remarquable dans cette famille, que celui du *Sida dioïque*, dont les fleurs femelles ont des étamines stériles, tandis que les fleurs mâles n'offrent pas même des rudiments d'ovaires; mais les pétales velus à la base, n'ont pas de cils proprement dits, et le calice campanulé est de même dépourvu de glandes nectarifères; le pollen, sans doute plus aminci et plus léger que dans les autres espèces du genre, s'échappe de l'anthère ouverte, pour féconder les fleurs femelles placées à sa portée.

Le pédoncule, qui est toujours articulé ou annulaire, se rompt souvent avant la dissémination, et lorsque par quelques circonstances la fleur est restée inféconde, comme cela arrive à la plupart des *Malvacées*. La déhiscence est tantôt nulle, tantôt interne ou externe, valvaire ou loculicide, et sous ces diverses formes, elle indique divers modes de fécondation qu'il serait intéressant d'examiner de plus près.

L'estivation des *Sida* n'est pas aussi fortement tordue que celle des *Mauves;* dans l'*Abutilon*, un pétale m'a semblé extérieur, un autre intérieur et les trois autres intérieurs-extérieurs; celle des calices est valvaire, relevée sur les bords, et avant leur développement les feuilles sont roulées assez irrégulièrement sur leur face supérieure.

Quelques espèces de *Sida*, comme l'*Arborescente*, sont remarquables par leur beauté, d'autres en petit nombre répandent, comme le *Fragrans*, une odeur agréable; mais en général leurs fleurs jaunes et rarement blanches, roses, écarlates ou pourpre, s'étalent peu et se fanent très-promptement. Les feuilles ont ordinairement des nervures bien marquées et un tissu parenchymateux finement réticulé; elles sont souvent hérissées de poils rudes ou mous et glutineux, comme ceux de l'*Abutilon;* les extrémités des dents et des crénelures sont glanduleuses.

Les *Sida* habitent les plaines, les bords des bois ou des ruisseaux; leurs fleurs, qui commencent chez nous à paraître à la fin de l'été, se succèdent long-temps sans interruption, et les espèces frutescentes ou vivaces portent en même temps des fleurs et des fruits.

Vingt-quatrième famille. — *Bombacées.*

Les *Bombacées*, nouvelle famille établie par Kunth, ont un calice nu ou entouré à sa base d'un petit nombre de bractéoles, et formé de cinq sépales réunis en un tube urcéolé, campanulé, ou cylindrique; ces sépales, tantôt tronqués au sommet, tantôt irrégulièrement imbriqués ou disposés en estivation à peu près valvaire, s'ouvrent ensuite latéralement, les pétales au nombre de cinq manquent quelquefois, et alors le calice est intérieurement coloré; les étamines, qui varient de cinq à quinze et au-delà, ont leurs filets réunis en un tube continu aux pétales, comme dans les *Malvacées*, mais se divisant pour l'ordinaire au sommet en cinq adelphies formées d'une ou plusieurs anthères uniloculaires, au milieu desquelles on aperçoit souvent des filets stériles; le pollen est ovoïde à trois plis, l'ovaire est formé de cinq, rarement de dix carpelles, quelquefois un peu distincts, mais plus souvent soudés et s'ouvrant de diverses manières; les styles, en même nombre que les carpelles, sont ou séparés ou plus ou moins réunis; les semences, souvent enveloppées de laine ou de pulpe, sont les unes dépourvues d'albumen à cotylédons irrégulièrement plissés, les autres albuminées à cotylédons planes.

Ces plantes, comme l'on voit, ont un petit nombre de caractères communs, et se rapprochent plutôt par le port et la végétation, que par leurs organes floraux et reproducteurs; elles sont voisines des *Malvacées* par leurs anthères uniloculaires, leurs étamines monadelphes, leurs pétales roulés en cornet spiral et leur structure générale; mais elles en diffèrent surtout par l'estivation de leur calice et leur tube staminifère divisé ordinairement au sommet en cinq adelphies.

Les *Bombacées*, qui sont des arbrisseaux, ou plutôt des arbres, ont été disséminées entre les tropiques et se reconnaissent à leurs feuilles alternes, bistipulées et presque toujours recouvertes, comme le reste de la plante, de poils étoilés. On les partage dans le Prodome en quinze genres, tous étrangers et à peu près inconnus à l'Europe.— Nous n'en mentionnerons que trois.

PREMIER GENRE. — *Adansonia*.

L'*Adansonia* a le calice nu, caduc, à cinq divisions, cinq pétales réunis presque jusqu'au milieu et roulés en dehors ; des étamines très-nombreuses monadelphes et portées sur un tube fort dilaté au sommet ; un style très-long, dix à quatorze stigmates, une capsule indéhiscente, ligneuse à loges polyspermes, pleines d'une pulpe farineuse.

Ce genre ne comprend que l'*Adansonia digité* du Sénégal et peut-être aussi de l'Égypte, qui s'élève à la hauteur de cinq pieds dès la première année, et acquiert enfin un tronc dont le diamètre a plus de vingt-cinq pieds ; ses feuilles digitées, à cinq ou sept folioles, portent à leur base la tache blanchâtre et ornée qui indique leur sensibilité à la lumière ; elles tombent en novembre et repoussent ensuite, un mois avant l'apparition des fleurs, qui portent des fruits mûrs en octobre et novembre. Cet arbre le plus grand des végétaux connus et dont la durée est presque indéfinie, est sujet à deux maladies mortelles, la carie et le ramollissement ; on creuse dans son tronc des chambres où l'on suspend et dessèche les cadavres.

L'*Adansonia* pousse de son tronc des branches qui s'élèvent jusqu'à quatre-vingts pieds, et de sa racine pivotante un grand nombre de racines traçantes qui s'étendent fort loin et forment ainsi d'un seul arbre une espèce de forêt. Ses fleurs dont le diamètre est de six pouces, sont blanches, axillaires et solitaires sur le nouveau bois, et les rameaux se terminent par autant de boutons stipulacés. Ce fruit porté sur un pédoncule recourbé, atteint la longueur d'un pied, son écorce est ligneuse et ses loges sont égales en nombre aux stigmates ; les semences, dont l'ombilic est étoilé, sont éparses sans ordre dans une pulpe farineuse, roussâtre et acidule ; ses cotylédons sont plissés en chrysalides comme ceux des *Malvacées*, les stigmates sont caducs, et le style s'incline en se coudant pour atteindre les anthères placées fort au-dessous. Il a été et est encore cultivé en Europe, où je ne crois pas qu'il ait fleuri. C'est le *Baobab* des botanistes.

SECOND GENRE. — *Carolinea.*

Le *Carolinea* a un calice persistant et légèrement tronqué, cinq pétales cotonneux et très-allongés, des étamines réunies à la base et séparées au sommet en plusieurs adelphies, un style de la longueur des étamines, cinq stigmates, une capsule ligneuse multivalve, polysperme, uniloculaire peut-être par avortement, des semences nues et probablement arillées, des cotylédons plissés et inégaux, dont l'extérieur enveloppe l'intérieur et la radicule.

Les espèces de ce genre encore mal connu habitent les Antilles, ou le nord de l'Amérique méridionale, où elles forment des arbres de médiocre grandeur, à feuilles digitées et articulées à la base, boutons stipulés, stipules pétiolées et caduques. On les rencontre dans les lieux humides et sur les bords de la mer, où ils se font remarquer par leur beauté et les dimensions de leurs fleurs, comme par l'élégance de leurs nombreuses étamines.

On en cultive principalement deux espèces dans les serres d'Europe, l'*Insignis* de la Martinique, à feuilles septénées, luisantes en dessus et glauques en dessous, et le *Princeps* de la Guiane, qui a fleuri en janvier 1836 dans les serres d'Europe; ses feuilles digitées, ternées ou quinées, portent à la base une tache cornée; ses fleurs terminales et solitaires ont leurs pétales étroits et roulés enfin en dessous; le faisceau staminifère se termine par une immense aigrette d'étamines blanches de la plus grande beauté.

Les fruits ont la forme et le volume d'un gros melon à cinq côtes, et contiennent de trente à cinquante graines bonnes à manger.

TROISIÈME GENRE. — *Bombax.*

Le *Bombax* a un calice nu, légèrement quinquéfide ou tronqué, cinq pétales réunis entre eux et à la colonne staminifère, un grand nombre d'étamines tantôt simplement monadelphes, tantôt pentadelphes au sommet, une capsule grande, ligneuse, à cinq valves et cinq loges polyspermes, des semences dépourvues d'albumen et enveloppées d'une laine épaisse.

Les *Bombax*, qui habitent presque tous le nord de l'Amérique méridionale, sont en général de grands et beaux arbres, à écorce lisse ou armée d'aiguillons, et souvent chargée de taches blanches qui sont autant de lenticelles; leur bois mou et très-léger, comme celui de toutes les *Bombacées*, sert à la construction des canots, leurs feuilles digitées et leurs folioles dont la base est articulée tombent chaque année, de même que les stipules; les fleurs grandes et d'une rare beauté paraissent à différentes saisons, ainsi que les fruits, dont quelques-uns fournissent un beau coton. L'espèce la plus connue est le *Ceiba* des Antilles, qui s'élève jusqu'à quatre-vingts pieds, et dont le tronc très-épais ne donne des branches latérales qu'à une assez grande hauteur.

Dans cette famille, dont les espèces sont les géants du règne végétal, les genres sont mal formés, parce que les fleurs et la fructification sont très-variables, tandis que la structure générale est au contraire très-constante. Il faut donc rapprocher les espèces d'après l'organisation végétale, plutôt que d'après la forme des fleurs et des fruits. Cette remarque s'applique à la plupart des grands végétaux.

Les *Bombacées* doivent présenter dans leur végétation, et surtout dans leur fécondation, un grand nombre de phénomènes physiologiques, qui ne peuvent être étudiés que par ceux qui auront le bonheur d'observer ces plantes dans leur climat natal. Je vois dans les serres l'*Erianthus* à tige droite, simple et chargée de piquants.

Vingt-cinquième famille. — *Byttnériacées.*

Les *Byttnériacées* ont un calice tantôt nu, tantôt involucré qui est formé de cinq sépales valvaires plus ou moins réunis à leur base; cinq pétales hypogynes alternes aux sépales, en estivation enveloppante, variables pour la forme et quelquefois nuls; des étamines égales en nombre aux pétales, ou doubles, triples et en général multiples de ce même nombre; des filaments réunis à la base, et quelquefois en partie stériles; des anthères extrorses et biloculaires, des styles distincts ou réunis, un albumen oléagineux ou charnu et rarement nul; un embryon droit; une radicule infère; des cotylédons foliacés, planes ou plissés, et enveloppés autour de la plumule, mais très-épais lorsque les semences sont dépourvues d'albumen.

Cette famille soutient d'étroits rapports avec celle des *Malvacées*, à laquelle elle pourrait être réunie, de même que celle des *Tiliacées*, puisqu'elles ont toutes les trois un calice valvaire, des pétales enveloppés et qu'elles se ressemblent d'ailleurs beaucoup pour le port. La principale différence entre les *Malvacées* et les *Byttnériacées* consiste, selon la plupart des botanistes, dans les anthères uniloculaires des premières, et biloculaires des secondes ; mais je crois avoir montré que ces anthères des *Malvacées* ne sont souvent uniloculaires que par dédoublement, et je montrerai, dans l'exposition successive des genres, que, tandis que le système sexuel est à peu près uniforme dans les *Malvacées*, il est au contraire varié de mille manières dans les *Byttnériacées*, et qu'il donne ainsi lieu à des remarques aussi nouvelles que curieuses.

Pourquoi dans ces familles l'estivation du calice est-elle valvaire, tandis que celle de la corolle est tordue ? C'est sans doute parce qu'il n'y a d'estivation valvaire que dans les péricarpes et les périgones consistants, et que la substance de la corolle est trop délicate pour se prêter à une disposition de ce genre, d'autant plus qu'elle doit être aggrandie pour renfermer des organes sexuels très-développés. Les corolles flosculeuses des *Synanthérées* ont bien, il est vrai, l'estivation valvaire, mais les bords de leurs lobes sont épaissis par des nervures, et leur système sexuel présente peu de développement.

Première tribu. — STERCULIÉES.

Les *Sterculiées* ne se distinguent guère des *Malvacées* que par leurs anthères biloculaires et extrorses ; leurs fleurs, souvent unisexuelles par avortement, ont un calice nu, caduc et quinquélobé ; leurs étamines, dont le nombre est très-variable, sont monadelphes et réunies en un urcéole court, sessile ou stipité ; l'ovaire, ordinairement pédicellé est formé de cinq carpelles distincts ; l'albumen est nul ou oléagineux : dans le premier cas, les cotylédons sont inégaux ; dans le second, foliacés et très-épais ; l'embryon est droit, et la radicule raccourcie ; la déhiscence des carpelles précède ordinairement la maturité des graines.

Cette tribu renferme trois genres ; nous ne parlerons que d'un seul.

Sterculia.

Le *Sterculia* a un calice légèrement coriace, des étamines monadelphes, disposées sur un urcéole sessile ou stipité ; dix, quinze ou vingt anthères à un ou deux rangs, séparées ou réunies trois à trois, et s'ouvrant par une large fente supérieure ; des carpelles folliculaires, distincts et uniloculaires, monospermes ou polyspermes ; des semences dont l'albumen est oléagineux, et dont les cotylédons sont planes, foliacés et égaux.

Ce genre n'est pas encore assez connu pour être divisé physiologiquement.

Les *Sterculia* sont la plupart de grands arbres, originaires des Indes orientales, des côtes de l'Afrique ou de la Guiane, et qui doivent sans doute leur nom à l'odeur désagréable que répandent leurs principales espèces, et surtout le *Fœtida*. On en compte déjà une trentaine d'espèces qui diffèrent beaucoup pour la fleur et le fruit, mais dont la corolle est toujours nulle, et dont les cinq carpelles sont folliculaires et monospermes.

Les *Sterculia* ont tous, à l'exception du *Fœtida*, les feuilles simples, cordiformes et plus ou moins lobées ; leurs fleurs sont ordinairement paniculées et terminales ; leurs étamines raccourcies sont placées près de la base de l'ovaire qui avorte quelquefois en tout ou en partie, et forme ainsi des plantes polygames ou dioïques ; les pédoncules s'inclinent souvent, et les stigmates se replient sur les anthères ; les fruits, qui ne s'accroissent guère que long-temps après la fécondation, s'ouvrent en cinq coques déjetées, et présentent ainsi comme extérieure leur déhiscence introrse ; ils sont souvent revêtus à l'intérieur de poils roussâtres, et portent sur leurs bords des graines sphériques, grosses et peu nombreuses.

Ces plantes ont les stipules caduques, les feuilles articulées, le tronc chargé d'un grand nombre de lenticelles, et des carpelles pédicellés sur un pédoncule commun. Le *Crinita* a ses ovaires et ses pédoncules recouverts de poils roussâtres, qui forment enfin à la base des capsules des touffes longues et soyeuses ; le *Monosperme* ou le *Nobilis* est remarquable par ses fleurs verdâtres à odeur de vanille ; l'*Hétérophylle* a deux sortes de feuilles, les entières et les trilobées ; l'*Ivira* et quelques autres ont les capsules revêtues intérieurement de poils piquants, et le *Balanghas*, que je vois en fleur dans nos serres, et dont les panicules sont pleines d'élégance, a un calice campanulé dont les lobes amincis et allongés se renversent pour former, par leur réunion, une grille, au-dessous de laquelle on aperçoit un pédicelle évasé en un urcéole chargé de dix anthères sessiles et extrorses. Je n'ai aperçu aucune trace d'ovaire, en sorte que je crois la plante unisexuelle ou polygame.

Le *Platanifolia* de la Chine, la seule espèce acclimatée, ombrage les promenades de Gênes, et fleurit au milieu de l'été ; ses grappes paniculées ont un calice quinquéfide, en estivation valvaire ; un stigmate pédicellé entouré d'une douzaine d'anthères introrses qui rendent la fécondation immédiate. Il se dépouille chaque année de ses feuilles, qui laissent leur cicatrice terminée par un bourgeon grossièrement formé des rudiments des nouvelles feuilles.

Les botanistes modernes ont divisé le *Sterculia* en plusieurs genres, fondés principalement sur les graines ailées et non ailées, la forme des carpelles, le nombre des anthères, le sexe, etc., et Spach a fait du *Sterculia platanifolia*, son genre *Firmiana*, dont les carpelles s'ouvrent avant la maturité.

Delile observe, dans son *Mémoire sur les acclimations* (août 1836), que le canal médullaire du *Platanifolia*, et peut-être celui des *Malvacées* arborescentes, ne prend point d'augmentation en diamètre.

Seconde tribu. — BYTTNÉRIÉES.

Les *Byttnériées* ont cinq sépales en estivation valvaire, cinq pétales souvent concaves, voûtés à la base et prolongés en languette au sommet; des étamines qui varient de cinq à trente, et dont les cinq opposées aux pétales sont ligulées et stériles; les autres sont alternes, sessiles, solitaires ou pentadelphes et terminées alors par trois ou seulement une étamine; l'ovaire a cinq loges ordinairement dispermes, les cotylédons sont tantôt épais et dépourvus d'albumen, tantôt foliacés, planes ou roulés et albuminés; l'inflorescence est presque toujours en cyme, et les pédoncules sont souvent extra-axillaires.

Cette tribu appartient principalement à l'Amérique du sud et aux Grandes-Indes; elle renferme des arbres et des arbrisseaux que De Candolle renferme sous six genres, dont nous ne mentionnerons que trois.

PREMIER GENRE. — *Theobroma.*

Le *Theobroma* a cinq pétales voûtés et allongés en languette spathulée; l'urcéole des étamines porte cinq prolongements, entre lesquels sont placés des filets chargés de deux anthères, et opposés aux pétales; le style est filiforme, le stigmate quinquéfide, la capsule a cinq loges indéhiscentes, les semences sont placées dans une pulpe butyracée, l'albumen est nul, les cotylédons sont épais, oléagineux et ridés.

Ce genre comprend cinq espèces, qui sont toutes originaires de l'Amérique du sud, et ont à peu près les mêmes propriétés. La seule cultivée est le *Cacao*, qui, comme ses congénères, ne s'élève guère qu'à vingt pieds, et forme souvent de petites forêts; ses fleurs, peu apparentes et axillaires, naissent dès la troisième année, et sortent ensuite continuellement du vieux bois. On récolte toute l'année ses fruits à enveloppe ligneuse et indéhiscente, qui renferment une vingtaine d'amandes nichées irrégulièrement dans une pulpe butyracée, parce que les parois des loges ont avorté.

Cet arbre, qui végète continuellement, a ses feuilles articulées caduques, et ses stipules géminées et pétiolaires. Il est cultivé depuis un temps immémorial, mais il n'a pas encore paru en Europe, parce que ses graines perdent promptement la faculté de germer; son bois mou est cassant, comme celui des *Malvacées*.

SECOND GENRE. — *Byttneria*.

Le *Byttneria* a un calice pétaloïde et persistant, cinq pétales ventrus à la base et prolongés au sommet en longue pointe, dix étamines fertiles, réunies en urcéole à leur origine, cinq styles et cinq capsules chargées de piquants nus ou très-peu velus.

Ce genre est formé d'une trentaine d'arbrisseaux ou sous-arbrisseaux, la plupart peu connus et originaires de l'Amérique sud, de la Nouvelle-Hollande et des Grandes-Indes. Ces dernières ont pour l'ordinaire les tiges nues; les autres sont armées de piquants sur leurs rameaux, leurs pétioles et même leurs nervures; leurs stipules sont caduques, leurs feuilles simples et quelquefois glanduleuses, leurs fleurs petites, axillaires, extra-axillaires, géminées, ternées, etc., sont presque toujours disposées en ombelles; leurs fruits hérissés avortent souvent, au moins en partie.

Ces plantes, qui fleurissent très-bien dans nos serres, nouent rarement leurs fruits; leur ovaire renferme ordinairement deux semences, dont une seule est fertile; les capsules s'ouvrent du côté intérieur, et les cotylédons, à peu près planes, ont la radicule infère.

Ce genre mérite d'être étudié surtout pour sa forme de fécondation : les pétales se recourbent en arc pour protéger les anthères, et l'urcéole est sans doute nectarifère.

Le *Byttneria dasyphylla* a ses anthères bilobées, ouvertes latéralement, et répandant leur pollen dans la concavité mielleuse des pétales qui les recouvrent comme une voûte; les stigmates sont enfoncés et cachés aussi par les pétales; en sorte que la fécondation ne peut guère avoir lieu que par le concours de l'humeur miellée.

TROISIÈME GENRE. — *Ayenia*.

L'*Ayenia* a un calice quinquéfide, *des pétales* onguiculés à la base, élargis en voûte au sommet et surmontés de glandes pédicellées, un urcéole de dix à quinze dents, dont cinq ou dix sont obtuses et stériles, et les autres alternes et monanthères; le style est unique, *le stigmate* pentagone, les cinq carpelles sont bivalves, monospermes et réunis en un fruit un peu hérissé et globuleux; l'albumen est nul, les cotylédons sont foliacés et roulés sur eux-mêmes, la radicule est supère.

Ce genre comprend des petits arbrisseaux ou même des herbes originaires des Antilles et de l'Amérique du sud; leurs feuilles sont simples et recouvertes de poils étoilés; leurs stipules géminées et caduques, leurs fleurs axillaires et ordinairement réunies en ombelles; les carpelles s'ouvrent souvent élastiquement en deux valves, et les semences ont la radicule enveloppée par les replis des cotylédons.

L'*Ayenia pusilla*, la seule espèce herbacée et annuelle de toute la tribu, a ses tiges droites peu élevées, et chargées aux aisselles de deux ou trois petites fleurs qui paraissent successivement; le calice est étalé, les pétales ont des onglets filiformes dont l'ensemble présente une grille, et qui se réunissent au sommet en une voûte chargée de cinq glandes pédicellées, entourant le stigmate pédicellé et conique; les anthères jaunes et bilobées sont placées au-dessous, et répandent insensiblement leur pollen dans l'urcéole nectarifère.

Troisième tribu. — LASIOPÉTALÉES.

Les *Lasiopétalées* ont un calice à cinq divisions pétaloïdes, persistantes ou marcescentes, des pétales petits, écailleux et rarement nuls, des filets réunis à la base, tantôt au nombre de cinq opposés aux pétales, tantôt au nombre de dix alternativement stériles et fertiles; les anthères sont incombantes à deux lobes contigus, l'ovaire contient trois à cinq loges, les carpelles bivalves sont ordinairement soudés, les semences sont strophiolées à la base, l'albumen est charnu, l'embryon droit, et les cotylédons sont planes et foliacés.

PREMIER GENRE. — *Lasiopétale*.

Le *Lasiopétale* a un calice persistant, cinq pétales en forme de glandes, cinq filets libres, des anthères ouvertes intérieurement par

deux pores, un ovaire triloculaire, des loges à deux ovules, une capsule à trois valves loculicides, des semences à strophiole laciniée.

Ce genre comprend le *Ferrugineux* et le *Parviflore*, qui fleurissent
dans nos jardins, et qui sont de petits arbrisseaux non stipulés, à
feuilles alternes et lancéolées; l'inflorescence est en cymes opposés
aux feuilles, les pédicelles sont inarticulés, et les bractées tripartites
sont placées à la base des calices. Le *Purpurascens* est une troisième
espèce, à feuilles stipulées et fleurs pourprées; il est tomenteux comme
les autres.

DEUXIÈME GENRE. — *Guichenotia*.

Le *Guichenotia* a un calice persistant, cinq pétales glanduliformes,
cinq filets libres, dont les anthères s'ouvrent par des fentes latérales;
un ovaire à cinq loges, contenant chacune cinq ovules revêtus intérieurement d'un duvet dense, qui s'étend sur toutes les parties de la
plante.

Ce genre ne renferme que le *Ledifolia* de la Nouvelle-Hollande,
petit arbrisseau extipulé, à feuilles ternées ou verticillées, et roulées
sur leurs bords, à rameaux intrafoliacés et non axillaires, à grappes
penchées, unilatérales, intrafoliacées, et fleurissant de la base au
sommet.

TROISIÈME GENRE. — *Thomasia*.

Le *Thomasia* a un calice persistant et veiné, cinq pétales qui avortent quelquefois, cinq ou dix filets réunis, des anthères ouvertes latéralement, un ovaire à trois loges renfermant chacune plusieurs ovules,
trois valves loculicides et des semences strophiolées.

Ce genre est composé dans le Prodrome de cinq arbrisseaux, à stipules foliacées et persistantes, feuilles lobées recouvertes de poils
roussâtres, étoilés et hispides; l'inflorescence est en grappes opposées
aux feuilles.

On le divise en deux groupes :

1º Celui à cinq étamines, style allongé et semences géminées dans
chaque loge ;

2º Celui à dix étamines, style court et trois à huit semences dans
chaque loge.

L'espèce la plus répandue est le *Solanacea*, du second groupe, originaire, comme toutes les autres, de la Nouvelle-Hollande. Ses grappes
latérales ont leurs pédicelles déjetés, et leurs pétales tournés vers la

terre; cinq de ses dix étamines sont dépourvues d'anthères, les autres ont leurs anthères biloculaires, noires et cornées en dehors, mais ouvertes intérieurement près du sommet en deux tubes qui lancent contre la petite tête du stigmate un pollen dont il est recouvert. Je n'ai aperçu aucun nectaire, mais j'ai remarqué que les feuilles, très-agrandies, portaient à leur base deux bractées persistantes.

Le *Triphyllum*, qui se rencontre aussi dans nos jardins, est un arbrisseau touffu, à feuilles sinuées, comme celles du *Chêne*, exactement roulées sur leur face infère, et renfermées d'abord dans deux stipules persistantes; les fleurs, qui paraissent terminales au premier coup-d'œil, sont réunies à peu près trois à trois; le calice entier et épaissi à la base, se prolonge en membranes pétaloïdes; la capsule est triloculaire. Après la fécondation, la tige continue à grandir, et les fleurs deviennent latérales.

Quatrième tribu. — HERMANNIÉES.

Les *Hermanniées* ont les fleurs hermaphrodites, le calice valvaire, persistant, quinquélobé, nu ou légèrement involucré, cinq pétales en estivation tordue, cinq étamines monadelphes à la base, opposées aux pétales et terminées par des anthères ovales et biloculaires, cinq carpelles réunis en un seul fruit, un albumen charnu et farineux, un embryon recourbé, une radicule ovale et infère, des cotylédons foliacés, planes et entiers.

Cette petite famille renferme six genres répandus dans l'Amérique du sud et dans les Indes orientales; nous n'en mentionnerons que trois.

PREMIER GENRE. — *Melochia.*

Le *Melochia* a un calice quinquéfide, nu ou garni d'une à trois bractées, cinq pétales ouverts, cinq étamines monadelphes à leur base, cinq styles, une capsule à cinq loges et valves loculicides ou septicides, une ou deux semences dans chaque loge.

Il comprend des arbustes stipulacés, des Antilles ou des contrées environnantes, à feuilles simples dentées et plus ou moins recouvertes de poils étoilés; les fleurs petites et diversement colorées forment des panicules ou des cymes resserrés et opposés aux feuilles; les pédicelles sont bractéolés à la base.

La plus répandue des cinq espèces renfermées dans le Prodrome est le *Pyramidata*, à fleurs petites et d'un rouge violet; ses anthères bilobées et extrorses répandent leur pollen à la base des pétales nectarifères et creusés en cuiller; les stigmates sont filiformes et papillaires, et les styles pénètrent par le centre de la capsule jusqu'au milieu de la face intérieure des carpelles, d'où ils arrivent aux semences à peu près géminées dans chaque loge : les capsules s'ouvrent par leur milieu, qui s'amincit insensiblement, et leur ensemble forme une pyramide pentagone à cinq renflements sur le dos.

Les feuilles, d'abord plissées en deux, se déjettent ensuite sur leur pétiole long et genouillé au sommet, comme dans les *Malvacées;* les pédoncules se divisent en cinq ou sept pédicelles bractéolés.

Le *Corchorifolia*, non décrit par DE CANDOLLE, diffère du *Pyramidata* par ses feuilles glabres et fort amincies au sommet; ses pédoncules sont géminés, et l'un des deux est extra-axillaire; les fleurs en cymes se déjettent pendant la maturation, et les calices se renflent de manière à former enfin une pyramide pointue à cinq angles rentrants, par le milieu desquels s'ouvre la capsule à cinq loges loculicides, à peu près dispermes; ses tiges sont dépourvues de ces poils unisériés que l'on trouve dans le *Pyramidata*.

DEUXIÈME GENRE. — *Hermannia*.

L'*Hermannia* a un calice à peu près nu, campanulé et quinquéfide, cinq pétales, cinq étamines monadelphes, souvent dilatées à leur base, cinq styles réunis en un seul, une capsule à cinq loges polyspermes et cinq valves loculicides.

On divise ce genre en deux sections :

1° Celle des *Trionelles*, à calice renflé, comme ceux des *Hibiscus trionum*, et filets fortement dilatés;

2° Celle des *Hermannelles*, à calice non renflé et filets non dilatés.

Les *Hermannia* sont des arbrisseaux ou des herbes vivaces, qui se sont multipliées par des fécondations artificielles; leurs fleurs axillaires, géminées et plus ou moins pendantes, sont petites, jaunes, à pétales creusés en cuiller sur leur onglet, et fortement roulés sur leur limbe; les feuilles nues ou cotonneuses, à poils étoilés, sont simples, dentées, différemment incisées, souvent irrégulièrement trifoliées et pennatifides; leurs tiges ordinairement droites et frutescentes, mais quelquefois couchées et demi-herbacées, sont dépourvues de lenticelles et se défeuillent de bonne heure; les rameaux florifères sont chaque année remplacés par ceux qui naissent des aisselles inférieures; les feuilles sont plissées et plus ou moins roulées avant le développement, et leurs dents ne sont pas véritablement glanduleuses.

Les deux sections de l'*Hermannia* sont très-distinctes, et supposent évidemment une fécondation assez différente ; le renflement des calices doit être attribué sans doute à un godet nectarifère dans les espèces de la première section, et peu visible dans la seconde.

Aux approches de la fécondation, qui est toujours intérieure, le pédicelle du *Disticha*, qui appartient aux *Hermannelles*, s'incline et renverse sa fleur ; c'est dans cette situation que les anthères lancent, par l'ouverture de leur sommet, un pollen qui tombe immédiatement sur le stigmate papillaire et visqueux placé alors plus bas ; après la fécondation, la capsule se redresse ; puis à la maturation elle écarte ses cinq valves loculicides ; les semences sont attachées par leur face interne un peu plus bas que leur milieu ; la radicule est infère en même temps que centripète ; ce petit arbrisseau, qui fleurit dans nos serres dès le milieu de janvier, perd chaque année ses rameaux florifères, successivement remplacés par de nouvelles branches sorties des aisselles inférieures ; en sorte que la végétation continue indéfiniment. J'ai remarqué que les rameaux florifères avaient leurs bractées étroites et persistantes, tandis que celles des tiges étaient allongées et caduques. Est-ce la même chose des autres *Hermannia?*

TROISIÈME GENRE. — *Mahernia.*

Le *Mahernia* a un calice nu, campanulé et quinquéfide, cinq pétales à onglet redressé et limbe tordu en spirale, cinq filets monadelphes à la base et renflés plus haut en cupule ou tubercule cordiforme, cinq styles quelquefois réunis, une capsule à cinq loges polyspermes et cinq valves.

Les *Mahernia* habitent le Cap, mêlés aux *Hermannia*, avec lesquels ils ont de grands rapports, et dont ils ne diffèrent guère que par leurs étamines renflées en tubercules et non uniformément dilatées. Ces petits arbrisseaux, dont l'on connaît déjà une vingtaine, donnent sans cesse de nouveaux jets de leurs aisselles inférieures, et fleurissent dans nos jardins une grande partie de l'année ; quelques-uns, comme le *Glabrata*, répandent une odeur agréable.

Leur calice est en estivation valvaire, et leurs pétales contournés en spirale sont pourprés ou quelquefois jaunes, et souvent penchés comme ceux des *Hermannia*.

L'espèce la plus répandue est le *Bipinnata*, à feuilles allongées, pennatifides ou plutôt bipennatifides ; les renflements de ses filets, comme ceux des autres espèces, sont des scutelles épaisses et velues, sur lesquelles s'élèvent les véritables filets; les cinq étamines s'appuient contre le style qui est un fil très-délié, terminé par un point globuleux, à peu près comme dans les *Cyclamen;* les anthères en forme de flèche s'ouvrent au sommet et latéralement; en même temps les glandes nectarifères, placées à la base extérieure des cinq anthères, répandent abondamment l'humeur miellée qui couvre le torus et s'élève par les onglets fortement canaliculés des pétales jusqu'aux consoles qu'elle emprègne; enfin les cinq styles sont réunis en un seul, et la fleur reste droite tant que le stigmate n'a pas traversé les anthères, dont il reçoit alors une partie du pollen; ensuite elle se renverse, pour que le stigmate puisse recevoir le pollen lancé par jets successifs.

Cinquième tribu. — DOMBEYACÉES.

Les *Dombeyacées* ont un calice à cinq lobes, cinq pétales planes, légèrement inégaux, à estivation convolutive, des étamines multiples du nombre des pétales, unisériées, monadelphes et souvent avortées en partie, des styles libres ou réunis, et qui varient de trois à cinq, des ovules bisériés, géminés ou plus nombreux.

PREMIER GENRE. — *Pentapetes.*

Le *Pentapetes* a un calice caduc, entouré d'un involucelle triphylle et unilatéral, cinq pétales, trois étamines anthérifères entre chaque étamine stérile, cinq styles, quelquefois réunis en un seul terminé par cinq dents stigmatoïdes, une capsule à cinq valves et cinq loges polyspermes, des semences nues et non ailées.

Ce genre ne comprend guère que le *Phœnicea* des Indes orientales, distingué par ses feuilles hastées et dentées, ainsi que par ses pédoncules axillaires, d'une à deux fleurs penchées; ses styles sont réunis, et ses cinq filets stériles et claviformes sont deux fois aussi longs que les quinze anthérifères et un peu plus courts que les styles; mais les fleurs grandes et écarlates sont penchées.

DEUXIÈME GENRE. — *Dombeya.*

Le *Dombeya* a un calice persistant, profondément quinquéfide, entouré d'un involucelle triphylle et unilatéral, cinq pétales, quinze à vingt étamines légèrement réunies à la base, et dont deux ou trois fertiles sont placées entre les stériles, un style divisé au sommet en cinq stigmates un peu réfléchis, cinq carpelles bivalves, monospermes ou polyspermes et fortement serrés entre eux, des cotylédons bifides et chiffonnés.

Ce genre est formé d'arbrisseaux ou sous-arbrisseaux de l'île Bourbon, une seule espèce est originaire de Madagascar, et une autre des Indes orientales : on y a ajouté dès-lors le *Dombeya reginœ* de Madagascar et l'*Erythroxylon* de Sainte-Hélène, quoiqu'il ait cinq étamines fertiles et cinq stériles.

On le divise en deux groupes :

1° Celui dont l'involucre a les folioles élargies, ovales ou cordiformes ;

2° Celui où elles sont étroites, lancéolées ou linéaires.

L'*Erythroxylon* appartient au second groupe et se fait remarquer par ses étamines fertiles déjetées, et ses anthères biloculaires et extrorses ; son ovaire est arrondi, son style est unique, et son stigmate est formé de cinq lobes allongés et papillaires. Je n'ai pas vu de nectaire, mais je présume que l'humeur miellée sort après la floraison ; car il n'est pas facile de comprendre autrement la fécondation, puisque les stigmates sont placés au-dessus des anthères, et que la fleur reste droite.

Vingt-sixième famille. — *Tiliacées.*

Les *Tiliacées* ont un calice nu, quatre à cinq sépales en estivation valvaire, autant de pétales alternes, souvent creusés en fossette à la base et avortant quelquefois, des étamines hypogynes, libres et quelquefois indéfinies, des anthères ovales, arrondies, biloculaires et s'ouvrant par une double fente, quatre ou cinq glandes opposées aux pétales et adhérant au thécaphore de l'ovaire formé de quatre à dix carpelles fortement soudés, les styles réunis et les stigmates ordinairement libres, une capsule multiloculaire et polysperme dans chaque loge, un albumen charnu, un embryon redressé, des cotylédons planes et foliacés.

Les *Tiliacées*, dont on compte aujourd'hui un grand nombre de genres, sont des arbres ou des arbustes et rarement des herbes ; leurs fleurs sont axillaires, et leurs feuilles simples, bistipulées.

PREMIER GENRE. — *Sparmannia*.

Le *Sparmannia* a un calice de quatre pièces, quatre pétales arrondis, un grand nombre de filets stériles renflés et un peu adhérents à la base, plusieurs étamines anthérifères et introrses, une capsule hérissonnée, à cinq angles et cinq loges renfermant chacune deux semences.

L'*Africana*, seule espèce du genre, est un arbrisseau qui croît sur les pentes des montagnes du Cap; il a le port et quelques-unes des habitudes des *Sida*, et il se développe sans cesse du sommet sans former jamais de bouton; ses feuilles sont alternes, caduques, cordiformes et pendantes sur un pétiole allongé et un peu renflé au sommet; les pédoncules extra-axillaires se divisent en un grand nombre de pédicelles dont la réunion forme une ombelle involucrée, assez semblable à celle des *Geranium*; les fleurs, d'un blanc jaunâtre, redressent leurs pédoncules à l'époque de l'épanouissement, penchent leurs fleurs pendant la fécondation, et redressent enfin leurs capsules pendant la maturation, à la manière des *Dodecatheon*.

Cette plante est surtout remarquable par ses filets stériles, et recouverts de glandes nectarifères destinées à faciliter la fécondation; à cette époque, les anthères fortement irritables, répandent leur pollen sur les glandes des étamines stériles, et sur le stigmate qui est une tête globuleuse et papillaire; l'opération est encore facilitée par la position renversée de la fleur et la longueur du style. On remarque, dans les filets stériles, que l'anthère s'est changée en une glande dont on peut suivre tous les passages, et l'on voit même quelquefois les filets métamorphosés en pétales étroits, dont les anthères dépliées forment le limbe. L'estivation du calice est valvaire, indupliquée, et celle des pétales est chiffonnée; le pollen jaune est granulé, comme celui des *Malvacées*, et les filets des étamines sont écartés et rayonnants.

Le *Sparmannia* est fort commun dans nos serres, où ses filets stériles d'un beau jaune contrastent admirablement avec ses étamines pourprées et ses pétales d'un blanc de neige; ses fleurs ne se referment pas pendant la maturation qui dure plusieurs jours, et son calice n'est pas nectarifère; mais les poils de l'ovaire sont humectés par les glandes qui l'entourent. Après la fécondation, les pétales se rapprochent, ainsi que les étamines qui répandent encore leur pollen sur le stigmate.

DEUXIÈME GENRE. — *Corchorus.*

Le *Corchorus* a un calice caduc à cinq pièces, cinq pétales, un grand nombre d'étamines, un style court ou même nul, deux à cinq stigmates, une capsule allongée ou arrondie de deux à cinq valves, et autant de loges loculicides, des semences bisériées.

Ce genre, qui se divise en cinq sections fondées principalement sur la forme des capsules, contient un grand nombre d'espèces, les unes arborescentes, les autres herbacées ou même annuelles, et toutes étrangères à l'Europe; on les trouve dispersées au Cap, au Sénégal, en Arabie, aux Indes orientales, et surtout dans les vastes plaines de l'Amérique du sud.

L'espèce la plus répandue est l'*Olitorius*, qu'on cultive comme légume, et qui croît abondamment sous les tropiques, où il se ressème dans les jardins et le long des clôtures; c'est une plante annuelle à fleurs jaunes, comme celles de tous les *Corchorus*, et dont les pétioles renflés au sommet portent deux stipules filiformes; les fleurs extra-axillaires et à peu près solitaires, renferment une dizaine d'anthères, entourant un ovaire allongé, terminé par cinq stigmates rapprochés; la capsule réfléchie sur son pédoncule renflé est nue, très-allongée, et s'ouvre en cinq valves, portant sur le milieu d'une cloison avortée deux rangs de semences. Le *Trilocularis* me paraît homotype à l'*Olitorius*, mais sa capsule est triloculaire, unisériée et redressée; en général, dans ce genre, c'est la capsule qui a été déformée par suite de divers avortements.

TROISIÈME GENRE. — *Triumfetta.*

Le *Triumfetta* a un calice à cinq sépales obtus ou souvent appendiculés près du sommet, cinq pétales qui manquent quelquefois, dix à trente étamines libres ou à peine réunies à la base, un ovaire arrondi surmonté d'un seul style, quatre carpelles plus ou moins réunis en une capsule hérissée de poils crochus, des semences solitaires ou géminées dans chaque loge, un embryon à radicule supère.

On le divise en deux sections :

1° Les *Lappula*; fleurs apétales, carpelles non séparables et semence solitaire dans chaque loge; deux ou trois espèces;

2° Les *Bartramea*; fleurs pentapétales et carpelles séparables à la maturité en quatre loges, dont les semences sont souvent géminées; vingt et une espèces ou variétés.

Ce genre est formé d'arbrisseaux et quelquefois d'herbes annuelles, répandues sur toute la zone équinoxiale, principalement aux Indes, aux Antilles et dans l'Amérique du sud; on en trouve deux dans l'île Maurice, une dans l'Arabie heureuse et deux au Népaul.

Ces deux dernières sont annuelles, comme l'*Annua* de Java, et par conséquent peuvent vivre dans les zones tempérées. Le *Trichoclada* de laseconde section, qui a reçu son nom de la ligne de poils qu'il porte sur ses tiges, s'élève jusqu'à deux pieds, et ses feuilles pétiolées ont leur limbe réfléchi comme celles des *Sida*; ses fleurs axillaires et terminales sont ordinairement réunies trois à quatre par un involucre sétacé, son calice est valvaire, ses dix étamines ont les anthères biloculaires et introrses, la capsule est légèrement stipitée, et l'on voit à sa base une couronne de cinq glandes nectarifères qui sans doute favorisent la fécondation. Le *Trilobata*, à fleurs jaunes, qui doit appartenir à la même section, a ses fruits pédicellés, globuleux et hérissés de crochets, recouverts eux-mêmes de poils rudes et recourbés.

Ces carpelles, avec leurs poils crochus, qui distinguent les *Triumfetta*, sont disséminés par les hommes et les animaux; on peut remarquer que ceux qui restent réunis, et par conséquent se transportent tous ensemble, sont monospermes; tandis que les autres sont presque toujours dispermes dans chaque loge et restent évalves. GÆRTNER dit que les *Bartramea* ont leurs pétales glanduleux et nectarifères à la base.

QUATRIÈME GENRE. — *Grewia.*

Le *Grewia* a un calice coriace et coloré intérieurement, cinq pétales glanduleux ou écailleux à la base, des étamines nombreuses, insérées au sommet du torus et terminées par des anthères arrondies, un stigmate quadrilobé, un drupe à quatre lobes et quatre noyaux, réduits souvent à trois ou même à deux par avortement; chaque noyau renferme deux loges à deux semences, dont l'une avorte quelquefois; l'embryon est droit.

Les *Grewia* sont des arbrisseaux originaires des contrées équinoxiales de l'ancien continent, et dont les feuilles simples, alternes et stipulées sont souvent recouvertes de poils étoilés; le calice, ordinairement caduc, est velu intérieurement; les pétales sont pourprés, rouges, blanchâtres, etc., l'ovaire est stipité, les pédoncules axillaires sont chargés d'un plus ou moins grand nombre de fleurs, qui paraissent terminales avant l'allongement de la tige.

On en compte environ cinquante espèces, plus ou moins connues, qui renferment sans doute plusieurs variétés, et que De Candolle range sous quatre sections d'après la présence ou l'absence des pétales, le nombre des nervures des sépales et des feuilles.

La principale espèce est l'*Occidentalis* du Cap, qui fleurit dans nos jardins, et dont les tiges sont recouvertes de lenticelles et les feuilles caduques chargées de glandes sur leurs bords; les pédoncules articulés portent à leur sommet trois ou quatre fleurs pédicellées, à peu près disposées en ombelle, et qui s'épanouissent successivement; les pétales pourprés ont à la base une écaille épaisse, nectarifère et velue en dehors; la réunion de ces cinq écailles recourbées forme un godet constamment rempli d'une humeur miellée, qui imprègne les poils feutrés de l'extérieur; et les anthères bilobées et fortement recourbées répandent leur pollen jaune au moment où la fleur s'épanouit, et où le stigmate aplati, glutineux et frangé, est assez peu élevé au-dessus des anthères pour ne pas recevoir immédiatement leur pollen. Le *Flava* de la même contrée a la même forme de végétation et de structure florale; mais ses écailles nectarifères ne sont pas velues.

CINQUIÈME GENRE. — *Tilia*.

Le *Tilleul* a un calice caduc et quinquéfide, cinq pétales nus ou écailleux, un grand nombre d'étamines libres ou légèrement polyadelphes, un ovaire globuleux et velu, chargé de cinq loges dispermes et terminé par un seul style; le péricarpe est une noix coriace, qui devient uniloculaire par avortement, et contient une ou deux semences à cotylédons sinués ou dentés.

On le divise en deux sections:

1° Celle des espèces européennes, à pétales nus;

2° Celle des espèces européennes ou américaines, à pétales écailleux.

Les espèces du premier groupe, qui pourraient bien n'être que des variétés, quoiqu'elles se conservent de temps immémorial, sont le *Microphylle* ou le *Parviflore* de nos montagnes, le *Platyphylle ou le Grandiflora*, originaire des mêmes contrées, mais plus répandu dans les plantations et les promenades; l'*Intermedia*, originaire de la Suède, et le *Rubra*, découvert par Stewen dans la Tauride, et désigné encore sous le nom de *Tilleul de Corinthe*.

Les principaux caractères qui distinguent ces sous-espèces, sont la longueur proportionnelle du pétiole et du limbe des feuilles, les poils qui recouvrent plus ou moins les bases des principales nervures, et les fruits globuleux, lisses ou chargés de côtes saillantes. Schkuhr observe que le *Platyphylle* a les filets réunis en cinq fascicules, formés chacun de deux ou trois étamines, et qu'au contraire, le *Microphylle* a tous ses filets libres; que le premier a les lobes de ses stigmates redressés, tandis qu'ils sont étalés dans le second.

Les *Tilleuls* à pétales écailleux paraissent différer plus fortement entre eux que ceux à pétales nus; l'Amérique du nord en compte quatre : le *Glabra*, à pétales crénelés et tronqués au sommet; le *Laxiflora*, à pétales échancrés plus courts que le style; le *Pubescens*, à pétales échancrés et feuilles pubescentes en dessous; enfin l'*Hétéro-phylle*, à feuilles tantôt cordiformes, tantôt obliquement et également tronquées. Les européens sont au nombre de deux : l'*Argentea* de la Hongrie, remarquable par le duvet blanc qui recouvre la face infé-rieure de ses feuilles, et le *Petiolaris* d'Odessa, qui n'en est peut-être qu'une variété distinguée par la longueur de ses pétioles.

Les *Tilleuls* sont de grands arbres, à écorce lisse et recouverte de lenticelles très-apparentes; les sommités de leurs pousses se rompent de bonne heure, et se terminent alors par un bouton originairement latéral, et formé par les stipules endurcies des feuilles; les pousses annuelles portent régulièrement sept à huit feuilles, et lorsqu'on les taille de bonne heure, elles donnent de leurs aisselles inférieures de nouveaux jets, qui se terminent encore par un bouton latéral.

Les feuilles, à dentelures plus ou moins glanduleuses, sont à peu près cordiformes; leurs nervures, qui partent d'un point central, se ramifient en un réseau très-marqué sur la face intérieure, et qui, dans les espèces européennes, porte des houppes de poils aux angles des nervures principales.

Chaque feuille est pourvue de deux stipules caduques, au-dessus desquelles entre le pétiole et le bourgeon de l'année suivante. On voit sortir, dans les tiges florales, un pédoncule ailé ou une bractée blan-châtre, dont le contour est cartilagineux et la surface marquée de nervures semblables à celles des feuilles; ce pédoncule se sépare de la bractée dans son milieu, et se divise en pédicelles ombelliformes chargés de fleurs; j'ai remarqué que, dans le *Microphylle*, le pédon-cule naît à côté de la feuille et non pas à l'aisselle, qui porte elle-même un bouton.

Les pédoncules, toujours axillaires sur le bois de l'année, sont au nombre de quatre ou cinq dans chaque bourgeon; au point où ils se séparent de la bractée, on aperçoit un bouton qui ne se développe jamais, mais qui semble prouver que le pédoncule n'est qu'un rameau avorté. Ce bouton existe-t-il dans toutes les espèces? Je ne l'ai pas aperçu dans le *Microphylle*, et il pourrait bien ne pas se trouver non plus dans les espèces étrangères.

Les fleurs sont formées d'un calice à cinq pièces en estivation valvaire et de cinq pétales de même couleur, mais moins consistants; les étamines ont leurs filets différemment pliés, et surmontés d'anthères à deux loges divariquées.

Le nectaire des espèces européennes de notre premier groupe, réside en dedans des sépales épais, concaves, et toujours tapissés de poils blanchâtres et humides, qui recouvrent également l'ovaire dans le cours de la fécondation, et reçoivent directement le pollen, dont ils renvoient les émanations au pistil, qui est une tête obtuse, papillaire et obscurément pentagone; c'est dans l'intérieur de ce calice, qu'on voit s'insérer les insectes qui viennent sucer l'humeur miellée.

Le nectaire est encore plus marqué dans les espèces étrangères, par exemple, dans le *Glabra* de notre second groupe, le seul que j'aie encore observé; ses sépales plus fortement creusés portent, chacun dans leur cavité, deux glandes mellifères; les pétales eux-mêmes n'ont rien de nectarifère; mais on remarque, au-devant de chacun d'eux, un second pétale plus aminci, traversé longitudinalement par une rainure imprégnée d'humeur miellée; les étamines, à peu près au nombre de trente, sont ordinairement trifides et réunies en différents corps; les anthères ne diffèrent pas de celles des espèces européennes; l'ovaire est également recouvert de poils laineux et humides, et le stigmate est une tête à cinq lobes assez marqués.

Le fruit des *Tilleuls* est une capsule demi-ligneuse, ordinairement velue, lisse ou plus ou moins sillonnée de cinq côtes; on y voit distinctement avant la maturité, cinq loges à deux graines, mais qui se réduisent ensuite à une seule loge indéhiscente, monosperme ou disperme; cette coïncidence de graines qui avortent, et d'une capsule qui ne s'ouvre point, montre que la même volonté, qui a formé la capsule indéhiscente, avait également déterminé qu'elle n'aurait pas besoin de s'ouvrir. Ordinairement le pédoncule qui la porte reste attaché sur l'arbre jusqu'aux approches de l'hiver, où il se brise irrégulièrement; les cotylédons sont très-remarquables par leurs cinq divisions profondes, et l'on suit les cordons ombilicaux, pénétrant par l'axe central, jusqu'au tiers de sa hauteur, et descendant ensuite par le côté interne, jusqu'à la base où est logée la radicule.

On voit très-bien dans les *Tilleuls* d'Europe, et sans doute aussi dans les autres, les graines avortées et pendant encore le long de l'axe central détruit; le cordon pistillaire s'insère un peu au-dessous de la pointe, à l'endroit précis où est logée la radicule; l'embryon, plongé dans un albumen charnu, monte, en se recourbant un peu, jusqu'aux trois quarts de la hauteur de la graine, dont l'enveloppe extérieure est amincie, et se détruit par plaques ; on remarque, vers sa partie supérieure, une grande cicatrice par laquelle elle était sans doute fixée à l'axe central, et qui recevait les vaisseaux nourriciers, comme les cordons pistillaires.

J'ai vu, à la fin de l'hiver, les pédoncules des *Tilleuls* d'Europe se désarticuler à la base, et tomber encore chargés de leurs pédicelles et de leurs graines, et j'ai remarqué quelquefois les péricarpes ouverts irrégulièrement en quatre valves, pour répandre leurs semences ; mais presque toujours on sème le péricarpe indéhiscent, que perce la radicule à la germination.

Les feuilles, plissées en deux sur leur nervure principale se renflent souvent en capuchon, par l'effet de l'inégal accroissement de leur contour et de leur centre ; les bractées se contournent fortement du côté de la lumière, tandis que les feuilles qui les accompagnent se jettent toujours du côté opposé.

Ces plantes, qui font l'ornement de nos campagnes et de nos hameaux, par la fraîcheur de leur feuillage et le parfum de leurs fleurs, prennent, à la fin de l'hiver, une forte teinte rougeâtre, qui annonce le retour du printemps.

Koch dit que le calice des *Tiliacées* est quelquefois tétrasépale, et que l'ovaire varie dans le nombre de ses loges, depuis une à dix ; sans doute qu'il ne l'a pas examiné dans son premier développement, où il m'a toujours paru formé de cinq loges.

Vingt-septième famille. — *Camelliées.*

Les *Camelliées* ont cinq à sept sépales imbriqués, concaves, coriaces, caducs et graduellement plus grands ; cinq à neuf pétales alternes au calice et souvent un peu adhérents à la base, des étamines nombreuses, à filets monadelphes ou polyadelphes, des anthères ellipsoïdes et versatiles, un ovaire ovoïde, trois à cinq styles plus ou moins réunis, une capsule de trois à cinq loges ordinairement trisperme par avortement, à valves tantôt loculicides, tantôt septicides, des semences attachées au bord central des cloisons, et dont l'albumen est nul, des cotylédons épais, huileux et articulés à la base, une radicule très-courte et une plumule à peine visible.

Cette famille est formée d'arbres ou d'arbrisseaux toujours verts, originaires des Grandes-Indes et surtout de la Chine et du Japon. Elle se divise en deux genres : le *Camellia* et le *Thea*.

PREMIER GENRE. — *Camellia*.

Le *Camellia* a un calice recouvert de quelques écailles imbriquées, des étamines monadelphes ou polyadelphes à la base, une capsule de trois à cinq valves, qui laissent à découvert après la déhiscence un axe ordinairement triquètre.

Ce genre est composé de sept à huit espèces, dont deux sont principalement répandues en Europe, le *Japonica* des forêts et des jardins du Japon, où il s'élève jusqu'à dix pieds, et le *Sesanqua* des environs de Nangasaki, plus petit que le précédent, et à fleurs naturellement blanches.

Ces deux arbrisseaux, cultivés dans leur patrie depuis un temps immémorial, ont été depuis plusieurs années admis dans nos serres, dont ils font l'ornement par la beauté de leurs fleurs variées de mille manières, et qui se succèdent depuis l'entrée de l'hiver jusqu'au milieu du printemps. Ce sont des plantes à feuilles ovales, glabres, laurinées, dépourvues de stipules, et dont les tiges, rompues à l'extrémité, se terminent par un ou plusieurs bourgeons allongés, écailleux et primitivement latéraux; les boutons à fleurs beaucoup plus renflés, naissent solitaires, géminés ou ternés aux aisselles supérieures; les feuilles, roulées les unes sur les autres, ne se développent qu'un peu après les fleurs, et tombent le printemps de l'année suivante.

La fécondation des *Camellia* est difficile à observer, parce que les fleurs sont rarement simples; cependant je l'ai vue quelquefois, et j'ai remarqué que les anthères sont extrorses, et que les premières qui s'ouvrent sont les plus éloignées du centre; mais par un mouvement qui n'est pas rare, les anthères se retournent vers le centre de la fleur, et présentent ainsi les unes après les autres leur ouverture aux stigmates.

On peut remarquer que les semences des *Camellia*, qu'on obtient souvent dans le midi de l'Europe, sont dépourvues de périsperme, parce que leurs cotylédons épais et oléagineux fournissent naturellement à la plantule tout l'aliment nécessaire à son premier developpement.

Ces végétaux, qui se reproduisent, dans nos climats, de racines, de marcottes et même de boutures, ont des fleurs éclatantes tout-à-fait semblables extérieurement à nos roses doublées; mais ils manquent souvent d'élégance dans le port; leurs feuilles, roides et coriaces, n'ont ni grâce, ni fraîcheur; et l'on dirait en les voyant qu'ils sont plutôt le produit de l'art que de la nature; ils sont en général inodores, quoique certaines variétés répandent un parfum assez agréable.

On a introduit depuis quelques années dans les jardins d'Europe, deux autres espèces de *Camellia*, le *Réticulé* et l'*Oleifera*, l'un et l'autre originaires de la Chine, et destinés à orner encore les jardins des amateurs.

SECOND GENRE. — *Thea.*

Le *Thea* a cinq ou six sépales, cinq à neuf pétales légèrement adhérents et disposés sur deux ou trois rangs, des étamines nombreuses et presque libres, des anthères arrondies, une capsule à trois coques loculicides, et dont les cloisons sont valvaires, c'est-à-dire formées par les bords réfléchis des valves.

Ce genre contient trois espèces : le *Chinensis* ou le *Viridis*, à feuilles allongées et persistantes, le *Bobea*, à feuilles elliptiques, persistantes et d'un vert sombre, et enfin l'*Oleosa*, des environs de Canton, à fruits indéhiscents.

Ces trois plantes ont une grande ressemblance pour le port et l'organisation générale, mais elles diffèrent assez pour la conformation de la fleur; la première a un calice à cinq ou six divisions, des pétales qui varient de six à neuf, des pédoncules axillaires et solitaires, redressés pendant la fécondation et penchés ensuite; la seconde, dont les sépales et les pétales sont moins nombreux, a de plus les pédoncules solitaires et terminaux; enfin la troisième a les pédoncules axillaires, triflores, et les fruits indéhiscents.

Le *Thé de la Chine* ou la principale espèce, est un arbrisseau de dix à douze pieds, qui croît le long des haies ou des champs, et sur les collines peu élevées; on cueille ses feuilles deux ou trois fois l'année, et on taille souvent cet arbre pour en recueillir un plus grand nombre de feuilles.

Il est cultivé depuis assez long-temps dans les serres d'Europe, où il mûrit souvent ses fruits; ses feuilles sont persistantes, et ses fleurs très-nombreuses et blanches, sont odorantes, et apparaissent dès le mois de septembre.

La fécondation est directe; après l'épanouissement, les anthères introrses latérales répandent leur pollen granuleux et doré sur les stigmates, dont les filets sont plus ou moins soudés, et qui sont eux-mêmes filiformes et légèrement papillaires. Le torus distille assez abondamment une liqueur miellée qui humecte le fond de la fleur agréablement odorante. La fécondation dure plusieurs jours, au moins dans nos serres.

On connaît peu les deux autres espèces de *Thé* découvertes par LOUREIRO, et dont la dernière fournit une huile qu'on pourrait retirer sans doute de toutes les espèces du genre. Cette huile, qui s'altère promptement, comme celle du *Cacao*, rend infécondes les semences du *Thé* transportées des Indes en Europe.

Vingt-huitième famille. — *Aurantiacées.*

Les *Aurantiacées* ont un calice de trois à cinq dents, urcéolé ou campanulé et marcescent, trois à cinq pétales élargis à leur base, libres ou légèrement réunis, et dont les bords se recouvrent un peu dans l'estivation; des étamines hypogynes égales au nombre des pétales ou multiples de ce nombre, et dont les filets aplatis près de la base sont tantôt libres, tantôt différemment réunis; des anthères introrses latérales insérées extérieurement un peu au-dessous du sommet, un ovaire ovale et multiloculaire, un style simple, un stigmate épais, et en apparence entier. Le fruit, qui porte chez quelques auteurs le nom d'*Aurantium*, est formé d'une enveloppe dense, glanduleuse et indéhiscente, qu'on doit peut-être regarder comme un prolongement du torus, et qui renferme ordinairement autour d'un axe idéal, plusieurs carpelles verticillés souvent séparables par déchirement; les semences nues ou enveloppées d'une pulpe charnue, sont plongées au milieu de vesicules enflées, pyriformes et adhérentes aux parois; elles s'attachent à l'angle intérieur du carpelle, et renferment quelquefois plusieurs embryons, leur spermoderme porte ordinairement une chalaze cupuliforme et un raphé distinct; l'embryon est droit, l'albumen nul, la radicule supère est tournée du côté de l'hilus; les cotylédons sont droits, épais et pourvus de deux oreillettes plus ou moins marquées.

Cette famille est composée d'une cinquantaine d'espèces, rangées sous douze genres, et à peu près toutes originaires des forêts des Indes orientales, et des îles adjacentes de la Chine, du Japon, de la Cochinchine, etc. Ce sont des arbres ou des arbrisseaux à feuilles glabres, dures, brillantes, et qui portent à peu près sur toute leur surface des glandes vésiculaires d'huile volatile; ces feuilles alternes, articulées sur la tige et persistantes, sont ordinairement ailées, sur un pétiole dilaté ; mais souvent on n'y retrouve que la feuille terminale articulée ou non articulée sur son pétiole. Ces mêmes feuilles portent presque toujours à leur aisselle des épines, qui ne peuvent être considérées comme des stipules, puisqu'elles disparaissent par la culture, ni comme des branches, puisque les nouvelles branches naissent toujours entre l'épine et la branche-mère.

Les genres de cette famille sont fondés sur le nombre trinaire, quaternaire ou quinaire des diverses parties de leurs fleurs ; sur les étamines entièrement libres ou réunies, sur le nombre des carpelles, celui des semences nues ou entourées de pulpe, et enfin secondairement sur le port et la forme des feuilles simples ou ailées, articulées ou non articulées.

De ces divers genres, le seul cultivé en Europe, c'est le *Citrus*, dont l'on compte actuellement au moins cinq espèces, toutes rangées sous le même type :

1° Le *Medica* ou le *Cédrat*, qu'on reconnaît à ses pétioles nus, et surtout à ses fruits oblongs, à écorce épaisse et ridée, et pulpe acidule ;

2° Le *Limetta* ou la *Bergamotte*, à fruit globuleux, couronné en bouclier ;

3° Le *Limonum* ou *Citron*, à pétioles légèrement ailés, fruits oblongs, recouverts d'une écorce très-mince et renfermant une pulpe très-acide ;

4° L'*Aurantium* ou l'*Oranger*, à fruits globuleux, d'un jaune d'or foncé, et pulpe douce ;

5° Le *Vulgaris* ou le *Bigarade*, à pétioles ailés et fruit tuberculé, renfermant à l'intérieur une pulpe amère. Risso, qui a donné une histoire spéciale des *Orangers*, compte trois variétés de la première espèce, sept de la seconde, vingt-cinq de la troisième, dix-neuf de la quatrième, et enfin onze de la dernière.

Le caractère botanique du *Citrus*, le seul genre de la famille que nous devions mentionner ici, consiste dans un calice urcéolé de trois à cinq divisions, une corolle de cinq à huit pétales, vingt à soixante étamines à filets aplatis et plus ou moins réunis à la base ; un style cylindrique, un stigmate hémisphérique et un fruit en baie de sept à douze carpelles polyspermes et pulpeux.

Les cinq espèces qui le composent, et que nous avons mentionnées plus haut, sont toutes des arbres ou des arbrisseaux à épines axillaires et à feuilles simples par avortement, c'est-à-dire, dont toutes les folioles ont avorté, excepté la terminale, qui est articulée à un pétiole souvent ailé.

La fécondation de ces plantes a lieu un peu avant l'épanouissement; on voit alors les anthères biloculaires latérales introrses, *couvrir de* leur pollen un stigmate épais et tout imprégné d'une matière visqueuse; et l'on remarque en même temps la glande du torus, distillant une humeur mielleuse, qui s'étend en gouttelettes sur la base des pétales, et favorise encore la fécondation.

Les diverses espèces de ce beau genre sont cultivées depuis un temps immémorial dans les Indes orientales, et ont été tirées des bois pour être employées comme clôture ou comme ombrage, et surtout pour fournir aux hommes des fleurs parfumées, en même temps que des fruits délicieux ou rafraîchissants. Depuis qu'elles ont été introduites en Europe, elles se sont acclimatées dans les îles et sur les côtes de la Méditerranée, et chaque année, elles donnent abondamment des fruits que le commerce répand dans les différentes parties du monde, et qui servent à un très-grand nombre d'usages. Ces fruits, dont les fleurs paraissent au milieu du printemps, et qui restent à peu près quinze mois avant de mûrir, se détachent naturellement à la maturité, mais se recueillent avant cette époque, lorsqu'ils doivent être transportés. Les fleurs sortent également des pousses de l'année et du bois de l'année précédente; ces dernières sont les plus nombreuses, mais les autres nouent mieux; les feuilles tombent l'année qui a suivi leur développement, et elles se séparent de leur pétiole articulé et de la tige qui les porte.

L'ovaire des *Citrus*, et sans doute de la plupart des *Aurantiacées*, repose sur une belle glande blanchâtre et nectarifère, qui contribue au succès de la fécondation. En ouvrant le fruit avant la maturité, on le trouve sphérique, déjà enveloppé de son écorce glanduleuse et renfermant à l'intérieur une substance épaisse et charnue; autour de l'axe central, qui n'est pas encore détruit, sont placés huit à trente carpelles, portant chacun deux rangs de graines, et l'on voit très-bien les rayons pistillaires qui arrivent du style à l'axe central; pendant la maturation, la substance épaisse et charnue disparaît, poussée vers l'enveloppe par l'accroissement des carpelles, et elle se réduit en feuillets lâchement appliqués contre l'écorce interne. Les graines préexistent à la fécondation, mais avant cette époque, l'embryon trop petit ne peut être aperçu.

Ces plantes, auxquelles il ne manque que la grâce et l'élégance, pour occuper le premier rang parmi tous les végétaux, sont bien plus brillantes dans leur patrie, où elles se développent en toute liberté, que dans notre climat et dans nos serres, où elles forment trop souvent des végétaux rabougris, luttant sans cesse contre le manque d'air et de

lumière ; leurs feuilles , leurs pédoncules et leurs fleurs, sont, je crois'
dépourvus toujours de mouvements, et leurs troncs sont exposés, au
moins dans nos climats, à plusieurs maladies ; telles que la transsudation
gommeuse, le chancre et la jaunisse ; on doit ajouter que, dans les
serres, elles sont tourmentées par les Gallinsectes, dont on ne peut les
débarrasser que par de fréquents lavages.

Elles se multiplient de graines, plus facilement que de marcottes ou
de boutures ; on les greffe ensuite, lorsqu'on veut obtenir des variétés.
C'est un phénomène remarquable que ce grand nombre d'embryons
contenus quelquefois dans les graines ; De Candolle croit qu'on peut
l'expliquer en imaginant la soudure de plusieurs semences, qui n'ont
conservé qu'une enveloppe commune, et, comme ces semences sont
dépourvues d'albumen, chaque embryon peut se développer séparément sans nuire en aucune manière à ceux qui l'avoisinent. Les cotylédons sont assez épais pour fournir seuls à la plumule et à la radicule
l'aliment convenable.

Le *Bon Jardinier de* 1827 observe que, lorsque la pulpe est amère,
les vésicules de l'écorce sont aplaties ou même concaves, et que, lorsqu'elle est douce ; elles sont au contraire convexes, et que le *Cedratier
de Florence*, et quelques autres perdent leurs fleurs et leurs fruits mûrs,
par un froid de quelques degrés, tandis qu'ils conservent leurs jeunes
fruits à la même température.

Les tiges se rompent au sommet, et le bouton axillaire le plus voisin
se développe en longueur ; les épines sont placées hors de l'aisselle, et
les anthères introrses se terminent par un point glanduleux. J'ai ouvert
beaucoup de graines, où je n'ai pas su observer plusieurs embryons
distincts, mais seulement un seul à deux cotylédons épais, chargés
chacun à leur base d'oreillettes qu'on prendrait facilement pour
autant de cotylédons, comme le pense Gærtner, parce qu'ils ne paraissent pas tenir au cotylédon principal ; et j'observe en même temps, aux
extrémités de la graine, deux prolongements assez marqués ; le premier et le plus apparent, est celui par lequel entrent les vaisseaux
nourriciers, et qui est contigu à la radicule ; l'autre pourrait bien
appartenir aux cordons pistillaires. Gærtner dit, en effet, que la
seconde enveloppe de la graine porte à cette extrémité une chalaze
très-distincte, qui indique sans doute le point d'entrée de ces
vaisseaux.

Risso, dont quelques-uns de ces détails sont tirés (*Annales du
Museum*, v. 20, année 1813), observe qu'au printemps et pendant la
floraison, les fruits perdent une partie de leur suc, qui est repompé
par la sève, mais qu'ensuite ces fruits grossissent et s'avancent vers leur

maturité conjointement avec ceux de la nouvelle année ; les premiers peuvent rester long-temps sur l'arbre, en sorte qu'il n'est pas facile de fixer l'époque précise où leur maturation est accomplie.

Vingt-neuvième famille. — *Hypéricinées.*

Les *Hypéricinées* ont un calice persistant, ponctué et glanduleux ; de quatre à cinq divisions, ou de quatre à cinq pièces, dont deux souvent plus petites et externes, et deux ou trois autres plus grandes ; les pétales alternes aux divisions du calice sont hypogynes, en estivation tordue, ordinairement jaunes et veinés, quelquefois marqués de taches noires ; les étamines sont nombreuses, indéfinies et polyadelphes à leur base, rarement libres ou monadelphes ; les filets sont roides et amincis, les anthères oscillantes, jaunes et petites, l'ovaire est unique et libre, les styles membraneux, allongés et alternes aux cloisons, sont quelquefois réunis en un seul ; les stigmates sont simples et rarement en tête, le fruit est une capsule ou une baie multivalve, multiloculaire, dont les loges sont égales en nombre aux stigmates ; le placenta est entier, central ou multiple, et attaché aux bords rentrants des valves ; les semences sont très-nombreuses, ordinairement cylindriques et rarement aplaties, l'embryon est rectiligne, la radicule infère et l'albumen nul.

Les *Hypéricinées* sont éparses dans toutes les parties du monde, mais elles ont été principalement répandues en Europe, en Asie et surtout dans les deux Amériques, où l'on trouve plus de la moitié des deux cent cinquante espèces qui composent actuellement toute la famille, et dont quatre sont communes à l'Europe et à l'Asie, et une seule, le *Perforatum*, aux trois parties de l'ancien continent. Mais ces espèces, loin d'être indistinctement disséminées, ont été, au contraire, souvent rapprochées, d'après leurs rapports naturels ; ainsi, les *Haronga* ont été relégués dans l'île de Madagascar ; les *Vismia*, dans l'Amérique méridionale et surtout dans les bois de la Guiane ; l'on remarque même que les diverses sections du vaste genre *Hypericum*, qui a des représentants dans presque tous les lieux, sont distribuées assez généralement selon les climats, quoiqu'il y ait à cet égard des exceptions remarquables.

Ces plantes sont des arbres, des arbrisseaux, des sous-arbrisseaux et même des herbes vivaces et annuelles; les premières appartiennent presque exclusivement aux contrées équinoxiales, les autres sont principalement répandues dans les climats tempérés de l'Europe et de l'Amérique septentrionale. On n'en trouve à peu près aucune sur les montagnes élevées ou près des pôles; mais elles se plaisent principalement sur les lisières des bois, le long des haies et des rochers maritimes, dans les terrains stériles ou ombragés, presque jamais dans les marais, les *Elodea* exceptés. Les feuilles sont toujours simples, entières, opposées, si ce n'est dans l'*Alternifolia* qui n'appartient peut-être pas à la famille; elles sont de plus imprégnées d'un suc résineux, ou couvertes sur presque toutes leurs parties de glandes de la même nature, les unes transparentes et intérieures, les autres opaques, noirâtres et extérieures; les fleurs, pour l'ordinaire disposées en cyme ou en panicule terminale, quelquefois, au contraire, simplement axillaires, sont pédonculées ou sessiles, nues, feuillées ou simplement garnies de bractées.

Les vraies *Hypéricinées* sont divisées, par DE CANDOLLE, en six genres, partagés en deux ordres : 1ª celui des *Vismiées*, qui comprend deux genres étrangers : l'*Haronga* et le *Vismia*, distingués par leur tige arborescente ou frutescente, leurs fleurs en cymes paniculés, et leur fruit bacciforme; 2ª celui des *Hypéricées*, herbes ou sous-arbrisseaux à fleurs terminales ou axillaires et fruit capsulaire : ce dernier est formé de quatre genres, dont trois en partie européens, que nous allons décrire.

PREMIER GENRE. — *Androsæmum.*

L'*Androsæmum* a une capsule bacciforme et qui ne renferme guère qu'une loge à trois placentas; son calice est à cinq divisions inégales et sur deux rangs; sa corolle est pentapétale; ses étamines sont nombreuses et réunies à la base en cinq corps; ses styles sont au nombre de trois, et les semences sont attachées à trois placentas oblongs, portés sur autant de lames qui naissent des parois.

L'*Androsæmum*, qui a le port et les caractères des *Hypericum*, dont il ne diffère à peu près que par sa capsule bacciforme, est un sous-arbrisseau du Caucase, et qui se trouve assez abondamment dans l'Italie et le midi de la France, où il fleurit, dès la fin du printemps, parmi les buissons des prairies humides. Ses feuilles sessiles, entières et légèrement cartilagineuses sur les bords, sont dépourvues de glandes noirâtres, mais percées de glandes fines et transparentes; ses tiges, glabres et lisses, comme le reste de la plante, portent deux arêtes saillantes, qui correspondent aux pétioles, et varient par conséquent selon les entre-nœuds; ses pédoncules en cime terminale, solitaires, ternés et même quinés, sont toujours articulés au-dessous du sommet; le calice qui se déjette de bonne heure, et laisse la baie à découvert, est foliacé, à divisions inégales, arrondies, entières, mais jamais ciliées ou glanduleuses; les fleurs, d'un jaune d'or, sont toujours redressées sur des pédoncules bractéolés à la base; les stigmates sont de petites têtes papillaires et promptement déjetées.

Cette plante forme un petit arbrisseau touffu, qui rougit de bonne heure en automne, et qui repousse chaque année de la base de son cyme floral desséché; la disposition qui m'a paru ici la plus remarquable, est celle du calice réfléchi, mettant à découvert la baie qui se détache naturellement, ou s'ouvre d'une manière assez irrégulière; les feuilles se disposent souvent sur un même plan par la torsion des entre-nœuds. Gærtner observe que l'*Androscæmum* diffère de l'*Hypericum*, non-seulement par la conformation de son fruit, mais encore par sa radicule centrifuge, et le raphé qui parcourt la graine dans toute sa longueur.

DEUXIÈME GENRE. —. *Hypericum*.

L'*Hypericum* a cinq sépales plus ou moins inégaux, cinq pétales, des étamines ordinairement nombreuses et polyadelphes à leur base, presque toujours trois à cinq styles, une capsule membraneuse de trois à cinq valves.

On divise ce genre nombreux en cinq sections :

1° Les *Asyreia*, a sépales inégaux et réunis à la base, étamines nombreuses, trois à cinq styles ;

2° Les *Tridesmes*, à sépales égaux et entiers, étamines réunies en trois corps, péricillés au sommet ;

3° Les *Elodea*, à sépales égaux et entiers, neuf à dix-huit étamines fortement réunies, fleurs axillaires, ou terminales et ramassées ;

4° Les *Perforaires*, à sepales entiers, dentés ou glanduleux sur les bords, étamines nombreuses, presque toujours trois styles ;

5° Les *Brathys*, à sépales entiers et foliacés, étamines nombreuses, presque toujours trois styles.

Les *Asyreia* sont de petits sous-arbrisseaux dont l'on compte actuellement vingt-six espèces répandues dans l'Amérique septentrionale, les Indes, le Japon, la Chine et les îles adjacentes; quelques-unes sont établies dans les Canaries, et une ou deux s'avancent dans la Grèce, la Sicile et le midi de l'Italie. Leurs tiges s'allongent jusqu'à ce qu'elles soient arrêtées par la floraison, leurs feuilles développées sont opposées deux à deux et un peu bombées dans le milieu; leurs fleurs sont peu nombreuses et souvent assez grandes, les glandes extérieures et noirâtres manquent souvent, mais les autres sont visibles par transparence dans la plupart des espèces. Quelques-unes, comme le *Lancéolé* de l'île-Bourbon, sont arborescentes et donnent une résine précieuse; l'*Hircinum* de la Sicile exhale une forte odeur; le *Balearicum* est remarquable par les verrues qui recouvrent ses feuilles et sa tige, etc.; presque tous ont le calice déjeté de bonne heure, et présentent des observations physiologiques dans le phénomène de la fécondation, ainsi que dans l'organisation de la capsule.

On divise toute la section en deux groupes artificiels, fondés sur le nombre ternaire ou quinaire des styles.

Le premier est formé de dix espèces de l'Amérique du nord, des Canaries et de la Méditerranée; la principale est l'*Hircinum*, aussi remarquable par la beauté de son port et l'élégance de ses feuilles, que par ses fleurs portées sur des pédoncules articulés et munis de deux bractées; l'odeur de bouc que répandent ses feuilles dès qu'on les touche, doit être probablement attribuée aux glandes parenchymateuses, que l'on découvre en regardant par transparence, ou mieux encore en ôtant légèrement l'épiderme; la capsule renferme trois placentas pédonculés, dégagés de tout axe central et chargés de graines nombreuses très-menues.

Le second comprend seize espèces, presque toutes étrangères, et appartenant à divers types. Une des plus remarquables est le *Chinense*, à feuilles glauques et styles réunis jusque près du sommet; ses anthères, comme celles de plusieurs autres espèces du même type, le *Lanceolatum* et l'*Angustifolium*, par exemple, sont surmontées d'une glande sphérique, qui me paraît remplir les fonctions de nectaire; les pétales, découverts de bonne heure par le calice déjeté, sont d'abord verts, ensuite verts et jaunes, et enfin jaune orangé et même jaune rouge; leur substance coriace distille continuellement de grosses gouttes de cette même résine liquide qu'on recueille avec soin dans le *Lanceolatum*; les fleurs terminales sont en apparence solitaires, mais on voit qu'elles étaient primitivement disposées en une ombelle, ou plutôt un cyme, de quatre ou cinq pédoncules articulés, et dont plusieurs ont avorté; on peut même retrouver la trace de ces avortements dans les aisselles inférieures.

Le *Calicinum* de l'Orient est remarquable par la grandeur et la beauté de ses fleurs terminales et solitaires; sa tige tétragone est couchée; ses feuilles ovales et coriaces sont entières et un peu cartilagi-

neuses sur les bords ; son calice s'étale avant l'inflorescence, et sa capsule ne tarde pas à se pencher, pour répandre ses nombreuses graines
attachées sur deux rangs à l'extrémité des parois recourbées. On peut
remarquer encore un second calice à deux pièces qui ne sont que des
rudiments de feuilles, et des étamines nombreuses, sans cesse agitées
et terminées par des anthères ovales et chargées de glandes nectarifères.

Cette plante, qui se reproduit continuellement par ses racines, a ses
tiges penchées sur le sol et terminées ordinairement par une très-
grande fleur. Après la dissémination, qui a lieu en automne, les feuilles
disposées sur le même plan par la torsion des entre-nœuds émettent de
leurs aisselles des bourgeons qui perpétuent la plante, dont le sommet
se dessèche et se rompt, et dont les anciennes feuilles périssent.

La dernière des espèces de ce groupe, que je me propose de mentionner, est le *Balearicum*, de l'île Majorque, qui fleurit une grande
partie de l'année; il s'éloigne de tous les *Hypericum* par sa tige et ses
feuilles chargées de verrues assez grosses, qu'on peut considérer comme
des glandes engorgées; la fleur est terminale et solitaire; les étamines
sont à peu près libres; après la rupture du pédoncule, la tige repousse
dès aisselles supérieures. Cette plante me paraît dépourvue de mouvement.

Les *Tridesmos* ne contiennent que deux espèces, l'une de la Chine
et l'autre de Madagascar, sous-arbrisseaux homotypes, quoique différents à certains égards, et qui se distinguent de la plupart des autres
Hypericum, non-seulement par la singulière conformation de leurs
étamines, mais encore par leurs fleurs axillaires longuement pédonculées.

On pourrait y placer encore plusieurs autres espèces : l'*Elodes*, le
Tomentosum, et en particulier l'*Ægyptiacum*, à tige frutescente,
articulée, feuilles glauques, ponctuées, perforées et fleurs terminales.
Cette plante, que DE CANDOLLE range dans la section des *Perforaria*,
a ses étamines réunies en trois faisceaux pénicillés, des anthères extrorses
qui répandent leur poussière jaunâtre, non pas immédiatement sur les
trois stigmates infères, divariqués et axillaires, mais sur trois glandes
très-marquées au bas de l'ovaire entre les faisceaux staminifères, ainsi
que sur les écailles nectarifères des pétales. Ces nectaires et ces écailles
appartiennent également à l'*Elodes*, comme l'a déjà observé SOYER
WILLEMET.

Les *Elodea*, qui forment notre troisième section, sont des herbes
vivaces ou sous-frutescentes de l'Amérique du nord, où elles vivent
dans les marais et les lieux humides; elles se font remarquer par une

corolle d'un jaune rougeâtre, plus ou moins campanulée et même tubulée ; le *Virginicum* porte de plus entre ses étamines des poches nectarifères qui appartiennent peut-être aussi aux deux autres espèces.

Les *Perforaria*, qui comprennent à peu près la totalité des *Hypericum* européens, se divisent artificiellement plutôt que naturellement en deux groupes : celui à sépales entiers et celui à sépales dentés, frangés ou glanduleux.

Le premier, qui comprend presque cinquante espèces, la plupart de l'Amérique du nord, renferme principalement trois types européens : 1º celui du *Quadrangulare*, très-commun dans les lieux humides, et remarquable par ses tiges anguleuses, ses petites fleurs et ses panicules resserrées ; 2º celui de l'*Humifusum*, à fleurs météoriques, quadrifides ou quinquéfides, souvent axillaires et solitaires, calice foliacé et inégal, tige d'abord droite, ensuite couchée, et feuilles persistantes en hiver ; enfin 3º celui du *Perforatum*, le plus commun et le plus répandu, qui se reconnaît à sa tige marquée de deux arêtes, et aux nombreuses glandes, soit transparentes, soit noirâtres, qui recouvrent toutes ses parties. Des deux autres espèces européennes que renferme ce groupe, la première, ou le *Dubium* de nos montagnes, appartient au type du *Quadrangulare*, et le *Crispum* à celui de l'*Humifusum*.

Les *Perforaria* du second groupe comptent un grand nombre d'espèces, qui habitent presque toutes l'ancien continent, et sont principalement répandues en Orient et au midi de l'Europe. Je les range sous quatre types : le premier est celui de l'*Hirsutum*, d'où dépend le *Tomentosum*, et qui se reconnaît à ses feuilles velues ou cotonneuses, ainsi qu'à ses fleurs météoriques ; le second est celui du *Fimbriatum* ou du *Richeri*, à capsule tachée, sous lequel je range le *Pulchrum*, le *Barbatum* et le *Montanum*, tous les quatre à tige cylindrique et droite, feuilles amplexicaules, lisses et plus ou moins cordiformes ; le troisième est le *Nummularium*, du midi de la France et des rochers du Piémont, remarquable par ses feuilles orbiculées et pétiolées, ainsi que par ses calices ovales et obtus ; le dernier enfin est le *Coris*, de l'orient et du midi de l'Europe, plante très-élégante à fleurs météoriques, tige demi-ligneuse, feuilles roulées, linéaires et quaternées, ou plutôt opposées et accompagnées de deux stipules ; c'est à ce type que je rapporte l'*Empetrifolium*, à feuilles ternées, roulées sur les bords, calice étalé et glanduleux au contour, fruit formé de trois carpelles presque distincts et élégamment striés sur les côtés.

Les *Brathys*, qui sont tous étrangers, forment de petits arbrisseaux à feuilles dures, souvent roulées et ponctuées ; on en connaît dix, originaires des Andes, à l'exception du *Revolutum* des montagnes de l'Arabie, et du *Fasciculatum* de l'Amérique du nord; ils se plaisent dans les lieux frais et montueux, où ils se font remarquer par leurs rameaux quadrangulaires, aplatis et chargés des cicatrices des anciennes feuilles; leurs fleurs assez grandes et terminales en apparence, deviennent souvent latérales et solitaires par l'allongement des tiges. Je n'en ai observé aucune espèce vivante.

Le grand genre des *Hypericum* est, comme on le voit, dispersé dans les diverses parties du monde : les *Ascyreia*, dans l'Amérique du nord; les *Tridesmos*, aux Grandes-Indes; les *Elodea*, dans les marais de la Caroline; les *Brathys*, aux Cordillières; et les *Perforaria*, à calice entier et surtout glanduleux, dans les régions méditerranées de l'Europe.

Ces plantes sont des arbrisseaux, sous-arbrisseaux ou des herbes vivaces : une seule, le *Simplex* de l'Amérique, est peut-être annuelle; les premières, la plupart étrangères, donnent chaque année de nouveaux rameaux de leurs aisselles supérieures, et portent, à côté de leurs tiges fleuries, des tiges stériles destinées à les remplacer l'année suivante; les autres, au contraire, ne repoussent que du bas de leurs tiges ou même de leurs racines, qui doivent alors être considérées comme des rhizomes. Dans le *Quadrangulare*, le *Perforatum*, etc., le bas de la tige se coude, et au-dessus de l'angle, sur la tige de l'année et même au-dessous, on aperçoit, dès la fin de juillet, les rudiments des nouvelles pousses qui se développent pendant l'automne, de manière à former quelquefois un gazon serré; ensuite, à la fin de l'hiver, on voit sortir des aisselles de toutes les feuilles à demi détruites de jeunes rameaux, en nombre presque infini, dont quelques-uns sans doute périssent, mais dont d'autres deviennent de vraies tiges toujours dépendantes de la même racine. Dans l'*Hircinum*, etc., les feuilles se disposent sur le même plan par la torsion de la tige, et elles tombent par une désarticulation très-apparente, ainsi que dans le *Perforatum*, et les espèces qui perdent promptement leurs feuilles; mais non pas, par exemple, dans le *Tetragone*, et l'on peut remarquer que les diverses espèces de ce genre ne présentent que rarement dans leurs racines ces tubercules, ou ces drageons souterrains qui caractérisent les plantes sociales.

Les tiges, dont la consistance est ligneuse, et qui subsistent desséchées une grande partie de l'hiver, sont quadrangulaires et même ailées, ou cylindriques; mais dans ce cas, souvent marquées, ainsi que les rameaux, de deux nervures opposées qui aboutissent toujours à la nervure principale des feuilles de la paire supérieure; la plupart des espèces ont les tiges droites ou ascendantes; cependant elles sont fortement couchées dans le *Calicinum*, l'*Humifusum*, le *Repens*, etc.

L'inflorescence est ordinairement terminale et en cyme, et alors la floraison est centrifuge, c'est-à-dire que la fleur qui paraît la première, est la plus centrale; mais lorsque les fleurs sont axillaires, comme cela arrive quelquefois dans l'*Humifusum*, principalement dans les *Brathys*, la floraison est au contraire centripète. Les corymbes sont redressés depuis la floraison jusqu'à la maturité, cependant dans le *Calicinum*, et peut-être aussi dans toutes les espèces à tiges couchées; la capsule est penchée, ou même dirigée vers la terre, sur laquelle elle répand ses graines.

Les fleurs sont ordinairement sans mouvements, depuis l'époque où elles s'épanouissent jusqu'à celle où leurs pétales se détachent; mais l'*Humifusum* ferme ses corolles chaque soir, comme l'*Hirsutum*, l'*Elodes*, et probablement les espèces du même type. Quelquefois les calices se réfléchissent fortement pendant la fécondation, et ne se relèvent pas ensuite; mais quelquefois aussi, et surtout dans les espèces rampantes, comme l'*Humifusum*, ils protégent exactement la capsule jusqu'à la dissémination; les pédoncules participent à l'immobilité des fleurs, rarement ils sont articulés, mais ils portent souvent de petites bractées.

Les étamines, plus ou moins polyadelphes, sont souvent réunies en trois ou cinq groupes très-marqués, et diffèrent considérablement pour le nombre qui est quelquefois réduit à neuf, mais qui, pour l'ordinaire, paraît indéfini.

L'ovaire est surmonté de trois à cinq styles rapprochés, ou même réunis, mais plus souvent divergents. Ce nombre peut varier dans la même plante, comme, par exemple, dans le *Fimbriatum* ou le *Richeri*, dont la fleur centrale a quatre ou même cinq styles, tandis qu'on n'en trouve que trois dans les autres; les stigmates sont simples ou arrondis en tête, ou aplatis ou évasés et presque toujours élégamment papillaires. Ils survivent assez long-temps à la fécondation avec les styles, les étamines, la corolle et le calice.

Au moment où la fleur s'ouvre, les styles auparavant rapprochés divergent et s'étalent entre les vides que laissent les groupes des anthères; et les étamines, couchées les unes sur les autres, ou même tordues comme dans l'*Hircinum*, s'écartent en rayonnant; en même temps on remarque, dans ces étamines à filets enroidis, allongés comme dans la plupart des espèces du genre, un mouvement d'irritabilité ou d'agitation, très-distinct chez la plupart des *Ascyreia*. Dans l'*Hircinum*, les anthères extérieures, qui s'ouvrent les premières, se rapprochent des

— 483 —

stigmates au moment où elles répandent leur poussière, tandis que les intérieures qui fleurissent les dernières s'en écartent, jusqu'à ce que les autres soient flétries ; le même phénomène a lieu dans l'*Humifusum*, et probablement dans toutes les *espèces* où il y a, comme dans celles-ci, un enlacement de filets qui ne peut-être attribué à d'autres causes.

L'épanouissement de tous les *Hypericum* que j'ai observés, a lieu dans les heures matinales, un peu plus tôt ou plus tard, selon la saison et l'état du ciel. Toutes les fleurs qui doivent s'ouvrir dans la journée s'étalent à peu près au même moment; quelques heures plus tard, les anthères se fendent en repliant leurs parois, et en lançant leur pollen autour d'elles et en particulier sur les houppes stigmatiques, qui en sont comme saupoudrées; elles étaient premièrement d'un rouge brillant, elles deviennent alors grisâtres ; toutefois les anthères, *dans* quelques espèces, s'ouvrent lentement, surtout dans les temps humides où elles sont long-temps recouvertes d'une partie de leur pollen. — Est-ce que les fleurs de l'*Hypericum tomentosum* et des autres espèces qui se referment, ne protégent pas ainsi leur fécondation, qui est moins terminée dans la journée que celle des autres espèces? Est-ce que les espèces dont les fleurs se referment ont aussi leurs stigmates étalés et leurs filets rayonnants? Oui, mais ces stigmates se rapprochent en même temps que les fleurs se referment, et la fécondation se parachève à l'intérieur.

L'organe nectarifère varie beaucoup dans ce genre; quelquefois, comme dans les *Elodea*, les *Tridesmes*, l'*Ægyptiacum* et l'*Elodes*, on observe à la base de l'ovaire trois glandes arrondies, placées entre les faisceaux des étamines, et de plus à l'onglet de chaque pétale un petit tube écailleux qui paraît nectarifère. Plus souvent, au contraire, on ne remarque rien qui indique la présence de la liqueur miellée, ou bien elle est seulement fournie, comme dans l'*Hircinum*, par des glandes très-peu visibles entre l'ovaire et la couronne des étamines.

Lorsque la fécondation est terminée, les styles se rapprochent et redeviennent parallèles, au moins dans les espèces dont les corolles se referment; mais dans le *Perforatum*, le *Quadrangulare*, et celles dont les corolles restent ouvertes, ils se tordent et se déjettent irrégulièrement, sans doute parce qu'ils n'ont pas, comme les autres, une fécondation à perfectionner.

Les pétales de ces mêmes plantes se tordent aussi et se roulent séparément, pendant que les étamines tombent et que la maturation s'opère.

Les capsules des *Hypericum* sont en général ovoïdes ou coniques, lisses et brillantes, ou recouvertes de glandes jaunâtres; elles s'ouvrent ou s'entr'ouvrent à la maturité en autant de valves qu'il y a de loges ou de styles, et l'on reconnaît alors distinctement que les parois de ces loges étaient formées par les bords rentrants des valves; mais ces bords, tantôt se prolongent jusqu'au centre, et alors leurs placentas se réunissent et forment un axe central à six ou dix rangs de graines, ou bien, au contraire, ils n'atteignent point le centre, et alors on n'aperçoit aucun axe, et les valves portent leurs graines sur leurs bords rentrants et recourbés. Ces diverses apparences, dont je n'indique que les extrêmes, dérivent de la même conformation primitive, et elles prouvent évidemment que, dans ce cas, les cloisons sont les prolongements des valves, et que les bords de ces valves sont séminifères.

Les capsules restent toujours droites, au moins dans les espèces non rampantes, et répandent long-temps leurs graines qui sortent par l'agitation de l'air, lorsque la température n'est pas trop humide; ces graines sont petites, nombreuses, cylindriques, ovoïdes, lisses, ponctuées, hérissées, brunâtres ou noirâtres; leur albumen est nul, et leur radicule est toujours tournée vers le point d'attache.

Le principal caractère auquel on reconnaît promptement un *Hypericum*, est celui de ces glandes qui recouvrent toutes leurs parties, et sont, comme je l'ai déjà dit, transparentes ou noirâtres; les premières, logées d'ordinaire dans le parenchyme et sur le bord des feuilles, s'aperçoivent très-bien par transparence; certaines espèces, comme le *Perforatum*, en sont pour ainsi dire criblées; d'autres, comme le *Dubium*, en paraissent presque entièrement dépourvues; mais je suis porté à croire qu'elles sont alors si petites, qu'elles échappent à nos instruments, puisque l'*Hypericum laricifolium*, où l'on ne les voit pas, possède les mêmes propriétés que les autres espèces, et fournit même à la teinture ce suc jaune, analogue à la gomme-gutte, que contiennent les glandes transparentes.

Indépendamment de ces glandes vésiculaires et résineuses, plusieurs *Hypericum* portent sur leurs ovaires, leurs capsules et leurs pétales, des bandes ou réservoirs résineux; d'autres ont encore sur les bords de leurs feuilles, de leur calice, de leur corolle et jusque sur leurs anthères, des points noirs et arrondis, ordinairement sessiles, mais quelquefois aussi pédonculés, et qui me paraissent être les excrétions de certains pores de la plante; ce qui semble confirmer ma supposition, c'est que le *Balearicum* et encore quelques autres, transsudent des molécules, plus grosses, il est vrai, et verdâtres, mais pourtant résineuses. Pour vérifier mes conjectures, il faudrait observer ces glandes

ou plutôt ces excrétions, depuis leur première origine jusqu'à leur
entier développement. Ce qu'on peut dire en attendant, c'est qu'elles
paraissent de très-bonne heure, qu'elles affectent toujours les mêmes
positions sur les bords des feuilles, des pétales et surtout des calices;
qu'elles sont tantôt plus, tantôt moins nombreuses, et qu'elles ne sont
pas irrégulièrement disposées, comme de simples déjections, mais
qu'elles entrent dans le parenchyme des feuilles.

La famille des *Hypericum* a été enrichie de nos jours, et en particulier depuis la publication du Prodrome, d'un grand nombre d'espèces étrangères qui ont été distribuées par SPACH en plusieurs genres
nouveaux, dans lesquels sont admis encore plusieurs espèces anciennes; mais ces genres, qui ne comptent quelquefois qu'une espèce,
chargent la botanique de nouveaux noms qui en rendent l'étude toujours plus pénible, et engendrent une confusion que de pareilles
innovations accroîtraient chaque jour. Sans doute qu'il y a des genres
dont les espèces ont des caractères particuliers, mais il faut considérer
ces espèces, comme des sections, si elles sont nombreuses, ou comme
des types si elles le sont moins; car les véritables espèces ont presque
toujours des caractères propres, et si on voulait les séparer on aurait
alors presqu'autant de genres que d'espèces. Il faut donc tenir ici un
certain milieu, et ne perfectionner qu'insensiblement la nomenclature,
qui, quoi que l'on fasse, restera toujours très-imparfaite. Surtout il
faudrait s'appliquer à grouper les espèces d'après leurs caractères
physiologiques.

La famille des *Hypéricinées* mérite d'être étudiée avec plus de soin,
pour tout ce qui concerne ses organes sexuels et ses formes de fécondation : j'ai déjà remarqué que certaines espèces, comme les *Elodea*,
avaient des nectaires, tandis que d'autres en étaient privées; que les
Ascyreia étaient pourvus d'étamines irritables; que, dans d'autres,
les étamines extérieures, qui fleurissent les premières, s'approchent
du centre de la fleur, au même moment où les intérieures s'en écartent; que, tantôt les stigmates se divariquent fortement comme pour
aller à la rencontre du pollen, et tantôt restent rapprochés, parce
que les étamines ont-elles mêmes des mouvements propres, etc.
Mais ces divers mouvements organiques, qui appartiennent plus ou
moins à nos espèces européennes, ne sont pas les seuls qu'on aperçoit
dans les *Hypericum;* il en est de plus remarquables qui distinguent
ces belles espèces étrangères que nous voyons rarement fleurir dans
nos serres, et que je recommande aux botanistes qui pourront les
observer, avec tout ce qui concerne les glandes vésiculaires et noirâtres, et la végétation elle-même. Ainsi, par exemple, je vois actuel-

lement un *Hypericum hircinum*, dont toutes les feuilles sont redressées sur un même plan par l'effet de la lumière, et non-seulement ces feuilles sont renflées et comme genouillées à la base, mais les entre-nœuds même de sa tige se sont encore tordus séparément pour favoriser le mouvement des feuilles.

Les *Hypericum* sont peu cultivés dans nos jardins, parce qu'ils sont inodores, et ont peu d'apparence; toutefois il faut en excepter quelques espèces étrangères, comme l'*Hircinum*, l'*Angustifolium*, le *Canariense* et le *Calicinum*, qui font l'ornement de nos bosquets, et dont les fleurs épanouies ont beaucoup d'éclat.

TROISIÈME GENRE. — *Ascyrum.*

L'*Ascyrum* a un calice à quatre pièces, dont les deux extérieures sont plus petites et quelquefois presque avortées, quatre pétales et un grand nombre d'étamines à peine réunies en quatre corps, un à trois styles, et une capsule à deux, trois ou quatre valves déhiscentes.

Ce genre, qui a toute l'organisation des *Hypericum*, dont il ne diffère que par le nombre des parties de la fleur et des valves de la capsule uniloculaire, est actuellement formé de huit à neuf espèces, originaires de l'Amérique septentrionale, et qui sont des arbrisseaux ou sous-arbrisseaux; les uns, à tige faible, penchée ou couchée, et pédicelles réfléchis; les autres, à tiges et pédicelles redressés.

Ces plantes, qui varient assez pour le nombre des styles et des stigmates, ainsi que pour celui des valves, ont l'organisation des *Hypericum*, quoique leurs glandes transparentes ne soient guère visibles que dans l'*Hypericoides*; les autres se trouvent seulement sur la surface inférieure, où elles sont quelquefois si abondantes, qu'elles la recouvrent entièrement; les styles et les stigmates varient de deux à quatre, et les placentas sont situés sur les bords mêmes des valves, parce que celles-ci n'ont point de prolongement intérieur.

Les feuilles de tous les *Ascyrum* sont sessiles, et entières et d'un vert foncé; leurs fleurs, peu nombreuses, sont terminales ou axillaires, et toujours étalées; les tiges cylindriques sont marquées de deux arêtes; les pédicelles sont souvent munis de deux bractées, et les capsules sont protégées pendant la maturation par les deux sépales intérieurs qui les surmontent; les semences sont petites, ovales, allongées et marquées ordinairement de points excavés.

Les feuilles des *Ascyrum* portent à la base deux glandes, et sont ponctuées comme les sépales de glandes transparentes. Je ne sais pas si le torus de ces plantes est nectarifère, et si leur fécondation donne lieu à quelques observations physiologiques.

Dans le *Crux Andreæ* de la Virginie, qui porte deux *stigmates*, les capsules uniloculaires s'ouvrent en deux valves, sur les bords desquelles sont attachées des semences dont la radicule est par conséquent centrifuge et non pas centripète. Les autres espèces ont leur capsule trivalve ou quadrivalve selon le nombre des styles ou des stigmates.

On ne peut pas dire que les *Ascyrum* aient une *capsule* vraiment uniloculaire, puisque leurs nombreuses semences sont attachées aux intervalles qui séparent les valves; ce sont des capsules de deux à quatre loges, dont les valves ne se sont que très-légèrement repliées, et dont les cloisons sont par conséquent avortées.

Trentième famille. — *Malpighiacées.*

Les *Malpighiacées* ont un calice à cinq divisions et pour l'ordinaire persistant, cinq pétales onguiculés, alternes aux lobes du calice, insérés sur un disque hypogyne, quelquefois inégaux et rarement nuls; dix étamines alternes aux pétales, naissant sur le même disque et plus ou moins réunies à la base; trois styles quelquefois soudés, trois carpelles monospermes, dont un ou deux avortent assez souvent; des semences pendantes et dépourvues d'albumen, un embryon droit ou plus ou moins recourbé, une radicule courte, et des cotylédons foliacés ou un peu épais.

Cette famille est actuellement formée d'environ trois cent soixante-dix arbres ou arbrisseaux, souvent volubles ou sarmenteux, et dont le très-grand nombre appartient à l'Amérique équatoriale; leurs rameaux sont presque toujours noueux; et leurs feuilles opposées sont pétiolées, simples et rarement dentées ou lobées; leurs stipules, qui manquent quelquefois, sont petites et lisses, leurs pédicelles articulés sont pourvus de bractées.

Nous diviserons cette famille en deux tribus : celle des *Malpighiées* et celle des *Banistériées*.

Les *Malpighiées*, qui ont trois styles distincts ou réunis et un péricarpe charnu, indéhiscent, sont comprises sous trois genres, dont nous ne mentionnerons qu'un seul.

Malpighia.

Le *Malpighia* a un calice à cinq divisions glanduleuses, cinq pétales onguiculés et étalés, dix étamines fertiles et légèrement monadelphes, trois styles libres, un drupe à trois noyaux monospermes.

Ce genre, qui contient une vingtaine d'espèces à pédoncules axillaires, uniflores ou ombellifères, a été partagé par De Candolle en deux groupes :

1° Celui à soies roides et piquantes, comme celles des *Orties;*

2° Celui des espèces glabres ou dépourvues de soies piquantes.

L'espèce la plus répandue de notre premier groupe est l'*Urens*, à feuilles ovales, chargées à leurs aisselles de petits paquets de fleurs d'un blanc teint en rose, et dont les cinq divisions calicinales portent, chacune à leur base, deux glandes qui, pendant à l'anthère, distillent un suc visqueux, propre à arrêter les insectes; les pétales, en estivation imbriquée comme les calices, et creusés en cuilleron, sont consistants et ont leurs onglets étendus en étoile; les dix étamines entourent les trois styles qui, d'abord rapprochés, s'écartent fortement pour la fécondation. On voit alors les dix filets se rapprocher trois à trois de chaque style, et les anthères d'un beau jaune répandre, sur les stigmates glutineux qu'elles recouvrent, un pollen sphérique, qui sort en masse nuageuse de toute la masse antérieure des deux lobes qui s'ouvrent comme un sac, tandis que la face opposée représente le connectif; la dixième étamine reste libre au centre. Ce joli phénomène, unique, je crois, dans son genre, s'opère pendant et après la fécondation.

Le *Glabra*, qui appartient à notre second groupe, mais dont les calices n'ont que six glandes, deux sur deux divisions, et une sur les deux autres, car la cinquième division en est dépourvue, a probablement une forme de fécondation à peu près semblable à celle de l'*Urens;* toutefois je vois un *Malpighia* qui a tout-à-fait le port du *Glabra*, mais dont les calices sont chargés de dix glandes comme ceux de l'*Urens*, et dont trois ou seulement quatre étamines sont fertiles, et émettent, par les deux fentes latérales de leurs anthères, des flocons d'un pollen nuageux, à molécules sphériques, dans lesquelles restent long-temps plongés les stigmates visqueux d'un drupe triloculaire et bisperme.

Le principal phénomène de ce genre est celui de ces poils nommés *Malpighiani*, qui sont des glandes serrées, d'où sort une soie horizontale, tubulée à l'intérieur et renfermant une liqueur âcre, qui en sort pour entrer dans le corps étranger qui la presse.

Les feuilles des *Malpighies* sont équitatives, et se débarrassent au moment où elles se développent du coton brun qui les recouvrait.

Seconde tribu. — BANISTÉRIÉES.

Les *Banistériées* ont trois styles distincts, des carpelles secs, indéhiscents, monospermes et prolongés en ailes; leurs feuilles opposées sont quelquefois verticillées.

PREMIER GENRE. — *Banisteria.*

Le *Banisteria* a un calice chargé à la base de huit à dix glandes, des pétales onguiculés, fimbriés et arrondis, dix étamines à filets subulés et cohérents par la base, trois styles à stigmates lamelliformes, des carpelles séparés à la dissémination, et prolongés en une aile membraneuse, épaissie du côté supérieur, une semence pendante, des cotylédons épais et inégaux.

Ce genre, qui comprend aujourd'hui plus de soixante espèces, est formé d'arbrisseaux, la plupart sarmenteux ou grimpants, presque tous originaires de l'Amérique équatoriale. Ils ornent les bois de leurs fleurs d'un jaune éclatant, et dont les grappes ou les panicules retombent en festons; leurs tiges amincies s'élèvent à une grande hauteur, et forment des berceaux de verdure entre les arbres qui les soutiennent; leurs feuilles souvent glanduleuses à la base, sont simples, entières, ovales, cordiformes, anguleuses ou rarement lobées; leur surface est lisse, velue, cotonneuse ou quelquefois piquante, comme celles des *Malpighia*, avec lesquels les *Banistéries* ont de grands rapports. Je n'ai vu vivante aucune espèce de ce genre.

SECOND GENRE. — *Heteropteris.*

Les *Heteropteris* ne diffèrent des *Banisteria* que par leurs carpelles ou leurs samares épaissis postérieurement et non antérieurement ; on en connaît déjà une trentaine d'espèces, dont la plupart sont des arbres ou des abrisseaux grimpants et sarmenteux, à pédicelles articulés et pourvus de bractées, comme dans les *Malpighia*.

Le *Chrysophylla* du Brésil a les feuilles laurinées, les fleurs terminales en corymbes, ou axillaires, et alors moins nombreuses ; le calice, à cinq divisions bifides, présente l'aspect d'un calice à dix divisions ; la corolle jaune est formée de cinq pétales fortement onguiculés, et déjetés dans la fécondation ; les cinq étamines alternes aux pétales, ont leurs filets élargis, solides, cartilagineux, appliqués contre l'ovaire velu qu'ils recouvrent, et terminés chacun par deux anthères bilobées, horizontales et introrses ; les trois stigmates saillants sont recouverts d'un pollen onctueux, l'ovaire est triloculaire et ses loges m'ont paru monospermes ; les fleurs sont axillaires et paniculées, et les feuilles recouvertes en-dessous d'un duvet doré, ont les pétioles très-courts et chargés de deux glandes.

Pourquoi dans les *Banisteries* l'aile des carpelles est-elle épaissie antérieurement, tandis qu'elle l'est postérieurement dans les *Heteropteris* ? Ces ailes sont évidemment destinées à la dissémination des carpelles, qui, dans ces deux genres, tombent séparés.

Trente-unième famille. — *Acérinées.*

Les *Acérinées* ont un calice de quatre à neuf et ordinairement de cinq divisions, des pétales en nombre correspondant, insérés autour d'un disque hypogyne, alternes aux divisions du calice et quelquefois avortés ; des étamines qui varient de cinq à douze, et dont le nombre ordinaire est de huit ; des anthères oblongues, un ovaire didyme, un style simple et des stigmates géminés ; le fruit est formé de deux et rarement trois carpelles indéhiscents, séparables à la maturité et allongés en samares membraneux, épaissis du côté inférieur, et renfermant une ou deux semences attachées à la base des loges ; l'endoplèvre est charnu, l'embryon recourbé ou roulé sur lui-même ; les cotylédons sont foliacés et irrégulièrement ridés, la radicule cylindrique est dirigée vers la base de la loge.

Les *Acérinées* sont des arbres à feuilles opposées et presque toujours simples; leurs fleurs, en grappes ou en corymbes axillaires, sont quelquefois apétales, souvent polygamiques ou dioïques par avortement.

Cette famille est formée de deux genres : l'*Acer* et le *Negundo*.

PREMIER GENRE. — *Acer.*

L'*Acer* ou l'*Erable*, a les fleurs polygames, le calice à cinq lobes plus ou moins profonds, sept à neuf étamines, rarement cinq.

On le divise en trois groupes :

1° Celui à fleurs en grappes ;

2° Celui à fleurs en corymbes ou en fascicules ;

3° Celui à fleurs en ombelles paniculées.

Les *Erables* sont des arbres originaires de l'Europe ou de l'Amérique septentrionale, et dont quelques espèces ont été dispersées en Asie ou au Japon; on en compte plus de trente, dont plusieurs ne sont peut-être que des variétés, et dont d'autres, comme celles du Japon, sont encore peu connues; je les divise d'après le port et la végétation, en sept principaux types.

Le premier est celui des *Erables arbustes*, à feuilles petites et un peu coriaces, comme le *Campestre*, la plus répandue de toutes les espèces, le *Creticum*, le *Monspessulanum*, l'*Opulus*, l'*Opulifolium*, le *Neapolitanum* ou l'*Obtusatum*, etc., tous ou presque tous, originaires de l'Europe, et habitant de préférence le bas des montagnes ou les expositions sèches et abritées; leurs bourgeons, souvent pubescents, sont velus dans le *Campestre*; leurs fleurs, disposées en corymbes, et rarement en grappes droites, naissent au sommet des ramilles, et paraissent en même temps que les feuilles cordiformes ou lobées; leur bois est dur, leur écorce ridée, et leurs semences divergent plus ou moins à la maturation.

Le second type est formé de véritables arbres, tels que le *Dasycarpum*, le *Platanoïdes*, le *Saccharinum*, le *Nigrum*, le *Rubrum*, etc., dont les fleurs sont disposées en corymbe, et dont la sève fournit au printemps, une matière sucrée. Ils appartiennent tous à l'Amérique septentrionale, le *Platanoïdes* excepté; leurs feuilles cordiformes sont ordinairement glabres, et quelquefois glauques en-dessous; les pétioles du *Platanoïdes* sont lactescents.

Le troisième comprend des arbustes, tels que le *Pseudo-Platanoïdes*, et surtout des arbres, comme le *Pseudo-Platanus*, le *Spicatum* et le

Latifolium à feuilles cordiformes, lobées ou même déjetées, épis droits ou pendants, et qui tous, à l'exception du second, reconnaissent l'Amérique pour leur véritable patrie.

Le quatrième est celui de l'*Acer Striatum* ou *Érable jaspé* de l'Amérique, qui se distingue de tous les autres par son port et sa végétation; son tronc et ses principales branches, sont d'un vert glauque, relevé de stries blanchâtres; ses feuilles sont fortement élargies et divisées en trois lobes aigus; ses fleurs, qui pendent en grappes vertes, latérales et terminales, sont hermaphrodites, ou ont les anthères avortées; les fruits, à ailes recourbées, sont marqués d'une large fossette sur leurs faces latérales; les calices s'appliquent après la fécondation, et les samares ne tombent qu'au printemps.

Le cinquième ne renferme non plus que le *Tataricum*, petit arbre à feuilles larges, vertes, cordiformes, irrégulièrement dentées et assez semblables à celles du *Charme*; les fleurs terminales sont disposées en corymbe, et les pétales rougeâtres et toujours connivents, ne s'entr'ouvrent que pour donner passage aux étamines ou aux stigmates; la fécondation s'opère ainsi à l'extérieur par les fleurs mâles; car les anthères des fleurs femelles, quoiqu'en apparence bien conformées, restent cachées entre les pétales, et l'ovaire, à deux lobes légèrement velus, est couronné de stigmates papillaires.

Le sixième est celui des *Érables* du Japon, qui sont des arbres de moyenne grandeur, assez semblables entre eux, et dont les fleurs et les rameaux sont souvent remarquables par leurs belles teintes rougeâtres.

Le septième est celui du *Spicatum* du Canada, à grappes pendantes, fleurs très-petites et dioïques, étamines très-saillantes dans les fleurs mâles. Édouard SPACH (*Bulletin des Sciences*, octobre 1834), divise les *Érables* en deux sections inégales : la première, de beaucoup la plus nombreuse, est celle des espèces polygames, dont les feuilles naissent avant les fleurs; la seconde, qui comprend l'*Acer rubrum*, l'*Eriocarpum*, l'*Opulifolium* et le *Sanguineum*, variété du *Rubrum*, est celle des espèces dioïques, dont les fleurs sortent, au contraire, avant les feuilles. Il n'est pas besoin de remarquer cette belle cause finale, qui, pour faciliter la fécondation, n'a placé parmi les espèces dioïques que celles dont les fleurs sont épanouies avant les bourgeons. L'*Acer opulifolium* ou *Vernum* de REGNIER, qui appartient à cette seconde division, est aussi dioïque; GAUDIN dit que ses samares sont stériles, ce qui pourrait bien signifier la même chose.

Tous les *Érables* sont liés par un ensemble de caractères qui les rapprochent en même temps qu'ils les éloignent des autres genres; leurs feuilles simples, cordiformes ou lobées sont toujours opposées; leurs boutons sont toujours formés d'écailles rougeâtres très-marquées, et leurs fleurs verdâtres ou jaunâtres sont réunies en grappes ou en corymbes.

Les tiges sont toujours terminées par trois boutons, dont les deux latéraux plus petits; on ne remarque point dans leur intérieur la bourre laineuse des *Æsculus* ou *Maronniers*, mais on y trouve des feuilles nues, plissées en éventail sur leurs lobes, glanduleuses dans leurs dentelures, et qui tombent généralement dans le courant de l'automne, mais qui se conservent plus long-temps dans les espèces de notre premier type, et enfin qui persistent jusqu'au printemps dans le *Creticum*.

Les boutons des *Érables* portent les uns des feuilles et des fleurs, les autres seulement des feuilles; ces derniers, plus petits et plus nombreux, sont placés généralement dans les aisselles inférieures; les uns et les autres sont formés d'écailles opposées, et dont le nombre est très-variable.

Le *Strié* n'en a que quatre, quelques autres en ont six à huit au plus; leur surface extérieure est lisse dans le *Strié*, pubescente dans le *Campestre*, l'*Opulifolium*, etc.; les écailles intérieures sont plus élargies que les autres surtout vers les bords, afin sans doute de préserver encore mieux les feuilles non développées.

Les fleurs, qui paraissent de bonne heure au printemps, et avant les feuilles dans les espèces polygames, sont terminales sur les tiges et les rameaux; leurs diverses teintes verdâtres, jaunes ou jaunâtres, contrastent très-agréablement avec le vert foncé du reste de la plante, et forment une des premières scènes de l'année.

Ces fleurs offrent de si nombreux exemples d'avortement, qu'elles ont été placées par LINNÉ dans la polygamie; quelquefois les grappes sont toutes hermaphrodites, quelquefois les unes sont hermaphrodites, et les autres mâles ou mêlées; quelquefois un individu a toutes les fleurs hermaphrodites, et un autre de la même espèce en porte des femelles ou des mâles, ou des femelles et des mâles; en un mot, il n'est aucune disposition des organes sexuels qu'on ne puisse rencontrer dans les espèces de ce genre : toutefois l'on voit toujours dans les fleurs mâles des rudiments de pistil, et dans les fleurs femelles des rudiments d'étamines; mais ce qu'il y a de singulier, et ce qu'on peut remarquer dans le très-grand nombre des espèces, c'est que les étamines des fleurs mâles sont saillantes, et que celles des femelles, quoiqu'en apparence bien conformées, entourent l'ovaire sans s'ouvrir.

L'inflorescence générale est simultanée, mais dans les grappes ou corymbes, les fleurs mâles paraissent les premières et tombent après la fécondation, par une rupture régulière du pédicelle; dans le *Platanoïdes*, par exemple, elles sont si abondantes que la terre en paraît jonchée; les fleurs hermaphrodites ou femelles, persistent au contraire en resserrant leurs pétales, et bientôt après on voit s'élever de leur centre des samares à teintes rougeâtres, qui se mélangent très-agréablement au vert toujours plus foncé des feuilles. On peut remarquer en général, que, lorsque les fleurs mâles sont nombreuses, elles paraissent avant les femelles, et plus tard si elles sont moins abondantes.

La fleur elle-même, qui n'a rien de constant dans le nombre de ses pétales et de ses étamines, est très-remarquable par le disque charnu qui entoure l'ovaire, et sur lequel sont empreints des enfoncements d'où sortent les étamines; ce disque éminemment nectarifère, est quelquefois formé de glandes distinctes, quelquefois, au contraire, il est peu apparent.

A la fécondation, les étamines s'approchent une à une du pistil, dans les fleurs hermaphrodites de l'*Érable strié* et de la plupart des autres espèces; mais ces mêmes étamines, dans les fleurs mâles, sont fortement saillantes, et répandent au loin le pollen de leurs anthères jaunes et bilobées; les fleurs femelles, de leur côté, étalent au-dessus de la corolle leurs deux stigmates allongés, velus et papillaires; telle est la forme générale de fécondation des *Érables;* mais on ne peut guère douter qu'il n'y ait ici, selon les espèces, de nombreuses modifications, qui n'ont pas encore été étudiées. Ainsi, les *Érables* à fleurs pendantes ne peuvent pas être fécondés de la même manière que ceux à fleurs redressées; ni ceux en grappes, comme ceux en corymbe. Mais ce sont là des phénomènes curieux qui s'éclairciront par le temps et l'étude; en attendant, je mentionne ici, comme hermaphrodite, et digne par conséquent d'être observé, l'*Acer Lœselii* que TENOR m'a montré à Naples, et comme véritablement hybride, l'*Acer hybridum*, dont la patrie est inconnue, et dont les fleurs femelles ont comme les mâles leurs stigmates avortés.

Les *Érables* de mes deux premiers types, tels que le *Monspessulanum*, l'*Opulus*, le *Platanoïdes* et l'*Opulifolium*, ont les fleurs du même corymbe mâles ou femelles, les premières avec des anthères saillantes et presque dépourvues de tout rudiment de pistil, les autres avec des anthères bien conformées, mais avortées autour d'un bel ovaire, dont les stigmates sont des languettes allongées et papillaires en dessous. Le nectaire y est peu marqué, parce qu'il ne coopère pas à la fécondation.

Dans ces deux types, les fleurs mâles ont leurs pédoncules articulés à la base; mais ceux des fleurs femelles ou hermaphrodites sont continus et plus épais; aussi ces derniers appartiennent-ils toujours aux divisions principales, tandis que les autres sont formés par les divisions secondaires. La même observation s'applique sans doute à toutes les espèces de notre troisième type, par exemple, au *Pseudo-Platanus*, dont les fleurs mâles sont aussi sur des pieds distincts, et les femelles sur d'autres, où l'on remarque pourtant encore quelques fleurs mâles plus ou moins avortées. Le nectaire de ces dernières est un plateau épais et tout imprégné d'humeur miellée, et celui des femelles est remplacé par les poils épais et humides qui recouvrent l'ovaire; cette forme de fécondation appartient également au *Campestre*, dont les corymbes mâles sont entièrement séparés des femelles.

L'intérieur des *Samares* est lisse ou velouté, comme dans les *Chataignes*; l'on voit distinctement le cordon ombilical arriver de l'arête supérieure et interne à la base de la graine, où est logée la radicule; les cotylédons, qui varient beaucoup, sont quelquefois simples et plus souvent plissés, ou roulés en spirale, etc. Il serait intéressant de voir si ces variations ont quelques rapports avec nos différents types, et j'ai déjà vérifié que l'embryon du *Strié* n'était pas conformé comme celui des autres *Érables*.

La dissémination s'opère plus tôt ou plus tard, selon les espèces; en général, les samares, au milieu ou vers la fin de l'automne, se détachent un à un par la base, et abandonnent leur pédoncule sur lequel ils flottaient. J'ai remarqué, dans plusieurs espèces, une cavité oblongue et très-sensible sur le côté intérieur, et j'ai vu qu'elle se liait à une conformation particulière de l'embryon. Après la dissémination, les samares se partagent en deux lobes égaux, et mettent à découvert la graine enveloppée d'un parenchyme brun et desséché.

Ce genre présente quelques phénomènes physiologiques; ainsi, par exemple, les lenticelles très-marquées sur les jeunes pousses s'effacent promptement sur les autres, excepté peut-être dans l'*Acer opulifolium*; les pétioles et les feuilles du *Platanoïdes* et du *Campestre* donnent un suc laiteux; les feuilles de plusieurs autres transsudent une espèce de manne recueillie par les abeilles; la variété panachée du *Pseudo-Platanus* se multiplie par les semences; le *Striatum* porte sur ses tiges des bandes blanchâtres et d'autres verdâtres, qui changent de couleur selon les saisons, etc.

L'inflorescence des *Érables* est toujours terminale sur les brindilles, les pédoncules, qui ont porté les corymbes ou les grappes, se dessèchent et se détruisent après la dissémination, et les deux feuilles opposées les plus voisines, et qui sont souvent les seules du rameau, portent chacune à leur aisselle un bourgeon, par lequel le rameau floral continuera à végéter l'année suivante.

L'*Érable* commun ou le *Campestre* a l'écorce chargée d'une substance tubéreuse, semblable au *Liége;* cette excroissance, qu'on ne voit plus dans les vieilles tiges, est produite par une surabondance de parenchyme, qui tantôt sort par les lenticelles, tantôt s'épanche longitudinalement au-dessous de l'écorce, laquelle ne tarde pas à se crevasser.

La principale remarque physiologique qu'on peut faire sur ce genre, c'est celle de ces avortements toujours partiels, au milieu desquels se conservent les espèces.

SECOND GENRE. — *Negundo.*

Le *Negundo* a les fleurs dioïques, un petit calice de quatre à cinq dents, une corolle avortée ou nulle. Ce genre, autrefois confondu avec celui des *Érables*, en a été séparé par DE CANDOLLE et ensuite par d'autres botanistes, quoiqu'il ne renferme que le *Fraxinifolium* de la Pensylvanie et de la Caroline ; des deux espèces qu'on lui associe, le *Mexicanum* n'en diffère que par ses feuilles trifoliolées, et le *Cochinchinense* ne lui appartient peut-être pas.

Le *Fraxinifolium* n'a pas l'organisation des *Érables*, ses tiges sont bien terminées semblablement par des bourgeons foliacés qui les continuent; mais les bourgeons latéraux, au lieu d'être saillants comme ceux des *Érables*, restent au contraire long-temps cachés sous les pétioles de l'année précédente, et les feuilles sont ailées sans impaire ; les boutons à fleur entourent le bouton terminal, et sortent des aisselles supérieures un peu avant les feuilles; les fleurs mâles, qui naissent à peu près cinq à cinq d'un bouton écailleux, et dont les pédicelles très-nombreux s'allongent à la fécondation, ont un calice quinquéfide, et des anthères fortement pendantes; les femelles, à pédoncules ramifiés et plus ou moins redressés, se reconnaissent aux cinq divisions élargies de leur calice, ainsi qu'à leur ovaire à deux lobes saillants, chargés d'un stigmate géminé, ligulé et papillaire seulement à l'extérieur.

La fécondation a lieu au printemps; les quatre ou cinq anthères, flottantes et brunâtres, ouvrent longitudinalement leurs lobes, et répandent, à la faveur du vent, sur les stigmates humides et différemment contournés, un pollen farineux, qui s'échappe insensiblement plutôt que par des jets successifs.

Je n'ai aperçu, ni dans les fleurs mâles, ni dans les femelles, aucun indice du nectaire glanduleux des *Érables*; c'est pourquoi le calice est constamment fermé dans la fleur mâle, et appliqué contre le fruit dans la femelle.

Cet arbre est fort commun dans nos bosquets, où il se fait remarquer au printemps par ses feuilles d'un vert léger et brillant; ses fleurs, qui ont peu d'apparence, intéressent le physiologiste par leur conformation singulière; les fruits, qui ne tombent qu'au printemps, et qui ont tout-à-fait la structure de ceux des *Érables*, sont presque toujours vides à l'intérieur, quoiqu'en apparence bien conformés; cela vient-il de ce que la plante est éloignée de son climat natal, ou de ce que les fleurs mâles sont souvent trop distantes des femelles? Les jardiniers observent aussi que les *Negundo* se multiplient facilement de bouture, tandis que les *Érables* ne se reproduisent guère que de semences : ce qui sert à prouver encore la différence d'organisation des deux genres.

Quoi qu'il en soit, il est difficile de ne pas remarquer ici ces fleurs qui sortent avant les feuilles pour faciliter la fécondation, et ces pédoncules longuement pendants, qui portent, dans l'intérieur d'un très-petit calice, des anthères à filets papillaires et flottants.

Trente-deuxième famille. — *Hippocastanées*.

Les *Hippocastanées* ont des fleurs polygames monoïques, un calice quinquélobé à estivation valvaire, quatre à cinq pétales inégaux et hypogynes, sept à huit étamines hypogynes, libres et inégales, des anthères ovales, un pollen ovoïde à trois plis, un ovaire arrondi et légèrement trigone, un style unique et terminé par un stigmate peu distinct; une capsule formée primitivement de trois valves loculicides et de trois loges à deux ovules attachés aux bords des cloisons; mais qui, dans la maturation, avortent en grande partie avec les loges; les deux semences, qui restent ordinairement dans la capsule, sont grosses, arrondies et recouvertes d'un test coriacé, qui porte à sa base une large cicatrice arrondie et grisâtre; l'embryon est recourbé, l'albumen est nul, les cotylédons sont charnus, très-épais et fortement soudés; ils restent en terre pendant la germination, et la plumule, qui perce la radicule dans laquelle elle était d'abord renfermée, présente, dès son origine, deux feuilles semblables à toutes les autres, et semblablement plissées; la radicule aboutit sans doute d'abord à l'extrémité des cordons pistillaires, mais l'irrégularité des avortements l'éloigne ensuite plus ou moins de sa situation primitive.

Cette famille est composée d'arbres ou d'arbustes, presque tous originaires du nord de l'Amérique, et réunis autrefois sous un seul genre, mais aujourd'hui séparés en deux ou trois, dont les espèces ou variétés, à peu près au nombre de vingt, se ressemblent soit pour la forme des fleurs, soit surtout pour l'organisation générale. Ce sont des plantes à feuilles palmées, à fleurs disposées en grappes terminales et légèrement paniculées.

PREMIER GENRE. — *Æsculus.*

L'*Æsculus* a un calice campanulé, quatre ou cinq pétales à limbe ovale et étalé, des étamines déclinées et ascendantes, des capsules hérissées de piquants, des folioles sessiles ou presque sessiles.

On en compte jusqu'à présent cinq espèces homotypes, les unes originaires de l'ancien, les autres du nouveau continent, et dont la plus répandue est l'*Hippocastanum* du nord de l'Inde, acclimaté depuis près de deux siècles en Europe; on y joint le *Rubicond*, dont la patrie est inconnue, mais qui se distingue par ses fleurs rouges tétrapétales, ses huit étamines et sa floraison d'un mois plus tardive.

Les *Æsculus* de l'Amérique nord, moins élevés que les autres, sont jusqu'à présent le *Glabra*, le *Pallida* et celui *de l'Ohio;* on les reconnaît à leurs fruits plus petits, à leurs longues étamines, à leurs pétales rapprochés et jaunâtres, enfin à leurs feuilles à cinq folioles; ils ont, comme les *Pavia*, une glande nectarifère, des pétales inférieurs plus ou moins velus et souvent imprégnés d'humeur miellée. L'*Hippocastanum*, qui forme un type, est la seule espèce du genre qui soit dépourvue de glandes nectarifères, au moins en apparence, car les taches de ses pétales sont veloutées, et sa corolle est chiffonnée d'une manière très-bizarre, qui pourrait bien avoir quelque rapport avec sa fécondation.

Les piquants des capsules de l'*Æsculus* ne se développent que pendant la maturation.

SECOND GENRE. — *Pavia.*

Le *Pavia* a un calice tubulé, quatre pétales étroits et redressés, des étamines droites, des capsules lisses et des folioles légèrement pétiolées.

On en compte principalement quatre espèces, qui appartiennent toutes au midi de l'Amérique nord, et que je divise en deux types :

Le premier comprend le *Flava*, le *Rubra* et l'*Hybrida*, qu'on reconnaît à leurs étamines raccourcies et à leurs fleurs jaunes, rouges ou tachées de ces deux couleurs; le second est formé du *Macrostachya*, arbrisseau de trois ou quatre pieds, à racine stolonifère, fleurs blanches et six étamines deux fois aussi longues que la corolle ; les botanistes modernes en ont fait le genre *Macrothyrsus*, par allusion à la longueur de sa grappe, et l'ont distingué par sa capsule inerme, ses pétales égaux, dont les deux supérieurs ont les onglets aplatis et non canaliculés.

Les *Æsculus* et les *Pavia* sont unis par un si grand nombre de rapports, qu'il aurait été peut-être plus convenable de les considérer comme deux sections du même genre ; ils passent par tous les degrés de grandeur, depuis l'*Hippocastanum*, qui forme un arbre très-élevé, jusqu'au |*Macrostachya*, qui n'est qu'un arbuste; mais ils ne diffèrent presque point dans leur végétation et dans leur floraison, qui est toujours en grappes terminales; leurs feuilles opposées sont formées de cinq à sept folioles, plissées sur leur nervure moyenne avant le développement, et appliquées les unes sur les autres, comme les côtes d'un éventail; elles sont amincies et renfermées dans un bouton fort gros à écailles nombreuses. Au premier printemps et avant de s'ouvrir, ces écailles, au moins dans l'espèce commune, sont couvertes d'une couche gluante de gomme résine.

Les boutons, comme les bourgeons de l'*Hippocastanum*, qui s'ouvrent avant ceux des autres espèces, sont remplis d'une bourre roussâtre qui enveloppe entièrement les feuilles, et disparaît à mesure qu'elles s'étalent à l'air libre; elle remplit si bien sa destination, que les feuilles ne souffrent point de l'hiver, quelle que soit l'intensité du froid. A l'époque de l'épanouissement, les écailles ont perdu le vernis résineux qui les avait recouvertes, et la bourre qui revêtait les jeunes feuilles, ainsi que les pédoncules, a totalement disparu; sans que j'aie pu y apercevoir aucun point d'attache avec les parties qu'elles protégeaient. Cette remarque s'applique aux *Pavia*, comme à l'*Hippocastanum*, mais dans le *Megalothyrsus* qui fleurit beaucoup plus tard, le bourgeon n'est formé que d'un petit nombre d'écailles sèches, dont les supérieures, fort agrandies et rougeâtres, s'étalent et même se déjettent.

Les tiges de ces plantes ne présentent jamais de rupture, et dès le commencement de juin, on aperçoit le nouveau bouton terminal, tantôt foliacé, tantôt florifère, mais qui annonce toujours que la végétation de l'année est accomplie, et qu'il n'y a point de pousse automnale. On observe souvent, dans quelques espèces, des rameaux terminés par deux boutons, et l'on pourrait croire que la cicatrice qui les sépare a été produite par une rupture de la tige, et qu'elle appartient au pédoncule détruit de l'année précédente.

L'inflorescence générale des *Hippocastanées* est simultanée, car toutes les grappes fleurissent en même temps; mais, dans la grappe même, les fleurs inférieures paraissent les premières, et dans chaque grappille la fleur terminale s'épanouit avant les autres, sans doute parce qu'elle appartient à un cyme partiel; dans l'espèce commune, la grappe fleurit peu de jours après sa sortie du bouton; dans les autres, elle ne se dégage que lentement des feuilles qui l'entourent, et dans le *Mégalothyrse* en particulier, elle ne s'épanouit que vers le milieu de juillet.

Les fleurs offrent des différences encore plus grandes; non-seulement leur calice varie beaucoup pour la forme, mais leurs pétales diffèrent en nombre et en proportion; ceux de l'*Hippocastanum*, à peu près égaux et régulièrement placés dans leur calice encore fermé, se frisent bientôt sur les bords, se colorent diversement, et se disposent en deux lèvres, dont la supérieure est formée de deux pétales divariqués, et l'inférieure de deux pétales pendants; les taches de ces dernières sont d'abord jaune pâle, ensuite jaune foncé et enfin rouges; les autres espèces présentent aussi entre elles des différences que nous ne pouvons pas détailler, mais en général toutes ont des corolles irrégulières et plus ou moins bilabiées.

Les étamines des *Hippocastanum*, d'abord droites et assez égales, se déjettent ensuite contre la lèvre supérieure, et se recourbent du côté opposé, comme celles des espèces à étamines non saillantes; ce mouvement doit être attribué au nectaire, qui entoure la base inférieure de l'ovaire, et sur lequel les anthères vont répandre leur pollen briqueté. Quant aux espèces à longues étamines, comme le *Macrostachia* ou *Megalothyrsus*, leur calice et leur corolle ne sont point déformés; quoique leur pistil avorte toujours, excepté dans quelques fleurs inférieures; mais les anthères briquetées sont à l'ordinaire fertiles, et fécondent indistinctement les stigmates des fleurs voisines.

Dans le *Pavia rubra* et le *Flava*, les deux pétales inférieurs forment entre eux comme une gaine dilatée et velue où les étamines sont engagées; à l'époque de la fécondation, les anthères déposent sur cette gaine leur pollen, qui est retenu par l'humeur miellée ascendante de la glande nectarifère.

Le style est conique, plus ou moins velu, et terminé par un

stigmate qui paraît souvent une pointe avortée; j'ai examiné de près cet organe, et je l'ai vu rarement dans un état de vie; ordinairement le style et le stigmate manquent, et l'ovaire se termine par un point rougeâtre; je n'ai en conséquence trouvé dans la plupart des espèces, que trois ou quatre fleurs qui nouassent, et même dans l'*Hybride*, je n'ai jamais vu que des ovaires avortés. Les fleurs fertiles sont situées près de la base, à l'endroit où la grappe est la plus forte, et elles se reconnaissent à la roideur de leurs pédicelles; les *autres tombent* promptement par la rupture de leur articulation, et leur chute était nécessaire, car, d'un côté, la grappe n'aurait pas pu porter tous les fruits, et de l'autre, les fruits n'auraient pas tous trouvé une place pour mûrir.

Les capsules présentent les mêmes exemples de déformation que les fleurs : elles sont d'abord trivalves, triloculaires, à valves loculicides et loges dispermes; peu à peu les valves se soudent, les cloisons s'effacent, et les six semences se réduisent à deux, dont les cotylédons épais sont soudés; c'est dans le jeune fruit que l'on voit cette déformation primitive, car plus tard tout est méconnaissable; les cordons pistillaires ne s'aperçoivent plus; la radicule paraît débarrassée de tout lien, soit avec les styles, soit avec les vaisseaux nourriciers; enfin sa germination, qui présente la plumule sortant de la radicule dans l'intérieur de laquelle elle avait été renfermée, ressemble plus à celle des monocotylées, qu'à celle des dicotylées. On peut remarquer que cette plumule était logée dans une cavité destinée à la recevoir, et qu'en sortant, elle soulève un lobe triangulaire, dont les bords se rompent par une suture préparée. Je ne sais si les semences des *Pavia* présentent exactement la même forme de dissémination que celles de l'*Hippocastanum* que je viens de décrire; mais je finis en remarquant que le petit nombre des semences que donne une grappe d'*Hippocastanées* dépend, soit du sol, soit du défaut de sucs nourriciers; car DE CANDOLLE a obtenu des fruits à trois, quatre et même cinq semences, en pratiquant au-dessous de la grappe du *Pavia rubra* une incision annulaire qui empêchait la sève de redescendre.

Les *Hippocastanées* n'ont pas des mouvements bien marqués; leurs fleurs ne se referment pas, leurs étamines ne se rapprochent pas du stigmate, quoiqu'elles se recourbent sur le nectaire, et leurs grappes restent toujours droites; leurs folioles, cartilagineuses à la base et rangées autour du disque charnu qui termine le pétiole commun, sont pendantes à leur développement; mais elles ne m'ont pas paru avoir ensuite des mouvements en rapport avec les variations atmosphériques, et ordinairement elles tombent réunies.

Les lenticelles sont très-apparentes sur les jeunes tiges, où l'on observe long-temps les cicatrices des pétioles désarticulés, qui représentent un fer à cheval avec ses clous disposés circulairement, c'est-à-dire avec les sections de tous les vaisseaux rompus; les feuilles, quoique enveloppées d'une épaisse bourre, n'en sont pas moins vertes, lorsqu'elles sortent de leurs bourgeons.

Il n'y a rien de si agréable au printemps qu'un *Marronier* paré de son brillant feuillage, et couronné de ses magnifiques fleurs blanches tâchetées de jaune et de rouge; les autres espèces sont moins remarquables, mais le *Macrostachya* porte des grappes aussi légères qu'élégantes.

Ces plantes ont besoin d'être encore étudiées sous le rapport de la fécondation.

Trente-troisième famille. — *Sapindacées.*

Les *Sapindacées* ou les *Savoniers* sont polygames ou dioïques; leurs sépales, qui varient de quatre à cinq, sont libres ou légèrement réunis à la base; leurs pétales, presque toujours en même nombre que les sépales, avortent quelquefois en tout ou en partie, et sont hypogynes, nus ou glanduleux, velus ou appendiculés; le torus porte ordinairement un anneau nectarifère, inséré entre les pétales et les étamines qui sont hypogynes, libres et doubles en nombre des pétales; l'ovaire est arrondi, le style unique ou fortement trifide; le fruit est un drupe ou une capsule triloculaire, qui se réduit par avortement à une ou deux loges; les semences solitaires, attachées à l'angle interne des loges, sont dépourvues d'albumen et plus ou moins caronculées; la radicule est dirigée vers le fond de la loge; les cotylédons sont droits ou plus ou moins repliés sur la radicule.

Les *Sapindacées*, dont on connaît déjà près de deux cent cinquante espèces, sont dispersées dans l'Amérique équinoxiale, ou plus rarement en Afrique, aux Indes, et dans la Nouvelle-Hollande; ce sont des arbrisseaux droits et grimpants, et rarement des herbes. DE CANDOLLE les divise en trois tribus : les *Paulliniées*, les *Sapindées* et les *Dodoneacées*, que CAMBESSÉDÈS réduit aux deux dernières. Nous ne mentionnerons ici que le *Cardiospermum*, qui appartient aux *Paulliniées* et le *Kolreuteria*, rangé parmi les *Dodonéacées*; mais nous ajouterons que la structure régulière et primitive de la fleur est celle d'un calice à cinq pièces, d'une corolle pentapétale, de dix étamines et d'un disque nectarifère; les formes existantes sont dues à des avortements et à des soudures, déterminées principalement par l'anneau nectarifère du torus.

PREMIER GENRE. — Cardiospermum.

Le *Cardiospermum*, qui a reçu son nom de la cicatrice en forme de cœur que porte sa semence, a quatre sépales dont deux ordinairement plus petits, quatre pétales appendiculés et chargés intérieurement de deux glandes, huit étamines, trois styles, trois carpelles renflés, membraneux, réunis à l'axe, indéhiscents, ailés sur le dos et renfermant chacun une semence globuleuse qui avorte quelquefois; les cotylédons sont épais et inégaux, le plus grand renferme le petit.

Les *Cardiospermes* sont des herbes vivaces ou annuelles, ordinairement grimpantes et pour la plupart originaires de l'Amérique équinoxiale, et surtout de la Guiane; une seule appartient aux Grandes-Indes et une autre à la Guiane; ces deux espèces sont annuelles, les autres sont vivaces.

On les partage en deux sections : celle à glandes allongées et celle à glandes arrondies; les unes et les autres ont les feuilles biternées ou décomposées, les fleurs blanchâtres, en grappes axillaires, pédonculées, rameuses, chargées de bractées et pourvues de deux vrilles opposées, qui sont des pédicelles avortés.

L'*Halicacabum*, des Grandes-Indes, cultivé dans nos jardins, a la tige faible, allongée et tordue; ses pétioles se divisent en trois branches, chargées chacune d'une feuille trifoliée; les feuilles supérieures portent à la base deux stipules latérales promptement caduques; à leur aisselle, un rudiment de rameau, et sur le côté, un pédoncule roide, allongé et divisé vers son sommet en trois branches, dont les deux latérales, d'abord enveloppantes, sont des lames aplaties, cartilagineuses, fortement roulées en dehors et destinées aux fonctions de vrilles; la troisième, qui est florifère, se bifurque deux ou trois fois, toujours accompagnée dans ses divisions d'un petit involucre triphylle et caduc; les fleurs, dont l'effloresence générale est centripète, et la particulière centrifuge, sont portées sur des pédicelles fortement articulés, et flexibles dans tous les sens; leur calice ou première enveloppe a ses quatre folioles opposées et inégales sur deux rangs, ses quatre pétales blancs, petits et chiffonnés du côté antérieur; on aperçoit à la base de l'ovaire, des glandes qui sont des étamines transformées, et deux prolongements pétaloïdes, terminés par un appendice cordiforme, jaune, épais, qui remplit peut-être aussi les fonctions de nectaire; les sept ou huit étamines sont courtes et appliquées contre l'ovaire velu, et leurs anthères bilobées et latérales répandent leur pollen blanchâtre sur les trois lobes stigmatoïdes élégamment panachés et fortement papillaires; la capsule, dans sa jeunesse, est triquètre, à loges loculicides; les semences sont attachées à l'axe central, et les fleurs sont polygames, comme dans le *Kolreuteria*; les capsules se désarticulent plus tôt ou plus tard sans s'ouvrir, et elles restent longtemps tendues et renflées, sans doute pour leur dissémination; car leurs semences sont toujours solitaires dans chaque loge.

Ce qu'on doit remarquer surtout ici, ce sont ces capsules si admirablement conformées pour le but qu'elles avaient à remplir, celui de soutenir les fleurs et les fruits d'une plante faible et grimpante. Ces mêmes vrilles géminées et crochues se retrouvent à la base des épis du *Paullinia*, arbrisseau grimpant de la même tribu; les autres espèces du genre, à peu près au nombre de dix, ont également les deux pédicelles inférieurs avortés et vrillés, mais elles présentent sans doute des phénomènes appropriés à leur conformation et à leurs besoins.

SECOND GENRE. — *Kolreuteria.*

Le *Kolreuteria* a cinq sépales, quatre pétales irréguliers, légèrement glanduleux, huit étamines, un style court et épais, une capsule triloculaire enflée, des semences ovales pénétrées par l'endoplèvre qui, comme un axe, forme le centre de l'embryon contourné en spirale.

Ce genre est formé du *Paniculata*, originaire de la Chine et la seule *Sapindacée* qui supporte le froid de nos hivers; elle est souvent représentée sur les papiers peints de la Chine, et se distingue par ses panicules jaunes et ses grandes capsules triangulaires et vésiculaires; ses feuilles sont ailées avec impaire; ses folioles ovales, grossièrement et profondément dentées, se retournent et se renversent facilement, quoiqu'on n'aperçoive aucune articulation, ni sur le pétiole commun, ni sur les pétiolules.

La fécondation m'a paru indirecte: j'ai remarqué un grand nombre de fleurs à étamines redressées et saillantes, dont les anthères introrses latérales donnent un pollen briqueté et adhérent, et dont le stigmate reste caché au fond de la corolle où il avorte; les fleurs avortent aussi en grand nombre, et il n'en reste guère dans chaque grappe que quatre ou cinq qui aient le stigmate bien conformé. La même disposition a lieu, comme nous l'avons vu, dans les *Hippocastanées*.

La capsule, fortement renflée et pendante dans la maturation, a son pédoncule articulé près du sommet, et présente trois grandes valves membraneuses et comme papyracées, séparées dans toute leur longueur, long-temps même avant la dissémination; chacune de ces valves porte sur son milieu une cloison avortée au tiers de sa hauteur; les semences, peu nombreuses dans chaque loge, sont attachées par un pédicelle épais et un peu recourbé à l'extrémité de l'axe central, au point précis où la capsule n'a plus qu'une seule loge.

On voit très-bien ici que les loges sont loculicides, pour faciliter la dissémination; les graines qui, à la maturité, atteignent la grosseur d'un petit pois, sont d'un violet foncé, et renferment d'abord un embryon latéral et recourbé, dont la radicule est voisine du point d'attache; peu à peu, cet embryon s'allonge en se recourbant en spirale, et à la maturité il remplit tout l'intérieur de la graine, dont les cotylédons allongés occupent le centre : on remarque entre ses révolutions une pellicule brunâtre, qui n'est autre chose que l'endoplèvre. Les étamines portent à leur base, ainsi que le fond de la fleur, des poils humides destinés à retenir le pollen.

Trente-quatrième famille. — *Méliacées.*

Les *Méliacées* ont quatre ou cinq sépales plus ou moins réunis en calice monophylle, autant de pétales alternes aux divisions du calice, connivents ou soudés et rapprochés en estivation valvaire, des étamines régulièrement multiples des pétales et toujours réunies au sommet en tube anthérifère, des anthères terminales et sessiles, un ovaire, un style et des stigmates distincts ou réunis; le fruit est une baie, un drupe ou une capsule à valves loculicides, qui devient souvent uniloculaire par avortement; les semences sont ordinairement albuminées, et l'embryon dicotylé a une forme variable.

Cette famille renferme déjà cent vingt espèces, qui habitent la zone torride des deux continents, et dont une seule croît dans l'Europe australe; les plantes qui la composent sont des arbres ou des arbrisseaux, à feuilles alternes, simples ou composées, mais toujours dépourvues de stipules; les fleurs sont disposées en cymes ou en panicules latérales et terminales.

Melia.

Le *Melia* a un calice quinquéfide, cinq pétales oblongs, linéaires ou étalés, dix étamines réunies en un tube dentelé et anthérifère intérieurement, un ovaire placé sur un torus assez élevé, un style filiforme, un stigmate en tête pentagone, un drupe osseux à cinq loges monospermes, un albumen charnu, des cotylédons planes et foliacés, une radicule supère.

Les *Melia*, dont on connaît actuellement au moins sept espèces, à peu près homotypes, sont des arbres ou des arbrisseaux des Grandes-Indes; leurs feuilles sont une ou deux fois ailées; leurs fleurs, disposées en grappes axillaires ou terminales, et qui se succèdent longtemps, sont d'un bleu violet, rarement jaunâtres ou blanches; leurs tiges, chargées de lenticelles, se rompent au sommet; leurs feuilles sont caduques, et leurs nouveaux boutons axillaires et très-marqués, renferment en même temps les fleurs et les fruits.

L'espèce la plus répandue est l'*Azederach*, qui s'élève dans sa patrie jusqu'à trente ou quarante pieds, mais qui, dans nos contrées méridionales, où il est acclimaté, n'en atteint guère que quinze ou vingt. Il est cultivé pour l'élégance de son port et le parfum de ses fleurs, dans la plupart des établissements européens, en Asie, en Afrique et en Amérique.

La fécondation s'opère, à l'entrée du tube staminifère, par les anthères introrses et bilobées, qui entourent le stigmate et le recouvrent de leur pollen d'un blanc jaunâtre à molécules brillantes; ce stigmate, qui s'en imprègne, est une tête aplatie, glutineuse, et chargée à sa base d'un anneau crénelé; le tube staminifère se rompt après la fécondation; le fruit sphérique et verdâtre dans la maturation tombe sans s'ouvrir, et renferme évidemment cinq loges monospermes, dont une ou deux perfectionnent leurs semences; on voit au centre le canal par lequel les vaisseaux nourriciers arrivent de la base au sommet de la semence, dont la radicule est supère.

On trouve encore dans nos serres le *Sempervirens* de la Jamaïque, qui n'est peut-être qu'une variété du précédent, quoiqu'il soit beaucoup plus délicat; il fleurit à l'âge de deux ans et à la hauteur d'un pied; ses fruits servent à le multiplier comme le précédent.

Les fleurs des *Melia*, dépourvues de mouvement, restent toujours droites et ouvertes après l'épanouissement; ses pétales sont en estivation quinconciale, et les connectifs appendiculés des anthères recouvrent le stigmate avant la fécondation.

Les fleurs des *Melia* ne sont pas sensiblement déformées, parce qu'elles sont dépourvues de nectaire proprement dit, et que la fécondation s'opère immédiatement à l'entrée du tube anthérifère.

Trente-cinquième famille. — *Ampélidées.*

Les *Ampélidées* ont un calice petit, entier ou légèrement denté, quatre ou cinq pétales alternes aux divisions du calice, insérés sur un disque glanduleux qui entoure l'ovaire, et quelquefois réunis en corolle monopétale et valvaire; les étamines en même nombre que les pétales auxquels elles sont opposées, avortent quelquefois, mais sortent toujours du disque nectarifère. Les anthères, qui s'ouvrent par deux fentes, sont vacillantes, ovales et insérées sur le dos; le pollen est ovoïde à trois plis, l'ovaire est globuleux et libre, le style très-court et presque nul, le stigmate simple, la baie globuleuse, indéhiscente, est biloculaire dans sa jeunesse et uniloculaire à la maturité; les semences naturellement géminées dans chaque loge, avortent plus ou moins, et sont attachées à l'axe central par un funicule raccourci; leur albumen est dur et charnu, leur embryon droit et de moitié plus court que l'albumen, la radicule est cylindrique et infère, les cotylédons sont lancéolés, carénés d'un côté et planes de l'autre.

Cette famille, qui offre un passage entre les plantes à étamines périgynes et hypogynes, parce que l'ovaire y est enfoncé dans le disque du torus, est formée de végétaux, la plupart sarmenteux et grimpants, à feuilles stipulacées, simples ou composées, et alternes vers le sommet; les pédoncules, rameux et opposés aux feuilles, se changent souvent en vrilles, et les fleurs sont généralement petites et verdâtres.

On la divise en deux tribus : celle des *Sarmentacées,* qui comprend trois grands genres, et celle des *Lééacées,* très-peu connue et dont nous ne parlerons pas.

Sarmentacées.

Premier genre. — *Cissus.*

Le *Cissus* a un calice à peu près entier, quatre pétales qui s'ouvrent du sommet à la base, quatre étamines, un ovaire à quatre loges, et une baie d'une à quatre semences.

On range ses nombreuses espèces sous cinq groupes d'après la composition des feuilles :

1° Celui à feuilles simples ;

2° Celui à feuilles trifoliolées ;

3° Celui à feuilles palmées à cinq folioles ou à cinq divisions profondes ;

4° Celui à feuilles pédiaires de cinq à neuf divisions, dont la moyenne est solitaire ;

5° Celui à feuilles pennées ou bipennées et folioles opposées.

Les *Cissus* sont répandus dans les climats chauds des deux continents, l'Europe exceptée ; leurs principales habitations sont les forêts, les buissons et les haies des Indes orientales et des Antilles, où ils s'élèvent souvent fort haut au moyen de leurs vrilles et de leurs tiges sarmenteuses ; il ne paraît pas que leurs différents groupes affectent des localités particulières, car excepté les espèces à feuilles pédiaires, qui ont été confinées dans les Indes, les autres sont indistinctement éparses en Asie et en Amérique.

Ces plantes varient beaucoup en grandeur ; les unes sont des arbres proprement dits ; les autres, comme le *Glandulosus* et le *Tuberosus*, qui ont leurs racines tubéreuses, ne s'élèvent qu'à quelques pieds, mais toutes ont une tige ligneuse et persistante.

Leur organisation et leur végétation les rapprochent des *Clematis* ; en effet, leur tige sarmenteuse, formée de nœuds qui donnent exclusivement naissance aux feuilles et aux boutons, consiste dans un large canal médullaire, percé dans une substance ligneuse, légère et criblée de trous longitudinaux, comme la *Vigne* et les *Clematis* ; c'est par ces tubes visibles à l'œil que s'élève, dès le premier printemps, la sève qui abonde dans les *Cissus* et les plantes semblablement conformées.

Le développement des *Cissus*, comme celui de la plupart des plantes sarmenteuses, est à peu près indéfini, et ne se suspend guère dans les climats chauds que par l'effet des variations atmosphériques ; cependant les diverses espèces du genre portent souvent, comme la *Vigne*, à leurs aisselles, des boutons revêtus en dehors de deux écailles au-dessous desquelles on en remarque d'autres plus petites, et chez nous l'*Orientalis* perd en automne le haut de ses tiges, ses feuilles, et la plupart de ses vrilles pour développer au printemps ses nouveaux boutons.

Sans doute que cette conformation est loin d'être générale, et que plusieurs *Cissus* ne donnent pas de bourgeons, et conservent même les sommets de leurs tiges ; mais nous connaissons si peu les espèces de ce genre, et elles ont encore été si peu étudiées dans leur climat natal, sous le rapport physiologique, qu'il serait imprudent de rien affirmer sur ce qui les concerne, à cet égard comme à tant d'autres.

Dans l'*Orientalis*, la seule espèce qui soit à ma portée, chaque feuille a sa vrille correspondante et opposée, à partir de la quatrième depuis la base; car les vrilles inférieures auraient été inutiles; ces vrilles, avant leur développement, sont couchées et s'accroissent en même temps que les feuilles d'abord plissées sur leur côte principale, comme dans le reste de la famille; elles sont de plus contournées et régulièrement divisées et terminées d'abord par des fleurs; mais à l'extrémité des branches, les fleurs avortent, et dans des intervalles elles sont demi-avortées. Dans d'autres espèces, la vrille distincte du pédoncule naît à côté de ce dernier, tantôt à l'aisselle, tantôt à l'opposé; et il n'est pas douteux qu'on ne trouvât une foule de variations dans les moyens que la nature a employés pour soutenir les tiges faibles et allongées de ces plantes.

L'inflorescence des *Cissus* a la forme d'ombelle et rarement de panicule; les pédicelles revêtus de bractées se réunissent en cymes nombreux et peu garnis; les fleurs, qui naissent aux différents nœuds, sont quelquefois polygames, monoïques ou même dioïques, ordinairement petites et verdâtres, mais quelquefois aussi jaunes, rouges, violettes et assez grandes. Les baies sont souvent teintes en pourpre, et à leur maturité elles servent de nourriture à une multitude d'oiseaux, ou même à l'homme; cependant on n'emploie guère pour les usages domestiques que le *Quadrangularis* de l'Inde, et l'*Acidus* de l'Amérique, dont les jeunes pousses et les feuilles remplacent très-bien l'*Oseille*.

Les fleurs de l'*Orientalis*, qui naissent toujours sur le bois de l'année, s'épanouissent dès le mois de juillet, les inférieures plus tôt, les supérieures plus tard; elles sont, comme celles de l'*Ampelopsis*, disposées en cymes irréguliers, ou mieux en petites ombelles, dont l'efflorescence générale est simultanée, tandis que la particulière est à peu près centrifuge. Le calice est un renflement à peine sensible, les pétales qui s'ouvrent du sommet à la base, sont verts, à estivation valvaire et promptement caducs; les quatre anthères sont introrses, ovales, bilobées, opposées aux pétales, et s'épanouissent à peu près avec la fleur. Le style est assez allongé, le stigmate est une tête visqueuse et légèrement papillaire, qui peut recevoir immédiatement le pollen jaunâtre des anthères; le torus ou la glande circulaire d'où sortent les étamines, distille sans cesse une grande quantité d'humeur miellée, qui sort sans doute à la fécondation.

Les principales différences qui existent entre les *Cissus*, sont fondées sur la forme des feuilles et la nature de leurs surfaces glabres, velues, tomenteuses ou même ferrugineuses ; sur leurs tiges et leurs rameaux cylindriques anguleux, quadrangulaires, etc., sur leur mode varié d'inflorescence, sur leurs fleurs hermaphrodites, polygames, etc., vertes ou colorées, enfin sur la structure de leurs baies. On ne peut guère douter que, si l'on connaissait mieux ces plantes, dont plusieurs ne sont sans doute que des variétés, on ne parvînt à trouver entre elles des caractères encore plus marqués, sur lesquels on fonderait des sections, ou au moins des groupes plus naturels que ceux que l'on a établis jusqu'à présent.

Ces plantes présentent cependant déjà à l'observateur quelques phénomènes physiologiques ; leurs tiges, dont les lenticelles sont plus multipliées auprès des nœuds, et qu'il ne faut pas confondre avec de petites taches noires et arrondies, se tordent quelquefois, et leurs pétioles genouillés facilitent les mouvements des feuilles ; leurs pédoncules sont de même articulés, en sorte que leurs fleurs prennent toutes sortes de positions.

Les *Cissus*, qui n'ont pas assez d'apparence pour briller dans nos jardins, s'étendent en longues lianes dans les forêts primitives, où leur ombre forme souvent un asile impénétrable aux rayons du soleil. On n'en connaît guère en Europe que trois ou quatre espèces, l'*Orientalis* d'Asie, l'*Acidus* d'Amérique, et l'*Antarcticus* de la Nouvelle-Hollande ; le *Repens* du Malabar est peut-être la seule espèce rampante.

Les feuilles de l'*Orientalis* sont saupoudrées, à l'époque de leur développement, de cette poussière sphérique et résineuse que l'on retrouve sur plusieurs autres plantes, et en particulier sur quelques *Astragales*, et sur l'*Ampelopsis hédéracé*.

DEUXIÈME GENRE. — *Ampelopsis*.

L'*Ampelopsis* a le calice à peu près entier, cinq pétales ouverts du sommet à la base, cinq étamines, un style, un stigmate en tête, un ovaire dégagé du disque du torus et renfermant deux à quatre semences.

Ce genre, beaucoup moins nombreux que le précédent, se divise en trois groupes :

1° Celui à feuilles simples ;
2° Celui à trois ou cinq folioles palmées ;
3° Celui à feuilles ailées.

Les *Ampelopsis*, comme les *Cissus*, ont été dispersés dans les deux continents, mais l'Afrique et les Indes n'en contiennent qu'une espèce, tandis que l'Amérique en renferme cinq; ils ne paraissent pas appartenir au même type, car ils diffèrent, non-seulement par leurs feuilles, mais encore par leurs habitudes; en effet, le *Cordata*, qui croît dans les buissons de l'Amérique septentrionale, et qu'on cultive dans les jardins d'Europe, ne ressemble point à l'*Hederacea* du Canada et de la Virginie.

Ce dernier, que je vais décrire physiologiquement avec quelque étendue, parce qu'il est comme acclimaté en Europe, a été destiné par la nature à recouvrir de ses belles feuilles lustrées, les troncs des arbres et les murs contre lesquels il s'élève à une grande hauteur; pour cet effet, les jeunes tiges ont été pourvues, depuis la quatrième ou cinquième feuille, de vrilles d'une forme particulière, qui manquent régulièrement à une feuille sur trois, et qui sont d'abord logées dans une petite rainure pratiquée le long de la tige aplatie; elles se composent de cinq ou six petits filets, dont l'ensemble imite assez bien une main, et qui, partant d'un pédoncule commun, se terminent en crochets recourbés, évidemment destinés à s'attacher aux corps qu'ils rencontrent, et qui se roulent les uns sur les autres, lorsqu'ils ne sont pas parvenus à se fixer; dans le cas contraire, ils grossissent visiblement et se changent en autant de petites pelotes d'un beau rouge, fortement appliquées contre le corps qui leur sert d'appui; le pédoncule commun continue cependant à s'allonger, mais ne pouvant pas s'étendre parce que les pelotes sont déjà fixées, il se roule en spirale à la manière des vrilles. Il n'y a rien de si régulier, et peut-être de plus élégant que l'arrangement sur la surface d'une muraille, de ces petites mains qui ne tombent jamais, car elles ne sont point articulées, mais qui, lorsque les tiges ont pris assez d'accroissement pour se soutenir par elles-mêmes, se détachent du mur où elles s'étaient fixées, et flottent souvent renversées avec les tiges. On voit alors leur face inférieure terminée en disques aplatis, recouverts encore du mortier blanchâtre que le suc visqueux distillant de la palette avait fixé. Je remarque enfin que ces singulières vrilles se déve-loppent, soit sur la tige principale, soit sur les rameaux qui en avaient besoin pour se soutenir.

L'étendue du développement de cette plante est très-variable: lorsque ses jeunes tiges ne rencontrent pas de corps où elles puissent s'accrocher, leur végétation est languissante; elles ne croissent que de quelques pieds; mais lorsqu'elles réussissent à trouver des points d'appui, elles poussent des jets très-étendus, et atteignent dans leur patrie, la hauteur des plus grands arbres, et dans nos climats celle des murs les plus élevés; elles se rompent en automne à leur dernier nœud.

Les feuilles, en ordre ternaire, sont toujours couchées contre la surface sur laquelle rampe la tige légèrement comprimée. La jeune pousse a son extrémité constamment repliée en arrière et comme appliquée sur elle-même, précaution indispensable pour qu'elle ne fût pas, dans son état de mollesse, arrêtée par un obstacle qui aurait pu la détruire; elle se redresse à mesure qu'elle se développe.

Les bourgeons sont placés au-dessus de la cicatrice des anciennes feuilles, et leurs écailles sont des stipules plutôt que des feuilles avortées. Ils ne contiennent pas, comme ceux de la *Vigne*, une bourre cotonneuse, et ils manquent régulièrement à deux aisselles sur trois: arrangement remarquable, qui permet à la plante de se développer sans embarras.

Les folioles sont plissées sur leur nervure principale, et placées côte à côte avant leur déploiement; à cette époque, elles sont recouvertes de molécules sphériques, transparentes et légèrement glutineuses; les dentelures du contour sont également glanduleuses.

Les fleurs, placées aux extrémités des rameaux et disposées en cymes étalés et irrégulièrement ramifiés, naissent de boutons qui ne contiennent que deux ou trois feuilles, et leurs pédoncules ne peuvent pas, dans ce cas, être assimilés aux vrilles, qui sortent des nouvelles pousses du côté opposé aux feuilles, et ne terminent jamais les rameaux. Ici donc les vrilles sont un organe particulier, et non pas des pédoncules avortés, et je crois que personne n'a jamais vu ces vrilles porter des fleurs, ou les vrais pédoncules s'allonger en vrilles; celles-ci se dessèchent et se détruisent, lorsque leur appui est devenu inutile; ceux-ci, au contraire, tombent après la maturation par une rupture préparée. Ainsi la nature modifie sans cesse ses lois selon les besoins de la plante, et les autres *Ampélidées*, si je les connaissais mieux, me fourniraient sans doute plusieurs faits analogues.

La floraison a lieu à la fin de l'été; les fleurs de la même grappe s'épanouissent irrégulièrement, selon leur exposition, plutôt que d'après une loi particulière. L'estivation est valvaire indupliquée; les étamines sont opposées aux pétales qui contiennent chacun dans leur cavité une anthère introrse, à parois repliées et recouvertes d'une poussière jaunâtre; le stigmate est une tête de clou légèrement papillaire, et on aperçoit autour de l'ovaire dix gouttelettes très-brillantes qui couronnent autant de nectaires rougeâtres et ouverts.

La fécondation est intérieure; au moment où la fleur s'ouvre, les anthères ont déjà fécondé l'ovaire, et les étamines ne tardent pas à tomber; l'ovaire, naturellement formé de cinq loges à deux ovules, se change, pendant la maturation, en une baie violette, à noyau osseux et biloculaire ; souvent même la cloison avorte, et le noyau ne renferme plus qu'une graine à albumen blanc et radicule infère ; ordinairement la cloison est verticale, et l'on voit descendre le cordon pistillaire qui jette quelques processus dans l'albumen. On remarque de plus, à la base de la baie, deux petits corps cylindriques qui paraissent autant de graines avortées.

Les tiges de l'*Ampelopsis hédéracé* ne sont pas fortement sarmenteuses, mais seulement légèrement enflées au point d'insertion de chaque pétiole canaliculé : elles poussent naturellement des racines qui partent des nœuds et peut-être d'entre les lenticelles qu'on y trouve accumulées. Les tiges ne s'allongent que par leurs extrémités, puisque les vrilles restent fixées sur les murs.

Cette plante sert, en Europe, à former des tonnelles, et surtout à tapisser les murs ; les feuilles prennent en automne de belles teintes roses qui font une des parures de la saison.

L'*Ampelopsis cordata* n'a pas des rapports étroits avec l'*Hederacea* ; ses feuilles cordiformes et légèrement trilobées, ont leurs nervures inférieures velues ; ses grappes sont deux fois bifides, et ses vrilles, opposées aux feuilles, manquent surtout dans les nœuds où les bourgeons n'ont pas avorté. Ces bourgeons sont saillants, pointus et formés d'un petit nombre d'écailles.

TROISIÈME GENRE. — *Vitis.*

La *Vigne* a un calice à cinq dents, cinq pétales adhérents au sommet et séparés à la base, cinq étamines, un style, une baie biloculaire à quatre semences qui avortent souvent en partie :

Ce genre se divise en deux groupes :

1º Celui des espèces à fleurs hermaphrodites, originaires de l'ancien continent ;

2º Celui des espèces américaines, à fleurs dioïques ou polygames.

Le premier groupe comprend à peu près douze espèces, la plupart indigènes des Indes, et renfermant sans doute plusieurs variétés. La principale de ces espèces est le *Vinifera*, répandu aujourd'hui dans les différentes parties du monde, et confiné autrefois dans les Grandes-Indes, sa véritable patrie. Cet admirable végétal, dont la culture a obtenu un nombre infini de variétés, n'est arrêté dans son développement que par l'abaissement de la température, car, dans les régions équinoxiales, il végète sans cesse ; mais cette disposition nuit au perfectionnement de son fruit, et surtout au vin qu'on en retire ; parce

I.   33

que des grappes ·qui se succèdent ne mûrissent point à la même époque.

Quoique la *Vigne commune* appartienne aux climats chauds, son organisation lui permet toutefois de supporter le froid de nos hivers; ses articulations supérieures se rompent, il est vrai, aux premières gelées, mais celles qui se sont endurcies et solidifiées n'éprouvent aucune altération à cette époque; la sève qui, pendant la végétation, abondait dans les jeunes branches, descend alors dans les racines, qui, comme le sarment, sont percées de tubes étroits, destinés à la recevoir jusqu'aux premières chaleurs du printemps, où, sous le nom de pleurs, elle s'élève abondamment dans les tiges. Tant que les bourgeons n'en sont pas pénétrés, ils n'éprouvent presque aucune altération de la gelée; mais aussitôt qu'ils ont commencé à se gonfler, ils sont détruits à deux ou trois degrés au-dessous de zéro.

Les jeunes pousses, qui souffrent également de cette température, sont enveloppées à leur naissance de ce même duvet roussâtre qui est si abondant dans les bourgeons; les feuilles sont plissées sur leurs principales nervures, et un peu recourbées en dedans, pour mieux défendre les nouvelles grappes; les trois ou quatre premières sont dépourvues de vrilles dont elles n'ont pas besoin; dans les deux ou trois suivantes, ces vrilles sont changées en pédoncules plus ou moins florifères, selon la richesse du sol et la maturité du vieux bois; car la grappe est la dernière partie qui se forme dans le bouton; les vrilles suivantes portent quelquefois des grains épars, qui prouvent leur double destination; les autres se divisent, s'allongent et se contournent pour trouver des appuis, et elles se dessèchent lorsqu'elles en manquent.

La *Vigne* se développe dans nos climats dès le mois d'avril, et fleurit dans les deux mois suivants; elle répand alors une odeur suave qui approche de celle du *Réséda* et qu'on reconnaît de loin; on voit alors les étamines s'étendre comme autant de ressorts, pour se débarrasser de la corolle capuchonnée qui les recouvrait, et l'on peut remarquer autour de l'ovaire cinq écailles nectarifères, jaunâtres et alternes aux étamines.

La fécondation a lieu en plein air, immédiatement après la chute des pétales, qui se détachent par la base et tombent réunis au sommet; les filets s'éloignent alors du pistil, et les anthères introrses répandent leur poussière jaunâtre sur le stigmate, qui est une tête papillaire toute couverte d'humeur glutineuse.

Dans notre variété *sauvage*, à fruit rouges, petits et douçâtres, la fécondation est intérieure, et les étamines ne se déploient qu'après avoir répandu leur pollen sur le nectaire, qui est une couronne orangée continue et non pas une réunion de cinq écailles ; le stigmate manque entièrement, mais il se trouve sur d'autres pieds qui souvent sont privés d'étamines à anthères fertiles ; en sorte que cette variété sauvage est comme dioïque ou plus exactement polygamique à pieds mâles ou femelles, comme on peut le confirmer par la maturation.

On trouve cette espèce dans la plus grande partie de l'Europe centrale et méridionale ; je l'ai observée abondamment en Piémont et en Savoie.

La variété *sauvage* à fruits blancs et acerbes, qu'on rencontre aussi dans les lieux non cultivés, est-elle aussi dioïque ? Ou n'est-elle, comme je le crois, qu'une dégénérescence de notre *Vigne cultivée ?*

Je n'ai aperçu dans la *Vigne* d'autres mouvements que celui des pétioles qui se contournent en tout sens, et celui des vrilles qui s'étendent comme des fouets, jusqu'à ce qu'elles rencontrent un appui. Les tiges perdent leurs nœuds en vieillissant, et les boutons ne naissent naturellement que sur le bois de l'année précédente ; mais lorsqu'on le retranche, ils sortent des vieilles souches dans les points correspondants aux anciens nœuds.

La *Vigne cultivée* m'a présenté trois espèces de maladies : la première est celle de points noirs et circulaires, semblables à des plantes parasites, et recouvrant à la maturité les baies, sur lesquelles elles s'étendent, principalement du côté de la queue. La seconde est la *brûlure*, qui se manifeste dans les mois d'été par les teintes rougeâtres des feuilles, et qui est due à une altération de la sève ou des vaisseaux séveux, et non pas, comme on le croit quelquefois, à des alternatives de soleil et de pluie. La troisième est le *vélouté* ou la *lèpre*, c'est-à-dire une croûte duvetée et blanchâtre, qui se forme à la surface inférieure des feuilles qu'elle détruit, lorsqu'elle est trop abondante. Cette lèpre, qui paraît formée d'un amas de grains parenchymateux, mêlés de filets difformes et transparents, n'est pas plus que les deux autres particulière à la *Vigne*, car elle se retrouve dans plusieurs autres plantes, par exemple sous les feuilles de l'*Aune*, et sur celles du *Noyer*.

Les grappes mûres ne se détachent pas naturellement de leurs pédoncules, mais les baies se séparent une à une de leurs pédicelles ; elles ont un axe central, auquel adhèrent les pepins osseux, qui sont naturellement au nombre de quatre, mais qui avortent souvent en partie ou même en totalité, comme dans la variété *Apyrena* ; ces pepins sont canaliculés à une de leurs extrémités, et percés dans leur milieu par le cordon ombilical ; les cotylédons sont de moitié plus courts que l'albumen, et la radicule est infère.

Pour expliquer l'origine de ces grappes ou de ces vrilles toujours opposés aux feuilles, Auguste Saint-Hilaire et Turpin supposent qu'elles étaient originairement terminales, et qu'elles ne sont devenues latérales que par le développement du bourgeon primitivement opposé à la feuille, et qui a continué la tige. Ce développement a eu lieu dans un temps antérieur à celui où il aurait pu être aperçu, par la vue simple ou même par les microscopes. Je ne nie pas ce fait, qui peut être conclu par analogie de quelques autres plantes, où il est plus sensible. — Je me contente de remarquer que ces mêmes feuilles, dont les bourgeons se sont développés de si bonne heure, portent ensuite d'autres bourgeons, et que si cette suite d'avortements a eu lieu, elle était en rapport avec la forme de végétation primitive de la *Vigne*.

Les *Vignes* dioïques ou polygames appartiennent presque toutes à l'Amérique du nord et sont encore très-peu connues. Pourquoi ces plantes, de même que plusieurs autres *Sarmentacées*, ne se développent-elles pleinement que lorsqu'elles sont soutenues par un appui?

Les autres espèces de *Vignes* hermaphrodites, si l'on en excepte la *Laciniée* ou le *Cioutat*, qui n'est probablement qu'une variété de la *Vigne commune*, sont encore trop peu connues pour être décrites physiologiquement; elles fournissent des baies plus ou moins agréables au goût, et qui dans leur climat natal, servent de nourriture aux oiseaux.

Quoique la *Vigne* soit un arbrisseau grimpant, elle se rompt naturellement au sommet, comme on peut le remarquer facilement dans les plantes sauvages; chaque aisselle est chargée d'un bouton axillaire, et porte de plus tantôt une vrille, tantôt une jeune branche, dont le bouton pédonculé avorte souvent.

Trente-sixième famille. — *Géraniacées.*

Les *Géraniacées* ont un calice persistant, imbriqué et formé de cinq pièces, dont la supérieure est souvent prolongée en un éperon étroit uni au pédoncule; les pétales au nombre de cinq et rarement de quatre sont alternes aux divisions du calice, égaux et hypogynes, ou inégaux et insérés sur le calice; les filets plus ou moins monadelphes, doubles ou même triples du nombre des pétales, sont égaux ou inégaux, hypogynes ou périgynes, et quelquefois stériles; l'ovaire est formé de cinq carpelles membraneux, indéhiscents biovulés, dont les styles réunis sont appliqués le long d'un axe aminci et pentagone, qui est regardé comme le prolongement du torus, et se terminent en autant de stigmates papillaires et rayonnants. Pendant la maturation, ils se séparent de la base au sommet, et se contournent de diverses manières, entraînant avec eux les carpelles détachés de la base du torus, les semences sont solitaires, rarement géminées, pendantes et dépourvues d'albumen ; l'embryon est recourbé, la radicule fléchie et dirigée vers le fond du carpelle. Les cotylédons, quelquefois lobés, sont ordinairement foliacés, contournés ou différemment roulés sur eux-mêmes.

Seringe (*Annales des Sciences naturelles de la Société d'agriculture de Lyon*, juillet 1838) croit que l'axe aminci et pentagone, sur lequel s'appliquent les styles et que l'on considère comme un prolongement du torus, est uniquement formé par les cinq carpelles réunis, et dont à la dissémination la valve extérieure, devenue libre, se détache avec la graine, et se contourne ensuite de diverses manières. Il appuie son opinion par l'exemple d'un *Geranium colombinum* monstrueux, dont les cinq carpelles séparés les uns des autres laissaient le centre de la fleur vide, et dont quelques-uns s'étaient même entr'ouverts de manière à faire voir qu'ils n'étaient primitivement qu'une feuille repliée ; les cinq cannelures profondes, qui sillonnent l'axe, ne sont ainsi que les cinq carpelles dépouillés de leur valve extérieure, et ils ne portent point de semence, parce que chaque carpelle n'en renferme qu'une ou deux près de sa base.

Ces plantes sont des herbes ou des sous-arbrisseaux, dont les jeunes tiges se renflent aux articulations, et se séparent facilement, comme celles des *Ampelidées ;* les feuilles des nœuds inférieurs sont opposées, les autres souvent alternes, et dans ce cas, elles sont opposées aux pédoncules, qui ne se transforment jamais en vrilles, mais dont les pédicelles sont ordinairement disposés en ombelle.

On divise les *Geraniacées* en cinq genres, dont un seul appartient à l'Amérique du sud, et ne contient que deux espèces ; les quatre autres sont indigènes ou cultivés.

PREMIER GENRE. — *Monsonia.*

Le *Monsonia* a un calice de cinq pièces égales et mucronées, cinq pétales égaux et doubles en longueur du calice, quinze étamines monadelphes à la base et souvent à demi réunies en cinq faisceaux.

On partage ce genre en trois sections :

1° Celle des *Sarcocaulon ;* tige charnue, frutescente et épineuse, feuilles ovales, entières ou légèrement dentées, pédoncules uniflores, étamines seulement monadelphes;

2° Celles des *Holopetalum;* tige herbacée, feuilles ovales dentées, pétales entiers, étamines réunies en cinq faisceaux.

3° Celle des *Odontopetalum;* tige herbacée, feuilles lobées ou multifides, pétales oblongs ou dentés, étamines réunies en cinq faisceaux.

Les *Monsonia,* originaires du Cap et cultivés dans nos jardins, ont le port et l'organisation des autres *Geraniacées,* ainsi que les fruits des *Erodium* et des *Pelargonium;* ils se font de plus remarquer par la grandeur et l'élégance de leurs fleurs bigarrées de diverses couleurs.

Le *Speciosa,* qui appartient à notre troisième section, porte des pédoncules uniflores, chargés à la base de leur articulation de feuilles persistantes, palmées à cinq divisions, tripartito-pennatifides comme les autres; le calice campanulé est allongé; les pétales agrandis sont rouges et promptement caducs; les étamines, réunies en cinq corps, ont leurs filets amincis et terminés par autant d'anthères pivotantes, à loges réfléchies et pollen sphérique; le fruit est formé de cinq carpelles soudés, à styles réunis, stigmates allongés, épais et recouverts des granules du pollen orangé. Je n'ai vu au fond de la fleur ni glande visqueuse, ni organe nectarifère, semblable à celui des *Pelargonium;* en sorte que la fécondation est immédiate; je présume que, pendant la maturation, les calices s'étalent, les étamines se flétrissent, les styles s'allongent et se détachent enfin les uns des autres en se tordant, et peut-être en développant des poils intérieurs, semblables à ceux des *Erodium* et des *Pelargonium.*

L'*Ovata* de la seconde section, qui a la même structure florale, porte aussi cinq carpelles, qui se détachent par la base, et dont les arêtes velues en dedans se tordent en différents sens. Il se propage de rejeton, dit le *Bon Jardinier,* tandis que le *Speciosa* se multiplie de graine.

Ces diverses plantes, qui ne sont pas déformées comme les *Pelargonium,* me paraissent avoir toutes la fécondation immédiate.

DEUXIÈME GENRE. — *Pelargonium.*

Les *Pelargonium* ont un calice quinquéfide dont la division supérieure, droite et allongée, se termine inférieurement en un tube nectarifère, décurrent sur le pédoncule, auquel il est étroitement uni; cinq et rarement quatre pétales égaux ou inégaux, régulièrement ou irrégulièrement disposés; dix filets inégaux et monadelphes, dont sept seulement, quelquefois quatre, cinq ou six sont fertiles; cinq styles appliqués contre un axe central, souvent garnis de poils sur leur face intérieure, et tordus à la maturité, comme ceux des *Erodium*; cinq stigmates allongés et papillaires.

Ce vaste genre, qui compte actuellement près de trois cents espèces, a un nombre double ou triple de variétés, les unes et les autres originaires du Cap, ou au moins de l'Afrique et de la Nouvelle-Hollande, et journellement multipliées par les soins des fleuristes, a été partagé par DE CANDOLLE en douze sections, qu'on peut considérer comme autant de types primitifs, et que j'indiquerai brièvement.

La première est celle des *Hoarea*, qui se reconnaissent à leurs deux pétales supérieurs, allongés et parallèles, ainsi qu'à leurs étamines longuement cylindriques et avortées en grande partie; ils forment actuellement plus de cinquante espèces ou variétés, qu'on partage en trois groupes d'après leurs feuilles oblongues, sagittées ou pennatisectes; leurs racines, qui sont des tubercules nus ou écailleux, donnent chaque année de nouvelles feuilles, et leurs pédoncules radicaux se terminent en ombelle. Une seule espèce, le *Dioïcum*, est annuelle, et mérite d'être examinée physiologiquement.

La deuxième est celle des *Dimacria*, encore peu nombreux, et qu'on reconnaît à leurs cinq pétales inégaux, dont les deux supérieurs sont connivents et étalés au sommet; ils ont cinq étamines fertiles, la supérieure très-courte et les deux inférieures plus grandes que les autres; leurs racines tubéreuses sont aussi dépourvues de tige, mais leurs feuilles sont beaucoup plus divisées que celles des *Hoarea*.

La troisième est celle des *Cynosbata*, dont l'on ne connaît encore que trois espèces; ils ont cinq pétales ovales, presque égaux et à peu près doubles du calice, cinq étamines fertiles, comme les *Dimacria*, des tiges droites et frutescentes, des feuilles cordiformes et plus ou moins lobées, et un tube nectarifère très-peu marqué; ils se rapprochent des *Erodium*, pour le port et la structure florale.

La quatrième est celle des *Peristera*, qu'on distingue à leurs pétales légèrement inégaux, à peu près de la longueur du calice, à leurs quatre ou cinq étamines fertiles plus longues que les autres, ainsi qu'à leurs tiges herbacées rampantes, et à leurs feuilles cordiformes plus ou moins lobées; leur port est celui des *Geranium colombins*, ou quelquefois celui des *Erodium cicutins*, leur tube nectarifère est aussi peu distinct que dans les *Cynosbata*, et l'une de leurs six espèces homotypes est l'*Australe* de la Nouvelle-Hollande.

La cinquième ou celle des *Otidia*, a les pétales linéaires à peu près égaux, plus longs que le calice et pourvus d'une oreillette à la lèvre supérieure; des dix étamines redressées, cinq sont fertiles; des cinq

autres, deux supérieures sont spathulées ou subulées, et trois inférieures sont raccourcies. Ces plantes, au nombre de six, sont frutescentes et charnues; leurs feuilles sont alternes, épaisses, pennatifides;
leurs fleurs petites et blanchâtres sont tachées à la lèvre supérieure;
leur tube nectarifère assez allongé est peu visible.

La sixième ou celle des *Polyactium*, ne comprend que le *Multira-
diatum*, à racine tubéreuse, légèrement caulescente, feuilles pennatisectes et pennatifides, ombelles de vingt à trente rayons et calice
roulé en dehors; ses cinq étamines fertiles sont plus courtes que les
autres, ses pétales ont une tâche noirâtre sur les bords, et son tube
nectarifère a quatre fois la longueur du calice.

La septième ou celle des *Isopétales*, ne renferme non plus que le
Cotyledonis, arbrisseau charnu de l'île Sainte-Hélène, à tiges nues
et rameuses, feuilles cordiformes et ombelles composées; ses pétales
sont blancs et égaux; ses dix étamines, dont cinq ou six sont fertiles,
se recourbent vers le haut, et la division supérieure de son calice est
creusée en fossette nectarifère et non pas en tube.

La huitième ou celle de *Campylia*, a les cinq pétales inégaux, les
deux supérieurs plus grands et légèrement auriculés; ses cinq étamines fertiles sont velues ou pubescentes et redressées, et les deux
supérieures sont recourbées en crochet. On en compte quatorze
espèces mal liées entre elles, et dont les deux plus cultivées sont
l'*Elatum* à tige frutescente et le *Tricolor*, tous les deux distingués par
leur corolle à lèvre supérieure rouge et inférieure blanche. Ces deux
plantes, qui forment dans LINDLEY la subdivision des *Phymatanthus*,
ont un nectaire tubulé très-raccourci, des carpelles ordinairement
féconds et enveloppés dans leur jeunesse d'une bourre laineuse, d'où
sort un style à stigmates étalés et fécondés immédiatement; ensuite
ces carpelles deviennent sensiblement lissés, et quoique je n'aie pas
vu leur dissémination, je ne crois pas que leurs barbes se détachent
et se roulent spiralement en développant des poils.

La neuvième comprend les *Myrrhidium* qui ont quatre et très-
rarement cinq pétales, dont les deux supérieurs sont allongés et souvent rayés, les deux ou trois autres linéaires et beaucoup plus petits;
leurs tiges sont frutescentes ou herbacées, leurs feuilles pennatifides
et même quelquefois multifides, leurs pédoncules ordinairement
biflores à pétales blancs veinés de rose, et leurs étamines anthérifères,
quinées ou septénées. La plus remarquable des neuf espèces qui composent la section, est le *Canariense*, à tige sous-frutescente et feuilles
trifides.

La dixième est celle du *Jenkinsonia*, formé du *Quinatum*, dont les deux pétales supérieurs, plus grands que les autres, sont rayés de pourpre et échancrés au sommet, et dont les sept étamines anthéri-fères, ascendantes ou étalées sont plus longues que les trois autres ; ses feuilles sont palmées et quinquéfides, ses fleurs jaunâtres et veinées.

La onzième ou le *Chorisma*, ne comprend non plus que le *Tetra-gonum*, très-caractérisé par sa tige tétragone et charnue, ainsi que par ses deux pétales supérieurs longuement onguiculés ; ses dix éta-mines, dont sept fertiles, et deux inférieures libres, se réunissent en un long tube incliné vers le bas et genouillé au milieu, ce qui indique sûrement un mode particulier de-fécondation.

La douzième, ou celle des *Pelargium*, renferme deux fois autant d'espèces que toutes les autres ensemble, et comprend les vrais *Pelar-gonium*, qui se distinguent par leur corolle à cinq pétales inégaux et bilabiés, ainsi que par leurs sept étamines anthérifères et inégales ; elle se partage en un grand nombre de groupes dans lesquels on distingue différents types ; les plus remarquables sont :

1° Les *Ciconia*, à pétales unicolores, dont les deux supérieurs sont plus petits et plus étroits, et deux étamines inférieures plus courtes que les autres ; ils comprennent onze espèces ou variétés, parmi les-quelles se trouvent l'*Acetosum*, le *Zonale* et l'*Inquinans*, cultivés dans nos jardins, et qu'on reconnaît à leurs tiges frutescentes, leurs feuilles épaisses, arrondies et souvent tachées de brun.

2° Les *Isopetaloidea*, à pétales à peu près égaux, parmi lesquels on distingue 1° les *Alchemilloïdes*, à feuilles épaisses et odorantes, tiges herbacées, fleurs petites et rayées ; 2° les *Athamahtoïdes*, à feuilles pennatisectes et multifides, tiges sous-frutescentes, fleurs petites et souvent tachées ; 3° les *Gibbosa*, à tiges irrégulièrement renflées, et dont la principale espèce répand le soir une odeur très-agréable ; 4° les *Tristia*, si remarquables par leurs fleurs livides, qui, comme toutes celles de la même teinte, sont fortement odorantes le soir ; 5° les *Fulgida*, multipliés dans nos jardins à cause de l'éclat de leurs fleurs écarlates ou sanguines, et dont les nombreuses espèces, souvent hybrides, ont les tiges plus ou moins charnues, et les feuilles divisées et incisées ; 6° les *Bicolor*, presque tous hybrides et sous-frutescents, à pétales marqués de grandes taches pourpres sur un fond ordinairement blanc ; 7° les *Cortusina*, ainsi appelés de la ressem-blance de leurs ombelles à celles des *Cortuses* ou des *Primules*, et dont les racines sont des tubercules fasciculés, et les tiges celles de sous-arbrisseaux frutescents ou charnus, à feuilles cordiformes ou incisées ; 8° enfin les *Pinguifolia*, à feuilles épaisses et peltées, tiges frutescentes et charnues,

Les fleurs des *Alchemilloïdes* de notre premier type, sont bilabiées ; celui que je vois a les feuilles, veloutées, épaisses, cordiformes et lobées ; ses deux pétales supérieurs sont ovales, rayés et divariqués, les trois inférieurs linéaires et allongés. C'est le long de la rainure formée par ces derniers, que sont couchées sur deux rangs les sept anthères, dont quatre plus élevées ; elle s'ouvrent les unes et les autres du côté supérieur, en face du tube nectarifère, et répandent, à travers leurs parois qui se détruisent plutôt qu'elles ne s'ouvrent, un pollen jaunâtre et granuleux qui tombe en partie dans le tube nectarifère, et reste en partie adhérent ; assez long-temps après, les stigmates s'étalent et sont fécondés soit par l'*aura* qui sort du tube, soit par le pollen encore adhérent, soit enfin par les anthères voisines.

3° Les *Platipétales*, à pétales supérieurs et élargis, courts et très-obtus ; ils renferment deux espèces à pétales rayés de pourpre et tige sous-frutescente.

4° Les *Anisopétales*, à tige sous-frutescente et pétales supérieurs, allongés et élargis. Cette division, la plus nombreuse de toutes et qui comprend près de cent cinquante espèces, se distingue en sept sous-types : 1° les *Glaucescentia*, à feuilles glauques, épaisses et presque toujours glabres ; 2° les *Lineata*, à pétales supérieurs, marqués de raies parallèles, feuilles épaisses, ovales ou cordiformes ; 3° les *Tomentosa*, à pétales blancs, étroits et feuilles cordiformes, mollement tomenteuses ; 4° les *Papilionacea*, à feuilles cordiformes et dentées, pétales inférieurs linéaires, supérieurs pourprés et rayés ; 5° les *Purpurascentia*, à fleurs pourprées, pétales inférieurs oblongs ou ovales, feuilles cordiformes ou cunéiformes, dentées ou lobées ; 6° les *Crispa*, à feuilles lobées, finement dentées, souvent relevées ou imbriquées sur les bords ; enfin 7° les *Radulæ*, à fleurs pourprées ou blanchâtres, feuilles divisées au-delà du milieu, lobes dentés, incisés ou pennatifides.

On ne peut guère s'empêcher de croire que les nombreuses espèces de *Pelargonium*, qu'on trouve originairement presque toutes réunies dans une petite contrée du midi de l'Afrique, ne soient dues en grande partie à des fécondations adultérines, comme celles des *Oxalis*, des *Erica* et d'autres plantes du même climat où la température favorise si puissamment la végétation, et où l'atmosphère, presque toujours agitée, disperse au loin les poussières fécondantes. Cette opinion est d'autant plus fondée, que plusieurs d'entre elles sont des hybrides de parents reconnus, et que chaque jour nous voyons naître dans nos jardins de nouvelles hybrides ou plutôt de nouvelles variétés de *Pelargonium*, qui se multiplieraient bien plus si plusieurs d'entre elles ne restaient infécondes.

Ces diverses monstruosités naturelles ou artificielles n'altèrent guère la forme actuelle du genre, car la plupart de ses caractères extérieurs restent constants, ainsi que la symétrie de la fleur, son tube nectarifère, ses carpelles avec leurs styles velus et tortillés; cependant ces *Pelargonium*, dont nous ne pouvons pas changer essentiellement la structure, ont subi dans les mains de la nature une altération primordiale; car leur fleur, d'abord composée d'un calice à cinq divisions égales, de cinq pétales égaux et semblablement placés, de dix étamines à filets libres, ou peut-être soudés, a été transformée en une fleur à calice inégal et nectarifère, dont les deux pétales supérieurs ont seuls conservé leur forme, et à étamines, dont les unes sont avortées, tandis que les autres prennent des positions très-variées.

La cause de ces transformations, qui s'opèrent en partie sous nos yeux, et en partie à une époque où elles ne peuvent être aperçues, est sans doute due à la présence du tube nectarifère qui n'existe pas dans les autres *Géraniacées*; comme la liqueur dont il est rempli devait jouer un rôle principal dans la fécondation, il importait qu'elle communiquât librement et immédiatement avec les deux organes sexuels; en conséquence, les pétales supérieurs se sont redressés, les inférieurs se sont fortement abaissés, les anthères inférieures ont aussi disparu, et les autres ont pu exécuter avec facilité leurs divers mouvements; car tous les organes floraux se sont subordonnés à celui qui était chargé du rôle principal.

Mais il y a eu de plus un grand nombre de modifications relatives à la fécondation elle-même, au nombre des étamines fertiles, aux anthères d'abord latérales introrses, dans lesquelles on aperçoit encore les traces de leur première ouverture, et qui exécutent des mouvements plus ou moins compliqués; celles qui étaient placées sur les bords du tube nectarifère ont retourné leur ouverture contre le tube; les autres se sont allongées pour l'atteindre plus facilement, toutes se sont déjetées, d'abord du côté du tube avec les stigmates, puis du côté opposé, lorsque la fécondation a été terminée.

Je n'entre pas ici dans des détails très-remarquables qui diffèrent beaucoup selon les sections, et souvent aussi selon les groupes ou même les types. Je me contenterai de faire observer la fécondation des espèces dont le tube nectarifère est raccourci ou à peu près nul, celle du *Chorisma* ou *Pelargonium tetragonum*, et celle où les étamines agrandies accompagnent les styles dans leurs divers mouvements, et j'ajouterai que les fécondations sont souvent indirectes; car les anthères, dans plusieurs cas, ont déjà répandu leur pollen, lorsque les lobes du stigmate ne sont pas encore épanouis; quelquefois, au contraire, ces lobes sont épanouis sans que le pollen soit sorti de l'anthère.

Avant l'épanouissement, les fleurs, d'abord contenues dans la collerette ou les stipules de la base de l'ombelle, s'en dégagent successivement, et après être restées quelque temps pendantes, elles redressent leurs pédoncules et leurs fleurs plus ou moins inclinées; lorsque cette opération est achevée, les carpelles se déjettent quelquefois, comme dans les *Alchemilloïdes*, mais plus souvent ils se relèvent les uns après les autres, sans présenter toutefois ces pédoncules coudés qui distinguent les *Erodium*; ensuite, ils se détachent par la base, et les styles se contournent en restant suspendus à leur sommet; enfin ils se sèment, comme les *Erodium*, de manière que la pointe la plus aiguë de la graine est toujours celle qui s'enfonce dans le sol et qui correspond à la radicule; cette opération dure plus ou moins longtemps, selon le nombre des rayons de la même ombelle, et dans celles qui sont bien garnies, ainsi que celles du *Triste*, il y a souvent des carpelles détachés, et d'autres dont les fleurs ne sont pas encore épanouies; dans le *Capitatum*, au contraire, qui est peut-être un hybride, toutes les fleurs paraissent en même temps.

Les *Pelargonium* diffèrent beaucoup pour l'époque et la durée de la floraison, les *Hoarea* et en général ceux à racine tubéreuse, repoussent toutes les années de nouvelles feuilles et de nouvelles fleurs; en sorte que, sous ce point de vue, ils ressemblent aux annuels; les autres donnent des fleurs toutes les années, quelquefois à une époque déterminée, mais souvent pendant plusieurs mois et quelquefois la plus grande partie de l'année; ces fleurs sont toutes, je crois, sans mouvement, et ne durent guère plus d'un jour, au moins lorsqu'elles se développent en liberté dans leur climat natal; en général, elles sont inodores et ne se distinguent qu'à l'éclat de leurs couleurs, mais quelques-unes, comme les *Tristia*, ont, au contraire, des parfums très-suaves.

Les pédoncules sont axillaires, et l'efflorescence est centripète; cependant les tiges n'acquièrent qu'une certaine hauteur; il faut donc que leurs sommités se rompent, ou que les tiges florales périssent; quelques espèces, comme le *Scutatum*, ont les tiges sarmenteuses, et par conséquent beaucoup plus développées.

Les feuilles affectent mille formes différentes, depuis la plus simple à la plus composée; mais elles sont toujours plissées sur leur nervure principale, ou sur les principales nervures quand elles sont lobées; leurs surfaces glabres et plus souvent velues portent ordinairement des poils glanduleux, comme les stipules, les calices et même les dentelures; le *Zonale* et quelques autres sont marqués de taches brunes et circulaires.

Les étamines des *Pelargonium* sont périgynes, si du moins on considère le fond du nectaire comme la base de la fleur, et en effet son intérieur est tapissé par la membrane du torus, et ses parois extérieures
sont évidemment calicinales; les pétales et les étamines adhérent au
calice, et les pistils eux-mêmes, au lieu d'occuper le centre de la fleur,
sont portés sur une saillie de ce même calice; les fleurs sont sans
doute naturellement diurnes, comme celles des *Erodium* et des *Geranium*, mais comme elles ont été déformées, soit par la nature, soit par
des fécondations adultérines, et qu'elles ont toutes un plus ou moins
grand nombre d'étamines avortées, il s'ensuit que leurs pétales restent
souvent plusieurs jours sans tomber; mais cette altération dans les
étamines ne nuit point à la dissémination qui s'opère, comme dans
les *Erodium*, par la torsion des styles et la rupture de la gaîne qui
renfermait les poils, au moyen desquels les semences se dispersent.

Le principal phénomène que présente ce genre, c'est celui de ce
singulier nectaire qui, sous des formes assez variées, accompagne
toutes les espèces, et paraît uniquement destiné à recevoir le pollen
des anthères qui s'inclinent toujours sur ses bords. Que devient ensuite
ce pollen? Cette question m'a d'abord assez embarrassé : j'ai cru qu'il
s'y dissolvait comme l'eau dissout le sel, et qu'il émettait ensuite des
émanations par lesquelles les stigmates étaient fécondés; aujourd'hui
je suis persuadé que ses globules se rompent sur la surface de la
liqueur miellée, et que les boyaux qui en sortent, soit par leur propre
légèreté, soit par les mouvements successifs de dilatation et de contraction des globules ouverts, arrivent immédiatement sur l'organe stigmatoïde, au moins dans le très-grand nombre des plantes. Il reste à expliquer les diverses dispositions des anthères autour du tube mellifère,
leur nombre dans chaque espèce ou du moins dans chaque type,
leur rapport de grandeur, etc.; mais dans l'état actuel du genre, et
d'après le nombre des espèces adultérines dont il est chargé, un tel
travail est impossible; ce qui reste évident, c'est qu'au milieu des altérations qu'ont subi et que subissent encore ses diverses espèces, toutes
celles qui sont restées fertiles présentent des anthères qui, à l'époque
de la fécondation, se relèvent contre le tube nectarifère pour répandre
leur pollen dans la liqueur miellée.

TROISIÈME GENRE. — *Geranium*.

Le *Geranium* a un calice de cinq pièces égales, cinq pétales égaux,
dix étamines alternativement plus courtes et presque toujours fertiles,
cinq glandes nectarifères à la base de grandes étamines, cinq carpelles

à styles glabres, et qui, dans la dissémination, se roulent en spirale de la base au sommet.

On partage ce genre en trois groupes :

1° Celui des espèces vivaces, à pédoncules uniflores ;

2° Celui des espèces vivaces, à pédoncules biflores ;

3° Celui des espèces annuelles, à pédoncules biflores.

Les *Geranium* sont des herbes vivaces ou annuelles, et rarement des arbrisseaux, à tiges articulées et feuilles bistipulées opposées près de la base et alternes au sommet. Ces feuilles, toujours simples et pétiolées, sont quelquefois irrégulièrement pennatiséquées, mais pour l'ordinaire divisées en trois ou cinq lobes subdivisés, et à nervures palmées ; leurs fleurs, presque toujours d'un rouge violâtre, sont régulières, hermaphrodites et portées sur des pédoncules uniflores ou plus souvent biflores, qui naissent à l'aisselle des feuilles ou qui leur sont opposés.

Les espèces du premier groupe, qui ne paraissent pas appartenir au même type, et qui sont dispersées dans la Nouvelle-Zélande, les Andes, le détroit de Magellan, la Sibérie, et en général les régions élevées et froides des deux continents, sont des herbes vivaces, rampantes ou même dépourvues de tiges.

La principale et peut-être la seule espèce européenne de ce groupe est le *Sanguineum*, qui croît dans les expositions chaudes et stériles, sur les bords des bois et au milieu des rochers où il fleurit au printemps ; sa racine est un rhizome épais d'un beau rouge, comme les tiges et les pédoncules ; ses feuilles, recouvertes de longs poils blanchâtres, sont arrondies et divisées en cinq ou sept lobes trifides, et ses pédoncules uniflores par avortement, comme dans la plupart des espèces du groupe, portent quelquefois deux fleurs en ombelles, que l'on peut toujours apercevoir dans le premier développement des boutons.

L'estivation du calice est quinconciale, les deux sépales extérieurs portent trois stries, les deux intérieurs n'en ont qu'une, et le dernier, moitié intérieur et moitié extérieur, en a deux ; la corolle est en estivation tordue, et les pétales sont légèrement plissés dans le calice terminé par cinq arêtes.

Les anthères sont naturellement introrses, et les cinq principales se couchent horizontalement, pour répandre leur pollen bleuâtre et globuleux sur l'humeur miellée, qui sort en abondance des cinq glandes placées à la base extérieure des cinq grandes étamines ; les cinq autres anthères se renversent également, et répandent leur pollen de la même manière, au moment où les stigmates sont encore roulés les uns sur les autres, et par conséquent hors d'état de recevoir le pollen; en sorte que la fécondation ne peut avoir lieu que par les anthères des autres fleurs ou par les émanations du pollen tombé dans l'humeur miellée. Il n'y a rien de si élégant que cette plante, étendant sur les rochers ses feuilles couronnées de fleurs épanouies et d'autres plus avancées, répandant en pleine liberté leurs graines échappées des carpelles renversés.

Les *Geranium* de notre second groupe, qui ne peuvent pas être séparés physiologiquement des premiers uniflores par avortement, ont entre eux de grands rapports pour l'inflorescence et la forme générale des feuilles; ils perdent leurs tiges en hiver et repoussent de leurs racines, qui sont autant de rhizomes, les uns tronqués à la base comme les *Batrachium* de Koch, les autres à racines fusiformes, fortes, descendantes, simples ou rameuses, ainsi que les *Batrachioïdes* du même auteur.

On les trouve dans les climats tempérés, auprès des ruisseaux, à l'ombre des bois et dans les prairies élevées qu'ils embellissent de leurs fleurs bleues, rouges ou blanchâtres et souvent rayées; ils sont très-nombreux et dispersés çà et là dans l'ancien continent; mais leur véritable patrie est l'Europe et la Russie méridionale; ceux qui nous appartiennent, et dont nous devons surtout nous occuper, peuvent être rangées sous quatre ou cinq types, celui des *Batraciens* indiqué depuis long-temps, celui des *Batrachioïdes*, celui des *Reflexum*, celui de l'*Anémoïdes* et celui du *Macrorhize*.

Celui des *Batraciens*, le plus riche en espèces, comprend le *Sylvaticum*, le *Strictum*, le *Nodosum*, le *Palustre*, l'*Aconitifolium*, le *Pratense*, le *Longipes* à pédoncules très-allongés et quelques espèces du nord de l'Asie, telles que le *Dahuricum*, le *Bifolium*, le *Cristatum* de l'Albanie, le *Napaulense*, à pédoncules fortement divariqués, et le *Wallichianum* à stigmates très-allongés. Ces diverses plantes ont les feuilles assez épaisses, velues ou plus ou moins lobées; les fleurs grandes, étalées et non réfléchies, ordinairement rougeâtres ou pourprées, quelquefois blanchâtres, comme dans le *Striatum* et l'*Aconitifolium*; celui des *Batrichioïdes* n'est guère formé que de l'*Argenteum* et du *Pyrenaicum*.

Leur fécondation ne diffère pas de celle de notre premier groupe; au moment où les fleurs s'épanouissent, les cinq anthères principales se couchent horizontalement, pour répandre leur pollen bleuâtre sur les poils humides qui bordent les onglets des pétales, et qui sont placés exactement au-dessus des cinq glandes nectarifères; les cinq autres renversent leurs anthères dans le même but, et les cinq stigmates, qui ne sont papillaires qu'en dedans, ne s'ouvrent qu'après l'émission du pollen dont les molécules sphériques adhèrent toutefois long-temps sur les parois retournées et déjà flétries des anthères. Cette fécondation dure deux jours, comme celle du *Sanguineum*, et les stigmates ne s'étalent que le second jour, et souvent après la chute des pétales; on voit bien les granules du pollen se rompre sous les poils humides qui en sont saupoudrés, et dans le *Wallichianum* du Népaul, à pétales d'un beau pourpre, on peut remarquer que les stigmates violets et fortement papillaires, dès la première émission du pollen, s'étendent et se recourbent vers le bas pour recevoir les granules eux-mêmes ou leurs émanations.

Le deuxième type, ou celui des *Réfléchis*, est principalement formé de deux espèces : le *Reflexum* ou le *Phœum*, dont le *Lividum* n'est guère qu'une variété. On les reconnaît à leurs feuilles opposées aux fleurs, à leurs carpelles striés transversalement, sans doute par défaut de développement, et surtout à leur corolle d'un brun foncé qui, dès qu'elle s'ouvre, réfléchit fortement ses pétales par le mouvement élastique de leurs onglets. A la fécondation, les filets d'abord lâches se redressent, les anthères entourent le stigmate non encore développé, s'ouvrent bientôt en dehors, et laissent tomber leur pollen sur le fond velu de la corolle, et sur les cinq nectaires à bouche béante qui entourent l'ovaire; enfin le stigmate étale ses cinq lobes papillaires, fécondés, par les émanations des granules sortis de l'humeur miellée, et peut-être par les anthères des autres fleurs, et c'est là sans doute la cause finale pour laquelle les pétales sont ici réfléchis et les anthères extrorses. Ces pétales, en conséquence, restent long-temps sans tomber.

Le troisième type est celui de l'*Anemonefolium* ou *Balmatum* de CAVANILLES, plante frutescente des Canaries, dont la tige cylindrique s'allonge chaque année par le développement des feuilles qui naissent à son sommet, où elles sortent de l'aisselle d'une bractée élargie et persistante ; c'est de l'aisselle de ces mêmes écailles que s'élèvent plus tard des pédoncules à pédicelles biflores. Les fleurs grandes et pourprées ont les glandes nectarifères des autres types, mais sont dépourvues de poils ciliés ; les étamines toutes placées sur le même rang n'ont pas leurs anthères renversées régulièrement, et les stigmates creusés en gouttière ne sont que légèrement papillaires. Il y a donc ici une forme différente de fécondation, et qui consiste principalement dans l'égalité des étamines et l'absence des cils ; les lobes du stigmate ne s'étendent que long-temps après l'émission du pollen sphérique, jaunâtre et adhérent, et le tube floral est percé de cinq petits canaux cylindriques, qui communiquent directement avec les glandes. Après la fécondation et pendant la maturation des graines, la végétation est suspendue, et il se forme au sommet de la tige un bourgeon écailleux, qui commence à se développer en automne.

Enfin, mon dernier type est celui du *Macrorhiza*, qui a reçu son nom de l'épaisseur de son rhizome, et qui est originaire du midi de l'Europe, où il se fait remarquer par l'odeur bitumineuse de ses poils glanduleux; son calice est renflé, ses pétales sont à peine ciliés, son long style se recourbe et se déjette avec les étamines avortées souvent en partie; sa fécondation est indirecte, car les stigmates ne sont pas encore développés quand les anthères ont déjà répandu leur pollen, et ils ne peuvent ainsi que recevoir le pollen des étamines voisines, qui, à cette époque, sont toujours redressées et rayonnantes; aux approches de la dissémination, le calice qui était resté toujours fermé s'ouvre horizontalement, et les carpelles détachés et roulés sur leurs arêtes, laissent échapper leurs graines nues, comme dans les autres espèces du genre. Toutefois, la fécondation pourrait s'opérer aussi par l'humeur miellée.

Le principal phénomène des plantes de ce second groupe, c'est celui des mouvements variés de leurs pédicelles: au moment de l'inflorescence, ces deux pédicelles jusqu'alors rapprochés s'écartent, pour que les fleurs soient moins gênées dans leur développement et puissent mieux recevoir l'influence salutaire de la lumière; elles s'épanouissent toujours l'une après l'autre, et celle qui se montre la première est celle qui est la plus voisine de la tige, et dont le pédicelle est le plus raccourci. Quelquefois, comme dans le *Pyrenaicum* et la plupart des *Batraciens*, les pétales sont régulièrement disposés; quelquefois, au contraire, comme dans le *Macrorhize*, ils se séparent en deux lèvres plus ou moins marquées; enfin, souvent ils se rapprochent la nuit et s'écartent le jour; dans le *Phœum* et les espèces homotypes, ils se rejettent fortement en arrière durant la fécondation, parce qu'autrement leurs anthères déjetées n'auraient pas pu exécuter leurs mouvements.

La reproduction de ces *Geranium* a toujours lieu par leurs semences, et quelquefois aussi par leurs rhizomes; j'ai vu ceux du *Phœum*, rompues en petits fragments épars sur le sol, développer séparément de nouvelles pousses, comme on l'observe aussi dans les *Sedum*, les *Polygonatum* et diverses *Anémones*.

Les *Geranium* biflores, annuels ou plus souvent bisannuels, qui forment notre troisième groupe, comprennent dans le Prodrome treize

I.   34

espèces, la plupart indigènes et presque toutes européennes, que je range sous trois types :

Le premier est celui du *Molle*, du *Pusillum* et du *Rotundifolium*, qui habitent le long de nos murs et de nos haies, où ils fleurissent pendant tout l'été et se ressèment continuellement; aussi forment-ils dès l'automne de jolies rosules de feuilles arrondies, légèrement lobées, et du centre desquelles naissent des tiges pédonculées et protégées d'abord par des bractées; leurs anthères, dont cinq avortent communément dans les deux premières espèces, versent immédiatement leur pollen granuleux sur les stigmates étoilés, papillaires et quelquefois ciliés, comme dans le *Rotundifolium*. On trouve cependant au fond de toutes ces fleurs des glandes nectarifères recouvertes de poils qui reçoivent les granules tombés des anthères.

Le second est celui à feuilles fortement lobées ou même multifidés, et tiges simples, souvent divariquées; on y place le *Divaricatum*, le *Columbinum*, le *Dissectum*, le *Bohemicum*, tous indigènes, et le *Carolianum* de l'Amérique septentrionale; ces plantes ne sont pas gazonnantes et hybernales comme celles du groupe précédent, mais elles périssent en automne et reparaissent au printemps dans nos champs et nos cultures, en sorte que leur floraison est assez tardive. Leur fécondation se rapproche de celle de nos *Geranium* vivaces, c'est-à-dire que les cinq anthères intérieures répandent promptement leur pollen, et que les cinq autres se renversent pour le laisser tomber sur les glandes nectarifères et les cils des pétales.

Le troisième type est formé de deux plantes annuelles ou plutôt bisannuelles : le *Lucidum*, à feuilles arrondies et calices pyramidaux repliés transversalement, et le *Robertianum*, si commun autour des haies et des rochers humides, et remarquable par son odeur, ses feuilles à lobes trifides, pennatiséqués, et les longs poils étalés qui recouvrent toutes ses parties. La fécondation de ces plantes ressemble à celle des *Geranium* annuels de notre premier type : les dix anthères introrses serrent de près le stigmate étoilé sur lequel elles répandent immédiatement leur pollen briqueté, et les pétales imberbes forment par leur ensemble, surtout dans le *Robertianum*, cinq tubes cylindriques qui aboutissent à autant de glandes nectarifères.

Le *Robertianum*, et probablement aussi les espèces du premier type, ne périssent qu'après avoir fleuri, parce que leur tige est centrale; j'ai vu dans les bois le *Robertianum* se conserver plusieurs années, parce qu'il ne fleurissait pas.

Après la fécondation, les calices se referment étroitement, et à l'époque de la dissémination, ils s'ouvrent horizontalement et comme par le ressort de leur nervure moyenne endurcie; ils découvrent leurs carpelles ridés et réticulés qui se désarticulent de leurs arêtes; les carpelles du *Robertianum* restent alors suspendus et flottants sur deux filets blanchâtres, et l'arête se dégage ensuite du sillon où elle était retenue.

Les diverses espèces qui forment notre dernier groupe, quoique fort communes et vivant les unes auprès des autres, restent toujours très-distinctes, et leurs fleurs régulières au moment où elles s'épanouissent ne durent jamais plus d'un jour.

Le phénomène le plus remarquable que présentent les *Geranium*, c'est celui de leur dissémination : lorsque la maturation est achevée, la coque membraneuse et ouverte inférieurement qui renferme les graines non adhérentes, se détache du torus sur lequel elle était fixée par sa base ouverte, et le bec qui la termine se dégage par un mouvement élastique du sillon de l'axe central dans lequel il était renfermé; ensuite il se roule rapidement sur lui-même, et par la secousse qu'il lui imprime, il dégage la graine de sa coque ouverte qu'il ramène vide et retournée près du sommet de l'axe central. Il n'y a rien de si digne de fixer l'attention de l'observateur que la précision avec laquelle ce mouvement s'exécute, si ce n'est peut-être la cause finale pour laquelle il a lieu : les graines, qui devaient sortir de leurs coques sans être transportées au loin, n'avaient pas besoin d'un bec qui se roulât en spirale, en développant au-dehors une aigrette de poils qui le soutînt dans les airs, comme cela a lieu dans les *Erodium* et les *Pelargonium*, dont les coques n'abandonnent jamais leurs graines. Quelle convenance entre le but et les moyens !

Les *Geranium* annuels de notre troisième type, c'est-à-dire le *Lucidum* et le *Robertianum*, sont, je crois, les seuls dans lesquels les arêtes ne se roulent point, parce qu'à la dissémination leurs calices s'étalent horizontalement, tandis que dans les autres espèces, les carpelles ont besoin d'être dégagés de l'intérieur des calices qui restent redressés. Cet épanouissement des folioles calicinales qui précède la dissémination, et qu'on peut voir non-seulement dans le *Robertianum*, le *Lucidum*, mais aussi dans le *Macrorhizon* à calice enflé, s'exécute au moyen des filets qui, au lieu de se dessécher après la fécondation, comme dans les autres espèces, s'épaississent au contraire à la base, et deviennent enfin des arêtes cartilagineuses et élastiques, qui, en se débandant, écartent fortement les sépales, ensuite les achénes se détachent du bec en restant suspendus à un filet, et les coques qui ne sont pas ouvertes à la base se sèment avec leurs graines. Lorsque les filets ne s'endurcissent pas, mais se dessèchent, comme cela a lieu dans le grand nombre des espèces, les folioles du calice s'écartent d'elles-mêmes, ainsi qu'on peut le voir dans les *Dissectum*, etc.

Le *Cristatum* de l'Albanie, dont le port et l'organisation générale sont tout-à-fait semblables au *Pyrenaicum*, a ses coques chargées sur le dos de crêtes relevées comme celles de l'*Onobrychis caput galli*; par conséquent le bec ou le style ne se déroule pas, mais il se flétrit avec l'axe qui le porte et les lobes du calice; les coques se détachent ensuite, en laissant voir sur leur face infère une ouverture qui correspond à la graine; on remarque enfin que les pédicelles se recourbent près du sommet, et accrochent ainsi les calices à l'époque de la maturation.

Les *Geranium*, comme les *Erodium*, ont presque tous les fleurs diurnes; l'épanouissement a lieu dès le matin, à peu près en même temps que la fécondation, et les pétales tombent le soir. Toutefois il y a des exceptions à cette règle, car dans le *Phœum* et le *Reflexum*, ils persistent plusieurs jours, étalés horizontalement ou même réfléchis par l'effet de la courbure de la lame élastique qui forme la base de l'onglet; en conséquence, leur fécondation ne s'opère pas en un seul jour : les deux phénomènes sont ainsi intimement liés.

On peut remarquer enfin que les coques des divers *Geranium* correspondent aux intervalles des lobes du calice, et qu'ainsi leur retournement devient encore plus facile. Koch subdivise les trois sections de ses *Geranium* d'après la considération de leurs valves ridées, plissées ou lisses; mais la forme extérieure de ces valves ne me paraît pas avoir des rapports avec l'organisation générale, et par conséquent n'entre pas dans notre plan.

QUATRIÈME GENRE. — *Erodium.*

L'*Erodium* a cinq sépales égaux, cinq pétales réguliers ou irréguliers, dix étamines légèrement monadelpes, et dont cinq anthérifères et alternes aux pétales sont glanduleuses à la base; cinq styles barbus sur leur côté intérieur et roulés en spirale à la dissémination.

On divise artificiellement ce genre en deux groupes :

1° Celui à feuilles pennatiséquées ou pennatipartites, c'est-à-dire partagées ou non partagées jusqu'à la nervure principale;

2° Celui à feuilles entières ou plus ou moins lobées.

Les *Erodium*, réunis autrefois aux *Geranium*, en ont été justement séparés par L'HÉRITIER, soit à cause de leurs pédoncules multiflores et de leurs cinq étamines avortées, soit surtout en raison de la conformation de leurs carpelles. Leurs nombreuses espèces, qui s'accroissent tous les jours, habitent principalement les deux côtes de la Méditerranée, les îles et les montagnes adjacentes ; d'autres sont dispersées dans la Russie européenne et asiatique, etc., deux enfin se trouvent au pied des Andes, et trois au Cap de Bonne-Espérance. Le *Cicutaria*, le plus commun de tous, est répandu sous plusieurs variétés en Europe, en Orient et sur les côtes septentrionales de l'Afrique.

On peut séparer ces plantes en plusieurs types d'après leur port, leurs feuilles et d'autres caractères non moins importants ; je me contente d'en remarquer sept :

1° Celui des espèces dépourvues de tige, à feuilles pennatiséquées, à pédoncules presque toujours pauciflores, et parmi lesquelles je place le *Supracanum* de l'Espagne, le *Glandulosum* à feuilles pubescentes de la même contrée et des Pyrénées, le *Petrœum* du Languedoc, à pétales tronqués deux fois aussi longs que le calice, et enfin le *Chrysanthum* du Parnasse, à feuilles soyeuses bipennatiséquées et fleurs jaunes ;

2° Celui des *Cicutaria* ou des espèces caulescentes, à feuilles plus ou moins pennatiséquées et pédoncules multiflores très-allongés. J'y place comme espèces ou comme variétés le *Moschatum* à odeur de musc, le *Fordilioides* des pentes rocailleuses d'Alger, le *Botrys* de l'Italie méridionale, de la Corse et de la Mauritanie, tout hérissé de poils hispides et réfléchis au bas des tiges, le *Cicutarium* lui-même à formes très-variables, mais distingué par ses pédoncules nombreux, ses pétales toujours un peu inégaux, et enfin le *Ciconium* des bords de la Méditerranée, dont les sépales portent de longues barbes, et dont les deux pétales supérieurs sont légèrement échancrés. Dans ces plantes, et celles qui leur ressemblent, les étamines fertiles ont la base plus ou moins dilatée ; les anthères répandent immédiatement leur pollen sur les stigmates étoilés, sur les cinq glandes du torus et sur les cils qui bordent les onglets des pétales ; il arrive même assez souvent que le pollen sort des anthères, avant que les stigmates soit entièrement développés ; mais toujours les stigmates se referment dès qu'ils ont reçu les globules fécondateurs, soit immédiatement des anthères, soit médiatement des cils placés à la base des pétales ;

3° Celui des *Gruinum*, à feuilles trilobées, dont la principale espèce est le *Gruinum* de la Crète, de l'Espagne et du nord de l'Afrique, et dont les autres sont le *Murcicum* de l'Espagne et des côtes voisines de la Barbarie, le *Chium* de l'Archipel et des environs de Naples, etc. Toutes ces plantes annuelles ont la même fécondation que les *Cicutaria*, et se distinguent par leurs dimensions plus fortes, leur bec plus long et plus épaissi. J'ai remarqué que le *Gruinum* renfermait dans chaque carpelle deux graines que leur pression mutuelle déformait ;

4° Celui des *Malachoïdes*, qui ont le port et les fleurs des *Cicutaria*, mais dont les feuilles sont cordiformes, crénelées et quelquefois légèrement trilobées : ce sont le *Malachoïdes* proprement dit, des deux côtes de la Méditerranée, à étamines toutes lancéolées, le *Malopoïdes* de la Sicile et des côtes d'Afrique, recouvert d'un duvet soyeux, le *Nervulosum* de la Sicile, et deux autres espèces, le *Glaucophyllum* de l'*Egypte* et l'*Ægyptiacum* à tiges redressées, feuilles lobées et pédoncules à peu près triflores, et enfin l'*Héliotropoïdes* dont la patrie est, je je crois, encore inconnue, et qui mérite d'être distingué de toutes ses congénères par ses aigrettes plumeuses et non pas simplement velues ;

5° Celui de l'*Hymenodes*, qui croît sur les pentes de l'Atlas, et auquel je joins le *Gussoni*, des environs de Naples. Ces deux plantes vivaces ont les pédoncules multiflores des *Cicutins*, et les feuilles plus ou moins trilobées ; mais ce qui les distingue, c'est une corolle à peu près labiée, qui porte à sa base des taches pourprées nectarifères, et sur lesquelles sont semées de petites écailles allongées et brillantes. Les cinq glandes nectarifères de leur torus sont chargées des cinq étamines fertiles, et non pas des cinq stériles, qui sont représentées ici par cinq corpuscules allongés et blanchâtres, destinés sans doute à tenir en place le style. La fécondation paraît indirecte, car les cinq anthères pivotantes répandent leur pollen briqueté sur les tâches violâtres du torus, avant que les stigmates soient ouverts ;

· 6° Celui du *Chamædrioïdes*, formé de deux petites plantes à racines rhizomatiques, le *Maritimum*, des côtes de la France et de l'Angleterre, et le *Richardi* ou le *Chamædrioïdes* de L'HÉRITIER, qui se font remarquer par leurs arêtes lisses et non barbues ; ce dernier a les feuilles arrondies et crénelées, les fleurs petites et blanchâtres, les pédoncules uniflores, coudés, stipulacés et radicaux, les carpelles velus et les stigmates étalés de bonne heure ; ses étamines se déjettent après avoir répandu leur pollen, et ses arêtes se tordent comme dans les autres espèces, quoiqu'elles soient dépourvues de poils ; mais les carpelles velus portent à leur sommet une houppe qui s'étale à la dissémination ;

7° Enfin celui du *Niveum*, herbe annuelle cueillie par BOVÉ, dans le désert de Tor en Arabie, et remarquable par le duvet qui recouvre ses tiges et ses feuilles entières, opposées et inégales, surtout par ses quinze étamines fertiles, réunies trois à trois à la base ; ses cinq stigmates rapprochés en tête, et ses cinq carpelles hispides sont pourvus d'arêtes barbues jusqu'à la base, mais nullement tordues.

La plupart des *Erodium* subissent des altérations marquées, selon

les lieux dans lesquels ils croissent; quelquefois ils paraissent entièrement dépourvus de tiges, mais ils deviennent caulescents lorsqu'ils
sont favorablement placés; ainsi le *Cicutaria*, qui, dans les terrains
secs et stériles, ne présente qu'une rosette de feuilles, forme dans les
sols riches et cultivés une plante dont les tiges s'étendent sur le sol, et
donnent sans cesse de nouvelles fleurs. On distingue ces plantes
d'avec les *Geranium*, à leurs larges stipules qui renferment avant leur
développement les feuilles et les fleurs.

Les pédoncules, qui varient beaucoup selon les espèces, sont d'abord
courts et serrés les uns contre les autres; bientôt ils s'écartent pour
fleurir en commençant près de la tige, ensuite ils se déjettent en
s'allongeant, puis ils se relèvent horizontalement, et enfin ils se
redressent de manière à former par leur réunion une girandole dont
la pointe regarde le ciel : tous ces mouvements s'exécutent très-régulièrement sans qu'on aperçoive dans les pédoncules autre chose que
des renflements, à la base et au sommet; quand ensuite les graines
sont répandues, ces mêmes pédoncules se redressent dans toute leur
longueur en conservant les mêmes renflements qui sont, il est vrai,
moins marqués.

Lorsque la dissémination s'approche, on voit ces carpelles, soudés
à leurs graines, se détacher par leur base, et en même temps leurs
arêtes se dégager de la gaine dans laquelle elles étaient d'abord renfermées et dont les deux bords s'écartent en même temps; mais au lieu
de s'enrouler verticalement, comme ceux des *Geranium*, ils s'entor-
dent de droite à gauche, de même que l'axe central, et mettent ainsi
à découvert les poils de leur face intérieure, qui s'étalent en aigrettes;
on voit alors les carpelles flotter dans les airs, couronnés de leurs
jolies houppes, et retomber ensuite sur le sol, où ils s'enfoncent
toujours plus par la torsion de leurs arêtes. On peut remarquer que
ces divers mouvements sont arrêtés par l'humidité, et favorisés au
contraire par la sécheresse; que tous les *Erodium*, à l'exception du
Maritimum, et je crois aussi du *Chamadrioïdes*, ont les arêtes barbues
intérieurement; qu'elles sont même plumeuses, comme je l'ai déjà
dit dans le *Glaucophyllum* et l'*Héliotropoides*, et enfin que ces poils,
avant leur développement, sont redressés et couchés dans la gouttière intérieure du style, et que la membrane transparente qui les
recouvrait se déchire par la torsion.

Les *Erodium* européens sont la plupart des plantes bisannuelles,
dont les graines se sèment en été et germent en automne; plusieurs
espèces ont leurs cotylédons lobés. Il n'y a rien de si élégant, et en
même temps de si régulier, que les rosules du *Cicutaria*, avec ses
stipules recouvrant et protégeant les ombelles centrales.

Les fleurs de la plupart des *Erodium* sont diurnes, elles s'épanouissent le matin et ne tardent pas à répandre leur pollen sur les stigmates étalés en croix; ensuite les pétales tombent.

Le phénomène physiologique le plus remarquable dans ce genre est celui de ces pédoncules, qui, d'abord redressés dans la floraison, s'étalent ensuite horizontalement dès leur base, et se redressent enfin à angle droit près de leur sommet, pour reprendre, après la dissémination, leur position première. Ce mouvement dépend en partie des renflements qu'on aperçoit à l'extrémité inférieure des pédoncules, et qui grossissent encore après la fécondation, comme on peut le voir dans le *Gruinum*, et de cette force encore inconnue qui ramène les fleurs à la position verticale, lorsqu'un obstacle ne s'oppose pas à leur redressement. Ces mouvements me paraissent appartenir à presque tous les *Erodium*, car je les vois indiqués dans le *Cheilanthifolium* et le *Daucoïdes*, nouvelles espèces à racines rizhomatiques et à tige avortée, que M. Boissier vient de rapporter de la Sierra Nevada, et qui doivent dépendre de notre premier type, très-voisin des *Cicutaria*.

Le second phénomène, qui me paraît digne d'être noté, c'est celui de ces deux taches d'un beau rouge qui distinguent certaines espèces, et en particulier le *Bimaculatum*, qui, comme le *Bipinnatum* de Cavanilles, le *Stephanianum*, etc., ne me paraissent guère que des variétés du *Cicutin*.

Ces taches sont d'autant plus remarquables, qu'elles sont presque toujours accompagnées d'une rupture de symétrie dans les pétales, dont les deux supérieurs, ceux qui portent les taches, se séparent un peu des autres, et forment alors une des deux lèvres qu'on remarque dans la fleur. Ces espèces, que je viens de nommer, ont aussi cinq glandes nectarifères bien marquées, des poils formant un élégant grillage, un pollen qui se répand avant que les stigmates soient formés, et en général tout ce qui indique l'humeur miellée comme agent de la fécondation.

Les cotylédons des *Cicutins* sont souvent trilobés ou quinquélobés, ainsi que ceux de plusieurs autres espèces d'*Erodium*, et Koch observe que le *Moschatum* a ses étamines fertiles, dilatées et bidentées à la base. J'ajoute que ses étamines anthérifères sont toujours alternes aux pétales, et par conséquent correspondantes aux cinq glandes nectarifères et aux poils qui les recouvrent; elles concourent ainsi à assurer la fécondation.

Trente-septième famille. — *Tropæolées.*

Les *Tropæolées* ont un calice coloré, à cinq divisions libres ou diversement réunies, et dont la supérieure est éperonnée postérieurement ; cinq pétales inégaux et irréguliers, deux supérieurs hypogynes, et trois inférieurs placés sur le calice et quelquefois avortés ; huit étamines libres et entourant le nectaire, autant d'anthères terminales, oblongues, redressées, biloculaires et s'ouvrant par une double fente ; un pollen prismatique et triangulaire, trois ovaires réunis, trois styles soudés, trois stigmates aigus et autant de carpelles uniloculaires, monospermes et attachés à l'axe du fruit; des semences dépourvues d'albumen, recouvertes d'une enveloppe épaisse, consistante et sillonnée, des cotylédons droits, épais, séparés dans leur jeunesse et ensuite fortement unis entr'eux et au spermoderme ; une radicule cachée dans les plis des cotylédons, et marquée de quatre tubercules, d'où sortent autant de racines secondaires.

Cette famille renferme deux genres dont le *Tropæolum* est le seul bien connu.

Tropæolum.

Le *Tropæolum* a un calice dont la division supérieure est éperonnée, cinq pétales inégaux, trois supérieurs plus courts et quelquefois avortés, huit étamines libres, trois carpelles sillonnés, indéhiscents et un peu bosselés.

Il contient à peu près quinze espèces, que l'on divise en deux groupes artificiels :

1° Celui à feuilles peltées, entières ou lobées ;

2° Celui à feuilles peltées, à lobes profonds et plus ou moins incisés.

Les *Tropæolum* sont des herbes annuelles ou vivaces, à feuilles opposées à la base, alternes sur la tige, simples et rarement digitées; leurs pédoncules sont nus, axillaires, solitaires et uniflores, et leurs feuilles primordiales sont bistipulées.

Ces plantes homotypes ont une grande ressemblance dans le port et leurs divers organes foliacés ou floraux, leurs tiges sont molles et succulentes; leurs feuilles rarement velues sont presque toujours recouvertes de cette poussière glauque, qui est commune dans les plantes, et leurs différences ne consistent guère que dans la forme des feuilles et des pétales plus ou moins inégaux et ciliés.

Leur végétation, comme celle de la plupart des végétaux grimpants, ne s'arrête que par un froid de deux ou trois degrés, qui détruit la plante exposée à l'air libre, mais qui ne lui cause aucun dommage lorsqu'elle est renfermée dans une serre, surtout lorsqu'elle est doublée et que ses semences ont avorté.

Les feuilles, comme celles des végétaux grimpants et dépourvus de bourgeons, sont d'abord très-petites et légèrement plissées sur leur face supérieure; les calices sont en estivation à peu près valvaire, et les deux pétales supérieurs renferment les autres roulés encore sur eux-mêmes. Après la fécondation, toutes les enveloppes tombent avec les étamines et le style; enfin les graines, préservées par leur enveloppe endurcie, se détachent avant leur complète maturité, et germent chez nous au printemps.

La fleur des *Tropæolum*, comme celle des *Pelargonium*, paraît avoir été déformée en raison de son nectaire; pour s'en convaincre, on n'a qu'à l'ouvrir avant l'épanouissement, et l'on verra que ses étamines sont régulièrement disposées, que ses pétales sont cordiformes, peu ou point ciliés, insérés à peu près sur le même cercle; que le nectaire est à peine visible; enfin que les carpelles, nettement séparés à la base, ont encore une surface lisse; ce n'est que beaucoup plus tard et pendant la fécondation que les pétales se distribuent en deux lèvres, et que les étamines se recourbent pour jeter leur pollen dans le nectaire.

Les *Tropæolum* à feuilles peltées comprennent le plus grand nombre des espèces, et en particulier le *Majus*, le *Minus* de nos jardins, l'*Aduncum*, le *Tuberosum*, le *Bicolorum*, le *Tricolorum*, etc. Ceux à feuilles incisées sont au nombre de trois dans le Prodrome, et la principale est le *Pentaphyllum*; les unes et les autres appartiennent à la côte occidentale de l'Amérique méridionale, principalement au Pérou, au Chili et aux Andes.

L'*Aduncum* a la corolle bilabiée et le nectaire fortement recourbé en crochet; ses étamines couchées sur la lèvre inférieure, avec le stigmate bilobé ou trilobé, se redressent pour répandre leur pollen à l'ouverture du nectaire devant lequel elles sont placées. Le *Pentaphyllum* est très-remarquable par la persistance de son calice qui subit un changement considérable pendant la maturation. (Voyez *Annales des sciences natur.*, année 34, page 230).

Les graines des *Tropæolum*, qui avortent quelquefois en partie, présentent divers phénomènes reconnus d'abord par GÆRTNER et ensuite décrits plus exactement par RICHARD, surtout par Auguste

Saint-Hilaire dans le 18ᵉ vol. du *Annales de Museum*. Je vais les indiquer sommairement.

Après la fécondation, on trouve dans l'intérieur de ces graines un embryon en forme de lave batavique, nageant dans l'amnios, et dont la partie inférieure, qui correspond à la radicule, adhère à un filet blanchâtre ou cordon pistillaire qui va, en se repliant, aboutir à l'ombilic ; en même temps on remarque deux cotylédons cordiformes et étalés, entre lesquels est logée une plumule presque invisible ; dans le cours de la maturation ces cotylédons s'accroissent, se bifident et se rapprochent ; le cordon pistillaire se replie et ramène la radicule d'abord infère auprès de l'ombilic, qui est devenu latéral par le développement en hauteur de la graine, dont l'embryon est alors ce que les botanistes appellent suspendu ; ces changements, ainsi que d'autres semblables, appartiennent au moins en partie à un assez grand nombre d'autres graines.

Mais ce qui caractérise surtout les *Tropæolum* c'est leur germination ; dès qu'elle commence, on voit sortir du sein des deux cotylédons, fortement soudés et quadridentés à cause de leur échancrure, une radicule coléorhizée, qui s'ouvre bientôt pour montrer la vraie radicule ; lorsque celle-ci commence à se recourber pour s'enfoncer dans le terrain, la tige de la plumule s'est agrandie et la gemmule a commencé à sortir de sa cavité, à l'aide des cotylédons dont les pétioles d'abord peu visibles se sont sensiblement allongés ; dans cet état elle est recourbée, mais elle ne tarde pas à se redresser et à montrer ses deux feuilles primordiales opposées, et dont les deux petites stipules semblent indiquer un nouveau rapport entre cette famille et la précédente ; on voit enfin paraître, à la base de la radicule, quatre renflements verticillés, d'où sortent autant de radicules secondaires coléorhizées, comme la radicule principale, et qui montrent que la division des plantes en endorhizes et exorhizes n'accompagne pas toujours les autres rapports naturels, puisqu'elle rapproche ici la famille des *Graminées*, et en particulier les *Céréales*, des *Tropæolum* qui en sont si éloignés sous d'autres rapports. En ouvrant une graine avant sa maturité, on peut remarquer que ses cotylédons ne sont pas encore soudés.

Les stipules que nous venons d'observer dans les feuilles primordiales du *Tropæolum majus* ne lui sont pas particulières, car je vois que le *Ciliatum* des bois du Chili a toutes ses feuilles stipulées, et que ses fleurs sont encore pourvues de bractées. Auguste Saint-Hilaire assure que, dans les *Tropæolum*, comme dans les *Pelargonium*, les deux pétales supérieurs sont les seuls qui n'aient pas subi d'altération (*Ann. des scienc. natur.* , v. 26 , ann. 1832, p. 314). Ces plantes introduites de bonne heure en Europe sont encore l'ornement de nos jardins et de nos chaumières, principalement le *Majus* et le *Minus*.

Trente-huitième famille. — *Balsaminées.*

Les *Balsaminées* ont un calice irrégulier, persistant, à estivation imbriquée et formé de cinq sépales, dont les deux voisins du pétale impair avortent ordinairement, et dont l'impaire, beaucoup plus grand que les autres, est éperonné ; trois pétales dont le supérieur est symétrique ; les deux latéraux bifides, non symétriques et formés chacun de deux pétales soudés, ensorte que la corolle est réellement composée de cinq pétales dont deux réunis ; les cinq étamines hypogynes entourent étroitement l'ovaire, les anthères biloculaires et plus ou moins connées s'ouvrent par des fentes longitudinales ; l'ovaire est formé de cinq loges à ovules nombreux et pendants ; la capsule à cinq valves s'ouvre élastiquement ; les semences sont dépouvues d'albumen ; l'embryon est droit, la radicule est dirigée sur l'hilus, et le placenta central se prolonge, comme dans les *Caryophyllées*, en filets amincis qui arrivent jusqu'à la base des stigmates.

Cette famille renferme des herbes molles et succulentes, dont les feuilles alternes ou opposées sont toujours dépourvues de stipules, et dont les pédoncules sont axillaires : elle ne renferme que deux genres, le *Balsamina* et l'*Impatiens*.

PREMIER GENRE. — *Balsamina.*

La *Balsamine* a cinq anthères biloculaires, cinq stigmates distincts, une capsule ovale dont les valves à la maturité se roulent en dedans du sommet à la base.

Ce genre se divise en deux groupes à peu près égaux :

1° Celui des espèces à pédicelles agrégés, géminés, triples ou multiples ;

2° Celui des espèces à pédicelles solitaires.

Ce genre contient à peu près dix-sept espèces, toutes annuelles, la plupart mal connues et dont quelques-unes ne sont sans doute que des variétés : elles sont exclusivement répandues dans les Indes orientales, la Chine, le Cap, l'île de Madagascar, etc., et paraissent appartenir au même type; leurs différences ne consistent guère que dans la forme de leurs feuilles opposées ou alternes, le nombre de leurs pédicelles, la grandeur de leurs fleurs, la structure de leur nectaire, etc.; on les rencontre principalement dans les bois et les terrains frais ou humides; quelques-unes sont cultivées dans les jardins de la Chine, du Japon et de la Cochinchine; une seule l'*Hortensis* a été introduite en Europe, où elle se distingue par l'éclat de ses fleurs souvent doublées et panachées des plus belles couleurs.

Cette plante, dans sa forme naturelle, a une glande jaunâtre, qui remplit d'humeur miellée, même avant la fécondation, le tube au fond duquel elle est logée. Les cinq anthères biloculaires, et obliquement disposées sur deux rangs pour mieux correspondre au tube mellifère, serrent étroitement, avant la fécondation, le stigmate visqueux et conique, qu'elles recouvrent de leur pollen blanchâtre et onctueux sorti uniquement du sommet; à la fécondation même, les filets des anthères se rompent à la base et le capuchon anthérifère s'étale ensuite de manière à laisser le stigmate à découvert; l'humeur miellée humecte sans cesse les anthères, et reçoit le pollen qui tombe dans le tube nectarifère fortement évasé. Koch dit qu'il a souvent observé, dans la variété à fleurs pleines, les deux sépales supérieurs qui avortent à l'ordinaire et qu'il les a aussi trouvés pourvus de leur éperon.

Nous considérerons physiologiquement cette famille dans le genre suivant.

SECOND GENRE. — *Impatiens.*

L'*Impatiens* a cinq stigmates réunis, cinq anthères biloculaires, placées les unes et les autres devant le pétale supérieur, une capsule allongée dont les valves sont roulées en dedans de la base au sommet, et dont quelques-unes sont de plus contournées en spirale.

Ce genre, autrefois réuni au précédent, est formé d'espèces assez nombreuses et beaucoup plus dispersées que celles du *Balsamina*; les unes appartiennent aux Indes et surtout au Népaul; les autres habitent l'Amérique septentrionale; une seule est commune à l'Europe et à la Sibérie.

Les *Impatiens* sont des plantes annuelles qui, indépendamment des caractères énoncés, diffèrent des *Balsamines* par leurs fleurs souvent jaunes et tachées, leurs capsules glabres, leurs pédoncules toujours rameux et multiflores, enfin par leurs feuilles constamment alternes, au moins au sommet; les caractères des espèces consistent principalement dans la grandeur, le nombre et la couleur des fleurs, dans la forme des cornets et celle des feuilles toujours simples et dentées.

Leur inflorescence générale est centripète, et la particulière centrifuge, en observant toutefois que les fleurs de la même ombelle ne se développent que successivement; les pétales, avant leur développement, sont irrégulièrement plissés et comme chiffonnés; les feuilles, roulées d'abord sur la face supérieure, ont des dentelures glanduleuses et des pétioles chargés quelquefois de vraies glandes; leurs tiges, qui s'accroissent en hauteur jusqu'à ce qu'elles soient arrêtées par la température, portent assez souvent des renflements dont je ne connais pas le but.

Les *Impatiens*, comme les *Balsamines*, sont déformées en raison de leur sépale supérieur, éperonné et nectarifère; dans le *Parviflore* de la Sibérie, qui a tout-à-fait le port de notre espèce commune, toutes les fleurs sont fertiles, et toutes les anthères biloculaires, à loges latérales, entourent l'ovaire, et s'ouvrent par le sommet, de manière à recouvrir le stigmate de leur pollen; le nectaire est droit, la capsule s'ouvre par le haut en cinq valves amincies et étroites, qui se roulent de la base au sommet; les semences, au nombre de quatre ou cinq, sont pendantes ou attachées par leur sommet, qui est le lieu de la radicule.

Le phénomène de l'enroulement élastique des panneaux de la capsule, dont le but manifeste est la dissémination, dépend principalement de l'enveloppe interne, dont les nervures desséchées se contractent, tandis que l'enveloppe extérieure s'étend toujours plus; de ces forces opposées il doit résulter une rupture entre les deux surfaces des valves, et en conséquence un enroulement; mais pourquoi cet enroulement a-t-il lieu de la base au sommet dans l'*Impatiens*, et du sommet à la base dans le *Balsamina*? C'est ce que j'ignore.

Un phénomène particulier au *Noli tangere*, et qui n'appartient pas au *Parviflore*, c'est celui de ses fleurs latérales qui ne s'ouvrent jamais, et qui pourtant ne sont pas stériles, leur fertilité s'explique naturellement par la disposition des anthères couchées sur le stigmate, qu'elles recouvrent d'une abondante poussière; lorsque la fécondation est accomplie, l'ovaire prend de l'accroissement, et rejette en dehors les étamines et les téguments floraux, qui tombent adhérents les uns aux autres. Dans le *Parviflore*, au contraire, dont les fleurs sont beaucoup plus petites, le capuchon anthérifère est seul entraîné par l'allongement de la capsule; mais dans ces deux espèces, les anthères sessiles sont réunies autour du stigmate, qu'elles recouvrent de leur pollen onctueux, sorti uniquement par le sommet; car elles se fondent sans s'ouvrir. J'ai remarqué, comme Roeper, que ces anthères étaient toutes biloculaires, et je vois, dans la *Balsamine des jardins,* que la base intérieure du chapeau anthérifère est une matière visqueuse qui recouvre toute la surface des stigmates.

Le cornet anthérifère est toujours rempli de l'humeur miellée, qui sort d'une belle glande jaunâtre, et monte par un sillon longitudinal que l'on aperçoit aisément. On ne peut guère douter que les anthères, qui sont sans cesse penchées sur ce cornet, ne le recouvrent de leur pollen, et que les granules ne s'y rompent, et répandent ensuite leurs émanations ou leurs boyaux sur les stigmates qu'elles fécondent. Par rapport aux anthères qui enveloppent immédiatement le stigmate, on peut supposer, ou que ce stigmate est lui-même imprégné d'humeur miellée, ou qu'elles sont elles-mêmes imbues de cette matière visqueuse. Les fleurs latérales du *Noli tangere,* qui elles-mêmes ne s'ouvrent pas, et qui pourtant sont fécondes, doivent sans doute aussi recevoir l'humeur miellée, si elle n'est pas du moins fournie par les stigmates eux-mêmes.

Les *Impatiens,* comme les *Balsamines,* habitent les lieux frais, où ils vivent solitaires ; car leurs racines, presque toujours annuelles, ne sont pas traçantes. L'espèce européenne, ou le *Noli tangere,* qui a été comme égaré au milieu des autres espèces, vit aussi loin des villes, dans les prairies montueuses et ombragées, où il se fait remarquer par ses grandes fleurs jaunes et pendantes, ainsi que par ses feuilles supérieures déjetées et protégeant les jeunes fleurs placées au-dessous.

Plusieurs espèces de cette famille offrent des phénomènes qui méritent d'être notés ; ainsi les *Balsamines* de la côte de Malabar, qui paraissent former un type, ont leurs pédicelles fortement réfléchis ; d'autres ont leurs éperons bossus ou roulés en spirale ; toutes ont les pédoncules articulés sur une console assez saillante, qui pourrait bien être un rameau avorté, et lorsque ces pédoncules ne sont pas solitaires, leurs fleurs se succèdent à d'assez grands intervalles, pour que l'épanouissement ne soit jamais gêné.

Ces diverses plantes ont des tiges succulentes et aqueuses, qui périssent au premier froid. Gaudin dit que l'*Impatiens noli tangere* est vivace ; j'ajoute qu'il en est de même du *Parviflora,* qui fleurit chaque année dans notre jardin, à la même place.

Trente-neuvième famille. — *Oxalidées.*

Les *Oxalidées* ont un calice persistant à cinq pièces ou divisions imbriquées et égales, cinq pétales hypogynes égaux, à onglets droits et lames ouvertes, à estivation tordue en spirale, dix étamines à filets subulés, souvent monadelphes à la base, cinq extérieures plus courtes et opposées aux divisions du calice, cinq intérieures plus longues et opposées aux pétales; des anthères biloculaires et non adnées, un pollen à trois plis, un ovaire libre à cinq angles et cinq loges, cinq styles filiformes, tantôt plus courts que toutes les étamines et appelés alors très-courts, tantôt plus longs que les étamines extérieures et plus courts que les intérieures, et désignés sous le nom d'intermédiaires, tantôt enfin plus longs que toutes les étamines et nommés très-longs; cinq styles, autant de stigmates en tête pénicillée ou légèrement bifides, une capsule ovale ou à peu près pentagone à cinq loges, cinq ou dix valves qui s'ouvrent longitudinalement au sommet des angles, des semences peu nombreuses, ovales, striées, attachées à l'angle intérieur des loges, et renfermées dans un arille charnu qui s'ouvre élastiquement au sommet; un albumen charnu et cartilagineux, un embryon inverse aussi long que l'albumen, des cotylédons foliacés, une radicule supère et allongée.

Cette famille est formée de quatre genres, dont trois étrangers habitent les Indes orientales ou l'Amérique du sud; le quatrième est dispersé sur les deux continents et principalement aux environs du Cap. Les plantes qui le forment et qui s'élèvent déjà à plus de deux cents espèces, sont quelquefois des sous-arbrisseaux, mais ordinairement des herbes vivaces, rarement annuelles, à feuilles souvent alternes, simples ou différemment composées.

PREMIER GENRE. — *Oxalis.*

L'*Oxalis* a un calice à cinq sépales, cinq pétales, dix étamines, des filets légèrement monadelphes à la base, et dont les cinq extérieurs sont plus courts, cinq styles, une capsule ovale, oblongue.

Ce vaste genre a été divisé par DE CANDOLLE en dix groupes, que nous indiquerons pour faire reconnaître les diverses formes de végétation des plantes qui les composent:

Le premier est celui des *Hedysaroïdes*, à pédoncules multiflores, tiges souvent sous-frutescentes, feuilles trifoliolées et la moyenne souvent pétiolée; ces plantes, toutes originaires de l'Amérique équinoxiale, ont leurs carpelles souvent monospermes.

Le deuxième comprend les *Corniculées*, à tiges herbacées, racines non bulbeuses, pédoncules rarement uniflores, feuilles trifoliolées, folioles sessiles et obcordiformes ; elles sont dispersées dans les deux continents, et l'on trouve en Europe le *Corniculata* et le *Stricta*, à fleurs jaunes, la première annuelle avec une racine fibreuse et des pédicelles déjetés, l'autre bisannuelle, stolonifère, à pédicelles redressés.

Le troisième est celui des *Sessilifoliées*, à racine bulbeuse, tige allongée, feuilles sessiles, trifoliolées, velues, non glanduleuses, et pédoncules axillaires uniflores.

Le quatrième, ou les *Cauliflores*, n'appartiennent pas au même type, quoiqu'elles habitent toutes l'Afrique ou le Cap; leurs tiges sont allongées, leurs feuilles supérieures pétiolées, sont à trois ou cinq folioles, et leurs pédoncules sont constamment uniflores.

Le cinquième, ou les *Caprina* du Cap et surtout du Mexique et de l'Amérique du sud, sont dépourvues de tiges, et ont une souche feuillée seulement au sommet; leurs pédoncules sont souvent multiflores, leurs feuilles radicales pétiolées sont ordinairement trifoliolées; la plus commune est le *Cernua*, de nos jardins.

Le sixième est celui des *Simplicifoliées*, à feuilles pubescentes, simples et pétioles échancrés, qui ne sont pas non plus homotypes, car les unes sont caulescentes; les autres privées de tiges; les unes ont les hampes uniflores et les autres pluriflores.

Le septième, ou les *Ptéropodes*, sont dépourvus de tiges et portent des pétioles ailés de deux à trois folioles, ainsi que des hampes uniflores.

Le huitième, ou les *Acétocelles*, ont les hampes uniflores, la tige nue ou faiblement stipitée, les feuilles trifoliolées à pétioles non bordés; la principale espèce est européenne.

Le neuvième, ou les *Adénophylles*, ont les pédoncules uniflores, les folioles linéaires chargées au sommet de renflements glanduleux situés sur leur face inférieure.

Le dixième, fort distinct des autres, est celui des *Palmatifoliées*, à tige nulle ou stipitée et feuilles pétiolées de cinq à treize folioles non glanduleuses, palmées ou peltées; elles appartiennent au Cap ou à l'Amérique du sud, et forment différents types, comme la plupart des groupes précédents.

I.   35

Les espèces nouvellement décrites par Auguste Saint-Hilaire et d'autres botanistes ne sont pas comprises dans ces divisions.

Les *Oxalis*, qui forment un genre très-distinct et qui manquent presque entièrement aux régions asiatiques, se partagent en un grand nombre de types qui ne correspondent pas toujours aux groupes du Prodrome, tels que nous venons de les circonscrire.

Les habitations de ces plantes sont assez variées; quelques-unes, comme celles de l'Amérique méridionale, vivent sur les bords des fleuves ou sur les pentes élevées des montagnes; celles du Cap recherchent les lieux secs, les collines et surtout les sables des bords de la mer; l'*Oxalis natans* est la seule qui croisse dans les eaux, et par conséquent elle ne doit pas être organisée comme les autres.

L'organe qui varie le plus dans ce genre me paraît être la racine, fibreuse dans quelques espèces annuelles, comme le *Corniculata*, mais formant dans le grand nombre, comme le *Purpurea* du Cap, des rhizomes souterrains, à renflements tout-à-fait semblables à ceux du *Solanum tuberosum*, et chargés d'yeux correspondant aux aisselles des feuilles dont les pétioles se sont détruits par l'abondance du dépôt farineux; dans l'*Acetosella*, la racine est formée de tubercules coniques, velus à leur extrémité, et d'entre lesquels sortent des radicules fibreuses et des rejets lâchement renflés qui s'enracinent assez loin de leur origine; dans le *Stricta*, indigène comme l'*Acetocella*, mais seulement bisannuel, les stolons légèrement charnus se conservent pendant l'hiver, et donnent ensuite naissance à une nouvelle plante; dans le *Deppii*, la racine porte des bulbes formées, comme celles des *Lis*, d'écailles étroites et épaissies, dont la base charnue, fusiforme et garnie de chevelu est couronnée en automne d'une multitude de bulbes qui se détachent successivement; en général, les espèces du Cap ont une racine bulbeuse, formée de quatre ou cinq écailles charnues amincies aux deux extrémités, et portant quelquefois les mêmes glandes jaunâtres que les feuilles, dont elles sont sans doute une simple transformation; du centre de cette bulbe, sort une tige qui s'allonge souvent en racine épaissie à son extrémité inférieure, mais qui quelquefois ne paraît pas donner de racine. A l'époque de la floraison, l'enveloppe extérieure de la bulbe se détruit, et l'on voit à la base un ou deux gemmes blanchâtres, qui sont les rudiments d'une nouvelle bulbe; on peut remarquer en même temps, dans la partie inférieure et non feuillée de la tige, comme sur la racine, un chevelu qui constitue les vraies racines, et sur ce chevelu des gemmes épars et dont quelques-uns forment déjà de vraies bulbes; en sorte qu'en général les *Oxalis* sont des plantes éminemment sociales, dont la puissance reproductive est telle, qu'un seul individu remplit bientôt de ses bulbes et bulbilles la terre du vase dans lequel il a été placé. On comprend que je ne présente ici qu'un aperçu général de la reproduction de ce singulier genre; que plusieurs espèces, comme l'*Acetosella* et le *Stricta*, que j'ai déjà cités, offrent des modifications à la forme commune; que le *Repens*, en particulier, a des bulbes d'où sortent en même temps des tiges et des racines rampantes bulbifères, et que d'autres enfin donnent plusieurs racines de la même bulbe, ou plusieurs bulbilles agrégés sortant de la même bulbe. Il y a donc dans ces racines d'*Oxalis* la même diversité que l'on trouve dans les autres organes des plantes, et cette diversité se rapporte toujours aux besoins de la plante qu'on peut souvent apercevoir; ce qui donne à la botanique un charme toujours nouveau, qui la rattache sans cesse à des considérations très-relevées sur l'intelligence suprême de la puissance créatrice (Voyez sur la radication de l'*Oxalis Deppei*, les *Annales d'agriculture de Lyon*, par Hénon. 1838).

Les feuilles des *Oxalis* sont en général molles, amincies et semblablement conformées; leur pétiole est fortement articulé, et leur pétiolule porte aussi une articulation à la base; les pédoncules et les pédicelles sont de même articulés; mais les feuilles sessiles, simples ou composées, n'ont point d'articulation, non plus que les pédoncules de l'*Oxalis natans*, comme on pouvait bien le prévoir. Avant leur développement, ces feuilles sont plissées sur leur nervure moyenne, comme celles des *Medicago* ou des *Trèfles*, et leurs folioles rapprochées sont roulées en spirale sur leur pétiole; cependant, dans les tiges feuillées à pétioles nus ou raccourcis, les folioles ne sont ni exactement plissées, ni serrées les unes contre les autres, ni déjetées.

Les folioles sont toujours entières sur leurs bords, et leur surface est lisse ou velue; l'on y observe souvent des glandes transparentes, logées dans le parenchyme, ou d'autres colorées, éparses sur les bords, principalement à la surface inférieure; quelquefois ces glandes se rassemblent au sommet, où elles forment ces callosités et ces renflements qui caractérisent le groupe des *Adénophylles*; elles sont géminées et allongées à l'extrémité des lobes du calice de la *Tétraphylle*.

L'inflorescence est tantôt axillaire et latérale, tantôt radicale et terminale; il est, du reste, facile de ramener ces deux formes à une seule, en supposant ce qui est vrai, que, si la souche s'était prolongée, les hampes seraient devenues des pédoncules axillaires, et l'on peut également concevoir que tous les pédoncules étaient primitivement ombellifères, et que les uniflores ne sont devenus tels que par avortement. On voit, en effet, dans ces derniers, comme dans les autres, des bractées qui indiquent le point où le pédoncule se divisait; toutefois on n'y aperçoit pas toujours d'articulation, et les deux bractées sont souvent éloignées l'une de l'autre.

Le premier mouvement organique qu'on peut considérer dans ce genre, est celui de ces pétioles, qui, dans plusieurs espèces caulescentes, s'élèvent ou s'abaissent selon les heures du jour; le second ou celui des folioles, varie beaucoup, il est peu marqué dans le *Purpurea* à folioles arrondies et rhomboïdales, mais il est au contraire très-prononcé dans les autres *Acetosella* et dans les *Caprina*, comme le *Cernua*, dont les folioles à peu près horizontales au lever du soleil, se rabaissent le soir et pendant toute la nuit sur leur pétiole commun, de manière à former enfin une pyramide triangulaire, dont chaque face est plus ou moins repliée en dedans; au contraire, dans le *Corniculata*, les folioles se rabaissent le jour et se relèvent la nuit.

La cause de ce phénomène n'est pas facile à trouver; je remarque seulement qu'il se continue dans les feuilles à demi flétries, tandis qu'il cesse entièrement dans celles dont le pétiole a été blessé. On pourrait croire qu'il se passe ici quelque chose d'analogue à ce qui a lieu, dans les insectes, et que, de même qu'il existe dans les nervures de leurs ailes un fluide, qui, par sa présence ou son absence, les tend et les détend, ainsi il pourrait se trouver, dans les vaisseaux des feuilles de l'*Oxalis*, un fluide qui eût des rapports avec la lumière, et dont les articulations des *Oxalis* et des plantes semblablement conformées sont peut-être les réservoirs. Cette observation peut s'appliquer aux *Averrhoa* et au *Byophytum*, deux genres de la même famille, dont les feuilles, comme celles des *Mimosa*, sont très-irritables par l'attouchement.

Mais la fleur des *Oxalis* est peut-être encore plus météorique que les feuilles : les pétales, toujours tordus dans le même sens, se déroulent sous l'influence toute puissante du soleil; quelquefois, comme dans le *Cernua* ou le *Purpurea*, une forte chaleur le remplace, ou bien comme dans le *Tétraphylle*, la lumière du jour suffit pour l'épanouissement. Les fleurs s'ouvrent plusieurs fois, en reprenant, lorsqu'elles se referment, leur estivation primitive; ensuite, lorsque la fécondation est terminée, elles se dessèchent et tombent; mais l'on peut remarquer avec étonnement que, dans la multitude des espèces étrangères, et principalement dans celles du Cap qui fleurissent si bien dans nos serres, il n'en est peut-être aucune qui perfectionne ses graines; une telle anomalie a-t-elle lieu dans les contrées d'où ces plantes sont originaires, et ne tient-elle pas à la multiplication extraordinaire de leurs bulbes? Ce qu'il y a de certain, c'est que nos trois espèces européennes, le *Corniculata*, le *Stricta*, et l'*Acetosella*, dont la première est annuelle, la seconde bisannuelle et la dernière vivace, mais non bulbeuse, donnent constamment des graines fécondes.

Les pédoncules ont aussi des mouvements variés, et qui tiennent sans doute à la fécondation, à la maturation et à la dissémination des espèces auxquelles ils appartiennent, mais ils ne s'exécutent sans doute dans toute leur étendue, que lorsque les fleurs sont fécondes; ce qui, comme nous l'avons vu, est rare dans nos climats pour les espèces étrangères. Mais dans notre *Acetosella*, le pédoncule, d'abord penché, se redresse pour la maturation; il en est à peu près de même du *Stricta*, dont les pédoncules chargés de deux à cinq fleurs pédicellées, s'étalent plus ou moins pendant la maturation, tandis que ceux du *Corniculata* se contractent assez fortement.

Les diverses espèces de ce genre présentent également dans leur végétation, des phénomènes qui seraient plus nombreux si ces espèces étaient mieux connues; ainsi, par exemple, dans le *Laxa*, les jeunes feuilles longuement pétiolées, sortent d'entre les cotylédons portées sur un petit stype qui donne naissance à la tige et aux autres feuilles; dans le *Micrantha*, du jardin de Turin, les tiges à racines fibreuses poussent continuellement de leurs sommités épaissies des feuilles et des pédoncules articulés qui se ramifient au sommet, et donnent naissance à des pédicelles allongés, terminés par des fleurs jaunes très-petites; dans le *Stricta*, la tige principale s'élève perpendiculairement avec des fleurs axillaires et pédonculées, ensuite les feuilles inférieures se désarticulent ou se détruisent, et l'on voit sortir de leurs aisselles de nouveaux rameaux chargés de fleurs dépourvues de cornets, parce qu'elles n'ont pas à la base les cinq renflements glanduleux si prononcés dans les autres espèces. Ces exemples, que je présente au hasard, suffisent pour montrer ce qu'on pourrait obtenir d'observations curieuses par l'examen attentif des autres espèces.

La fleur des *Oxalis* est très-régulièrement formée d'un calice à cinq divisions, qui portent souvent à leur sommet deux glandes jaunâtres, d'une corolle pentapétale et de dix étamines libres ou plus ou moins réunies et placées sur deux rangs, cinq extérieures opposées aux sépales et cinq autres plus grandes et plus intérieures opposées aux pétales; les premières, souvent dentées, sont aussi souvent chargées, chacune à leur base, d'une glande nectarifère; mais ce qui caractérise les *Oxalis*, c'est la symétrie de leurs étamines, dont chaque rang atteint la même hauteur; tandis que les stigmates sont tantôt plus courts que les petites étamines, tantôt plus élevés que les grandes, tantôt enfin intermédiaires aux deux rangs. Cette disposition a fourni à Jaquin le principal caractère de sa Monographie du genre; toutefois les botanistes qui l'ont suivi ne l'ont pas adopté, et je ne crois pas avoir non plus trouvé la même régularité dans la hauteur des étamines relativement aux stigmates : d'ailleurs ce caractère artificiel altère fréquemment les rapports naturels qui existent entre les espèces du genre.

Ce qui m'a paru surtout difficile à expliquer dans cet arrangement, c'est la manière dont s'opérait la fécondation; je comprenais bien comment, dans le cas où les stigmates étaient placés au-dessous des petites étamines, ils pouvaient recevoir le pollen qui tombait de toutes les anthères; mais lorsqu'ils étaient intermédiaires, les anthères inférieures devenaient inutiles, et lorsqu'ils s'élevaient au-dessus des unes et des autres, ils ne recevaient naturellement plus de pollen. Pour résoudre la difficulté, j'ai d'abord imaginé que la fécondation avait lieu avant l'épanouissement, à l'époque où les stigmates n'ayant pas encore grandi étaient enveloppés du pollen des diverses anthères, ce que j'ai vu avoir effectivement lieu dans un grand nombre d'espèces; ou bien il faut supposer, ce qui doit aussi arriver souvent, que les fleurs qui se ferment chaque soir rapprochent les stigmates des deux systèmes d'anthères, qui se débarrassent ainsi d'une partie de leur pollen.

Mais, en examinant de plus près la conformation de la fleur, j'ai reconnu que, semblablement à celle des *Convolvulus*, des *Gentianes*, et de plusieurs autres genres, elle était divisée intérieurement en cinq cornets, dont chacun aboutissait à l'une des cinq glandes nectarifères du torus, et que c'était la liqueur miellée qui recevait elle-même les granules de pollen échappés des anthères ouvertes; que ces granules, rassemblés au fond des cinq tubulures que présente la fleur, s'ouvraient ensuite sous l'influence de l'humeur miellée, et répandaient incontinent sur les stigmates papillaires leurs émanations polliniques, ou leurs boyaux fécondateurs.

En confirmation de ma conjecture, j'ai vu que les filets des étamines étaient presque toujours divariqués à leur sommet, afin, sans doute, que les anthères répandissent plus facilement leur pollen, et que les stigmates globuleux se plaçaient d'eux-mêmes à l'ouverture des tubulures pour y recevoir les émanations prolifiques, et j'en ai conclu qu'un arrangement si remarquable n'était pas l'effet du hasard, mais était sans doute destiné à remplir le but que je viens de décrire.

L'examen ultérieur de la fécondation des diverses espèces confirmera ou modifiera mon opinion; en attendant, j'observe que, dans le *Corniculata*, les stigmates papillaires et hérissés sont tournés en dehors ainsi que toutes les anthères, et que le pollen tombe dans le fond nectarifère de la corolle, et non pas immédiatement sur les stigmates; que, dans le *Deppii*, les stigmates élevés au-dessus des deux rangs d'anthères, se déjettent de manière à venir se placer à l'ouverture des tubulures.

La capsule des *Oxalis* est conformée semblablement dans presque toutes les espèces : à son centre, est un axe formé sans doute par le prolongement du torus, et qui présente cinq angles saillants et cinq sillons, dans la longueur desquels sont attachées deux ou plusieurs semences ovales, aplaties, striées et renfermées chacune dans un arille charnu. Au moment de la dissémination, la capsule se redresse d'ordinaire, l'arille s'ouvre du côté extérieur en deux panneaux qui se roulent sur eux-mêmes avec une forte élasticité, et lancent au loin les graines qui s'échappent à travers les sutures membraneuses élastiques et entr'ouvertes des valves. Qui est-ce qui a coordonné toutes les parties de cet admirable appareil, qui a logé les graines dans les arilles, et leur a en même temps préparé un passage entre ces valves, dont les bords amincis s'entr'ouvrent avec tant de facilité au moment convenable ?

Voici la description que JAQUIN fait des *Oxalis* dans sa Monographie :

> *Par cunctis facies, qualem decet esse sororum,*
> *Una fere est ætas, eadem quoque gratia formæ,*
> *Ut mox agnoscas, quali sint de stirpe creatæ.*
> *At nomen dare cuique suum quod separet omnes,*
> *Hoc opus, hic labor est; tentavi plurima casso*
> *Successu, donec ventum est ad viscera floris*
> *Intima, et ad gemini penetralia intima sexus;*
> *Tunc sedes stabilita fuit, speciesque reperta.*

Mais, comme nous l'avons vu, cette subordination des stigmates aux étamines n'apprend rien sur les rapports naturels des espèces, ni sur les diverses formes de fécondation.

Quarantième famille. — *Zygophyllées.*

Les *Zygophyllées* ont un calice à cinq sépales distincts ou légèrement réunis à la base, cinq pétales alternes aux divisions du calice et insérés sur le réceptacle, dix étamines distinctes et hypogynes, un ovaire à cinq loges, cinq styles réunis ou quelquefois un peu séparés au sommet, une capsule à cinq carpelles polyspermes, ou rarement monospermes, plus ou moins adhérents soit entre eux, soit à l'axe central, un disque hypogyne crénelé ou glanduleux, des semences non arillées, un embryon droit, une radicule supère, des cotylédons foliacés et un albumen qui souvent disparaît entièrement.

Cette famille, qui renferme à peu près dix genres, la plupart étrangers, se divise en deux sous-ordres : 1° celui des vraies *Zygophyllées*, à feuilles opposées; 2° celui des fausses *Zygophyllées*, à feuilles alternes : nous en mentionnerons quatre, dont trois appartiennent à la première division.

Adrien DE JUSSIEU observe (*Mémoires du Museum*, vol. 12, p. 395) que, dans ces plantes, les pétales, d'abord très-petits et entièrement cachés par le calice, n'acquièrent leur complet développement qu'à la floraison.

PREMIER GENRE. — *Tribulus.*

Le *Tribulus* a un calice caduc, cinq pétales étalés, dix étamines, un seul style, cinq carpelles adhérents à l'axe, triangulaires, indéhiscents, durs, épineux, tuberculés ou ailés, rarement uniloculaires, mais divisés intérieurement en plusieurs loges transversales; les semences, solitaires dans chaque loge, sont placées horizontalement et dépourvues d'albumen; les cotylédons sont un peu épais.

Ce genre comprend dans le Prodrome sept espèces dispersées dans les deux Amériques, l'Afrique et l'île de Ceylan; l'Europe en renferme une seule qu'on retrouve en Barbarie, au Sénégal, à l'île Maurice et jusqu'au Thibet.

Les *Tribulus* sont des herbes diffuses, la plupart annuelles, et qui paraissent appartenir au même type; leurs feuilles, opposées et inégales, sont ailées sans impaire, leurs folioles sont entières et non ponctuées, leurs stipules pétiolaires et membraneuses; leurs pédoncules axillaires portent une fleur ordinairement jaune, et quelquefois blanche; l'ovaire est entouré de cinq glandes placées devant les étamines extérieures.

Les principales différences entre les espèces concernent le nombre des paires des folioles qui varient de huit à trois; la surface extérieure des carpelles lisses, ailés, tuberculés ou chargés de deux à quatre épines, enfin le nombre des divisions transversales du fruit.

Les pédoncules des *Tribulus* ne m'ont pas paru articulés, mais leurs pétioles sont renflés et cartilagineux, et leurs folioles se couchent les unes sur les autres à la manière des *Mimosa*. Les feuilles, toujours opposées, sont inégales; celles dont l'aisselle est florifère sont beaucoup moins développées que les autres.

La fleur des *Tribulus* est régulière, je crois toujours météorique; elle s'ouvre tard et se referme de bonne heure. Les grandes étamines opposées aux sépales portent extérieurement une dent semblable à celle des *Oxalis*, et ont de plus à la base intérieure une glande nectarifère; le stigmate sessile est formé régulièrement de cinq arêtes relevées, et de dix dans le *Maximus* d'Amérique qui a, en conséquence, dix carpelles. KUNTH remarque que les cloisons transversales des carpelles ne se forment que tard, et que l'ovaire est d'abord chargé d'ovules contigus et adhérents à l'angle interne du fruit.

DEUXIÈME GENRE. — *Fagonia.*

Le *Fagonia* a un calice caduc, cinq pétales onguiculés, dix étamines, un style, une capsule plus ou moins pentagone, formée de cinq loges bivalves et monospermes, un albumen charnu, un embryon droit et central.

Les *Fagonia*, dont l'on compte actuellement près de dix espèces, six à feuilles trifoliolées et quatre à feuilles simples, sont des herbes annuelles et vivaces, ou des sous-arbrisseaux, originaires du bassin méridional de la Méditerranée, et qui s'étendent par l'Arabie et la Perse jusqu'au Mysore; elles habitent principalement les contrées stériles et montueuses, et appartiennent toutes au même type, malgré les différences qui existent dans leur durée, et la forme de leurs feuilles. On les reconnaît à leur consistance sèche et demi-succulente, à leurs tiges dures, genouillées et anguleuses, enfin à leurs feuilles opposées et entourées de quatre stipules plus ou moins épineuses; elles se distinguent par la longueur relative de leurs pédoncules axillaires, uniflores, ainsi que par la forme de leurs ovaires lisses, velus ou glutineux; les unes sont des herbes rampantes, les autres des arbustes épineux, qui s'élèvent jusqu'à cinq pieds; toutes ont les fleurs rouges ou jaunes.

Le *Fagonia cretica*, dont l'*Hispanica* n'est sans doute qu'une variété, habite les collines de la Crète, et se retrouve dans la plupart des jardins botaniques; c'est une plante faible et couchée, dont les tiges, les pédoncules, les feuilles et les folioles sont articulés et facilitent ainsi ses divers mouvements, parmi lesquels le plus remarquable est celui du pédoncule, qui, après la floraison se déjette, et va cacher au-dessous des feuilles sa capsule, qui s'ouvre et répand ses graines dans cette situation.

Cette plante, la seule des *Fagonia* qui soit européenne, s'est conservée au moins pendant deux ans dans nos serres, quoiqu'elle passe pour annuelle; ses feuilles, avant le développement, s'appliquent par paires et sans plissements sur leur surface supérieure, et sont entourées à leur naissance de stipules sétacées, qui se roidissent en vieillissant.

Je ne connais point les mouvements de la fleur et les circonstances de sa fécondation; je sais seulement que le torus est dépourvu des écailles qui distinguent les *Tribulus*. Les péricarpes s'ouvrent en dix panneaux naviculaires, et les graines, avant la maturité, montrent distinctement leurs feuilles séminales et leur radicule, attachée au cordon pistillaire qui, comme je le vois dans GÆRTNER, s'insère au-dessus de l'ombilic.

Le tégument le plus extérieur de la graine du *Fagonia* est composé d'un tissu cellulaire qui se gonfle dans l'eau, et se présente sous l'apparence de mammelons mucilagineux, d'une extrême transparence.

TROISIÈME GENRE. — *Zygophyllum.*

Le *Zygophyllum* a un calice de cinq pièces, cinq pétales, dix étamines appendiculées, un torus nectarifère, un style et un stigmate simples, une capsule oblongue et pentagone, à cinq loges et cinq valves à peine séparables, des semences nombreuses, placées sur deux rangs dans chaque loge, et attachées à l'angle interne.

Ce genre est formé d'une vingtaine d'espèces, dont la véritable patrie est l'Afrique, et qui sont dispersées dans les sables de l'Égypte, de la Mauritanie, de la Barbarie et surtout du Cap; une seule se trouve comme égarée au Mexique, une autre à Surinam, une en Espagne et deux dans la Nouvelle-Hollande. On peut les distribuer en deux groupes : celui à feuilles simples, et celui à feuilles bifoliolées. Ce dernier, beaucoup plus nombreux, forme deux divisions : celle à feuilles planes, et celle à feuilles cylindriques; les unes et les autres ont des capsules semblablement conformées, des pédoncules allongés, et des feuilles entières, cartilagineuses sur leurs bords.

Ces plantes sont des herbes presque toujours vivaces et souvent des sous-arbrisseaux à tiges amincies et noueuses, à pétioles articulés comme dans le *Fagonia*, à feuilles épaisses, stipulées, à pédoncules renflés, axillaires, uniflores et ordinairement solitaires; elles vivent dans les lieux arides et les sables des déserts, où elles se nourrissent comme les plantes grasses, des gaz atmosphériques qu'elles décomposent; leur saveur est amère et un peu âcre, c'est pourquoi elles ne sont pas attaquées par les troupeaux.

La principale espèce de nos jardins est le *Fabago* de la Syrie et de la Mauritanie, qui se conserve en pleine terre et se fait remarquer par ses petites fleurs mélangées de blanc et de rouge; les deux folioles, articulées sur un pétiole commun et appliquées l'une contre l'autre avant le développement, sont séparées par une arête qui n'est autre chose que le prolongement du pétiole commun avorté; les fleurs, placées aux aisselles supérieures et qui se succèdent long-temps, sont portées sur des pédoncules géminés ou ternés, et souvent unilatéraux; le calice imbriqué est membraneux sur les bords, et la fécondation est extérieure. Avant l'épanouissement, le style est contourné en spirale, et les filets sont recourbés, ensuite les unes et les autres s'étendent, et en même temps la fleur se renverse; les anthères introrses et oscillantes répandent leur pollen rouge, ellipsoïde et à trois sillons, soit sur le stigmate papillaire, qui paraît simple mais qui doit être réellement quinquéfide, soit sur l'appareil nectarifère logé au fond de la corolle et formé de cinq écailles membraneuses, déchirées sur les bords et entourant l'ovaire. Dans un cercle plus intérieur, on voit un disque annulaire qui fournit une grande quantité d'humeur miellée, et qui doit sans doute concourir à la fécondation.

Cette description s'applique plus ou moins à tous les *Zygophyllum*, dont le fruit est toujours une capsule membraneuse allongée à cinq angles aigus ou même ailés. Cette capsule à cinq valves loculicides ou plus souvent septicides, renferme dans chacune de ses cinq loges des semences plus ou moins nombreuses et toujours attachées à l'axe central. La radicule est supère, les cotylédons sont planes et foliacés.

Les *Zygophyllum* ont, comme les *Fagonia*, des mouvements très-marqués dans leurs pédoncules tantôt droits et tantôt réfléchis.

QUATRIÈME GENRE. — *Melianthe.*

Le *Melianthe* a un calice agrandi et quinquéfide, persistant, et dont la division inférieure, plus petite que les autres, est renflée et renferme une glande nectarifère très-marquée; les cinq pétales sont languettés, et les quatre inférieurs sont inclinés et réunis jusqu'au milieu; le cinquième ou l'antérieur, est très-petit et manque quelquefois; les étamines sont didynames et hypogynes, les deux supérieures ont leurs filets distincts, les deux autres sont soudées à la base; l'ovaire porte quatre stries; le style est unique, le stigmate quadrifide, la capsule membraneuse, quadrilobée et quadriloculaire; chaque loge renferme deux ovules, dont l'un avorte; les semences sont ovales et brillantes, la radicule est allongée.

Ce genre est formé de trois espèces homotypes, originaires du Cap, et formant de petits arbrisseaux toujours verts à racines traçantes, à feuilles pennatifides et fortement dentées; ce sont le *Major*, à feuilles glabres des deux côtés, et stipules grandes et soudées, le *Minor*, à feuilles blanchâtres seulement en dessous, stipules distinctes et amincies, et enfin le *Comosus*, à feuilles velues en dessus, cotonneuses en dessous, stipules distinctes et cordiformes.

Ce genre, placé parmi les *Zygophyllées*, en diffère évidemment par sa conformation générale et la structure de sa fleur, qui doit sans doute son irrégularité à sa poche nectarifère, autour de laquelle se sont subordonnés les autres organes floraux. L'enveloppe extérieure, à laquelle on a donné le nom de calice, est colorée et légèrement consistante, tandis que l'autre ou la corolle est formée de lames coriaces et peu flexibles; les quatre pétales inférieurs bordent et revêtent la poche nectarifère, tandis que le cinquième est logé entre les deux sépales opposés.

A l'époque de la fécondation, l'humeur miellée est si abondante, qu'elle remplit, non-seulement toute la cavité du sépale inférieur, mais qu'elle répand encore sur le sol une rosée continuelle que les Hottentots recueillent avec soin, et emploient comme un aliment stomachique; elle absorbe en même temps le pollen et inonde le stigmate de ses émanations, à peu près comme l'humeur miellée inonde la fleur des *Asclepiadées*, et surtout des *Hoya*. Entre les étamines supérieures soudées, on trouve dans le *Major* un appendice, qui pourrait bien être le rudiment d'une cinquième étamine.

Les tiges du *Mélianthe* s'allongent sans cesse et portent à leur extrémité un bourgeon de feuilles enveloppées de leurs stipules; les fleurs, toujours axillaires, quoiqu'en apparence terminales dans le *Major*, sont formées de grappes plus ou moins garnies, d'un brun foncé et noirâtre; les feuilles sont sessiles et bordées à leur base de bractées intra-axillaires, qui, quoique non articulées au moins sensiblement, se détachent pourtant plus tôt ou plus tard, en laissant sur la tige leurs cicatrices.

Ces stipules sont soudées dans le *Major*, où elles forment par leur réunion une manchette qui entoure une grande partie de la tige; mais elles sont libres, quoique différemment conformées dans les deux autres espèces. Leur usage est sans doute de protéger les jeunes feuilles, mais comme elles sont intra-axillaires, c'est la feuille supérieure qui est enveloppée, et non pas l'inférieure.

Les feuilles des *Mélianthes* sont pennatisectes, et leurs lobes, plus ou moins libres, ne sont pas articulés à la base, et par conséquent ne sont pas susceptibles de mouvement; leurs dentelures sont carti-lagineuses et non pas glanduleuses ; leur surface lisse et glauque dans le *Major*, est velue en dessous dans le *Minor*, velue en dessus et cotonneuse en dessous dans le *Comosus ;* elles ont une grande ressem-blance, pour la forme et le plissement, avec celles des *Aigremoines ,* et répandent, lorsqu'elles sont broyées, une odeur forte et dés-agréable.

J'ai sous les yeux une fleur de *Mélianthe* qui va être fécondée; les anthères sont dressées contre la lèvre supérieure, et ont leurs lobes parallèles ouverts du côté antérieur, en présence du stigmate déjà penché au sommet, mais non pas encore divisé, et par conséquent non papillaire; l'humeur miellée est réunie en grosses gouttes à la base, et va absorber le pollen qui tombe du sommet de la fleur; plus tard, le style se recourbe fortement, et le stigmate, déjeté sur l'humeur miellée qui détrempe toute la fleur, ouvre légèrement ses trois lobes pour recevoir sans doute les émanations du pollen ; mais je vois que la capsule est stérile, et que par conséquent la fécondation n'a pas été accomplie.

L'examen du *Mélianthe* et de la plupart des fleurs irrégulières pourvues de nectaire, me fait conjecturer que ces fleurs, d'abord régu-lières, ont été altérées dans leurs formes par l'organe nectarifère, qui est venu s'intercaler dans leur intérieur, pour remplir la fonction dont il était chargé, c'est-à-dire, celle de préparer les globules à s'ouvrir pour la fécondation.

Quarante-unième famille. — *Rutacées.*

Les *Rutacées* ont un calice de trois à cinq pièces, diversement réu-nies, des pétales en même nombre que les pièces du calice, souvent distincts et onguiculés, un disque charnu et glanduleux qui porte les étamines ordinairement en nombre double des pétales, et quelquefois en nombre triple; les carpelles, en même nombre que les pétales, et qui avortent souvent en partie, sont distincts ou plus ou moins réunis; le style en apparence unique est formé d'autant de styles qu'il y a de carpelles ; ceux-ci à la maturité sont ordinairement distincts, uniloculaires, déhiscents et bivalves; les semences sont attachées à l'angle interne du carpelle; l'embryon est arqué, les cotylédons foliacés et la radicule supère.

De Candolle partage les *Rutacées* en deux tribus : les *Diosmées* et les *Cuspariées*; mais Adrien De Jussieu en a formé deux familles : celle des *Rutées*, qui comprend principalement la *Rue* et le *Peganum*, et celle des *Diosmées*, qui réunit tous les autres genres du Prodrome. Les *Rutées* sont des herbes ou des arbrisseaux dont le nombre ne s'élève guère au-delà de trente et qui se distinguent par leur forte odeur; leurs feuilles glanduleuses sont simples ou composées, et toujours dépourvues de stipules; leurs fleurs hermaphrodites, régulières et terminales, sont jaunes ou rarement blanches, et presque toujours disposées en cymes; l'endocarpe de la capsule ne se sépare pas du sarcocarpe.

Première tribu. — RUTÉES.

PREMIER GENRE. — *Ruta.*

La *Rue* a un calice persistant à quatre divisions, rarement trois ou cinq, autant de pétales onguiculés, et dont le limbe est creusé en cuiller, des étamines doubles des pétales, et auxquelles correspondent autant de pores nectarifères, placés sur le support court et épaissi de l'ovaire, un style, une capsule à peu près globuleuse divisée en autant de loges qu'il y a de pétales, un albumen charnu, un embryon arqué, une radicule allongée et des cotylédons linéaires.

Les *Rues*, autrefois peu connues, comptent aujourd'hui à peu près trente espèces, dont plusieurs ne sont peut-être que des variétés, mais dont les autres sont réellement très-distinctes. On pourrait les considérer comme ne formant qu'un seul type, à raison de leur organisation générale, et de la structure si caractérisée de leurs fleurs; mais il est plus convenable d'y reconnaître avec De Candolle quatre types ou sous-types, distingués principalement par la coupe des feuilles.

Le premier est celui des feuilles véritablement ailées, à folioles réellement articulées; il ne comprend qu'une espèce, indigène des Canaries.

Le deuxième est celui à feuilles décomposées ou différemment divisées; il compte une dizaine d'espèces assez voisines, toutes originaires du bassin de la Méditerranée, dont les plus répandues sont le *Graveolens* et le *Montana*, à pétales non déchirés.

Le troisième est celui des *Trifoliacées* ou *Tripartites*, dont les feuilles supérieures sont simples et les autres formées de trois folioles distinctes ou réunies; il contient, dans De Candolle, trois espèces : l'une du Padouan, l'autre de la Perse, et la troisième des environs de Madrid.

Le quatrième est celui des feuilles entières, ovales ou linéaires, dont deux espèces seulement appartiennent à l'Espagne, et les autres habitent le bassin oriental de la Méditerranée, ou s'étendent dans la Perse, le midi de la Sibérie, la Russie australe et asiatique. Adrien De Jussieu a fait du *Rosmarinifolia*, de l'Espagne, son genre *Aplophyllum*, à racine fusiforme et feuilles linéaires allongées.

Ces plantes sont des herbes vivaces et demi-frutescentes, toutes reléguées dans les climats chauds, la zone tempérée de l'ancien continent, et principalement dans les îles et les bords de la Méditerranée, où elles recherchent les pentes arides et les côtes caillouteuses, parce que leurs feuilles épaisses se nourrissent moins du sol que des émanations atmosphériques.

On les distingue presque toujours à leurs feuilles glauques, à leurs pétales jaunes et singulièrement conformés, et surtout peut-être à leur port roide et dépourvu de toute élégance; leurs tiges florales se dessèchent irrégulièrement chaque année, et les nouvelles pousses ne forment que tard des têtes arrondies et fleuries.

Les racines des *Rues* sont fibreuses, rarement fusiformes ou tuberculées; leurs tiges, à peu près cylindriques, sont terminées par des panicules courtes, épaisses, corymbiformes et souvent dichotomes; leurs feuilles articulées tombent irrégulièrement, et leurs folioles, dépourvues de renflements, ne se meuvent point comme celles des *Légumineuses;* enfin les fleurs ne se referment point, quand elles sont une fois ouvertes.

La capsule n'est pas enveloppée du calice pendant la maturation, mais elle est protégée contre les pluies et les intempéries par l'épaisseur de ses valves, et par les tubercules résineux dont elle est recouverte, ainsi que toutes les autres parties de la plante, les tiges, les rameaux, les pétioles et les feuilles.

La première fleur qui s'épanouit, dans le *Ruta graveolens*, et sans doute aussi dans la plupart des espèces, est la fleur centrale, placée à l'angle de la première dichotomie; elle est seule quinquépartite ou formée d'un calice à cinq divisions, cinq pétales, dix étamines et cinq loges; celles qui succèdent, et qui par l'allongement des pédoncules, s'élèvent plus haut, n'ont que les quatre cinquièmes de ce même nombre.

Cette différence entre la fleur centrale et les latérales appartient-elle à toutes les espèces de *Rue*, et dépend-elle d'une préorganisation ou d'un avortement? Est-ce la fleur supérieure qui a dédoublé quelques-uns de ses organes, ou sont-ce les latérales qui ont perdu quelques-uns des leurs? Je ne puis le dire, mais j'affirme que les unes et les autres sont en apparence parfaitement régulières, et qu'à aucune époque de leur développement on ne remarque des organes qui avortent ou qui se dédoublent.

Les pétales de la *Rue* sont toujours creusés en cuiller, et souvent dentés ou ciliés; l'ovaire est fortement quinquéfide ou quadrifide, et dans ce dernier cas, il est partagé en deux sillons par un plan vertical; le torus qui le supporte est pareillement marqué, selon le nombre des pétales, de dix ou huit cavités d'où sort en abondance l'humeur miellée à l'époque de la floraison.

Les étamines, alternativement opposées aux divisions du calice et aux pétales, sont logées avant leur développement dans les cuillerons de ces derniers; elles s'approchent une à une du stigmate qui est un point glanduleux ou papillaire, sans doute quadrifide ou quinquéfide, et elles restent fixes jusqu'à ce qu'elles aient répandu leur pollen ovoïde à trois plis; celles qui sont opposées aux pétales se trouvent naturellement engagées dans les sillons creux de la corolle, et ne pouvant pas en sortir à cause de leur longueur, elles replient en dehors leurs filets pour les accourcir, et lorsqu'elles sont délivrées de leur prison, elles se replient fortement en sens contraire, et viennent se jeter contre l'ovaire : c'est là un joli phénomène que tout le monde peut contempler à loisir, et auquel concourent les pétales en se renversant aussi en dehors, jusqu'à ce que l'anthère soit dégagée; il ne s'explique, je crois, par aucune loi mécanique à notre portée, et il prouve qu'il y a dans les plantes, indépendamment de leur structure générale, une organisation supérieure, dont nous ne pouvons guère rendre compte.

On n'aperçoit sur les filets des étamines aucune articulation par laquelle s'opérerait ce mouvement; leur base n'est pas soudée au torus par un empâtement qui s'allonge ou s'élargisse dans les espèces à filets dilatés; lorsque les dimensions du torus se sont accrues, et que les points de contact se sont ainsi rompus, on voit les filets se séparer et tomber incontinent; c'est par le même mécanisme qu'on doit expliquer la chute des pétales, dont les points d'attache, en tout semblables à ceux des étamines, sont long-temps apparents.

L'estivation des calices est à peu près valvaire, mais celle des pétales est différente : lorsqu'ils sont au nombre de quatre, l'un est intérieur, l'autre extérieur, et les deux derniers moitié intérieurs et moitié extérieurs, mais lorsqu'il y en a cinq, ils sont mutuellement recouverts, et leurs franges ou leurs cils contribuent à les serrer plus étroitement.

Dans la préfoliation, les folioles ne sont jamais plissées et n'ont point de nervure moyenne sensible, mais elles se recourbent dans le même sens, se protégent mutuellement, en remplissant à peu près, les unes envers les autres, les fonctions des stipules dont elles sont à peu près privées.

La fécondation a lieu à l'extérieur, et les anthères sont exactement latérales; celles qui s'ouvrent les premières, sont opposées aux divisions du calice, les autres ne s'approchent que plus tard, et lorsqu'elles ont été dégagées; mais comme les quatre ou cinq divisions du stigmate ne sont pas encore formées lorsque les anthères s'ouvrent, le pollen se répand tout entier sur la base renflée et abondamment mellifère de l'ovaire, et ses granules rompus envoient ensuite au stigmate leurs émanations ou leurs boyaux fécondateurs.

Le fruit de la *Rue* doit être considéré comme un ovaire unique, parce que les carpelles, quoique séparés en apparence, sont pourtant tous dépourvus de style, et que les cordons pistillaires descendent jusqu'au gynobase où ils se réunissent aux vaisseaux nourriciers, pour pénétrer ensemble dans chacun des carpelles.

Les carpelles sont bivalves, et l'on aperçoit bien la ligne de suture qui partage longitudinalement chacune des loges; on remarque en même temps que les semences unisériées sont logées à l'angle interne, et que les cloisons ne sont que les bords rentrants des valves septicides; l'embryon est recourbé, et la radicule supère est tournée du côté de l'ombilic; les capsules s'ouvrent au-dessous du sommet à l'angle intérieur, et laissent sortir par l'ouverture ovale leurs graines bosselées et scrobiculées; elles se referment ensuite exactement par l'humidité.

Parmi les particularités que présentent les *Rues*, on peut remarquer les filets ciliés de plusieurs espèces, les bractées arrondies du *Bracteolata*, les divarications un peu épineuses du *Corsica*, les longs poils du *Villosa*, les six pétales et les douze étamines du *Dahurica*, les tubercules du *Tuberculata* et l'odeur particulière du *Suaveolens*, la seule espèce dont les émanations soient agréables.

DEUXIÈME GENRE. — *Peganum*.

Le *Peganum* a un calice persistant à cinq divisions allongées et souvent dentées à la base, une corolle pentapétale, quinze étamines à filets dilatés inférieurement, un stigmate triquètre, une capsule arrondie, légèrement stipitée, triloculaire et trivalve, des semences nombreuses attachées à l'angle interne des loges.

Ce genre ne renferme que l'*Harmala*, originaire de l'Orient, et qui se retrouve dans les sables des environs de Madrid, et dans quelques autres contrées de l'Europe australe; c'est une herbe vivace à feuilles glauques et multifides, à corolle grande, d'un blanc un peu sale.

Cette plante, dont la variété *Chritmifolium* habite les bords de la mer Caspienne, a l'odeur forte et désagréable des *Ruta*, ainsi que les mêmes glandes résineuses; ses pétales sont également creusés en cuiller, mais je ne sais pas si ses étamines sont irritables, et si son torus est chargé de glandes nectarifères; cependant je le crois en raison de la conformité de structure.

Ce qu'elle présente de plus remarquable, c'est une capsule triloculaire avec des téguments floraux quinquéfides et des étamines en nombre triple de ces mêmes téguments; pour ramener ces différents organes à une symétrie primitive, il faut supposer que les étamines se sont accrues d'un tiers, et que les carpelles ont au contraire diminué de deux cinquièmes; or, cette hypothèse est plus difficile à admettre pour des fleurs terminales et régulières, que pour des fleurs axillaires et irrégulières; quelques-unes des étamines avortent fréquemment.

Le *Peganum* est cultivé dans nos jardins, où il repousse chaque année de ses racines ligneuses. Je ne l'ai pas observé exactement, mais j'ai noté que ses filets étaient élargis à la base en forme de cuilleron nectarifère, que ses anthères étaient extrorses et son style aplati; je vois de plus que les valves de sa capsule sont loculicides.

TROISIÈME GENRE. — *Dictamnus.*

Le *Dictamne* ou la *Fraxinelle* a un calice à cinq divisions caduques, cinq pétales inégaux et symétriquement placés, dix étamines à filets glanduleux, un style incliné et strié longitudinalement, un stigmate simple, une capsule à cinq carpelles réunis intérieurement, aplatis et renfermant chacun deux semences à cotylédons ovales et réniformes.

Ce genre ne renferme non plus que le *Dictamnus fraxinella*, dont l'on distingue deux variétés, le *blanc sale* et le *pourpré*, qui croissent l'un et l'autre dans les bois de l'Europe australe; cette plante, qui forme un véritable type dans la famille des *Rutacées*, est remarquable par ses grandes feuilles vertes et ailées à la manière de celles du *Frêne*, et par les belles grappes florales et composées qui les couronnent; aussi a-t-elle été transportée dans nos jardins, dont elle fait l'ornement dans les derniers mois du printemps.

Sa racine est formée de tubercules allongés, légèrement fasciculés, et qui émettent toutes les années plusieurs tiges; ses feuilles, en ordre quaternaire, ne sont pas articulées, et par conséquent ne tombent pas naturellement; leurs lobes, assez semblables à des folioles, ont les dentelures glanduleuses, et portent de plus sur leur face infère des glandes blanchâtres à peine visibles à la loupe.

Les fleurs veinées ont les quatre pétales supérieurs réunis en casque, et le cinquième rabaissé en forme de lèvre inférieure; les étamines, qui avant l'épanouissement étaient couchées sur cette lèvre, se relèvent ensuite à angle droit, et quand leurs anthères sont à peu près toutes ouvertes, le style se redresse aussi pour se mettre à leur portée, et l'on ne tarde pas à voir paraître une grande abondance de pollen verdâtre, visqueux, sphérique et peut-être hérissé, comme celui des *Malvacées* ; les anthères terminales sont pivotantes sur leur filet recourbé.

Le nectaire est un renflement du torus, qui entoure la base supérieure de l'ovaire, où il forme un godet qui donne, pendant la floraison, une grande quantité d'humeur miellée; le pollen tombe en partie dans le godet du fond de la corolle, et s'attache en partie aux glandes brunâtres, arrondies, résineuses et humides qui recouvrent les extrémités des filets; lorsque les anthères à parois retournées ont cessé de l'émettre, on voit le stigmate, dont le sommet est formé des cinq styles soudés, s'incliner à son tour, pour recevoir les émanations des globules polliniques qui ont éclaté sur l'humeur miellée, et qui sont autant de boyaux fécondateurs.

Immédiatement après la fécondation, les pétales et les étamines dont la rupture était préparée tombent, en laissant leur empreinte sur le torus; le style se sépare ensuite, et l'on remarque au sommet intérieur de chaque loge, le point d'attache de la division correspondante du style, et par conséquent la route des cordons ombilicaux de chaque placenta.

La capsule est veloutée extérieurement, et ses carpelles s'ouvrent en dedans à la manière des *Rues;* ils renferment originairement plusieurs ovules, dont deux et quelquefois un seul sont fertiles; les semences, très-lisses et très-brillantes, sont enveloppées d'un endocarpe transparent, qui disperse enfin les semences, dont l'émission est encore favorisée par l'élasticité des valves. Je n'ai pas suivi la route des vaisseaux nourriciers et des cordons ombilicaux dans l'intérieur des carpelles, mais j'observe que l'ombilic est une écaille élargie et très-distincte.

Dans l'estivation, qui diffère de celle de la *Rue,* le pétale inférieur recouvre les quatre autres, et par conséquent s'épanouit le premier; les deux supérieurs sont recouverts par les latéraux, et dans la préfoliation, les feuilles sont roulées sur leur face supère.

La déformation de la fleur du *Dictamne* ne peut guère êtreattribuée qu'au godet nectarifère placé à la base supérieure de l'ovaire, et qui, comme nous l'avons vu, contribue puissamment à la fécondation.

Les sommités des tiges, les pédoncules, les calices, les filets et les péricarpes des deux variétés de la *Fraxinelle*, et principalement de la *pourprée*, sont recouvertes de glandes d'une huile résineuse, qui s'enflamme à toutes les heures du jour, lorsqu'on en approche un corps incandescent, comme l'a prouvé Biot, dans les *Nouvelles Annales du Museum* (vol. 1er, 1832, p. 273), où il établit qu'il ne s'exhale point de ces glandes, comme on l'avait cru; un gaz résineux et inflammable; ces glandes enflammées sont détruites pour toujours.

On a trouvé dernièrement en Sibérie l'*Angustifolius* à grappes simples, sépales presque égaux et lobes des feuilles lancéolés, et l'on en trouve encore, dans la Russie asiatique, une troisième espèce que je ne crois pas encore décrite.

Seconde tribu. — DIOSMÉES.

PREMIER GENRE. — *Diosma*.

Le *Diosma* a un calice quinquéfide, cinq pétales hypogynes, cinq étamines anthérifères alternes aux pétales et cinq autres stériles diversement conformées, un style sans doute soudé, cinq et rarement deux ou quatre carpelles comprimés et déhiscents, une ou deux semences lisses dans chaque loge, des cotylédons allongés et légèrement convexes.

Ce vaste genre comprend aujourd'hui plus de cent espèces ou variétés, presque toutes originaires du Cap, et qu'on partage en cinq sections plus ou moins naturelles, et fondées principalement sur la forme des cinq étamines stériles.

1º Les *Adenandra*; étamines stériles portant des rudiments d'anthères, fleurs grandes et très-souvent terminales, feuilles alternes à peu près planes;

2º Les *Barosma*; étamines stériles pétaliformes, fleurs axillaires et pédicellées, feuilles opposées, planes et glabres;

3º Les *Agathosma*; étamines stériles pétaliformes, feuilles alternes, fleurs terminales en ombelles serrées;

4º Les *Dichosma*; étamines stériles avortées, pétales onguiculés et divisés en lobes linéaires;

5º Les *Eudiosma*; étamines stériles avortées ou réduites à des rudiments d'écailles, pétales entiers et presque sessiles, fleurs petites et terminales, feuilles opposées ou alternes.

Les *Diosma* sont des arbrisseaux à fleurs axillaires ou terminales, blanches ou roses; leurs feuilles, quelquefois très-nombreuses, sont simples, entières ou légèrement crénelées, plus ou moins ciliées, d'une consistance demi-cartilagineuse, et toujours ponctuées de ces glandes résineuses auxquelles on doit attribuer l'odeur agréable que répandent les *Agathosma*, surtout l'*Ambigua*.

Les feuilles persistantes sont d'abord appliquées les unes contre les autres et légèrement recourbées sans plissement; les tiges se développent indéfiniment dans les espèces à fleurs latérales, et repoussent par les aisselles supérieures dans les autres.

Les fleurs m'ont paru dépourvues de mouvements; leurs anthères sont introrses, leur ovaire est porté sur un disque nectarifère souvent festonné ou crénelé sur les bords; les anthères qui s'ouvrent dans leur longueur conservent long-temps leur pollen jaune et humide, qui se répand sur le stigmate en tête pentagone; les cinq étamines stériles sont souvent terminées par des têtes glanduleuses qui favorisent sans doute la fécondation, comme on peut le remarquer dans l'*Umbellata* ou le *Speciosa* de la section des *Adenandra*.

La capsule des *Diosma* est formée de carpelles qui s'ouvrent intérieurement par le haut, et dont les semences sont renfermées dans des endocarpes élastiques et bivalves; mais le nombre des carpelles, comme nous l'avons déjà énoncé, varie plus ici que dans le reste de la famille; cependant, l'on doit remarquer que les autres organes floraux ne participent point à cette irrégularité, et qu'il n'y a dans la fleur même aucune cause au moins apparente qui puisse déterminer cet avortement des carpelles.

La fécondation doit donc varier ici selon l'organisation de la fleur, et sans doute que les glandes des filets stériles des *Adenandra* doivent y jouer un rôle; sans doute encore que les espèces dioïques, comme le *Dioica* de la section des *Barosma*, et le *Linearis* de celle des *Eudiosma*, ne peuvent pas être fécondées comme les autres; mais dans un genre dont les espèces sont si peu connues, il est difficile de rien préciser à cet égard; je me contente de remarquer que, si la fécondation ne s'opère pas immédiatement par le stigmate, elle doit avoir lieu au moyen du pollen que les anthères répandent sur le torus fortement mellifère, et probablement encore par les poils imprégnés d'humeur miellée qui recouvrent les bases des étamines de plusieurs espèces, en particulier du *Villosa* de la section des *Adenandra*, ou enfin comme dans le *Linearis*, par les squamelles nectarifères placées entre les carpelles.

Ces charmants arbrisseaux fleurissent une grande partie de l'année dans nos serres, où ils sont mélangés avec les *Erica*, les *Gnidia*, etc. Ils se multiplient facilement, soit de marcottes, soit de boutures, soit enfin de graines semées à l'époque de la maturation, et ils ont une si grande ressemblance de structure florale et de port, qu'on ne peut guère douter que le grand nombre ne soient de simples variétés, ou même des hybrides.

Spach a formé des genres de la plupart des sections des *Diosma*, mais les espèces de ce genre sont tellement liées entre elles qu'il est difficile de les séparer par des caractères tranchés; celles que j'ai examinées physiologiquement m'ont paru varier tellement sous ce rapport, et en particulier sous celui de la sexualité, qu'il n'y a guère moyen de les réunir en groupes et en types, avant de les avoir observées vivantes.

DEUXIÈME GENRE. — *Crowea.*

Le *Crowea* a un calice quinquéfide, cinq pétales sessiles à estivation quinconciale, dix étamines à filets subulés, aplatis à la base et prolongés au sommet en appendices velus, cinq carpelles réunis en une capsule à cinq angles et cinq loges.

Ce genre n'a compris long-temps que le *Saligna*, petit arbrisseau de la Nouvelle-Hollande, à rameaux triquètres, feuilles alternes, allongées et entières; ses fleurs rouges solitaires et presque sessiles aux aisselles, sont comme recouvertes extérieurement d'un léger vernis.

Sa fécondation est intérieure; ses dix étamines appliquent exactement leurs anthères bilobées et introrses contre le stigmate à peu près sessile, capitellé et papillaire; les dix glandes qui entourent la base de l'ovaire répandent en même temps une humeur miellée, qui imprègne le fond de la fleur ainsi que les poils épais qui terminent les filets, et cachent, comme les *Nerium*, en se tordant, l'ovaire et les organes sexuels; la fleur ouverte ne se referme plus, parce que les stigmates sont entièrement abrités.

Il est presque impossible de ne pas reconnaître ici que ces poils épais et tordus sont destinés à recevoir les globules du pollen, dont les émanations sont les boyaux fécondateurs qui pénètrent ensuite par les stigmates jusqu'aux ovules.

On cultive aujourd'hui dans nos serres le *Nereifolia*, seconde et dernière espèce du genre.

TROISIÈME GENRE. — *Eriostemon.*

L'*Eriostemon* a un calice quinquéfide, cinq pétales, dix étamines à filets ciliés ou nus et anthères terminales, un style très-court, cinq carpelles soudés à la base, des semences géminées dans chaque loge ou solitaires par avortement, un embryon légèrement courbé et une radicule allongée.

Ces plantes sont des arbres ou des arbrisseaux de la Nouvelle-Hollande, qui ont de grands rapports, tantôt avec les *Crowea*, et tantôt avec les *Diosma*. Ils se cultivent dans nos jardins, où ils se distinguent par leur port, leur pubescence étoilée et leurs fleurs d'un blanc de neige.

On les partage en deux groupes très-inégaux :

1° Celui à étamines hispides ou ciliées, feuilles entières, non squamellées.

2° Celui à étamines glabres, feuilles et calices squamellés. Il ne contient qu'une espèce.

La fécondation est intérieure, les filets des étamines cachent le stigmate, et reçoivent sur les poils recourbés le pollen qui sort des anthères, et dont, comme dans le *Crowea*, les émanations arrivent au stigmate.

QUATRIÈME GENRE. — *Boronia.*

Le *Boronia* a un calice quadrifide et persistant, quatre pétales ovales et persistants, huit étamines fertiles, rarement quatre fertiles et quatre stériles, dont les filets sont ciliés et recourbés ; quatre stigmates redressés, rapprochés et quelquefois soudés en un seul, autant de carpelles bivalves, réunis intérieurement en une capsule quadrilobée et quadriloculaire, des semences à peu près solitaires dans chaque loge, un embryon redressé dans un albumen charnu et une radicule infère.

Ce genre, formé de petits arbrisseaux presque tous originaires de la Nouvelle-Hollande, contient des espèces à feuilles opposées, pédoncules axillaires et fleurs ordinairement pourprées.

On le divise en deux groupes, formant entre eux treize espèces :

1° Celui à feuilles ailées, avec une foliole terminale sessile ;

2° Celui à feuilles simples.

Le *Boronia-pinnata*, la principale espèce du genre et qu'on cultive dans nos serres, a les feuilles véritablement ailées, c'est-à-dire à folioles articulées sur un pétiole de deux à quatre paires; les fleurs, d'un beau rouge, à pédoncules opposés deux à deux, et qui me paraissent terminer les tiges, ont des ovaires entourés de huit étamines à filets élégamment ciliés et régulièrement recourbés; leurs anthères sont introrses, pédicellées et cartilagineuses en dehors; le stigmate capitellé reçoit immédiatement le pollen jaune et adhérent, en sorte que la fécondation paraît directe; le fond de la corolle est nectarifère, quoiqu'on n'aperçoive pas de glandes saillantes; la surface inférieure des feuilles est recouverte de glandes.

L'*Alata*, à feuilles ailées, qui appartient aussi à notre premier groupe, a une structure florale un peu différente; ses carpelles séparés sont portés sur une belle glande saillante, ses anthères sont légèrement latérales et non pédicellées, enfin les poils qui recouvrent ses filets sont mous et humides de l'humeur qui distille du nectaire.

On peut remarquer que les feuilles du *Boronia* ont leur pétiole commun articulé, de même que leur pétiolule; aussi ce pétiole commun est-il susceptible de mouvement comme les folioles.

Les anthères du *Pinnata* sont pédicellées de manière à pouvoir facilement s'incliner sur le stigmate placé à la même hauteur; il n'en est pas de même de l'*Alata*, dont le mode de fécondation doit par conséquent différer.

Dans le *Pinnata*, le connectif tapisse tout le côté extérieur de l'anthère. Est-ce la même chose dans l'*Alata*, dont les anthères sont à peu près latérales? Et peut-on dire que toutes les anthères, dont la face extérieure est demi-cartilagineuse, ne se retournent jamais du côté du style?

Il y a ici un problème à résoudre : celui de la fécondation. A quoi servent les filets élégamment ciliés et recourbés des anthères? Ne doivent-ils pas concourir à la fécondation, puisqu'ils sont humectés de la liqueur miellée? Et leur rôle ne consiste-t-il pas à recueillir les globules du pollen, pour transmettre ensuite leurs émanations au stigmate? C'est un fait à constater.

CINQUIÈME GENRE. — *Zieria*.

Le *Zieria* a un calice quadrifide, quatre pétales insérés sur un disque hypogyne, quatre étamines opposées aux lobes du calice et dont les filets glabres portent une glande à leur base intérieure, un style chargé d'un stigmate quadrilobé, quatre carpelles réunis intérieurement en une capsule quadrilobée, quadriloculaire, à lobes divariqués, des semences aplaties et solitaires dans chaque loge.

Ce genre est formé d'arbrisseaux ou d'arbres de la Nouvelle-Hollande à pubescence étoilée, feuilles opposées, ponctuées, pétiolées, trifoliolées et simples au sommet; leurs pédoncules axillaires sont souvent trichotomes, et leurs fleurs toujours petites et blanches.

L'espèce la plus répandue dans ce genre, qui paraît homotype, est le *Lævigata* ou le *Trifoliata* des jardiniers, sous-arbrisseau semi-glutineux de nos serres, dont les pédoncules, placés aux aisselles supérieures, sont deux fois trichotomes; ses tiges et ses rameaux sont tuberculés, et ses feuilles, qui portent de petites houppes velues, sont chargées de glandes transparentes, qui répandent une odeur agréable lorsqu'on les broie.

Sa fécondation me paraît immédiate; les quatre anthères bilobées, introrses et recouvertes extérieurement de leur connectif comme d'une lame, se couchent sur le stigmate pour répandre leur pollen d'un jaune d'or, qui retombe aussi sur l'humeur miellée dont le fond de la fleur est entièrement imprégné.

Pour savoir si la fécondation est vraiment immédiate, il faudrait s'assurer si le stigmate est déjà formé lorsqu'il reçoit le pollen; car autrement ce serait l'humeur miellée qui recevrait d'abord les globules polliniques, et transmettrait plus tard leurs émanations au stigmate.

SIXIÈME GENRE. — *Correa.*

Le *Correa* a un calice persistant à quatre dents, quatre pétales plus ou moins réunis à la base, et formant un long tube, huit étamines insérées sous un disque à huit angles, un ovaire duveté marqué de huit sillons, un style persistant, une capsule à quatre carpelles tronqués et aplatis; des semences brillantes, à cotylédons ovales et convexes.

On sépare ce genre en deux petits groupes : celui à fleurs courtes, et celui à fleurs allongées; le premier comprend deux espèces de la Nouvelle-Hollande, et l'autre trois.

Les *Correa* sont des arbrisseaux à feuilles opposées, recouvertes principalement en-dessous de poils cotonneux, disposés en flocons, qui s'étendent aussi sur les pédoncules, les calices et l'extérieur de la corolle; leurs fleurs sont tantôt axillaires, et alors la plante se développe indéfiniment, tantôt terminales, solitaires ou ternées, comme dans l'*Alba*, et dans ce cas, les aisselles les plus voisines donnent de nouvelles pousses; les fleurs sont blanches, rougeâtres, rouges, vertes et toujours inodores, les anciennes feuilles tombent au printemps après l'apparition des autres.

La fleur a un calice cotonneux et plus ou moins tronqué, quatre pétales plus ou moins soudés à estivation valvaire légèrement endupliquée, quatre étamines opposées aux pétales et logées, au moins dans l'*Alba*, au fond d'un sillon allongé ; le pollen jaunâtre des anthères introrses, qui s'ouvrent sur la petite tête quadrifide du stigmate, pénètre aussi, à travers les huit ouvertures tubulées de la corolle, jusque sur le disque nectarifère, qui entoure la base de l'ovaire, et remplit le tube floral d'humeur miellée ; la fleur ne se referme pas, et la fécondation est sans doute indirecte, et s'opère, comme dans les *Convolvulus* et toutes les fleurs à cornets intérieurs, par l'humeur miellée qui reçoit d'abord les globules.

Les capsules sont formées de quatre carpelles, soudés dans la plus grande partie de leur longueur, et qui s'ouvrent intérieurement en deux valves ; leurs semences ne sont point enveloppées d'un endocarpe élastique et bivalve, et par conséquent le *Correa* appartient à la tribu des *Rutées*, et non pas à celle des *Diosmées*.

Ce genre, très-distinct par ses verticilles floraux et sexuels toujours quaternés, ne dépend peut-être pas de la famille des *Rutacées*.

Les pédoncules du *Viridiflora* et du *Pulchella* sont pendants, et ont des corolles fort allongées, ce qui indique peut-être un mode propre de fécondation dans ce type.

Ces plantes, peu apparentes et peu gracieuses, se multiplient de graines, de marcottes et de boutures.

Quarante-deuxième famille. — *Zanthoxylées*.

Les *Zanthoxylées*, famille établie par BARTLING et par JUSSIEU fils, comprennent le *Zanthoxylum* et la plupart des *Ptéléacées* de DE CANDOLLE et de KUNTH. Elle renferme des arbres et des arbrisseaux à rameaux ordinairement cylindriques, feuilles éparses ou opposées, simples ou plus souvent composées, presque toujours ponctuées et dépourvues de stipules.

Leurs fleurs, unisexuelles par avortement, sont régulières, axillaires ou terminales ; leur calice inadhérent est formé de cinq ou quatre divisions en estivation ordinairement imbricative ; leurs pétales hypogynes sont en même nombre que les divisions du calice ; les étamines sont rarement en nombre double.

Les ovaires, quelquefois en nombre moindre que les pétales, sont disjoints ou plus ou moins soudés ; les ovules ordinairement géminés sont attachés à l'axe central, les styles et les stigmates sont distincts ou soudés, les péricarpes sont des baies ou des capsules de deux à cinq loges, et plus souvent des carpelles disjoints, bivalves, dont l'endocarpe se sépare du sarcocarpe ; les graines solitaires ou géminées dans chaque loge sont souvent lisses, l'embryon rectiligne ou légèrement curviligne a la radicule supère.

Les principaux genres des *Zanthoxylées*, qui contiennent à peu près soixante et dix espèces, sont le *Zanthoxylum*, le *Brucea*, le *Ptelea*, l'*Aylanthus*; nous y ajouterons le *Cneorum*, dont la place est encore indéterminée.

PREMIER GENRE. — *Zanthoxylum.*

Le *Zanthoxylum* a les fleurs hermaphrodites ou plus souvent dioïques par avortement, un calice de trois à cinq divisions, autant de pétales quelquefois avortés, autant d'étamines opposées aux divisions du calice et avortées dans les fleurs femelles, des ovaires tantôt en même nombre que les sépales, ou plus souvent en nombre moindre, des styles et des stigmates libres ou soudés, des graines solitaires ou géminées, dans des carpelles bivalves dont l'endocarpe se sépare souvent du sarcocarpe.

Ce genre est composé actuellement d'à peu près cinquante espèces, la plupart originaires de l'Amérique équinoxiale, et que DE CANDOLLE partage en quatre groupes : celui à feuilles simples, celui à feuilles trifoliolées, celui à feuilles ailées avec impaire, et celui à feuilles ailées sans impaire. On comprend que cette division, purement artificielle, éloigne souvent des espèces véritablement homotypes, et n'apprend rien sur la composition des fleurs et sur l'arrangement de leurs organes principaux; mais ces plantes sont encore trop peu connues pour que, dans l'état actuel de la science, on puisse aller beaucoup au-delà.

Afin de donner quelque idée des formes de végétation et de fécondation des *Zanthoxylum*, je décrirai avec quelques détails le *Fraxinifolium*, arbrisseau du Canada, assez répandu dans nos bosquets, et qui appartient au troisième groupe du Prodrome ; ses rameaux tortueux et irréguliers sont chargés d'espace en espace de deux piquants opposés, qui tombent la troisième ou quatrième année, et entre lesquels se trouvent les cicatrices des anciennes feuilles ; au-dessus sortent les nouveaux bourgeons, d'abord cachés dans l'intérieur de l'écorce, et recouverts en-dehors d'écailles d'un beau rouge;

ses bourgeons sont placés indistinctement sur le bois de l'année et sur celui des années plus anciennes, aux points mêmes qui ont déjà donné des pousses, en sorte que la plante est chargée de bourgeons tout le long des rameaux.

La tige elle-même se termine par un bourgeon foliacé, imprégné de substance résineuse et dont les feuilles alternes sont pourvues de deux piquants qui remplissent les fonctions de stipules ; les bourgeons latéraux sont, au contraire, recouverts de petites écailles, et ne donnent que des feuilles fasciculées, comme les *Mélèzes* et la plupart des plantes qui repoussent chaque année de leurs anciennes aissellés.

Au moment où les feuilles des bourgeons latéraux écartent leurs enveloppes, les fleurs paraissent disposées en manière d'ombelles, parce qu'elles naissent toutes de rameaux avortés du vieux bois ; elles sont petites, jaunâtres, pédonculées, tantôt réunies aux feuilles et tantôt logées dans des boutons séparés ; leur calice de cinq pièces est dépourvu de corolle ; les mâles ont cinq étamines saillantes qui entourent un ovaire avorté et représenté par quatre ou cinq mamelons arrondis ; les femelles manquent entièrement d'étamines, mais elles portent quatre ou cinq ovaires, dont les stigmates sont des têtes glutineuses ; la fécondation a lieu avant le développement des feuilles, comme dans la plupart des plantes dioïques, et lorsque la fleur mâle n'est pas placée dans le voisinage de la femelle, cette dernière avorte ; cependant j'ai vu, dans notre jardin, un pied femelle qui jusqu'alors avait avorté, donner une année deux graines qui, semées, ont produit deux individus mâles. Cette fécondation peut-elle être attribuée aux étamines inaperçues qui se seraient trouvées dans la fleur femelle ?

Les folioles sont appliquées par paires sur leur face inférieure, et la feuille entière est roulée extérieurement sur son pétiole, comme les *Fougères* ; elle se développe ensuite à la manière des feuilles ailées, et elle est sans doute susceptible de quelques mouvements ; car ses folioles sont articulées sur le pétiole commun ; on les voit couvertes dans leur jeunesse de quelques glandes sphériques non adhérentes, qu'il ne faut pas confondre avec les glandes demi-transparentes engagées dans le parenchyme et qui appartiennent au grand nombre des espèces ; le pétiole commun est hérissé, tandis qu'il est pour l'ordinaire chargé de piquants dans les autres *Zanthoxylum*.

Les carpelles, ponctués de glandes résineuses et odorantes, s'ouvrent avant la maturité en deux valves, et découvrent une graine brillante et arrondie, qui achève de mûrir, suspendue horizontalement par son cordon nourricier, dont l'on suit la trace de la base jusqu'au sommet du carpelle, où est logée la radicule ; les autres espèces présentent des apparences à peu près semblables ; leurs carpelles, d'abord sessiles, deviennent souvent pédonculés, et presque toujours lorsqu'ils s'ouvrent, leurs teintes noires contrastent avec la couleur de la semence dont la radicule est supère.

Il est facile de comprendre combien de phénomènes curieux présenteraient la plupart des autres espèces, si elles pouvaient être observées depuis leur naissance jusqu'à la dissémination ; car on ne peut guère concevoir qu'une espèce qui, comme le *Fraxinifolium*, croît dans le Canada, soit conformée de la même manière que celles des tropiques.

Les *Zanthoxylum* sont en général des plantes sans élégance dans le port et sans éclat dans leurs fleurs, quoique leur feuillage, d'un vert gai, ne manque pas de légèreté.

J'observe en finissant que la fleur femelle du *Fraxinifolium* porte un disque nectarifère, qui manque en grande partie dans la fleur mâle, ce qui semble prouver que la liqueur miellée n'est pas destinée ici à attirer les insectes pour faciliter la fécondation.

DEUXIÈME GENRE. — *Ptelea.*

Le *Ptelea* a les fleurs dioïques, le calice court, quadrifide ou quinquéfide, quatre ou cinq pétales étalés, quatre ou cinq étamines plus longues que les pétales et opposées aux divisions du calice ; des filets épais et hérissés inférieurement dans la fleur mâle, qui n'a que des rudiments de pistil ; un ovaire à deux loges biovulées et des rudiments d'étamines dans la fleur femelle ; un style court et un stigmate bilobé. Le péricarpe est une samare renflée au centre, réticulée et ailée au pourtour, et renfermant deux loges monospermes.

Le *Ptelea trifoliolé*, qui est probablement l'unique espèce du genre, est un arbrisseau de l'Amérique septentrionale, dont les tiges sont recouvertes de lenticelles roussâtres et terminées par des corymbes de fleurs verdâtres, au-dessous desquels on aperçoit des tiges stériles, d'où sort l'année suivante un rameau de sept à huit feuilles, terminé à son tour par un corymbe.

Les feuilles, d'abord très-petites et non plissées, s'étendent insensiblement, et le pédoncule commun ainsi que les pédicelles sont genouillés ; les feuilles elles-mêmes sont ponctuées de glandes qu'on aperçoit très-bien par transparence, et leur face infère est marquée de nervures proéminentes ; le pétiole commun est souvent déjeté, et l'on trouve engagé dans sa base, le bourgeon de l'année suivante.

Les pétales sont allongés et un peu repliés sur les bords, les anthères introrses et pivotantes répandent leur pollen sur leurs filets velus, humectés de liqueur miellée et sans doute aussi sur le stigmate bifide et papillaire des fleurs femelles, dont les samares sont recouvertes à cette époque de glandes résineuses.

La dissémination a lieu vers la fin de l'hiver, le péricarpe entouré d'une aile membraneuse semblable à celle de l'*Ormeau*, se désarticule, et devient le jouet des vents qui emportent quelquefois le corymbe irrégulièrement brisé; ensuite l'aile se dessèche, et ne présente plus qu'un élégant réseau de nervures qui renferment une samare à deux graines. Ces deux graines germent-elles, ou l'une d'elles reste-t-elle stérile?

L'inflorescence générale du *Ptelea* est centrifuge, mais la particulière est à peu près simultanée; la préfloraison est tordue et convolutive. Cet arbrisseau supporte très-bien nos hivers, et embellit au printemps nos bosquets, de ses feuilles vertes et brillantes, ainsi que de ses fleurs qui répandent une excellente odeur.

TROISIÈME GENRE. — *Ailanthus.*

L'*Ailanthus* a des fleurs polygames, un calice à cinq dents, cinq pétales en estivation valvaire endupliquée, un disque annulaire à cinq plis, dix étamines, deux à cinq ovaires à style latéral, qui deviennent dans la maturation autant de samares oblongues, acuminées et indéhiscentes; la semence, placée sur le côté intérieur du fruit, est aplatie, dépourvue d'albumen, et marquée d'une tache rousse; l'embryon est droit et la radicule supère.

Ce genre comprend quatre arbres originaires des Indes orientales, et qui appartiennent au même type par leur port et leur organisation générale; leurs feuilles sont ailées avec ou sans impaire; leurs fleurs sont verdâtres et disposées en élégantes panicules, et leurs samares ressemblent à celles du *Frêne.* La seule espèce cultivée en Europe est le *Glandulosa*, arbre élevé, fort semblable aux *Sumacs ailés*, par la contexture de son bois, l'abondance de sa moëlle, ses boutons cachés dans l'intérieur des pétioles et la forme de ses feuilles.

Il est aujourd'hui acclimaté dans nos bosquets, où il se propage par ses racines stolonifères, et se fait remarquer par sa grandeur et la beauté de son feuillage qui rougit fortement en automne; sa tige est chargée de lenticelles, et les dentelures de ses folioles portent à leur face inférieure des glandes bosselées, enfoncées et verdâtres.

Les fleurs mâles ne renferment aucun rudiment de stigmate, mais elles ont un torus verdâtre, épais, entouré de poils, et qui, pendant l'émission du pollen jaunâtre, est entièrement recouvert d'humeur miellée. Après la fécondation, ces fleurs se rompent promptement à la base; la fleur femelle se trouve probablement sur des pieds séparés qui portent peut-être aussi des hermaphrodites, et j'ai remarqué que des dix étamines, cinq étaient opposées aux divisions du calice qui les abritait, que toutes avaient leurs filets plissés pendant l'estivation, et s'étalaient ensuite fortement pour répandre au loin leur pollen.

C'est un phénomène bien commun, et pourtant bien digne d'être consigné, que celui de ces plantes, qui d'ailleurs semblablement conformées portent les unes des fleurs mâles, et les autres des fleurs femelles; le phénomène est encore plus digne d'attention, lorsque les unes, comme l'*Ailanthus,* portent uniquement des fleurs mâles, et les autres des fleurs femelles et des hermaphrodites. La fleur femelle est encore très-rare en Europe; je ne l'ai jamais vue.

La fécondation dans ce genre a lieu sans doute par le torus des fleurs mâles, entièrement recouvert d'humeur miellée, et dont les poils humides reçoivent les globules du pollen qui doivent ensuite féconder les fleurs femelles; mais comme les fleurs femelles sont encore très-peu répandues, cette fécondation doit avoir rarement lieu dans nos climats.

QUATRIÈME GENRE. — *Brucea.*

Le *Brucea* a un calice quadrifide, une corolle tétrapétale et un nectaire quadrilobé, tant dans la fleur mâle que dans la femelle; le fruit est un péricarpe à quatre loges monospermes souvent réunies en un seul drupe, la radicule est supère.

Ce genre, qui doit son nom au voyageur BRUCE, est formé principalement d'un arbrisseau de l'Abyssinie, à rameaux opposés, feuilles imparipennées et recouvertes dans leur jeunesse d'un duvet de poils roux; les fleurs mâles, disposées en petits paquets sur des pédoncules assez semblables à ceux des *Châtaigners*, sont vertes, petites et chargées chacune de quatre à six étamines opposées aux lobes du calice; les anthères sont bilobées, rougeâtres et introrses; les fleurs femelles ont quatre ovaires et quatre stigmates papillaires sessiles. Cette belle plante fleurit très-long-temps, parce que ses nombreuses fleurs ne se développent que successivement.

Comment les étamines fécondent-elles les stigmates des fleurs femelles, puisque les anthères sont introrses? Apparemment que, dans cette espèce, les fleurs mâles sont sur le même pied que les femelles.

On compte deux autres espèces de *Brucea*, appartenant aux Indes orientales, mais qui jusqu'à présent sont peu connues.

CINQUIÈME GENRE. — Cneorum.

Le *Cneorum* a des fleurs hermaphrodites, un calice petit et persistant de trois à quatre dents, autant de pétales en estivation imbriquée, un torus légèrement globuleux, un ovaire pédicellé, trois à quatre étamines, autant de stigmates et de drupes bacciformes, adhérants à un axe et formés de deux loges monospermes; la semence est pendante, l'albumen charnu, la radicule recourbée vers le haut, et hors des cotylédons.

Ce genre est formé du *Tricoccon*, de l'Europe australe, et du *Pulverulentum*, des rochers de Ténérife, qui sont des sous-arbrisseaux à feuilles épaisses, étroites, non ponctuées, et fleurs axillaires, et terminales; leurs tiges cylindriques se dessèchent au sommet sans se rompre régulièrement, et les fleurs qui se succèdent long-temps ont leurs anthères introrses, leurs stigmates papillaires et trilobés, et leur torus, chargé d'une glande d'où sort l'humeur miellée; les cordons pistillaires pénètrent par un trou intérieur un peu au-dessous du sommet, et le péricarpe osseux ne s'ouvre point.

Le *Pulverulentum* est homotype au *Tricoccon*, dont il diffère surtout par le nombre quaternaire de ses téguments floraux, et ses pédoncules adhérents au pétiole de la feuille florale; il est aussi beaucoup plus grand, et son écorce se détache par lambeaux. La fécondation peut être médiate, car le pollen se répand sur l'ovaire et sur la glande.

Ces petits arbrisseaux paraissent avoir de plus grands rapports avec les *Zanthoxylées* qu'avec les autres familles; leurs feuilles articulées ne tombent qu'au printemps, et ils sont presque toujours chargés de fleurs et de fruits.

SIXIÈME GENRE. — Schinus.

Le *Schinus* est dioïque, à calice quinquéfide et corolle pentapétale; ses fleurs mâles ont dix étamines et un rudiment d'ovaire, les femelles ont les étamines stériles et l'ovaire sessile, terminé par quatre stigmates réunis en un seul point; le fruit est un drupe globuleux, à noyau monosperme et osseux, la semence est attachée à un funicule qui naît de la paroi latérale, l'albumen est nul et la radicule infère.

Ce genre comprend quatre arbustes du Brésil ou du Chili, à feuilles ailées avec impaire, et fleurs disposées en grappes ou panicules axillaires ; le *Molle* de nos serres a les grappes élégantes, nombreuses, latérales et terminales; ses fleurs sont blanchâtres, et de ses dix étamines, cinq sont opposées aux pétales; ses anthères à pollen orangé sont introrses latérales, et son ovaire est couronné par un stigmate capitellé. Je n'ai aperçu aucune trace de nectaire, mais je n'ai vu, je crois, qu'un des deux sexes.

Ces plantes sont remarquables par leur saveur poivrée et aromatique.

Quarante-troisième famille. — *Coriariées.*

Les *Coriariées* ont les fleurs hermaphrodites, monoïques ou dioïques par avortement, un calice campanulé, monosépale, à dix divisions dont cinq extérieures plus grandes, cinq autres plus petites, glanduleuses et considérées par quelques botanistes comme autant de pétales, dix étamines, les unes opposées aux divisions du calice, et les autres aux pétales; des filets amincis, des anthères oblongues, introrses et bilobées à la base, un ovaire pentagone à cinq loges, un style nul, cinq stigmates allongés, veloutés et papillaires, cinq carpelles légèrement séparés à la maturité, indéhiscents, monospermes, entourés de pétales agrandis et charnus; une semence pendante, un albumen nul, un embryon droit, une radicule supère et deux cotylédons épais.

Cette famille, dont la place dans l'ordre naturel est encore incertaine, mais qui se rapproche assez des *Rutées* pour la forme de sa capsule, n'est formée que d'un genre.

Coriaria.

Le *Coriaria* compte au moins sept espèces, dont l'une appartient à l'Europe, une habite la Nouvelle-Zélande, une le Mexique, et les quatre dernières le Pérou. Ce sont des arbrisseaux ou des arbres dépourvus d'épines, à rameaux tétragones et opposés, quelquefois ternés à la base, à feuilles simples, entières, opposées, rarement ternées, à trois ou cinq nervures; leurs boutons sont écailleux, leurs fleurs disposées en grappes terminales, leurs pédicelles opposés et quelquefois alternes près du sommet, portent une bractée à la base ou deux sur leur milieu, et leurs feuilles non plissées, sont articulées avec quelques rudiments de stipules; ils paraissent appartenir tous au même type, quoique celui de la Nouvelle-Zélande soit sarmenteux, et que les autres aient leurs grappes tantôt droites et tantôt penchées.

Le *Myrtifolia*, qui vit le long du bassin de la Méditerranée, ne s'élève qu'à deux ou trois pieds, parce que ses rameaux fertiles se rompent chaque année, et que les autres périssent après avoir donné des fleurs; ses boutons et peut-être aussi ceux de ses congénères sont réunis deux à deux, l'un à droite, l'autre à gauche à l'aisselle des feuilles; ses carpelles persistent pendant l'hiver, et ne se détachent qu'à l'entrée de l'été, lorsque leurs grappes se sont fortement colorées.

La fleur femelle a un calice à cinq divisions extérieures et cinq autres intérieures, alternes aux premières, et qui ne m'ont pas paru nectarifères; ce calice étroitement fermé contient cinq carpelles, à style court et stigmates divariqués, fortement papillaires et d'un rouge foncé, les anthères, en apparence bien conformées et renfermées dans l'intérieur, sont bilobées et introrses, mais dépourvues de pollen, en sorte que les fleurs ne sont dioïques que par avortement, car l'individu mâle a ses étamines saillantes et ses pistils avortés; la fécondation ne peut donc s'opérer que par les pistils divariqués d'un *Coriaria* voisin, fécondé par les étamines d'un autre, ou bien par les fleurs mâles souvent mêlées aux femelles sur le même pied.

L'efflorescence est centripète dans l'ensemble et dans chaque grappe.

Le principal phénomène du genre consiste pour moi dans les changements que subissent les pétales des fleurs femelles, qui, d'abord glanduleux et nectarifères, s'allongent en s'épaississant, et viennent enfin avec le calice recouvrir les carpelles, dont le beau noir contraste alors avec les teintes rouges des enveloppes florales; ces carpelles restent adhérents au torus jusqu'à la dissémination; c'est alors qu'ils se détachent de la pulpe où ils sont engagés.

TABLE DES MATIÈRES

DU PREMIER VOLUME.

FIN DE LA TABLE

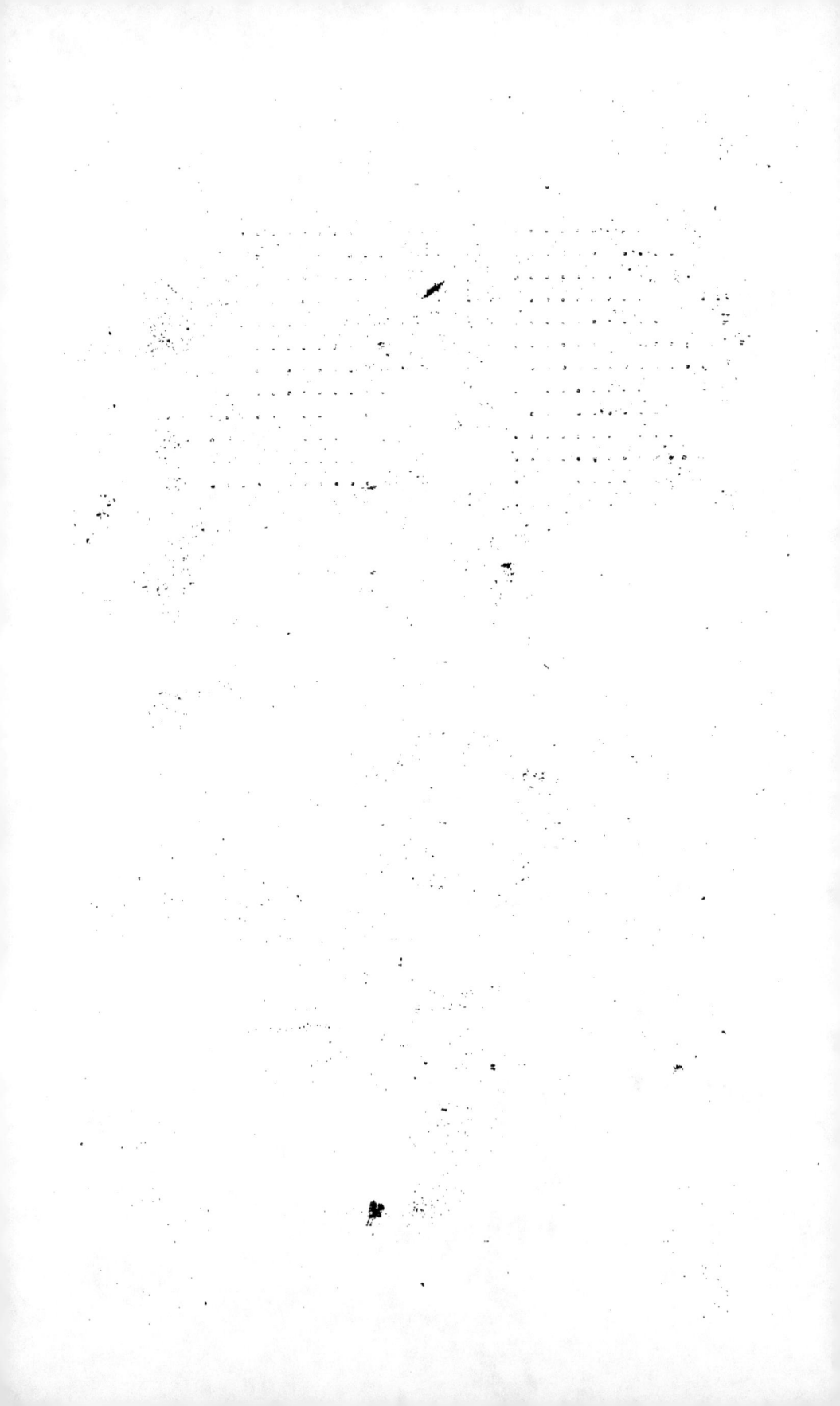